Informatik aktuell

Herausgeber: W. Brauer
im Auftrag der Gesellschaft für Informatik (GI)

R. Grebe   M. Baumann (Hrsg.)

Parallele Datenverarbeitung mit dem Transputer

3. Transputer-Anwender-Treffen TAT '91
Aachen, 17.-18. September 1991

Springer-Verlag
Berlin Heidelberg New York
London Paris Tokyo
Hong Kong Barcelona
Budapest

Herausgeber

Reinhard Grebe
Martin Baumann
Institut für Physiologie der Medizinischen Fakultät
Klinikum der RWTH Aachen
Pauwelsstraße, W-5100 Aachen

TAT '91

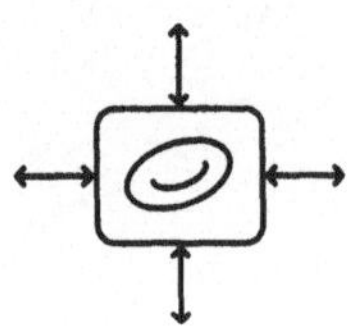

CR Subject Classification (1991): C.1.2, C.2.1, C.3, D.3.4, I.2.9, I.4.0, I.6.3

ISBN-13:978-3-540-55386-1   e-ISBN-13:978-3-642-77447-8
DOI: 10.1007/978-3-642-77447-8

Satz: Reproduktionsfertige Vorlage vom Autor

33/3140-543210 – Gedruckt auf säurefreiem Papier

Vorwort

Der vor Ihnen liegende Informatik aktuell-Band ist nun bereits der dritte einer Reihe, die wir jeweils als Tagungsberichte anläßlich des Transputer-Anwender-Treffens TAT herausgegeben haben. Diese drei Bände sind inzwischen sicher mehr als nur eine Zusammenfassung der bedeutendsten Beiträge zu dem jeweiligen Kongreß. In ihrem Inhalt und in ihrer Abfolge dokumententieren sie die Innovations- und Etablierungsphase einer neuen Rechnerarchitektur der parallelen Datenverarbeitung vom Typ *MIMD: Multiple Instruction — Multiple Data*, und zwar eines Multimikroprozessor-Systems mit lokalen Speichern realisiert mit Transputern.

Der Einführung des Transputers folgte eine erste Experimentier- und Erprobungsphase, deren Ende in dem ersten IFB-Band zum TAT '89 dokumentiert ist. Bei diesem ersten bundesweiten Kongreß leistete nur jeder zehnte von ca. 400 Teilnehmern einen eigenen Kongreßbeitrag. Diese Beiträge hatten überwiegend grundsätzlichen oder auch prospektiven Charakter. Beim TAT '91 war bereits jeder fünfte von über 600 Teilnehmern bereit eigene Erfahrungen mit Transputeranwendungen zu präsentieren und zur Diskussion zu stellen. Diese Entwicklung spiegelt die inzwischen erreichte Bereitschaft zum Einsatz von Transputern und die mit diesen parallelen Systemen erzielten Erfolge wider.

Die zur Präsentation eingereichten Beiträge zeigen aber auch die momentan bevorzugten Einsatzgebiete für Transputer auf. Dementsprechend hat sich für diesen Band eine Gliederung in zwei Gruppen mit jeweils drei Themenbereichen ergeben:

- Transputer-Systeme

  - Systemprogrammierung und Evaluation
  - Benutzeroberflächen und Softwareumgebung
  - Sprachen und Algorithmenentwicklung

- Transputer-Anwendungen

  - Bildverarbeitung und Grafik
  - Modellbildung und Simulation
  - Meßtechnik und Signalverarbeitung

Bei den Transputer-Anwendungen hat sich als Schwerpunkt die Bildverarbeitung herauskristallisiert. Die wesentlichen Gründe hierfür sind das hohe Maß an Parallelisierbarkeit von Bildverarbeitungs-algorithmen und der nahezu unendlich große Bedarf an Rechenleistung besonders im Bereich der real-time und der dreidimensionalen Bildverarbeitung.

Neuronale Netze finden sich in der obigen Aufzählung nicht als eigenständiger Themenbereich, da sie themenübergreifend in jedem Bereich der Transputer-Anwendungen vorkommen. Allgemein erleben sie zur Zeit einen zweiten Frühling, ihnen wird am ehesten zugetraut, daß durch ihren Einsatz die Hoffnungen und Erwartungen erfüllen können, die ursprünglich in die KI gesetzt worden sind. So beschäftigen sich die meisten der diesbezüglichen Beiträge in diesem Band mit Problemen der Mustererkennung und der Klassifizierung. Offensichtlich hat sich auch bei der Bearbeitung dieser Aufgaben der Einsatz von Transputern bereits bewährt.

Wir bedanken uns bei allen, die durch ihre Beiträge das Transputer-Anwender-Treffen TAT '91 und diesen Tagungsband möglich gemacht haben. Für die Anregungen bei der Planung und die Unterstützung bei der Organisation und Durchführung des Treffens bedanken wir uns bei Herrn Prof. W. Oberschelp, Herrn Prof. R. Repges, Herrn Prof. H. Schmid-Schönbein, Aachen und bei der Verwaltung des Klinikums der RWTH Aachen. Unser besonderer Dank gilt der Firma Parsytec für die großzügige Unterstützung bei der Planung und Durchführung des TAT '91.

Aachen, den 24.12.1991

Reinhard Grebe

Martin Baumann

Inhaltsverzeichnis

2 Meßtechnik und Signalverarbeitung

3 Modellbildungen und Simulationen

Transputersysteme für topologieunabhängige Programmierung

Volker Hatz, Thomas Beth

Institut für Algorithmen und Kognitive Systeme
Universität Karlsruhe
Am Fasanengarten 5
W-7500 Karlsruhe 1

Einführung

Im folgenden stellen wir eine Methode zur Konstruktion von effizienten Verbindungsnetzwerken für Transputer vor. Den Begriff der Effizienz beziehen wir hierbei zum einen auf die Minimalität der Zusatzhardware, zum anderen streben wir einen *minimalen Netzwerkdurchmesser* (das Maximum der kleinsten Distanz zwischen zwei beliebigen Prozessoren) an. Ein minimaler Durchmesser verkürzt nicht nur die Kommunikationszeit insgesamt, sondern reduziert auch die Gesamtbelastung des Rechners, da dann weniger Prozessoren durch die Abarbeitung eines Kommunikationsvorgangs belastet werden. Für den Anwender bedeutet ein kleiner Durchmesser, daß Programme nicht mehr *topologieorientiert* entworfen werden müssen. Dies geht einher mit einer besseren *Portabilität*. Weiterhin entfällt auch die Notwendigkeit der (dynamischen) Rekonfigurierbarkeit eines Rechensystems.

Der typische (Topologie-)Konflikt eines Anwenders, wie er z. B. in der Bildverarbeitung existiert, wird ebenso entschärft. Während für Bildverarbeitungsalgorithmen, die auf NEWS-Nachbarschaften (Nord, Ost, West, Süd) operieren, der Torus die geeignetste Topologie darstellt, ist für Faltungsoperationen der Hyperwürfel die beste Wahl. Ein Netzwerk mit geringem Durchmesser kann andere Topologien effizient emulieren. Daher kann ein Anwender den für das Problem günstigsten Algorithmus auswählen, ohne auf die Topologie Rücksicht zu nehmen.

Wie kann man nun Transputernetzwerke mit geringem Durchmesser implementieren? Bei der Konstruktion von Verbindungsnetzwerken sind der zu erreichende Netzwerkdurchmesser sowie die Anzahl der am Prozessor vorhandenen Anschlüsse limitierende Parameter. Die aus der Graphentheorie bekannte *Moore-Schranke* gibt die maximale Anzahl von Prozessoren in einem Netzwerk mit Durchmesser d und vorgegebener Anzahl von Prozessoranschlüssen Δ an. Sie berechnet sich für $\Delta > 2$ zu

$$\frac{\Delta(\Delta - 1)^d - 2}{\Delta - 2}.$$

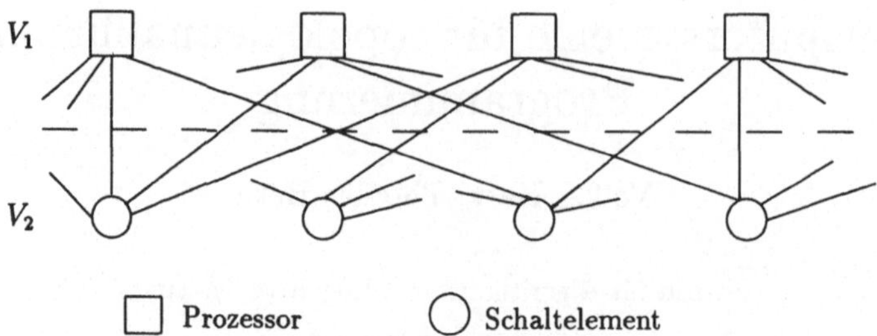

Abbildung 1: Grundstruktur der betrachteten Netzwerke

Insbesondere folgt daher für Transputer mit einer Anschlußzahl von 4, daß die Anzahl der Prozessoren in einem Netzwerk vom Durchmesser d mit $2 * 3^d - 1$ beschränkt ist. Netzwerke mit Durchmesser 2 können demnach nur maximal 17 Transputer verbinden. Wir werden im folgenden einen Weg aufzeigen, durch geschicktes Multiplexen die physikalische Distanz zwischen zwei beliebigen Prozessoren auf den Wert 2 zu beschränken und dennoch mehr als 17 Prozessoren im Netzwerk unterzubringen.

Um dieses Ziel zu erreichen, muß neben den Transputern ein *Schaltelement* eingesetzt werden. Dieses soll so eingesetzt werden, daß das zugrundeliegende Netzwerk als *bipartiter Graph* mit den Knotenmengen V_1 und V_2 darstellbar ist. Knoten aus V_1 werden dann als Prozessoren und Knoten aus V_2 als Schaltelemente betrachtet. Folglich sind keine zwei Transputer direkt miteinander verbunden (vgl. Abbildung 1). Im nächsten Abschnitt werden die Auswahlkriterien für ein solches Schaltelement beschrieben.

Schaltelemente für Transputernetze

Reguläre, symmetrische Netzwerke erhält man genau dann, wenn die Knoten in V_1 bzw. V_2 jeweils gleichen Grad haben. Den Grad der Knoten aus V_1 bezeichnen wir mit k, den der Knoten aus V_2 mit r. Somit gibt r gleichzeitig die Anzahl der Anschlüsse am Schaltelement an. An die Schaltelemente selbst müssen die folgenden Forderungen gestellt werden.

- Sie benötigen einen bidirektionalen Anschluß zu jedem der r mit ihnen verknüpften Prozessoren.

- Sie müssen jeden Anschluß mit jedem anderen verschalten können.

- Jeder Prozessor sollte dem Schaltelement den gewünschten Ausgang auf der Datenleitung bekanntgeben können.

Konventionelle Schaltelemente

Das einfachste verwendbare Schaltelement ist ein *Bus*. Auf einem Bus kann jedoch nur ein Prozessorpaar zur gleichen Zeit kommunizieren. Ein Schaltelement, das diesen Nachteil nicht hat, ist der

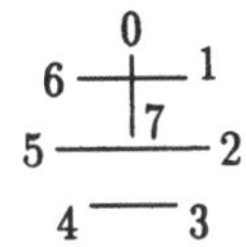

0
6 — 1
5 — 7 — 2
4 — 3

Abbildung 2: 1-Faktor des K_8

Kreuzschienenverteiler. Speziell in Transputer-Netzwerken bietet sich hier der C004-Baustein von inmos ([7]) an. Für unsere Zwecke ist dieser aber nicht geeignet, da er einen ausgezeichneten Konfigurationseingang besitzt, über den die zu schaltenden Verbindungen angegeben werden müssen. Daher können die angeschlossenen Prozessoren dem C004 ihre Kommunikationswünsche nicht direkt mitteilen.

Im Jahre 1992 wird dieses Problem für die angekündigten T9000 Transputer nicht mehr bestehen. In dieser Serie wird es einen C104-Baustein geben, der genau die obige Spezifikation erfüllt ([9]). Für Prozessoren des Typs T800 steht keine Lösung in Aussicht. Deshalb haben wir ein eigenes Schaltelement, den *Rotor*, entworfen.

Der Rotor

Offensichtlich stellt der vollständige Graph K_n bezüglich des Durchmessers eines Netzwerks die optimale Verbindungsstruktur dar. Die bei dieser Lösung benötigte große Anzahl an Prozessoranschlüssen reduziert jedoch die praktische Verwendbarkeit dieses Netzwerks. Man realisiert den vollständigen Graphen daher in der Regel in Form eines Kreuzschienenverteilers. Ein solcher Kreuzschienenverteiler benötigt jedoch sehr viel Fläche auf einem Chip, was insbesondere durch die aufwendige Steuerung bedingt ist. Beim Entwurf des Rotors wollten wir die Funktionalität des Kreuzschienenverteilers beibehalten, den Steuerungsaufwand dagegen senken.

Ausgangspunkt unserer Überlegungen war wiederum der vollständige Graph mit n Knoten, der K_n. Dieser läßt sich in $n - 1$ kantendisjunkte, reguläre, maximale Teilgraphen vom Grad 1 zerlegen, die *1-Faktoren* genannt werden. Die Summe der 1-Faktoren ergibt wiederum den K_n. Für alle K_n, mit n gerade, kann eine solche Zerlegung (*1-Faktorisierung*) angegeben werden. Ein Beispiel für einen 1-Faktor des K_8 zeigt Abbildung 2. Der K_8 faktorisiert in 6 weitere 1-Faktoren, die man durch Rotation des in Abbildung 2 gezeigten Faktors erhält (Rotation um den Knoten 7).

Es ist uns gelungen, einen integrierten Schaltkreis zu entwerfen, der zyklisch zwischen den einzelnen 1-Faktoren umschalten kann. Er stellt somit im Zeitmultiplexverfahren einen vollständigen Graphen als Verbindungsnetzwerk zur Verfügung. Gegenüber einem Bus hat diese Lösung den Vorteil, daß die Übertragungskapazität höher ist ($\frac{n}{2}$ Paare können parallel kommunizieren). Im Vergleich zum Kreuzschienenverteiler hat der Baustein einen weitaus geringeren Steuerungsaufwand und arbeitet passiv, wodurch die Verzögerungszeit der Pakete minimiert wird.

Speziell für Transputer ergibt sich durch die Verwendung des Rotors ein Kommunikationsmodell mit virtuellen Kanälen. Hierzu startet man auf jedem Transputer einen hochpriorisierten Prozeß, der die Verwaltung dieser virtuellen Kanäle übernimmt. Für jeden Ausgang des Rotors wird in jedem angeschlossenen Prozessor ein virtueller Kanal definiert. Steht der physikalische Kanal zum gewünschten Ausgang zur Verfügung, so wird die Kanalabbildung vorgenommen. Hierzu muß dem sendenden Transputer jedoch die momentane Stellung des Rotors bekannt sein.

Da sich der Rotor ständig „dreht", um das zyklische Multiplexing zu realisieren, ist es notwendig, die Umschaltung den Transputern bekanntzugeben. Diese *Synchronisation* kann z. B. über den Event-Anschluß vorgenommen werden. Weitere Details hierzu findet man im Abschnitt Implementierung.

Netzwerkkonstruktionen

Wollte man Netzwerke allein dadurch aufbauen, daß man alle Transputer über *einen* Rotor verbindet, so würde die Zeit, bis eine benötigte Verbindung geschaltet ist, zu lange werden. Aus diesem Grund haben wir nach Strukturen gesucht, in denen sich der Rotor vorteilhaft verwenden läßt. Eine mögliche Struktur sind *endliche projektive Geometrien*. Durch deren Verwendung können Netzwerke mit 4 Prozessoranschlüssen und z. B. 13 oder sogar 1210 Prozessoren aufgebaut werden, die einen physikalischen Durchmesser von 1 bzw. 2 besitzen. Diese endlichen projektiven Geometrien begründen ein Klasse von *Blockdesigns* (vgl. [2]). Ein Blockdesign ist eine Inzidenzstruktur bestehend aus einer Menge von Punkten V und einer Menge von Blöcken B. Blöcke aus B setzen sich aus k Punkten zusammen und jeder Punkt ist in r Blöcken enthalten. Gleichzeitig ist jedes beliebige Paar von Punkten in genau $\lambda \geq 1$ Blöcken enthalten. Offensichtlich kann ein Blockdesign als bipartiter Graph dargestellt werden. Identifiziert man Blöcke mit Prozessoren und Punkte mit Schaltelementen, so kann B mit V_1 und V mit V_2 identifiziert werden.

Wie bereits erwähnt, erhält man solche Blockdesigns z. B. aus endlichen projektiven Geometrien. Diejenigen der Form $PG(n,3)$ sind besonders für Transputer geeignet, da sie Designs mit der Blockgröße 4, also mit 4 Prozessoranschlüssen, erzeugen. Diese endlichen projektiven Geometrien werden wie folgt konstruiert. Gegeben sei ein n-dimensionaler Vektorraum über dem endlichen Körper mit 3 Elementen. Wählt man als Punkte die eindimensionalen Unterräume und als Blöcke die zweidimensionalen Unterräume, so erhält man ein Blockdesign $PG(n,3)$ mit den Parametern $k = 4$, $r = \frac{3^n-1}{2}$, $|B| = \frac{(3^{n+1}-1)(3^n-1)}{16}$ und $|V| = \frac{(3^{n+1}-1)}{2}$. Da der Rotor über dem K_r konstruiert werden muß, können nur Designs mit geradem r Verwendung finden, folglich auch nur solche $PG(n,3)$ mit n gerade.

Ein derartiges Design ($PG(2,3)$) zeigt Abbildung 3. Drei der Blöcke sind eingezeichnet, die restlichen 13 Blöcke erhält man durch Rotation dieser Blöcke auf den gepunkteten Linien.

Daneben können jedoch auch andere Blockdesigns Verwendung finden. Eine Auswahl an Parametern zeigt Tabelle 1. Der Durchmesser bezeichnet hierbei das Minimum der maximalen Anzahl von Schaltelementen zwischen zwei beliebigen Prozessoren. Er ist für die aus Blockdesigns konstruierten Netzwerke immer ≤ 2.

Durch den Übergang zu bipartiten Graphen kann also die Moore-Schranke für die Prozessoren umgangen werden. Die Aufnahme weiterer Knoten ermöglicht eine neue Betrachtungsweise des Pro-

# Prozessoren	# Rotoranschlüsse	Durchmesser
13	4	1
111	12	2
1210	40	2
99643	364	2

Tabelle 1: Eine Auswahl an Netzwerkparametern

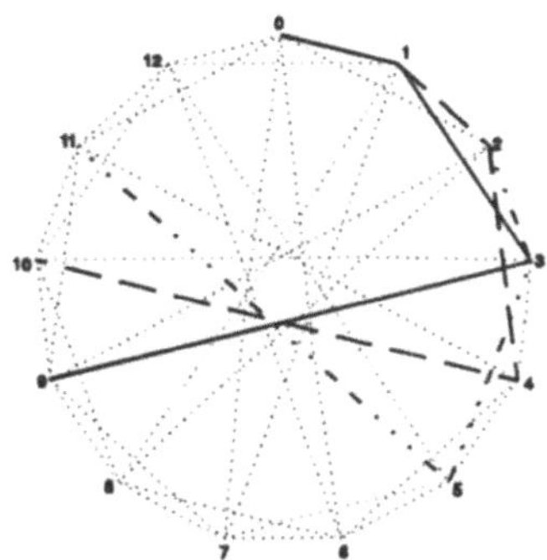

Abbildung 3: Grundstruktur eines Designs ($PG(2,3)$)

blems der Netzwerkkonstruktion unter den Randbedingungen beschränkter Prozessorknotengrad und gegebener Durchmesser. Maschinen mit Netzwerken, die auf Blockdesigns aufbauen, werden wir im folgenden *Design-Maschinen* (vgl. [6]) nennen.

Ergebnisse

Mittels eines Netzwerksimulators und eines Testaufbaus konnten die theoretischen Überlegungen in die Praxis umgesetzt werden. Die erhaltenen Ergebnisse werden im folgenden besprochen.

Simulation

Mit einem eigens erstellten Simulationsprogramm wurden Simulationen verschiedener Netzwerke durchgeführt. Wir haben dabei insbesondere die mittlere Verzögerung der Pakete im Netz bestimmt. Grundlage der Simulation war binomialverteilter Netzverkehr, d. h. jeder Prozessor kann zu diskreten Zeitpunkten ein Paket an eine beliebige Zieladresse senden. Dieses Senden geschieht mit einer vorgegebenen Wahrscheinlichkeit. Die Verzögerung eines Pakets ist durch die Anzahl vergangener Zeitpunkte bis zur Zielankunft bestimmt.

Netzwerk	20% Last	40% Last	60% Last	80% Last	100% Last
Torus 4 × 4	3	3	3,3	4	4,6
Hyperwürfel 2^4	3	3	3	3	4
DM(13,4)	6	6	6	6	6
Torus 11 × 11	7	8	d		
Hyperwürfel 2^7	4	4	4	5	5
DM(111,4)	11	13	15	d	

Tabelle 2: Verzögerungswerte mit Rotor

Netzwerk	20% Last	40% Last	60% Last	80% Last	100% Last
DM(13,4)	1,31	1,32	1,32	1,32	1,32
DM(111,4)	1,37	1,37	1,37	1,38	1,38

Tabelle 3: Verzögerungswerte mit Kreuzschienverteiler

Aus technischen Gründen konnte eine Simulation des Netzwerks mit 1210 Prozessoren noch nicht durchgeführt werden. Um trotzdem einen Eindruck der Leistungsfähigkeit vermitteln zu können, wurde noch ein Netzwerk mit 111 Prozessoren und 4 Anschlüssen (DM(111,4)), die über einem Blockdesign definiert ist, hinzugenommen. Tabelle 2 zeigt die Verzögerungswerte bei einer bestimmten Netzlast. Der Eintrag „d" kennzeichnet das Auftreten von Verklemmungen. Das Netzwerk DM(13,4) ist das aus der $PG(2,3)$ entstehende Netzwerk mit 13 Prozessoren.

Auf den ersten Blick erscheinen die Design-Maschinen schlechtere Werte zu ergeben. Beachtet man jedoch, daß der Hyperwürfel mit 128 Prozessoren sieben Prozessoranschlüsse benötigt, so fällt dieser aus der Betrachtung für Transputernetzwerke heraus. Außerdem kann man feststellen, daß der Torus früher blockiert, als das Netzwerk mit 111 Prozessoren.

Im Vergleich zu Tabelle 2 zeigt Tabelle 3 die auftretenden Verzögerungen, wenn man statt eines Rotors einen Kreuzschienenverteiler einsetzt. Man sieht deutlich, daß diese Werte sehr viel günstiger sind. Dies bedeutet insbesondere, daß man mit diesen Methoden äußerst kommunikationseffiziente Maschinen aus der T9000-Familie aufbauen kann.

Implementierung

Der VLSI-Baustein wurde bereits gefertigt, und die Integrationstests verliefen erfolgreich. Trotz des Einsatzes eines zusätzlichen Bausteins mußte die Übertragungsrate nicht gesenkt werden. Die für die Topologieumschaltung notwendige Synchronisation der gesamten Maschine wird durch die Verwendung des Event-Pins der Transputer erreicht.

Die an einem Testsystem vorgenommenen Messungen bezogen sich in erster Linie auf die nur

l_p	$f_{R_{l_p}}$	Rate R_U	Verlust
16	49400 Hz	772 KByte/s	34%
32	29550 Hz	923 KByte/s	21%
64	16380 Hz	1024 KByte/s	13%
128	8660 Hz	1083 KByte/s	8%

Tabelle 4: Erzielbare Übertragungsraten

wenig dokumentierte Event-Logik. Während das Datenblatt [8] eine Event-Umschaltzeit von 19 bis 57 Zyklen bei Ablauf im internen Speicher nennt, ist das sonstige Verhalten nicht weiter dokumentiert. Besonders interessant ist nun die Zeitspanne t_{EL}, die vergeht, bis als Reaktion auf einen Event E Daten auf einem Link L gesendet werden können. Hierbei erhält man Werte zwischen 2,08 μs und 3,64 μs. Der erste Wert ergibt sich, wenn auf den Event gewartet wird, der zweite Wert ergibt sich, wenn ein rechnender Prozeß vom Event unterbrochen wird. Unter Annahme des schlechtesten Falles setzt man also $t_{EL} = 3,64\,\mu$s. Ein weiterer wichtiger Wert ist die maximale Übertragungsrate auf einem Link. Bei einer Datenrate von 20 MBit/s liegt diese bei 1740 KByte/s. Wird auf einem Link jedoch bidirektional gesendet, so sinkt dieser Wert protokollbedingt auf 1175 KByte/s. Die Zeit t_B, um ein Byte zu übertragen, beträgt somit $t_B = 850$ ns. Da der Rotor passiv arbeitet, er also Daten weder speichert noch verändert, ist die Anzahl der Byte pro Paket l_P frei wählbar. Diese Paketlänge bestimmt die Umschaltfrequenz $f_{R_{l_p}}$ des Rotors. Allgemein berechnet sie sich zu $f_{R_{l_p}} = \frac{1}{t_{EL}+t_B \cdot l_P+t_S}$, wobei t_S ein Sicherheitsfaktor ist. Er wird benötigt, um Temperaturschwankungen, etc. aufzufangen. Die Umschaltzeit des Rotorbausteins selbst braucht nicht zu beachtet werden, da der Rotor mit einer Frequenz von über 25 MHz betrieben werden kann. Bei einer beispielhaft gewählten Paketlänge von 32 Byte und $t_S = 3\,\mu$s ergibt sich somit $f_{R_{32}} = \frac{1}{3640\,\text{ns}+850\,\text{ns}\cdot 32+3000\,\text{ns}} = 29550$ Hz. Im praktischen Betrieb muß neben der Umschaltung auch noch die Routingfunktion durchgeführt werden, so daß der eingeführte Sicherheitsfaktor auch die Zeitdauer des Routens auffangen muß. Beim gewählten Wert stellt dies jedoch kein Problem dar.

Die Übertragungsrate eines Rotors errechnet sich zu $R_U = f_{R_{l_p}} \cdot l_p$, im Beispiel also zu 923 KByte/s. Das entspricht einem Verlust von ca. 21%. Je größer man l_p wählt, desto niedriger sind natürlich die Verluste. Tabelle 4 zeigt dies an einigen Beispielen auf.

Die Übertragungsrate R_U^1 zu einem bestimmten Prozessor verringert sich zu $\frac{R_U}{r-1}$, da durch die Anzahl der Rotorstellungen geteilt werden muß. Will man die *Bandbreite* eines Rotors B_R bestimmen, so errechnet sich diese aus dem Produkt der Anzahl der angeschlossenen Transputer r und der Rate R_U. Für $l_p = 32$ und $r = 4$ erhält man hier z. B. $B_R = R_U \cdot r = 923$ KByte/s $\cdot 4 = 3692$ KByte/s.

Zusammenfassung

Für den Anwender hat die vorgestellte Lösung den Vorteil, daß kommunikationseffiziente Programme portabel, da topologieunabhängig, geschrieben werden können.

Bei der Verwendung des Rotors kann die Handhabung der Topologieumschaltung von übergeordneten Prozessen übernommen werden, an die das Anwendungsprogramm die zu übermittelnden Daten weiterreicht. Gleichzeitig erhält man hiermit auch einen virtuellen Kanal zu jedem Transputer im System. Diese Vorteile bringen zunächst den Nachteil mit sich, daß die Bandbreite zwischen zwei bestimmten Prozessoren geringer wird. Geht man jedoch von einem gleichverteilten Kommunikationsaufkommen aus, so sind alle Kanäle ständig, bis auf die Umschaltpausen, ausgelastet und es steht fast die maximale Bandbreite zur Verfügung.

Mit der T9000-Familie wird einem dieses Problem abgenommen. Es gibt einen Kreuzschienenverteiler, der statt des Rotors eingesetzt werden kann. Weiterhin ist das Prinzip der virtuellen Kanäle fester Bestandteil der Baureihe.

Neben den $PG(n,3)$ können auch weitere Blockdesigns verwendet werden. Ebenso können auch herkömmliche Topologien wie Torus und Hyperwürfel in erweiterter Form Verwendung finden (vgl. [6]).

Literatur

[1] J. C. Bermond, C. Delorme, J.-J. Quisquater, „Strategies for Interconnection Networks: Some Methods from Graph Theory", Journal of Parallel and Distributed Computing **3**, 1986, S.433–449.

[2] T. Beth, D. Jungnickel, H. Lenz, „Design Theory", B.I.-Wissenschaftsverlag, 1985.

[3] T. Beth, V. Hatz, „Permutationsschaltung", Offenlegungsschrift, Deutsches Patentamt, Nr. DE 4002455A1, 1990.

[4] T. Beth, V. Hatz, „A Restricted Crossbar Implementation and its Applications", ACM SIGARCH Computer Architecture News, Vol.19, December 1991.

[5] T. Feng, „A Survey Of Interconnection Networks", Computer, December 1981, S.17–27.

[6] V. Hatz, S. Teiwes, T. Beth, „Parallelrechnernetzwerke mit zyklischer Topologieumschaltung", 12. GI/ITG-Fachtagung Architektur von Rechensystemen, erscheint in Springer Informatik Fachberichten, 1992.

[7] inmos, „Transputer Reference Manual", Prentice Hall, 1988.

[8] inmos, „IMS 425 / IMS 425M transputer", advance data, September 1988.

[9] inmos, „The T9000 Transputer Products Overview Manual", inmos document number 72 TRN 28 00, 1991.

[10] U. Raabe, M. Lobjinski, M. Horn, „Verbindungsstrukturen für Multiprozessoren", Informatik-Spektrum, 11, 1988, S.95–206.

Ein Verfahren zur Konfiguration von Transputersystemen für Echtzeitapplikationen

Klaus Franke; Veit Lauterberg
TU Chemnitz Fachbereich Elektrotechnik
Institut für Informationstechnik

1 Einführung

Zahlreiche Echtzeitanwendungen sind dadurch charakterisiert, daß externe Ereignisse mit möglichst hoher Rate vom System erfaßt werden müssen, während die Verarbeitungszeit eine untergeordnete Rolle spielt (z.B. die Realisierung von Protokollinstanzen für Kommunikationssysteme). Bei der Implementierung von Transputersystemen steht dabei die Aufgabe der Maximierung der Bedienrate für ein gegebenes Programm (OCCAM2) oder für einen angenommenen Durchsatz des Programms diejenige Prozessortopologie zu finden, die dieses Ziel mit minimaler Transputeranzahl erreicht. Für dedizierte Transputersysteme mit fest verschalteten Linkverbindungen bzw. bei mit konfigurierbarem Netzwerk lassen sich daraus folgende Teilziele ableiten:

1. Bestimmung der optimalen Zuordnung der Prozesse zu den Prozessoren
   (statische Lastbalancierung)

2. Bestimmung des optimalen Verbindungsnetzwerkes bei gegebener Verteilung
   (statisches Routing)

Die Aufgabenstellung ist bezüglich ihrer Komplexität ein NP-vollständiges Problem, da bereits das herkömmliche Mapping-Problem NP-vollständig ist, und hier zusätzliche Freiheitsgrade durch das noch zu bestimmende Verbindungsnetzwerk existieren. Die obige Aufgabenstellung tritt aber in der Praxis häufiger auf als eine Zuordnung zu einem Transputernetzwerk, in dem die Verbindungsstruktur bereits festliegt. Bei der vorgeschlagenen Methode wird davon ausgegangen, daß die Verbindungs-struktur des Netzes noch bestimmt werden muß, da es zweckmäßig ist, daß ebendiese Struktur für ein Einzwecksystem *einmalig* optimal eingestellt wird. Dies ist ein wesentlicher Unterschied zum herkömmlichen Mapping-Problem [BOKR90]. Bei letzterem ist die Verbindungsstruktur von Beginn an vorgegeben.

2 Bedienungstheoretisches Modell zur Analyse eines Transputer-Softwaresystems

2.1 Lineare stochastische Netze

Um das Problem mathematisch behandeln zu können, muß ein Modell gefunden werden, welches das Verhalten des gesamten Softwaresystems so beschreibt, daß daraus zuverlässige und vergleichbare Aussagen über die durch die Teilprozesse hervorgerufenen Belastung und deren Kommunikationsauf-wand getroffen werden können.

Auf das gegebene OCCAM2-Programm wird das bedientheoretische Modell der stochastischen Netze [AGKM86, BERG89] angewandt, um die Zusammenhänge zwischen den Teilprozessen, deren

Bedienzeiten und die Größe der Forderungsströme λ_i analytisch ermitteln zu können. Ein stochastisches Netz besteht aus einer Menge von M Bedieneinheiten S_i $(i = 1 \ldots M)$, einer äußeren Quelle S_0, den Verzweigungswahrscheinlichkeiten p_{ij} (Wahrscheinlichkeit, daß eine in die Bedieneinheit S_i einlaufende Forderung eine Forderung für S_j erzeugt) und den summarischen Intensitäten (Forderungsströmen) λ_i (Summe der in die Bedieneinheit S_i einlaufenden Forderungen). Jeder Bedieneinheit ist dabei eine Bedienkapazität μ_i zugeordnet. Die Werte der Bedienkapazitäten μ_i sind dimensionslose Größen. Für ein konkretes Problem verbirgt sich dahinter die Zahl der bearbeitbaren Aufträge je Zeiteinheit. Das Gesamtsystem kann dabei nicht mehr Forderungen verarbeiten, als die Engstelle gestattet. Die λ_i lassen sich durch Lösung des folgenden Gleichungssystems bestimmen:

$$\begin{pmatrix} 0 & p_{01} & \cdots & p_{0M} \\ p_{10} & p_{11} & \cdots & p_{1M} \\ \vdots & \vdots & & \vdots \\ p_{M0} & p_{M1} & \cdots & p_{MM} \end{pmatrix}^T * \begin{pmatrix} \lambda_0 \\ \lambda_1 \\ \vdots \\ \lambda_M \end{pmatrix} = \begin{pmatrix} \lambda_0 \\ \lambda_1 \\ \vdots \\ \lambda_M \end{pmatrix} \quad . \tag{1}$$

Da die Eigenschaften der Quelle (Verteilung der einlaufenden Forderungen) als bekannt angenommen werden, ist also auch λ_0 bekannt. Wenn alle Teilsysteme erreichbar sind, kann angesetzt werden:

$$\lambda_i = \alpha_i * \lambda_0 \qquad (i = 1, ..., M) \quad . \tag{2}$$

Hierbei sind die α_i die Intensitätsübertragungskoeffizienten. Sie sagen aus, in welchem Maße der Forderungsstrom λ_i von λ_0 abhängt. Dadurch reduziert sich das Gleichungssystem (1) auf M Gleichungen mit M Unbekannten.

Die Bedienkapazitäten μ_i eines Prozesses können analytisch oder praktisch (Simulation oder Messungen am Programm) bestimmt werden.

In Abb. 1 ist ein einfaches Beispiel für $M = 4$ Teilsysteme mit der Übergangsmatrix und den Bedienkapazitäten dargestellt.

$$A = \begin{pmatrix} 0 & 1.0 & 0 & 0 & 0 \\ 0 & 0 & 0.4 & 0.6 & 0 \\ 1.0 & 0 & 0 & 0 & 0 \\ 0 & 0 & 0.7 & 0 & 0.3 \\ 0 & 0 & 1.0 & 0 & 0 \end{pmatrix}$$

$$\mu_1 = 10 \quad \mu_2 = 8 \quad \mu_3 = 6 \quad \mu_4 = 12$$

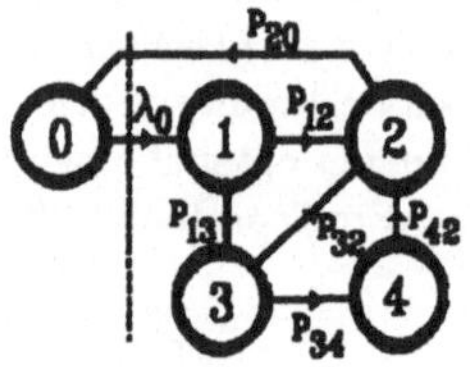

Abbildung 1: Beispiel für ein stochastisches Netz

Für das obige Beispiel erhält man nach der Lösung des Gleichungssytems folgende Werte:

$$\alpha_1 = 1 \quad \alpha_2 = 1 \quad \alpha_3 = 0.6 \quad \alpha_4 = 0.18$$

$$\frac{\mu_1}{\alpha_1} = 10 \quad \frac{\mu_2}{\alpha_2} = 8 \quad \frac{\mu_3}{\alpha_3} = 10 \quad \frac{\mu_4}{\alpha_4} = 66.6 \quad .$$

Das Minimum ist damit $\lambda_{0max} = 8$. Das Gesamtsystem kann also prinzipiell nicht mehr Forderungen verarbeiten, als die Engstelle (hier der Prozeß S_2) gestattet. Damit werden mit (2)

$$\lambda_1 = 8 \quad \lambda_2 = 8 \quad \lambda_3 = 4.8 \quad \lambda_4 = 1.44 \quad .$$

2.2 Anwendung auf Transputer

Ein Transputerprogramm wird als Menge paralleler Prozesse aufgefaßt, die über Kanäle miteinander verbunden sind. Jeder Prozeß wird als Bedieneinheit S_i verstanden, die eine Bedienkapazität μ_i besitzt, welche aussagt, wieviele Forderungen in einer Zeiteinheit bedient werden können. Diese Bedienkapazität ist dabei jene, die erreichbar wäre, wenn der Prozeß S_i *allein auf einem Transputer* abgearbeitet würde. Sie muß experimentell ermittelt werden. Eine Besonderheit besteht nun darin, daß die Bedienkapazität von Prozessen, die parallel auf einem Transputer laufen, von der Belastung des Transputers selbst abhängen.

Ein einfaches Beispiel soll dies demonstrieren. Gegeben sei ein Transputer mit 2 Prozessen mit $\mu_1 = 60$ und $\mu_2 = 40$. Diese Werte müssen durch Messung der einzelnen Prozesse auf einem Transputer gewonnen werden. Desweiteren gelte $\lambda_1 = \lambda_2$, d.h. beide Prozesse erhalten den gleichen Forderungsstrom.

Gesucht ist nun der maximale Durchsatz bei dieser Konfiguration, also die lastabhängigen Bedienkapazitäten m_{ij}. Dieses Problem läßt sich gut graphisch veranschaulichen (s. Abb. 2). Die Abweichung der theoretischen zur realen Kurve hängt von der Häufigkeit der Prozeßwechsel ab.

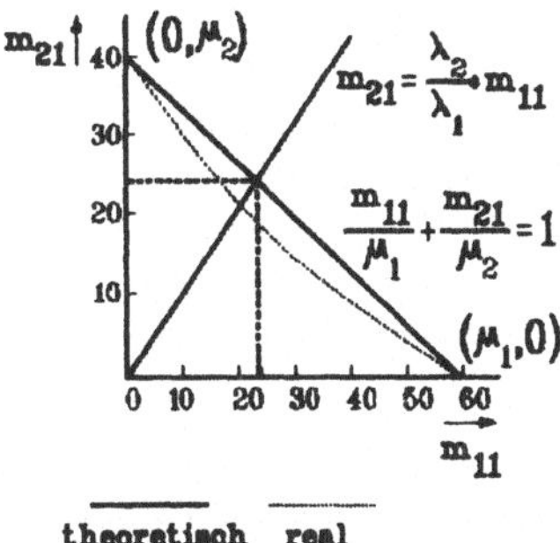

Abbildung 2: Lastaufteilung bei zwei Prozessen auf einem Prozessor

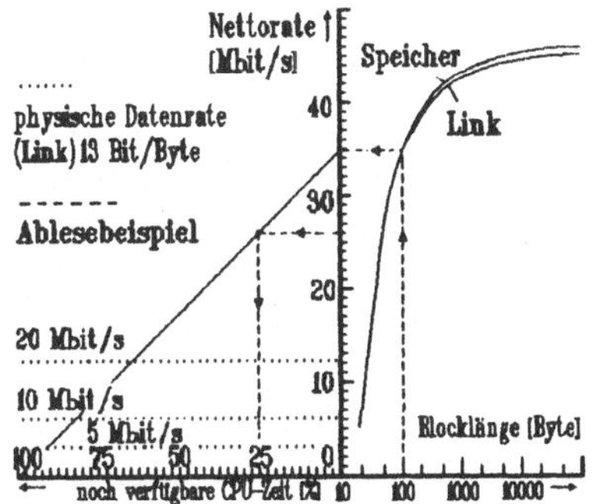

Abbildung 3: Zusammenhang zwischen Prozessor- und Kommunikationsbelastung bei Blockkommunikation (T800, 17,5 MHz, MEMAD7)

Im ersten Schritt wird das enstandene Gleichungssystem (1) gelöst und aus den λ_i werden daraus die durch jeden Prozess (Bedieneinheit) hervorgerufene Belastung ermittelt.

Die Zuordnung der Prozesse zu den Transputern kann durch eine Matrix T beschrieben werden. Mit einer gegebenen Verteilung von M Prozessen auf N Transputern:

$$\mathbf{T} = \begin{pmatrix} t_{11} & t_{12} & \cdots & t_{1N} \\ t_{21} & t_{22} & \cdots & t_{2N} \\ \vdots & \vdots & & \vdots \\ t_{M1} & t_{M2} & \cdots & t_{MN} \end{pmatrix} \quad mit \quad t_{ij} = \begin{cases} 0 & : \quad \text{Prozeß } S_i \text{ nicht auf Transputer } T_j \\ 1 & : \quad \text{Prozeß } S_i \text{ auf Transputer } T_j \end{cases} \tag{3}$$

ergibt sich:

$$m_{ij} = \frac{\alpha_i * t_{ij}}{\sum\limits_{k=1}^{M} \frac{\alpha_k}{\mu_k} * t_{kj}} \quad . \tag{4}$$

Dabei bedeutet m_{ij} die lastabhängige Bedienkapazität für den Prozeß S_i auf dem Transputer j. Zu beachten ist, daß der Prozeß S_0 nicht zugeordnet wird, denn dieser steht für eine äußere Forderungsquelle.

Des weiteren darf kein Forderungsstrom λ_i größer sein als m_{ij}. Daraus folgt die Stationäritätsbedingung:

$$\forall i \quad (i = 1 \ldots M) : \lambda_i \leq m_{ij} \qquad mit \quad t_{ij} = 1 \quad . \tag{5}$$

Mit (2) wird daraus

$$\Rightarrow \quad \alpha_i * \lambda_0 \leq m_{ij} \quad \Leftrightarrow \quad \lambda_0 \leq \frac{m_{ij}}{\alpha_i} \qquad mit \quad t_{ij} = 1 \tag{6}$$

bzw. der maximal mögliche Forderungsstrom

$$\Rightarrow \quad \lambda_{0max} = \min_{i=1}^{M} \frac{m_{ij}}{\alpha_i} = \min_{j=1}^{N} \frac{1}{\sum\limits_{k=1}^{M} \frac{\alpha_k}{\mu_k} * t_{kj}} \qquad mit \quad t_{ij} = 1 \quad . \tag{7}$$

Die Aufgabe besteht nun darin, diejenige Verteilung **T** zu finden, für die λ_{0max} maximal wird:

$$\lambda_{0max}(\mathbf{T}) \rightarrow \max \quad . \tag{8}$$

2.3 Prozessorbelastung durch Kommunikation

Das Problem des Zusammenhangs zwischen der Belastung des Transputers durch Kommunikation einerseits und der CPU-Belastung ist nur schwierig zu beschreiben. Erfolgt die Prozeßkommunikation über die Links, die parallel zur CPU arbeiten, kann in einer ersten Modellstufe zur Lastbalancierung davon ausgegangen werden, daß dadurch keine wesentliche Beeinflussung der CPU entsteht. Bei genauerer Analyse ist jedoch festzustellen, daß durchaus Faktoren existieren, die eine gegenseitige Beeinflussung bewirken:

- Die parallel arbeitenden Funktionseinheiten benutzen als gemeinsame Ressource Systembus und Speicher, so daß sich bei hoher Belastung Zugriffskonflikte ergeben, die eine Reduzierung der effektiven Zugriffsrate bewirken.

- Für jede Kommunikation ist ein Mehraufwand erforderlich, so daß bei einer als konstant angenommenen Kommunikationsrate die für andere Aufgaben verbleibende Prozessorleistung mit zunehmender Zahl der Kanäle und mit der Zahl der notwendigen Elementar-Kommunikationen für die Übertragung der Daten sinkt.

- Die Lokalisierung der Bereiche für Sende- und Empfangsdaten im internen oder externen Speicher hat durch die unterschiedlichen Zykluszeiten wesentlichen Einfluß.

Zur Quantifizierung wurden Messungen an einem Transputer T800 mit 17,5 MHz Taktfrequenz und einem eingestellten externen Speicherzyklus von 6 Takten = 343 ns (MEMCONFIG=MEMAD7) durchgeführt (s. Abb. 2.2 rechts). Das Meßprogramm bestand aus zwei über einen Kanal periodisch miteinander kommunizierenden Prozessen. Datenbereiche und Programmcode befanden sich im externen Speicher. Die Kommunikation erfolgte blockweise mit variabler Länge. Im rechten Teil von Abb. 2.2 ist die ereichbare Netto-Datenrate als Funktion der Blocklänge bei voller Auslastung der CPU aufgetragen. Da durch den Link eine maximale Datenrate vorgegeben ist, wurden diese Werte anhand der noch verfügbaren CPU-Zeit hochgerechnet.

Diese Abhängigkeiten lassen sich durch eine Funktion mit folgendem Ansatz approximieren:

$$R = \frac{1}{\frac{t_i}{l} + t_c} \quad mit \quad \begin{array}{ll} R & : \text{ Nettodatenrate [Byte/s]} \\ l & : \text{ Blocklänge [Byte] je Kommunikation} \\ t_i & : \text{ Initialisierungszeit je Kommunikation [s]} \\ t_c & : \text{ Zeit zum Kopieren eines Bytes [s/Byte]} \end{array} \tag{9}$$

1. Sortieren der Prozesse nach fallender Prozessorbelastung

2. Berechnung einer Verteilungs-Variante und Ermittlung des maximal belasteten Prozessors. Dessen Belastung wird der Anfangswert für *Bound*. Zur Erzeugung dieser Verteilung werden die ersten N Prozesse so allen Transputern zugeordnet, daß jeder Transputer einen Prozeß erhält. Der N+1-te Prozeß wird nun demjenigen Prozessor zugeordnet, dessen summarische Belastung am kleinsten ist. So wird weiter verfahren bis zum M-ten Prozeß.

3. Abbildung des Problems in eine Baumstruktur und Anwendung des Branch-and-Bound-Verfahrens

    (a) Prozeß S_1 wird auf T_1 plaziert. ($i := 1$)

    (b) Bewertung des aktuellen Knotens für den Prozess S_i: In den Knoten wird der Transputer mit der größten Belastung ermittelt und mit der Schranke verglichen:

    • *Bound* nicht überschritten:

       − $i < M$:
    * Noch nicht alle Verzweigungen probiert Erzeugung eines Nachfolgeknotens; Der Prozeß S_{i+1} wird beginnend bei T_1 auf auf einem Transputer plaziert, auf dem er bisher noch nicht lokalisiert war. ($i := i + 1$)
    * Alle Verzweigungen probiert
    ** $i \leq 1$:
    Abbruch; Das Verfahren muß aber mindestens die bereits empirisch ermittelte Startvariante gefunden haben.
    ** $i > 1$:
    Rückkehr zum Vorgängerknoten; ($i := i - 1$)
       − $i = M$: Ein vorläufiges Optimum ist gefunden, wenn der M-te Prozeß plaziert werden kann. In diesem Fall wird diese Verteilung abgespeichert, *Bound.* entsprechend korrigiert und es wird zum Vorgängerknoten zurückgekehrt. ($i := i - 1$)

    • *Bound* überschritten:
    Rückkehr zum Vorgängerknoten; ($i := i - 1$)

    (c) weiter mit (b)

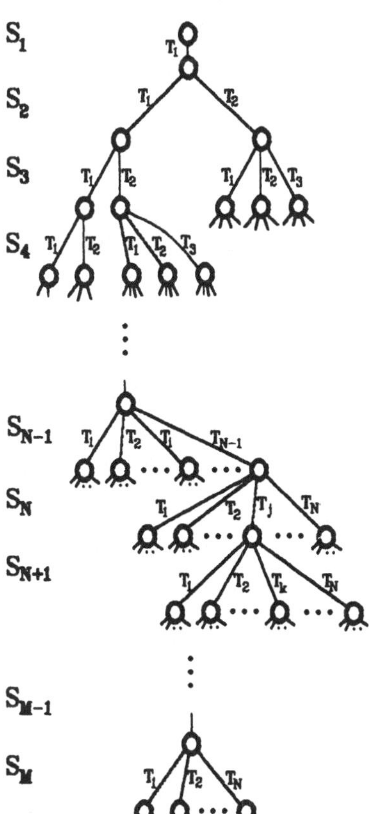

Abbildung 4: Der verwendete Branch-and-Bound-Algorithmus und die entsprechende Baumstruktur

Bei sehr großen Blocklängen ist die Nettodatenrate nur noch von der erforderlichen Zeit zum Kopieren der Daten abhängig und damit unmittelbar von der Länge des externen Speicherzyklus. Damit ergaben sich für diese Konfiguration eine Speicherbandbreite von ca. 46 Mbit/s.

Im Fall der Kommunikation über Link wurde ein Transputerlink im Kurzschluß betrieben. Dies entspricht damit Duplexbetrieb über einen Link. Die erreichbare Nettodatenrate beträgt deshalb $\frac{8}{13}$ der Bruttodatenrate des Link, da je Byte zusätzlich 1 Startbit, 2 Stopbits und 2 Acknowledgebits zu übertragen sind.

Im linken Teil des Diagramm (s. Abb. 2.2) ist als Beispiel die Kurve für die möglichen Lastaufteilungen bei Speicherkommunikation mit einer Blocklänge von 100 Byte eingetragen. Wenn z.B. eine Kommunikationsrate von 26 Mbit/s erreicht werden soll, dann verbleiben noch 25% an verfügbarer CPU-Leistung.

3 Lastbalancierung

Das Problem der optimalen Zuordnung der M Prozesse zu den N Transputern ist ein Mini-Max-Problem. Ausgehend von den Prozessorbelastungen aller Teilprozesse in einem Eintransputersystem wird die Verteilung der Prozesse gesucht, bei der die Belastung – verursacht durch alle Prozesse, die auf diesem Transputer laufen – des am stärksten belasteten Transputers minimal wird.

Für das in Abb. 1 dargestellte Beispiel ergeben sich bei Verteilung der Prozesse auf 2 Transputer die in Tab. 1 dargestellten 7 Möglichkeiten. Bei dieser kleinen Anzahl von Varianten kann das Suchen

Tabelle 1: Mögliche Verteilungen für das Beispiel $M = 4$ und $N = 2$ und Bestimmung von λ_{0max}

Mögliche Verteilung	$\begin{pmatrix} 1 & 0 \\ 1 & 0 \\ 1 & 0 \\ 0 & 1 \end{pmatrix}$	$\begin{pmatrix} 1 & 0 \\ 1 & 0 \\ 0 & 1 \\ 1 & 0 \end{pmatrix}$	$\begin{pmatrix} 1 & 0 \\ 0 & 1 \\ 1 & 0 \\ 1 & 0 \end{pmatrix}$	$\begin{pmatrix} 1 & 0 \\ 1 & 0 \\ 0 & 1 \\ 0 & 1 \end{pmatrix}$	$\begin{pmatrix} 1 & 0 \\ 0 & 1 \\ 1 & 0 \\ 0 & 1 \end{pmatrix}$	$\begin{pmatrix} 1 & 0 \\ 0 & 1 \\ 0 & 1 \\ 1 & 0 \end{pmatrix}$	$\begin{pmatrix} 1 & 0 \\ 0 & 1 \\ 0 & 1 \\ 0 & 1 \end{pmatrix}$
$\max\limits_{j=1}^{2} \sum\limits_{k=1}^{4} \frac{\alpha_k}{\mu_k} * t_{kj}$	$0,325$	$0,240$	$0,225$	$0,225$	$0,200$	$0,225$	$0,240$
bei j	1	1	1	1	1 $Minimum$ $\lambda_{0max} = 5$	2	2

des Optimums (maximales λ_0) noch durch vollständige Enumeration der Varianten gefunden werden.

Für umfangreichere Systeme sind schnellere Berechnungsverfahren erforderlich. Zur Ermittlung der optimalen Zuordnung der Prozesse zu den Prozessoren soll ein zentralisierter Branch-and-Bound-Algorithmus verwendet werden [FIKO71]. Das hat den Vorteil, das relativ schnell brauchbare Lösungen gefunden werden, die allerdings noch nicht optimal sein müssen. Die wesentlichen Schritte des verwendeten Algorithmus' sind in der Abb. 4 angegeben.

4 Routing

Zur Bestimmung der optimalen Verbindungsstruktur zwischen den Prozessoren wird ebenfalls ein zentralisierter Branch-and-Bound-Algorithmus verwendet. Ziel ist es, eine optimale Abbildung (Minimierung der maximalen Kommunikationsbelastung) der logischen Kanäle (Anzahl L) aller Teilprozesse auf die möglichen Linkverschaltungen zu finden. Einem physischen Link können dabei mehrere logische Kanäle zugeordnet werden. Ausgehend von einer gegebenen Verteilung wird versucht ein Transputernetz zu finden, welches folgende Parameter einhält:

- Eine vorgegebene maximale Kommunikationslast (*Bound*) darf nicht überschritten werden.

- Die gefunden Wege dürfen eine Maximallänge nicht überschreiten. D.h. es darf nur eine bestimmte Anzahl von Umwegtransputern für einen Weg in Anspruch genommen werden.

Der Algorithmus ist folgender:

1. Sortieren der Kanäle nach fallender Kommunikationslast

2. Verkürzung der Liste durch Eleminierung der K Kanäle, bei denen Sende- und Empfangsprozeß auf einem Prozessor lokalisiert sind. Die Kommunikation erfolgt bei diesen über den Speicher und sind für das weitere Routing uninteressant. ($L := L - K$; $l := 1$)

3. Routing des externen Kanals l
   Die Liste wird der Reihenfolge nach abgearbeitet Die kommunizierenden Prozesse befinden sich auf verschiedenen Prozessoren; eine Link-Kopplung ist somit erforderlich. Hierfür werden folgende Fälle in dieser Reihenfolge unterschieden (Branch):

   (a) bereits vorhandene direkte Link-Verbindung benutzen
       Zu dem Zielprozessor existiert bereits eine Link-Verbindung die mitgenutzt werden kann, vorausgesetzt die summarische Belastung des Link ist weiterhin kleiner als *Bound*. Praktisch bedeutet dies die Verwendung eines softwaremäßigen Multiplexers zur logischen Trennung der Kanäle. Dieser Mehraufwand wird nicht berücksichtigt. weiter mit 4.

   (b) Schaltung einer neuen Link-Verbindung; weiter mit 4.

   (c) Umweg über andere Transputer
       Dazu wird der Weg in zwei Teilwege zerlegt, wobei der erste Teilweg immer direkt realisiert werden muß, der zweite Teilweg kann wieder mit Umweg geroutet werden(rekursiver Abstieg). Die Benutzung eines Umwegs wird mit zusätzlicher Kommunikationslast bestraft, um Direktverbindungen zu bevorzugen.
       weiter mit 4.

   (d) $l = 1$:   Abbruch
       $l > 1$:   ($l := l - 1$); Rücksprung nach 3.

4. $l < L$:   ($l := l + 1$); weiter mit 3.
   $l = L$:   *Bound* verbessern; Ausgabe; Rücksprung nach 3.

5   Zusammenfassung

Dedizierte Transputersysteme lassen sich durch das Modell linearer stochastischer Netze beschreiben. Das hat folgende Vorteile:

- Berücksichtigung des Zusammenhangs von Kommunikations- und CPU-Belastung

- Das Modell ist relativ einfach (lineares Gleichungssystem).

- Das Modell gestattet eine Verfeinerung und Vergröberung.

- Der Verteilungs- und Routingalgorithmus ist noch frei wählbar.

und Nachteile:

- Die Messungen der Bedienkapazitäten der Teilprozesse werden durch die verwendete Testumgebung beeinflußt. Dieser Einfluß ist aber weitgehend kompensierbar.

- Teilprozesse im Sinne des Modells können durchaus selbst noch parallele Strukturen enthalten und mehr als zwei Kanäle zur Umgebung besitzen. Damit hängt die Bedienkapazität des betrachteten Prozesses stark vom Profil der Forderungen ab, d.h. die simulierten Ergebnisse können stark von den realen Bedingungen abweichen.

- Die Verzweigungswahrscheinlichkeiten sind nicht immer exakt oder nur mit großem Aufwand bestimmbar

- Im Modell wird ein homogener Forderungsstrom verwendet. In der Praxis ist dies normalerweise die Ausnahme. Die einlaufenden Forderungen haben also oft unterschiedliche Struktur (Typen, Blocklängen). Um vergleichbare Ergebnisse zu erhalten, muß also auf transputertypische Elementarforderungen zurückgegriffen werden (Byte, Pakete fester Länge o.ä.)

- stochastische Netze gestatten eine relativ einfache Beschreibung des Softwaresystems, wobei allerdings die Synchronisation und Spaltung von Forderungsströmen nicht möglich ist.

Für dedizierte Systeme ist es sinnvoll, statische Algorithmen zur Lastbalancierung und zum Routing zu verwenden, da die notwendigen Berechnungen nur einmal erfolgen. Die Verwendung von Branch-and-Bound-Algorithmen hat dabei den Vorteil, daß einerseits relativ schnell suboptimale Lösungen gefunden werden und das Verfahren abgebrochen werden kann, andererseits aber auch das tatsächliche Optimum bestimmt werden kann.

Literatur

[AGKM86] Amossowa; Gillert; Küchler; Maximow: Bedienungstheorie - Eine Einführung.
Mathematisch-Naturwissenschaftliche Bibliothek Bd. 71,
BSB B.G. Teubner Verlagsgesellschaft, 1.Auflage, Leipzig 1986

[BERG89] Gerhard Bergholz: Leistungsmodellierung von Rechnersystemen.
Informatik*Kybernetik*Rechentechnik, Bd. 22,
Akademie-Verlag Berlin 1989

[BOKR90] Jacques E. Boillat; Peter G. Kropf: A fast Distributed Mapping Algorithm.
Universität Bern, Institut für Informatik und angewandte Mathematik, 1990

[FIKO71] Finkelstein; Korbut: Diskrete Optimierung.
(Übersetzung aus dem Russischen), Akademie-Verlag Berlin 1971

Physikalischer Multicast in Transputernetzen

Stefan Stocks, Antonius Klingler

Lehrstuhl für angewandte Mathematik insbesondere Informatik

RWTH Aachen, Ahornstr. 55 , Tel. 0241/8021053

Zusammenfassung

Kommunikationsoperationen in Transputernetzen werden auf physikalischer Ebene grundsätzlich durch eine Folge serieller Punkt-zu-Punkt-Übertragungen zwischen einzelnen Link-Schnittstellen simuliert. Die in einem parallelen Programm in abstrakter Form spezifizierten Kommunikationsvorgänge sind dazu, i.a. durch geeignete Routing-Software auf die physikalischen Ressourcen des Parallelrechners abzubilden. Für die Effizienz dieses Verfahrens ist entscheidend, inwieweit dabei die logische und die physikalische Ebene der Kommunikation zur Übereinstimmung gebracht werden können.
Zur Laufzeit rekonfigurierbare Transputersysteme verfügen über die Möglichkeit, durch das Schalten von direkten Verbindungen logische Kommunikationsstrukturen auf physikalischer Ebene nachzubilden. Diese logischen Strukturen sind jedoch nicht notwendig auf die Kommunikation zwischen einem Sender und genau einem Empfänger (1:1-Übertragung) eingeschränkt, sondern können auch einen logischen Multicast, d.h. eine 1:n-Kommunikation beschreiben. Da Link-Verbindungen in der Regel aber jeweils nur einen einzigen Empfänger vorsehen, ist in diesem Fall eine direkte Realisierung scheinbar ausgeschlossen.
Die hier referierten Untersuchungsergebnisse zeigen, daß die Ausführung eines physikalischen Multicasts dennoch möglich ist. Es wurden zahlreiche Versuche mit einem Transputersystem durchgeführt, daß über ein aus C004 Crossbarchips aufgebautes dynamisches Verbindungsnetzwerk verfügt. Dabei hat sich erwiesen, daß C004-Bausteine über die vom Hersteller angegebene Funktionalität hinaus auch zum Schalten eines Leitungs-Fan-out eingesetzt werden können. Ein an einen Eingang des Verbindungsnetzwerkes angeschlossener Sender kann so mit n an die Ausgänge des Netzwerkes angeschlossenen Empfängern verbunden werden.
Im Rahmen der standardmäßigen 1:1-Kommunikation wird eine Synchronisation zwischen Sender und Empfänger durch ein vom Empfänger erzeugtes Quittierungssignal gesichert. Dieses wird gesendet, nachdem ein übertragenes Byte beim Empfänger eingegangen ist, und dort der Befehl zum Einlesen der Daten zur Ausführung kommt. Der Sendebefehl terminiert erst, wenn dieses Acknowledge-Signal eingegangen ist. Die Handhabung der Acknowledge Signale ist das zentrale Problem bei der Implementation von physikalischen Multicast-Operationen in Transputernetzen.
Der untersuchte Lösungsansatz sieht vor, das dem Sender lediglich durch einen einzigen der empfangenden Prozessoren ein Acknowledge-Signal übermittelt wird. Hierdurch entfällt die Synchronisation zwischen dem Sender und denjenigen Empfängern, deren Acknowledge-Signal nicht übertragen wird. Es kann daher prinzipiell bei einem Empfänger zum Überschreiben eines noch nicht aus dem Eingangspuffer übernommenen Bytes kommen. Anhand der bei entsprechenden Versuchen erzielten Ergebnisse konnten hier Kriterien zur Implementation sicherer Multicast-Übertragungen erarbeitet werden.

1. Kommunikationsoperationen und ihre Realisierung

Globale Kommunikationsoperationen sind für Rechner-Netze und verteilte MIMD-Architekturen wie z.Bsp. die Transputersysteme von zentraler Bedeutung. Neben dem Austausch von Daten dienen Kommunikationsoperationen vor allem der Koordination und Synchronisation einzelner Knotenrechner durch Nachrichten, die innerhalb eines parallelen Programmes oder eines verteilten Betriebssystems vereinbart wurden. Eine präzise Definition des Begriffes Kommunikationsoperation muß jeweils in Abhängigkeit von dem der Betrachtung zugrundeliegenden Abstraktionsgrad erfolgen. Vereinfachend kann man von einer logischen und einer physikalischen Ebene der Programmausführung ausgehen, die zwei voneinander unabhängige Beschreibungen dieser Operationen vorsehen. Während auf der physikalischen Ebene ausschließlich die durch Hardware und entsprechende Mikroprogramme implementierten atomaren Kommunikationsoperationen auftreten können, ermöglicht die rein logische Sicht eine Spezifikation von Operationen beliebiger Komplexität. In diesem Zusammenhang stellt sich ganz allgemein die Aufgabe, Kommunikationsoperationen der logischen Ebene durch solche der physikalischen Ebene zu realisieren.

Für die Programmierung von Transputersystemen häufig verwendete Programmiersprachen wie Occam und entsprechende parallele Adaptionen sequentieller Sprachen (C, Pascal, Fortran) sehen lediglich die Form der 1:1-Kommunikation vor, die vom Programmierer durch zwei einander zugeordnete Operationen, den Send- und den Empfangsbefehl beschrieben wird. Die Realisierung auf Maschinenebene ist in diesem Fall trivial, da diese Operationen durch den Compiler unmittelbar auf Mikroprogramme der Transputer-Firmware abgebildet werden können. Diese Beschränkung auf die 1:1-Kommunikation wird jedoch vielfach den Erfordernissen bei der Implementation paralleler Algorithmen nicht gerecht.

Eine naheliegende Verallgemeinerung der 1:1-Kommunikation bezeichnet der Begriff des Multicasts. Der Multicast, d.h. die 1:n-Kommunikation bewirkt die Übermittlung von Nachrichten gleichen Inhalts zwischen einem Sender und n Empfängern. In Analogie dazu werden für die Sonderfälle der 1:1-Kommunikation und der Kommunikation zwischen einem Sender und allen potentiellen Empfängern einer Nachricht auch die Bezeichnungen Unicast bzw. Broadcast verwendet. Abbildung 1 zeigt die Korrespondenz zwischen logischer und physikalischer Ebene für eine effiziente Realisierung von Kommunikationsoperationen. Unter dem Aspekt der Effizienz ist hier z.Bsp. die Abbildung eines logischen Unicasts auf einen physikalischen Broadcast grundsätzlich auszuschließen.

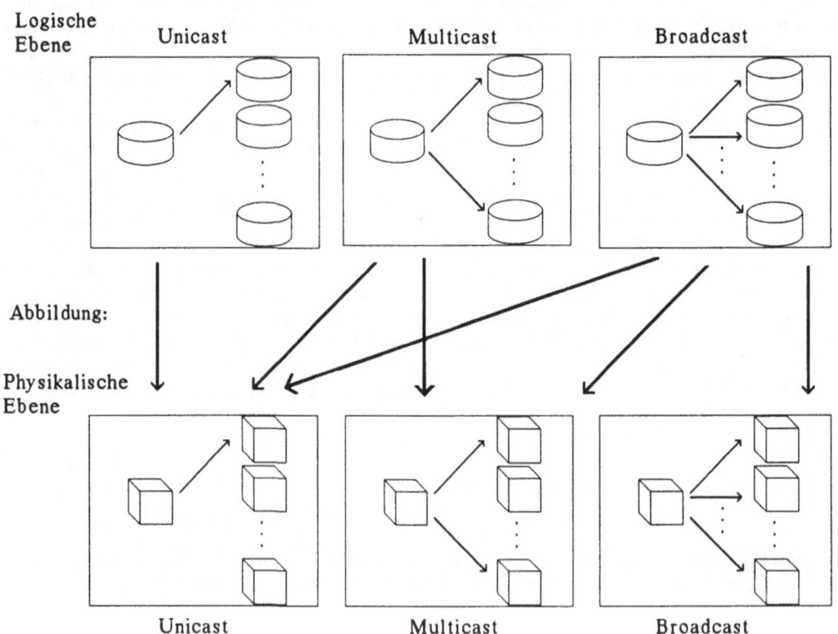

Abb. 1: Effiziente Realisierung von Kommunikationsoperationen

Im Bereich der Transputersysteme sind die Möglichkeiten zur direkten Realisierung logischer Multicasts durch die konzeptionelle Beschränkung auf eine serielle Punkt-zu-Punkt-Übertragung von Daten stark eingeschränkt. Ansätze zur Implementation logischer Multicasts [WO 90] sehen daher i.a. die Simulation durch eine Folge physikalischer 1:1-Operationen vor, die durch Komponenten eines verteilten Betriebssystems gesteuert wird. Dabei ist es unvermeidlich, daß bis zum Abschluß des Multicasts insgesamt mindestens 2n verschiedene Linkanschlüsse jeweils für die Dauer einer einfachen Übertragung der Nachricht blockiert werden. Die Ausführungzeit für die gesamte Simulation wird insbesondere durch den bei jedem Übertragungsvorgang zu leistenden Verwaltungsaufwand und den Aufwand für die Zwischenspeicherung der Nachricht beeinflußt.

Läßt die Hardware eines Systems die Ausführung physikalischer Multicasts zu, so bietet sich als Alternative zur Simulation durch 1:1-Operationen die direkte Realisierung auf physikalischer Ebene an. Die Umsetzung eines logischen 1:n-Multicasts setzt hier nicht unbedingt eine 1:n-Multicast-fähigkeit der Hardware voraus, sondern kann auch durch mehrere 1:m-Operationen (m<n) erfolgen. Zu den Vorteilen einer direkten Realisierung zählt die Tatsache, daß im Falle eines physikalischen 1:n-Multicasts nur eine einzige Sendeoperation ausgeführt werden muß, für deren Dauer lediglich n+1 Linkanschlüsse belegt werden.

2.0 Kommunikationsstrukturen für physikalische Multicasts

Abbildung 2 zeigt die für einen physikalischen Multicast in Transputersystemen benötigten Hardware-Komponenten und das Grundschema ihrer Verschaltung. An der 1:n-Kommunikation sind n+1 Transputer-Knotenrechner beteiligt, deren unabhängig von der CPU arbeitende serielle Link-Schnittstellen jeweils 8 Bit einer zu übertragenden Nachricht empfangen bzw. aussenden können. Der Transfer von Bytes zwischen Schieberegistern und Hauptspeicher wird vom Link-Interface gesteuert, das zu diesem Zweck für jede Übertragungs-Richtung einen Satz von 3 Status-Registern verwaltet.

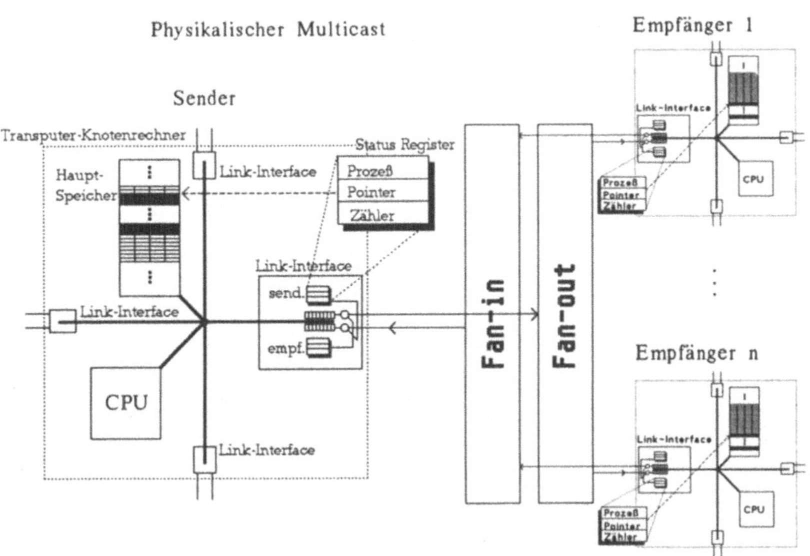

Abb. 2.: Allgemeine Kommunikatiosstruktur für einen physikalischen Multicast

Ähnlich wie eine übliche DMA-Einheit wird das Link-Interface von der CPU durch das Setzen der Status Register mit einem Datentransfer aus dem oder in den Hauptspeicher beauftragt. Der Hauptspeicherbereich ist durch einen Start-Pointer und einen Zähler spezifiziert, während ein weiterer Pointer auf den Prozeß verweist, der den Datentransfer veranlaßt hat und der nach dessen Abschluß wieder zu aktivieren ist. Um die Kommunikation zwischen zwei Link-Schnittstellen zu ermöglichen, ist durch zwei leitende Verbindungen ein wechselseitiger Kontakt zwischen beiden Sende-/Empfangs-Schieberegistern herzustellen. Auch bei der unidirektionalen Übertragung von Daten sind beide Verbindungen erforderlich, da jedes empfangene Byte vom Empfänger jeweils durch ein Quittierungs-Signal (Acknowledge) bestätigt wird.
Die in Abbildung 2 nur schematisch dargestellten Funktionsgruppen Fan-out und Fan-in erfüllen die beiden zentralen Aufgaben, die im Zusammenhang mit einem Multicast auftreten. Durch das Fan-out soll das Signal des Senders auf n verschiedene Leitungen übertragen werden während beim Fan-in aus den Quittierungs-Signalen der n Empfänger ein einziges Signal gewonnen werden muß. Im Folgenden werden Ansätze zur Realisierung dieser Funktionsgruppen diskutiert, die sich insbesondere hinsichtlich des zu leistenden Aufwandes unterscheiden.

2.1 Fan-out

Kennzeichnend für die Architektur eines Transputersystems sind unter anderem Aufbau und Struktur des Verbindungsnetzwerkes, das zur Übertragung von Daten zwischen den Knotenrechnern eingesetzt wird. In seiner einfachsten Form kann das Netzwerk aus einzelnen Leitungen bestehen, die Link-Schnittstellen paarweise miteinander verbinden. Ein Fan-out innerhalb eines solchen statischen Netzwerkes erfordert lediglich den Einsatz eines geeigneten Treiber-Bausteins, der das an seinem Eingang anliegende Signal des Senders auf die parallel geschalteten Eingänge der Empfänger überträgt.
Durch eine statische Verbindungsstruktur wird das MIMD-System jedoch auf eine einzelne fest vorgegebene Topologie eingeschränkt, die nur durch zeitaufwendige Manipulationen wieder verändert werden kann. Transputersysteme, die über ein dynamisches Verbindungsnetzwerk verfügen bieten zusätzlich die Möglichkeit, die Ausführung eines parallelen Programmes oder Programmteils durch eine geeignete Rekonfiguration der Rechner-Topologie zu unterstützen.
Um eine kostengünstige Realisierung rekonfigurierbarer Transputersysteme zu ermöglichen, wurde

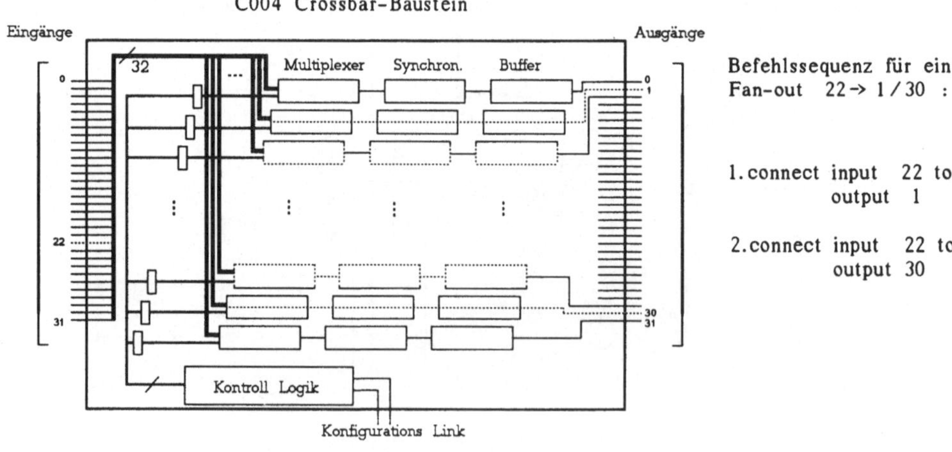

Abb.2: Programmierung eines Fan-out

von der Firma INMOS ein spezieller VLSI-Schaltkreis (Typ C004) für den dynamischen Verbindungs-aufbau zwischen Link-Schnittstellen entwickelt. Die zentrale Funktionseinheit des Bausteins bildet eine Gruppe von 32 Multiplexern der Dimensionierung 32/1, über die Verbindungen zwischen den 32 Eingängen und den 32 Ausgängen des C004 hergestellt werden können. Um die Degeneration von Signalen auf dem Übertragungsweg zwischen den Link-Schnittstellen wirksam zu unterdrücken, wird das Ausgangssignal jedes Multiplexers abgetastet und synchron zum internen Takt des C004 rekonstruiert. Das so in seiner ursprünglichen Form zurückgewonnene Signal gelangt über eine Puffer-Stufe zum entsprechenden Ausgang des Bausteins. Durch diese fortgesetzte Aufbereitung des Signals wird der Aufbau dynamischer Verbindungsnetzwerke mit einer beliebigen Anzahl von Stufen ermöglicht, ohne daß weitere technische Maßnahmen (Anpassung von Leitungen etc.) erforderlich sind.

Die Steuerung des Schaltkreises erfolgt über eine Link-Schnittstelle, die Folgen von Bytes als Kon-figurations-Befehle interpretiert. Das dabei verwendete Protokoll umfaßt Befehle, die den Aufbau oder die Auflösung einfacher (Input i/Output j) bzw. bidirektionaler Verbindungen (Input i/Output j und Input j/Output i) veranlassen. Bei der Realisierung dieser in der Literatur dokumentierten Funktionen [NM 89] des C004 wird kein Gebrauch von der Möglichkeit gemacht, einen Eingang über verschiedenen Multiplexer mit mehreren Ausgängen zu verbinden. Ein solches Fan-out kann von der Kontroll Logik des Bausteins erzeugt werden, falls eine entsprechende Sequenz von einzelnen Verbindungs-Anweisungen $(i/j_1,...,i/j_r, 2 \leq r \leq 32)$ eingeht.

2.2 Fan-in

Die Handhabung der Acknowledge-Signale ist das zentrale Problem bei der Implementation von physikalischen Multicast-Operationen in Transputernetzen. Abbildung 4 zeigt eine korrekte zeitliche Abfolge der Signale, die während einer Multicast-Operation zwischen dem Sender und den Empfän-gern ausgetauscht werden müssen. Das Ausgangssignal des Senders wird durch das Verbindungsnetz-werk mit einer Verzögerung auf die Eingänge der Empfänger übertragen. Auch wenn vorausgesetzt werden kann, daß das Signal gleichzeitig an allen Eingängen anliegt, so treten dennoch bei seiner weiteren Verarbeitung durch die Empfänger i.a. zeitliche Differenzen auf. Diese entstehen durch die asynchrone Arbeitsweise der einzelnen Transputer, die unterschiedliche Geschwindigkeit ihrer lokalen Speicher oder durch lokale Konflikte, die beim gleichzeitigen Zugriff auf den Hauptspeicher durch die CPU oder weitere Link-Schnittstellen auftreten. Acknowledge-Signale für die empfangenen

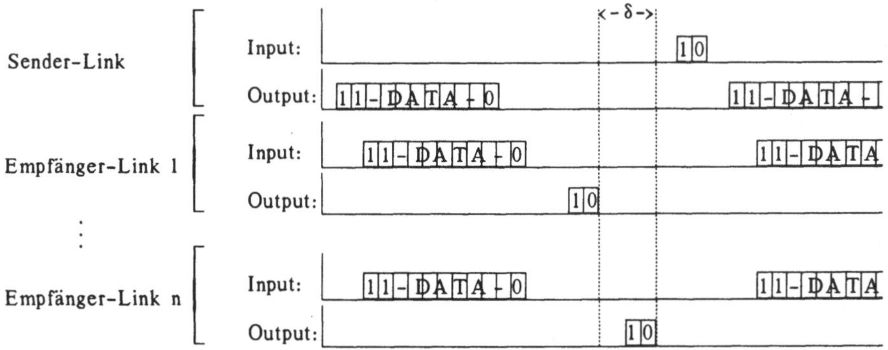

Abb. 4: Timing einer Multicast-Operation

Datenpakete werden durch die Empfänger daher nicht gleichzeitig sondern innerhalb eines Zeitinter-valls δ generiert. Ein Acknowledge-Signal, das den vollständigen Empfang eines Bytes durch alle n Empfänger bestätigt darf beim Sender erst nach Ablauf des Intervalls δ eingehen. Ist dies nicht der

Fall, so ist bei Beginn des folgenden Sendevorganges eine Empfangsbereitschaft aller n Empfänger nicht gesichert. Es kann dann durch den Verlust von Daten zu einer fehlerhaften Multicast-Übertragung kommen.

Aus diesem Grunde ist es erforderlich, daß bei der Verarbeitung der Acknowledge-Signale zu einem gemeinsamen Ausgangssignal für den Sender, anders als beim Fan-out, eine Zwischenspeicherung der Signale erfolgt. Abbildung 5 zeigt das Schema einer entsprechenden Fan-in Schaltung.

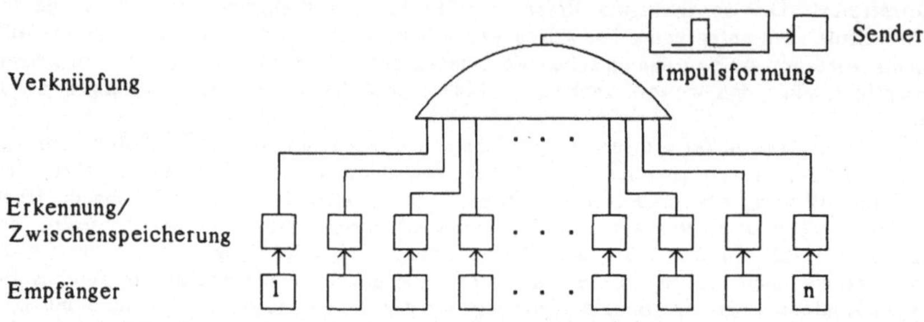

Abb. 5: Fan-in Schaltung für Acknowledge-Signale

Der skizzierte Lösungsansatz sichert, daß ein Acknowledge-Signal erst nach Ablauf des Zeitintervalls δ durch den Sender empfangen werden kann und somit das in Abbildung 4 beschriebene korrekte Timing der Multicast-Operation eingehalten wird. Zu den entscheidende Nachteilen dieses Ansatzes zählen seine geringe Flexibilität und der entstehende Aufwand an zusätzlicher Hardware. Insbesondere der Einsatz eines dynamischen Verbindungsnetzwerkes erscheint in diesem Zusammenhang problematisch, da die entsprechenden Hardware-Komponenten jeweils für eine vorgegebene Anzahl von n Empfängern konfiguriert und dem Netzwerk zugeschaltet werden müssen.

Alternativ zum Einsatz der beschriebenen Hardware kann eine gezielte Steuerung des Timings auch durch Verzögerungsschaltungen (Delays) erfolgen. Wie bereits erwähnt, wird das genaue zeitliche Verhalten eines einzelnen Empfängers von Faktoren bestimmt, die nicht im unmittelbaren Zusammenhang zur eigentlichen Multicast-Operation stehen. So ist insbesondere eine genaue Vorhersage der Reaktionszeit, d.h. der Zeit, die vom Eintreffen eines Bytes bis zum Aussenden des Acknowledge verstreicht nicht möglich. Geht man jedoch davon aus, daß diese Reaktionszeit einen bestimmten maximalen Wert nicht überschreiten kann, so läßt sich auch die Größe des Intervalls δ abschätzen: $\delta \leq \delta_m$, $\delta_m :=$ maximale Reaktionszeit - minimale Reaktionszeit.

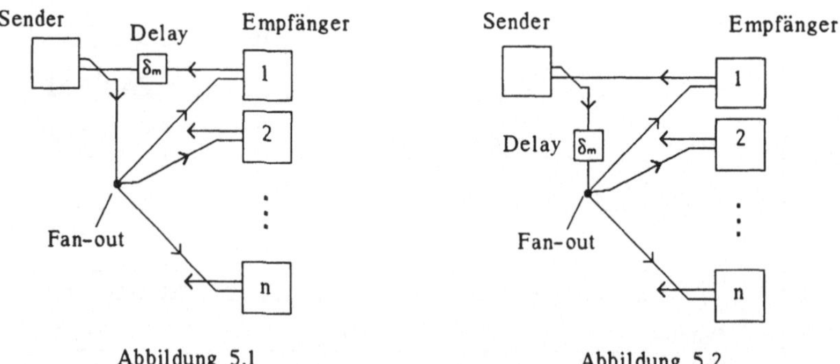

Abbildung 5.1   Abbildung 5.2

Auf eine zusätzliche Schaltung, die alle n Acknowledge-Signale zu einem gemeinsamen Ausgangssignal verarbeitet kann nun verzichtet werden. Es reicht aus, einen einzigen der Empfänger (z.Bsp. Empfänger 1) über ein Delay mit dem Eingang des Senders zu verbinden (Abbildung 5.1). Das Delay verzögert das Acknowledge des Empfängers für einen Zeitraum δ_m und sichert so, daß dieses Signal erst beim Sender eintrifft nachdem alle übrigen Empfänger mit der Aussendung des Acknow-

ledge begonnen haben. Die Abbildung 5.2 zeigt eine ähnliche Lösung, bei der nicht das Acknowledge des Empfängers 1 sondern das Signal des Senders verzögert wird. Im Unterschied zur Verzögerung des Acknowledge-Signals zeigt diese Variante ein von Abbildung 4 abweichendes Timing, das jedoch ebenfalls eine korrekte Ausführung des Multicast-Operation sichert. Entscheidend ist in beiden Fällen, daß zwischen der Reaktion des Empfängers 1 und dem Eintreffen des nächsten Daten-Bytes jeder der übrigen Empfänger wieder den Zustand der Empfangsbereitschaft erreicht hat.
Eine Implementation der in Abbildung 5.2 dargestellten Variante kann ohne den Einsatz zusätzlicher Hardware vorgenommen werden. Das Delay wird dann von einem Prozeß simuliert, der auf dem Knotenrechner "Sender" die Link-Schnittstelle vor jedem einzelnen Übertragungsvorgang neu initialisiert. Der Prozeß wird beim Eintreffen des Acknowledge-Signals aktiviert, läßt die Zeitspanne δ_m verstreichen und programmiert anschließend die Link-Schnittstelle für die Übertragung des nächsten Bytes. Eine Spezifikation dieses Verhaltens auf Programm-Ebene entspricht einem einfachen Schleifen-Konstrukt, das bei jeder Iteration die Aussendung eines einzelnen Bytes vorsieht und so eine blockweise Übertragung der gesamten Nachricht (block-move) vermeidet.

2.3 Multicast in rekonfigurierbaren Transputersystemen

Besonders günstige Voraussetzungen für den Einsatz der Delay-Technik ergeben sich im Zusammenhang mit rekonfigurierbaren Transputersystemen, da diese über ein dynamisches Verbindungsnetzwerk verfügen. Ein dynamisches Netzwerk, in dem Signale über eine Vielzahl von Schaltern und Treiberstufen übertragen werden weist in der Regel eine erhebliche Durchlaufverzögerung auf, die sich bei der Realisierung physikalischer Multicasts nutzen läßt. Während bei der 1:1-Kommunikation Signallaufzeiten ausschließlich als nicht-ideale Eigenschaften des Netzwerkes betrachtet werden müssen, können sie bei der Multicast-Übertragung ein ohnehin benötigtes Delay ersetzen. Unter Ausnutzung der beschriebenen Fan-out Eigenschaften des C004-Bausteines ist die Implementation von Multicast-Operationen in rekonfigurierbaren Systemen so in der Form einer reinen Software-Lösung möglich.

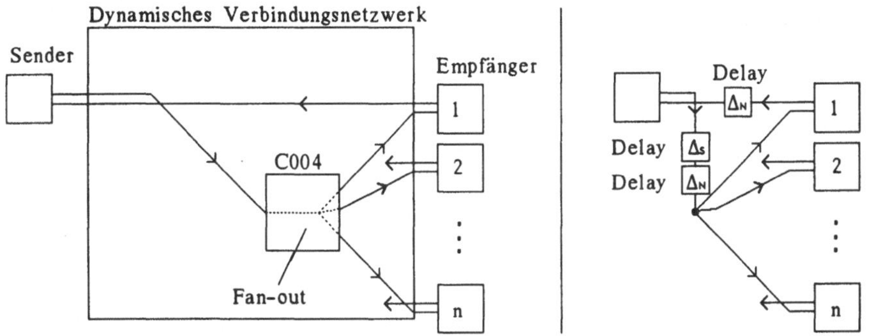

Abb. 6: Multicast in rekonfigurierbaren Transputersystemen

Das Signal des Senders wird über die im Netzwerk programmierten Fan-outs auf die Eingänge der Empfänger übertragen. Der Empfänger 1 quittiert stellvertretend die n empfangenen Bytes, indem er über eine zusätzlich geschaltet Leitung ein Acknowledge an den Sender schickt. Sowohl das Sende- als auch das Acknowledge-Signal werden bei der Duchquerung des Netzwerkes für einen Zeitraum Δ_N verzögert. Zusätzlich besteht die Möglichkeit, den Sendevorgang unter der Kontrolle eines entsprechenden Prozesses ablaufen zu lassen, der eine frei wählbare zusätzlich Verzögerung Δ_s des Sende-Signals bewirkt. Eine hinreichende Bedingung für das korrekte Timing und damit die fehlerfreie Ausführung der physikalischen Multicast-Operation zeigt folgende Ungleichung: $\delta_m \leq \Delta_s + 2\Delta_N$. Die Größe δ_m ist von unterschiedlich Eigenschaften der Knotenrechner abhängig. Dazu zählen der

Typ des Transputers, Art und Zugriffsgeschwindigkeit des Speichers und die bei der Kommunikation verwendete Übertragungsrate. Eine weitere wichtige Eigenschaft wird durch die Strategie bestimmt, die der Transputer zur Auflösung von Konflikten beim Zugriff auf den Hauptspeicher verwendet. Speziell stellt sich die Frage, inwieweit diese Strategie eine "faire" Vergabe von Zugriffsrechten an die einzelnen Link-Schnittstellen und die CPU gewährleistet. Bei einer fairen Vergabe der Zugriffsrechte kann für δ_m ein konstanter von den übrigen Aktivitäten des Transputers unabhängiger Wert angegeben werden. δ_m ist in diesem Fall unabhängig von den Eigenschaften des auszuführenden parallelen Programmes. Da eine Beantwortung dieser zentralen Fragestellung anhand der frei verfügbaren technischen Unterlagen [INM 88 - 89] nicht möglich war, können an dieser Stelle nur die bei zahlreichen praktischen Versuchen gewonnenen empirischen Ergebnisse referiert werden.

3. Praktische Erprobung des Ansatzes

Der beschriebene Ansatz zur Realisierung physikalischer Multicasts in rekonfigurierbaren Transputersystemen wurde hinsichtlich seiner Leistungsfähigkeit und insbesondere auch unter dem Aspekt der Zuverlässigkeit praktisch erprobt. Das dabei verwendete Transputersystem verfügt über 16 Prozessoren des Typs T414 und ein dynamisches Verbindungsnetzwerk, in dem 6 C004-Bausteine eingesetzt werden. Die Crossbars bilden ein 3-stufiges Netzwerk, das eine beliebige Verschaltung aller 64 Link-Schnittstellen des Systems ermöglicht. Bei allen Versuchen wurde eine Übertragungsrate von 10MBit/sec gewählt.
Nach dem in Abbildung 6 dargestellten Schema wurden für Empfänger-Gruppen unterschiedlicher Größe Multicast-Operationen ausgeführt, wobei auf einem einzelnen C004-Baustein Fan-out Raten bis zu einer Größe von 14 auftraten. Die durch das 3-stufige Netzwerk verursachten Verzögerugszeiten Δ_N reichten bei allen durchgeführten Versuchen aus, eine fehlerfreie Übertragung der Multicast-Nachricht zu gewährleisten. Auch bei einem Betrieb über mehrere Stunden für eine große Anzahl von Empfängern konnte kein Fehler festgestellt werden. Auf die Verwendung einer zusätzlichen durch Software gesteuerten Verzögerung Δ_S wurde daher verzichtet. Die Spezifikation des Senders und der Empfänger erfolgte jeweils durch einfache Eingabe/Ausgabe-Befehle, die zum Umfang der Programmiersprache Occam gehören.
Versuche zur gezielten Erzeugung einer Fehlerquelle ergaben, daß nur eine künstlich herbeigeführte Verzögerung des Empfangs zu einem Datenverlust führen kann. In diesem Fall wurde der Empfänger nicht durch einen einzelnen Eingabe-Befehl (block-move) sondern durch ein Schleifen-Konstrukt spezifiziert. Die Link-Schnittstelle des Empfängers befindet sich so unter der Kontrolle eines Prozesses, der nach dem Eintreffen eines Daten-Bytes jeweils aktiviert werden muß. Der damit verbundene Prozeßwechsel kann die Reaktionszeit des Empfängers soweit verlängern, daß ein Datenverlust eintritt.
Für die diskutierte Form der Multicast-Übertragung ergeben sich weitere Einsatzmöglichkeiten im Bereich des Hardware-Monitoring. Durch das Aufschalten eines zusätzlichen Empfängers über einen IMS C004 Baustein können Kommunikationsvorgänge auf Hardware-Kanälen rückwirkungsfrei erkannt werden.

Literatur

[INM 84] Inmos Ltd., The Occam Programming Manual. Prentice Hall, 1984.

[INM 88a] Inmos Ltd., Transputer Reference Manual, Prentice Hall, 1988.

[INM 88b] Inmos Ltd., Communicating Process Achitecture, Prentice Hall, 1988.

[INM 89] Inmos Ltd., Transputer Technical Notes, Prentice Hall, 1989.

[WO 90]   Wolf K., Effizientes Broadcast auf Transputern, Parallele Datenverarbeitung mit dem Transputer, Proceedings TAT'90, IFB 272, Springer, pp. 35-42, 1990.

Ein Verfahren zur
Laufzeitrekonfigurierung von Transputersystemen

Antonius Klingler

Lehrstuhl für angewandte Mathematik insbesondere Informatik

RWTH Aachen, Ahornstr. 55 , Tel. 0241/8021053

Zusammenfassung

Die Verwaltung globaler Datenbestände tritt als grundlegendes Problem beim Betrieb von MIMD-Architekturen auf, die ausschließlich über private Speicher verfügen. Entsprechende Lösungsansätze im Bereich der Transputersysteme greifen i.a. auf store-and-forward Routingtechniken zurück, die entweder vom Benutzer selbst entwickelt und in das parallele Programm integriert werden, oder als Funktionen eines verteilten Betriebssystems (z.Bsp. HELIOS) zur Verfügung stehen. Zu den spezifischen Nachteilen des Routing zählen in erster Linie die zusätzliche Belastung des Rechnersystems und das Auftreten lokaler Überlastungen, sogenannter "hot spots". Gegenwärtig sind besonders größere Systeme kommerzieller Anbieter mit dynamischen Verbindungsnetzwerken ausgestattet, die für die Realisierung einer festen durch das parallele Programm vorgegebenen Verbingungsstruktur vorgesehen sind. Diese kann jedoch i.a. während der Programmausführung nicht verändert werden, so daß auch hier die Implementation globaler Kommunikationsmechanismen ausschließlich mittels Routing erfolgen muß.
Die vorliegende Arbeit beschreibt ein Verfahren zur Verwaltung globaler Datenstrukturen, das wesentlich auf einer dynamischen Veränderung der Verbindungsstrukturen zur Laufzeit beruht. Der Ansatz nutzt ein vorhandenes Verbindungsnetzwerk zum Aufbau direkter Link-Verbindungen zwischen kommunizierenden Prozessoren, und kann so aufwendige Routingoperationen weitgehend vermeiden. Jeder Prozessor des Systems hat dabei die Möglichkeit, eine direkte Verbindung zu einem gewünschten Kommunikationspartner anzufordern und im Dialog mit dem lokalen Prozessor einen Zugriff auf dort gespeicherte globale Datenstrukturen auszuführen. Da vor allem Netzwerke mit zentraler Kontrolle nur eine begrenzte Anzahl von Laufzeitrekonfigurierungen pro Zeiteinheit erlauben, sieht das Verfahren eine gezielte Steuerung der Granularität von Kommunikationsoperationen durch eine geeignete Strategie zur Allokierung globaler Datenstrukturen vor.
Eine Realisierung des Verfahrens erfolgte im Rahmen eines Forschungsprojektes zur parallelen Implementation der Programmiersprache Prolog. Das dabei verwendete Transputersystem setzt sich aus 17 Prozessoren und einem dreistufigen Verbindungsnetzwerk zusammen.

1. Organisation der Laufzeitrekonfigurierung

Der folgende Abschnitt stellt ein Verfahren zum Betrieb eines dynamischen Verbindungsnetzwerkes vor, das eine durch das Laufzeitverhalten des Programms gesteuerte kontinuierliche Rekonfigurierung des Netzwerkes während der Programmausführung realisiert. Die Dynamisierung des Netzwerkes dient grundsätzlich dem Ziel, den durch globale Datenzugriffe entstehenden Aufwand bei der Ausführung paralleler Programme zu reduzieren. Dazu soll durch geeignete Anpassung der Netzwerk-Topologie jeweils eine direkte Verbindung zwischen zwei an einem globalen Datentransfer beteiligten Prozessoren hergestellt werden. Das Kriterium für die Auswahl der aktuellen Netzwerk-Topologie bilden daher zwangsläufig die durch parallele Prozesse initiierten Zugriffe auf globale Datenstrukturen. Eine Zugriffs-Operation impliziert dabei einen "Verbindungswunsch", der sich auf den Prozessor bezieht, in dessen lokalem Speicher die benötigten Daten verwaltet werden. Der Prozeß muß nun zunächst vom Netzwerk-Controller die erforderlichen Betriebsmittel, d.h. eine direkte Verbindung

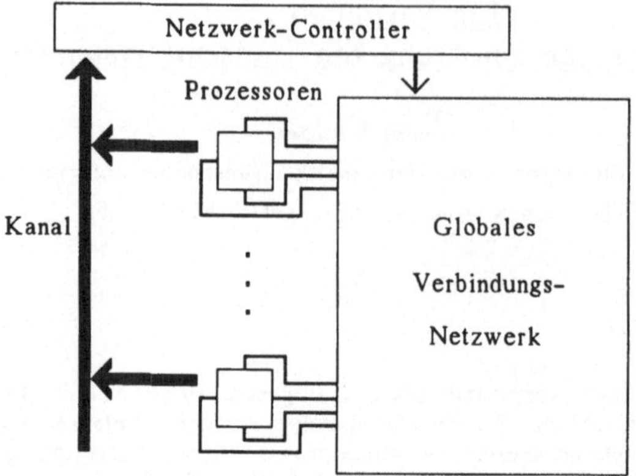

Abb. 1: Rekonfigurierbares Transputersystem

zu einem gewünschten Kommunikationspartner anfordern. Zur Übermittlung dieser Betriebsmittelanforderung wird ein Kommunikationskanal benötigt, der sowohl dem Controller als auch den Prozessoren zugänglich ist. Ein entsprechender Kommunikationskanal kann als Element der Rechnerarchitektur auf physikalischer Ebene realisiert werden. Beispiele für diesen Lösungsansatz sind
[COG 90] und [BFGC 91], die einen zusätzlichen globalen Bus für Transputersysteme vorsehen.
Alternativ bietet sich die Nutzung des ohnehin vorhandenen globalen Verbindungsnetzwerkes an. Der
Kommunikationskanal ist in diesem Fall in der üblichen Weise durch Routingprogramme zu simulieren, die Nachrichten an den Controller weiterleiten. Bei der Steuerung des Netzwerkes ist hier
zu berücksichtigen, daß zu keinem Zeitpunkt ein Prozessor vollständig vom übrigen Netzwerk isoliert
werden darf, da sonst eine Verbindungsaufnahme mit dem Controller nicht mehr möglich ist.
Zielarchitektur des hier beschriebenen Verfahrens zur Laufzeitrekonfigurierung ist ein ist Standard-
Transputersystem ohne zusätzlichen globalen Bus oder einen vergleichbaren zusätzlichen Kommunikationskanal. Dies gewährleistet eine universelle Verwendbarkeit des Ansatzes im Bezug auf jedes
Transputersystem mit dynamischem Verbindungsnetzwerk. Die bei der Steuerung des dynamischen
Netzwerkes eingesetzte Strategie (siehe Abschnitt 2) ist jedoch von den spezifischen Eigenschaften
und der Struktur des Netzwerkes abhängig, so daß in diesem Bereich jeweils eine Anpassung erfolgen
muß.
Das in Abb. 2 skizzierte Transputersystem wurde im Rahmen der Implementation verwendet. Die
6 C004 Crossbar-Bausteine des Verbindungsnetzwerkes werden über ein einziges Konfigurations-Link
programmiert, das mittels eines Demultiplexers auf jeden der Crossbars aufgeschaltet werden kann.
Die Steuerung des Demultiplexers erfolgt durch die 3 höchstwertigsten Bits jedes übertragenen
Bytes. Dabei wird die Tatsache ausgenutzt, daß die Programmierung des C004 ausschließlich durch
Folgen von Bytes des Wertebereiches $\left[2^{0},...,(2^{5}-1)\right]$ erfolgt.
Die Steuerung des Netzwerkes kann auf der Basis eines (voll-)dynamischen oder teil-dynamischen
Verfahrens erfolgen. Im teil-dynamischen Betrieb sind die Prozessoren und der Crontroller ständig
durch ein statisches Teilnetz miteinander verbunden, das durch Rekonfigurationsoperationen nicht
verändert werden kann. Der vollständig dynamische Betrieb schließt hingegen alle Veränderungen
der Netzwerk-Topologie ein, die nicht zur Isolation eines Prozessors vom übrigen Netzwerk führen.
Beide Varianten weisen spezifische Vor- und Nachteile auf, die auch im Kontext der Eigenschaften
des auszuführenden parallelen Programmes bewertet werden müssen.
Der entscheidende Vorteil des voll-dynamischen Betriebs ist der zu erzielende hohe Grad an Flexibilität, da alle 4 Link-Schnittstellen eines Transputers für die Rekonfiguration genutzt werden
können. Dem gegenüber stehen wesentliche Nachteile im Bereich des Message-Routing, das in
diesem Fall über dynamisch veränderliche Verbindungen erfolgen muß. Hier sind zusätzliche Maßnahmen erforderlich, die verhindern, daß Nachrichten vollkommen verloren gehen oder ständig Transportiert werden, ohne an ihr Ziel zu gelangen. Geeignete Lösungsansätze [PAR 83] führen zur
Laufzeit zu einem erheblichen Mehraufwand durch ständige Aktualisierungen von Routing-Tabellen
und das wiederholte Umleiten von Nachrichten.

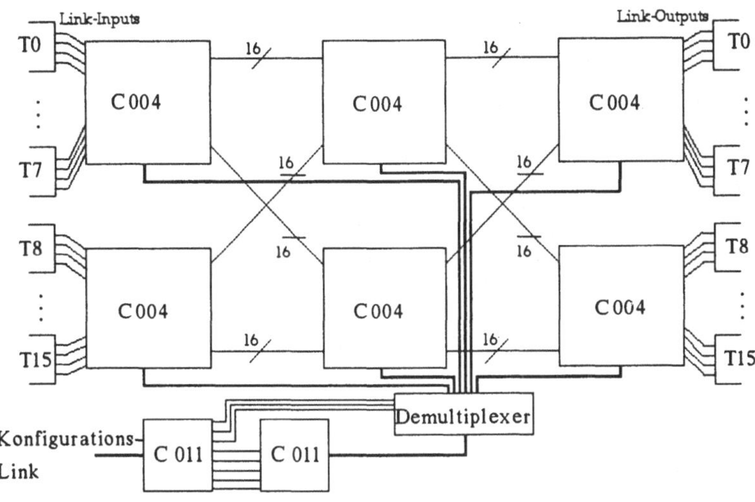

Abb. 2: Ziel-Architektur der Implementation

Der teil-dynamische Betrieb ermöglicht die Implementation von Standard Routing-Techniken im statischen Teil der Verbindungsstruktur. Neben der Kommunikation zwischen den Prozessoren und dem Netzwerk-Controller kann das statische Teil-Netz auch zum Austausch von Nachrichten zwischen den Prozessoren eingesetzt werden. In diesem Zusammenhang ist zu beachten, daß das Schalten einer direkten Verbindung anläßlich eines Datentransfers im Falle geringer Datenmengen mit einem Aufwand verbunden ist, der denjenigen üblicher Routing-Verfahren übersteigen kann. Kommunikations-operationen von sehr geringer Granularität treten insbesondere im Zusammenhang mit Nachrichten auf, die der Koordination und Synchronisation paralleler Prozesse dienen und sind vor allem typisch für Prozeß-Netze, die durch automatische Parallelisierung generiert wurden. Es bietet sich daher an, Kommunikationsoperationen in Abhängigkeit von ihrer Granularität entweder im statischen oder im dynamischen Teil-Netz abzuwickeln, um so die jeweils kostengünstigste Realisierung dieser Operationen gewährleisten zu können.

Die Implementation des Rekonfigurationsverfahrens erfolgte auf der Grundlage eines teil-dynamischen Betriebs. Das statische Teil-Netz wird von einer Ring-Struktur gebildet (Links 2/3), so daß je zwei Links jedes Transputers (Links 0/1) dem dynamischen Teil des Netzwerkes zuzuordnen sind.

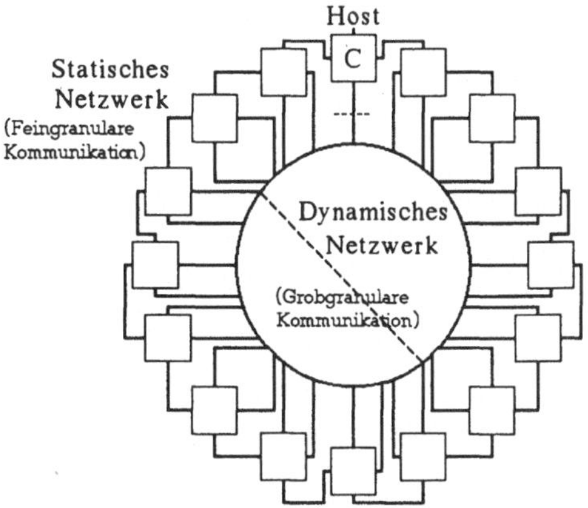

Abb. 3: Grundkonfiguration des Transputersystems

Das nachfolgend beschriebene Protokoll regelt den Austausch von Nachrichten bei der Abwicklung von Rekonfigurationsoperationen. Die Rekonfigurierung des Netzwerkes wird hier im Sinne einer Betriebsmittelverwaltung interpretiert, bei der einzelnen Prozessoren Netzwerk-Ressourcen zugeteilt werden können. Dabei treten 3 verschiedene Arten von Nachrichten auf, die den jeweiligen Empfänger über die Anforderung, die Freigabe oder die Rückgabe von Betriebsmitteln informieren. Durch die Übermittlung der Nachricht "connect i to j" an den Controller fordert der Prozessor i eine direkte Verbindung zu Prozessor j an (Abb. 4.1). Die Betriebsmittelanforderung spezifiziert nicht die Link-Schnittstellen der Prozessoren i und j, über die die Verbindung hergestellt werden soll. Die Einschränkung auf ein bestimmtes Link würde die Betriebsmittelvergabe unnötig erschweren, da die Vergabe in diesem Fall zusätzlich von der momentanen Verfügbarkeit dieser Schnittstelle abhängig wäre. Die Anforderung des Prozessors i wird vom Controller ausgewertet und im Rahmen der Betriebsmittelverwaltung zu einem späteren Zeitpunkt durch die Bereitstellung geeigneter Netzwerk-Ressourcen befriedigt (Abb. 4.2).

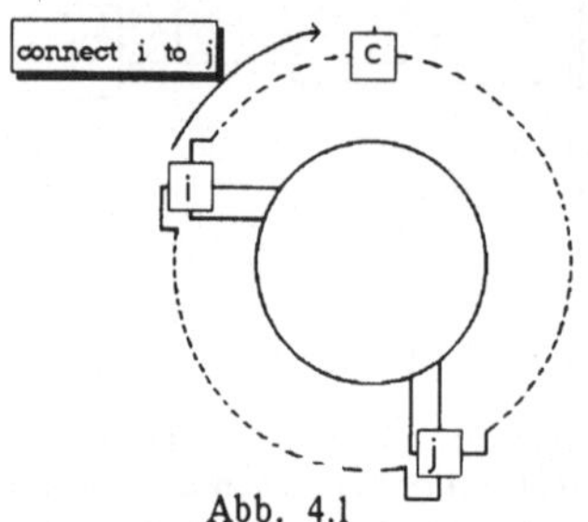

Abb. 4.1

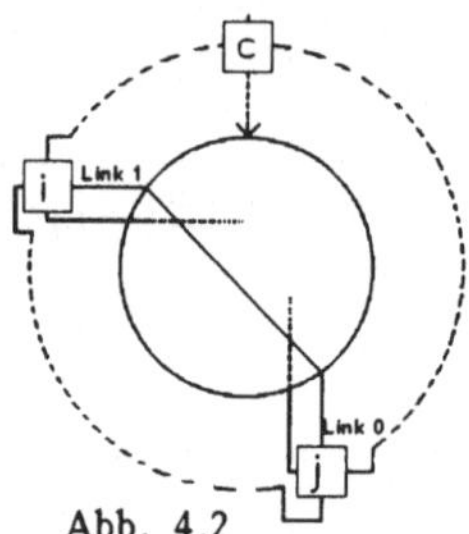

Abb. 4.2

Der Controller signalisiert beiden Kommunikationspartnern die Freigabe der Verbindung durch Aussenden der Nachrichten "connected j via 1" bzw. "connected i via 0" (Abb. 4.3). Dies veranlaßt Prozessor i einen Sende-Prozeß für das Link 1 zu kreieren, der sofort ein erstes Byte an den Empfänger j übermittelt. Das Empfangs-Schieberegister des Prozessors j nimmt, unabhängig von Existenz eines entsprechenden Empfangsprozesses, dieses Byte auf. Die Synchronisation zwischen Sender und Empfänger erfolgt durch das Quittierungs-Signal (Acknowledge) des Prozessors j, das erst im Anschluß an die Erzeugung des Empfangs-Prozesses gesendet werden kann.
An dieser Stelle wird deutlich, daß eine explizite Freigabe der Verbindung durch die "connected"-Nachricht unverzichtbar ist. Wenn bereits vor Abschluß des Verbindungsaufbaus ein Sende-Prozeß existiert, so kann das erste übermittelte Byte nicht in das Schieberegister des Empfängers gelangen und der beschriebene Synchronisationsvorgang findet nicht statt. Die resultierende "Verklemmung" zwischen Sende- und Empfangs-Prozeß muß dann durch ein aufwendiges Verfahren [INM 89] wieder beseitigt werden.

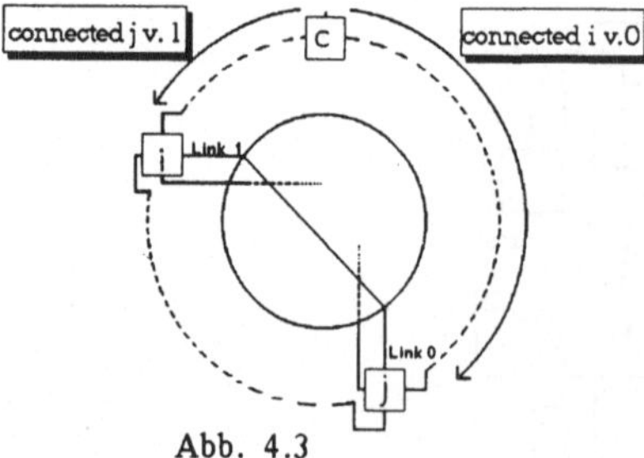

Abb. 4.3

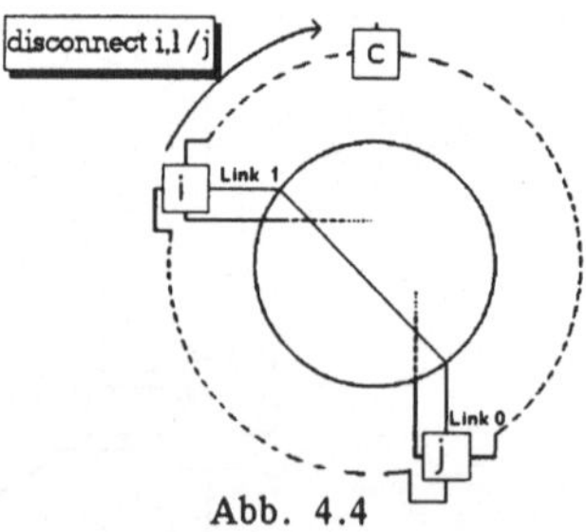

Abb. 4.4

Nach Abschluß des Datentransfers veranlaßt der Sender den Controller durch die Nachricht "disconnect i,1 / j" zur Auflösung der Verbindung (Abb. 4.4). Die so wieder freigegebenen Netzwerk-Ressourcen, die zum Aufbau der Verbindung benötigt wurden fließen dann erneut in den Prozeß der Betriebsmittelvergabe ein.

Das skizzierte Protokoll kann in solchen Fällen zu Konfliktsituationen führen, in denen Prozessoren i und j wechselseitig eine Verbindung zueinander anfordern. Im Anschluß an die Zuteilung dieser Verbindung generieren beide Prozessoren einen Sende-Prozeß, da die "connected"-Nachricht des Controllers jeweils als die Erfüllung der eigenen Betriebsmittelanforderung betrachtet wird. Die Lösung dieses Konfliktes ist entweder durch die ausdrückliche Vergabe von Send- und Empfangs-Rechten durch den Controller zu erreichen oder alternativ durch die Einführung eines sog. "Start-up Handshake" bei der Verbindungsaufnahme zwischen den beiden Prozessen.
Im Zuge der Implementation des Rekonfigurationsverfahrens wurde das Protokoll durch einen Start-up Handshake ergänzt, der ein Konflikt-Resolution ermöglicht, ohne das statische Teil-Netz und den Controller durch die Übermittlung zusätzlicher Informationen zu belasten. Die beiden beteiligten Prozessoren erzeugen dabei jeweils einen Sende- und einen Empfangsprozeß, die parallel arbeiten. Die Synchronisation zwischen einander zugeordneten Sende- und Empfangs-Prozessen der beiden Prozessoren findet in der vorher beschriebenen Weise, jedoch auf zwei voneinander getrennten Ebenen statt.

2. Verwaltung des Netzwerkes

Zur Befriedigung einer Betriebsmittelanforderung wird eine Teilmenge der Netzwerk-Ressourcen benötigt, die den Aufbau der gewünschten bidirektionalen Verbindung ermöglicht. Als Ressourcen sind dabei prinzipiell sowohl die Schalter der Crossbars als auch die zwischen den Crossbars verlaufenden Verbindungsleitungen zu betrachten. Eine explizite Verwaltung einzelner Schalter ist jedoch nicht notwendig, da jeder Crossbar die angeschlossenen Input/Output-Leitungen beliebig paarweise miteinander verschalten kann. Die 6 Crossbars des Netzwerkes werden durch 8 Busse verbunden, deren jeweils 16 Leitungen in ihrer Funktionalität vollständig austauschbar sind. Die verfügbaren Ressourcen lassen sich daher durch die Angabe der aktuellen freien Kapazitäten dieser 8 Busse und der freien Linkschnittstellen jedes einzelnen Prozessors beschreiben.

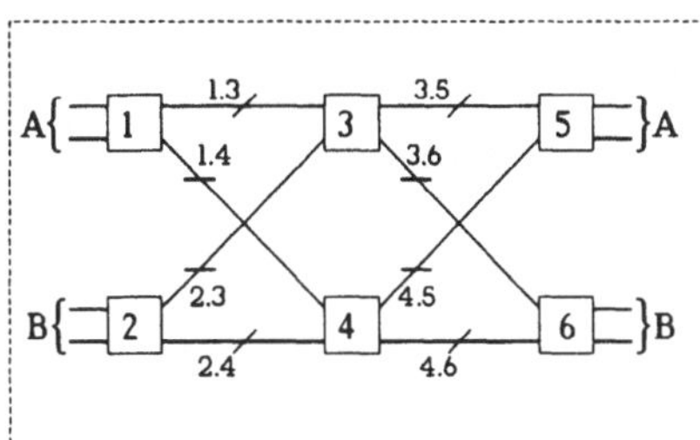

Abb. 5.1

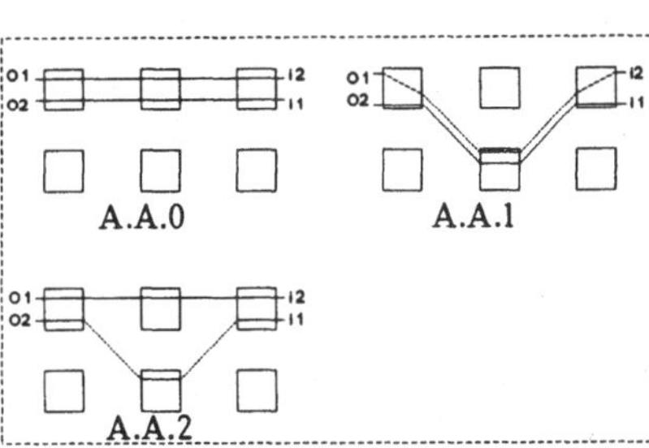

Abb. 5.2: Verbindungstyp A.A

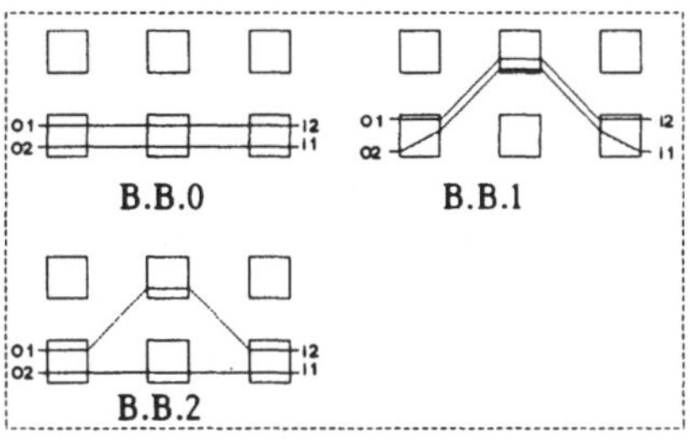

Abb. 5.3: Verbindungstyp B.B

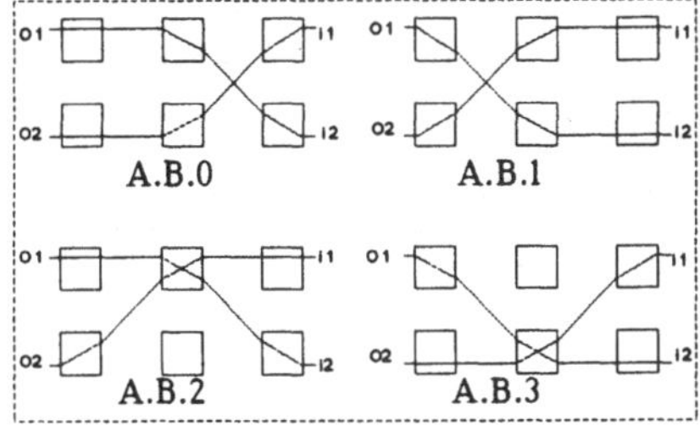

Abb. 5.4: Verbindungstyp A.B

Um eine Verbindung zwischen zwei Prozessoren i und j $(i,j \in [0,...,15])$ herstellen zu können sind 4 Leitungen dieser 8 Busse erforderlich. Die Abbildungen 5.2-5.4 zeigen die 10 möglichen Verbindungsmuster, nach denen die 4 Leitungen ausgewählt werden können. Dabei sind die drei Fälle $0 \le i,j \le 7$ (Verbindungstyp A.A), $8 \le i,j \le 15$ (Verbindungstyp B.B) und $0 \le i \le 7/8 \le j \le 15$ (Verbindungstyp A.B) zu unterscheiden, zu denen jeweils 3 bzw. 4 unterschiedliche Verbindungsmuster (Subtypen A.A.0 - A.B.3) existieren, die funktionell gleichwertig sind.

Aufgabe der Betriebsmittelverwaltung ist die Auswahl eines Verbindungsmuster, das geeignet ist, einen vorliegenden Verbindungswunsch zu realisieren. Die dabei verwendete Auswahlstrategie soll gewährleisten, daß Blockierungen, die durch fehlende Netzwerk-Ressourcen verursacht sind möglichst vermieden werden. Die mit der "connect"-Nachricht übermittelten Identitätsnummern der zu verbindenden Prozessoren implizieren einen der drei möglichen Verbindungstypen, so daß lediglich eine Auswahl unter den diesem Typ zugeordneten Verbindunsmustern (=Subtypen) getroffen werden muß. Durch die gezielte Bestimmung des Subtyps ist es möglich, die aktuelle Auslastung der Busse des Netzwerkes nach einer bestimmten Strategie zu beeinflussen.

Die hier verwendete Heuristik hat die gleichmäßige Auslastung aller 8 Busse zum Ziel, deren Überdeckung durch die einzelnen Subtypen in Abb. 6.1 dargestellt ist. Zu jedem Subtyp ist zunächst die Kapazität des am stärksten belasteten Busses zu ermitteln, indem das Minimum unter den freien Kapazitäten der Busse bestimmt wird, die dieser Subtyp überdeckt (Abb. 6.2). Durch die anschließende Bildung des Maximums wird der Subtyp ausgezeichnet, durch dessen Auswahl die einseitige Überlastung eines Busses möglichst vermieden werden kann. Bei den Verbindungsmustern, die zwei Leitungen jedes überdeckten Busses benötigen, ist jeweils ein Malus bei der Bestimmung des Maximums zu berücksichtigen.

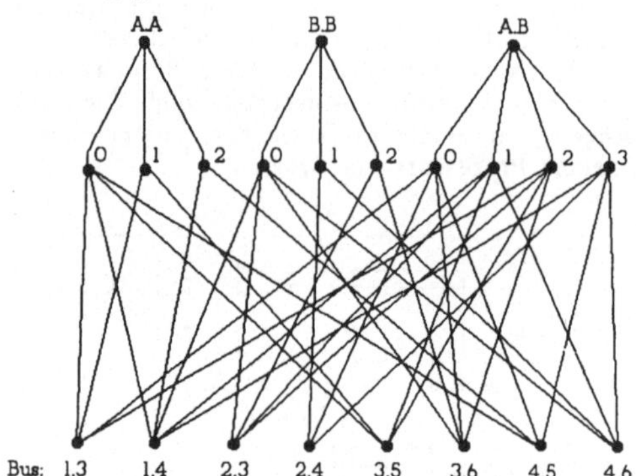
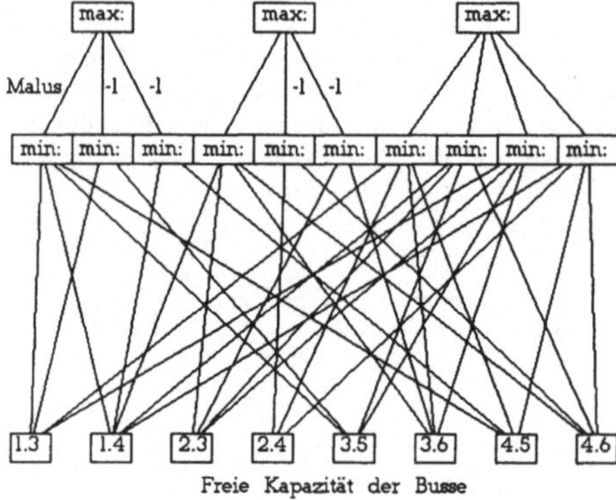

Abb. 6.1: Überdeckung der Busse durch
die möglichen Verbindungsmuster

Abb. 6.2: Auswahl des Verbindungsmusters

Die Wirksamkeit der verwendeten Strategie ist stark von Randbedingungen des Netzwerkbetriebs abhängig, die durch das Verhalten der einzelnen parallel arbeitenden Prozessoren determiniert sind. Dazu zählen die Häufigkeit und die zeitliche Verteilung von Verbindungsanforderungen durch die Prozessoren sowie entsprechende Kennwerte für die Zeiträume zwischen der Zuteilung von Verbindungen und deren Rückgabe.

Da das Rekonfigurationsverfahren bei der Verwaltung globaler Datenstrukturen eingesetzt wird, besteht die Möglichkeit, diese Parameter durch die Wahl einer geeigneten Strategie für der Allokierung der Daten zu beeinflussen. Der Allokierungsmechanismus gewährleistet bei einem gleichverteilten Zugriff auf abgespeicherte globalen Datenstrukturen, daß alle möglichen Verbindungen zwischen Prozessoren mit annährend gleicher Häufigkeit angefordert und für einen konstanten Zeitraum Δ aufrechterhalten werden. Durch die Verwendung der beschriebenen Heuristik zur Bestimmung der Verbindungsmuster wird gesichert, daß in einem hinreichend großen Zeitintervall δ_i alle Busse des Netzwerkes in etwa gleich stark durch die Herstellung neuer Verbindungen belastet werden (Abb. 7). Dies führt dazu, daß im zeitlichen Abstand Δ innerhalb eines zweiten in etwa gleich großen Zeitintervalls δ_2 alle Busse durch die Rückgabe der zugeteilten Netzwerk-Ressourcen wieder gleichmäßig entlastet werden und daher eine durch einseitige Rückgabe-Operationen verursachte ungleichmäßige Belastung i.a. nicht auftreten kann.

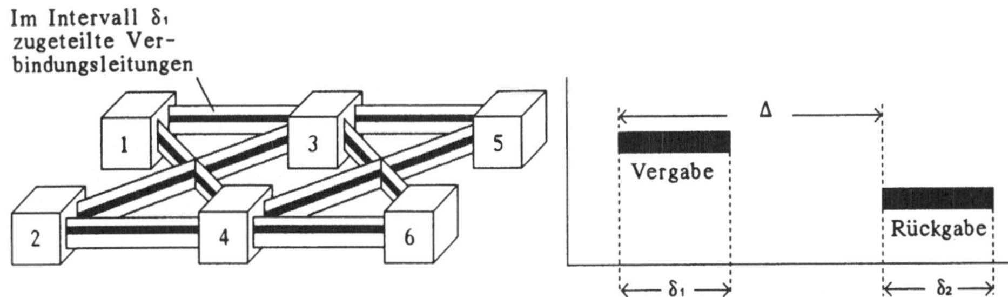

Abb. 7: Auslastung des Netzwerkes

3. Speichverwaltung

Eine effiziente Nutzung des dynamischen Verbindungsnetzwerkes bei der Verwaltung globaler Datenstrukturen setzt eine gezielte Anordnung dieser Strukturen innerhalb der verteilten lokalen Speicher des Systems voraus.

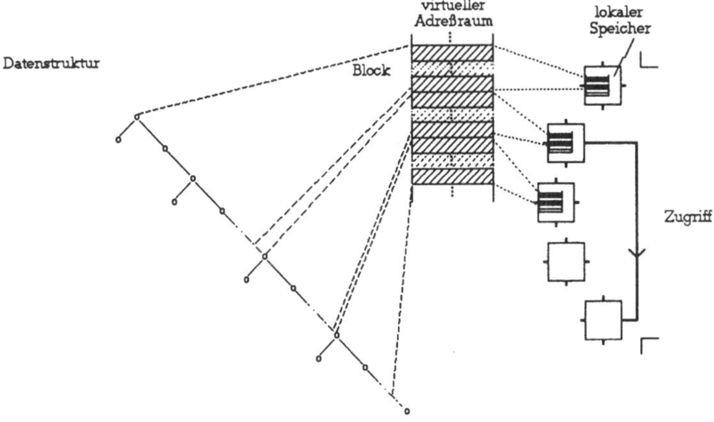

Abb. 8: Zugriff auf globale Datenstrukturen

Die Allokierung dieser Daten erfolgt zunächst innerhalb eines globalen virtuellen Adreßraumes, der nach einem festen Schema auf die privaten Speicher der Prozessoren abgebildet wird. Diese Abbildung muß gewährleisten, daß zusammenhängende Blöcke des virtuellen Adreßraumes jeweils einem einzelnen lokalen Speicher zugeordnet werden. Der Zugriff auf einen zusammenhängenden Teilbereich einer globalen Datenstruktur kann so i.a. durch wenige Kommunikationsoperationen erfolgen, die eine minimale Granularität (Blockgröße) nicht unterschreiten. Da bei der Allokierung der Blöcke nach Möglichkeit alle lokalen Speicher des Systems genutzt werden, ist ein paralleler Zugriff auf unterschiedliche Teilbereiche einer globalen Datenstruktur möglich, der außerdem zu einer gleichverteilten Belastung der Prozessoren durch globale Zugriffsoperationen führt.

Das nachfolgende Diagramm gibt die Leistungsdaten für den wahlfreien gleichverteilten Zugriff auf Blöcke des globalen virtuellen Adreßraumes wieder, die durch Messung ermittelt wurden.

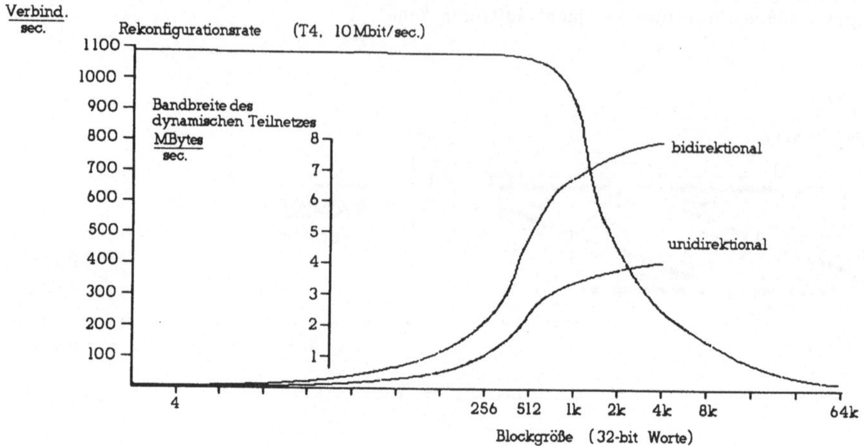

Abb. 9: Rekonfigurationsrate

Im Verlauf eines Rekonfigurationszyklus werden zwischen dem Controller und den beteiligten Prozessoren insgesamt 4 Nachrichten der Länge 4 Byte ausgetauscht. Die durch die Rekonfigurierung verursachte Gesamtbelastung des statischen Teil-Netzes beträgt somit maximal 17,6 KBytes/sec. und ist daher zu vernachlässigen.

Literatur

[BFGC 91] J. Briat, M. Favre, C. Geyer, J. Chassin de Kergommeaux, Scheduling of OR-parallel Prolog on a Scalable, Rekonfigurable Distributed-Memory Multiprocessor, PARLE '91, LNCS 506, Springer.

[COG 90] Cogent Research Incorporated, XTM Product Information, 1990.

[INM 84] Inmos Ltd., The Occam Programming Manual. Prentice Hall, 1984.

[INM 88a] Inmos Ltd., Transputer Reference Manual, Prentice Hall, 1988.

[INM 88b] Inmos Ltd., Communicating Process Achitecture, Prentice Hall, 1988.

[INM 89] Inmos Ltd., Transputer Technical Notes , Prentice Hall, 1989.

[PAR 83] Parker Y., Multi-Mikroprocessor Systems, Academic Press, APIC Studies in Data Processing No. 18, pp. 188-199, 1983.

Dynamische Partitionierung Asynchroner Prozeßnetzwerke am Beispiel Paralleler Logischer Programmierung

U. Glässer   M. Kärcher   G. Lehrenfeld
Fachbereich Mathematik & Informatik
Universität-GH Paderborn, D-4790 Paderborn

1 Einleitung

Das abstrakte Modell reiner logischer Programmierung beinhaltet verschiedene Formen inhärenter Parallelität. Aus dem Bestreben, diese in konkreten Ausführungmodellen für parallele logische Programmiersprachen nutzbar zu machen, sind mehrere grundsätzlich verschiedene Ansätze zur parallelen logischen Programmierung hervorgegangen.

Ein Ansatz, dem besondere Bedeutung zukommt, sind die sog. *Committed-Choice Languages*. Besonders relevante Vertreter der hiermit assoziierten Klasse von parallelen logischen Programmiersprachen sind z.B. *Concurrent Prolog, Guarded Horn Clauses*, und *Parlog*. Alle diese Sprachen eignen sich zur Modellierung von parallelen Systemen [1]. Für eine verteilte Einbettung auf Multi-Transputersystemen wurde die Sprache *Flat Concurrent Prolog(FCP)* ausgewählt. FCP ist eine effizient implementierbare Untermenge von *Concurrent Prolog*.

Im Gegensatz zum sequentiellen Ausführungsmodell von herkömmlichem Prolog, basierend auf der *prozeduralen* Interpretation logischer Programme, liegt den Commited-Choice Sprachen ein Modell zugrunde, welches die Ausführung logischer Programme auf der Ebene *asynchroner Prozeßnetzwerke* beschreibt.

Der Bezug zur logischen Programmierung ergibt sich dadurch, daß das während einer Berechnung dynamisch erzeugte Prozeßnetzwerk jeweils die Menge der noch abzuleitenden *Goals*(Resolvente) repräsentiert. Ein einzelner Prozeß entspricht dabei genau einem Goal. Prozesse kommunizieren asynchron über gemeinsame logische Variablen. Die globale Synchronisation der nebenläufig ausführbaren Prozesse beruht auf datengetriebenen Kontrollmechanismen.

Das während der Berechnung eines Programmes P entstehende Prozeßnetzwerk ist durch einen stark variierenden und schwer vorhersehbaren Umfang gekennzeichnet. Aufgrund dieses stark dynamischen Verhaltens, hängt die Effizienz einer parallelen Implementierung wesentlich von der Wahl der Strategie zur dynamischen Patitonierung des Prozeßnetzwerkes *zur Laufzeit* ab.

2 Flat Concurrent Prolog

Ein FCP-Programm besteht aus einer endlichen Menge von *Flat Guarded Horn Klauseln*. Eine *Flat Guarded Horn Klausel* ist eine spezielle Form der Horn Klausel und hat folgende Form:

$$\underbrace{H}_{Head} \leftarrow \underbrace{G_1, G_2, ..., G_n}_{Guards} \mid \underbrace{B_1, B_2, ..., B_m}_{Body} \quad (m, n \geq 0)$$

Hierbei sind $H, G_1, \ldots, G_n, B_1, \ldots, B_m$ Prädikate. Die Flat Guarded Horn Klausel ist aufgebaut aus dem Head H, den Guardprädikaten $G_1, \ldots, G_n$, den Bodyprädikaten $B_1, \ldots, B_m$ und dem Commit-Operator '|'. Als Guardprädikate sind lediglich einfache (Flat) vom System vorgegebene Testprädikate zugelassen. Der Commit-Operator läßt sich logisch als Konjunktion interpretieren.

Basierend auf der prozeßorientierten Sichtweise von FCP-Programmen, repräsentieren die noch zu reduzierenden Goals der Resolvente die noch zu bearbeitenden Prozesse. Die Programmklauseln beschreiben das Prozeßverhalten. Erfüllen die Prozeßdaten, dargestellt durch die Argumente des Goals, alle durch die Guardprädikate einer Klausel definierten Bedingungen, so kann dieser Prozeß mit der Klausel reduziert werden. Die Bodyprädikate definieren eine Menge von nebenläufigen Sohnprozessen. Als Resultat einer erfolgreichen Reduktion wird durch diese Sohnprozesse ein lokales Prozeßnetzwerk aufgespannt, welches den reduzierten Prozeß im globalen Prozeßnetzwerk ersetzt. Der globale Datenfluß wird gewährleistet durch das Weiterreichen der Kommunikationskanäle des reduzierten Prozesses an die neu erzeugten Sohnprozesse.

Sind zur Reduktion eines Prozeßes gleichzeitig mehrere Klauseln anwendbar (erfolgreiche Unifikation mit dem Klauselkopf und erfüllte Guardprädikate) so wird indeterministisch diejenige Klausel ausgewählt, welche zuerst den Commit-Operator ausführt. Zum selben Zeitpunkt wird die parallele Bearbeitung alternativer Klausel eingestellt. Dieses Verhalten bezeichnet man als *guarded-command Indeterminismus*.

Die einzelnen Prozesse des Prozessnetzwerkes kommunizieren über gemeinsame logische Variablen miteinander. Die Synchronisation dieser Kommunikation erfolgt durch die Anwendung des *read-only*-Operators '?' auf eine Variable X. Versucht ein Prozeß während einer Reduktion eine *read-only* Variable X? zu instanziieren, so wird dieser Prozeß suspendiert bis die zugehörige *read-write* Variable X durch einen anderen Prozeß mit einem Wert besetzt wird.

Eine Berechnung C eines FCP-Programms P auf gegebenen Eingabedaten besteht aus einer Sequenz von Prozeßreduktionen. Zu jedem Zeitpunkt t repräsentiert die Resolvente $R(C^t)$ den momentanen Zustand der Berechnung.

Ausgehend von einem initialen Zustand $R(C^0)$ erreicht eine Berechnung nach einer endlichen Anzahl s von Prozeßreduktionen einen von zwei möglichen Endzuständen.

Im Falle $R(C^s) = \emptyset$ war die Berechnung erfolgreich. Im anderen Fall ist $R(C^s)$ nicht leer, jedoch kann keiner der verbleibenden Prozesse erfolgreich reduziert werden. In diesem Fall liegt ein *Dead-lock* vor und es existiert keine Lösung.

Für eine weitergehende Beschreibung von FCP verweisen wir auf [1].

3 Parallelisierung

Die verteilte Berechnung eines FCP-Programms P auf einem Transputernetzwerk mit n Prozessoren $P_1, \ldots, P_n$ basiert auf dem $MIMD$ Konzept; jeder Prozessor führt unabhängig von den übrigen Prozessoren dasselbe Programm P auf einem anderen Teil des Prozeßnetzwerkes aus. Zu jedem Zeitpunkt t wird die globale Resolvente $R(C^t)$ welche durch das globale Prozeßnetzwerk repräsentiert ist, in n disjunkte Teilresolventen $R_1(C^t), \ldots, R_n(C^t)$ partitioniert. Die Verwendung eines globalen Adreßraumes in Verbindung mit entsprechender Synchronisationsmechanismen ermöglicht Interprozeßkommunikation zwischen Prozeßnetzwerken verschiedener Prozessoren über globale logische Variable.

Das Schema zur verteilten Darstellung gemeinsamer logischer Variablen muß sicherstellen, daß das mehrfache Auftreten einer Variablen auf verschiedenen Prozessoren nicht zu inkonsistenten Variablenbindungen führt. Ist es notwendig während einer Prozeßreduktion mehr als eine Variable zu instanzieren, so müssen entweder alle Variablen zum gleichen Zeitpunkt instanziiert werden, oder es darf keine von ihnen instanziert werden. Weiterhin muß gewährleistet werden das bei der Instanzierung einer Variablen alle ihre *read-only* Partner auf dem gleichen und auf den anderen Prozessoren mit instanziert werden. Prozesse welche auf diese *read-only* Variablen suspendiert waren, müssen aufgeweckt werden.

In dem Ansatz der hier beschrieben wird läßt sich die Darstellung einer gemeinsamen logischen Variablen X als gerichteter azyklischer Graph $G_X = (V, E, attr)$. darstellen. Die Funktion $attr : \longrightarrow$ $\{local, remote, read-only\}$ definiert Attribute welche den Knoten von G_X zugeordnet sind.

Definition. Sei $G_X = (V, E, attr)$ der Graph, welcher die verteilte Darstellung einer globalen Variablen X repräsentiert. Für $\{v_1, v_2, ..., v_k\} \subseteq V$ sei $v_1 \overset{x}{\leadsto} v_k$, $x \in$ $\{remote, read-only\}$ ein Pfad $v_1 \to v_2 \to ... \to v_k$ in G_X, für den folgende Eigenschaft gilt:

$$(\forall i)\, 1 \leq i \leq k - 1: \quad (v_i, v_{i+1}) \in E \ \text{and} \ attr(v_i) = attr(v_k) = x.$$

Eine korrekte Darstellung einer verteilten Variablen muß folgende drei Bedingungen erfüllen. Es sei $\hat{u} \in V$ und $V' = V - \{\hat{u}\}$:

1. $(\exists! \hat{u})\ \hat{u} \in V : \ attr(\hat{u}) = local \quad (\ \Rightarrow (\forall v)\ v \in V' : \ attr(v) \neq local\ )$

2. $(\forall u)\ u \in V' :$
   $attr(u) = remote \ \Rightarrow\ (\exists u')\ u' \in V : u \overset{remote}{\leadsto} u' \to \hat{u} \ is \ a \ path \ in \ G_X.$

3. $(\forall v)\ v \in V' :$
   $attr(v) = read\text{-}only \ \Rightarrow\ (\exists v')\ v' \in V' : \hat{u} \to v' \overset{read-only}{\leadsto} v \ is \ a \ path$
   $in \ G_X.$

Hinsichtlich der beschriebene Darstellung gemeinsamer logischer Variablen wird ein Prozessor, auf welchem sich zu einer *read-write* Variablen X der korrespondierende *local* Knoten des Graphen G_X befindet, als *owner* von X bezeichnet. Alle Prozessoren, auf denen zu einer *read-write* Variablen X die korrespondierenden *remote* Knoten des Graphen G_X lokalisiert sind, werden als *member* von X bezeichnet.

Durch die Ausnutzung der beschriebenen *owner/member*-Beziehung für Variablen können simultane Schreibzugriffe mehrere Prozessoren auf eine Variable synchronisiert werden. Es ist nur dem *owner* einer Variablen erlaubt, diese zu instanzieren. Jeder Versuch eine Variable auf einem Prozessor zu beschreiben, auf dem sie nur als *member* vorkommt, führt zur sofortigen Suspendierung des entsprechenden Prozesses.

Variable Migration

Als Konsequenz aus dem beschriebenen Verfahren ergibt sich, daß ein *member* einer Variablen nicht selber seinen *member* Status in einen *owner* Status umändern darf. Dieses ist nur unter Kontrolle des momentanen *owner* möglich. Ein Statuswechsel wird eingeleitet durch das Versenden einer Anfrage an den *owner* der Variablen X.

Im Graphen G_X existiert von jedem *member* von X ein Pfad zu dem *owner* von X, so das Anfragen bis zum *owner* weitergereicht werden können. Eine erfolgreiche Austauschaktion des Variablenstatus wird als *variable migration* bezeichnet.

Erreicht eine Anfrage von Prozessor P_j für Variable X den Prozessor P_i, dem momentanen *owner* der Variablen X, hängt die Reaktion von P_i vom momentanen Wert der Variablen ab. Der Wert von X wird im folgenden mit $value_i(X)$ bezeichnet. Ist x noch nicht instanziert, so repräsentiert $value_i(X)$ einen Zeiger zu möglichen *read-only* Variablen zugehörig zu X. Gibt es keine *read-only* Variable so gilt $value_i(X) = NIL$.

Ist X nicht instanziert, so sendet P_i den Wert $value_i(X)$ zu P_j. Auf P_j wird nun der Wert $value_j(X)$ durch $value_i(X)$ ersetzt. Währenddessen wird auf P_i der Wert $value_i(X)$ durch einen *remote* Zeiger

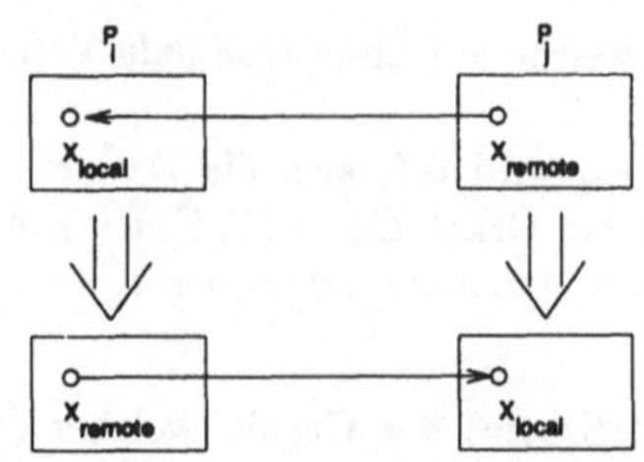

Abbildung 1: Variable Migration

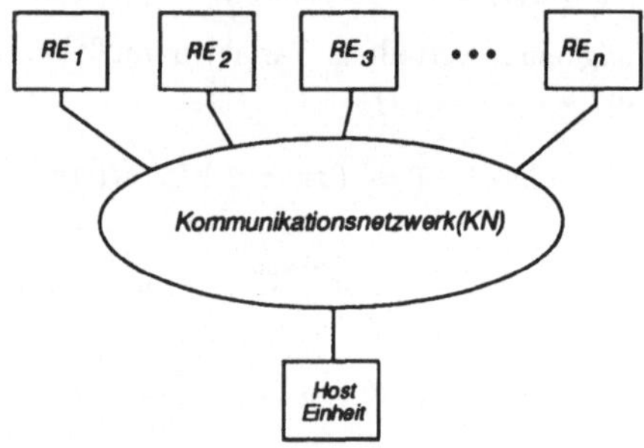

Abbildung 2: System Architektur

ersetzt, welcher auf die Position von X auf P_j zeigt. Gleichzeitig ändern die Prozessoren P_i und P_j die Attribute von X von *local(remote)* nach *remote(local)*. Nun ist P_j *owner* von X(Bild 1).
Ist Andererseits X schon instanziiert, so antwortet P_i auf einen Request von P_j mit der Instanz von X. P_j ersetzt dann die *remote* Zeiger durch den Wert der empfangenen Instanz.
Eine detailierte Darstellung der verwendeten Synchronisationsmechanismen findet sich in [3].

4 Verteilte Architektur

Die Architektur des parallelen Systems besteht aus einem Netzwerk von n nebenläufigen Reduktionseinheiten $RE_1, \ldots, RE_n$ welche durch ein Kommunikationsnetzwerk(KN) miteinander verbunden sind(Bild 2).
Jede Reduktionseinheit RE_i wird auf dem Prozessor P_i ausgeführt. Auf einem weiteren Prozessor P_0 befindet sich eine ausgezeichnete Hosteinheit. Sie dient als Schnittstelle für die Ein- und Ausgabe und als Kontrolleinheit zur Terminierungserkennung und zur Deadlockerkennung. Der implementierte Algorithmus zur Terminierungserkennung wurde adaptiert aus einem Verfahren von Dijkstra et al. [2]
Mit Ausnahme der Hosteinheit besteht eine einzelne Reduktionseinheit i.w. aus drei Untereinheiten: dem Reducer, dem Distributor und dem Router(Bild 3). Alle drei Untereinheiten sind als sequentielle Prozesse implementiert, welche nebenläufig auf einem Transputer arbeiten. Die Schnittstelle zum Kommunikationsnetzwerk wird durch den Router gebildet. Er dient zum Senden, Empfangen und zum Weiterleiten von Nachrichten. Durch die Vergabe von eindeutigen Bezeichnern an die Netzwerkknoten und der Verwendung einer Routingmatrix, ist der Router in der Lage, ausgehende Meldungen

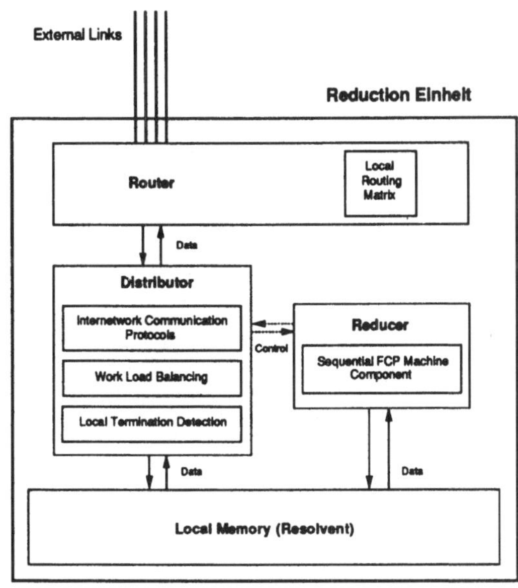

Abbildung 3: Reduktioneinheit

entlang kürzester Wege durch das Netzwerk zu leiten.

Der Reducer repräsentiert im wesentlichen eine sequentielle FCP-Maschine, welche allerdings um Funktionen zur Behandlung von *remote* Referenzen erweitert ist. Der Reducer hat keine direkte Zugriffsmöglichkeit auf das Kommunikationsnetzwerk.

Die Kommunikation mit anderen Netzwerkknoten steht unter Kontrolle des Distributors. Er stellt die Protokolle für gewünschte Kommunikationsverbindungen zur Verfügung. Desweiteren übernimmt er die Aufgaben zur Lastverteilung und zur lokalen Terminierungserkennung. Für eine detailliertere Beschreibung sei auf [3] verwiesen.

5 Lastverteilung

Bei der Berechnung eines FCP-Programmes wird, ausgehend von einem initialen Prozeß P_0 ein Prozeßbaum generiert und abgearbeitet. Dabei wird zu jedem Prozeß P_i aus dem Prozeßbaum durch Reduktion mit einer Programmklausel eine Menge von Sohnprozessen $P_{i_1},\ldots,P_{i_n}$ generiert, die P_i ersetzen. Dabei unterscheidet man nach Anzahl der Sohnprozesse zwischen

- **n = 0:** Der Prozeß terminiert

- **n = 1:** P_i wird durch P_{i_1} ersetzt. Der Prozeß iteriert.

- **n > 2:** P_i wird duch ein Netzwerk von Prozessen $P_{i_1},\ldots,P_{i_n}$ ersetzt. Diese werden in die Resolvente aufgenommen.

Das während einer Berechnung eines Programmes P entstehende Netzwerk asynchroner Prozesse, ist durch einen stark variierenden und schwer vorhersagbaren Umfang gekannzeichnet. Es ist insbesondere nicht möglich zu beurteilen, wie groß ein Unterbaum ist, welcher durch einen beliebigen

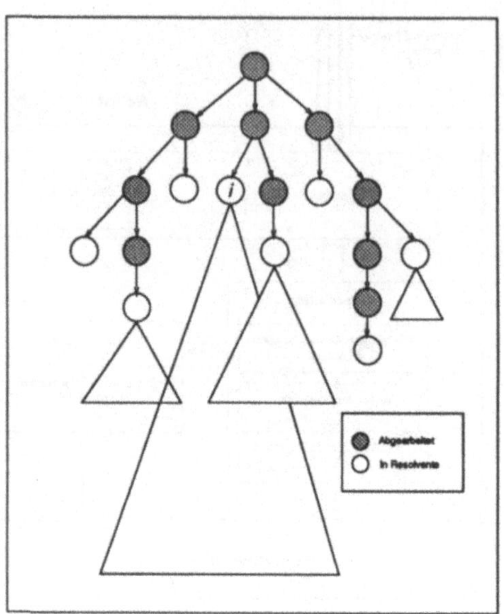

Abbildung 4: Prozeßbaum

Prozeß der Resolvente aufgespannt werden kann. Des weiteren ist die Granularität der einzelnen Prozesse sehr feinkörnig. Ein unifizierbarer FCP-Prozeß benötigt eine Abarbeitungszeit im Bereich von 1/1000 sec.

Die Effizienz einer parallelen Implementierung hängt wesentlich von der Wahl der Strategie zum Lastausgleich und zur dynamischen Partitionierung des Prozeßnetzwerks während der Laufzeit ab.

Lastausgleich

Die Lastausgleichsstrategie legt fest,

- zu welchen Zeitpunkt Prozesse ausgelagert werden

- an welche Reduktionseinheiten Prozesse ausgelagert werden

- welcher Anteil der eigenen Teilresolvente ausgelagert werden soll

Ziel der Lastausgleichsstrategie ist eine möglichst hohe und gleichmäßige Auslastung der Prozessoren. Neben dem primären Ziel, auftretende Idle-Zeiten zu minimieren, können hierbei auch weitergehende Kriterien wie bspw. eine gleichmäßige Speicherauslastung, ebenfalls Berücksichtigung finden.

Aus der Literatur bekannte Verfahren lassen sich auf die beschriebene Problemstellung anwenden. Dazu zählen Nachbarschaftsmodelle, (erweiterte) Gradientenverfahren [4], adaptive Verfahren [6] und Verfahren mit zentraler Steuerung [5].

Dabei zeichnet sich ab, daß dynamische, dezentral arbeitende Verfahren insbesondere wegen ihrer Fähigkeit, sich an die Erfordernisse völlig unterschiedlicher Prozeßnetzwerke anzupassen, klare Vorteile aufweisen. Ein wichtiger Punkt dabei ist die Notwendigkeit, bestimmte Parameter zentral zu erheben und an die Netzknoten zu verteilen - gleichsam eine zentrale Beeinflussung dezentral arbeitender Verfahren.

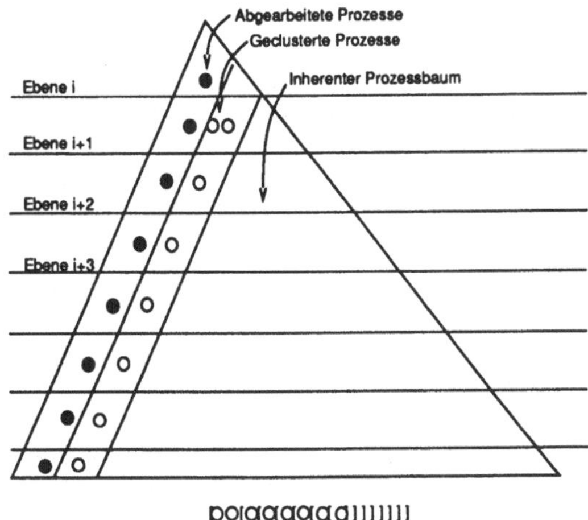

Abbildung 5: Prozeßclusterung

Prozeßclusterung

Parallelisierung muß nicht notwendigerweise auf der Ebene einzelner Prozesse erfolgen; vielmehr ist es sinnvoll, kommunikativ eng verknüpfte Prozesse zu Prozeßclustern zusammenzufassen und diese Prozeßcluster im Sinne der Lastverteilung als Ganzes zu betrachten.

Das bietet klare Vorteile:

1. Die Kosten für Interprozesskommunikation zwischen Prozessen auf verschiedenen Prozessoren werden gesenkt.

2. Die Granularität der betrachteten Prozeßcluster ist wesentlich gröber als die einzelner Prozesse. Das ist - gerade in Anbetracht der sehr ”leichten” FCP-Prozesse von erheblicher Bedeutung.

Prozesse, die einen gemeinsamen Vater haben, sind kommunikativ enger verknüpft als Prozesse, die eine losere Verwandschaft besitzen. Das ist unmittelbar einsichtig, wenn man sich überlegt, daß gemeinsame Variable nur über einen gemeinsamen Vaterprozeß erzeugt werden können.
Es ist nun das Ziel, Vater – Sohn – Enkel - Beziehungen zu erhalten. Die Struktur des kompletten Prozeßbaumes zu erhalten ist i.a. durch den entstehenden Verwaltungsaufwand nicht sinnvoll. Deshalb wurde ein einfacheres Modell entwickelt. Dabei werden die Prozesse in Schichten eingeteilt. Der initiale Prozeß $P_{0,0}$ befindet sich in Schicht 0. Das lokale Scheduling auf jedem Prozessor wählt zur Reduktion immer nur Prozesse aus der Schicht mit dem kleinsten Index. Ein aus Schicht i entnommener Prozeß $P_{i,j}$ wird duch seine Söhne $P_{i+1,j_1},\ldots,P_{i+1,j_n}$ in Schicht i+1 ersetzt. Dann wird der erste Prozess P_{i+1,j_1} reduziert. Dessen Söhne werden in die Schicht i+2 aufgenommen und mit den Onkel-Prozessen auf der Ebene i+1 verbunden. Dieses Verfahren wird bis zu einer festen Tiefe k iterierti bevor ein neuer Prozeß der Schicht i zur Reduktion verwendet wird. Es ergibt sich ein Prozeßbaum, wie er in Bild 5 dargestellt ist.
Nachdem die Ebene i komplett abgearbeitet, wird P_{i+1,j_2} aus dem Cluster entnommen und ein neues Cluster erzeugt.

6 Zusammenfassung und Ausblick

Umfangreiche Untersuchungen zu dieser Problematik wurden anhand von Laufzeitanalysen für die Prototypentwicklung einer parallelen FCP-Maschine durchgeführt. Das in der Sprache *Par.C* implementierte System läuft auf einem (freikonfigurierbaren) *Parsytec Supercluster* Multi-Transputersystem mit bis zu 320 Prozessoren. Die verschiedenen Ansätze zur zentralen und dezentralen Lastverteilung wurden einander gegenübergestellt. Die Auswertungsergebnisse der getesteten FCP Anwendungsprogramme zeigen für die betrachtete Problemklasse, der sich stark dynamisch verändernden asynchronen Prozeßnetzwerke mit massivem Kommunikationsaufkommen, eine klare Überlegenheit adaptiver Verfahren.

Die Vergröberung der Granularität durch die beschriebene Clusterung zeigt vor allem am Beginn einer Berechnung klare Vorteile. Erst zum Ende einer Berechnung nimmt der erforderliche Verwaltungsaufwand für den dann stark zerfaserten Prozeßbaum derart zu, daß sich eine Clusterung nicht mehr lohnt. Daraus ergibt sich, daß auch die Zusammenfassung von Einzelprozessen zu Prozeßclustern sich an die gegenwärtigen Berechnungszustände zur Laufzeit adaptieren muß.

Literatur

[1] SHAPIRO, E. 1989. The Family of Concurrent Logic Programming Languages. In *ACM Computing Surveys 21, 3, pp. 413-510.*

[2] DIJKSTRA, E. W., FEIJEN, W. H. J., AND VAN GASTEREN, A.J. M. 1983. Derivation of a Termination Detection Algorithm for Distributed Computations., In *Information Processing Letters, Vol.16*, pp.217-219.

[3] GLÄSSER, U., HANNESEN, G., KÄRCHER, M., AND LEHRENFELD, G. 1991. A Distributed Implementation of Flat Concurrent Prolog on Multi-Transputer Environments. Erscheint in *Proc. of the First International Conference of the Austrian Center for Parallel Computation* (Salzburg, Austria, 29 Sep. - 02 Oct. 1991). LNCS, Springer-Verlag, Berlin.

[4] LUELING R., MONIEN B., RAMME F. 1991 Load Balancing in Large Networks: A Comparative Study. In *Proceedings of the third IEEE Symposium on Parallel and distributed Processing,* Dallas, Texas.

[5] LUELING R., MONIEN B. 1991 Load Balancing for Distributed Branch & Bound Algorithms. *unpublished manuscript*

[6] XU, J., AND HWANG, K. 1990. Dynamic Load Balancing for Parallel Program Execution on a Message-Passing Multicomputer. In *Proc. of the Second IEEE Symposium on Parallel and Distributed Processing*, Dallas, Texas, pp. 402-406.

Leistungsmessung von Transputersystemen

Bernd Bieker, Wolfgang Obelöer
Universität-GH-Paderborn
Fachbereich 14 / Fachgebiet Datentechnik
Warburger Str. 100, D-4790 Paderborn
e-mail: obeloeer@dat.uni-paderborn.de

Kurzfassung: Multi-Transputersysteme werden durch den Programmierer häufig nicht optimal genutzt, d.h., die parallelen Programme verwenden nicht die gesamte zur Verfügung stehende Rechenleistung. Hauptursache hierfür ist die ungenaue Kenntnis über die Abläufe im System einerseits und die fehlende Vorstellung über den Rechenbedarf der eigenen Algorithmen andererseits. Durch das Monitorsystem DELTA-T (Debugging und Leistungsmessung von Transputer-Anwendungen und -Topologien) soll der Programmierer bei der Leistungsmessung unterstützt werden, wobei der Monitor speziell die Eigenschaften von Transputersystemen (z.B. Beobachtung des in Hardware realisierten Schedulers) berücksichtigt. Die graphische Darstellung der gemessenen Informationen wird durch eine Animation und eine hierarchische, interaktive Auswertung vorgenommen.

1 Einleitung

Multi-Transputersysteme stellen eine hohe Rechenleistung zur Verfügung. Diese Rechenleistung wird durch den Benutzer oft nur sehr ineffizient genutzt. Gründe hierfür sind die geringe Einsicht in die komplexen internen Abläufe des parallelen Rechners (z.B. wann ist der Rechner womit beschäftigt?) und die mangelnde Kenntnis über den Rechenbedarf der eigenen Algorithmen. Nähere Informationen über die Auslastung der Maschine durch das Anwenderprogramm können durch Monitoring gewonnen werden. Hierbei wird der Ablauf des Anwenderprogramms auf dem parallelen System beobachtet und die relevanten Informationen extrahiert und aufgezeichnet. Diese Aufzeichnung kann durch zusätzliche Software-Routinen (Software-Monitor; siehe [MaO91, VoZ90]) oder Hardware (Hardware-Monitor; [BLT89, FöR89]) oder einer Kombination von beiden (Hybrid-Monitor; [HKL87, Zit90]) geschehen. Da die einzelnen Informationen verteilt im System gewonnen werden, den Anwender aber eine konsistente Gesamtsicht interessiert, müssen die lokalen Ereignisse zu einer Gesamtsicht zusammengefaßt werden [Fid91, Hof90, Lam78]. Dies ist durch eine chronologische Ordnung der Ereignisse realisierbar (ein alternatives Verfahren, welches die Semantik der Kommunikation ausnutzt, ist in [DHH87] beschrieben).

Die so berechneten bzw. gemessenen Daten sind i.allg. sehr unübersichtlich, deshalb müssen sie geeignet ausgewertet und visualisiert werden [Moh90, HeE91]. Dies kann während (Online-Monitoring) oder nach Ablauf (Offline-Monitoring) der Messung erfolgen.

Da es sich bei den angestrebten Zielsystemen um verteilte Systeme mit sehr vielen Transputern handelt, die finanziellen Kosten und der Aufwand für den Einsatz des Monitors aber möglichst gering gehalten werden sollten, wird in dieser Arbeit als Meßwerkzeug ein verteilter *Software-Monitor* mit *Offline-Auswertung* vorgestellt. Dieser Monitor läßt sich möglichst einfach und ohne großen Aufwand an verschiedene

Zielsysteme anpassen und berücksichtigt besonders die speziellen Eigenschaften von Transputersystemen (z.B. in Hardware realisiertes Scheduling von Prozessen oder synchrone Kommunikation über Links).

2 Zielsysteme und Monitorunterstützung

Der Monitor ist auf dem Parsytec Supercluster 320 [Küb88] des "Paderborn Center for Parallel Computing" ((PC)^2) und auf dem im Fachgebiet Datentechnik entwickelten Dynamisch Adaptierbaren Multi-Prozessorsystem DAMP [BBM91] implementiert worden.

Beim Supercluster wird seitens der Hardware keine zusätzliche Unterstützung für das Monitoring bereitgestellt. Aus diesem Grund mußte hier eine reine Software-Lösung realisiert werden. Zur Herstellung der globalen Systemsicht wurde ein Verfahren entwickelt, das die lokalen Timer der einzelnen Transputer nutzt und durch Synchronisationsphasen am Anfang und am Ende der Messung eine global gültige Zeitbasis berechnet. Dieser Algorithmus baut auf der synchronen Link-Kommunikation zwischen den Transputern auf.

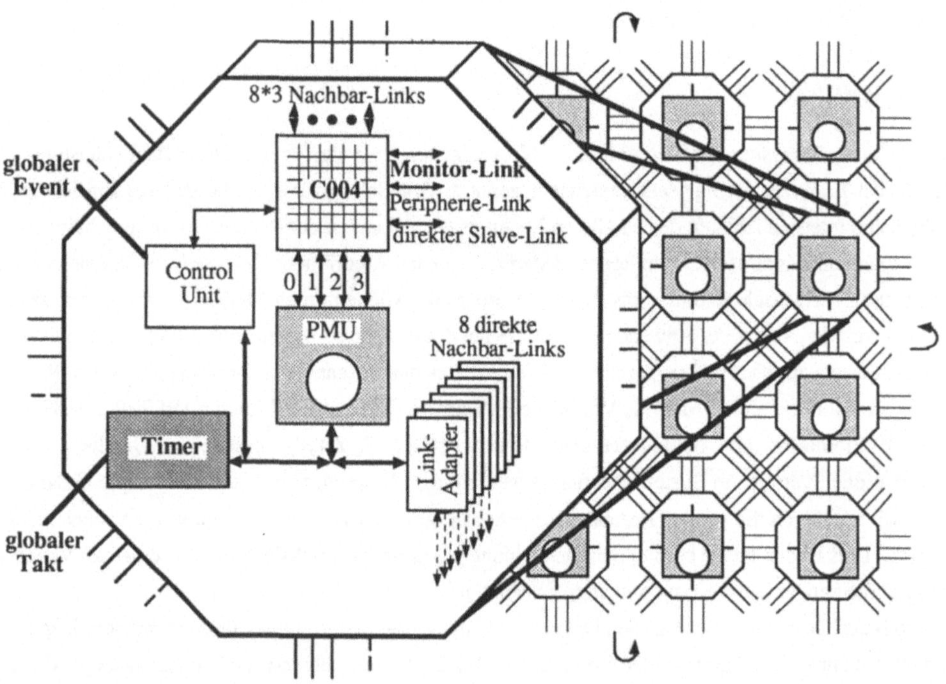

Abb. 2.1: DAMP-Modul

Im Gegensatz zum Supercluster ist beim DAMP-System bereits in der Design-Phase der Einsatz eines Monitors vorgesehen worden, so daß durch zusätzliche Hardware die Funktionalität des Monitors erhöht werden konnte. Das DAMP-System besteht derzeit aus 64 Modulen, wobei jedem Modul (Abb. 2.1) ein Tranputer mit lokalem Speicher (PMU), Link-Adaptoren und ein lokaler Kreuzschienenverteiler (C004) zugeordnet sind. Diese Module sind zum einen über ein statisches Verbindungsnetzwerk, das mit den Link-

Adaptoren aufgebaut ist (speziell zur direkten Nachbarschaftskommunikation), verbunden. Desweiteren können die Transputer-Links über ein zweites, konfigurierbares Kommunikationsnetzwerk verschaltet werden. Dieses Netzwerk verbindet die lokalen Kreuzschienenverteiler über einen oktagonalen Torus, wobei jede Toruskante dreifach ausgelegt ist. Über die Schalter ist sowohl das Durchschalten einer Kommunikation als auch eine Verbindung der lokalen Transputer-Links nach außen möglich. Durch diesen Aufbau wird eine dynamische Rekonfiguration des Verbindungsnetzwerkes während der Programmausführung unterstützt, was u.a. für Fehlertoleranz ausgenutzt werden kann [BaM91].

In diesem System wurden für das Monitoring eine zentral getaktete Hardware-Uhr, ein globaler Event (Interrupt) und ein Monitor-Register und -Link zum Anschluß von Hybrid-Monitoren vorgesehen. Zur Erzeugung einer globalen Ordnung von Meßwerten kann hier entweder der globale Event oder aber die globale Uhrzeit genutzt werden.

Die drei Verfahren zur Herstellung einer einheitlichen Systemsicht sind in [MaO91] näher beschrieben.

3 Das Meßwerkzeug DELTA-T

3.1 Prinzipieller Aufbau

Der prinzipielle Aufbau des Werkzeugs kann Abb. 3.1 entnommen werden, wobei sich das System in die beiden Teile Messung (verteilter Software-Monitor, *online*) und Auswertung (*offline*) aufteilen läßt.

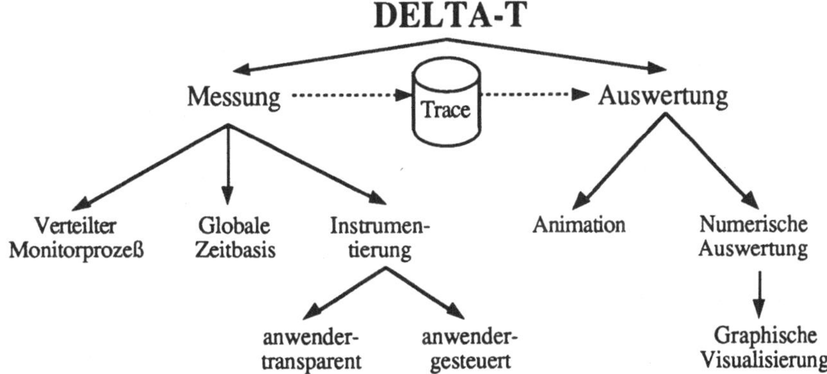

Abb. 3.1: Aufbau des Monitorsystems DELTA-T

Auf jedem Knoten wird während der Messung ein Monitorprozeß gestartet. Er verarbeitet die Informationen lokal auf den jeweiligen Knoten (Markierung mit dem Zeitpunkt des Auftretens, Speicherung in einem Ringpuffer). Die Meßinformationen können durch eine *anwendergesteuerte* Instrumentierung des Quellcodes oder durch die *anwendertransparente* Beobachtung der internen Prozeßwarteschlange gewonnen werden. Nach Ablauf des Anwenderprogramms werden die in den lokalen Speichern liegenden Meßwerte zu einer für das Gesamtsystem gültigen Meßspur zusammengefaßt und in einer Datei (Trace-File) auf dem Host-Rechner gespeichert. Das Trace-File bildet die Schnittstelle zwischen Monitor und Auswertung [MHJ91], die aus einer Animation und numerischen Berechnung mit anschließender graphischer Visualisierung der Ergebnisse auf einer Workstation besteht.

Die realisierte Lösung beeinflußt das Zielsystem während der Beobachtung nur minimal, da während der Messung keine Kommunikationsverbindungen zwischen den Transputern benötigt werden, also keine zusätzliche Kommunikationslast entsteht. Auch die auf jedem Knoten für das Monitoring benötigte Rechenleistung ist sehr gering. Auf jedem Modul muß allerdings genügend Arbeitsspeicher für die Aufnahme der Meßwerte während der Messung zur Verfügung gestellt werden.

3.2 Der Monitorprozeß

Der Monitorprozeß ist für die Verarbeitung der Meßwerte während der Messung verantwortlich. Er kann von verschiedenen Stellen Meßwerte empfangen, versieht diese jeweils mit einem Zeitstempel und verwaltet die Informationen in einem gemeinsamen Ringpuffer. Wie bei transputerbasierten Systemen üblich, wurde die Kommunikation mit dem Monitorprozeß über Kanäle realisiert. Ein Ringpuffer wurde gewählt, um den Speicherbedarf des Monitors zu beschränken und trotzdem längere Meßdauern zu ermöglichen oder Messungen mit hohem Datenaufkommen durchzuführen. Es stehen dann allerdings nur noch die zuletzt aufgezeichneten Daten zur Verfügung. Durch eine Online-Filterung und das anwendergesteuerte Aktivieren bzw. Deaktivieren des Monitors kann eine weitere Reduzierung des Speicherplatzbedarfs erreicht werden.

Die Meßdaten müssen von verschiedenen Stellen im Programm empfangen werden (von jeden parallelen Prozeß wird ein Kanal zum Monitor geführt). Naheliegend ist das Zusammenfassen dieser Kanäle über einen Multiplexer (ALT-Konstrukt). Bei einer großen Anzahl von parallelen Prozessen, und damit auch einer großen Anzahl von Monitorkanälen ergeben sich allerdings hohe, variierende Laufzeiten (Abarbeitung des Multiplexers) für einen Monitoraufruf. Um diese Zeiten zu verringern, könnte auch für jeden Prozeß ein Puffer vorgesehen werden, dies hätte aber bei unterschiedlicher und nicht vorhersehbarer Aktivität jedes Prozesses einen großen Speicherbedarf zur Folge.

Zur Vermeidung der Nachteile ist an jeden Monitorkanal ein eigener Meßprozeß angehängt. Dieser Meßprozeß läuft hochprior, ist also nicht unterbrechbar. So ist es möglich, den Ringspeicher über globale Variablen zu verwalten, wodurch eine Bearbeitungsdauer von ca. 15-20 µs pro Meßwert erreicht wird.

3.3 Extraktion der Meßinformation

Für die Gewinnung der Meßinformation stehen zwei Verfahren zur Verfügung.
Dies sind:

    Anwendergesteuerte Instrumentierung des Quellcodes

    Beobachten der Prozeßverwaltung des Transputers durch einen Spion-Prozeß (anwendertransparent)

Bei der anwendergesteuerten Instrumentierung werden die Meßpunkte explizit in den Anwenderquellcode eingebracht. Die bei diesem Verfahren auftretende Rückwirkung kann durch die Anzahl der Meßpunkte beeinflußt werden. Falls das Einbringen der Monitoraufrufe nicht automatisch geschieht, bedeutet dies nicht nur eine zusätzliche Belastung des Anwenders, sondern auch eine Fehlerquelle (setzen der Meßpunkte an einer falschen Stelle), was vermieden werden sollte. Durch das anwendertransparente Verfahren werden diese beiden Nachteile behoben, wobei es sich auf die Beobachtung der niederprioren Prozesse beschränkt. Diese Implementierung sieht das Einbringen eines zusätzlichen Prozesses (Spion) in die Warteschlange vor. Wird der Spion-Prozeß ausgeführt, extrahiert er die notwendigen Informationen und gibt sie an den Monitorprozeß weiter. Danach reiht er sich selbst wieder entsprechend der gewünschten Meßgranularität in die Warteschlange ein (Abb. 3.2):

Messung auf Knotenebene (Grob-Spion)

Der Spion hängt sich nach seiner Abarbeitung an das *Ende* der Warteschlange. Daraus resultiert, daß der Spion bei jedem Durchlauf der Warteschlange (Zeitscheibenverfahren) einmal ausgeführt wird, wodurch die Beeinflussung des Programmablaufs minimal bleibt. Somit lassen sich Aussagen über das Busy/Idle-Verhalten des Prozessors und Statistiken über die Warteschlangenlänge ermitteln.

Messung auf Prozeß- und Kommunikationsebene (Fein-Spion)

In diesem Fall reiht sich der Spion nach seiner Abarbeitung an die *zweite Stelle* in der Warteschlange ein. Es können so Start/Stopp-Meldungen für jeden Prozeß generiert werden, da der Spion vor und nach jeder Abarbeitung eines Prozesses zur Ausführung gelangt. Zusätzlich lassen sich mit dem Fein-Spion Aussagen über das Start/Stopp-Verhalten bei Kommunikationen machen, da durch eine Kommunikation der laufende Prozeß verdrängt wird. Die Beeinflussung des Programmablaufs hängt in diesem Fall von der Länge der Anwenderprozesse ab. Da der Fein-Spion Register verändert, die auch von der Scheduler-Hardware modifiziert werden können, muß sichergestellt sein, daß bei diesen Zugriffen kein Konflikt entsteht. Wenn gewährleistet ist, daß immer mindestens ein Prozeß in der Warteschlange geführt wird, dann wird der zur Verwaltung der Warteschlange notwendige "Front-Pointer" (zeigt auf den Beginn der Warteschlange) während der Spion-Ausführungsphase nicht durch die Hardware verändert. Hier hat der Spion dann exklusiven Zugriff. Durch Einfügen eines immer ausführungsbereiten Dummy-Prozesses in die Warteschlange ist dafür gesorgt, daß diese nicht leer werden kann.

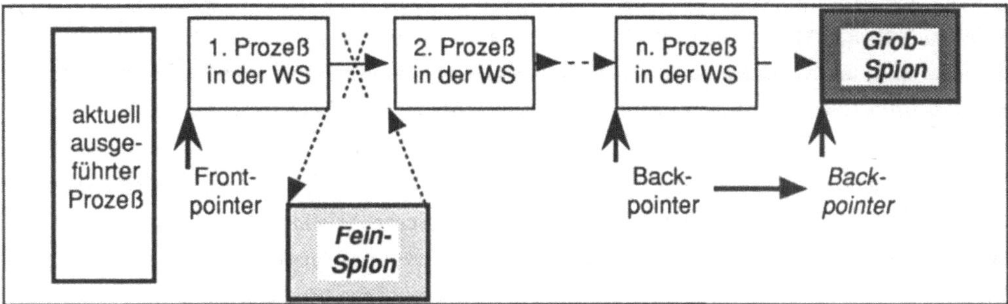

Abb. 3.2: Einbringen des Spion-Prozesses in die Warteschlange

4 Die Auswertung

Durch die Auswertungen können die Meßdaten auf einer vom Anwender gewünschten Granularitätsebene betrachtet werden. Hierbei wird ein interaktives und hierarchisches Vorgehen unterstützt.

Es stehen zwei Auswertungsverfahren auf dem Hostrechner (UNIX-Workstation) zur Verfügung:

1. Eine Animation mit Darstellung der Prozeß- und Kommunikationsauslastungen durch Farben bzw. Graustufen

2. Eine numerische Auswertung mit graphischer Visualisierung der Ergebnisse

Beide Auswertungen benutzen das gleiche Trace-File, welches vorher vom Software-Monitor abgelegt wurde. Für die Auswahl der für die aktuelle Auswertung nötigen Meßwerte sorgt ein Filter. Der Filter entscheidet nach dem Lesen eines Meßwertes, ob dieser für die momentane Berechnung relevant ist. Ist dies der Fall, wird im Filter zusätzlich festgelegt, wie diese Information ausgewertet werden soll. So ist eine Gruppierung von mehreren Meßwerten (z.B. fasse alle Prozesse von Prozessor 1 zusammen) sehr einfach möglich. Die Trace-Spur könnte für diesen Zweck auch in einer strukturierten Datenbasis organisiert werden. Dies ist allerdings nicht sinnvoll, da laufend neue Eingabedaten benutzt werden.

4.1 Animation

Die Animation (Abb. 4.1) stellt Prozeß- bzw. Prozessorauslastungen und Kommunikationszustände graphisch dar. Hierbei wird jeder Auslastungsstufe eine bestimmte Farbe bzw. Graustufe zugeordnet. Als weitere Darstellungsart können Tortendiagramme gewählt werden.

Weiterhin besteht für ein Debugging durch die Animation die Möglichkeit, sich jedes Ereignis im Trace Schritt für Schritt anzusehen. Beispielsweise läßt sich der Ablauf der Kommunikationen im System genau darstellen. Für jeden Sende- oder Empfangswunsch wird ein Pfeil in Richtung der Kommunikation an die Enden der Kommunikationsverbindung gezeichnet. So kann jede Kommunikation Zustand für Zustand beobachtet werden.

Für die Animation kann der Anwender die Darstellung des Systems seinen Wünschen anpassen. Die Kommunikationsverbindungen und die Plazierung der Prozesse auf die Prozessoren werden automatisch aus der Entwicklungsumgebung extrahiert.

4.2 Graphische Auswertung

Für eine numerische Auswertung mit graphischer Visualisierung der Ergebnisse wurde das an der TU München entwickelte Programm PATOP [BHL90] als Grundlage genommen. PATOP verarbeitet normalerweise die Meßdaten eines Online-Monitors, der auf einem iPSC2/iPSC860 Parallelrechner implementiert ist. Die Verarbeitung läuft unter X-WINDOWS auf einer Workstation.

Im Projekt DELTA-T ist daraus eine Auswertung entstanden (Abb. 4.2), die speziell auf die Meßdaten eines Transputersystems zugeschnitten ist. Die Auswertung liefert Ergebnisse auf drei Granularitätsebenen, dies sind die System-, Knoten- und Prozeß/Kommunikationsebene (Hierarchie). Die Kommunikationsebene wurde hier mit der Prozeßebene gleichgesetzt, da nur Prozesse miteinander kommunizieren.

Für die einzelnen Ebenen kann man sich die jeweilige Auslastung anzeigen lassen. Auf der Systemebene besteht zusätzlich die Möglichkeit, ein Parallelitätsprofil und eine Parallelitätsverteilung darzustellen.

Die Darstellung der Ergebnisse kann je nach Anforderung als Bargraph, Diagramm oder Gantt-Diagramm erfolgen. Beim Gantt-Diagramm werden die unterschiedlichen Zustände durch verschiedene Farben/Graustufen angezeigt.

In Abb. 4.1 und 4.2 wird als Beispiel das Meßergebnis eines Programms dargestellt, das nach dem Farmer-Worker-Konzept arbeitet. Die Worker (hier 62) sind in einer Linie angeordnet und erhalten vom Farmer ihre Aufträge. Ist ein Worker gerade beschäftigt, so gibt er den erhaltenen Auftrag an seinen Nachfolger weiter. Die Animation zeigt, daß nicht alle Worker an der Arbeit beteiligt werden. In der graphischen Auswertung bestätigt sich diese Annahme, da das Maximum der Parallelitätsverteilung bei 35 Prozessoren und die Auslastung des Gesamtsystems über die Laufzeit gemittelt bei ca 39% liegt. Weiterhin kann abgeleitet werden, daß für die Bearbeitung der Aufgabe 41 Prozessoren ausgereicht hätten, ohne die Laufzeit zu verlängern. Diese Informationen wurden durch Messung mit dem Grob-Spion ermittelt. Die

sich dabei ergebende Rückwirkung lag unter 1%. Für genauere Messungen des Kommunikationsverhaltens ist die Anwendung des Fein-Spions oder der benutzergesteuerten Instrumentierung möglich.

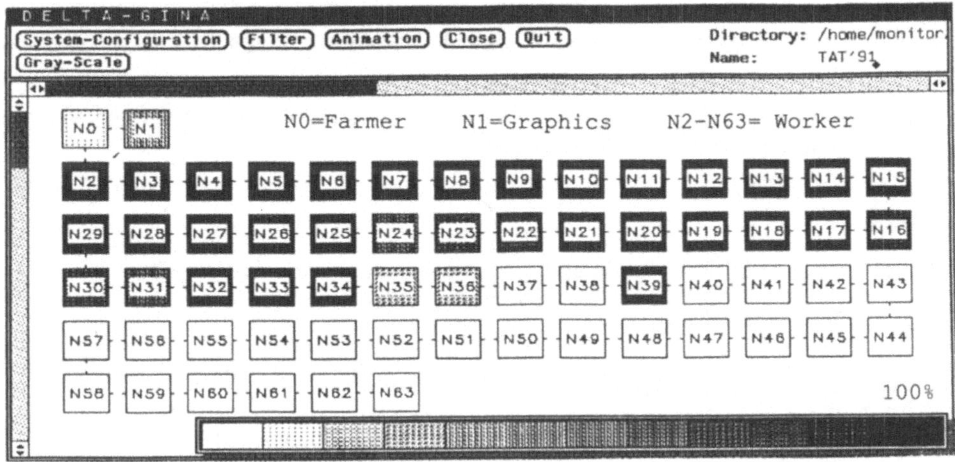

Abb.: 4.1: Animation eines Farmer-Worker Programms

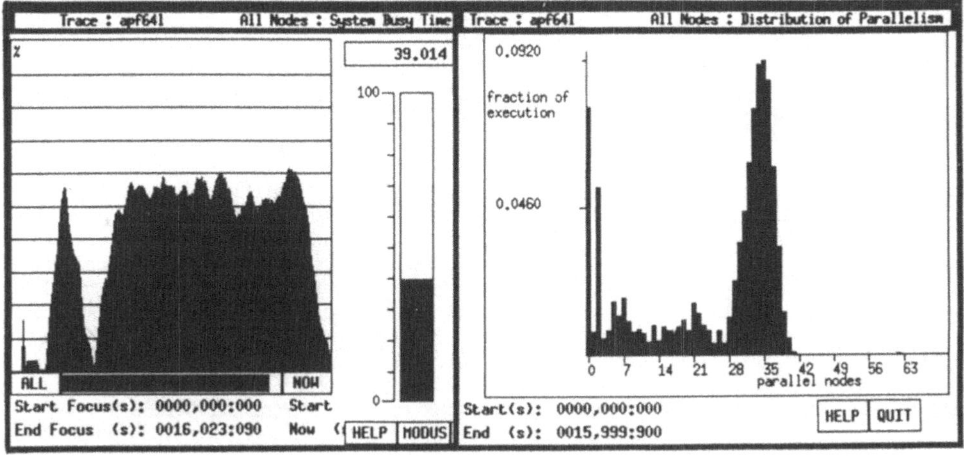

Abb. 4.2: Graphische Auswertung eines Farmer-Worker Programms

5 Zusammenfassung und Ausblick

In diesem Beitrag wurde ein Meßwerkzeug zur Leistungsmessung von Transputersystemen (DELTA-T)
vorgestellt. Dieser Monitor ist auf verschiedenen Zielsystemen (Parsytec Supercluster, DAMP) unter den
Entwicklungsumgebungen TDS (OCCAM) und TOOLSET (OCCAM und C) implementiert worden, wobei
sich die einzelnen Realisierungen hauptsächlich im Punkt globale Systemsicht unterscheiden. Gemeinsam
haben beide die Extraktion der Meßwerte durch eine Instrumentierung des Anwender-Quellcodes oder eine

Beobachtung der Prozeßverwaltung. Für die Darstellung der Meßwerte ist eine Animation und eine graphische Auswertung verfügbar. Bei ersten Probeanwendungen hat sich eine Rückwirkung des Monitors im Prozentbereich ergeben. In Zukunft soll das Monitor-Konzept in Richtung Debugging erweitert werden, wobei eine Kombination von Leistungsmesssung und Debugging den Anwender schon in einer frühen Phase der Programmentwicklung unterstützen soll.

Nach dem jetzigen Kenntnisstand erscheint eine Übertragung des Konzeptes auf die neue Transputergeneration (T9000) ohne weiteres möglich.

Literatur:

[BaM91] Bauch, A.; Maehle, E.: Self-Diagnosis, Reconfiguration and Recovery in the Dynamical Rconfigurable Multiprocessor System DAMP. Informatik Fachberichte 283, S. 18 - 29, Springer-Verlag, Berlin 1991

[BBM91] Bauch, A.; Braam, R.; Maehle, E.: DAMP - A Dynamic Reconfigurable Multiprocessor System With a Distributed Switching Network. EDMCC2, Lecture Notes in Computer Science 487, 495-504, Springer-Verlag, Berlin 1991

[BHL90] Bemmerl, T.; Hansen, O.; Ludwig, T.: PATOP for Performance Tuning of Parallel Programs. CONPAR 90-VAPP IV, Lecture Notes in Comp. Science 457, 840-851, Springer-Verlag, Berlin 1990

[BLT89] Bemmerl, Th.; Lindhof, R.; Treml, Th.: Ein Monitorsystem zur verzögerungsfreien Überwachung von Multiprozessoren. Informatik Fachberichte 218, S. 51-59, Springer-Verlag, Berlin 1989

[DHH87] Duda, A.; Harrus, G.; Haddad, Y.; Bernard, G.: Estimating Global Time in a Distributed System. Proceedings of 7th Int. Conf. Distributed Systems, 299-306, Berlin, September 1987

[Fid91] Fidge, C.: Logical Time in Distributed Computing Systems. IEEE Computer, S. 28-33, August 1991

[FöR89] Föckeler, W.; Rüsing, N.: Aktuelle Probleme und Lösungen zur Leistungsanalyse von modernen Rechnersystemen mit Hardware-Meßwerkzeugen. Informatik Fachberichte 218, S. 39-50, Springer-Verlag, Berlin 1989

[HeE91] Heath, M.T.; Etheridge, J.A.:Visualizing the Performance of Parallel Programs. IEEE Software, 29-39, September 1991

[HKL87] Hofmann, R.; Klar, R.; Luttenberger, N.; Mohr, B.: ZÄHLMONITOR 4: Ein Monitorsystem für das Hardware- und Hybrid-Monitoring von Multiprozessor- und Multicomputer-Systemen. Informatik Fachberichte 154, 79-99, Springer-Verlag, Berlin 1987

[Hof90] Hofmann, R.: Gesicherte Zeitbezüge beim Monitoring von Multiprozessorsystemen. Proc. 11. ITG/GI-Fachtagung Architektur von Rechensystemen, 389-401, Springer-Verlag, Berlin 1990

[Küb88] Kübler, F.D.: A Cluster-Oriented Architecture for Mapping of Parallel Processor Networks to High Performance Applications. Proc. Int. Conf. on Supercomputing, 179-189, ACM 1988

[Lam78] Lamport, L.: Time, Clocks and the Ordering of Events in a Distributed System. Communications of the ACM, Vol. 21, No. 7, 558-565, July 1978

[MaO91] Maehle, E.; Obelöer, W.: Monitoring-Werkzeuge zur Leistungsmessung in Multi-Transputersystemen. 2. Int. Fachmesse und Kongreß für RISC/Transputer-Architekturen und Anwendungen, 609-619,VDE-Verlag, Berlin 1991

[MHJ91] Malony, A.D.; Hammerslag, D.H.; Jablonowski, D.J.: Traceview: A Trace Visualization Tool. IEEE Software, 19-28, September 1991

[Moh90] Mohr, B.: Performance Evaluation of Parallel Programs in Parallel and Distributed Systems. CONPAR 90-VAPP IV, Lecture Notes in Comp. Science 457, 176-187, Springer-Verlag, Berlin 1990

[VoZ90] Vornberger, O.; Zeppenfeld, K.: GRAVIDAL: Ein Werkzeug zur Visualisierung von verteilten Algorithmen auf Transputernetzwerken. TAT ´90, Informatik Fachberichte 272, 21-28, Springer Verlag, Berlin 1990

[Zit90] Zitterbart, M.: Monitoring and Debugging Transputer-Networks with Netmon-II. Proc. CONPAR 90-VAPP IV, Lecture Notes in Computer Science 457, 200-209, Springer-Verlag, Berlin 1990

Leistungsanalyse am Beispiel eines parallelen Mehrebenen-Logiksimulators

Th. Utecht, H. Ortner, H.-U. Post
Technische Universität Berlin
Institut für Technische Informatik
FG Rechnertechnologie

Abstrakt

Das Hauptmotiv für den Einsatz von Multiprozessor-Rechnern liegt in einer Steigerung der Verarbeitungsgeschwindigkeit. Um das Erreichen dieser Zielsetzung zu unterstützen, ist ein leistungsfähiger universeller Task Force Performance Monitor (TFPM) entwickelt worden. Mit diesem Werkzeug ist es möglich, die Interprozeßkommunikation eines Multiprozessor-Rechners zur Laufzeit zu visualisieren, sowie allgemeine Zeitmessungen zur Leistungsanalyse der Applikationsprogramme durchzuführen. Als Beispielapplikation wird ein paralleler Mehrebenen-Logiksimulator untersucht, der das Time-Warp-Verfahren zur Synchronisation verwendet.

1 Einleitung

Eine Applikation für Rechnerarchitekturen der MIMD-Klasse setzt sich im allgemeinen aus mehreren kommunizierenden sequentiellen Prozessen zusammen, die auf unterschiedlichen Prozessoren ablaufen. Ein solches Gesamtsystem von Prozessen (Task-Force) zu entwickeln, ist aufwendiger, als eine konventionelle Realisierung auf nur einem Prozessor.

Dieser Mehraufwand ist nur zu rechtfertigen, wenn eine signifikante Steigerung der Verarbeitungsgeschwindigkeit erreicht wird. Aufgrund der begrenzten Kommunikationsbandbreite der Parallelrechner und der durch die Parallelisierung oft notwendigen Synchronisation einzelner Prozesse ergibt sich im allgemeinen ein Effizienzverlust durch die Parallelisierung.

Weitere Effizienzverluste gegenüber rein sequentiell ablaufenden Verfahren resultieren oft aus zusätzlichem Rechenaufwand, der durch die Parallelisierung bedingt ist. Die Frage, ob eine skalierbare Rechenleistung realisiert werden kann, bzw. wie viele Prozessoren sinnvoll parallel eingesetzt werden können, steht also im Vordergrund der Leistungsanalyse. Eine Übersicht über erreichbare Leistungssteigerungen, gegliedert nach Problemklassen, findet man in /1/.

Um die angesprochenen Fragestellungen einer parallelen Applikation untersuchen zu können, wurde ein Task-Force Performance Monitor (TFPM) entwickelt. Dieses Werkzeug ist unter Helios auf einem Transputernetzwerk einsetzbar und ermöglicht eine graphische Auswertung auf dem Hostrechner (Unix-Workstation mit X-Window) zur Laufzeit.

Eine Schnittstelle für applikationsspezifische Messungen ermöglicht die Anpassung an die zu untersuchende Task-Force. Neben einigen durch die Verteiltheit auftretenden interessanten Aspekten des Werkzeugs selbst, wird die applikationsspezifische Schnittstelle am Beispiel eines parallelen Mehrebenen-Logiksimulators vorgestellt.

Durch diese Schnittstelle und die graphische Auswertung zur Laufzeit wird, im Gegensatz zu einigen anderen Systemen (z.B. IPS-2 /2/) eine alternative Vorgehensweise ermöglicht. Der Schwerpunkt dieser Vorgehensweise liegt in der ausschließlichen Auswertung der Interprozeßkommunikation und der benutzerspezifischen Trace-Daten.

2 Implementierungsaspekte von TFPM

2.1 Systemstruktur

Das Programmsystem TFPM umfaßt zwei wesentliche Aufgabenbereiche:
- Generierung der Trace-Daten auf dem Multiprozessor-Rechner (Transputer-System unter Helios),
- graphische Auswertung der Trace-Daten auf einer Unix-Workstation unter X-Window.

Abbildung 1 zeigt die beteiligten Prozesse unter beiden Betriebssystemen sowie ihre Kommunikationsstruktur.

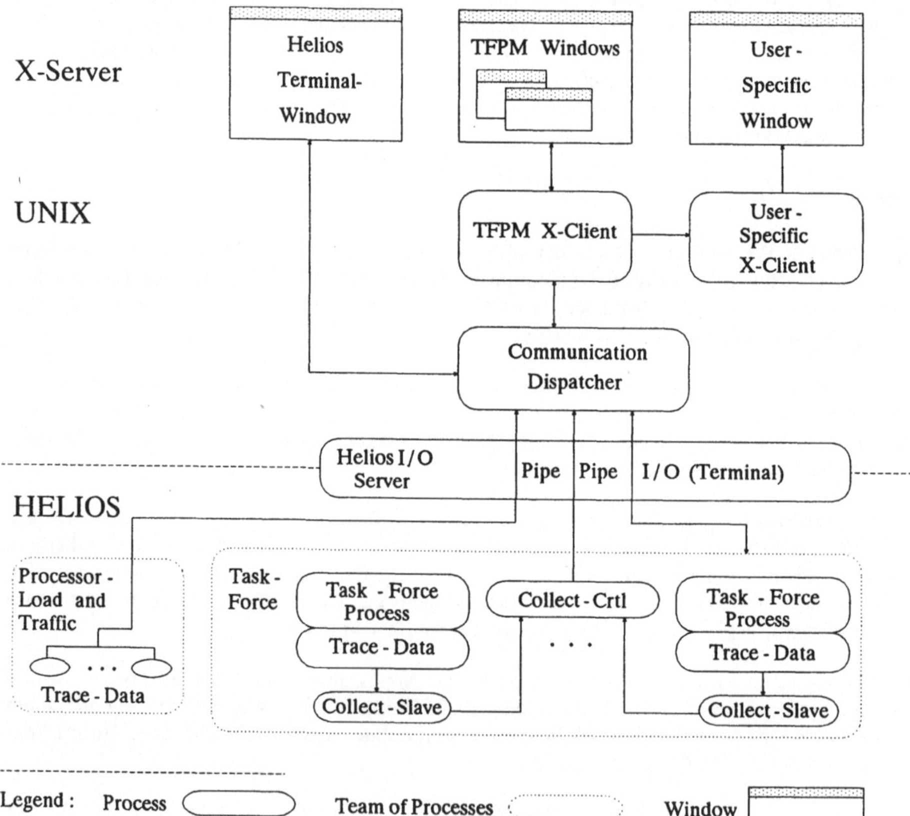

Abbildung 1: Prozesse und Kommunikationsstruktur von TFPM

Die Trace-Daten werden zunächst für jeden, von der zu untersuchenden Task-Force benutzten Prozeß, separat generiert. Dazu wird eine modifizierte Bibliothek an die zu untersuchenden Programme gebunden. Die modifizierten Bibliotheksaufrufe erzeugen Trace-Daten, die zunächst zur lokalen

Instanz (Collect-Slave) des Collect-Servers weitergeleitet werden. Der zentrale Prozeß des Collect-Servers (Collect-Crtl) übernimmt die verteilt anfallenden Trace-Daten und leitet sie sequentialisiert und nach Zeitstempeln sortiert an die Unix-Workstation weiter.

Für zu untersuchende Prozesse, die wenig oder keine Interprozeßkommunikation betreiben, werden spezielle Trace-Daten in äquidistanten Zeitabschnitten generiert, um ihre Existenz auf dem Monitor anzuzeigen. Weiterhin werden kontinuierlich Trace-Daten auf jedem Rechnerknoten generiert, die die Prozessorauslastung und den Datenverkehr auf Prozessorebene beschreiben. Für den Datenverkehr wird dabei von den 4 Links eines Transputers abstrahiert, so daß ein Rechnerknoten als Datenquelle oder Datensenke modelliert wird. Diese Abstraktion entspricht der Sicht des Helios-Benutzers.

Auf der Unix-Seite des Systems werden die Trace-Daten und die Terminal Ein/Ausgabe-Daten, abhängig vom jeweiligen Betriebsmodus, durch den "Communication-Dispatcher" weitergeleitet. Die Betriebsmodi erlauben die Aufzeichnung, das Abspielen sowie die unmittelbare Analyse einer Helios Sitzung.

Der Prozeß "TFPM X-Client" dient der graphischen Auswertung der Trace-Daten und stellt die Benutzerschnittstelle zur Verfügung. Benutzerspezifische Trace-Daten werden an den optionalen Prozeß "User-Specific X-Client" weitergeleitet. Dieser Prozeß wird vom Benutzer zur Verfügung gestellt, um TFPM an applikationsspezifische Bedürfnisse zu adaptieren.

2.2 Trace-Daten

Die modifizierten C-Bibliotheksaufrufe zur Generierung der Trace-Daten sind:

read (), write(), exit ().

Der Startup-Code (Aufruf von main ()) führt auf ein modifiziertes main (), das ebenfalls Trace-Daten generiert. Ein zusätzlicher Bibliotheksaufruf tfpm_out () wird zur Verfügung gestellt, um benutzerspezifische Trace-Daten zu generieren. Dieser Aufruf kann an beliebigen Stellen in den Quellkode eingefügt werden.

Der Systemaufruf Fork () wird unter Helios genutzt, um Prozesse (Threads) zu starten, die auf einem Prozessor als Team arbeiten. Dieser Aufruf wurde modifiziert, so daß die Erzeugung dieser Prozesse ausgewertet werden kann.

Die Kosten der Trace-Daten-Generierung sind gering, solange keine zusätzliche nicht lokale Kommunikation erforderlich wird. Das ist bei main (), exit (), Fork () und tfpm_out () der Fall. Für read () und write () werden je nach verwendetem Protokoll ein bis zwei zusätzliche Nachrichten ausgetauscht, um den Zeitpunkt der Synchronisation zu ermitteln. Entsprechend werden in beiden Fällen drei Trace-Datensätze mit ihren jeweiligen Zeitstempeln erzeugt. Die Semantik dieser Datensätze ist:

- Sendewunsch,
- Synchronisation und Beginn der Übertragung,
- Datenaustausch beendet.

2.3 Globale Zeitstempel

Unter Helios stehen nur lokale Systemuhren /3/ zur Verfügung. Diese Uhren sind nicht synchronisiert, laufen also mehrere 100 ms auseinander. Um global gültige Zeitstempel generieren zu können, wurde deshalb der folgende Algorithmus implementiert:

- man wählt einen beliebigen Prozessor aus, dessen lokale Systemuhr gültige globale Zeitstempel repräsentiert,

- für jeden entfernten Prozessor wird durch mehrfachen Austausch von Nachrichten die Zeitdifferenz zwischen den beiden lokalen Uhren ermittelt,

- für jeden Prozessor existiert jetzt eine Zeitdifferenz zur globalen Zeit, die in einem File abgelegt wird.

Zur Startzeit einer zu untersuchenden Task Force werden die Zeitdifferenzen an alle beteiligten Prozesse versendet. Diese Zeitdifferenzen werden dann zur lokalen Erzeugung globaler Zeitstempel verwendet. Die Ausführung des Algorithmus (separater Prozeß) liefert ausreichend exakte Zeitstempel über einen längeren Zeitraum (mindestens 5 Minuten), so daß eine pixelgenaue graphische Auswertung erfolgen kann.

3 Benutzerschnittstelle und graphische Präsentation

3.1 Benutzerschnittstelle (Unix-Seite)

Die Benutzerschnittstelle von TFPM besteht aus einem zentralen Hauptfenster und weiteren optionalen Ausgabefenstern. Über das Hauptfenster wird die Darstellung der weiteren Ausgabefenster kontrolliert. Es ist so leicht möglich, mehr oder weniger Informationen während der Ausführung einer Task Force zu beobachten.

Ein normales Terminal-Fenster wird benutzt, um auf Helios zuzugreifen. Je nach Betriebsmodus werden bei einer aufgezeichneten Helios-Sitzung in diesem Fenster auch die Terminal E/A-Daten wieder eingespielt.

3.1.1 Hauptfenster

Abbildung 2 zeigt das Hauptfenster von TFPM.

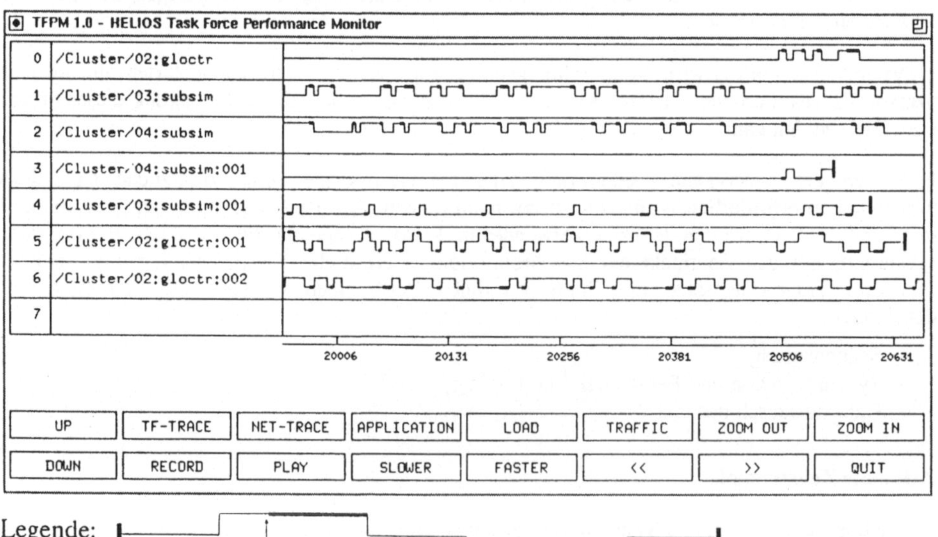

Abbildung 2: Hauptfenster von TFPM

Die Benutzerschnittstelle wird durch die Schaltflächen am unteren Rand repräsentiert. Sie erlaubt die Kontrolle des Betriebsmodus, das Öffnen und Schließen weiterer Ausgabefenster sowie die Beeinflussung des Darstellungsmaßstabs. Am linken Fensterrand befinden sich numerierte Schaltflächen, mit denen für jeden Helios-Prozeß ein weiteres Ausgabefenster geöffnet werden kann. Rechts neben diesen Schaltflächen befinden sich die Bezeichnungen der beteiligten Prozesse. Ihre Semantik ist: *|Helios-Unternetz|Prozessorname|Prozeßname:Thread-Nummer*. Rechts neben den Prozeßbezeichnungen erfolgt die graphische Auswertung der Kommunikationsbeziehungen (siehe Legende). Aufgrund der Uhrensynchronisation befinden sich die Abschnitte der aktiv sendenden Prozesse nahezu exakt über den aktiven Abschnitten der empfangenden Prozesse.

3.1.2 Weitere Informationen

Abbildung 3 zeigt eine mögliche Auswahl weiterer Ausgabefenster. Im augenblicklichen Implementierungzustand können die folgenden Informationen angezeigt werden:

- formatierte Trace-Daten der laufenden Task-Force,
- formatierte Trace-Daten bezüglich Auslastung und Datenverkehr für jeden Prozessor,
- graphische Darstellung der Prozessorauslastung,
- graphische Darstellung der Last durch Datenverkehr,
- tabellarische Darstellung von Kommunikationsdaten (read ()/write ()) für jeden Prozeß einer Task Force,
- ein Ausgabefenster für die Darstellung applikationsspezifischer Ausgaben, das durch einen Benutzerprozeß seine Ausprägung erhält.

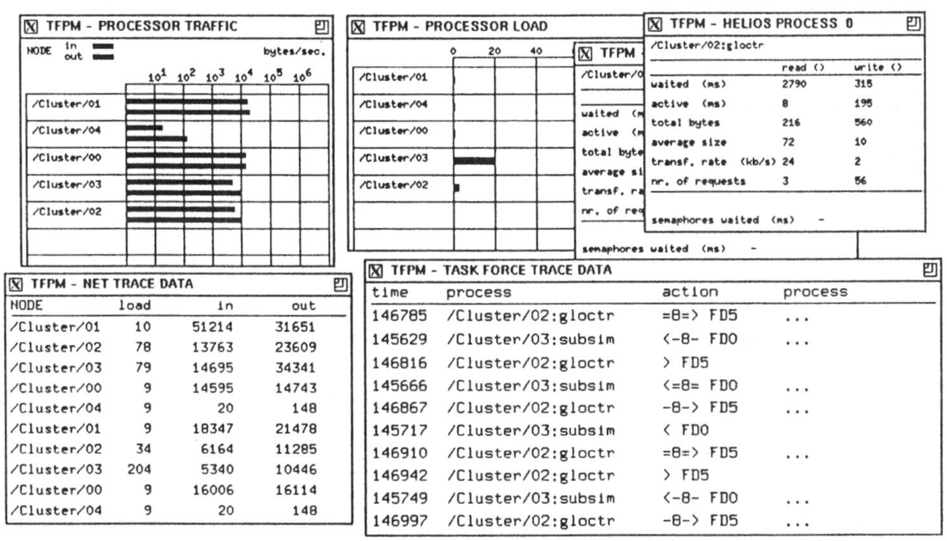

TFPM - NET TRACE DATA

NODE	load	in	out
/Cluster/01	10	51214	31651
/Cluster/02	78	13763	23609
/Cluster/03	79	14695	34341
/Cluster/00	9	14595	14743
/Cluster/04	9	20	148
/Cluster/01	9	18347	21478
/Cluster/02	34	6164	11285
/Cluster/03	204	5340	10446
/Cluster/00	9	16006	16114
/Cluster/04	9	20	148

TFPM - HELIOS PROCESS 0

/Cluster/02:gloctr

	read ()	write ()
waited (ms)	2790	315
active (ms)	8	195
total bytes	216	560
average size	72	10
transf. rate (kb/s)	24	2
nr. of requests	3	56
semaphores waited (ms)	-	

TFPM - TASK FORCE TRACE DATA

time	process	action	process
146785	/Cluster/02:gloctr	=8=> FD5	...
145629	/Cluster/03:subsim	<-8- FD0	...
146816	/Cluster/02:gloctr	> FD5	
145666	/Cluster/03:subsim	<=8= FD0	...
146867	/Cluster/02:gloctr	-8-> FD5	...
145717	/Cluster/03:subsim	< FD0	
146910	/Cluster/02:gloctr	=8=> FD5	...
146942	/Cluster/02:gloctr	> FD5	
145749	/Cluster/03:subsim	<-8- FD0	...
146997	/Cluster/02:gloctr	-8-> FD5	...

Abbildung 3: Zusätzliche Augabefenster von TFPM

3.2 Benutzerschnittstelle (Helios-Seite)

Auf der Helios-Seite von TFPM existiert eine konventionelle Benutzerschnittstelle, die durch das Werkzeug "tf" repräsentiert wird. Über die folgenden Optionen kann die Untersuchung einer Task-Force beeinflußt werden:

- normales Trace-Daten Protokoll,
- schnelles Trace-Daten Protokoll,
- nur benutzerspezifische Trace-Daten,
- generiere regelmäßige Lebenszeichen in angegebenen Zeitabschnitten,
- übertrage Trace-Daten erst nach Termination der Task-Force.

Weitere Werkzeuge werden für die Uhrensynchronisation und für die Generierung der Trace-Daten auf Prozessorebene bereitgestellt.

4 Beispielanwendung - paralleler Mehrebenen-Simulator

4.1 Synchronisations-Verfahren

Eine Logiksimulation erfolgt im allgemeinen ereignisgesteuert unter Berücksichtigung von Gatterlaufzeiten. Für die parallele Logiksimulation wird eine Schaltung in mehrere Teilschaltungen zerlegt. Einzelne Subsimulatoren, die jeweils nur eine Teilschaltung bearbeiten, werden nach dem Time-Warp-Verfahren /4/ synchronisiert. Wesen dieses Verfahrens ist die vollständig asynchrone Simulation der Teilschaltungen unabhängig voneinander. Sollte nun ein Ereignis einer extern simulierten Teilschaltung für die lokale Teilschaltung relevant sein, so wird dieses Ereignis, wenn es vor der augenblicklichen lokalen Simulationszeit (LVT) liegt, zu einem Zurückrollen (Rollback) des lokalen Subsimulators führen. Das bedeutet, daß jeder lokale Subsimulator in der Lage sein muß, seine LVT bis zum Zeitpunkt des externen Ereignisses zurückzusetzen. Lag das externe Ereignis für den lokalen Simulator in der Zukunft, so muß dieses Ereignis lediglich zum richtigen Zeitpunkt ausgewertet werden. Eine global gültige Simulationszeit (GVT) ist regelmäßig zu ermitteln, um die Speicheranforderungen der Subsimulatoren zu begrenzen. Zusätzlich ist ein Verfahren zur Rücknahme von externen Ereignisnachrichten vorzusehen (Cancellation).

4.2 Benutzerspezifischer Prozeß

Die Parallelisierung nach dem Time-Warp-Synchronisationsverfahren bedingt Kommunikationsaufwand für externe Ereignisse und für die Bestimmung der GVT. Daneben wird mit jedem Zurückrollen eines Subsimulators eine eventuell recht große Menge an Simulationsergebnissen wertlos. Eine Analyse der Effizienzverluste muß also neben der Interprozeßkommunikation auch die unnötig erfolgten Berechnungen (hier im wesentlichen durch das Zurückrollen einzelner Subsimulatoren bedingt) erfassen.

Eine übliche Visualisierung ist die Darstellung der realen Zeit über dem Simulationsfortschritt der einzelnen Subsimulatoren. Um diese Visualisierung in TFPM zu integrieren, wird in den Quellen des Subsimulators an geeigneten Stellen (Zurückrollen des Subsimulators) der Bibliotheks-Aufruf tfpm_out () eingefügt. Die Funktion bekommt als Parameter die lokale Simulationszeit vor bzw. nach dem Zurückrollen.

Ein benutzerspezifischer Prozeß (X-Client), der diese Daten graphisch umsetzt, ist zu implementieren. Der Aufwand dafür ist gering, weil die Infrastruktur von TFPM (Uhrensynchronisation, Trace-Daten Protokoll und Generierung, Kommunikation zwischen Helios und Unix, etc.) weiter genutzt wird. Abbildung 4 zeigt die graphische Auswertung des Zurückrollens zweier Subsimulatoren zusammen mit dem Hauptfenster (nur benutzerspezifische Trace-Daten) und dem Helios Terminalfenster.

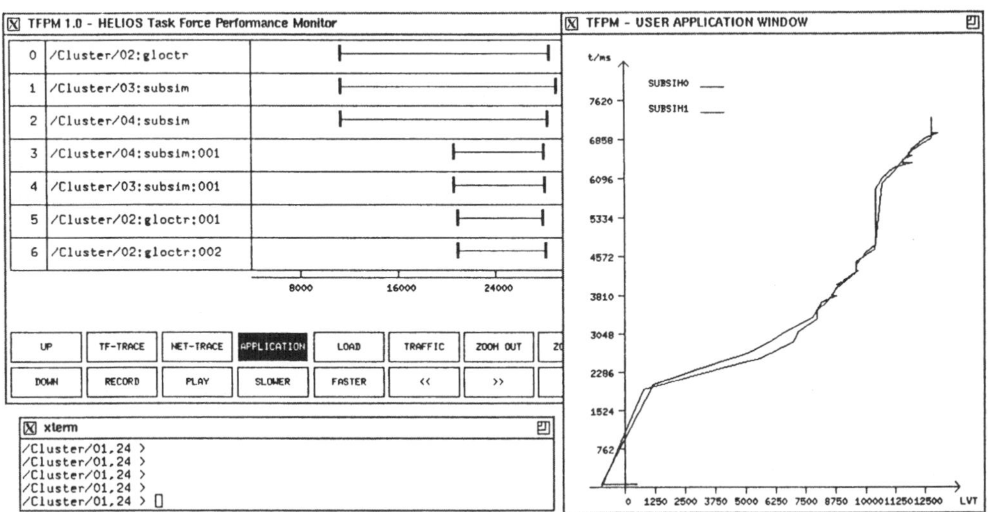

Abbildung 4: Benutzerspezifisches Fenster

4.3 Analyse der Ergebnisse

4.3.1 Preprozessingphase

Die linke Seite von Abbildung 4 zeigt ein deutliches Übergewicht der Preprozessingphase. Die eigentliche Simulation beginnt erst nachdem die Threads der drei Hauptprozesse gestartet sind (entwicklerspezifisches Wissen). Die Ursache liegt hier darin, daß zu Beispielszwecken ein sehr kurzer Simulationszeitraum verwendet wurde, bei dem sich die Parallelisierung nicht lohnt.

4.3.2 GVT-Fortschritt

Abbildung 4 (rechte Seite) zeigt eine Verzögerung des GVT-Fortschritts im Bereich 4,5 s bis 6,0 s. Beide Subsimulatoren ändern während dieser 1,5 s ihre LVT nicht signifikant.

Die Ursache hierfür läßt sich mit TFPM nicht ermitteln. Eine mögliche Ursache wäre:

- Es handelt sich um programmbedingte Verzögerungen durch Warten auf geteilte Ressourcen. Die gegenwärtige Ausbaustufe von TFPM ist noch nicht in der Lage, Wartezeiten auf Semaphoren (Wait () und Signal ()) anzuzeigen. Tritt diese Verzögerung auch bei einer Versuchswiederholung auf, ist diese Möglichkeit in Betracht zu ziehen.

4.3.3 Rollbackverhalten

Auf der rechten Seite von Abbildung 4 sind ca. 8 Rollbacks zu erkennen. In Übereinstimmung mit der weiter oben stehenden Definition handelt es sich hierbei um die kleinen Linienstücke, die von rechts nach links laufen, also einen Verlust der LVT anzeigen. Zwei Dinge sind festzustellen:

- Es geht wenig Simulationsfortschritt verloren (die Linien sind kurz).

- Die Rollbacks kosten wenig Zeit (die Linien zeigen nicht signifikant nach oben).

4.3.4 Kommunikationsengpässe

Abbildung 2 deckt einige Engpässe in der Interprozeßkommunikation auf. Für die Analyse dieser Engpässe ist eine genaue Kenntnis der beteiligten Prozesse erforderlich:

- Die Subsimulatorprozesse (subsim) sind die eigentlichen Träger der Simulationsarbeit. Sie sollten mit Kommunikation nur wenig belastet werden.

- Der Prozeß /Cluster/03:subsim sendet an /Cluster/02:gloctr:002 Ausgabenachrichten, die nicht weitergesendet werden.

- Der Prozeß /Cluster/04:subsim sendet an /Cluster/02:gloctr:001 externe Ereignisnachrichten, die an /Cluster/03:subsim:001 weitergesendet werden.

Die Analyse zeigt, daß die Kommunikation zwischen /Cluster/03:subsim und /Cluster/02:gloctr:002 (Ausgabenachrichten) keine größeren Wartezeiten für den Subsimulator ergibt. Daß der Thread /Cluster/02:gloctr:002 warten muß, stört nicht weiter, weil er ein Kommunikationsserver und kein Träger von Rechenaktivität ist.

Für den zweiten Subsimulator (/Cluster/04:subsim) entstehen recht große Wartezeiten. Der empfangende Thread (/Cluster/02/gloctr:001) verursacht hier häufig einen Kommunikationsengpaß, weil er die Nachrichten weitersenden muß. Auch weitere Analysen zeigten, daß hier die eigentliche Schwachstelle des Systems liegt.

5 Zusammenfassung

Mit TFPM wurde ein Werkzeug vorgestellt, das die Visualisierung einer Task-Force ermöglicht. Über die benutzerspezifische Schnittstelle (tfpm_out (), benutzerspezifischer X-Client) ist eine Adaptierbarkeit an spezielle Fragestellungen gegeben. Anhand des vorgestellten Beispiels wurde versucht, typische Probleme der Parallelverarbeitung durch eine TFPM-Analyse zu verdeutlichen.

Die Interpretation der graphischen Auswertung (Kommunikation, Time-Warp-Synchronisation) ist bei dem vorgestellten Beispiel nicht mehr trivial und setzt eine genaue Kenntnis der Applikation voraus. Weiterhin ist der Einfluß auf die Task-Force je nach Analyseart zu berücksichtigen. Eine allgemeine Quantifizierung ist wegen des sehr unterschiedlichen Kommunikationsverhaltens verschiedener Applikationen nicht möglich. Messungen für übliche Nachrichtengrößen zwischen 1 kByte und 4 kByte ergeben eine Reduzierung der Datenübertragungsrate (gesichertes Übertragungsprotokoll) um den Faktor 2 bis 3.

Die lokale Interprozeßkommunikation mit Semaphoren (Helios: Signal (), Wait ()) wird im augenblicklichen Implementierungszustand graphisch nicht dargestellt. Hier wird eine geeignete Integration im Hauptfenster von TFPM noch erfolgen.

6 Literatur

/1/ W. H. Burkhardt, "Aspects of Multiprocessor Systems", Proceedings of VLSI and Computers, Compeuro, Mai 1987.

/2/ B.P. Miller, M. Clark, J. Hollingsworth, S. Kierstead, S.-S. Lim, T. Torzewski, "IPS-2: The Second Generation of a Parallel Program Measurement System", IEEE Transactions on Parallel and Distributed Systems, Vol 1, No. 2, April 1990.

/3/ J. Powell, N. Garnett, "Helios Performance Measurements", Technical Report No. 22, Perihelion Software Ltd.

/4/ D. Jefferson, H. Sowizral, "Fast Concurrent Simulation using Time Warp Mechanism", SCS (Society for Computer Simulation) Multiconference San Diego, January 1985.

Transputer-Debugging mit Link-2-Monitor

Technische Universität, W-3300 Braunschweig (FRG)
Institut für Robotik und Prozeßinformatik
Hamburger Straße 267

Martin Prüfer, Jens Mundhenke

Kurzfassung

Ein großes Problem der meisten Entwicklungsumgebungen für Transputerprogramme liegt beim Debuggen der parallel ablaufenden Programme. Ein direkter Anschluß einer Testausgabe an einem Prozessor des Transputernetzwerks verspricht hier Abhilfe. Das hier vorgestellte Interface "Link-2-Monitor" (L2M) stellt ein solches Bindeglied zwischem dem Transputernetzwerk und dem Anwender dar. Neben der Möglichkeit Text auszugeben, wird auch eine einfache Graphikausgabe unterstützt. Die Einsatzgebiete des L2M gehen vom einfachen Transputer-Debugging bis zur Meß- und Regelungstechnik.

Stichworte: Transputer-Debugging, Graphik-Anzeige, Link-Kommunikation

1. Einleitung

Bei vielen Transputeranwendungen stellt sich das Problem des Debuggens in parallelen Prozessen. Oftmals ist es mit erheblichem Aufwand verbunden, eine Status-Meldung über das Netzwerk bis hin zum Root-Transputer zu bekommen. Wünschenswert wäre ein "Auge" tief im Inneren des Transputernetzwerks. Dies läßt sich am einfachsten durch ein Anzeigesystem an einem freien Link verwirklichen.

2. Link-2-Monitor

Ausgehend von der Idee, daß es bei einer Link-Geschwindigkeit von $20 \frac{Mbit}{sec}$ kein Problem sein sollte, ein Schwarz-Weiß-Videosignal mit einer Pixelrate von mindestens 5 MHz zu erzeugen, ist mit dem L2M ein Peripheriegerät entwickelt worden, das mit minimalem Hardwareaufwand eine direkte Anzeige von Transputerdaten ermöglicht.

2.1 "Überraschendes" Acknowledge

Erste Messungen der Kommunikation zwischen einem Prozessor und einem Link-Adapter ergaben eine Datenrate von weniger als $1 \frac{MByte}{sec}$. Das reichte für die geplante Anwendung nicht ganz aus. Die theoretisch mögliche Datenrate wird beim Übertragen von Daten vom Transputer zu einem Link-Adapter nicht erreicht, da der Link-Adapter kein überlappendes Acknowledge senden kann. Hier wird ein kleiner Trick angewandt. In der L2M-Hardware ist ein Fifo vorgesehen, das in der Lage ist, die ankommenden Bytes zwischenzupuffern. Mit dem Wissen, daß das gesendete Byte auch wirklich abgenommen werden kann – also das Fifo nicht voll ist – wird ein selbst generiertes, überlappendes Acknowledge-Signal gesendet.

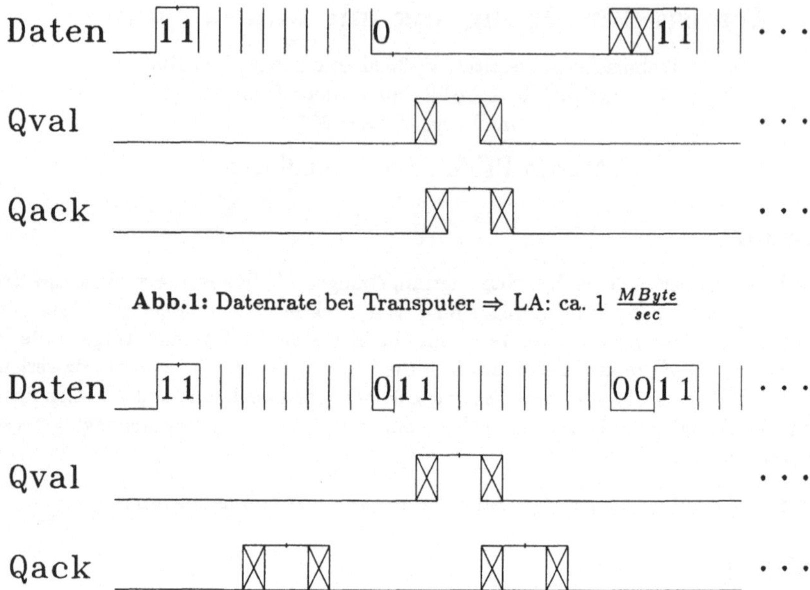

Abb.1: Datenrate bei Transputer $\Rightarrow$ LA: ca. 1 $\frac{MByte}{sec}$

Abb.2: Gesteigerte Datenrate mit eigenem überlappendem Acknowledge: ca. 1.8 $\frac{MByte}{sec}$

Ist das Fifo jedoch bereits voll, wird ein Acknowlege nach der Konvention des Link-Adapters (LA)
erst dann erzeugt, wenn das Byte aus dem LA wirklich abgenommen wird.

Leider sind die Spezifikationen über den genauen Ablauf der Link-Kommunikation von der Fa.
Inmos nicht offengelegt; deshalb wurde die mögliche Datenrate bei der Kommunikation zwischen
zwei Link-Partnern untersucht und optimiert. Das Ergebnis ist in Abb.2 dargestellt. Die Übertragungszeit eines Bytes läßt sich auf bis zu 550 ns senken. Das bedeutet, daß auf das Stop-Bit des
letzten Bytes direkt die Start-Bits des nächsten Bytes folgen. Mit dem selbst generierten "überra-
schenden Acknowledge" läßt sich die Datenrate auf ca. ca. 1.8 $\frac{MByte}{sec}$ steigern. Die Übertragung
erreicht somit die gleiche Geschwindigkeit wie zwischen zwei T800-Transputern.

2.2 Die Hardware-Struktur

Mit der im Blockschaltbild (Abb.3) dargestellten Struktur läßt sich eine Graphik-Auflösung von
256^2 Bildelementen leicht erreichen, was für einfache Anwendungen bereits ausreicht. Durch Veränderung der Softwareparameter kann die Bildauflösung auf bis zu 320*290 Bildelemente gesteigert
werden.

Die am Link-Adapter ankommenden Bytes werden, wie bereits beschrieben, in einem Fifo zwi-
schengepuffert. Damit lassen sich auch die Austastlücken des Videobildes zur Übertragung nutzen.

Für die Übertragung der Graphikdaten ist ein entsprechendes Byte-Protokoll definiert worden.
Vier Bits jedes Bytes bilden vier Bildpunkte, mit einem 5. Bit können diese mit erhöhter In-
tensität dargestellt werden. Ein weiteres Bit erzeugt den vertikalen Synchronisationsimpuls. Die
horizontale Synchronisation erfolgt durch eine Zählschaltung, die über das 7. Bit gesteuert wird.
Ist das 7. Bit gesetzt, so wird ein Zeilenende signalisiert. Das heißt, die Hardware wartet auf

den Zählerstand für den H-Sync, bevor die nächste Zeile dargestellt wird. Am rechten Zeilenrand kann die Übertragung um die nicht gesetzten Bildpunkte reduziert werden, falls eine möglichst geringe Datenmenge übertragen werden soll. Außerdem ist dadurch die Anzahl der Punkte pro Zeile variierbar, ohne daß es zum Verlust der Bildsynchronisation kommt.

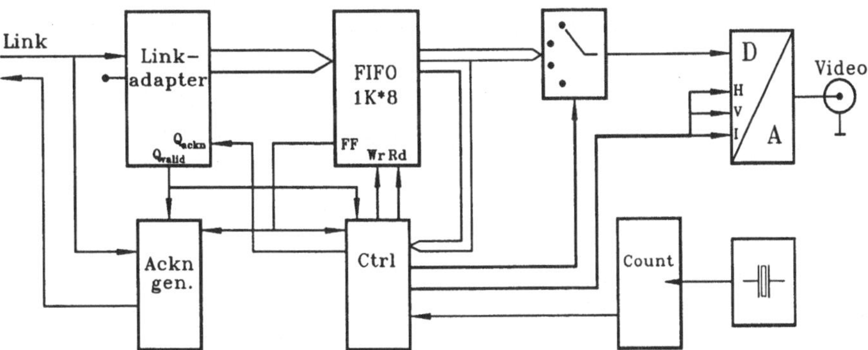

Abb.3: Mit dem L2M ist eine Graphik-Ausgabe von 256*256 Bildpunkten möglich.

2.3 Software

Voraussetzung für die Anzeige eines stehenden Graphikbildes ist das ständige Senden der Bilddaten über den entsprechenden Link. Da die Schaltung keinen eigenen Bildspeicher enthält, müssen also 50 Bilder je Sekunde gesendet werden (was einen Transputer nicht wesentlich belastet).

Dies wird von dem Prozeß DISPLAY.L2M geleistet, der entweder Graphikdaten oder mit einem Zeichen-Generator erzeugte Textmeldungen auf dem Bildschirm ausgibt. Der Prozeß DISPLAY.L2M besteht aus einem High-Level- und einem Low-Level-Interpreter.

Der High-Level-Interpreter empfängt Befehle wie L2M.CIRCLE oder L2M.STRING und sendet seinerseits Grundbefehle wie L2M.LINE oder L2M.-CHAR an den Low-Level-Interpreter. So wird sichergestellt, daß die einzelnen Befehle zur Bildmanipulation kurz sind und die kontinuierliche Bildausgabe nicht behindern.

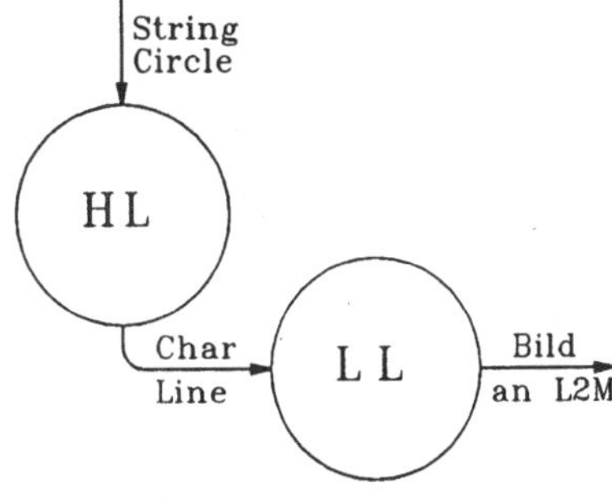

Abb.4: HL- und LL-Prozeß

3. Applikationen

Da bei diesem Konzept kein weiterer Rechner als Terminal benötigt wird und als Ausgabemedium ein konventioneller TV-Monitor (oder ein Multisync-Monitor) verwendet werden kann, stellt diese Schaltung das geforderte preiswerte "Auge" in den Transputer dar. Die Anwendungen des inzwischen auch auf dem Markt verfügbaren L2M-Interfaces sind vielseitig und gehen von der Ausgabe einfacher Debug-Messages bis hin zu Echtzeit-Anwendungen in der Meß- und Regelungstechnik. Beispielsweise können bei einem transputerbasierten Regelungssystem ständig die Soll- und Istwerte graphisch angezeigt werden. Das L2M-Interface stieß auf der TAT'91 auf reges Interesse.

- GePaRD -
Eine Programmierumgebung für MIMD-Parallelrechner

Klaus Wolf

Gesellschaft für Mathematik und Datenverarbeitung mbH
Schloß Birlinghoven, W-5205 St. Augustin 1

Die GePaRD -Programmierumgebung (General Parallel Runtime Environment on Distributed Systems) stellt ein stellt ein Werkzeug zur Programmierung paralleler und heterogener Prozeßsysteme auf Parallelrechnern mit verteiltem Speicher dar. Durch die speziellen Eigenschaften des Systems (Lokalität der Prozesse - dezentrale Kontrolle - globale Strukturierung) wird eine hohe Modularität und Flexibilität in den Programmsystemen erreicht. Im Folgenden werden die Grundideen und Konzepte von GePaRD dargestellt, ohne auf Spezifikations- und Implementierungsdetails einzugehen. Es wird vielmehr ein Programmiermodell vorgestellt, das allein auf der Basis von lokalen Prozeßen und Message-Passing komplexe Kommunikations- und Synchronisationsmechanismen realisiert.

1 Die Grundideen des GePaRD -Systems

Das **GePaRD** -Programmiermodell erlaubt eine von der aktuellen Hardware-Konfiguration unabhängige Spezifikation paralleler Prozeßsysteme. Als Zielhardware sind sowohl Rechnersysteme mit verteiltem Speicher (Transputer, Intel-iPSC, usw.) als auch solche mit gemeinsamen (z.B. Alliant), sowie Einprozessorsysteme (z.B. SUN-Workstations) vorgesehen. Grundelemente des Modells sind *Prozesse, Kommunikationsschnittstellen* und *die Konfiguration*. Prozesse sind eigenständige Programmeinheiten, die in ihrem Innern sequentiell definiert sind und über Nachrichtenaustausch mit anderen Prozessen zusammenarbeiten. Die Kommunikation findet über die Kommunikationsschnittstellen der Prozesse statt, die eine eindeutige Trennung der lokalen Prozeßbeschreibung von der globalen Netzstruktur erzwingen. In der Konfiguration eines Prozeßnetzes sind allein die Schnittstellendeklarationen der Prozesse sichtbar.

Das Programmiermodell
Die strikte Trennung zwischen *globaler* Konfiguration und *lokaler* Prozeßdeklaration macht einen wesentlichen Unterschied zu vielen anderen parallelen Programmierumgebungen aus. Prozesse werden so konzipiert, daß ihre Kommunikation mit anderen Prozessen nicht auf impliziten Annahmen der Art und Größe des Netzwerkes im Quellcode beruht, sondern durch explizit definierte Kommunikationsschnittstellen der Prozesse gesteuert wird. Da eine Koordination von verteilten und unabhängigen Prozeßabläufen mit einfachen Funktionen des Datenaustausch nur umständlich zu realisieren ist, ist die Funktionalität der Kommunikation in **GePaRD** im Vergleich zu anderen Systemen Fähigkeiten zur Synchronisation und verteilten Ablaufkontrolle erweitert worden.

Die Hauptmerkmale von **GePaRD** sind:

- **Lokalität der Prozexßeinheiten** Die Deklaration eines Prozesses und seiner Schnittstellen erfolgt vollständig unabhängig und lokal. Der interne Prozeßablauf ist sequentiell und kennt als sichtbaren Datenbereich nur seine lokalen Datendeklarationen und die als formale Parameter deklarierten Kommunikationsschnittstellen. Die Semantik eines Kommunikationsaufrufs ist nicht von einer (intern explizit nicht bekannten) globalen Struktur des Netzwerkes, sondern nur durch die Schnittstellen selber bestimmt.

- **Kommunikationsfunktionen** Neben dem einfachen Austausch von Daten ist für ein Prozeßnetz die verteilte Regelung des Ablaufs wichtig. Dazu gehören Synchronisation, wechselseitiger Ausschluß und die (passive) Kontrolle von Ereignisfolgen in Subnetzen. Weiterhin erweisen sich teilglobale Operationen und die dynamische Rekonfiguration als brauchbare Werkzeuge.

  - **Gerichtete Kommunikationspfade** Exklusive Kommunikationspfade zwischen jeweils zwei Prozessen bieten die Möglichkeit eines effektiven und schnellen Datenaustauschs. Die Endpunkte der Pfade, die Schnittstellen in den Prozessen, heißen *Ports*.

  - **Globale Resourcen** Von mehreren Prozessen benötigte Datenstrukturen (*globale Resourcen*) können durch spezielle Systemprozesse (Server) realisiert und verwaltet werden; ein Zugriff auf sie ist zur Wahrung der Datenkonsistenz nur im wechselseitigen Ausschluß möglich.

  - **Synchronisationsmechanismen** Handshake-Objekte erlauben die Synchronisation von Prozessen. Über einen Serverprozeß können beliebige Anwendungsprozesse in ihrem Ablauf koordiniert werden, ohne direkte Eingriffe in ihre internen Kontrollflüsse zuzulassen.

  - **Mailbox-Betrieb** Die an keine bestimmte Netzstruktur gebundene Weitergabe von Nachrichten geschieht mittels *Mailboxes*. Im Unterschied zur Portkommunikation wird sie bei weniger intensiven, aber oft wechselnden Kommunikationspartnern eingesetzt.

  - **Asynchrone Operationsaufrufe** *Asynchrone Operationsaufrufe* Operationsaufrufe (RPC) erlauben es einem Prozeß, Funktionen nach außen (über Nachrichtentransfer) anzubieten und sie auf den eigenen lokalen Daten arbeiten zu lassen.

- **Kommunikationsschnittstellen** Die Trennlinie zwischen dem lokalen Einflußbereich eines Prozesses und der globalen Struktur des Netzwerkes wird durch die Kommunikationsschnittstellen der Prozesse dargestellt. Sie stellen, vergleichbar formalen und aktuellen Parametern einer Funktion, zur Deklarationszeit des Prozesses nur formale Adressen dar, an die erst bei der Konfiguration des Netzes reale Adressen gebunden werden. Eine direkte Abhängigkeit des Quellcodes eines Prozesses von einer bestimmten Konfiguration durch implizite Programmierung von Zieladressen wird somit vermieden.

- **Konfiguration** In der Konfiguration werden Inkarnationen von Prozeßtypen definiert und gemäß den Schnittstellendeklarationen der Prozeßtypen verbunden. Virtuelle Subnetze können als Makroprozeßtypen deklariert und wie normale Prozeßtypen behandelt werden. Serverprozesse zur Verwaltung von globalen Resourcen und Handshake-Objekten können beliebig oft definiert und - mit entsprechenden Schnittstellen versehen - verschaltet werden.

2 Kommunikation in GePaRD

2.1 Kommunikationseigenschaften

Mit einem Kommunikationsaufruf sind weitere Eigenschaften verbunden, die die Zusammenarbeit aller an einem Kommunikationsvorgang beteiligten Prozesse regeln.

Die Anzahl der an einer Kommunikation beteiligten Prozesse

Die Bindungsstärke einer Schnittstelle und damit die Anzahl der an einem Kommunikationsvorgang beteiligten Prozesse kann je nach Schnittstellentyp variieren. Pfade zwischen Ports besitzen genau zwei angeschlossene Prozeßschnittstellen, an Resourcen oder Handshake-Objekte in Serverprozessen

	Zweifach- *bindung* (1 zu 1)	*Vielfach-* *bindung* (1 zu n)	*undefinierte* *Bindungszahl* (1 zu ?)
asynchron	Ports		RPC(Anbieter)
gepuffert	Ports		Mailboxes
synchron	Ports	Handshake-Objekte	RPC(Aufrufer)
wechselseitig ausgeschlossen		Globale Resourcen	

Abbildung 1: **Die** Eigenschaften von Kommunikationsfunktionen

können beliebig viele (aber dem Server bekannten Anzahl) Schnittstellen von Prozessen gebunden werden und Mailboxes schließlich sind in ihrer Bindungsstärke undefiniert.

Die Bindungsstärke der verschiedenen Funktionalitäten wird in Abbildung 1 in Spalten geordnet dargestellt.

Synchronisation der Kommunikationspartner

Ebenso wie die Bindungsstärke hängt auch der Synchronisationsmodus vom Typ der Schnittstelle ab. Die Portkommunikation kann je nach Attributierung der Ports in der Konfiguration synchron, asynchron überschreibend oder gepuffert synchron betrieben werden. Auf Resourcen kann nur im wechselseitigen Ausschluß zugegriffen werden, während Handshake-Objekte gerade eine Gleichschaltung der betroffenen Prozesse erzwingen. Mailboxes arbeiten gepuffert, asynchrone Operationen (RPC) agieren auf Seite der Anbieter asynchron und auf Seite des Aufrufers synchron wie ein normaler Prozeduraufruf.

In Abbildung 1 sind die Funktionen entsprechend ihrer Synchronisationsart zeilenweise angeordnet.

Mit der Kommunikation verbundene Ausführungen

An einen Kommunikationsvorgang kann eine automatische Ausführung einer Operation auf den in den Nachrichten enthaltenen Daten gekoppelt sein. Ports und Mailboxes bieten nur Funktionen zum einfachen Nachrichtenaustausch, während an Resourcen und Handshake-Objekte Operationen gebunden sein können, die von dem verwaltenden Serverprozeß ausgeführt werden. Bei RPC-Schnittstellen schließlich wird die von dem Zielprozeß angebotene Funktion automatisch durch Initiierung des Laufzeitsystems asynchron zum Kontrollfluß des Anbieter gestartet.

In Abbildung 1 sind die Funktionen mit automatischer Operationsausführung unterstrichen.

2.2 Kommunikationsfunktionen

Die direkte Kommunikation über Ports

Auf Konfigurationsebene wird zwischen jeweils zwei Ports ein Kommunikationspfad spezifiziert. Dieser Pfad bleibt während der ganzen Laufzeit des Programms erhalten und kann nicht einseitig modifiziert oder abgebrochen werden. Ausnahme sind die Terminierung eines der beiden Prozesse sowie die kontrollierte Rekonfiguration mittels Handshake-Objekten. Jeder Port enthält die Adresse des Partners. Die erlaubte Richtung der Kommunikation und die Größe der Datenfelder werden in der

Konfiguration über Attribute eingestellt. Dort wird ebenfalls der Synchronisationsmodus für für beide Ports übereinstimmend) festgelegt.

Bei *asynchronem* Datenaustausch sind Sende- und Empfangsvorgänge vollständig unabhängig voneinander: das System legt an dem Eingangsport Speicherplatz an, in den *eine* Nachricht des Absenders abgelegt werden kann. Der Sender schreibt indirekt über den Kommunikationspfad auf diesen Speicherplatz, ein wiederholtes Senden überschreibt den alten Wert. Erst wenn der Empfängerprozeß explizit eine Empfangsoperation auf diesem Port aufruft, erhält er eine Kopie des *zuletzt* geschickten Datums. Alle vorher eingetroffenen Nachrichten sind durch Überschreiben ersetzt worden.

Gepufferte Kommunikationslinks vermeiden Nachrichtenverlust durch Anlage von Pufferplätzen. Jede Nachricht wird in einen FIFO-Puffer, der dem Empfangsport zugeordnet ist, eingetragen. Sender und Empfänger arbeiten solange entkoppelt, wie noch Pufferplätze frei sind. Bei vollem Puffer wird der Sender blockiert, bei leerem der Empfänger.

Volle Synchronisation beider Kommunikationspartner wird erzwungen, indem die Puffergröße auf null gesetzt wird. Beide Prozesse müssen gleichzeitig wie bei OCCAM-Channels die Kommunikation durchführen, um weiterarbeiten zu können.

Serverprozesse und mehrfach zugreifbare Strukturen

Eine Kooperation von mehr als zwei Prozessen wird in **GePaRD** durch *Serverprozesse* unterstützt. Sie sind im System als Prozeßrümpfe vordefiniert, erhalten jedoch erst in der Konfiguration konkrete Schnittstellen und damit Strukturen, die sie zu verwalten haben. An diese Schnittstellen können im Unterschied zu Portverbindungen beliebig viele (während der Laufzeit eines Programms festen Anzahl) Schnittstellen gleichen Typs von Anwendungsprozessen gebunden werden. Die Bindungsstärke und die Identität aller betroffenen Prozesse ist nur dem jeweiligen Serverprozeß bekannt, nicht jedoch den Anwendungsprozessen. Aktionen auf solchen Schnittstellen von Seiten der Anwenderprozesse her erzeugen Nachrichten, die im Server gesammelt und gezählt werden. Der Server verschickt an die auf Antwort wartenden Prozesse nach Bearbeitung der eingetroffenen Nachrichten die entsprechenden Rückantworten. Statt eines vordefinierten Prozeßrumpfes für Server kann auch ein benutzereigener eingesetzt werden.

Sollen einzelne Resourcen oder Objekte an der Ausführung gehindert werden, so geschieht dies über *boolsche Wächter*. Sie unterliegen der exklusiven Kontrolle eines einzelnen Anwendungsprozesses, der in der Konfiguration spezifiziert wird. Dieser Prozeß kann den Wächter setzen oder löschen und hat lesenden Zugriff auf den aktuellen Wert der Resource bzw. auf das Ergebnis der globalen Operation auf einem Handshake-Objekt.

Zur *dezentralen Überwachung* ("Monitoring") von Prozeßnetzen können in den Servern benutzerdefinierte Kontrollroutinen gestartet werden, die die Reihenfolge der Zugriffe auf die von diesem Server verwalteten Objekte und Resourcen beobachtet. Tritt eine Abweichung von der gewünschten Sequenz auf, so wird dies von der Routine bemerkt und mit einer entsprechenden Fehlerbearbeitung behandelt. Die Behandlung der Fehler hat dabei weniger das Ziel einer Korrektur, sondern vielmehr die Erkennung und Weitermeldung der Fehlern an den Programmierer.

Globale Resourcen

Resourcen bieten die Möglichkeit, mehreren Prozessen dieselbe Datenstruktur zur Verfügung zu stellen. Art und Initialierung der Datenstrukturen werden in der Konfiguration bestimmt, die Zugriffe zur Laufzeit kontrolliert der Serverprozeß. Eintreffende Anfragen bzw. Modifikationsanweisungen für diese Resourcen werden gepuffert und der Reihe nach bearbeitet. Ist eine Resource vergeben, das heißt an einen Anwendungsprozeß zur Bearbeitung überlassen, so ist sie solange blockiert, bis sie vom momentanen Besitzer explizit wieder zurückgegeben wird. Alle anderen Anfragen müssen solange warten. Eine Resource mit leerer Datenstruktur kann als Semaphorvariable eingesetzt werden.

Bei *Standardfunktionen* ist es ineffizient, eine Modifikation erst im anfordernden Prozeß durchzuführen. Einfacher und schneller ist es, diese Operationen durch den Server, der die Resource zugeordnet ist, direkt vornehmen zu lassen, da dadurch ein mehrfaches Verschicken der Daten vermieden wird.

Handshake-Objekte

Die grundlegende Funktion von Handshake-Objekten ist die *Synchronisation* einer festgelegten Teilmenge von Prozessen zu definierten Zuständen ihres lokalen Kontrollflusses. Aus Sicht der Prozesse bedeutet dies, daß nach außen (über die Handshake-Objekt-Schnittstelle zum Server) das Erreichen einer bestimmten Marke im eigenen Ablauf bekannt gegeben und auf die entsprechenden Fertigmeldungen aller anderen an dasselbe Objekt gebundenen Prozesse gewartet wird (*Synchronise*). Der Server realisiert diese logische Synchronisation mittels Abzählen der bei ihm für das Objekt eintreffenden Nachrichten. Bei Vollzähligkeit werden die Freigabemeldungen zurückgeschickt.

Diese harte Synchronisation mit anderen Prozessen kann gelockert werden. Die Zeit zwischen dem Versenden der eigenen Fertigmeldung und dem Eintreffen der Vollzähligkeitsmeldung vom Server kann dazu genutzt werden, davon unabhängige Arbeiten durchzuführen. Erreicht wird dies, wenn statt der Funktion *Synchronise* deren zwei Teilfunktionen *EnterBarrier* (Verschicken der eigenen Fertigmeldung) und *ExitBarroer* (Warten auf die Rückmeldung) benutzt werden.

Globale Operationen auf Daten mehrerer Prozesse (z.B. globale Summe, Durchschnitt, globales Minimum) lassen sich mit Handshake-Objekten auch für eine Teilmenge aller aktiven Prozesse erreichen. Dazu wird an ein Objekt ein Funktionsbezeichner als Attribut gebunden, so daß auf den Daten der Fertigmeldungen der beteiligten Prozesse eine Operation ausgeführt und das Ergebnis mit der Freigabenachricht allen Beteiligten übermittelt werden kann.

Dynamische Rekonfiguration

Ein Rekonfiguration innerhalb eines Teilbereichs des Prozeßnetzes kann dann sinnvoll durchgeführt werden, wenn folgende drei Punkte gesichert sind:

- Begrenzung der Rekonfiguration auf einen definierten Bereich
  Der Bereich, in dem Modifikationen stattfinden, muß klar definiert sein, damit alle potentiell betroffenen Prozesse korrekt darauf reagieren können.

- Gleichzeitigkeit der Reorganisation
  Innerhalb des betroffenen Bereichs muß die Umstellung zu einem eindeutigen (logischen) Zeitpunkt stattfinden, damit z.B. Verbindungspfade nicht von einer Seite gekappt werden, während die andere Seite noch versucht, darauf zu kommunizieren.

- Eindeutigkeit
  Die Festlegung der neuen Verbindungsstrukturen in dem Bereich muß eindeutig sein.

In **GePaRD** sind diese Bedingungen innerhalb von *Makroprozessen* erfüllt. Ihre innere Struktur ist nach außen hin nicht sichtbar, die Gleichzeitigkeit kann durch interne Handshake-Objekte gesichert werden und die Eindeutigkeit der Rekonfiguration wird durch die zentrale Berechnung in dem Serverprozeß, der auch die Synchronisation erzwingt, erreicht.

Daß heißt, an ein Handshake-Objekt eines Servers innerhalb des Makroprozeßes wird eine initial vorbestimmte Konfigurationsbeschreibung gebunden; die Durchführung der Reorganisation der Teilnetzstruktur erfolgt nach dem Eintreffen aller Fertigmeldungen der Prozesse. Die Rekonfiguration wird von dem Serverprozeß initiiert und kontrolliert, bevor die Freigabemeldung an die Prozesse erfolgt.

Mailboxes

Im Unterschied zur strukturierten Kommunikation über exklusive Kommunikationspfade ist bei weniger intensiven, aber oft wechselnden Beziehungen ein Nachrichtenaustausch durch einfache Mailboxes angebracht. Dabei ist weniger die konkrete Sender-Empfänger-Beziehung für die Reaktion auf die

Nachricht ausschlaggebend, sondern vielmehr die Nachricht als selbstständiger Auftrag. Empfänger-seitig werden die eintreffenden Nachrichten in einem Fifo-Puffer gesammelt.

Asynchrone Operationsausführung
Will ein Prozeß bestimmte Funktionen auf seinen lokalen Daten nach außen hin anbieten, ohne daß er jedoch jeden Aufruf dieser Funktionen selber starten muß, so kann er dies mit asynchronen Operationen erreichen. Dann werden die Reaktionen auf externe Aufrufe (= Nachrichten) nicht vom Anbieter selber initiiert, sondern automatisch durch das Laufzeitsystem gestartet. Die Funktionen erhalten als Parameter die lokalen Daten des Anbieters und die in der Nachricht enthaltenen Daten. Da die Funktionen asynchron zum Kontrollfluß des Prozesses arbeiten, muß der Anbieter selber die Konsistenz seiner Daten, etwa mit Semaphoren, gewährleisten. Der aufrufende Prozeß wartet auf das Eintreffen der Antwort wie bei einem normalen Prozeduraufruf.

3 Konfiguration

Der Begriff *Konfiguration eines parallelen Programms* besitzt ebenso viele Bedeutungen wie es Lauf-zeitsysteme gibt. Neben der Verschaltung der Hardware oder dem Mappen der Prozesse ist oft auch die Strukturierung der Kommunikationspfade zwischen logischen Prozessen gemeint. Zwischen der Konfiguration eines Programms und den Berechnungsvorschriften der Prozesse wird ebenfalls nicht in jedem Laufzeitsystem eine eindeutige Trennlinie gezogen; das lokale Wissen der einzelnen Pro-zesse und die globale Struktur des Prozeßnetzes gehen ineinander über. So wird entweder in den Prozeßrümpfen implizit eine bestimmte Netztopologie vorausgesetzt und dem entsprechend die Ziele der Nachrichten ausgewählt. Oder aber es wird gar keine initial festgelegte Struktur angenommen, jeder darf mit jedem Kontakt aufnehmen; dann wird statt eines Prozeß*graphen* eine Prozess*menge* als gegeben angenommen.

3.1 Was bedeutet Konfiguration in GePaRD ?

In **GePaRD** hingegen wird durch die Einführung eindeutiger Kommunikationsschnittstellen der Prozesse auf der Konfigurationsebene von den internen Berechnungsvorschriften abstrahiert. Die Prozesse stellen nur noch Einheiten dar, die entsprechend dem Typ ihrer Schnittstellen und ihrer Funktionalität verbunden werden. Damit kann eine Umstrukturierung von Prozeßnetzwerken sowie der Aufbau heterogener Netze aus Prozessen unterschiedlichen Typs stattfinden, da die Prozesse selber nicht von speziellen Konfigurationen abhängig sind.

    GePaRD unterstützt ein statisches Prozeßmodell und benötigt zum Startzeitpunkt eine vollständige Beschreibung der Struktur des Prozeßnetzwerkes. Diese wird dem Laufzeitsystem als *Konfigurations-datei* übergeben, die in Form eines lesbaren Skripts alle benötigten Informationen enthält. In dem Skript werden die Schnittstellen der Prozeßtypen deklariert, Inkarnationen von Prozessen und Ser-vern definiert und die Bindungen der formalen Adreßparameter an reale Adressen (= inkarnierte Prozesse/Server) vollzogen. Die Konfigurationsdatei kann durch eine graphische Oberfläche (GRA-CIA), eine Konfigurationsroutine oder direkt per Hand erstellt werden.

3.2 Funktionalität

Schnittstellendeklarationen
In der Konfiguration sind von einem Prozeß oder Server nur noch dessen Schnittstellen sichtbar. Eine Prozeßdeklaration besteht nur noch aus einem Namen, der die Funktion des Prozesses repräsentiert, und der Schnittstellenbeschreibung. Diese enthält die Namen, Typen und Attribute für jeden einzel-nen Kommunikationsparameter, so wie sie in der Parameterliste des Prozesses im Quellcode deklariert worden sind.

Schnittstellen von Servern werden entsprechend spezifiziert; ihre Parameterliste kann in der Konfiguration frei gewählt werden, als Schnittstellentypen sind nur Resourcen oder Handshake-Objekte erlaubt.

Neben den Kommunikationsparametern können auch konstante Parameter (int, real, arrays, ...) deklariert werden.

Inkarnation von Prozessen und Servern

Erst explizite Prozeß- und Serverdefinitionen bewirken die Erzeugung realer Inkarnationen der oben deklarierten Typen. Jede Inkarnation erhält eine eindeutige Identifikation, die später bei der Bindung der formalen Adressen eingesetzt wird. Eventuell deklarierte Value-Parameter werden schon bei der Prozeßdefinition mit konstanten Werten belegt.

Adreßbindungen

Die formalen Kommunikationsparameter von Prozeßinkarnationen sind solange ohne Wert, das heißt ohne reale Adreßbindung, wie keine explizite Bindung an die Adresse einer existierenden Prozeß- oder Serverschnittstelle stattgefunden hat. Durch *Connect*-Aufrufe können jeweils zwei Ports exklusiv verbunden werden; Schnittstellen eines Servers können mehrfach als Zieladresse an formale Parameter von Prozessen gebunden werden. Bei dem Connect-Aufruf wird ein Test auf Kompatibiltät der Schnittstellen durchgeführt.

Makroprozesse

Makroprozesse bieten nach außen das Bild eines normalen Prozesses, sind intern jedoch aus beliebig vielen Prozessen und Servern aufgebaut. Nur die auf die virtuellen Schnittstellen des Makroprozesses abgebildeten realen Schnittstellen der inneren Prozesse ermöglichen einen Kontakt mit dem restlichen Netz.

Die Deklaration eines Makroprozesses erfolgt nach dem gleichen Muster wie eine Netzspezifikation:

Statt realer Inkarnationen von Prozessen und Servereinheiten werden *virtuelle Komponenten* deklariert. Diese besitzen nur eine lokale, virtuelle Identitätskennung innerhalb des Subnetzes, die außerhalb keine Gültigkeit hat. Erst wenn eine Inkarnation des Makroprozesses stattfindet, werden an seiner Stelle die Teilprozesse geschaffen. Die Verbindung der Prozesse untereinander baut auf den lokalen Adressen auf.

Ähnlich der Deklaration eines normalen Prozeßtyps wird eine *Makroprozeßtyp* durch die Liste seiner Kommunikationsschnittstellen festgelegt. Der Sourcecode wird dabei durch die dem Makroprozeß zugeordneten virtuellen Prozeßdefinitionen ersetzt, die seine innere Funktionalität definieren.

Schließlich findet ein *Mapping* der noch ungebundenen Schnittstellen der inneren Prozesse an die formalen Adreßparameter des Makroprozesse statt. Damit werden die virtuellen Parameter des Makros ersetzt durch konkrete der inneren Komponenten. Diese nach außen geschalteten Schnittstellen werden bei der Inkarnation des Makroprozesses auf reale Adressen der Konfiguration gesetzt.

Nach der Deklaration eines Makroprozesses kann dieser wie ein ganz normaler Prozeßtyp im Netz eingesetzt werden.

4 Stand der Entwicklung

Das **GePaRD** -System ist in einer ersten Testversion an der Gesellschaft für Mathematik und Datenverarbeitung mbH in St. Augustin entwickelt worden. Hier wurde es in erster Linie für einen *parsytec SuperCluster* mit 64 Transputern, für SUN-Workstations (unter Lightweight-Processes) sowie für eine Alliant FX2800 implementiert. Die zugrundeliegende Sprache ist ANSI-C, auf Transputern bis jetzt Par.C. Von den beschriebenen Funktionen sind noch nicht implementiert worden die asynchronen Funktionen (RPC) und die dynamische Rekonfiguration sowie die Definition von Makroprozessen.

Erste Anwendungen sind die Simulation paralleler, genetischer Algorithmen zur Funktionsoptimierung und Bestimmung lokaler Filter.

Literatur

[1] **Synchronisation and control of parallel algorithms**
P. Frederickson, R. Jones, B. Smith Parallel Computing 2, pp. 255 - 264 1985

[2] **Achieving low cost synchronization in a multiprocessor system**
Rajiv Gupta, Michael Epstein North Holland, Future Generation Computer Systems 6, 255-269 Juni 1990

[3] **Delay Point Schedules for Irregular Parallel Computations**
D. Nicol, J. Saltz, J. Townsend International Journal of Parallel Programing, Amsterdam 1990, North-Holland

[4] **Seymour: A Portable Parallel Programming Language**
Russ Miller, Quentin F. Stout Structured Programming 11:157-171 April 1990

[5] **PVM: A framework for parallel distributed computing**
V. S. Sunderam Concurrency: Practicce and Experience, Vol2(4) 315-339 Dezember 1990

[6] **Chare Kernel - a Runtime Support System for Parallel Computations**
Wei Shu, L. V. Kale Journal of Parallel and Distributed Computing, 11 198-211 März 1990

[7] **The LADY programming environment for distributed operating systems**
Dieter Wybranietz, Peter Buhler North Holland, Future Generation Computer Systems 6, 209-223 Juni 1990

[8] **The Argonne/GMD macros in FORTRAN for portable parallel programming and their implementation on the Intel iPSC/2**
L. Bolmans, D. Roose, R. Hempel Parallel Computing 15, 119-130 November 90

[9] **A Tutorial Introduction to CS-Tools**
Meiko Limited Meiko Manuals 1990

[10] **Express 3.0, Introductory Guide & Express C user Guide**
ParaSoft Corporation Manuals

[11] **Process Groups and Group Communication**
L. Liang, S. Chanson, G. Neufeld Computer IEEE, Vol. 23 Februar 1990

[12] **ConC: A Language for Concurrent Programming**
V. Garg, C. Ramamoorthy Computer Languages, Vol 16 1991

[13] **An Overview of the SR Language and Implementation**
G. Andrews, R. Olsson, M. Coffin, I. Elshoff, K. Nilsen, T. Purdin, G. Twonsend ACM Transactions on Programming Languages and and Systems, Vol. 10, No. 1, pp. 51 - 86 Januar 1988

[14] **GRACIA - A Software Environment for Graphical Specification, Automatic Configuration and Animation of Parallel Programs**
T. Brandes, O. Krämer-Fuhrmann International Conference on Supercomputing, Mannheim Juni 1991

A general purpose Resource Description Language

B. Bauer   F. Ramme

Paderborner Zentrum für Paralleles Rechnen
Universität-Gesamthochschule Paderborn
e-mail: bb@uni-paderborn.de   ram@uni-paderborn.de

Zusammenfassung

Es wird das Projekt "Zugangssoftware für ein Umfeld von Parallelrechnern" skizziert. Dieses Projekt behandelt Resourcen unterschiedlichster Art, deren Darstellung dabei eine zentrale Bedeutung zukommt. Nach allgemeinen Überlegungen zu Benutzer- und Werkzeug- gerechten Darstellungen von Resourcespezifikationen, welche zu dem vereinheitlichenden Ansatz RDL führten, werden die Strukturen der Sprache und des Compilers erläutert. Beispielhafte Anwendungen von RDL bilden den Abschluß.

1   Einleitung

Aufgaben des Paderborner Zentrums für Paralleles Rechnen "$(PC)^2$" sind u.a. die Nutzbarmachung und Verbreitung modernster Entwicklungen auf dem Gebiet des Parallelen Rechnens sowie die Bereitstellung seiner Parallelrechnersyteme[1] für interessierte Anwender in Nordrhein-Westfalen. Zu einer der ersten Aktivitäten des $(PC)^2$ gehört die Entwicklung von Zugangssoftware[2] für ein Umfeld von Parallelrechnern. Hierbei sollen alle Hardware- und Softwaredetails, welche für die Applikation des Benutzers nicht relevant sind, vor dem Anwender verdeckt werden. Dazu zählen u.a. Host-Rechner, Netzwerke, Systemzugänge, die Ausstattung einzelner Rechner oder Adapterboards, die Aktivierung von Entwicklungsumgebungen, die Abbildung gewünschter auf verfügbarer Resourcen im Multi-User Umfeld.

Schlagworte wie: Benutzerführung, online-Hilfen, Accounting, Sicherheitsaspekte, Fehlertoleranz, Resourceplanung und Batchbetrieb geben einen ersten Eindruck von der Mächtigkeit der zu entwickelnden Software.

Die Eigenschaften und Darstellung von Resourcen spielen somit im Rahmen des Projektes eine zentrale Rolle. Dabei ist der Begriff *Resource* im weitesten Sinne zu sehen. Er reicht von der Spezifikation der Hardware-Strukturen (auf unterschiedlichem Abstraktions-Niveau), über die Beschreibung logisch angeforderter Rechen-Einheiten, bis hin zur Spezifikation von Software-Strukturen (z.B. in Form eines Prozeß-Graphen).

Die Darstellungsform von Resourcen soll dabei unabhängig von der jeweiligen Entwicklungs-Umgebung (Software-Entkopplung) und ebenfalls unabhängig von den zu verwaltenden Maschinen (Hardware-Entkopplung) sein. Hierdurch wird die Grundlage zur Entwicklung von kompatiblen Werkzeugen ermöglicht. Sie sind leicht an beliebige Entwicklungsumgebungen adaptierbar und können mit unterschiedlichsten Maschinen arbeiten.

Im Rahmen des Projektes "Zugangssoftware für Parallelrechner-Systeme" werden Werkzeuge entwickelt, die Resourcen in einem heterogenen Umfeld zuordnen können. Sie benötigen als Arbeitsbasis

---

[1] Zur Zeit steht ein frei konfigurierbarer Parsytec SuperCluster mit 320 T800 Prozessoren zur Verfügung.

[2] In Kooperation mit der RWTH-Aachen und der Fa. Parsytec

eine geeignete Darstellung der zu verwaltenden Mittel. Dabei können mit einer Netzwerkanforderung zahlreiche Randbedingungen verknüpft sein, wie z.B. die Speicherkapazität einzelner Prozessoren, der Prozessortyp oder spezielle Eigenschaften wie Graphikeinheit oder Massenspeicher. Diese können gegebenenfalls zu einer kombinierten Realisierung auf verschiedenen Maschinen führen.

Vorüberlegungen:

Automatisiert arbeitende Software-Tools, welche eigenständig Resourcen zuordnen können, benötigen als Arbeitsbasis eine adäquate Darstellung der zu verwaltenden Resourcen. Hierbei sind für alle Tools zwei Darstellungsarten zu unterscheiden.

- Interne Repräsentation :
  Bei der internen Repräsentation handelt es sich um eine nicht speicherresistente Darstellung der Resourcen als abstrakter Datentyp (*ADT*). Dabei sind der Aufbau und die Eigenschaften des ADTs auf die jeweiligen Bedürfnisse des entsprechenden Tools zugeschnitten.

- Externe Repräsentation :
  Bei der externen Repräsentation handelt es sich um eine textuelle Darstellung der Resourcen in einer für den Menschen lesbaren und möglichst gut beschreibbaren Form. Die konkrete Darstellungsform sollte sich dabei möglichst an die inhärente Struktur der Resourcen orientieren.

Aus dieser Sicht leiten sich zwei Umsetzungsaufgaben ab.

- Externe $\longrightarrow$ Interne Repräsentation :
  Diese Art der Umsetzung wird üblicherweise von einem Compiler übernommen, welcher die textuelle Darstellung liest, gemäß einer Menge von Regeln analysiert und eine interne Repräsentation in Form eines entsprechenden ADTs generiert. Der Compiler gliedert sich dabei in zwei funktionale Einheiten.

  <u>Front-End :</u>
  Das Front-End besteht aus der lexikalischen Analyse, dem Parser und dem Attributauswerter. Dieser generiert dabei einen sogenannten attributierten Strukturbaum, welcher anschließend weiter verarbeitet wird.

  <u>Back-End :</u>
  Das Back-End erzeugt aus dem attributierten Strukturbaum den zu generierenden ADT. Innerhalb des Projektes wird auf die Tools LEX (zur lexikalischen Analyse) und YACC (zur Parsergenerierung) zurückgegriffen. Dieses hat zur Folge, daß alle Aktionen des Attributauswerters und der ADT-Generierung parsergetrieben erfolgen.

- Interne $\longrightarrow$ Externe Repräsentation :
  Diese Form der Umsetzung ist trivial und wird nur von wenigen Tools benötigt.

Die verschiedenen Sichten der Resourcedarstellung:

- Hardware-Orientiert
  Intelligente Maschinen, welche über eine eigene interne Verwaltungseinheit verfügen (z.B. dynamisch rekonfigurierbare Transputer-Systeme), benötigen für diese Einheit eine Repräsentation der physikalischen Komponenten der Maschine sowie ihrer Verknüpfung. Eine solche hardware-orientierte Resourcebeschreibung wird durch einen entsprechend allgemeinen Ansatz gleichfalls berücksichtigt. Dies wird die Erstellung hardware-naher Software zukünftiger MIMD-Maschinen erleichtern.

- Umgebungs-Orientiert (Environment-Orientiert)
  Die Software hat u.a. die Aufgabe, angeforderte Netzwerke (eine feste, logische Komposition
  von Resourcen) mit den zur Verfügung stehenden Resourcen und ihren physikalischen Strukturen (soweit diese bereits fest verschaltet sind) zu realisieren. Dazu müssen der Software die
  zu verwaltenden Rechner und ihr interner Aufbau auf entsprechender Abstraktionsebene sowie
  die Verbindungsstruktur der Rechner untereinander bekannt sein.
  Rechner oder Boards mit fester Konfigurierung sind bis auf die jeweilige Prozessorverschaltung
  zu spezifizieren. Bei intelligenten Rechnern oder Boards im obigen Sinn reicht eine abstraktere
  Spezifikation aus.

- Benutzer-Orientiert (User-Orientiert)
  Benutzer verteilter Systeme beschreiben in ihrer jeweiligen Entwicklungsumgebung Netzwerke.
  Diese Beschreibungen bestehen aus Prozessoren (*Proc's*) und Netzwerkanschlüssen (*Port's*)
  mit bestimmten Eigenschaften auf einer rein logischen Ebene. Solche Netzwerkbeschreibungen werden dann als Anforderung an eine zentrale Verwaltungsinstanz gesendet. Dort werden
  Teilnetzbeschreibungen in einer Vorverarbeitung extrahiert und an die entsprechenden Instanzen intelligenter Maschinen weitergeleitet. Alle an diesem Prozeß beteiligten Tools müssen
  Netzwerkbeschreibungen handhaben. Leider differieren diese in den einzelnen Entwicklungsumgebungen (z.B. MultiTool (OCCAM), Helios (Resource-Map)) heute noch sehr. Hier gilt es
  ein einheitliches Format einzuführen. Netzwerke können dann direkt in dieser Form spezifiziert
  oder aus den Beschreibungen der einzelnen Entwicklungsumgebungen generiert werden.

- Prozeß-Orientiert
  Die RDL-Beschreibungsstrukturen sind ebenfalls dazu geeignet, einen logischen Prozeßgraphen
  zu beschreiben. Hierbei ist die Semantik in Analogie zur Hardware-Darstellung zu sehen, wobei im wesentlichen Prozessoren durch Prozesse zu substituieren sind. Verbindungen können
  wahlweise auch unidirektional angegeben werden.
  Mappings sind über das Port-Attribut 'SERVE' bzw. das Prozessor-Attribut 'LOAD' darstellbar. Die Werte dieser Attribute sind somit Prozeß(-pfad-)namen eines Prozeß-Graphen.

Der vereinheitlichende Ansatz:

Allen Resource-Darstellungen ist gemeinsam, daß sie auf elementarer Ebene als eine Menge von
gekoppelten (Basis-) Knoten (*Nodes*) aufgefaßt werden können. Hier müssen (o.E.) nur zwei Kno-
tentypen unterschieden werden.

Processor : zumeist mit 4 Zugängen (LINKs), spezifiziert über Namen oder Nummern und eine
Reihe vom Attributen (CPU, SPEED, MEMORY, GDS, MSC, ...).

Port : mit mindestens einem Zugang (LINK), spezifiziert über Namen oder Nummern und evtl.
eine Reihe von Attributen (TERMINAL, SBUS, ...).

Ein Port (mit seinen Links) kann eine physikalische Buchse sein; alle Buszugänge eines Adapter-
boards können als ein Port (mit z.B. 4 Links und Attribut SBUS) betrachtet werden. Ein C104
Crossbar-Switch kann als ein Port (mit 32 Links und einer internen Verbindungsliste) aufgefaßt werden.
Knoten können unter logischen Gesichtspunkten (z.B. Teilnetzwerke eines Gesamtnetzwerkes) oder
physikalischen Gesichtspunkten (z.B. ein Transputer-Board oder ein ProzessorCluster eines Super-
Clusters) zu *Sections* gruppiert werden. Diese Sektionen bilden auf der nächsten Abstraktionsebene
Knoten mit einem festen Grad, deren Verbindungen durch die Verbindungsliste dieser Ebene spezi-
fiziert werden.

Sections werden dann in einer weiteren Abstraktionsebene zu *Units* festen Grades gruppiert, deren
Verbindungen wiederum durch die Verbindungsliste dieser Ebene spezifiziert werden.

Aufgrund der vielen Gemeinsamkeiten ist ein gemeinsamer Sprachansatz (*RDL*) zur Beschreibung
der einzelnen Resource-Darstellungen sinnvoll. Die Benutzung eines Sprachansatzes hat den weiteren Vorteil, daß alle davon betroffenen Tools dasselbe Compiler Front-End benutzen können. Nur
das Back-End zur jeweiligen Generierung des gewünschten ADTs ist toolspezifisch zu erstellen.
Hierdurch wird die Erstellung unterschiedlichster Werkzeuge vereinfacht, wobei gleichzeitig die Kompatibilität untereinander gewahrt bleibt.

2 Struktur der RDL

2.1 Die Sprache

Der RDL liegt ein 3-stufiges, streng hierarchisches Konzept zugrunde. Dieses kann bei Bedarf in einer späteren RDL-Überarbeitung durch ein rekursives Konzept ersetzt werden. Jede Ebene besteht
aus drei Teilen. Im Definitionsteil können vordefinierte Attribute aktiviert bzw. neue Attribute,
Konstanten und Abkürzungen eingeführt werden. Der anschließende Deklarationsteil umfaßt die
Erklärung der Knoten der jeweiligen Ebene. Eine Verbindungsliste der Knoten dieser Ebene untereinander und zu dem hierarisch übergeordneten Knoten stellt den abschließenden Verbindungteil
dar.

Für die Bezeichneridentifikation gilt die erweiterte Verdeckungsregel. D.h.: Einem angewandten
Auftreten eines Bezeichners muß ein definierendes Auftreten des Bezeichners vorausgegangen sein.
Bezeichner einer tieferen Hierarchieebene überdecken gleichnamige Bezeichner einer übergeordneten
Ebene. Definitionen einer übergeordneten Ebene sind in dieser Ebene und allen untergeordneten
Ebenen gültig, solange sie nicht überdeckt werden.

Knoten der untersten Ebene werden als (Basis-) *Nodes* bezeichnet. Hier sind, wie bereits motiviert, zwei Knoten-Typen zu unterscheiden: Prozessoren und Ports. Die Attribute eines Knotens
einer beliebigen Ebene teilen sich in zwei Gruppen auf. Standard-Attribute werden zur Gruppe der
Stammattribute zusammengefaßt. Sie werden als vordefiniert betrachtet. Die zweite Gruppe bilden
die benutzerdefinierten Attribute. Diese werden zwar durch den RDL-Compiler verwaltet, jedoch
nicht interpretiert. Die Interpretation ist somit ausschließlich Aufgabe der Werkzeuge, welche über
RDL-Strukturbeschreibungen kommunizieren. Durch diese Handhabung des Attributmechanismus
ist RDL offen für zukünftige Anwendungen.

Knoten der mittleren Ebene werden als *Sections* bezeichnet. Sektionen bestehen aus Nodes. Nach
außen wird eine Sektion wieder als ein Knoten festen Grades aufgefaßt. Die Verbindungsliste innerhalb einer Sektion spezifiziert Verbindungen der Nodes untereinander und zu dem (logischen)
Section-Knoten.

Knoten der oberen Ebene werden als *Units* bezeichnet. Units bestehen aus Sections. Nach außen
wird eine Unit als ein Knoten aufgefaßt. Die Verbindungsliste innerhalb einer Unit spezifiziert Verbindungen der Sections untereinander und zu dem (logischen) Unit-Knoten.[3]

Verbindungen der Knoten der obersten Ebene (Units) werden durch eine globale Verbindungsliste
spezifiziert. Hier entfällt lediglich die Möglichkeit Verbindungen nach oben zu vererben.

Um eine in RDL geschriebene Spezifikation übersichtlich zu gestalten, können Zeilenkommentare
verwendet werden. Ein Zeilenkommentar wird (analog zur OCCAM-Konvention) durch '– –' eingeleitet und durch das Zeilenendezeichen abgeschlossen. Des weiteren werden IF-Anweisungen und
FOR-Schleifen von RDL, sowohl im Deklarations- als auch im Verbindungsteil unterstützt.

---

[3]Man beachte die Analogie zu Graph-Ersetzungssystemen.

Durch einen RDL-Präprozessor ist ein leistungsfähiger Include- und Makro-Mechanismus realisiert. Hierdurch wird die Erstellung kurzer und wohlstrukturierter Beschreibungen ermöglicht.

2.2 Der Compiler

Für eine Anwendung stellt sich der RDL-Compiler als C-Funktionsaufruf dar. Eingabeparameter sind im wesentlichen das zu lesende Textfile und ein Filedescriptor für evtl. Fehlermeldungen. Rückgabewert ist eine Referenz auf den generierten ADT.
Die ADT-Generierung ist vollständig im Back-End des RDL-Compilers gekappselt. Dadurch wird eine völlige Trennung zwischen anwendungsunabhängigen Aufgaben (Front-End) und anwendungsabhängigen Aktionen (Back-End) erreicht. Die Schnittstelle zwischen Front-End und Back-End ist durch wenige Funktionen realisiert. Diese werden von dem Front-End an geeigneter Stelle aufgerufen. Durch ihre Implementierung wird das Back-End realisiert. Sobald alle Informationen eines RDL-Knotens oder einer Verbindung vorhanden sind, werden diese durch den jeweiligen Funktionsaufruf übertragen. Die Übergabereihenfolge entspricht damit einem Präfixlauf durch die eingegebene RDL-Struktur.

3 Beispiel-Anwendungen

Am einfachsten läßt sich RDL anhand von Beispielen weiter erläutern. Hierbei ist aber zu beachten, daß das RDL Front-End den *größten* gemeinsamen Nenner unter allen angestrebten Einsatzbereichen darstellt. Anwendungsbedingte (semantische) Einschränkungen werden von dem jeweiligen Back-End vorgenommen. So ist es beispielsweise wenig sinnvoll das Verfügbarkeitsattribut 'AVAILABLE' in der Spezifikation eines Prozeßnetzwerkes zuzulassen. Dieses wird dann bei der Plausibilitäts-Kontrolle im Back-End entdeckt und verboten.
Es ist RDL-Konvention, daß alle Tools unbekannte Attribute ignorieren und bei Mehrdeutigkeiten wählen können. Durch diese Konventionsregeln wird eine Abwärts-Kompatibilität zu bestehenden Werkzeugen gewährleistet.

3.1 Resource Anforderung

Das nachstehende leicht gekürzte Beispiel gibt einen Einblick in die Anwendung von RDL zur Netzwerkbeschreibung.

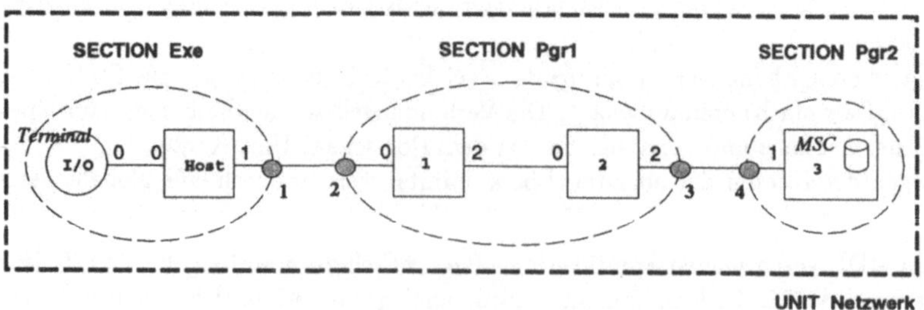

```
BEGIN UNIT Netzwerk                          -- Unit mit Namen Netzwerk
    DEF CPU = (T800);                        -- nur Prozessortyp T800 zugelassen
    BEGIN SECTION Exe                        -- Sektion mit Namen Exe
        DEF Terminal;                        -- Definition des Attributes Terminal
        {PROC Host; CPU = T800;}             -- Deklaration des Host-Prozessors
        {PORT I/O; LINKS = 1; Terminal;}     -- Deklaration des I/O Ports
        CONNECTION                           -- Schlüsselwort für Verbindungen
            Host   LINK 0 <=> I/O LINK 0;    -- Verbindung innerhalb der Sektion
            ASSIGN LINK 1 <=> Host LINK 1;   -- Verbindung zur Unit
    END SECTION
    BEGIN SECTION Pgr1                        -- 2. Sektion mit Namen Pgr1
        {PROC 1; CPU = T800; MEMORY = 4;}    -- bestehend aus 2 Prozessoren
        {PROC 2; CPU = T800; MEMORY = 4;}    -- mit jeweils 4 MByte Speicher
        CONNECTION
            1 LINK 2 <=> 2 LINK 0;           -- Verbindung innerhalb der Sektion
            ASSIGN LINK 2 <=> 1 LINK 0;      -- Verbindungen zur Unit Netzwerk
            ASSIGN LINK 3 <=> 2 LINK 2;
    END SECTION
    BEGIN SECTION Pgr2                        -- 3. Sektion mit Namen Pgr2
        DEF MSC;                             -- Definition des Attributes MSC
        {PROC 3; CPU = T800; MSC;}
        CONNECTION
            ASSIGN LINK 4 <=> 3 LINK 1;
    END SECTION
    CONNECTION
    Exe   LINK 1 <=> Pgr1 LINK 2;            -- 2 Verbindungen innerhalb der Unit, die
    Pgr1 LINK 3 <=> Pgr2 LINK 4;             -- die Sektionen miteinander verknüpfen
END UNIT
```

3.2 Parallelrechner Umgebung

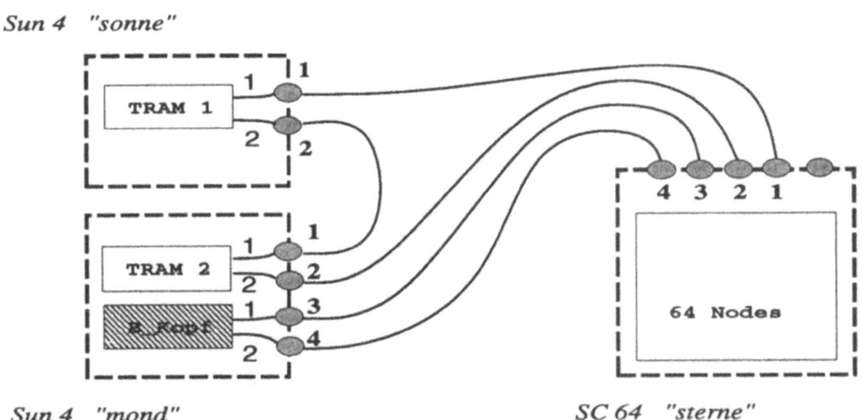

Dieses Bild zeigt einen dynamisch rekonfigurierbaren Parallelrechner, welcher über zwei Sun Front-End Rechner angeschlossen ist. Die Front-End Rechner sind selbst mit Transputer-Boards bestückt, wobei das Brückenkopf-Board (B_Kopf) derzeit gesperrt ist.

```
BEGIN UNIT sonne                                    - - Sun 4 mit einem Prozessor-Board
    AVAILABLE = TRUE;
    BEGIN SECTION TRAM1
        AVAILABLE = TRUE;
        {PROC t1; AVAILABLE = TRUE; CPU = T8; MEMORY = 16; SPEED = 25;}
        {PORT pt1; AVAILABLE = TRUE; VME;}
        CONNECTION t1 LINK 0 <=> pt1 LINK 0;
        ASSIGN LINK 1 <=> t1 LINK 1;
        ASSIGN LINK 2 <=> t1 LINK 2;
    END SECTION
    CONNECTION
    ASSIGN LINK 1 <=> TRAM1 LINK 1;
    ASSIGN LINK 2 <=> TRAM1 LINK 2;
END UNIT                                            - - Ende sonne

BEGIN UNIT mond                                     - - Sun 4 mit zwei Prozessor-Boards
    AVAILABLE = TRUE;
    BEGIN SECTION TRAM2
        . . . Analog
    END SECTION
    BEGIN SECTION B_Kopf
        AVAILABLE = FALSE;                          - - Dieses Board ist derzeit gesperrt (Administration)
        {PORT pt1; AVAILABLE = TRUE; VME; LINKS = 2;}
        CONNECTION
        ASSIGN LINK 1 <=> PORT pt1 LINK 1;
        ASSIGN LINK 2 <=> PORT pt1 LINK 2;
    END SECTION
    CONNECTION
    ASSIGN LINK 1 <=> TRAM2 LINK 1;
    ASSIGN LINK 2 <=> TRAM2 LINK 2;
    ASSIGN LINK 3 <=> B_Kopf LINK 1;
    ASSIGN LINK 4 <=> B_Kopf LINK 2;
END UNIT                                            - - Ende mond

BEGIN UNIT sterne                                   - - SuperCluster 64
    AVAILABLE = TRUE;
    BEGIN SECTION                                   - - Prozessoren als Menge spezifiziert. Keine feste
        AVAILABLE = TRUE;                           - - Verbindungsstruktur, da (intelligentes) dynamisch
        FOR i=1 TO 64 DO                            - - rekonfigurierbares System.
        {PROC; CPU = T8; MEMORY = 4; SPEED = 25;}
        OD
    END SECTION
END UNIT                                            - - Ende sterne

CONNECTION                                          - - Verbindungen der Maschinen im Rechenzentrum
    sonne LINK 1 <=> sterne LINK 1;
    mond LINK 1 <=> sonne LINK 2;
    mond LINK 2 <=> sterne LINK 2;
    mond LINK 3 <=> sterne LINK 3;
    mond LINK 4 <=> sterne LINK 4;
```

3.3 Hierarchische Prozeßgraphen

Auch Prozeßgraphen sind mittels RDL leicht darstellbar. Hier ist das Schlüsselwort PROC seman-
tisch zu *process* zu expandieren. Die einem Knoten zugeordneten Attribute sind als prozeßbezogene
'Minimal-Forderungen' aufzufassen.

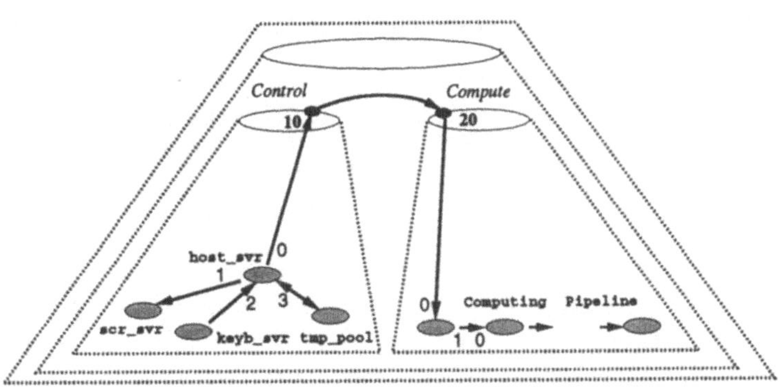

```
BEGIN UNIT
    BEGIN SECTION Control
        DEF Screen;                              - - Es werden neue Attribute
        DEF Keyboard;                            - - mit lokalem Geltungsbereich eingeführt.
        {PROC scr_svr; Screen;}                  - - Diese beiden Prozesse sollten auf einen Prozessor
        {PROC keyb_svr; Keyboard;}               - - mit Attribut TERMINAL abgebildet werden.
        {PROC tmp_pool; MEMORY = 2;}
        {PROC host_svr; MEMORY = 1;}
        CONNECTION
            host_svr LINK 1 ==> scr_svr LINK 0;  - - Die Verbindungen sind gerichtet.
            host_svr LINK 2 <== keyb_svr LINK 0;
            host_svr LINK 3 <=> tmp_pool LINK 0;
        ASSIGN LINK 10 <== host_svr LINK 0;
    END SECTION

    BEGIN SECTION Compute
        DEF CONST pipe_length = 100;
        FOR i = 1 TO pipe_length DO
            {PROC i;}                            - - Es werden die Knoten einer Pipeline deklariert.
        OD
        CONNECTION
            FOR i = 1 TO pipe_length - 1 DO      - - Die Pipeline wird gebaut.
                i LINK 1 ==> i + 1 LINK 0;
            OD
        ASSIGN LINK 20 ==> 0 LINK 0;
    END SECTION

    CONNECTION Control LINK 10 ==> Compute LINK 20;
END UNIT
```

4 Ziel und Ausblick

In RDL lassen sich aktive Einheiten und passive Anschlüsse als elementare Knoten, die sich hierarchisch zu logischen Komponenten gruppieren, leicht darstellen. Die Gruppierung erfolgt über Verbindungen, welche physikalisch verfügbar oder nur logisch vorhanden sind. RDL spezifiert somit eine komfortable Schnittstelle für Strukturbeschreibungen von logischen bzw. physikalischen Netzwerken an der Grenze zwischen Hardware- und Software Einheiten.

Nach unseren Vorstellungen soll die RDL-Spezifikation einschließlich der Sourcen des RDL-Front-Ends als Public-Domain Software verfügbar gemacht werden. Wir erhoffen uns, daß von dieser Offenlegung insbesondere die Transputerwelt angeregt wird. Basierend auf einer einheitlichen Schnittstelle können Werkzeuge entstehen, welche untereinander kompatibel sind und leicht an verschiedene Entwicklungsumgebungen adaptiert werden können. Im Zusammenhang mit RDL sind beispielsweise Tools zur graphischen Darstellung (oder Umsetzung) von Netzwerken oder zur automatischen Abbildung von Prozeß- auf Prozessorgraphen (unter verschiedenen Optimierungsparametern) denkbar. Die vollständige Dokumentation steht zum Zeitpunkt dieser Veröffentlichung zur Verfügung.

OCCWIN - Eine grafische Benutzeroberfläche für Transputersysteme

J. Cronemeyer, M. Helbing, R. Orglmeister

TU Berlin - Institut für Elektronik EN3

Einsteinufer 17, 1000 Berlin 10

Zusammenfassung

An der TU Berlin werden in der Bildverarbeitung künstliche neuronale Netze zur Mustererkennung und 3-D-Rekonstruktion von Herzkranzgefäßen eingesetzt. Die zur Simulation der neuronalen Netze benötigte hohe Rechenleistung liefern Transputerboards. Als Hostrechner dient ein IBM-kompatibler PC. Über ihn erfolgen Ein- und Ausgaben und das Filing.

Für eine komfortable Benutzerführung wurde die fensterorientierte Oberfläche OCCWIN entwickelt. Das Softwarepaket beinhaltet eine Programmbibliothek zur Erstellung eigener grafischer Oberflächen.

1 Motivation

Grafische Benutzeroberflächen, die leicht und intuitiv bedienbar sind, gewinnen in letzter Zeit zunehmend an Bedeutung. Während im Bereich der UNIX- und MSDOS-Rechner standardisierte Oberflächen zur Verfügung stehen, gilt dieses für den Transputerbereich nicht. Insbesondere steht für Transputersysteme, die einen PC als Hostrechner benutzen, in der Regel nur der von der Firma INMOS ausgelieferte ISERVER zur Verfügung. Mit Hilfe dieses Dienstprogramms kann man allerdings nur im Textmodus auf den PC-Bildschirm zugreifen. Außerdem wird die Darstellung von verschiedenen Farben nicht unterstützt.

Durch den Einsatz von Transputer-basierten Grafikkarten ist prinzipiell die Erstellung von eigenen Programmen zur Benutzerführung möglich. Jedoch steht der erforderliche Programmieraufwand für eine grafische Oberfläche oft in keinem Verhältnis zum Aufwand für das eigentliche Programm. Dieses ist insbesondere dann der Fall, wenn die Benutzerschnittstelle für jede Applikation neu erstellt werden muß. Außerdem erhöhen sich die Anschaffungskosten für die Hardware, da die Resourcen Grafikkarte, Bildschirm und Maus, die schon im Host-System enthalten sind, für ein Transputer-basiertes System neu angeschafft werden müßten.

Aus diesen Gründen erscheint es sinnvoll, dem Transputer-Anwender eine Programmierschnittstelle zur Verfügung zu stellen, die ihm in effizienter Weise erlaubt, die Grafik des PC-Host-Rechners zu benutzen. Dabei sollten Standard-Routinen für immer wiederkehrende Funktionseinheiten zur Verfügung stehen. Eine Programmbibliothek, die diesem Anspruch gerecht wird, wird im folgenden vorgestellt.

OCCWIN, kurz für OCCAM-WINDOWS, ist ein in OCCAM geschriebenes Programm zum Aufbau von grafischen Benutzeroberflächen [STI91].

2 Das Client-Server-Konzept

Der funktionelle Kern von OCCWIN ist der Window-Manager. Er bearbeitet die Eingaben des Benutzers in Form von Maus- und Tastaturbetätigung. Er verwaltet den Aufbau des Bildschirms und bestimmt, welche

Teile der vorhandenen Fenster angezeigt werden. Der Manager kommuniziert über Kanäle mit einem oder mehreren Prozessen des Anwendungsprogramms, hier Client genannt. Läuft der Client auf demselbem Transputer wie der Window-Manager, kommuniziert er über einen Software-Kanal. Es ist aber ebenso möglich, Client-Prozesse auf anderen Transputern eines Netzes ausführen zu lassen, die dann über Link mit dem Manager Daten austauschen.

Die Client-Prozesse werden parallel zum Window-Manager ausgeführt. Sie können asynchron zueinander Kommandos an den Manager übertragen. Jeder Client kann seine eigenen Fenster und Menüs auf dem Bildschirm erzeugen. Ihm steht dadurch praktisch ein eigener virtueller Schirm zur Verfügung. Der Window-Manager sorgt dafür, daß keine ungewollte gegenseitige Beeinflussung der Prozesse erfolgt. Dadurch wird eine Verklemmung vermieden.

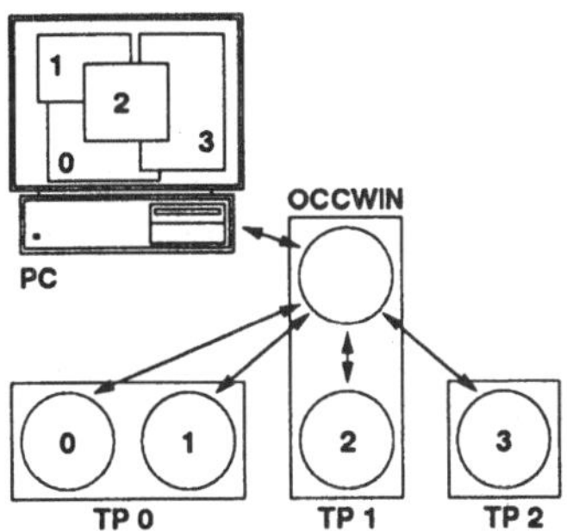

3 Der zeitliche Ablauf von Programmen mit Fensteroberfläche

Der Einsatz einer fensterorientierten Oberfläche zwingt den Programmierer zu einer Programmstruktur, die sich von der herkömmlicher Software deutlich abhebt. Bei normalen Programmen wird der Programmfluß durch die Anweisungsfolge kontrolliert. Anweisungen können dabei auch Eingabeaufforderungen an den Benutzer sein.

In einem Window-Programm bestimmt dagegen der Benutzer den Programmfluß, da er prinzipiell zu jedem Zeitpunkt die Möglichkeit hat, alle auf dem Schirm vorhandenen Fenster, Menüs oder Sinnbilder (Icons) zu bedienen. Das Programm durchläuft deshalb im wesentlichen eine große Warteschleife, in der vom Benutzer initiierte Ereignisse abgefragt werden.

In vielen Programmen würde die gleichzeitige Bedienbarkeit aller Programmteile oder Teilprozesse zu Schwierigkeiten führen. Unter OCCWIN können deshalb die Client-Prozesse durch mehrere Möglichkeiten Einfluß auf den Programmfluß nehmen. Sie tun dies durch spezielle Nachrichten an den Window-Manager.

Ein Client kann den Bildschirm oder die Tastatur für sich alleine beanspruchen und damit die Bedienung anderer Clients vorübergehend verhindern. Er kann aber auch veranlassen, daß nur das momentan aktive Fenster vom Benutzer bedienbar ist, so daß andere Clients keine Eingaben des Benutzers mehr empfangen. Außerdem kann durch den Austausch von Nachrichten mit anderen Clients für eine Synchronisation gesorgt werden.

4 Arbeitsteilung zwischen Transputer und PC

Die Verwaltung aller Fenster und Menüstrukturen wird vollständig vom Window-Manager, also einem Transputer-Prozeß, übernommen. Der PC dient nur als Grafikprozessor für den Bildschirmaufbau. Aus dieser Struktur ergeben sich zwei Vorteile: zum einen wird kein großer Arbeitsspeicher im PC benötigt, da hier keine Fensterinhalte gerettet werden. Zum anderen wird die Fensterverwaltung von einem Transputer wesentlich schneller berechnet als von einem PC. Da nicht ganze Fensterinhalte sondern nur Grafikkommandos vom Transputer zum PC übertragen werden, wird der Zeitaufwand für die Kommunikation gering gehalten. Aus diesen Gründen reicht als Host-Rechner in der Regel ein 286-AT-kompatibler PC für einen zügigen Arbeitsablauf aus.

5 Der PC-Server

Wird ein PC als Host-Rechner für ein Transputer-System verwendet, muß auf diesem ein Dienstprogramm ablaufen, das die Ein- und Ausgabeeinheiten des PCs für den Transputer zur Verfügung stellt. Dabei antwortet das Dienstprogramm auf Anfragen des Transputerprogramms, die über einen Link des Transputers zum PC übertragen werden. Für den von INMOS ausgelieferten ISERVER ist ein bestimmtes Protokoll für diese Anfragen vorgesehen. Im Rahmen der hier vorgestellten Arbeiten ist dieses Protokoll erweitert worden, um den Zugriff auf grafische Funktionen zu erlauben. Dabei handelt es sich um die aus den TURBO-C-Bibliotheken bekannten Grafikroutinen. Sie arbeiten in Verbindung mit dem sogenannten BGI-Treiber, einem Softwaremodul, das die Ankopplung an unterschiedliche Grafikkarten des PC gewährleistet. Durch die Verwendung spezieller BGI-Treiber kann man unter OCCWIN die erweiterten Auflösungen moderner VGA-Karten nutzen. Dadurch wird auch die Verwendung von bis zu 256 Farben gleichzeitig möglich, eine Eigenschaft, die in der Bildverarbeitung bei der Anzeige von Grauwertbildern benötigt wird.

Das erweiterte Dienstprogramm, GISERVER genannt, ist zum ISERVER vollständig kompatibel. Für das Arbeiten im Textmodus ohne OCCWIN ist deshalb kein Wechsel zwischen den Servern nötig.

6 Die Programmierbibliothek unter OCCWIN

Für die Nachrichten zwischen der Anwendung und dem Window-Manager wurde ein spezielles Protokoll implementiert. Der Programmierer der Anwendung ist allerdings nicht darauf angewiesen, auf der Protokollebene zu programmieren. Er wird in der Regel Bibliotheksroutinen verwenden, die es erlauben, verschiedene Arten von Fenstern zu öffnen, bzw. Pull-Down-Menüs zu erzeugen. Die Anpassung an die Anwendung erfolgt durch die Übergabe von Parametern an diese Routinen. Die wichtigsten Prozeduren sollen im folgenden kurz vorgestellt werden.

6.1 Menübaum

Vor dem Öffnen eines Menübaumes muß das entsprechende Menü definiert werden. Dabei kann man die Textausrichtung wählen, verschiedene Bereiche hervorheben, Hotkeys definieren oder Ein/Aus-Schalter setzen. Die Anordnung der Menüs auf dem Schirm erfolgt durch den Window-Manager. Die einzelnen Pull-Down-Menüs sind hierarchisch gegliedert. Wird ein Menüelement vom Benutzer angeklickt, erhält der Client-Prozeß eine Nachricht, die die Position in dieser Hierarchie enthält.

6.2 Input-Window

In diesem Fenster können in einem oder mehreren Feldern Texte eingegeben werden. Dafür steht ein Ein-Zeilen-Editor zur Verfügung.

6.3 File-Selector-Window

Das File-Selector-Window ist ein spezielles Fenster zur Auswahl einer Datei auf dem Hostrechner. Dazu wird das angegebene Verzeichnis mit einer Suchmaske (Angabe von Wildcards) verglichen. Neue Dateinamen können in einem Editorbereich angegeben werden. Der Programmbenutzer kann während der Laufzeit in andere Verzeichnisse des Hosts wechseln.

6.4 Grafik-Window

Dieses vordefinierte Fenster bietet dem Programmentwickler weiten Raum für die eigene Gestaltung. Dem Client-Prozeß wird durch den Aufruf ein frei definierbarer Bereich des Bildschirms als Grafikschirm zur Verfügung gestellt. In diesem Bereich kann er alle Grafikkommandos anwenden, die durch den grafischen Server (GISERVER) zur Verfügung stehen. Zusätzlich ist die Benutzung von Buttons möglich. Dies sind Bereiche mit Schalterfunktion, die bei der Berührung einen dreidimensionalen Effekt erzeugen. Durch die Benutzung des Grafik-Fensters können neue Fenstertypen vom Anwender definiert werden.

6.5 Plot-2D- und Plot-3D-Window

Zwei- und dreidimensionale Kurvenverläufe lassen sich mit diesen beiden Fensterfunktionen anschaulich darstellen. Bei dem Plot-2-D-Fenster sind mehrere Kurven in einem Diagramm möglich. Die Übergabe der Funktionswerte erfolgt in Form einer Tabelle. Die Skalierung der Achsen kann automatisch vorgenommemn werden. Es kann zwischen linearer, logarithmischer und doppeltlogaritmischer Darstellung gewählt werden.

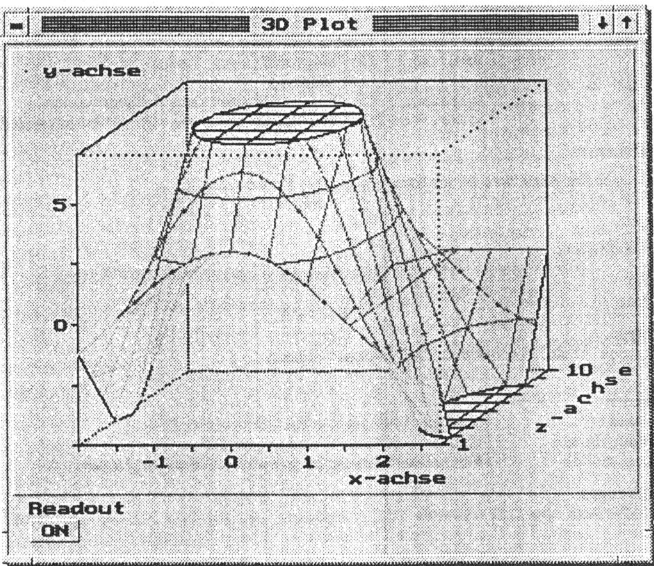

Ein Beispiel für das Plot-3D-Fenster

7 Hardware- und Software-Voraussetzungen

Zum Betrieb von OCCWIN ist als Host-Rechner ein PC mit 640 KByte Arbeitsspeicher und einer Standard-VGA-Karte nötig. Es werden auch Karten höherer Auflösung unterstützt, sofern für solche Karten ein BGI-Treiber zur Verfügung steht.

OCCWIN kann auf jedem 32-Bit-Transputer ablaufen. Eine Version für die kommende Transputergeneration T9000 ist geplant. OCCWIN selbst belegt weniger als 0,5 MByte im Arbeitsspeicher des Transputers.

Auf dem Host-Rechner läuft das Server-Programm, das mit dem Transputer kommuniziert. Bei dem Server handelt es sich um den ISERVER der Firma INMOS in einer modifizierten Version.

OCCWIN wurde unter TDS3 entwickelt. Eine Version zur Programmentwicklung mit dem INMOS-Toolset wird in Kürze verfügbar sein.

8 Die Beispiel-Applikation SNIP

Im folgenden wird anhand des Bildverarbeitungssystems SNIP gezeigt, wie eine konkrete Applikation unter OCCWIN aussehen kann.

SNIP, das "System for Neural Image Processing", ist eine Hard- und Software-Platform zur Entwicklung und Erprobung unterschiedlicher Algorithmen aus der Bildverarbeitung. Dabei steht die Anwendung von künstlichen neuronalen Netzen im Vordergrund.

8.1 Hardware-Konfiguration

Bei dem verwendeten Transputer-System handelt es sich um eine Entwicklungen der TU Berlin. Alle Transputerboards besitzen einen LINKNET-Anschluß zur Kommunikation über eine Backplane. LINKNET ist ein System, das die freie Software-Konfigurierbarkeit der Kommunikationswege zwischen Transputerbaugruppen ermöglicht [CRO89]. Diese Baugruppen befinden sich auf Karten im Doppel-Europaformat.

Zu den bei SNIP verwendeten Baugruppen gehört zunächst die TP3-IO, eine Modulträgerkarte, die drei Transputer des Typs T222 beinhaltet. Jedem der Transputer ist ein Modulsteckplatz zugeordnet. Ein Frame-Grabber-Modul sorgt für den Anschluß der Kamera und für die eigentliche Bildaufnahme. Der T222 leitet ein Bild via Link an die weiteren Systemkomponenten weiter.

Der Rechnerkern des Systems besteht aus einer oder mehrerern Baugruppen TP5, welche 5 Transputer T800 und wichtige Schnittstellen beinhaltet.

Zur Beschleunigung von Filteroperationen auf digitalisierten Grauwertbildern steht die TPF, eine Filterkarte mit drei Filterprozessoren INMOS A110, zur Verfügung. Schließlich ist optional eine Transputer-Grafikkarte (TPX) für die Darstellung hochaufgelöster Bilder vorhanden.

8.2 Die Prozeßstruktur

Die folgende Abbildung zeigt die Struktur der Softwareumgebung. Im wesentlichen sind vier Hauptprozesse zu unterschieden. Dabei wird der Programmfluß durch den jeweils aktivierten Teilprozeß kontrolliert. Jeder der Teilprozesse benutzt dazu eigene Menüs auf dem Bildschirm. Der Control-Prozeß besteht hauptsächlich aus verschiedenen Multiplexern, die die eingehenden Nachrichten an den PC-Server (Dateizugriffe) oder an den OCCWIN-Manager (User-IO) weiterleiten.

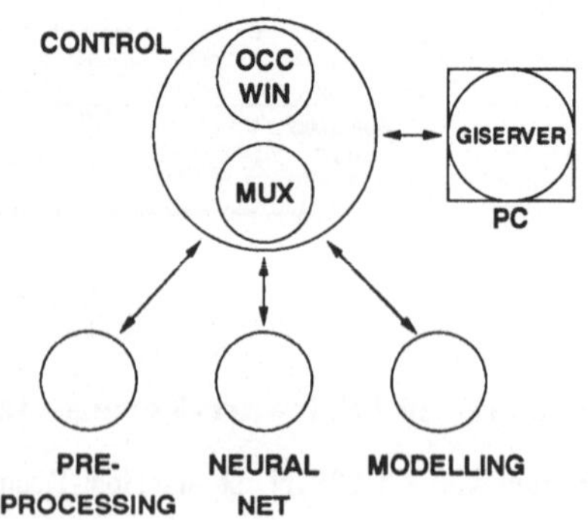

8.3 Die Vorverarbeitung

Die Vorverarbeitungseinheit ermöglicht neben der Bildaufnahme eine umfangreiche Verarbeitung des Bildmaterials. Das Ziel dieses Programmschritts ist die Extraktion von charakteristischen Bildmerkmalen. Für diese Merkmale werden oft die Konturen eines Objekts benötigt. Es sind deshalb verschiedene Filter wie Hoch- und Tiefpaß, Laplace- und Sobel-Filter implementiert worden, die eingesetzt werden, um die Kanten in einem Bild hervorzuheben [JAI89], [GRI90]. Außerdem kann man die Grauwertverteilung der Bilder darstellen, um Anhaltspunkte für eine Schwellwertbildung zu bekommen. Die Schwellwertoperation führt zu einem Binärbild, auf dem ebenfalls Verfahren zur Konturverfolgung aufsetzen.

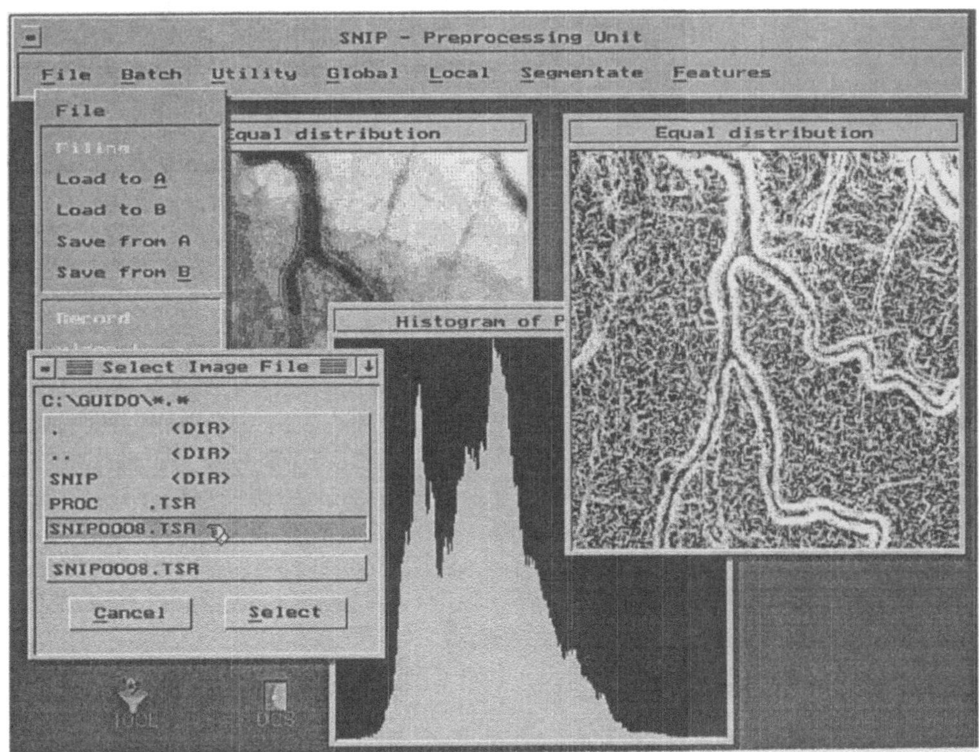

Fenster im Vorverarbeitungsteil

8.4 Das neuronale Netz

Der Programmteil zur Simulation von künstlichen neuronalen Netzen besteht aus einem Master und zwei oder mehreren Slave-Prozessen. Jeder Prozeß läuft auf einem eigenen Transputer. Die Prozesse kommunizieren miteinander über einen bidirektionalen Ring. Zur Zeit beinhaltet dieser Teil die Simulation eines Multi-Layer-Perceptrons mit Backpropagation als Lernverfahren [RUM86]. Durch die modulare Struktur ist die Einbindung anderer Netztypen sehr leicht möglich.

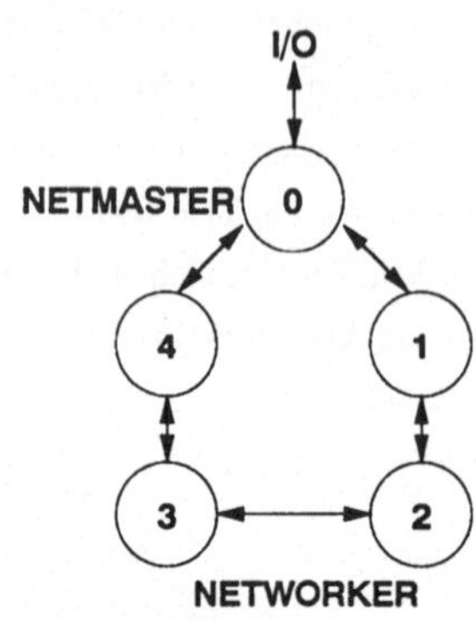

Auf die Funktion eines Multi-Layer-Perceptrons soll hier nicht eingegangen werden. Das Lern- und Erkennungsverhalten des Systems wird durch eine Anzahl von Parametern, wie Netzgröße, Steilheit der Aktivierungsfunktion, Lernrate usw. beeinflußt. Um eine möglichst hohe Flexibilität zu erreichen, ist die Veränderung aller wichtigen Netzparameter während der Laufzeit möglich.

Das Netz wird erfolgreich zur Klassifikation einfacher Objekte eingesetzt. Dabei werden als Merkmale die Abstände von Randpunkten eines Objektes zu dessen Schwerpunkt verwendet. Durch die Wahl der Merkmale und eine Skalierung wird eine Größen- und Translationsunabhängigkeit der Erkennung erreicht. Die Rotationsunabhängigkeit wird mit leichten Einschränkungen durch folgendes Verfahren erzielt: In der Lernphase wird das Netz mit nur einer Position des Objekts trainiert. Dadurch ist ein sehr schneller Lernvorgang (ca. 100 Iterationen bei 10 Objekten) möglich. In der Erkennungsphase, die nur einen Bruchteil der Zeit der Lernphase benötigt, wird ein Merkmalssatz mehrmals an das Netz gelegt und dabei jedesmal etwas verschoben. Durch die Wahl der Merkmale entspricht diese Verschiebung einer Rotation des Objekts. Erreicht die Verschiebung die ursprünglich gelernte Position des Objekts, antwortet das Netz mit dem stärksten Ausschlag und kann so das Objekt klassifizieren.

8.5 Die Modellbildung

In diesem Teil des Programms wird zu einem späteren Zeitpunkt eine körperhafte dreidimensionale Darstellung von Ergebnissen des Rekonstruktionsprogramms möglich sein. Es befindet sich zur Zeit in der Entwicklung.

9 Schlußbemerkung

Bei der Entwicklung einer Software-Umgebung für die Bildverarbeitung konnte die grafische Benutzeroberfläche OCCWIN vorteilhaft eingesetzt werden. Durch den Einsatz diverser vordefinierter Funktionen aus der OCCWIN-Bibliothek konnte die Entwicklung der Benutzerschnittstelle in kurzer Zeit durchgeführt werden. Aufgrund der Client-Server-Struktur ist eine einfache Erweiterung der Bildverarbeitungssoftware um zukünftige Module möglich.

10 Literatur

[CRO89]   Cronemeyer, J., Neumerkel, D.:
           Die LINKNET-Familie.
           DOIT, München 1989

[GRI90]   Grimson, W.E.L.:
           Object Recognition by Computer.
           The MIT Press, Cambridge 1990

[JAI89]   Jain, A.K.:
           Fundamentals of Digital Image Processing.
           Prentice Hall, London 1989

[RUM86]   Rumelhart, D.E., McClelland, J.L.:
           Parallel Distributed Processing.
           The MIT Press, Cambridge 1986

[STI91]   Stichnoth, J.:
           OCCWIN - OCCAM-Windows.
           TU Berlin, 1991

TINIX –
ein verteiltes Betriebssystem
für Transputer

Ulrich Rozek[*]

Zusammenfassung

Ein gravierender Nachteil von UNIX ist die fehlende Unterstützung für große verteilte Applikationen, wie sie z.B. im Bereich der Simulation neuronaler Netze benötigt wird. Der Transputer hingegen verfügt bereits auf der Hardwareebene über Mechanismen für die Generierung von Prozeßnetzen. Darüberhinaus ist er durch seine Hardwarestruktur für den Aufbau großer, lose gekoppelter Netzwerke geeignet.

Die zentrale Idee dieser Arbeit ist es, die Arbeitsleistung eines Transputernetzes einer UNIX-Workstation transparent zur Verfügung zu stellen, ohne daß das Transputernetz mit Aufgaben belastet wird, die es prinzipiell nicht ausführen kann.

1 Motivation

Um die Motivation für die dem Betriebssystem TINIX zugrunde liegenden Ideen zu erhalten, soll zunächst der derzeitige Entwicklungsstand der Hard- und Software aus zwei verschiedenen Blickwinkeln betrachtet werden:

Im Bereich der UNIX-Workstations ist der Trend zu beobachten, daß Hardware und Software, d.h Prozessor und Betriebssystem immer besser aufeinander abgestimmt werden. Die heute verfügbaren Prozessoren sind speziell auf das Betriebssystem UNIX abgestimmt. Ein sehr gutes aktuelles Beispiel hierfür ist die Entwicklung des Sparc-Prozessors von SUN. Das Resultat dieser Entwicklung ist eine hochleistungsfähige Einheit von Workstation und Betriebssystem.

Ein gravierender Nachteil von UNIX ist jedoch die fehlende Unterstützung für große verteilte Applika-

tionen, wie sie z.B. im Bereich der Simulation neuronaler Netze erforderlich ist. UNIX kennt zwar die Möglichkeit über die Systemcalls *fork()/exec()* verteilte Applikationen zu erzeugen, dieser Weg ist jedoch ein sehr umständlicher und zeitraubender Weg, da jeder so erzeugte Prozeß eigene Datenstrukturen im System erhält. Diese Parallelität wird deshalb auch als **grobe Parallelität** bezeichnet. Hiermit ist es nicht möglich große Prozeßnetze (> 1000) zu generieren. Wünschenswert ist das Vorhandensein einer **feinen Parallelität**, also einer Parallelität, mit der es möglich ist in sehr kurzer Zeit sehr große Prozeßnetze ($> 10^6$) zu erzeugen.

Ein anderer Nachteil von UNIX ist die Eigenschaft, daß Multiprozessor-Architekturen nicht oder nur unzureichend unterstützt werden. Die heute verfügbaren Multiprozessorsysteme sind ausschließlich **eng gekoppelte Systeme**, d.h. die einzelnen Prozessoren sind über eine Bus-Struktur miteinander verbunden. Für kommunikationsintensive Prozeßnetze ist diese Bus-Struktur jedoch ein nicht akzeptierbarer "Flaschenhals". Gefordert wird hier eine Unterstützung sogenannter **lose gekoppelter Systeme**, d.h. von Systemen, die über autonome, unabhängige Verbindungen miteinander verbunden sind.

Der zweite Blickwinkel ist die Sicht aus der Transputerwelt:

Die Entwicklung des Transputers machte es den Softwareentwicklern zum ersten Mal möglich, verteilte Anwendungen zu programmieren. Durch die speziellen Hardwareeigenschaften ist es möglich sehr große lose gekoppelte Prozessornetze aufzubauen. Die Kommunikation zwischen Prozessen kann durch die Punkt-zu-Punkt Verbindungen lokal begrenzt werden. Ebenso sind Konzepte für die feine Parallelität bereits in der Hardware integriert.

Auf der anderen Seite besitzt der Transputer aber

---

[1] Anschrift: 4790 Paderborn, Brakenberg 2, Tel. 05293/682

auch einige gravierende Nachteile. So fehlt ihm hardwareseitig jede Möglichkeit eine Speicherverwaltungseinheit (MMU) zu unterstützen. Dies ist jedoch in einer Multitaskingumgebung wie unter UNIX eine unabdingbare Voraussetzung, um z.B. Zugriffschutzmechanismen realisieren zu können. Ein anderer Nachteil ist das Fehlen eines sogenannten Supervisormodes des Prozessors, der für systemkritische Aufgaben benötigt wird. Aus diesen Eigenschaften wird deutlich, daß der Transputer als "Arbeitsprozessor" konzipiert ist.

Die zentrale Idee dieser Arbeit ist es, diese beiden unterschiedlichen Welten miteinander zu verbinden, um so den UNIX-Workstations die Arbeitsleistung eines Transputernetzes zur Verfügung zu stellen, ohne daß das Transputernetz mit Aufgaben belastet wird, die es prinzipiell nicht ausführen kann.

2 Grundlegende Konzepte von TINIX

2.1 Transparenz

Wie bereits in der Einleitung angedeutet, war es nicht das Ziel dieser Arbeit ein vollständig neues Betriebssystem zu entwickeln. Vielmehr sollte eine Möglichkeit geschaffen werden, die es einem Anwender auf einer Workstation unter dem Betriebssystem UNIX gestattet, auf die Rechenleistung eines Transputernetzes zuzugreifen. Hierbei steht im Vordergrund, daß dieser "Zugriff" auf das Transputernetz vollkommen transparent für den Benutzer ist. Dies bedeutet, daß ein Benutzer der UNIX-Workstation verteilte Anwendungen, die auf dem Transputernetz ablaufen sollen, starten und benutzen kann, als wenn sie auf der Workstation selbst ablaufen würden. Die Integration dieser verteilten Anwendung in das bestehende UNIX-System muß vollständig von dem Betriebsytem realisiert werden.

Bild (1) zeigt eine mögliche Rechnerumgebung. Der Transputerpool stellt hier den angeschlossenen Workstations seine Rechenleistung zur Verfügung. Auf den Workstations läuft das Betriebssystem UNIX, während auf dem Transputernetz das Transputerbetriebssystem TINIX abläuft. Die Verbindung zwischen den Workstations und dem Transputerpool wird über bidirektionale Linkverbindungen realisiert.

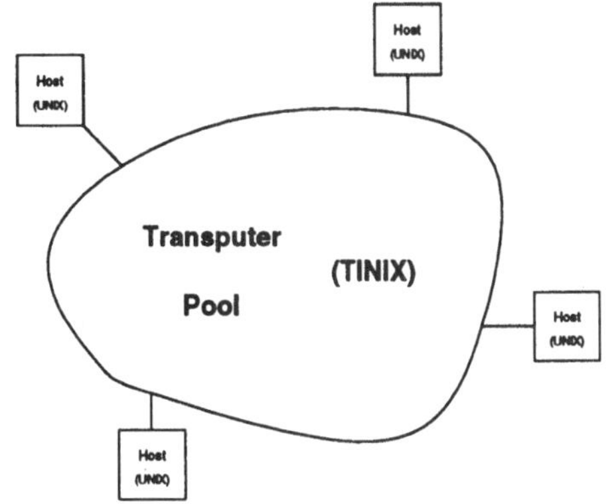

Abbildung 1: Rechnerumgebung unter TINIX

Ein Anwender auf einer dieser Workstations möchte jetzt eine Applikation starten, die Daten in einer unsortierten Form ausgibt (z.B. eine unsortierte Telefonliste). Diese Telefonliste soll dann mit einem verteilten Programm sortiert und dann auf einem Drucker ausgegeben werden:

```
cat liste | par_sort > /dev/lp
```

Hauptgedanke der Transparenz ist, daß der Benutzer dieses Programm *par_sort* einsetzen kann, ohne sich Gedanken darüber machen zu müssen, daß die eine Applikation auf der UNIX-Workstation abläuft (*cat*), während die andere Applikation (*par_sort*) auf dem Transputernetz arbeitet. Die Verbindung zwischen den beteiligten Prozessen und der Datenaustausch muß vom Betriebssystem organisiert werden.

Diese Transparenz darf natürlich nicht nur bei der Kommunikation über Pipes vorhanden sein. Es ist erforderlich, daß auch die anderen, unter UNIX bekannten Kommunikationsmechanismen (z.B. message passing, etc.) in dieses Konzept integriert werden.

An dieser Stelle bietet sich ein Vergleich mit dem Betriebssystem Helios an. Helios ist ein Betriebssystem, das vollständig auf dem Transputer abläuft. Die Anbindung an einen UNIX-Rechner wird über einen I/O-Server, der als Prozeß auf der UNIX-Workstation abläuft, realisiert. Der I/O-Server hat dabei lediglich die Aufgabe die Ein- und Ausgabe des Helios-Systems auf die Festplatte, bzw. auf den Monitor umzulenken. Eine direkte Verbindung von

UNIX-Prozessen und Helios-Prozessen wird nicht unterstützt. Das Betriebssystem benutzt die UNIX-Workstation nur als Datenablage für Files und Terminalausgaben. Im Gegensatz dazu verfolgt TINIX durch die Aufgabenteilung von Workstation und Transputer ein anderes Ziel.

2.2 Natürlichkeit

Schaut man sich in unserer alltäglichen Umwelt um, wird man feststellen, daß fast alle Dinge parallel ablaufen. Auch aus der Informatik bekannte Probleme (z.B. Suchen oder Sortieren) werden in der realen Welt i.d.R. parallel durchgeführt. Interessant hierbei ist, daß die Lösung von Problemen nach "natürlichen" Verfahren häufig zu einem erheblich besseren Ergebnis führt, als dies mit den Methoden der "klassischen Informatik" der Fall ist. Ein Hauptmerkmal aller dieser parallelen Ansätze ist die große Anzahl von eigenständigen Prozessen, die an der Lösung beteiligt sind.

Eine ähnliche Tendenz ist im Bereich der neuronalen Netze zu erkennen: fast alle Ansätze setzen eine große Anzahl von Neuronen und Synapsen voraus. Hauptproblem hierbei ist, daß für neuronale Netze keine Plattform zur Verfügung steht, um Simulationen durchführen zu können. Die heute verfügbaren Simulationen laufen i.d.R. auf Ein-Prozessor-Maschinen. Dies hat zur Folge, daß Simulationen mit einem vertretbaren Zeitaufwand nur mit relativ kleinen neuronalen Netzen durchgeführt werden können. Gerade im Bereich der neuronalen Netze sind jedoch bei entsprechend großen Netzen ($> 10^6$ Neuronen) neue, möglicherweise revolutionäre Ergebnisse (wie z.B. Selbstorganisation von Netzen) zu erwarten.

TINIX soll eine Plattform darstellen, um große verteilte Prozeßnetze erzeugen zu können. Das Betriebssystem besteht dabei selbst aus mehreren, verteilt ablaufenden Prozessen. Ein wichtiges Ziel dieser Arbeit war es, bereits in das Betriebssystem natürliche Ansätze zu integrieren, um diese dann den späteren Applikationen auch verfügbar machen zu können. Die zentralen Eigenschaften werden im folgenden vorgestellt:

2.2.1 Dezentrale Strukturen

TINIX selbst ist ein verteiltes Programm, d.h. die einzelnen Aufgaben von TINIX werden durch verteilte Algorithmen gelöst. Diese Algorithmen sind so aufgebaut, daß es keinen zentralen Teil gibt, der die anderen steuert oder überwacht (Client/Server-Modell). Auf jedem Knoten läuft ein gleichwertiger Teil des Gesamtalgorithmus ab.

Die gleiche dezentrale Verwaltung ist im Bereich der Datenhaltung vorhanden: alle Informationen, die für das Gesamtsystem entscheidend sind, werden dezentral verwaltet. Z.B. werden Wege durch das System nicht auf einem zentralen Knoten, sondern auf allen Teilknoten des gesamten Weges abgespeichert. Hierbei steht auf jedem Teilknoten auch nur ein Teilstück des Gesamtweges (jeder Knoten auf dem Weg, "kennt" nur den "nächsten" Knoten). Der gesamte Weg wird so stückweise aufgebaut.

2.2.2 Lokalität/Nachbarschaftsprinzip

Alle Aufgaben werden nach Möglichkeit in der "näheren Umgebung", also in der Nachbarschaft eines Knoten gelöst. Dies bezieht sich ebenfalls sowohl auf die Prozeß-, alsauch auf die Datenverwaltung. Eine verteilte Anwendung wird demnach nach Möglichkeit in der näheren Umgebung eines Knotens aufgebaut werden, d.h. die Zellen eines Prozeßnetzes werden nicht wahllos über das Prozessornetz verstreut.

Im Bereich der Datenverwaltung bedeutet Lokalität, daß ein Prozeß, der irgendwelche Informationen benötigt, zunächst bei den Prozessen in der unmittelbaren Nachbarschaft nach diesen Informationen fragt, bevor er weitergehende Suchen unternimmt.

2.2.3 Hierachische Strukturen

Das Konzept der hierachischen Strukturen scheint zunächst ein Widerspruch zur den dezentralen Strukturen zu sein. Die Widerspruchsfreiheit erhält man durch folgende Überlegungen:

Man stelle sich ein Netzwerk von Knoten vor, daß in der Form eines dreidimensionalen Kegels aufgebaut ist. Dieser Kegel wird horizontal in Schichten aufgeteilt, wobei sich in jeder Schicht eine Anzahl von Knoten befindet, die untereinander beliebig verbunden sein können. Die Anzahl der Knoten in den einzelnen Schichten nimmt nach oben hin, d.h. zur Spitze des Kegels hin ab. Die einzelnen Schichten untereinander sind ebenfalls beliebig verbunden, jedoch existieren immer nur Verbindungen zwischen benachbarten Schichten. Das Ergebnis ist ein dreidimensionaler Baum mit Kanten zwischen benachbarten Knoten. Jede dieser Schichten bildet für sich betrachtet ein abgeschlossenes System von Knoten, in denen die o.a. dezentrale Verwaltung durchgeführt wird. Applikationen laufen nur auf der untersten Schicht dieses Kegels, also in den Blättern des Baumes.

Geht man von einem vorhandenen Netzwerk aus, so wird durch diese Konstruktion eine Baumstruktur und damit eine hierachische Struktur auf das vorhandene Netzwerk aufgesetzt. Mit Hilfe dieser Struktur können jetzt spezielle Aufgaben gelöst werden.

Diese hierachischen Strukturen werden benötigt, um eine globale Kommunikation im System zu ermöglichen. Hiermit können z.B. Broadcastinformationen verteilt werden. Wichtig hierbei ist, daß die Kommunikation grundsätzlich nur in eine Richtung, nämlich von der Wurzel zu den Blättern möglich ist.

Ein Beispiel ist die Verteilung der genauen Uhrzeit im Netz. In einem normalen Netz ist es sehr problematisch die Uhrzeit auf allen Knoten auf den gleichen Wert zu setzen. Ausgehend von einem festen Knoten kann die aktuelle Uhrzeit nicht einfach verteilt werden, da durch die Laufzeit dieser Information das Ergebnis verfälscht wird, d.h. wenn der letzte Knoten im Netz die Uhrzeit erhält, ist die tatsächliche Zeit bereits weiter fortgeschritten. Mit Hilfe der Hierachie ist es möglich, die Uhrzeit von der Spitze des Baumes aus zu propagieren. Durch die gleichlangen Wege bis zu den Blättern kann man erreichen, daß in der untersten Ebene des Baumes jeder Knoten die gleiche Uhrzeit erhält. Auch in unserer Umwelt gibt es diese Möglichkeit der Kommunikation: Wichtige aktuelle Ereignisse werden über ein hierachisch aufgebautes Nachrichtensystem (Ereignis ⇒ Reporter ⇒ Nachrichtenagenturen ⇒ Medien ⇒ Leser) in sehr kurzer Zeit in die ganze Welt verteilt. In allen Teilen herrscht zur gleichen Zeit auch die gleiche Information. Hierbei handelt es sich ebenfalls, wie im Modell, um eine einseitige Kommunikation.

Ein weitaus interessanterer Anwendungsfall für die hierarchischen Strukturen ist das gezielte Steuern von Prozeßnetzen, z.B. um zu einem bestimmten Zeitpunkt das Wachstum von dynamischen neuronalen Netzen zu stoppen. Hier bietet sich auch ein sehr anschaulicher Vergleich mit der Natur an: das Wachstum von menschlichen Zellen wird über den Hormonhaushalt gesteuert, wobei diese Hormone über die Blutbahnen den einzelnen Zellen zugeführt werden. Die Art wie die Blutbahnen mit den Zellen verbunden sind, ist mit der hierachischen Struktur identisch: die Blutbahnen selbst haben mit der eigentlichen Aufgabe der Zellen (z.B. ein Organ) nichts zu tun. Denoch sind sie über ein weitverzweigtes System von baumartigen Gefäßen mit jeder Zelle verbunden und können so zentrale Aufgaben, wie die Steuerung des Wachstums, übernehmen.

2.2.4 Informationsverwaltung durch "lernen" und "vergessen"

In der Computerwelt existiert das Problem, daß Informationstabellen "überlaufen" können, d.h. daß die Anzahl der Informationseinheiten größer ist, wie die Möglichkeit Informationen aufzunehmen. Dies liegt daran, daß der Speicher eines Computers nur endlich groß und verglichen mit dem eines Menschen auch nur sehr klein ist. In einem sequentiell ablaufenden Programm ist dieses Problem noch relativ leicht in den Griff zu bekommen. Durch Abschätzung und/oder Probeläufe kann man die Tabellen ausreichend dimensionieren. In einem verteilten Systen ist dieses Verfahren jedoch nicht anwendbar. Durch das Zusammentreffen von mehreren unabhängigen, ungünstigen Umständen können lokal Spitzenbelastungen in der Informationsverwaltung auftreten, die nicht vorhersehbar sind. Dieses Problem wird auch nicht durch eine entsprechend große Dimensionierung von Informationstabellen gelöst, sondern höchstens verlagert. In der realen Welt werden solche Probleme daduch gelöst, daß man die Informationen der Wichtigkeit nach einstuft und relativ unwichtige Informationen zurückstellt oder einfach "vergißt". Übertragen auf die Computerwelt bedeutet Vergessen, daß Informationen, die "unwichtig" sind aus den Tabellen entfernt werden und somit Platz für die Aufnahme neuer Informationen vorhanden ist. Das Aufnehmen neuer Informationen ist dabei mit dem "Lernen" gleichzusetzen.

2.3 Dynamische Veränderungen

Die dritte zentrale Eigenschaft von TINIX ist die Vorgabe, daß das Betriebssystem dynamisch arbeiten soll. Dies bezieht sich auf die folgenden Punkte:

- Das Transputernetz ist zu Beginn nicht bekannt, d.h. die Konfiguration des Netzwerkes ist nicht statisch vorgegeben. TINIX analysiert jeden Link eines Knotens und bootet über einen Link, falls erkannt wird, daß an diesem Link ein Transputer angeschlossen ist.

- Im laufenden Betrieb ist es möglich Knoten dem Netz hinzuzufügen oder zu entnehmen. Bei dem Hinzufügen von neuen Knoten wird dies automatisch erkannt und der neue Knoten gebootet. Durch das Entfernen von Knoten im laufenden Betrieb wird die Stabilität des gesamten Systems nicht beeinflußt. Ebenso ist es möglich im laufenden Betrieb Linkverbindungen zu verändern, bzw. neue Linkverbindungen hinzuzufügen.

- Das Routen von Botschaften darf ebenfalls nicht statisch erfolgen. Ein einmal gefundener Weg für eine Botschaft darf nicht für immer festgelegt sein. Botschaftenwege müssen sich neuen Gegebenheiten des Netzwerkes anpassen, um so bessere oder kürzere Wege zu finden. Diese Eigenschaft bezieht sich auf die Minimierung der Kommunikationskosten im Allgemeinen und auf die Integration neuer Wege durch eine erfolgte Rekonfiguration des Netzwerkes.

- Das Prozeßmanagement, das für die Verteilung der Prozeßlasten verantwortlich ist, muß sich ebenfalls auf neue Netzwerktopologien dynamisch einstellen und die Prozeßlasten entsprechend verteilen.

3 Verwirklichung der globalen Konzepte

3.1 Kopplung von Workstation und Transputernetz

Aus der Sicht von UNIX werden verteilte Applikation "nur" ausgelagert. Dies wird mit folgendem Ablauf erreicht:

1. Eine verteilte Anwendung wird mit einem Compiler, der Transputercode erzeugt, übersetzt. Man erhält somit ein ausführbares Programm, das den gesamten Code der verteilten Anwendung enthält. Diese Applikation wird unter UNIX mit den Systemaufrufen *fork()/exec()* gestartet.

2. Das Starten bewirkt, daß der Prozeß zunächst als normaler Prozeß eingelagert wird. Insbesondere erhält dieser Prozeß einen Eintrag in der Prozeßtabelle, eine PID, etc. Kurz bevor der Systemaufruf *exec()* beendet wird, wird dieser neue Prozeß unter UNIX als "nicht ablauffähig" markiert. Anschließend wird er komplett zum Transputer übertragen.

3. Auf dem Transputer wird der Prozeß vom Betriebsystem TINIX in Empfang genommen und dort gestartet. Erst auf dem Transputernetz kann dieser Prozeß über einen speziellen Systemaufruf weitere Subprozesse erzeugen und somit die verteilte Anwendung generieren.

Im eigentlichen UNIX-Kernel sind durch diesen Aufbau nur an einigen, wenigen Stellen Änderungen erforderlich. Der größte Teil der Anbindung wird über zwei zusätzliche Prozesse realisiert: die Link-Task und der Transputer-Server.

3.1.1 Link-Task

Grundlage der physikalischen Anbindung der Workstation an das Transputernetz ist eine Kopplung über eine bidirektionale Linkverbindung. Auf der Workstationseite ist auf der untersten Ebene eine Schnittstelle zwischen der Linkhardware und dem Betriebssystem erforderlich. Diese Aufgabe übernimmt eine Link-Task. Sie besitzt nicht die Fähigkeit die Datenströme, die über einen Link übertragen werden, zu analysieren. Dies ist die Aufgabe der auf den Treiber aufbauenden nächsten Stufe.

3.1.2 Transputer-Server

Die nächste Stufe ist der Transputer-Server (TPS). Der TPS ist als eigenständiger Prozeß konzipiert. Er erfüllt im Wesentlichen zwei Aufgaben:

89

1. Die erste Aufgabe besteht darin, die Kommunikation zwischen der Workstation und dem Transputernetz zu ermöglichen. Hierzu ist es erforderlich, die Daten, die zwischen den beiden unterschiedlichen Systemen ausgetauscht werden zu transformieren. Der Grund liegt zum einen in dem unterschiedlichen Aufbau von Systemcalls, zum anderen in der unterschiedlichen Darstellung von Daten (z.B. Bytereihenfolge in einem Integer-Wert).

2. Als nächstes muß der TPS die ausgelagerten Applikationen simulieren. Dies geschieht folgendermaßen:

   - Ein Systemaufruf einer ausgelagerten Applikation, wird über eine Botschaft dem TPS zugeleitet.

   - Der TPS führt jetzt stellvertretend für die Applikation diesen Systemaufruf durch.

   - Das Betriebsystem UNIX bearbeitet diesen Systemaufruf und sendet das Ergebnis an den TPS.

   - Der TPS sendet nun seinerseits das Resutat an die Applikation weiter.

3.2 Aufbau von TINIX

3.2.1 Allgemeines

Durch die Aufgabenteilung von Workstation und Transputerpool ist TINIX kein Betriebsystem im herkömmlichen Sinne. So fehlen z.B. alle Möglichkeiten der Ein-/Ausgabe. TINIX selbst verwaltet kein Filesystem. Systemcalls, die entsprechende Zugriffe durchführen, werden auf der Workstation durch den TPS abgearbeitet. Auf der anderen Seite bietet TINIX jedoch alle Dienste an, um verteilte Applikationen aufzubauen und miteinander kommunizieren zu lassen. Unter Berücksichtigung dieser Aufgabenteilung ist TINIX ein vollkommen autonomes Betriebsystem.

Eine Anforderung an TINIX war u.a. die Schaffung eines offenen Systems. Offen heißt hierbei, daß das Betriebsystem in Module gegliedert wird und die Kommunikation zwischen den einzelnen Modulen eindeutig definiert sein muß, so daß einzelne Teile des Betriebsystems ausgetauscht, bzw. unabhängig von anderen Teilen verändert und erweitert werden können.

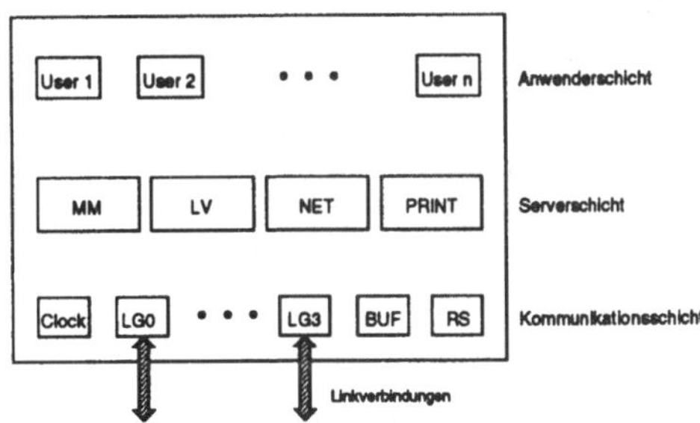

Abbildung 2: Schichtenmodell von TINIX

Um diese Anforderungen zu erfüllen, wurde für TINIX ein Schichtenmodell entworfen, in dem die verschiedenen Aufgaben auf mehrere unabhängige Prozesse und Prozeßklassen aufgeteilt sind (Bild 2). Das Schichtenmodell besteht aus drei Schichten:

1. Die erste Schicht enthält das Message Passing System, d.h. hier sind alle Prozesse enthalten, die sich direkt oder indirekt mit dem Nachrichtenaustausch beschäftigen. Die Prozesse dieser Schicht werden in der hohen Priorität des Transputers gestartet. Hierdurch wird erreicht, daß der Nachrichtenaustausch bevorzugt behandelt wird.

2. Die zweite Schicht enthält alle weiteren Prozesse des Betriebsystems. In dieser Schicht werden Aufgaben durchgeführt, wie z.B. Lastverteilung, Überwachung des Netzwerkes, etc. Die Prozesse dieser Schicht laufen in der niedrigen Priorität, d.h. sie werden unterbrochen, falls ein Prozeß der hohen Priorität ablaufbereit ist.

3. Die dritte Schicht läuft ebenfalls in der niedrigen Priorität. In ihr sind alle Anwendungen enthalten.

Die verschiedenen Teile des Betriebsystems kommunizieren ausschließlich über Botschaften miteinander. Neben der von UNIX bekannten groben Parallität über *fork()/exec()* ist unter TINIX ein Konzept zur Erzeugung fein paralleler Anwendungen vorhanden. Für die Erzeugung von fein parallelen Subprozessen stehen zwei Systemaufrufe zur Verfügung:

1. *forkp()*

Mit *forkp()* wird ein neuer Subprozeß erzeugt. Für diesen Subprozeß wird vom System auch Speicher allociert. Dieser Prozeß erhält eine neue lokale PID, während die globale PID (die von UNIX vergebene PID) nicht verändert wird. Der neu erzeugte Subprozeß ist im System frei verschiebbar, d.h. er kann auf einen anderen Prozessor ausgelagert werden.

2. *runp()*

Der Systemaufruf *runp()* wird benutzt, um Subprozesse zu erzeugen, die nicht frei verschiebbar sind. Die so erzeugten Prozesse erhalten keine neue lokale PID. Für sie wird auch kein lokaler Speicher allociert. Diesen muß das Programm zur Verfügung stellen. Die von *runp()* erzeugten Subprozesse sind dem Betriebssystem nicht bekannt.

3.2.2 Message Passing System

Das Message Passing System (MPS) ist der zentrale Baustein von TINIX. Es ermöglicht die Kommunikation zwischen Prozessen. Grundlage des MPS ist die Hardware des Transputers. Sie stellt auf der Assemblerebene Hilfsmittel für die Kommunkitation über die Befehle *in* und *out* zur Verfügung. Mithilfe dieser Befehle ist es möglich Daten zwischen zwei Prozessen auszutauschen. Die Synchronisation der Prozesse übernimmt dabei die Hardware. Diese Befehle eigenen sich jedoch nur für eine Punkt-zu-Punkt Kommunikation zwischen zwei vorher festgelegten Prozessen. Für eine dynamische Kommunikation, bei der Botschaften auch über mehrere Knoten geroutet werden müssen, ist diese Art der Kommunkation ohne weitere Unterstützung nicht geeignet.

Kommunikation

Aufbauend auf die Assembler-Befehle unterstützt das MPS zwei Operationen:

1. send(global_dest, local_dest, &message, time-out)

   mit der Funktion *send()* wird eine Botschaft durch die Angabe der PID (also das Tupel global PID/local PID) an ein Ziel übertragen. Der sendende Prozeß muß lediglich die PID des Zielprozesses kennen. Das MPS hat die Aufgabe,

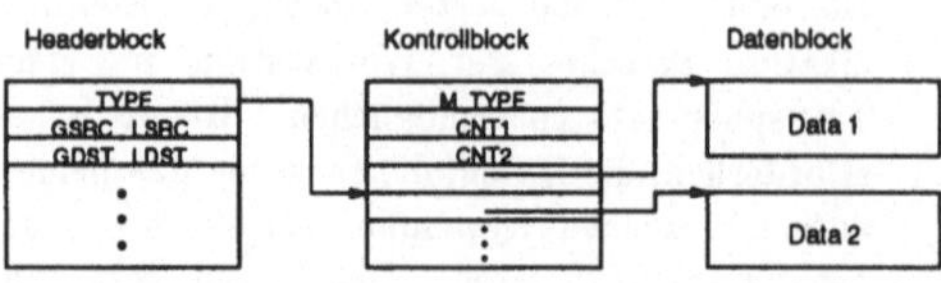

Abbildung 3: Aufbau einer Botschaft unter TINIX

die Botschaft transparent zum Ziel zu übertragen.

2. receive(global_src, local_src, &message, timeout)

   Das Gegenstück zu der Funktion *send()* ist die Funktion *receive()*. Sie empfängt von einer Quelle mit der PID global_src/local_src eine Botschaft.

Bei der Realisierung von *send()* und *receive()* wird das Roundezvous-Prinzip angewendet. Das bedeutet, daß Botschaften grundsätzlich nicht gepuffert werden.

Botschaftenaufbau

Bei der Entwicklung der Botschaften galt es verschiedene Randbedingungen zu berücksichtigen:

- Botschaften müssen universell verwendbar sein, da die gesamte Kommunikation über das MPS bearbeitet wird. Das bedeutet, daß mit den Botschaften genauso große Datenmengen, wie kurze Informationseinheiten übertragen werden müssen.

- Botschaften sollen möglichst schnell durch das Netz geschleust werden, d.h. sie müssen möglichst kurz sein.

Der Botschaftenaufbau unter TINIX stellt einen Kompromiß zwischen der Geschwindigkeit und der Flexibilität dar. Bild 3 zeigt die Struktur einer Botschaft. Sie besteht aus drei Blöcken: dem Header, dem Control-Block und dem Daten-Block, der tatsächlich aus bis zu zwei getrennten Daten-Blöcken bestehen kann. Durch diese Block-Struktur wird erreicht, daß man sowohl sehr kurze Botschaften, alsauch große Datenmengen effektiv übertragen kann.

Linkguardians

Jedem Hardwarelink ist ein eigener Prozeß im System zugeordnet. Jeder dieser Prozesse besteht aus zwei eigenständigen Teilprozessen. Die Aufgabe der Linkguardians ist die Übertragung von Botschaften über die Hardwarelinks. Hierbei arbeitet ein Linkguardian als Multiplexer, d.h. er hat die Aufgabe Botschaften, die von verschiedenen Prozessen gleichzeitig über einen Link verschickt werden sollen, zu synchronisieren und nacheinander über den Hardwarelink zu übertragen. Auf der anderen Seite des Links nimmt ein weiterer Linkguardian die Botschaft in Empfang und sendet sie an das Ziel weiter.

Pufferprozeß

Der Pufferprozeß hat die Aufgabe die vier Linkguardians eines Prozessors zu entlasten. Er speichert ankommende Botschaften in einem internen Puffer und versendet sie dann an das eigentliche Ziel weiter. Der Pufferprozeß startet für jede erhaltene Botschaft einen eigenen Subprozeß, der die Botschaft zum eigentlichen Ziel sendet. Hiermit wird erreicht, daß, falls ein Zielprozeß nicht für den Empfang einer Botschaft bereit ist, lediglich der entsprechende Subprozeß des Pufferprozesses hängt. Das restliche System kann jedoch weiterarbeiten.

Routing Server

Der Routing Server hat die Aufgabe, Wege im Transputernetz zu suchen und Botschaften entsprechend zu routen. Wege werden unter TINIX dezentral verwaltet. Dabei "kennt" ein Knoten im Netz immer nur einen Teil des gesamten Weges einer Botschaft (nämlich nur den "nächsten" Knoten des gesamten Weges). In der Botschaft selbst sind keine Weginformationen enthalten. Der Routing Server wird nie direkt von einer Anwendung aufgrufen. Stattdessen wird der er von der Funktion *send()* aktiviert, falls ein Ziel nicht bekannt ist.

Der Routing Server ist als ein eigenständiger Teil des MPS konzipiert. Die Schnittstelle zwischen dem MPS und dem Routing Server sind die send-, bzw. receive-Tabellen in den lokalen Prozeßtabellen. Die Entwicklung eines geeigneten Routing Verfahrens ist Bestandteil einer eigenständigen Arbeit [3] und wird deshalb hier nicht weiter vertieft.

3.2.3 Prozeß Management

Das Prozeßmanagement setzt sich aus zwei Teilen zusammen:

1. Das Memory Management ist für die Verwaltung des Hauptspeichers verantwortlich. Darin enthalten sind auch Aufgaben, wie z.B. das Einlagern von Prozessen, oder das dynamische Allocieren von Hauptspeicher.

2. Der Lastverteiler sorgt dafür, daß sich das gesamte Netz in einem ausgeglichenen Zustand befindet. Dieses Ziel wird erreicht, indem einzelne Prozesse oder Teile von Prozeßnetzen im Netz verschoben werden. Die Verschiebung der Lasten erfolgt mit Hilfe der hierachischen Strukturen. Grundlage der Lastverteilung sind im wesentlichen zwei Kenndaten: die Auslastung von Linkverbindungen und die Auslastung von Prozessoren.

3.2.4 Netzwerk Management

Der Netzwerk Server hat die Aufgabe, das Netzwerk und die Linkverbindungen zu überwachen. Er erkennt dynamisch die Struktur des Netzwerkes und sorgt dafür, daß bei Änderungen dieser Struktur neue Knoten mit dem Betriebssystem gebootet werden, bzw. neue Linkverbindungen in das bestehende System integriert werden.

Literatur

[1] A. Tanenbaum
Operating Systems: Design and Implementation, Prentice-Hall, 1987

[2] Ulrich Rozek
*Konzeption und Realisierungsansatz eines verteilten Betriebsystems für Transputer
Diplomarbeit an der Universität-Gesamthochschule Paderborn, 1991*

[3] Carsten Ditze
*Konzeption und Realisierungsansatz eines verteilten Betriebsystems unter besonderer Berücksichtigung von Routing-Problemem
Diplomarbeit an der Universität-Gesamthochschule Paderborn, 1991*

TMS - Transputer Management System

Eine Benutzeroberfläche und Entwicklungsumgebung für Transputernetzwerke

H. Dörken, R. Habermann, M. Sommer
Forschungsinstitut der Deutschen Bundespost Telekom
Forschungsgruppe FI 51

Postfach 10 00 03, 6100 Darmstadt

Inhalt

1 Einleitung

Am Forschungsinstitut der Deutschen Bundespost Telekom wird ein Netzwerk mit ca. 70 Transputern zur simulativen Untersuchung von ATM-Vermittlungssystemen eingesetzt. Im Rahmen eines Projektes, das sich mit der Analyse des Verkehrsverhaltens von ATM-Koppelnetzen befaßte, wurde ein Verfahren zur verteilten Simulation von Vermittlungssystemen entwickelt. Für die effiziente Erstellung der Simulator-Software sowie für die Unterstützung des Betriebs größerer Transputer-Netzwerke wurde eine integrierte Benutzeroberfläche/Software-Umgebung, das "Transputer Management System" (TMS) entwickelt. Der vorliegende Beitrag beschäftigt sich in den Abschnitten 2 und 3 zunächst mit einigen Aspekten der ATM-Vermittlung und ATM-Simulation. Anschließend werden in Abschnitt 4 die grundlegenden Funktionen und Merkmale des TMS erläutert.

2 Aspekte der ATM-Vermittlung

Der *Asynchrone Transfer Modus* (*ATM*) ist international als das universelle Transportverfahren für zukünftige breitbandfähige Kommunikationsnetze vom CCITT empfohlen worden. Das ATM-Verfahren ermöglicht die Übermittlung unterschiedlichster Datenströme aller Schmal- und Breitbanddienste in **einem** Telekommunikationsnetz mit einheitlicher Vermittlungs- und Übertragungstechnik.

Die Digitalsignale der Informationsströme werden in Abschnitte fester Länge (*Zellen*) unterteilt. Die Zellen mehrerer Verbindungen werden zu einem *ATD*-Multiplexsignal (*ATD = Asynchonous Time Division*) zusammengefaßt und gemeinsam zu den ATM-Vermittlungseinrichtungen transportiert. Neben dem Nutzteil besitzen die Zellen einen Kopf, in dem u.a. eine Verbindungskennung abgelegt ist. Diese Information ermöglicht die Zuordnung von Zellen zu Verbindungen in den Vermittlungsstellen. Zu Beginn einer Verbindung (Verbindungsaufbau) wird in einem ATM-Netz ein Weg durch das gesamte Nachrichtennetz fixiert, den alle Zellen der betrachteten Verbindung benutzen.

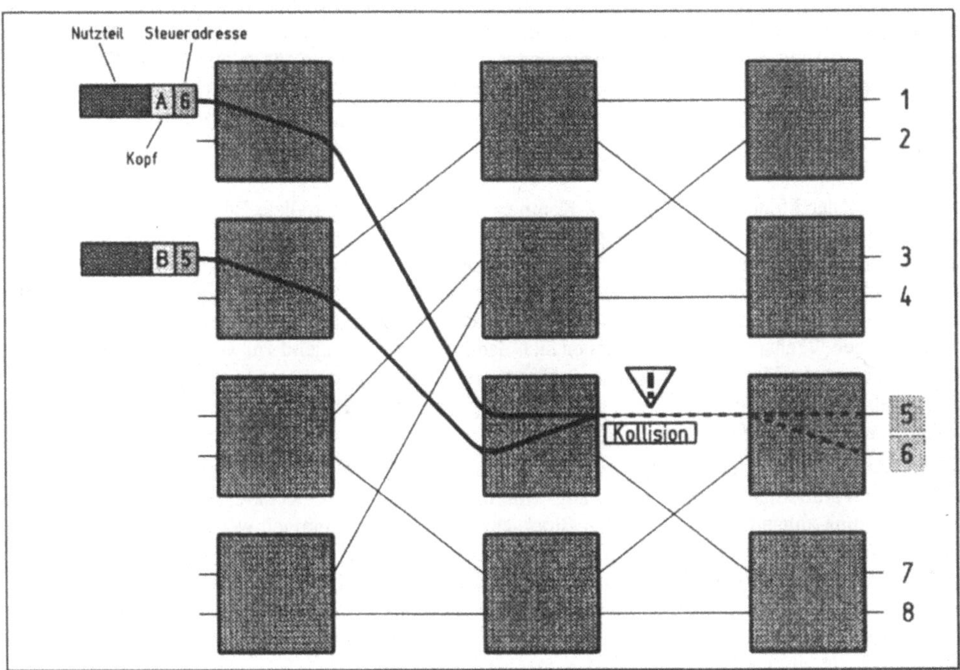

Bild 1: Zellkollision in einem selbststeuernden ATM-Koppelnetz

In den Vermittlungseinrichtungen sind spezielle ATM-Koppelnetze, bestehend aus einer Vielzahl parallel arbeitender Koppelvielfache, erforderlich, die sich funktional von den Koppelanordnungen der synchronen Zeitvielfachtechnik deutlich unterscheiden. Bild 1 zeigt ein stark vereinfachtes Beispiel für ein ATM-Koppelnetz. Ankommenden Zellen wird eine Steueradresse zugefügt, die erforderlich ist, um die Koppelvielfache auf dem vorgesehenen Weg durch das Koppelnetz einzustellen. Da die ATM-Zellen selbst Träger der Steuerinformation für das Koppelnetz sind, spricht man vom Prinzip der *Selbststeuerung*.

Neben der hohen Flexibilität und Leistungsfähigkeit von ATM-Vermittlungen sind einige weitere Besonderheiten gegenüber der konventionellen Vermittlungstechnik festzustellen. So ist z.B. das Auftreten von *Zellkollisionen* kennzeichnend für die in einem ATM-Netz eingesetzten speziellen Koppelanordnungen. Speichereinheiten in den Koppelvielfachen sorgen für die Auflösung des Konflikts, der z.B. durch simultanen Zugriff mehrerer Zellen auf eine Zwischenleitung ausgelöst wird (Bild 1). Es kommt zu geringfügigen *Zellverzögerungen* durch Zwischenspeicherung in den Koppelvielfachen und in sehr seltenen Fällen auch zum *Verlust* von Zellen durch Speicherüberlauf (Verlustwahrscheinlichkeit $< 10^{-10}$). Die Untersuchung der Auswirkungen solcher Ereignisse auf Leistungsfähigkeit und Verkehrsverhalten von ATM-Systemen ist ein Schwerpunkt der Forschungsaktivitäten auf dem Gebiet der Vermittlung in ATM-Netzen. Besondere Bedeutung kommt dabei verbindungsindividuellen Leistungskenngrößen zu, da diese erst gesicherte Aussagen über die Verkehrsgüte in ATM-Netzen erlauben. Detailliertere Beschreibungen der ATM-Vermittlungstechnik können z.B. [1], [2] entnommen werden.

3 Parallele Simulation von ATM-Vermittlungen

Die verkehrstheoretische Untersuchung von ATM-Systemen basiert grundsätzlich auf der Definition von Modellen, die den vermittlungstechnischen Verkehr und die Systemfunktionalität nachbilden. Bedingt durch die hohe funktionale Komplexität der Modelle sind realistische mathematische Ansätze und Lösungen kaum möglich. Als Alternative bietet sich allgemein die Simulationsmethode an. ATM-Vermittlungen verfügen über eine äußerst leistungsfähige Hardware, um die gestellten Anforderungen (Breitbandfähigkeit bis 600 MBit/s, Vermittlung auf Zellbasis) erfüllen zu können. Die Leistungsanforderungen übertragen sich sinngemäß auch auf entsprechende Simulatoren. Schon für relativ kleine Echtzeitintervalle im Bereich von wenigen Sekunden muß eine extrem große Anzahl von vermittlungstechnischen Ereignissen (Zellen) nachgebildet werden. Serielle Rechner kommen für die realistische Simulation von ATM-Systemen praktisch nicht in Frage, da aufgrund des sehr großen CPU-Zeitbedarfs Laufzeiten der Programme im Bereich von Jahren entstehen können.

Die Zerlegung der Modelle in funktionale Komponenten und deren parallele Bearbeitung bietet sich für die genannte und ähnliche Problemgruppen an, da das Parallelverarbeitungsprinzip in solchen Systemen ebenfalls intensiv genutzt wird, um hinreichende Leistungsdaten für die jeweiligen Anwendungen zu erzielen. Mit den Möglichkeiten eines Transputer-Netzwerks können die Funktionen und Eigenschaften von ATM-Vermittlungen und deren Komponenten sehr realitätsnah und relativ hardware-nah nachgebildet werden. Transputer-Systeme eignen sich damit z.B. hervorragend zur verteilten Simulation von ATM-Koppelnetzen. Das Übernehmen der inhärent parallelen Struktur dieser Systeme in die Simulatoren bringt erhebliche Leistungsvorteile mit sich und ermöglicht eine deutliche Annäherung der Simulation an die Gegebenheiten des Realsystems.

Für die strukturelle Parallelisierung von Simulationsmodellen bietet sich die Orientierung an der funktionalen Parallelität des realen Systems (Simulationsobjekt) an. Konkret bedeutet dies, daß die Prozeßverteilung anhand von funktionalen Blockschaltbildern vorgenommen werden kann, die etwa eine Detaillierung auf Chip-Ebene besitzen. Diese Vorgehensweise ermöglicht die einfache und direkte Abbildung vieler Eigenschaften des Simulationsobjektes auf das Simulationssystem. Bei der ATM-Simulation können u.a. die Kommunikationsmerkmale des Realsystems sehr effizient durch die Transputer-Links nachgebildet werden. Bild 2 zeigt als Beispiel die Grundelemente eines parallelen Simulators auf Transputer-Basis für eine bestimmte ATM-Koppelnetzarchitektur.

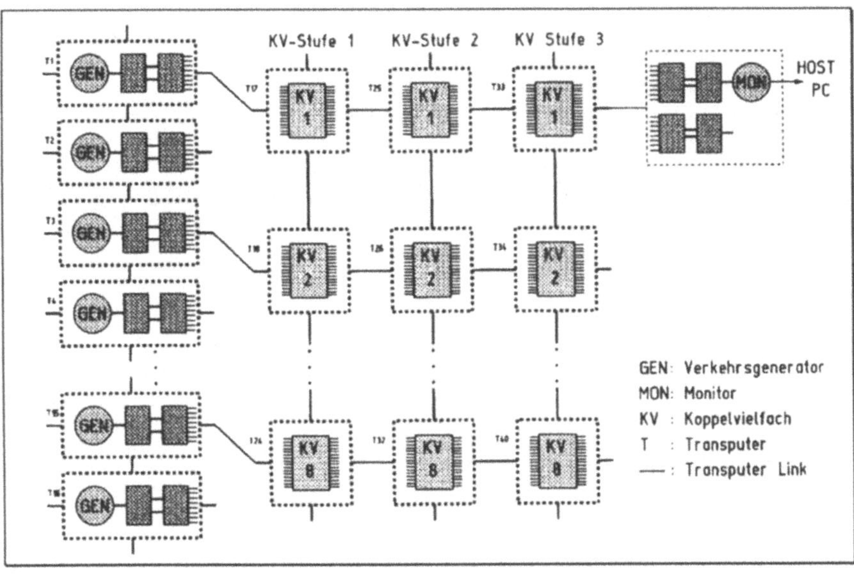

Bild 2: Transputernetzwerk zur Simulation eines ATM-Koppelnetzes

Das Bild verdeutlicht, daß die beschriebene Vorgehensweise bei der Implemetierung von ATM-Simulatoren auf Transputer-Basis zu strukturellen und funktionalen Merkmalen führt, die denen der realen Systeme sehr nahe kommen. Jedem Koppelvielfach-Prozeß ist ein eigener Transputer im Netzwerk zugeordnet. Darüber hinaus wird die ebenfalls parallelisierte Verkehrsgenerierung (Erzeugung der Zellströme am Eingang) ersichtlich. Die Verbindungen der Modellprozesse untereinander sind funktional durch Kanäle realisiert, die mit Hilfe von speziellen Kommunikationsprotokollen die Aufgaben der Zwischenleitungen des Realsystems übernehmen. Die Zwischenleitungen finden im Simulator ihre physikalischen Äquivalente in den Transputer-Links.

Aufgrund der Leistungsdaten der derzeitigen Transputer-Architektur sind entsprechende ATM-Simulatoren natürlich nicht in der Lage, den Leistungsbereich der realen Simulationsobjekte zu erreichen. Die entwickelten Simulationsprogramme sind somit in Bezug auf das Realsystem nicht echtzeitfähig. Bei voller Ausnutzung der Kommunikationsmöglichkeiten des Transputers und Verwendung spezieller Synchronisationsmechanismen kann jedoch eine maßstäbliche Abbildung der Echtzeit erreicht werden (scaled real-time simulation). Die erzielbaren Laufzeitverkürzungen äußern sich in Verbesserungsfaktoren, die im Bereich von 1-2 Größenordnungen über konventionellen seriellen Ansätzen liegen.

Die Vorteile der hardware-nahen Simulation auf Transputer-Basis übertragen sich im allgemeinen auch auf die Entwicklung von Prototypen. Abschätzungen haben ergeben, daß z.B. der Prototyp eines bestimmten ATM-Koppelnetzes Übertragungsgeschwindigkeiten von ca. 15 Mbit/s auf den Eingangsleitungen des Koppelnetzes erlaubt. Solche Prototypen besitzen zwar einerseits reduzierte Leistungsdaten gegenüber einem realen System, stellen aber andererseits auch eine äquivalente Systemfunktionalität zur Verfügung. Die Gewinnung von praktischen Erfahrungen sowie von Aussagen über das funktionale und qualitative Verkehrsverhalten ist somit uneingeschränkt möglich.

Die Nachbildung von ATM-Vermittlungen stellt sehr hohe Leistungsanforderungen an den Simulationsrechner und verlangt nach effektiver Unterstützung bei der Programmierung der komplexen Modellprozesse und Kommunikationsbeziehungen. Im folgenden wird eine integrierte Entwicklungsumgebung vorgestellt, die sowohl die Implementierung von Transputer-Anwendungen als auch den Betrieb von Transputer-Netzen mit sehr geringem Overhead ermöglicht.

4 TMS-Transputer Management System

Die integrierte Benutzeroberfläche/Software-Umgebung TMS enstand im Rahmen der Entwicklungs-
arbeiten von ATM-Simulatoren. Mit Hilfe des TMS können die parallelen Prozesse auch von umfangreichen Programmen mit vernünftigem Aufwand kodiert, getestet und auf ein Transputernetz abgebildet
werden. Die Programme für den Host-Rechner (PC) sind in der Programmiersprache Turbo-Pascal
(Version 6.0) geschrieben, während transputer-spezifische Prozeduren in OCCAM implementiert sind.
Das TMS läuft auf Personal Computern (IBM oder Kompatible) unter dem Betriebssystem MS-DOS und
stützt sich derzeit auf das OCCAM2-Toolset (D705B) ab [3]. Die Grundstruktur des TMS-Systems wird
in Bild 3 veranschaulicht.

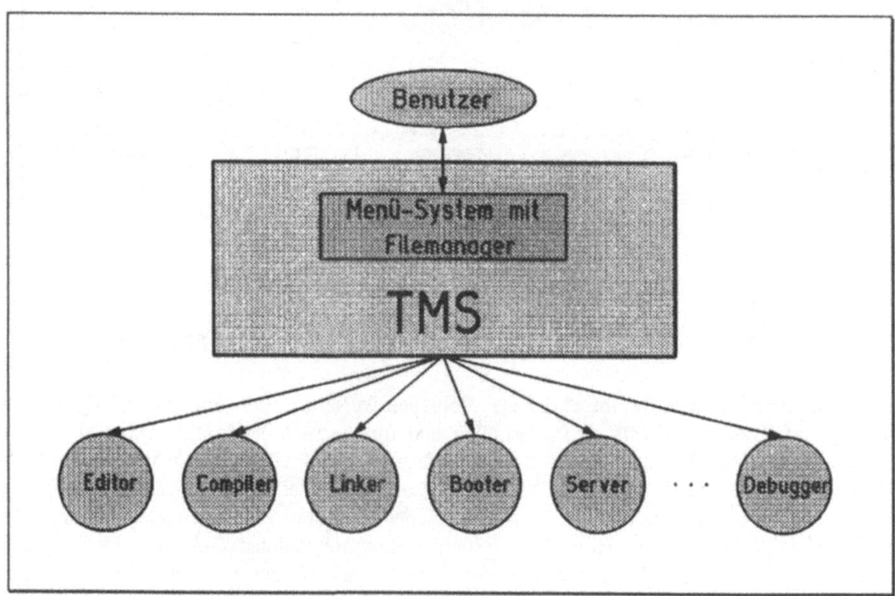

Bild 3: Prinzipdarstellung des TMS

Der Benutzer kommuniziert mit dem TMS über eine Menüschnittstelle, die weitestgehend Elemente des
SAA-Standards adaptiert. Dateispezifische Operationen des TMS, wie z.B. das Laden und Speichern von
Dateien, werden durch einen File-Manager unterstützt. Das TMS übernimmt nach entsprechenden
Aktionen des Bedieners die automatische Ansteuerung der Toolset-Komponenten unter Zuhilfenahme der
Funktionen einer integrierten Projektverwaltung. Der TMS-Editor erlaubt die Erstellung und Modifika-
tion von Quelltexten und ist funktional in Oberfläche und Projektverwaltung des TMS eingebunden.
Sämtliche Toolset-Optionen können in Dialogfenstern eingestellt und projektorientiert abgelegt werden.
Bestehende Abhängigkeiten zwischen Optionen werden berücksichtigt, wobei Fehlbedienungen bzw.
unzulässige Parameterkombinationen durch Plausibilitätsprüfungen und situationsbezogene Sperrungen
bestimmter Optionen ausgeschlossen werden. Das Setzen von Compiler-Optionen im Quelltext ist
möglich und übersteuert die Menüeinstellungen. Ein Beispiel für die Gestalt der Oberfläche bei der
menügesteuerten Auswahl der Compiler-Optionen "Code-Erzeugung für **T800**" im "**Halt**-Modus" ist
Bild 4 zu entnehmen.

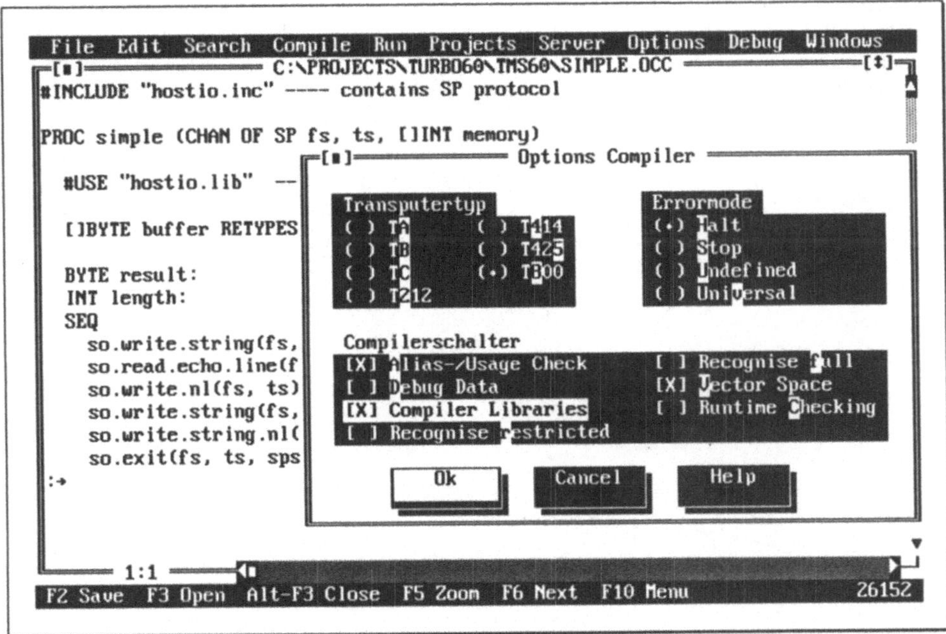

Bild 4: TMS-Oberfläche (Beispiel: Dialog Compiler-Optionen)

Alle Vorgänge bei der projektbezogenen und modifikationsabhängigen Umsetzung von Quelltexten in lauffähige Programme werden durch ein integriertes MAKE-Utility gesteuert. Der Benutzer kann dabei grundsätzlich getrennte Aufrufe der einzelnen Bearbeitungsschritte oder die Zusammenfassung des vollständigen Arbeitsablaufes veranlassen. Während der Operationen auftretende Fehlermeldungen (z.B. des Compilers) werden im Klartext angezeigt. Die Fehlerstelle wird durch Zeilenpositionierung des Editor-Cursors im Quelltext lokalisiert. Die Modifikation der Netzwerkverschaltung über Link-Switches wird durch die Ansteuerung der C004-Bausteine über die MMS2-Software [4] realisiert.

Der fehlerfreie Boot-Code kann anschließend in das Transputernetz geladen werden. Das TMS unterstützt sowohl die Standard-Prozeßplazierung (über PGM-Files) als auch einen erweiterten Modus (EXT-Modus), der zuvor interaktiv plazierte Prozesse auf die entsprechenden Transputer im Netzwerk lädt. Die Definition der Prozeßverteilung im EXT-Modus geschieht anhand einer strukturellen grafischen Abbildung des vorhandenen Transputer-Netzes. Dabei wird auf Netzwerkdaten zurückgegriffen, die in der Initialisierungsphase des Transputer-Netzwerks durch einen gegenüber [5] erweiterten Wurmprozeß ermittelt werden. Im einzelnen werden die Anzahl der Transputer im Netz, die Transputertypen, die Speichergrößen der Module sowie die Verschaltung des Netzes festgestellt und angezeigt. Die Analyse und Anzeige des Transputer-Netwerks ist in allen Modi des TMS möglich.

Im EXT-Modus werden die Netzwerkdaten um die durch den Benutzer spezifizierten Prozeßplazierungen erweitert und im Rahmen der Projektverwaltung für modifikationsabhängige zeitbezogene Übersetzungsvorgänge verwendet. Außerdem werden Routing-Tabellen für einen Kommunikationsprozeß (im folgenden "Koppler" genannt) generiert, der ebenfalls integraler Bestandteil des TMS für diesen Modus ist. Für jeden Transputer wird dabei aus den Netzwerkdaten ein individueller Baum der Verbindungswege im Netzwerk ermittelt. Die Einträge in der Routing-Tabelle eines Transputers ergeben sich jeweils aus den kürzesten vorhandenen Verbindungswegen zu den anderen Prozessoren. Eine problemspezifische Anpassung der Tabellen ist möglich, da diese für den Benutzer zugänglich im ASCII-Format vorliegen.

In der Startphase einer Netzwerk-Anwendung im EXT-Modus lädt der **Peripheral Message Handler** (PMH) des TMS zunächst alle Transputer mit den Kopplerprozessen. Außerdem werden weitere Prozesse (Anwenderprozesse) gemäß den Spezifikationen des Benutzers plaziert. Anschließend versorgt der PMH die Koppler in der Ladereihenfolge mit den Routing-Tabellen. Die Grundstruktur des Kopplerprozesses ist in Bild 5 dargestellt.

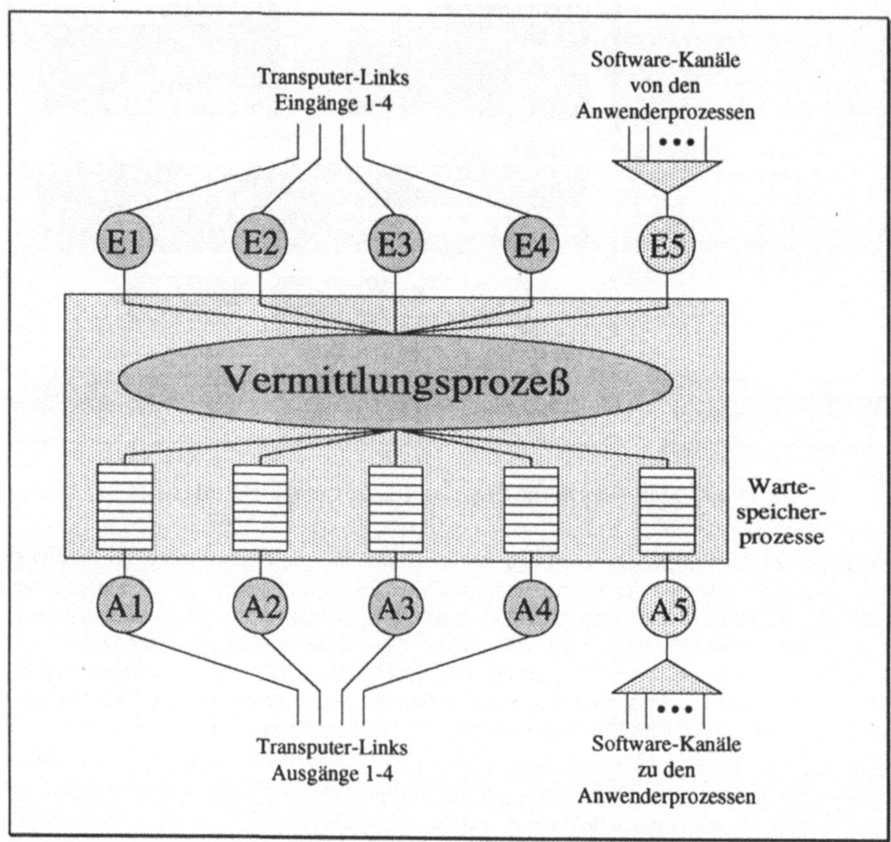

Bild 5: Grundstruktur des Koppler-Prozesses

Die vereinheitlichten Protokollschnittstellen des Kopplers an den Links (E1-E4, A1-A4) und an den Software-Kanälen zu den Anwenderprozessen (E5, A5) unterstützen und vereinfachen die Kommunikationsabläufe in Transputer-Netzen. Das benutzte längenvariable Message-Protokoll ist an das Server-Protokoll [6] angelehnt. Es erlaubt sowohl den direkten Zugriff jedes Transputers auf sämtliche Host-Resourcen als auch das Senden von großen zusammenhängenden Nachrichtenblöcken. Auf das Protokoll zugeschnittene Puffermechanismen im Kopplerprozeß verringern die Wahrscheinlichkeit für Deadlocks im Netz erheblich. Alle Fehlerereignisse im Kopplerprozeß werden dem Benutzer durch Klartextmeldungen auf dem Bildschirm angezeigt. Die programmunterstützte Analyse des Inhalts der Warteschlangen nach Überläufen ermöglicht eine gezielte Aufspürung der Fehlerquellen.

Die ausgangsseitig angeordneten Wartespeicher sind nach dem "buffer-sharing" Prinzip konzipiert, d.h. sie teilen sich einen gemeinsamen Speicherraum. Dadurch nimmt der gesamte Umfang des Kopplerprozesses ein relativ geringes Ausmaß von ca. 14 kbyte an. Alle Arbeitsabläufe des Kopplers sind so konstruiert, daß der Prozeß nur dann aktiv wird, wenn auch Nachrichten zur Übermittlung anstehen. Diese Eigenschaft ist durch die Vermeidung von Semaphoren und ein Hand-Shake-Protokoll zwischen Speicher- und Ausgangsprozessen realisiert. Die gemessene Durchsatzleistung des TMS-Kopplers für reinen Transitverkehr beträgt ca. $120 \cdot 10^3$ byte/s. Der Transitverkehr eines Transputers setzt sich dabei aus solchen Nachrichten zusammen, die den Koppler als Zwischenstation durchlaufen, weil sie nicht für die Anwenderprozesse bestimmt sind.

Die Kommunikation zwischen Transputer-Netz und Host-Rechner wird durch einen in Turbo-Pascal implementierten Server unterstützt. Gegenüber dem INMOS-Server sind einige funktionale Erweiterungen, wie z.B. die Cursor-Steuerung oder das Setzen von Bildschirmattributen, realisiert. Die Möglichkeit mit dem TMS-Menüsystem harmonisierende Fenster von den Netzwerk-Transputern aus zu öffnen ist ebenfalls enthalten.

Eine detailliertere Beschreibung der Funktionen und Eigenschaften des TMS ist in [6] zu finden.

5 Literatur

[1]   Schmidt, W.: *Die Vermittlungstechnik in integrierten Paket-Übermittlungssystemen - Einführung und Systemübersicht*, Der Fermelde-Ingenieur, 41, Heft 9 und 10, 1987.

[2]   De Prycker, M.: *Asynchronous transfer mode: Solution for broadband ISDN*, Ellis Horwood Limited, Chichester England, 1991.

[3]   INMOS: *OCCAM2 toolset*, D705B IBM/NEC PC delivery manual, 72 TDS 187 00, 1989.

[4]   INMOS: Module Motherboard Software, User Guide, 72 TDS 153 00, 1988.

[5]   Miller, N.: *Exploring Multiple Transputer Arrays*, INMOS Technical Note 24, 1987.

[6]   INMOS: *OCCAM2 toolset*, IBM/NEC PC user manual, 72 TDS 184 00, 1989.

[6]   Dörken, H.; Habermann, R.; Sommer, M.: TMS-Handbuch, erscheint Anfang 1992.

Eine objektorientierte Petrinetz–Sprache für Transputer–Systeme

Michael Sonnenschein
RWTH Aachen · Lehrstuhl für Informatik I
Ahornstraße 55 · W–5100 Aachen [1]

Paradigmen paralleler Programmiersprachen

Es gibt eine Reihe von Programmiersprachen für parallele Anwendungen, die auf dem Prozeßkonzept und der Prozeßkommunikation durch Austausch von Daten in Nachrichten [6] basieren und damit effizient auf Transputer–Systemen implementiert werden können. Als Beispiel soll hier nur OCCAM [14] genannt werden. Für eine Implementierung auf Multiprozessoren mit gemeinsamem Speicher eignen sich auch Sprachen wie Concurrent Pascal [9], die statt einer Prozeßkommunikation über Nachrichten ein Monitorkonzept vorsehen. Programmiersprachen auf der Basis des Prozeßmodells haben ihren Ursprung in Anforderungen von Multiuser-Multitasking-Betriebssystemen und bieten ein Abstraktionsniveau, das noch relativ eng am Maschinenmodell orientiert ist. Das erschwert die Programmierung und die Suche nach Programmierfehlern (beispielsweise *Race Conditions* oder *Deadlocks*) für den weniger erfahrenen Benutzer und führt häufig zu Programmen, deren Bedeutung dem Programmtext nur schwer zu entnehmen ist. Die Verwendung solcher Sprachen ist dann sinnvoll, wenn die Maschinennähe der Programmierung durch die Problemstellung — etwa die Implementierung eines Betriebssystemkerns — gefordert ist oder die volle Bandbreite der Kommunikationskanäle für die Nachrichtenübertragung genutzt werden muß.

Parallele, objektorientierte Sprachen wie etwa die Sprachen der POOL–Familie [4, 5] bieten ein höheres Abstraktionsniveau und damit die Möglichkeit zu Programmen, die der Anwendung näher als der Hardware stehen. Die Sprache Ada [22] bildet einen Grenzfall zwischen den prozeßorientierten und den objektorientierten Sprachen. Parallel aktivierte Objekte eines objektorientierten Programms können zwar auch als Prozesse aufgefaßt werden; die Kommunikation zwischen Objekten erfolgt jedoch nicht durch die Übertragung von Daten, sondern durch den Aufruf von Prozeduren, die die Schnittstellen der Objekte bilden. Dies entspricht dem Konzept der *Remote Procedure Calls* [15] in verteilten Systemen. Die Ansätze zur objektorientierten Programmierung paralleler Systeme basieren somit im wesentlichen auf der Idee des *Client–Server*-Modells zur Programmierung verteilter Systeme. Jedes Objekt bietet seine Dienstleistung über Methodenaufrufe allen anderen Objekten an, die seine Identifikation kennen.

Das Client-Server-Modell beinhaltet die grundsätzliche Problematik, daß Operationen auf einem Objekt (d.h. Ausführungen von Methoden) oft nicht kommutativ sind und somit die Reihenfolge der Bearbeitung von Nachrichten in einem Objekt signifikant ist. Diese Reihenfolge ist aber in parallelen Systemen beispielsweise von der aktuellen Lastverteilung abhängig und damit durch das Programm nicht eindeutig festgelegt. Darüberhinaus erlauben parallele, objektorientierte Sprachen i.allg. keine Kommunikation der Objekte über Datenströme während der Aktivierung einer einzigen Methode.

---

[1]Neue Anschrift: Universität Oldenburg · Fachbereich 10 · Postfach 2503 · W–2900 Oldenburg

Parallelität wird i.allg. nur auf der logischen Ebene der Methodenaufrufe geboten. Schließlich abstrahiert das Kommunikationsmodell der parallelen, objektorientierten Sprachen bereits weitgehend von der Architektur von Transputer–Systemen, in denen eine Vielzahl lokaler Kanäle statt eines globalen Netzes zur Kommunikation zwischen Prozessoren dient.

Actors–Sprachen [2] werden häufig der Klasse der objektorientierten Sprachen zugerechnet. Actors und aktive Objekte zeigen aber verschiedene Verhaltensweisen: Während Objekte Nachrichten sequentiell bearbeiten, bearbeitet ein Actor nur eine Nachricht und definiert während dieser Bearbeitung einen neuen Actor mit modifizierter Verhaltensweise, der die folgende Nachricht bearbeitet. Auf diese Weise werden nicht nur Actors parallel zu einander ausgeführt sondern auch Nachrichten an einen Actor parallel bearbeitet.

Actors bzw. Objekte können Actor- bzw. Objekt-Identifikationen in Nachrichten versenden; auf diese Weise können die möglichen Kommunikationswege in einem parallel ausgeführten, objektorientierten Programm zur Laufzeit völlig frei definiert werden. Die Syntax eines solchen Programms gibt kaum noch Aufschluß über den dynamischen Aufbau der Kommunikationswege; Sprachen, die dieses Modell unmittelbar verwenden, bieten keine Strukturierungsmöglichkeiten für die Kommunikationswege.

Einen völlig anderen Ansatz zur Programmierung bieten funktionale Sprachen wie Miranda [21], *Single–Assignment*-Sprachen wie ID [1] und sogenannte Logiksprachen wie Prolog [20], die implizit parallel auf Transputer-Systemen ausgeführt werden können. Ein Vorteil solcher Sprachen liegt darin, daß für Programme kein expliziter Kontrollfluß angegeben werden muß und so teils sehr einfache und elegante Problemlösungen — insbesondere in Verbindung mit polymorphen Typsystemen — möglich sind, in denen der Programmierer keinerlei besondere Vorkehrungen für die parallele Ausführung der Programme treffen muß. Funktionale (und weitgehend auch *Single–Assignment*-Sprachen) bieten darüberhinaus den Vorteil einer determinierten Programmausführung. Andererseits erfordert die Ausführung eines Programms, das in einer dieser Sprachen erstellt wurde, meist erheblich mehr Zeit als die Ausführung eines Programms in einer imperativen Sprachen für die gleichen Anwendung. Das Effizienzproblem der funktionalen Sprachen beruht wesentlich auf dem Fehlen eines Zustands- bzw. Umgebungskonzept [23]. Da prinzipiell keine *Update*-Operationen möglich sind, bietet die Implementierung großer Datenstrukturen in funktionalen Sprachen besondere Schwierigkeiten [13]; dieses Problem kann in *Single–Assignment*-Sprachen bedingt durch *I-Structures* [7] in einem globalen Speicher gelöst werden. Funktionale Sprachen und Logiksprachen sind zum Erstellen von Programmprototypen und für spezielle Anwendungen — beispielsweise Expertensysteme — von großer Bedeutung. Für Anwendungen mit hohen Effizienzanforderungen sind sie jedoch oft noch problematisch. [2]

Konzepte der Programmiersprache Gina

Mit **Gina** (**G**ina **i**s **n**o **a**cronym) wird in [18] ein Konzept einer Programmiersprache vorgestellt, in dem wichtige Vorteile der beschriebenen Paradigmen kombiniert werden. Diese Kombination erfolgt allerdings weder in Form eines Durchschnitts, der beinahe leer sein dürfte, noch in Form einer Vereinigung, die zu einem Chaos führen dürfte. Es sind Einschränkungen der einzelnen Paradigmen erforderlich, die insbesondere darauf zielen, die Determinierung [3] von Gina-Programmen unter entscheidbaren Bedingungen zu gewährleisten.

Gina bildet die Grundlage einer Petrinetz-Programmiersprache, wie sie in [8] gefordert wird. Global

---

[2] Eine ähnliche Argumentation findet sich auch in [3].

[3] Dem Begriff *Determinierung* enspricht in der englischsprachigen Literatur der Begriff *determinacy*, der mit unterschiedlicher Bedeutung als der Begriff *determinism* verwendet wird.

betrachtet bietet Gina ein objektorientiertes Konzept zum Erstellen von hierarchisch strukturierten Programmen, die ohne explizite Angabe des Kontrollflusses implizit parallel ausgeführt werden können. Dabei wird dem Programmierer ein in die Sprache integriertes, einfach zu benutzendes Persistenz–Konzept für Objekte geboten.

Ein Gina–Programm ist ein System von Klassen mit deren Implementierungen. Klassen sind Schemata für Objekte, die ihrerseits sowohl die aktiven als auch die passiven Bestandteile eines Programms bei seiner Ausführung sind. Die Implementierung einer Klasse erfolgt durch ein Objektnetz, d.h. ein interpretiertes, sicheres Petrinetz mit einer speziellen Struktur, und durch die Angabe von Schnittstellen zu diesem Objektnetz. Ein Objekt wird dargestellt durch eine Kopie des Objektnetzes seiner Klasse.

Die Vorteile eines objektorientierten Konzepts liegen einerseits in der einfachen Erweiterbarkeit der Programme. Andererseits bietet die Einkapselung von Daten in Objekte ein Strukturierungskonzept, das auf die Architektur von Transputer–Systemen paßt. Objekte können für ihre gesamte Lebenszeit fest auf die Prozessoren des Rechners abgebildet werden und greifen überwiegend auf den lokalen Speicher des zugeordneten Prozessors zu.

Der momentane Zustand eines Objekts bei der Ausführung eines Gina–Programms ist eine Markierung des Netzes zu seiner Darstellung. Die Kommunikation zwischen Objekten erfolgt über Datenströme auf asynchron betriebenen Kanälen in gemeinsamen Schnittstellen. Kommunizierende Objekte können bei der Ausführung eines Gina–Programms auf einem Transputer–System stets auf benachbarten Prozessoren ausgeführt werden. Damit wird im Sprachentwurf die Architektur der Zielmaschinen berücksichtigt und somit die Grundlage für eine effiziente Implementierung gegeben. Gina kann im einzelnen wie folgt charakterisiert werden:

- In Anlehnung an die Implementierung von funktionalen und relationalen Sprachen wird für die Definition und Ausführung von Gina–Programmen das *Modell dynamisch generierter Datenflußgraphen* [12] zugrundegelegt.

  Dieser Ansatz ermöglicht es, Parallelismus implizit durch gleichzeitige Aktivierung von Transitionen, deren Argumente verfügbar sind, (*data driven*) auszudrücken. Es ist kein expliziter Kontrollfluß anzugeben.

- Das Konzept der Datenflußgraphen wird wie in *Petrinetzen* [17] dahingehend erweitert, daß zur Repräsentation von lokalen Daten *Stellen* verwendet werden, auf die mehrere Transitionen zugreifen können.

  Auf diese Weise ist das Konzept eines Datenzustands gegeben, das als Grundlage für ein objektorientiertes Konzept erforderlich ist. So wird dem Problem von großen Datenstrukturen in Datenflußsprachen begegnet. Transitionen können jedoch nur lokale Effekte auf die Daten in benachbarten Stellen ausüben; es gibt kein Konzept globaler Variablen, das leicht zu unübersichtlichen Programmen durch unstrukturierte Seiteneffekte von Funktionen führen würde.

- Netze im oben beschriebenen Sinn werden zur Repräsentation von Objektmethoden verwendet. Die *Methodennetze* eines Objekts werden zu einem Objektnetz zusammengefaßt. Die Stellen eines solchen *Objektnetzes* liegen allen Methodennetzen gemeinsam zugrunde; die Transitionen sind dagegen eindeutig den einzelnen Methodennetzen zugeordnet.

  Abbildung 1 zeigt in vereinfachter Form ein Objektnetz aus drei Methodennetzen, die zusammengenommen ein Objekt repräsentieren, das zur Mittelwertberechnung dient. Die drei Methodennetze enthalten jeweils nur eine Transition. Ist die Methode `initialize` aktiviert, werden über die Transition `set_to_0` die Stellen `sum` und `number` mit 0 markiert. Anschließend

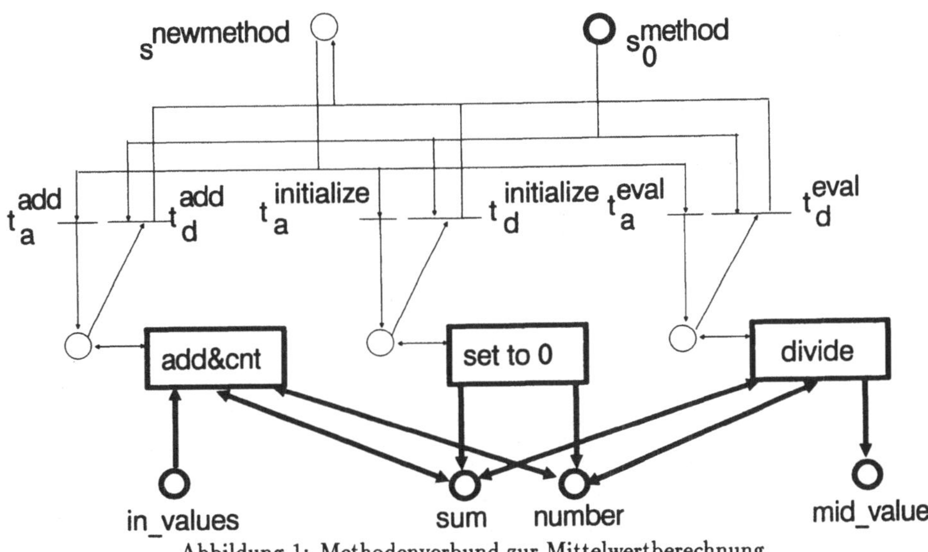

Abbildung 1: Methodenverbund zur Mittelwertberechnung

können die Methoden add und eval aktiviert werden. Bei Aktivierung der Methode add werden durch add&cnt Marken von der Stelle in_values konsumiert; ihr Wert wird jeweils auf den Wert der Marke in sum addiert und die Anzahl in number wird um 1 erhöht. Bei Aktivierung der Methode eval wird durch divide aus sum / number der Mittelwert der bisher eingegebenen Werte berechnet und auf mid_value ausgegeben. Die übrigen Transitionen und Stellen dienen der internen Verwaltung des Objektnetzes und sind für alle Objektnetze fest vorgegeben.

- Ein Gina–Programm besteht zur Laufzeit aus einer Menge *parallel aktivierter Objekte*. Die Objektnetze für die Objekte eines Programms werden zu einem Programmnetz zusammengefaßt. *In jedem Objekt ist zu jedem Zeitpunkt genau eine Methode aktiv.* Durch den Verzicht auf parallel aktivierte Methoden innerhalb eines Objekts bleibt das Verhalten eines Objekts überschaubar. Um dies zu gewährleisten, müssen die Objektnetze über eine vordefinierte, interne Struktur verfügen, die in Abbildung 1 ebenfalls dargestellt ist, hier aber nicht näher diskutiert werden soll.

- Gina sieht die gleichzeitige Aktivierung mehrerer Transitionen in einem Methodennetz vor, so daß *Objekte in Gina–Programmen intern parallel ausgeführt werden* können. Die Granularität der Parallelisierung eines Gina–Programms wird damit nicht durch das Sprachkonzept, sondern durch die konkrete Implementierung bestimmt. Im Rahmen einer Prototyp–Implementierung von Gina wird diese Möglichkeit jedoch noch nicht genutzt, sondern es werden stets vollständige Objektnetze auf Prozessoren abgebildet.

- Die Methoden eines Objekts verfügen über gemeinsame Schnittstellen nach außen, die aus Stellen des Objektnetzes bestehen. Im Beispiel aus Abbildung 1 sind dies die Stellen in_values, mid_value und s_0^{method}. Letzterer kommt eine besondere Bedeutung zu, die weiter unten erläutert wird.

Über die Schnittstellen kommuniziert das Objekt mit anderen Objekten eines Programms. Die Schnittstelle eines Objektnetzes zu einem anderen Objektnetz enthält somit die Parameter für alle Methoden. Dieser Ansatz ist dadurch motiviert, daß die verschiedenen Methoden größerer

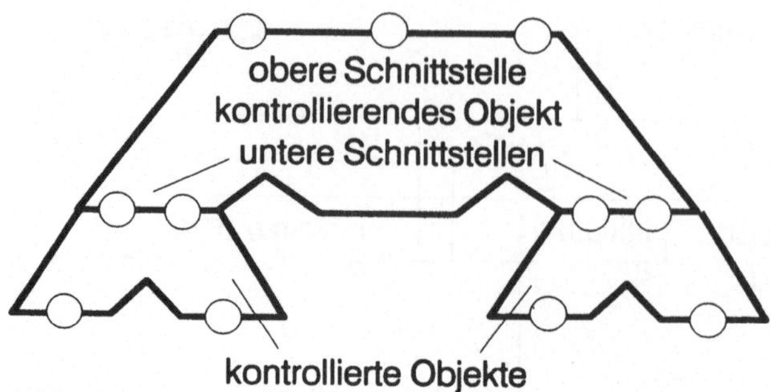

Abbildung 2: Hierarchische Struktur eines Gina–Programms

Klassen in objektorientierten Sprachen häufig über ähnliche Parameterlisten verfügen.

- Über die Stellen der Schnittstellen können die Objekte während der Aktivierung einer Methode nicht nur einzelne Daten, sondern *Datenströme* übertragen. Die Kommunikation zwischen Objekten eines Gina–Programms erfolgt *asynchron*; ein Objekt kann Daten an ein weiteres Objekt übertragen und wird über eintreffende Daten von anderen Objekten implizit benachrichtigt, indem eine von diesen Daten abhängige Transition aktiviert wird.

  Eine Datenübertragung aktiviert in Gina Programmen also nicht, wie in anderen objektorientierten Sprachen, in jedem Fall eine Methode in einem Objekt, sondern kann sich auf eine bereits aktivierte Methode beziehen. Dadurch ist eine gute Ausnutzung der Bandbreite des zugrundeliegenden Kommunikationsnetzes möglich. Die Idee der Datenströme zur Kommunikation zwischen Objekten deckt sich mit der Idee der Kanäle zur Kommunikation zwischen Prozessoren in einem Transputer–System.

- Eine ausgezeichnete Stelle in jeder Schnittstelle eines Objekts — in Abbildung 1 ist dies die Stelle s_0^{method} — dient zur Selektion von Methoden. Die aktuelle, d.h. aktivierte, Methode eines Objekts wird damit *data driven* asynchron zu den anderen Datenströmen, über die es kommuniziert, ausgewählt.

  Dieser Ansatz wurde im Interesse einer natürlichen Integration des Datenflußmodells in das objektorientierte Modell gewählt und unterscheidet sich wesentlich von anderen objektorientierten Programmiermodellen (beispielsweise POOL2 [4, 5]).

- Gina läßt als einzige Topologie der Kommunikationswege zwischen Objekten eines Programms einen Baum (Programmbaum) zu. Die Knoten dieses Baums repräsentieren Objekte, seine Kanten die Kommunikationswege bzw. die Kontrollhierarchie zwischen den Objekten.

  Jedes Objekt kann zur Laufzeit eines Gina–Programms eine beschränkte Menge weiterer Objekte gleichzeitig kontrollieren. Die Kontrolle besteht darin, daß nur durch das kontrollierende Objekt die aktivierte Methode des kontrollierten Objekts selektiert werden kann. Erst zur Laufzeit eines Gina–Programms muß bestimmt werden, welche Klasse für ein kontrolliertes Objekt tatsächlich ausgewählt wird (*late binding*). Jedes Objekt kann nur mit seinem kontrollierenden Objekt bzw. mit der „Außenwelt" und ferner mit den kontrollierten Objekten kommunizieren (siehe Abbildung 2).

  Die hierarchische Strukturierung von Programmen ist einerseits die größte Einschränkung, die Gina fordert, andererseits führt sie zu Programmen, die auch zur Laufzeit einfach strukturiert sind, und so die Voraussetzung zu einem verifizierbaren oder zumindest leichter testbaren Verhalten bieten. Darüberhinaus können Programmbäume effizient auf Transputer–Systemen ausgeführt werden, indem benachbarte Knoten des Programmbaums auf benachbarte Prozessoren abgebildet werden. Auf diese Weise kann die Kommunikation zwischen den Objekten des Programmbaums direkt über die Kanäle der Prozessoren erfolgen; es ist *kein Routing* von Nachrichten erforderlich.

Durch diese Strukturierungs- und Implementierungstechnik von Gina–Programmen wird einem hauptsächlichen Kritikpunkt an Datenflußarchitekturen, nämlich dem Kommunikationsengpaß bei Verwendung eines zentralen Kommunikationsmediums [10], begegnet. Die speziellen Effizienzprobleme, die sich durch die Baumstruktur von Programmen ergeben können, werden am Ende dieser Arbeit angesprochen.

- *Objekte werden zur Laufzeit als Blätter des aktuellen Programmbaums erzeugt oder gelöscht;* dadurch ergibt sich ein Konzept dynamischer Programmnetze. Die ausgezeichnete Methode *initialize* muß als erste und die Methode *close* als letzte Methode während der „Lebenszeit" eines Objekts ausgeführt werden. Gina–Programme können so als hierarchisch strukturierte, dynamische Datenstrukturen aufgefaßt werden.

- Objekte können in einen *persistenten Objektspeicher* abgelegt und daraus geladen werden. Zu diesem Zweck ist die Bedeutung von Methoden *load* und *store* für alle Klassen fest definiert. Durch die Verwendung dieser Methoden kann die Markierung eines neuen Objekts aus dem Objektspeicher geladen bzw. die Markierung eines vorhandenen Objekts in dem Objektspeicher abgelegt werden. Auf diese Weise bietet Gina ein integriertes, objektorientiertes Dateisystem. Ein solches Dateisystem für Gina kann auch unter Verwendung eines WORM–Speichermediums realisiert werden.

Diskussion des Gina–Konzepts

Das auf den ersten Blick einfach erscheinende Gina–Konzept beinhaltet bei näherer Betrachtung allerdings Probleme bei der Determinierung der Programme. Unter Nichtdeterminierung ist hier zu verstehen, daß ein Programm bei gleichen Eingaben unter verschiedenen Verteilungen der Objekte auf Prozessoren und verschiedenen Scheduling-Strategien trotz Deadlock–freier Terminierung unterschiedliche Resultate erzielen kann. Dies ist keineswegs ein spezielles Problem von Gina–Programmen, sondern ein generelles Problem asynchroner, paralleler Programme.

Für die Nichtdeterminierung von Gina–Programmen gibt es mehrere Gründe. Ein Objekt in einem Gina–Programm kommuniziert mit seinen Nachbarn auf mehreren Kanälen asynchron, ferner werden asynchron zu dieser Kommunikation Methoden ausgewählt. Darüberhinaus ermöglicht Gina, daß verschiedene Transitionen in einem Objekt parallel auf eine Stelle zugreifen können, und damit in Konflikt geraten.

Das Verhalten des Programms wird durch ungeeignet verwendete Nichtdeterminierung unvorhersehbar und die Suche nach Programmierfehlern wird erheblich schwieriger. Die Determinierung hat dagegen zur Folge, daß dasselbe Gina–Programm auf unterschiedlichen Prozessortopologien ausgeführt werden kann, ohne daß Änderungen am Programm erforderlich wären oder unterschiedliche Resultate der Programmausführung zu erwarten wären. Das Ausführungsmodell bzw. die Semantik des Gina–Konzepts muß eine solche Nichtdeterminierung daher ausschließen, wenn sie nicht auf Eigenschaften der Methoden eines Objekts explizit zurückzuführen ist.

Zentrale Aspekte der Überlegungen in [18] sind daher Kriterien, mit deren Hilfe effektiv gezeigt werden kann, daß sich ein gegebenes Gina–Programm unter der Voraussetzung Deadlock–freier Terminierung determiniert verhält, bzw. welche Konstruktionen im Programm mögliche Ursachen für

Nichtdeterminierung sein können. Die Konsequenzen dieser Forderung bestehen im wesentlichen in der Struktur des Laufzeitsystems, das jedem Objektnetz zugrunde gelegt werden muß. So muß etwa bei der Selektion einer neuen, aktuellen Methode für ein Objekt in einem Programmnetz gewährleistet werden, daß alle aktuellen Aktivitäten des Objekts und der Objekte im von ihm kontrollierten Objektbaum abgeschlossen sind. Es kann gezeigt werden, daß unter geeigneten zusätzlichen Forderungen an die Benutzung des Objektspeichers als zentrale Resource eines Gina–Programms die Eigenschaft des determinierten Verhaltens bei Verwendung des Objektspeichers erhalten bleibt.

Grundlage dieser Überlegungen muß natürlich eine formale Semantik von Gina–Programmen sein, die im wesentlich auf Schaltfolgen von Netzen und einem operationellen Modell des Zugriffs auf den Objektspeicher sowie des dynamischen Aufbaus von Programmnetzen basiert.

Ein Prototyp von Gina wird zur Zeit auf einem Transputer–System unter dem Betriebssystem Helios [16] implementiert. Die Implementierung des Objektspeichersystems als zentraler GSP–Server ist abgeschlossen [19]. Ein Compiler, der Gina–Programme in C–Programme übersetzt, und ein spezielles Laufzeitsystem für Gina unter Helios sind zur Zeit (November 1991) in der Implementierungsphase.

Ein wichtiger Ansatz, der für eine optimierte Implementierung von Gina Verwendung finden muß, ist die Elimination sogenannter Kopierketten (*Copy Chain Elimination*). Eine Kopierkette in einem Gina–Programm besteht aus einer Kette im Programmnetz, deren dazwischenliegende Transitionen einelementige Vor- und Nachbereiche haben und beim Schalten lediglich die Marke von der Stelle im Vorbereich auf die Stelle im Nachbereich kopieren. Solche Kopierketten entstehen durch die hierarchische Struktur von Gina–Programmen: Sämtliche Kommunikation zwischen den Nachfolgern eines Knotens im Progammbaum muß über den gemeinsamen Vorgängerknoten abgewickelt werden. Kopierketten sind häufig die Ursache technisch nutzloser Kommunikationsvorgänge. Die Stellen einer Kopierkette können zu einer einzigen Stelle reduziert werden, wenn alle Objekte, zu denen die Stellen gehören, auf demselben Prozessor liegen. [11] enthält einen Ansatz zur Eliminierung von Kopierketten bei der Implementierung von funktionalen Sprachen und *Single–Assignment*-Sprachen. Dieser Implementierungsansatz begegnet der generellen Kritik an der Effizienz paralleler Programme, in denen die Kommunikationsstruktur ein Baum ist.

Ein weiterer Ansatz zur Vermeidung eines Kommunikationsengpasses an der Wurzel eines Programmbaums kann darin bestehen, das Wurzelobjekt auf mehrere Prozessoren zu verteilen. Gina läßt ja internen Parallelismus innerhalb von Objekten zu, so daß dies für den Programmierer transparant erfolgen kann. Auf diese Weise könnten beispielsweise auch Plattenlaufwerke an verschiedenen Rechnerknoten unterstützt werden, ohne daß diese Verteilung im Programm explizit berücksichtigt werden müßte. Derartige Techniken werden vom Gina–Prototyp jedoch noch nicht unterstützt.

Literatur

[1] Ackerman, W. B.: Data Flow Languages. IEEE Computer, Vol. 15, No. 2, 15–25, 1982

[2] Agha, G.: Actors — A Model of Concurrent Computation in Distributed Systems. Cambridge, MS 1986

[3] Agha, G.: Foundational Issues in Concurrent Programming. In: Proceedings of the ACM Sigplan Workshop on Object–Based Concurrent Programming. ACM Sigplan Notices, Vol. 24, No. 4, pp. 60–65, 1989

[4] America, P.: Definition of POOL2, a Parallel Object–Oriented Language. Esprit Project 415 A, Doc. No. 364, Eindhoven (NL) 1988

[5] America, P.: Rationale for the Design of POOL2. Esprit Project 415 A, Doc. No. 393, Eindhoven (NL) 1988

[6] Andrews, G. R., Schneider, F. B.: Concepts and Notations for Concurrent Programming. ACM Computing Surveys, Vol. 15, No. 1, pp. 3–43, 1983

[7] Arvind, Nikhil, R. S., Pingali, K. K.: I–Structures: Data Structures for Parallel Computing. ACM TOPLAS, Vol. 11, No. 4, pp. 598–632, 1989

[8] Brauer, W.: Carl Adam Petri and Informatics. In: Voss, K., Genrich, H. J., Rozenberg, G.: Concurrency and Nets. pp. 13–22, Berlin 1987

[9] Brinch Hansen, P.: The Programming Language Concurrent Pascal. IEEE Transactions on Software Engineering, Vol. 1, No. 2, 1975

[10] Gajski, D. D., Padua, D. A., Kuck, D. J., Kuhn, R. H.: A Second Opinion on Data Flow Machines and Languages. IEEE Computer, Vol. 15, No. 2, pp. 58–69, 1982

[11] Gopinath, K., Hennessy, J. L.: Copy Elimination in Functional Languages. Proc. 16th ACM Symposium on POPL, pp. 303–314, 1989

[12] Gurd, J. R., Barahona, P. M. C. C., Böhm, A. P. W., Kirkham, C. C., Parker, A. J., Sargeant, J., Watson, I.: Fine–Grain Parallel Computing: The Dataflow Approach. In: Future Parallel Computers — An Advanced Course. LNCS 272, pp. 82–152, 1987

[13] Kuchen, H.: Parallele Implementierung einer funktionalen Programmiersprache auf einem OCCAM–Transputer–System unter besonderer Berücksichtigung applikativer Datenstrukturen. (Disseration) RWTH Aachen, Lehrstuhl für Informatik II, 1990

[14] May, D.: Occam. ACM Sigplan Notices, Vol. 18, No. 4, pp. 69–79, 1983

[15] Nelson, B. J.: Remote Procedure Calls. Carnegie–Mellon Univ., Dept. of Computer Science, Rep. CMU–CS–81–119, Ph.D. Thesis, 1981

[16] Perihelion Software: The Helios Operating System. New York 1989

[17] Reisig, W.: Petri Nets – An Introduction. EATCS Monographs on Theoretical Computer Science 4, Berlin 1985

[18] Sonnenschein, M.: Ein objektorientiertes und datengesteuertes Programmierkonzept für Multicomputer auf der Grundlage dynamischer Petri Netze. (Habilitationsschrift) RWTH Aachen, Mathematisch–Naturwissenschaftliche Fakultät, 1991

[19] Staas, S.: Entwurf und Implementierung eines Objektspeicher–Moduls für die Programmiersprache Gina unter dem Betriebssystem Helios. (Diplomarbeit) RWTH Aachen, Lehrstuhl für Informatik I, 1991

[20] Sterling, L., Shapiro, E.: Prolog. Bonn 1988

[21] Turner, D. A.: Miranda: A Non–Strict Functional Language with Polymorphic Types. Proc. Functional Languages and Computer Architectures, LNCS 201, pp. 1–16, 1985

[22] U. S. Department of Defense. Reference Manual for the Ada Programming Language. ANSI/MIL–STD–1815A, 1983

[23] Vegdahl, S. R.: A Survey of Proposed Architectures for the Execution of Functional Languages. IEEE Transactions on Computers, C–23, pp. 1050–1071, 1984

Rekursive Prozeduraufrufe in VLSI-Occam

Ulrich Arzt, Daniela Merziger, Lothar Thiele
Lehrstuhl für Mikroelektronik
Universität des Saarlandes
Im Stadtwald, 6600 Saarbrücken
Tel.: 0681 / 302 4225, FAX: 0681 / 302 2678, e-mail: aru@ee.uni-sb.de

1 Einleitung

Um Probleme in besonders zeitkritischen Anwendungen der Signalverarbeitung zu lösen, wie z.B. der Bild- und Spracherkennung unter Echtzeitbedingungen, müssen sehr rechenintensive Algorithmen abgearbeitet werden. Die dazu notwendigen Rechenleistungen können von konventionellen Rechnern oft nicht zur Verfügung gestellt werden. Eine Möglichkeit besteht jedoch darin, algorithmisch spezialisierte Schaltungen zu entwerfen und in VLSI-Technik (Very Large Scale Integration) zu realisieren. Besonders hohe Verarbeitungsleistungen lassen sich mit massiv parallelen Schaltungsarchitekturen erreichen, die die folgenden Eigenschaften auf sich vereinen: Verteilte Speicherung der Daten, verteilte Rechenkapazität, einfache und regelmäßige Kommunikationsgeometrie, kein globaler Datenfluß, massiver und homogener Parallelismus und skalierbare Schaltungsstruktur. Spezielle Realisierungen solcher Rechenfelder sind unter den Namen "systolische Felder" und "Wellenfrontfelder" bekannt geworden [8].

Bei der Umsetzung von Algorithmen in VLSI-gerechte Schaltungen sind einerseits komplexe Problemstellungen zu lösen. Andererseits sind eine kurze Entwurfszeit und ein sicherer Entwurf wesentliche Voraussetzungen für den technisch und wirtschaftlich sinnvollen Einsatz anwendungsspezifischer integrierter Schaltungen. Für die unteren Ebenen des Entwurfsproblems (Plazierung, Verdrahtung, Logikentwurf, Simulation, ...) stehen bereits leistungsfähige Softwaresysteme zur Verfügung, die für Gate-Arrays-, Sea-Of-Gates-, Standardzellen- und Full-Custom-Entwurfstile geeignet sind. Mit Hilfe des Entwurfsystems COMPAR können auch die höheren Ebenen der Abbildung von Algorithmen auf Schaltungen automatisiert werden [11]. Grundlage dieses Systems ist die konsistente Darstellung von Algorithmen in einem stückweise regelmäßigem Programmschema [13]. Im Gegensatz zu früher vorgeschlagenen Entwurfsmethoden [8] können stückweise regelmäßige, hierarchisch formulierte Algorithmen bearbeitet werden.

Das Entwurfsystem COMPAR wird in Kapitel 2 vorgestellt. Zur begleitenden Darstellung der Algorithmen im Entwurfsvorgang und zur Beschreibung der resultierenden Schaltung wurde die Schnittstellensprache VLSI-Occam entwickelt, die in Kapitel 3 behandelt wird. Kapitel 4 erläutert die Erweiterung der Syntax von VLSI-Occam um rekursive Funktionsaufrufe sowie deren Auflösung mit Hilfe eines Precompilers. Den Abschluß bildet eine Zusammenfassung der erzielten Ergebnisse.

2 COMPAR (Compiler for Massively Parallel Arrays)

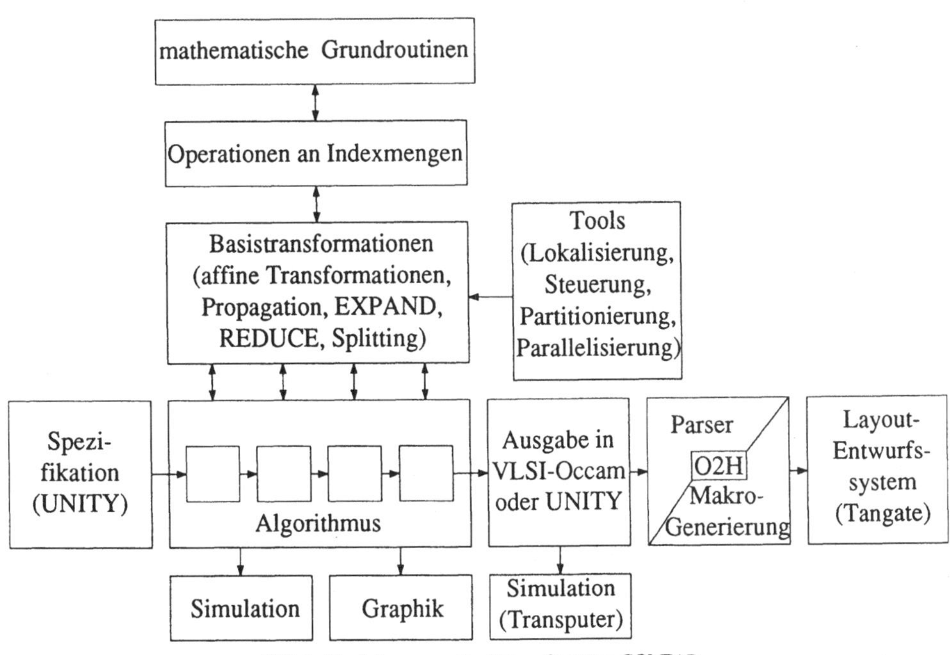

Bild 1 Blockdiagramm des Entwurfsystems COMPAR

In Bild 1 ist das Entwurfsystem COMPAR schematisch dargestellt. Als Eingabe dient ein Algorithmus in realisierungsferner Formulierung. Die Ausgangsspezifikation beschreibt den Algorithmus in einer direkt in Hardware realisierbaren Form. Die Algorithmentransformation wird nach dem Prinzip der schrittweisen Verfeinerung durchgeführt — d.h. der Transformationsvorgang ist in Teilschritte gegliedert (modularisiert). Jedes Modul führt eine die Semantik erhaltende Transformation durch — d.h. der Algorithmus hat vor und nach der Umwandlung dasselbe Ein/Ausgabeverhalten. Die Gründe für diese Vorgehensweise sind die folgenden:

• Die Komplexität sinkt durch die Aufteilung in Teilprobleme.

• Jede Einzeltransformation ist beweisbar korrekt.

Die mittels der Transformationen zu lösenden Entwurfsprobleme sollen hier nur aufgezählt werden. Der interessierte Leser sei an die angegebene Literatur verwiesen. Diese Probleme sind Parallelisierung [5], Lokalisierung [9], Partitionierung [14, 12] und Steuerungsgenerierung [7, 10].

Zur begleitenden Darstellung des Entwurfsvorganges wurde die Hardware-Beschreibungssprache VLSI-Occam entwickelt, die im nächsten Kapitel vorgestellt wird.

3 VLSI-Occam

Occam basiert auf dem Modell der kommunizierenden sequentiellen Prozesse (CSP — communicating sequential processes) [6]. Obwohl Occam zur Programmierung von Transputersystemen entwickelt wurde, kann es als Spezifikationssssprache für digitale Schaltungen verwendet werden. Occam beschreibt ein paralleles System als eine Anzahl von unabhängigen sequentiellen Prozessen, die auf lokal definierten Variablen arbeiten und via explizit definierter Kanäle kommunizieren. Ein Datentransfer ist nur dann möglich, wenn sowohl der lesende als auch der schreibende Prozeß zur Kommunikation bereit ist. Sowohl die Algorithmen in der Form eines Datenabhängigkeitsgraphen als auch die resultierende Schaltung in der Form eines Signalfluß- oder Datenflußgraphen lassen sich als ein System kommunizierender sequentieller Prozesse beschreiben.

VLSI-Occam [2, 3, 1] ist eine Teilmenge des gesamten Sprachumfangs von Occam. Da die Kommunikation der in Occam definierten Prozesse ausschließlich über Kanäle erfolgt, konnte z.B. auf Variablen ganz verzichtet werden. Die Semantik wurde der Aufgabe der Graphen- und Schaltungsbeschreibung angepaßt. Knoten eines Graphen und Prozessorelemente eines Rechenfeldes werden durch Prozeduren sowie Kanten eines Graphen und Verbindungen der Schaltung durch Kanäle modelliert. Auf einige Aspekte der erweiterten Semantik soll im folgenden näher eingegangen werden.

3.1 Regelmäßige Teilbereiche

Die Operationen in regelmäßigen oder stückweise regelmäßigen Algorithmen sind Indexpunkten in einem Iterationsraum zugeordnet. In stückweise regelmäßigen Algorithmen ist eine einzelne Variable des Algorithmus gültig in einem Unterraum des Iterationsraumes, der durch ein Polytop beschrieben werden kann. In VLSI-Occam wird der n-dimensionale Iterationsraum durch n replizierte PAR-Konstruke modelliert. Der Gültigkeitsbereich einer Variablen wird mit Hilfe eines IF-Konstruktes und eines boolschen Ausdrucks der Indexvariablen beschrieben.

3.2 Kommunikation

Alle Knoten eines Graphen oder einer Schaltung werden parallel aufgerufen. Daher muß die Kommunikation zwischen diesen Elementen mittels Kanälen erfolgen. Mit dieser Kommunikation werden zwei Ziele verfolgt. Auf der einen Seite werden Daten ausgetauscht, und auf der anderen Seite wird dadurch, daß ein Datenaustausch nur dann stattfindet, wenn sowohl der sendende als auch der empfangende Prozeß zum Datenaustausch bereit ist, eine partielle Abarbeitungsreihenfolge bestimmt. Einer Prozedur sind zwei Arten von Kanälen zugeordnet. Externe Kanäle dienen der Kommunikation mit andern Prozeduren derselben Hierarchieebene. Sie werden in der Definitionsparameterliste der Prozedur deklariert. Interne Kanäle, die ausschließlich dem Datenaustausch zwischen internen Knoten dienen, werden lokal in der Prozedur definiert. Die aktuelle Parameterliste eines Funktionsaufrufs kann sowohl externe als auch interne Kanäle enthalten.

3.3 Hierarchie

Die zentrale Struktur eines VLSI-Occam-Programms ist die Prozedur. Die Definition einer Prozedur beginnt mit dem Schlüsselwort PROC, gefolgt von der formalen Parameterliste und den lokalen Kanaldefinitionen. Das Ende einer Prozedurdefinition wird durch einen Doppelpunkt in der ersten Spalte signalisiert. Eine solche Prozedur kann Knoten, Graphen, Teilgraphen und Schaltungen beschreiben. Die Verbindung zur Außenwelt wird in der formalen Parameterliste spezifiziert. Der Prozedurkörper besteht aus parallelen Aufrufen anderer Prozeduren, die vorher im Quellcode definiert wurden. Wie in vielen anderen Programmiersprachen sind nur globale Funktionsdefinitionen erlaubt. Die Terminierung der hierarchischen Betrachtung wird durch den Aufruf von Basisprozeduren realisiert. Diese Basisprozeduren sind zur Beschreibung des Graphen nicht notwendig, sondern werden lediglich zur Simulation benötigt. Daher muß der eine Basisprozedur definierende Code nicht der eingeschränkten VLSI-Occam-Syntax gehorchen. Mit Hilfe von VLSI-Occam ist somit auf allen Abstraktionsebenen des Entwurfsvorganges eine hierarchische Beschreibung möglich.

3.4 Rekursive Prozeduraufrufe

In Occam ist die dynamische Erzeugung von parallelen Prozessen nicht möglich und somit auch nicht die Definition rekursiver Prozeduren. Baumartige Strukturen in einem Algorithmus oder einer Schaltung lassen sich elegant und redundanzfrei rekursiv darstellen. Als Beispiel sei hier die Addition von 2^N Zahlen genannt (Bild 2).

Die rekursiven Prozeduraufrufe werden durch den im nächsten Kapitel vorgestellten Precompiler aufgelöst. Es können Rekursionen beliebiger Tiefe bearbeitet werden, deren Rekursionstiefe zur Compilezeit bekannt ist. Eine Erweiterung zur Behandlung von Funktionen, die Abhängigkeiten von mehreren Rekursionsvariablen aufweisen, ist leicht möglich. Verschachtelte Rekursionen können vom Precompiler nicht aufgelöst werden.

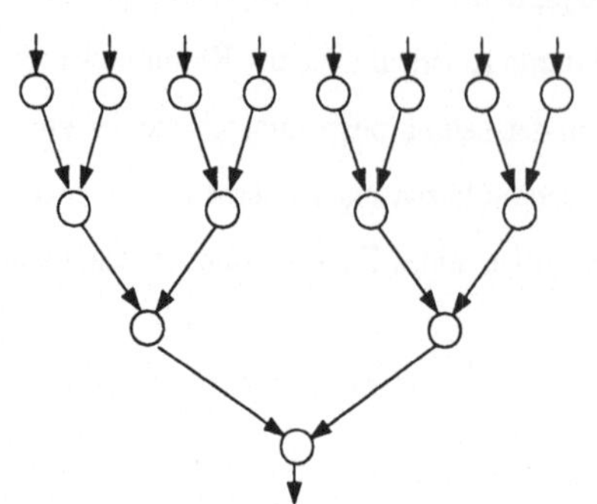

```
PROC add([]CHAN OF INT A,
           CHAN OF INT B, VAL INT R)
CHAN OF INT ka1, ka2:
teil1 IS [A FROM 0 FOR R/2]
teil2 IS [A FROM R/2 FOR R/2]
IF
  (R > 2)
    PAR
        add (teil1, ka1, R/2)      -- rekursive
        add (teil2, ka2, R/2)      -- Aufrufe
        plus (ka1, ka2, B)
  TRUE
      plus (A[0], A[1], B)
  :
```

Bild 2 Datenabhängigkeitsgraph des Algorithmus zur Addition 2^N ganzer Zahlen

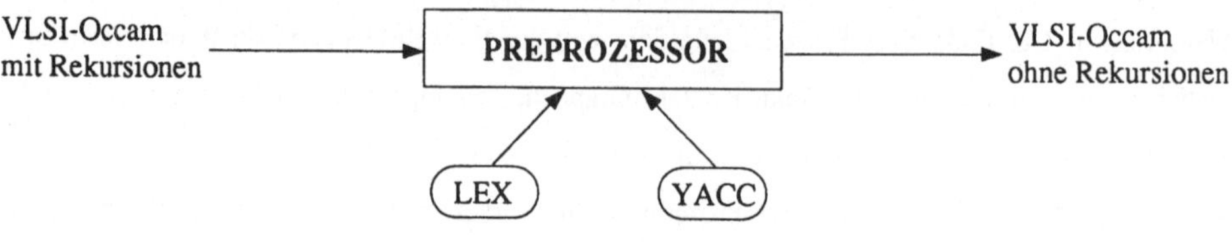

Bild 3 Aufbau des Precompilers

4 Precompiler

4.1 Aufbau des Precompilers

Der hier vorgestellte Precompiler hat die Aufgabe, ein VLSI-Occam-Programm, das rekursive Funktionen enthält, in ein im Sinne von Occam korrektes Programm ohne Rekursionen aufzulösen.

Während der Compilierung durchläuft das zu bearbeitende Programm folgende Stationen:

- lexikalische Analyse
- syntaktische Analyse
- semantische Analyse
- Codegenerierung.

Bei der Erstellung des Compilers sind die Unix-Werkzeuge LEX ('Lexical Analyser Generator') und YACC ('Yet Another Compiler Compiler') verwendet worden [4].

Die lexikalische Analyse entfernt die zur weiteren Verarbeitung eines VLSI-Occam-Programms unwichtigen Zeichen und deckt Strukturen auf, die im LEX-Quelltext als reguläre Ausdrücke zu spezifizieren sind. An dieser Stelle werden z.B. irrelevante Leerstellen von den in VLSI-Occam bedeutsamen doppelten Leerstellen unterschieden.

Die Syntaxanalyse nimmt eine Gruppierung der durch die lexikalische Analyse gewonnenen wichtigen Bestandteile des Eingabeprogramms vor. Der entwickelte Parser arbeitet gemäß einer im YACC-Quelltext verankerten Grammatik. Nach Durchführung der lexikalischen und syntaktischen Analyse ist die grammatikalische und syntaktische Korrektheit des Eingabetextes sichergestellt.

Die semantische Analyse und Codegenerierung erfolgen durch Aktionen, die vom Parser nach Auffinden einer korrekten Struktur aufgerufen werden. Sie sind dieser Struktur im YACC-Quelltext als C-Programmstücke zugeordnet.

4.2 Programmierung des Precompilers

4.2.1 Rekursionen in VLSI-Occam

Die in VLSI-Occam zugelassenen rekursiven Funktionen entsprechen dem folgenden Schema:

```
PROC Funktionsname (externe Kanäle , ... ,VAL INT Rekursionsvariable)
lokale Kanäle/Abkürzungen:
IF
  boolscher Ausdruck
    Prozedurliste
  boolscher Ausdruck
    Prozedurliste

  . . .

  TRUE
    Prozedurliste
:
```

Eine rekursiv definierte Funktion wird vom Parser am letzten formalen Parameter, der als Integerkonstante mit 'VAL INT' gekennzeichneten Rekursionsvariablen, erkannt. Durch das in der Occam-Syntax enthaltene Sprachelement der Abkürzungen kann eine Aufteilung von Kanalvektoren in Teilstrukturen erfolgen. Die im *IF*-Konstrukt enthaltenen boolschen Ausdrücke können in beliebiger Form von der Rekursionsvariablen und von Konstanten abhängen.

4.2.2 Programmiertechnik

Trifft der Parser beim Abarbeiten des Eingabeprogramms auf eine rekursive Funktionsdefinition, so erfolgt eine Zwischenspeicherung aller in der Definition enthaltenen Informationen, da die zur Auflösung nötige Rekursionstiefe erst bei einem Aufruf der Funktion bekannt wird.

Da in VLSI-Occam jede Funktion im Text vor ihrem Aufruf deklariert und definiert sein muß, plaziert der Parser die aufgelösten Funktionsdefinitionen an die Stelle der rekursiven Definition im Ursprungstext.

4.2.3 Entfaltung von Rekursionen

Am Beispiel der in 3.4 vorgestellten Addition von 2^N Zahlen wird die Arbeitsweise des entwickelten Compilers deutlich.

Die am Schlüsselwort PROC zu erkennende Prozedurdefinition wird beim Erreichen des letzten Parameters als rekursiv identifiziert, die Rekursionsvariable R und der später zu reproduzierende Text werden zwischengespeichert. Innerhalb der Abkürzungen ersetzt ein Sonderzeichen '\t' die gesondert zu behandelnden, von der Rekursionvariablen abhängigen Ausdrücke. Rekursive Funktionsaufrufe, erkennbar durch Vergleich mit dem Namen der momentan untersuchten Funktion, werden in der Textliste mit der Endung '.\t' gekennzeichnet. Die zum Schlüsselwort TRUE gehörende Prozedurliste beinhaltet die Terminierung der Rekursion.

Beim Aufruf der betrachteten Funktion z.B. mittels add(X, Y, 8) erhält die Rekursionsvariable den aktuellen Wert 8. Es folgt die Ermittlung des wahren boolschen Ausdrucks **R>2**. Die Parameter der inhärenten boolschen Ausdrücke **R/2** werden berechnet und so alle möglichen Werte der Rekursionsvariablen ermittelt: 8 ⤳ 4 ⤳ 2.

Die Auflösung der Rekursion erfolgt in einer Reihenfolge, die die Aufrufsreihenfolge umkehrt, damit jede Teilfunktion vor ihrem Aufruf definiert ist. In Kenntnis des aktuellen Wertes der Rekursionsvariablen R können die von R abhängigen Ausdrücke ausgewertet werden. Die Resultate ersetzen die an den entsprechenden Stellen eingefügten Sonderzeichen. In den Funktionsrumpf wird nur die erste Prozedurliste übernommen, deren boolscher Ausdruck bei der Auswertung das Ergebnis "wahr" liefert.

Das vom Precompiler erzeugte Ausgabeprogramm für das Beispiel add ohne Rekursionen ist dem nachfolgenden Listing zu entnehmen:

```
PROC add.2([2]CHAN OF INT A, CHAN OF INT B)
  PAR
    plus(A[0],A[1],B)
:
PROC add.4([4]CHAN OF INT A, CHAN OF INT B)
  CHAN OF INT ka1,ka2:
  teil1 IS [A FROM 0 FOR 2]:
  teil2 IS [A FROM 2 FOR 2]:
  PAR
    add.2(teil1,ka1)
    add.2(teil2,ka2)
    plus(ka1,ka2,B)
:
```

```
PROC add.8([8]CHAN OF INT A, CHAN OF INT B)
  CHAN OF INT ka1,ka2:
  teil1 IS [A FROM 0 FOR 4]:
  teil2 IS [A FROM 4 FOR 4]:
  PAR
    add.4(teil1,ka1)
    add.4(teil2,ka2)
    plus(ka1,ka2,B)
:

. . .

add.8(X,Y)

. . .
```

5 Zusammenfassung

Durch besonders zeitkritische Anwendungen, zum Beispiel in der Signalverarbeitung, besteht Bedarf an immer höherer Rechenleistung. Algorithmisch spezifizierte Schaltungen sind ein Weg, diesen Anforderungen gerecht zu werden. Die Komplexität der beim algorithmisch spezifizierten Schaltungsentwurf zu bearbeitenden Probleme erfordert beim Entwurfsvorgang Rechnerunterstützung. Das Designsystem COMPAR stellt solche Hilfe auf den oberen Abstraktionsebenen zur Verfügung. VLSI-Occam wurde zur begleitenden Darstellung des Entwurfsvorganges in COMPAR entwickelt. Die in diesem Beitrag vorgestellte Erweiterung von VLSI-Occam um rekursive Prozeduren und deren Auflösung mittels eines Precompilers ermöglicht die elegante und redundanzfreie Beschreibung rekursiver Strukturen in Algorithmen und Schaltungen.

Literatur

[1] U. Arzt and L. Thiele. Simulation von VLSI-Schaltungen auf dem Transputer. In *Transputer Anwender Treffen (TAT)*, pages 165–170, Aachen, 1990.

[2] U. Arzt and L. Thiele. Hardware description with VLSI-Occam. In *Proc. IFIP 10th International Computer Hardware Description Languages*, Marseille, April 1991.

[3] U. Arzt and L. Thiele. VLSI-Occam. In *GME-Fachtagung Mikroelektronik*, pages 229–235, Baden-Baden, 1991.

[4] A.V. Aho, R. Sethi, J.D. Ullma. *Compilers - Principles, Techniques and Tools*. Addison-Wesley, 1986.

[5] J. Bu, L. Thiele, and E. Deprettere. Simple loop programs: Dependency structure and single assignment code. Technical Report SFB124, University of Saarland, Saarbrücken, Germany, June 1989.

[6] C. A. R. Hoare. *Communicating sequential processes*. Communications of the ACM, 1978.

[7] M. Huber, J. Teich, and L. Thiele. Design of configurable processor arrays (invited paper). In *Proc. IEEE Int. Symp. Circuits and Systems*, pages 970–973, New Orleans, May 1990.

[8] S. Y. Kung. *VLSI Processor Arrays*. Prentice Hall, Englewood Cliffs., 1987.

[9] V. Roychowdhury, L. Thiele, S. K. Rao, and T. Kailath. On the localization of algorithms for VLSI processor arrays. in: *VLSI Signal Processing III, IEEE Press, New York*, pages 459–470, 1989.

[10] J. Teich and L. Thiele. Control generation in the design of processor arrays. *Int. Journal on VLSI and Signal Processing*, 3(2):77–92, 1991.

[11] J. Teich and L. Thiele. Uniform design of parallel programs for DSP. In *Proc. IEEE Int. Symp. Circuits and Systems*, pages 344a–347a, Singapore, June 1991.

[12] J. Teich and L. Thiele. Partitioning of processor arrays: A piecewise regular approach. *INTEGRATION: The VLSI Journal*, 1992.

[13] L. Thiele. On the hierarchical design of VLSI processor arrays. In *IEEE Symp. on Circuits and Systems*, pages 2517–2520, Helsinki, 1988.

[14] L. Thiele and I. Tamitani. Hierarchical approach to the design and programming of processor arrays with resource constraints. Technischer Bericht, C&C Systems Research Laboratories, NEC, Japan und Lehrstuhl für Mikroelektronik, Universität des Saarlandes, Oct. 1990.

Das Baukastensystem CARO
zur Lösung von Problemen der Linearen Algebra
auf einem Transputerring

J.Dewor, M.Drescher,
T.Klinkenberg, U.Katschner
Mathematisches Institut, Universität Köln
Weyertal 86-90, 5000 Köln 41

1 Einführung

Die Lineare Algebra ist ein wesentliches Hilfsmittel zur numerischen Lösung von mathematischen Problemen. Effiziente Routinen zu diesem Gebiet sind deshalb von besonderer Bedeutung. Innerhalb des Baukastensystems CARO wurden Grundoperationen der Linearen Algebra sowie weitergehende numerische Verfahren parallelisiert. So entstand eine Bibliothek von parallelen Unterprogrammen. Ein Schwerpunkt wurde dabei auf die Möglichkeit zur Kombination der einzelnen Routinen gelegt. Erweiterungen können so auf bestehende Routinen zurückgreifen. Bisher wurden neben den Grundoperationen insbesondere Verfahren zur Lösung von Gleichungssystemen mit vollbesetzten Matrizen und Bandmatrizen und zur Bestimmung von Eigenwerten und Eigenvektoren symmetrischer Matrizen implementiert. Neben den parallelen Unterprogrammen wurde eine Programmumgebung realisiert, die eine einfache Handhabung bestehender Routinen erlaubt. Einige sequentielle Utilities zur Generierung und Kontrolle von Daten sowie zur Konfiguration der Topologie (Resource-Map, CDL-Script) runden das System ab.

Das Projekt wurde unter dem Betriebssystem Helios 1.2.1 auf einem MultiCluster 2 der Firma Parsytec mit 32 T800 Transputern mit je 4MB realisiert. Die Bausteine wurden in der Programmiersprache Helios C erstellt. Eine Implementierung von Bausteinen in FORTRAN ist möglich.

Das Baukastensystem wurde für einen Transputerring beliebiger Ringlänge $p \geq 3$ entwickelt. Die parallelen Unterprogramme wurden nach folgenden Grundprinzipien erstellt:

- Die Rechnung findet ausschließlich in den Ringprozessoren (Worker) statt.
- Die Daten sind während der Rechnung immer im Ring verteilt.
- Die Datenverteilung bleibt immer ausgeglichen.

Der Rootprozessor (Controller) befindet sich außerhalb des Ringes. Er wird innerhalb der implementierten Programmumgebung als zentrale Userschnittstelle genutzt. Die parallelen Unterprogramme können sequentiell vom Controller aufgerufen werden. Zusätzlich kann er sequentielle Programmteile übernehmen.

2 Die Objekte

Aufgrund des Anwendungsgebietes sind bisher vollbesetzte Matrizen, Bandmatrizen, Vektoren und Skalare als zu manipulierende Objekttypen vorhanden. Abgesehen von Hilfsobjekten innerhalb von Unterroutinen werden alle Objekte dynamisch verwaltet und erst zur Laufzeit angelegt.

Die Anzahl der Objekte ist variabel und nur durch den zur Verfügung stehenden Speicherplatz beschränkt. Bei der Aufteilung einer Matrix im Ring werden jedem Prozessor Zeilenblöcke zugeordnet. Die Werte werden auf einem hintereinanderliegenden Speicherbereich zeilenorientiert abgelegt. Das Abspeicherschema für Bandmatrizen ist eine Übertragung einer in LINPACK verwendeten Methode. Die Aufteilung der Komponenten eines Vektors zu den Prozessoren entspricht der Aufteilung der Matrixzeilen. Jeder Objekttyp besitzt einen eigenen Datentyp, der neben den eigentlichen Werten weitere objektspezifische Daten und für die Verwaltung nötige Einträge enthält. Zudem sind den Objekttypen externe Formate zugeordnet, über die der Zugriff und die Ablage der Daten auf Festplatte erfolgt.

3 Die Unterprogramme

Die parallelen Unterprogramme lassen sich in Grundbausteine und Rechenbausteine unterscheiden. Die Grundbausteine dienen der Beschreibung, Speicherplatzreservierung und Initialisierung der Objekte im Ring. Weitere Grundbausteine zur Zeitmessung ermöglichen es, durch Synchronisation der Worker, die Gesamtzeit eines parallelen Rechenunterprogrammes zu bestimmen.

Als Rechenbausteine sind die gängigen Grundoperationen der Linearen Algebra vorhanden, wie z. B. Matrixmultiplikation, Matrixtransposition, Matrix-Vektor-Multiplikation, Skalarprodukt und euklidische Norm.

Außerdem werden die folgenden speziellen Algorithmen angeboten:

1. Gauss–Jordan Algorithmus

2. WZ-Zerlegung von positiv definiten Matrizen

3. Einseitiges zyklisches Jacobi-Verfahren

4. CG-Verfahren mit Vorkonditionierung

Bei der Implementierung der Rechenbausteine wurden folgende Möglichkeiten des Transputers ausgenutzt:

- Dynamische Erzeugung mehrerer Prozesse. Dies ermöglicht eine asynchrone I/O, die einerseits zur Überlagerung von Rechnung und Kommunikation innerhalb eines Prozessors und andererseits zur Verringerung von Wartezeiten im Ring führt.
- Benutzung des On-Chip-Speichers. Dadurch wird eine deutliche Beschleunigung rechenintensiver Programmteile erzielt.

Darüber hinaus wurde innerhalb der Rechenbausteine auf eine Vektorisierung geachtet, wodurch eine effiziente Ausnutzung von Assemblerunterroutinen aus den Vektorbibliotheken TOPEXPRESS oder BLAS1 (Implementierung F. Lücking, Parsytec) ermöglicht wird.

Der Aufbau der parallelen Unterprogrammbibliothek ist aufgrund der Verteilung der Objekte problematischer als der Aufbau einer sequentiellen Unterprogrammbibliothek. Die Kombinierbarkeit der parallelen Unterprogramme wurde durch die Definition einheitlicher Datentypen zur Beschreibung der Objekte und durch Festlegung einer einheitlichen und ausgewogenen Verteilungsart der Daten erreicht. Alle Unterprogramme müssen auf diese Vereinbarungen aufbauen. Diese Festlegungen bringen folgende Probleme mit sich: Einige der speziellen Algorithmen erfordern spezifische Datenverteilungen. Bei anderen Algorithmen ist die vorgegebene Objektstruktur dem Problem nicht optimal angepaßt. In diesen Fällen sind einleitende und ggf. abschließende Datenaufbereitungen notwendig.

3.1 Gauss–Jordan Algorithmus

Das Gauss–Jordan Verfahren [1] ist ein direktes Verfahren zur Bestimmung von Lösungen $x^{(i)} \in \mathbf{R}^n$ linearer Gleichungssysteme $Ax^{(i)} = b^{(i)}$, $i = 1(1)r$ mit einer nicht singulären, quadratischen Matrix $A \in \mathbf{R}^{n \times n}$ und einer oder mehrerer rechter Seiten $b^{(i)} \in \mathbf{R}^n$. Zusätzlich ermöglicht das Gauss–Jordan Verfahren die direkte Berechnung der Inversen einer regulären, quadratischen Matrix $A \in \mathbf{R}^{n \times n}$.

In beiden Fällen wird die Matrix A mit Hilfe von Gauss-Eliminationsschritten auf Diagonalform reduziert. Ein Eliminationsschritt besteht dabei aus der Anwendung von Zeilenoperationen auf das Gleichungssystem $Ax^{(i)} = b^{(i)}$, $i = 1(1)r$ bzw. $Ax^{(j)} = e^{(j)}$, $j = 1(1)n$, so daß alle Koeffizienten einer Matrixspalte, bis auf einen, eleminiert werden. Dabei ist $e^{(j)}$ der j-te Einheitsvektor des $\mathbf{R}^n$. Der Gauss–Jordan Algorithmus benötigt für die Umformungen $n^3 + O(n^2)$ Rechenoperationen, der Gauss Algorithmus dagegen nur $\frac{2}{3}n^3 + O(n^2)$. Im Sequentiellen kann dieser Algorithmus daher nicht mit dem Gauss Verfahren konkurrieren. Er hat jedoch gegenüber dem Gauss Verfahren den Vorteil, daß die schlecht zu parallelisierende Rückwärtssubstitution zur Berechnung der Lösung entfällt.

Die numerische Stabilität des Gauss–Jordan Algorithmus wird durch eine Zeilenpivotierung mit Spaltenvertauschungen und einer Zeilenskalierung erhöht. In [2] wurde bewiesen, daß dieses Verfahren numerisch stabiler ist, als mit einer Spaltenpivotierung. In den meisten praktischen Anwendungen hat die Residuennorm der Lösungen die gleiche Größenordnung, wie bei der Anwendung des Gauss Algorithmus mit anschließender Rückwärtssubstitution:
Das Verfahren ist, mit gleicher Pivotstrategie, äquivalent zum Gaußschen Eliminationsverfahren mit anschließender Reduktion der berechneten oberen Dreiecksmatrix U auf Diagonalgestalt.
Dabei hat die Zeilenpivotsuche mit Spaltenvertauschungen gegenüber der Spaltenpivotsuche mit Zeilenvertauschungen den Vorteil, daß alle Elemente der oberen Dreiecksmatrix durch die Diagonalelemente der entsprechenden Zeilen begrenzt sind. Diese sind aufgrund der Zeilenskalierung mit dem Pivotelement gleich 1. Die mit Hilfe des Gauss Algorithmus berechnete Matrix U ist daher eine strenge obere Dreiecksmatrix deren Elemente alle betraglich kleiner gleich 1 sind.
Bei der weiteren Reduktion auf Diagonalgestalt ist das Wachstum der Elemente der angehängten rechten Seiten nicht größer als die Norm der Inversen von U. Das Residuum der Lösung, die mit dem Gauss–Jordan Verfahren berechnet werden kann, unterscheidet sich also gegenüber dem Residuum der Lösung aus dem Gauss Algorithmus um einen Wert, der von $\|U^{-1}\|$ abhängt. Da die obere Dreiecksmatrix U aufgrund der Pivotstrategie in den meisten praktischen Fällen gut konditioniert ist, auch wenn A selbst schlecht konditioniert ist, ist auch die Norm von U^{-1} klein. Die Norm des Residuums der mit dem Gauss–Jordan Verfahren berechneten Lösung ist daher nicht viel größer als diejenige, welche bei der Verwendung der Gauss Elimination entsteht.

Der Gauss–Jordan Algorithmus zeichnet sich durch günstige Eigenschaften im Hinblick auf Vektorisierung und Parallelität aus. Durch Anhängen einer oder mehrerer rechter Seiten $b^{(i)}$ an die Matrix A können Zeilenumformungen in einer Vektoroperation auf A und den $b^{(i)}$ durchgeführt werden. Aufgrund der standardisierten Objektverteilung innerhalb des CARO-Projektes ist es hierbei notwendig, die Objekte in gewünschter Weise zusammenzusetzen. Dafür erfordert die implementierte Zeilenpivotsuche bei der zeilenorientierten Verteilung keinen Kommunikationsaufwand.
Messages, die zur Korrektur der übrigen Matrixzeilen und rechten Seiten mit der aktuellen Pivotzeile benötigt werden, beinhalten sowohl die Pivotzeile als auch die bei der Pivotsuche erhaltene Pivotspaltennummer. Sie werden bidirektional an alle anderen Prozessoren verschickt. Bei der Variante zur Matrixinvertierung wird die Matrix A im Verlauf des Algorithmus mit den Werten der Inversen überspeichert, so daß die gesamte Pivotzeile geschickt werden muß. Das Verfahren zur Lösungsberechnung ohne Matrixinvertierung erfordert dagegen nur einen immer geringer werdenden Teil der aktuellen Pivotzeile, so daß die Messagelänge im Laufe der Zeit abnimmt. Bei der Implementierung dieser Varianten wurde auf eine gleichmäßige Auslastung der Prozessoren geachtet. In der Start-

und Endphase bleiben jedoch Wartezeiten, die im Algorithmus begründet sind, in den Prozessoren erhalten. In der Hauptphase können diese durch asynchrone I/O verkürzt werden.

Es erfolgt eine explizite Spaltenvertauschung, um Indexabfragen bei der weiteren Pivotierung zu vermeiden und die Vektorisierbarkeit besser ausnutzen zu können. Dadurch besitzt am Ende der Berechnungen jeder Prozessor einen Teil der permutierten Lösungsvektoren bzw. einen Zeilenblock der permutierten inversen Matrix. Diese Permutation muß abschließend durch Komponenten- bzw. Zeilenvertauschungen rückgängig gemacht werden, um die Einheitlichkeit der Objekte zur Kombination mit anderen Unterprogrammen des CARO–Projektes zu gewährleisten.

3.2 WZ-Zerlegung von positiv definiten Matrizen

Die WZ–Zerlegung [3] ist eine zur LU–Zerlegung alternative Matrixfaktorisierung. Ein Gleichungssystem $Ax = b$ mit positiv definiter, nicht notwendig symmetrischer Koeffizientenmatrix $A \in \mathbf{R}^{n \times n}$ und $b \in \mathbf{R}^n$ kann über das gestaffelte System $Wy = b$ und $Zx = y$ gelöst werden. Bei allgemeineren regulären Matrizen ergibt sich die Notwendigkeit zu einer Pivotierung, die bei der WZ–Zerlegung sehr problematisch ist. Die Matrizen W und Z genügen den Bedingungen:

$$w_{ij} = \begin{cases} 1 & : \quad i = j \\ 0 & : \quad i+1 \le j \le n-i+1 \\ 0 & : \quad n-i+1 \le j \le i-1 \\ w_{ij} & : \quad \text{sonst} \end{cases} \qquad z_{ij} = \begin{cases} 0 & : \quad j+1 \le i \le n-j \\ 0 & : \quad n-j+2 \le i \le j-i \\ z_{ij} & : \quad \text{sonst} \end{cases}$$

Die Ausgangsmatrix $A^{(1)} := A$ kann über eine Folge von $\lfloor \frac{n-1}{2} \rfloor$ Updateoperationen in eine Matrix $A^{(\lfloor \frac{n+1}{2} \rfloor)} = WZ$ überführt werden, die alle Informationen für W und Z enthält. Definiere dazu für $k = 1(1)\lfloor \frac{n-1}{2} \rfloor$, $j = k(1)\lfloor \frac{n+1}{2} \rfloor$ die Untermatrizen $D_{j,k}^{(i)} \in \mathbf{R}^{2 \times 2}$, $M_{j,k}^{(i)} \in \mathbf{R}^{2 \times n - 2k}$ von $A^{(i)}$:

$$D_{j,k}^{(i)} = \begin{pmatrix} a_{j,k}^{(i)} & a_{j,n+1-k}^{(i)} \\ a_{n+1-j,k}^{(i)} & a_{n+1-j,n+1-k}^{(i)} \end{pmatrix} \qquad M_{j,k}^{(i)} = \begin{pmatrix} a_{j,k+1}^{(i)} & \cdots & a_{j,n-k}^{(i)} \\ a_{n+1-j,k+1}^{(i)} & \cdots & a_{n+1-j,n-k}^{(i)} \end{pmatrix}$$

(Sonderfälle bei ungeradem n und $k = \lfloor \frac{n-1}{2} \rfloor$, $j = \lfloor \frac{n+1}{2} \rfloor$)

Algorithmus ohne Pivotierung für positiv definite, nicht notwendig symmetrische Matrizen:

$$
\begin{aligned}
&\text{Für } k = 1(1)(\lfloor \tfrac{n-1}{2} \rfloor)\text{: Updateschritt } A^{(k)} \to A^{(k+1)} \\
&\quad \{ \; D_{k,k}^{(k+1)} := D_{k,k}^{(k)} \\
&\qquad M_{k,k}^{(k+1)} := M_{k,k}^{(k)} \\
&\qquad \text{Für } j = (k+1)(1)\lfloor \tfrac{n+1}{2} \rfloor\text{:} \\
&\qquad\quad \{ \; D_{j,k}^{(k+1)} := D_{j,k}^{(k)} \cdot (D_{k,k}^{(k+1)})^{-1} \\
&\qquad\qquad M_{j,k}^{(k+1)} := M_{j,k}^{(k)} - D_{j,k}^{(k+1)} \cdot M_{k,k}^{(k+1)} \\
&\qquad\quad \} \\
&\quad \}
\end{aligned}
$$

Die Parallelisierung der WZ–Zerlegung basiert auf dem dargestellten Algorithmus. Als Datenverteilung bietet sich eine zyklische Verteilung (wrap around) der $D_{k,k}$ und $M_{k,k}$ an. Man kann die von CARO vorgenommene, blockweise Datenverteilung logisch entsprechend auffassen. Dazu ist eine geeignete einleitende Permutation der Matrixspalten nötig, damit die Matrix positiv definit bleibt.

In jedem Schritt der k-Schleife wird in dem jeweiligen Ausgangsprozessor die Matrix $D_{k,k}$ invertiert. Ist A positiv definit, so ist die Existenz dieser Inversen gesichert. Verzichtet man auf diese Voraussetzung, so muß eine Pivotierungsstrategie in den Algorithmus eingefügt werden (siehe dazu [3], [4]). Nach der Invertierung werden $D_{k,k}^{-1}$ und $M_{k,k}$ vom Ausgangsprozessor an die anderen Ringprozessoren in einer kombinierten Message der Länge $2n + 2 - 2k$ verschickt. Die Rechnungen innerhalb der j-Schleife erfolgt dann im Ring verteilt. In dem Hauptprozeß jedes Prozessors werden zuerst die Untermatrizen berechnet, die ihrerseits als nächstes Grundlage einer Updateoperation werden. Diese Untermatrizen werden baldmöglichst an die anderen Prozessoren verschickt. Dabei erfolgt die I/O je nach Anforderung uni- oder bidirektional. Währenddessen ist ein weiterer Prozeß damit beschäftigt die noch ausstehenden Updateoperationen nachzuholen, also den eigenen Teil der j-Schleife zu komplettieren (send–ahead–Strategie mit asynchroner I/O).

Bei der Lösung des gestaffelten Gleichungssystems wurden $2(p-1)$ Elemente des jeweiligen Lösungsvektors zu einer Message zusammengefaßt. Mit den entsprechenden Abschnitten von W bzw. Z werden Teilskalarprodukte gebildet, womit dann die rechte Seite korrigiert wird. Bei der Lösung des Z-Systems muß zusätzlich ein 2×2-Gleichungssystem gelöst werden. Durch Zwischenspeicherung der Determinanten der $D_{k,k}$, kann bei der Lösung dieser Systeme ein Teil der Rechnung eingespart werden.

Neben der dargestellten Version für vollbesetzte Matrizen wurde auch eine spezielle Variante für Bandmatrizen implementiert. Da eine einleitende Spaltenpermutation die Bandeigenschaft zerstört, ergibt sich als zusätzliche Schwierigkeit die vorliegende Initialverteilung der Matrix mit geringem Aufwand geeignet umzuverteilen. Dazu wurde eine Routine entwickelt, die eine Umverteilung gemäß eines vorgegebenen Permutationsvektors durchführt.

3.3 Einseitiges zyklisches Jacobi-Verfahren

Bei den Jacobi–Verfahren [5], [6] handelt es sich um iterative Verfahren zur Bestimmung der Eigenwerte und Eigenvektoren von symmetrischen Matrizen.

Die Grundidee der Jacobi–Verfahren besteht darin, die symmetrische Matrix $A \in \mathbf{R}^{n \times n}$ (A-Fall) bzw. die symmetrische Matrix $A^T A$ mit $A \in \mathbf{R}^{r \times n}$ und $n \leq r$ ($A^T A$-Fall) durch eine Folge von ebenen Drehungen (Jacobi-Rotationen) sukzessive auf Diagonalform zu transformieren. In jedem Iterationsschritt wird ein Rotationswinkel nach der Jacobi–Methode (Jacobi-Winkel) bzw. nach der Hestenes–Methode (Hestenes-Winkel) bestimmt, so daß eine damit durchgeführte Jacobi–Rotation ein Nichtdiagonalelement annulliert. Durch geeignete Wahl des Winkels können die Eigenwerte in einer willkürlichen Reihenfolge stehen (ohne Ordnung) bzw. der Größe nach sortiert werden (mit Ordnung). Es ergeben sich somit 2^3 verschiedene Varianten.

Grundsätzlich besteht die Möglichkeit, die Jacobi–Verfahren als einseitige oder als beidseitige Verfahren zu beschreiben. Bei den einseitigen Jacobi–Verfahren ergeben sich gegenüber den beidseitigen Jacobi–Verfahren entscheidende Vorteile im Hinblick auf eine Vektorisierung der Rechnung auf den Workern und auf die Kommunikation zwischen den Workern. Ein Iterationsschritt beim beidseitigen Jacobi–Verfahren führt zu einer Veränderung zweier Zeilen und zweier Spalten. Da die Verteilung im CARO-Projekt prinzipiell zeilenorientiert erfolgt, würde ein Update von Spalten eine globale Kommunikation im Ring nach sich ziehen. Das einseitige Jacobi-Verfahren erfordert jedoch nur ein Update von Zeilen. Daher entfällt hierbei die globale Kommunikation. Die bei einem Iterationsschritt durchzuführenden Rechenoperationen werden nur noch mit ganzen Zeilen der Matrix durchgeführt. Durch eine einleitende Datenkonvertierung, bei der die Zeilen der Matrix A (bzw. A^T) um die entsprechenden Zeilen der Einheitsmatrix verlängert werden, kann das Updaten von A (bzw. A^T) und die Akkumulation der Jacobi–Rotationen in der Akkumulationsmatrix in einem Schritt durchgeführt werden. Neben der Vektorisierung kann durch die Datenkonvertierung auch die Kommunikation verbessert werden. Die kombinierten Zeilen können in einem einzigen Aufruf geschrieben bzw. gelesen werden.

Der Übergang vom beidseitigen Jacobi–Verfahren zum einseitigen Jacobi–Verfahren bringt auch Nachteile mit sich. Die bei dem beidseitigen Verfahren auftretenden Matrizen sind immer symmetrisch, so daß durch Ausnutzen der Symmetrie in einem sequentiellen, beidseitigen Jacobi–Algorithmus viele Rechenoperationen gespart werden können. Die im einseitigen Jacobi–Verfahren verwendeten Matrizen sind jedoch nicht symmetrisch. Falls nur die Eigenwerte benötigt werden, kann in dem beidseitigen Verfahren die Berechnung der Akkumulationsmatrix ausgelassen werden. Im einseitigen Verfahren ist dies nur im $A^T A$-Fall möglich.

Bei den zyklischen Jacobi–Verfahren wird ein fester Zyklus zur Elimination aller Nichtdiagonalelemente vorgegeben. Aus der Menge möglicher Zyklen wurde der Zyklus "Merry Go Round" für n ungerade ausgewählt. Im Fall n gerade wird mit einer Nullzeile aufgefüllt. Der Zyklus genügt mehreren Ansprüchen: Bei der Hauptanwendung A-Fall, Jacobi-Winkel, ohne Ordnung liegt eine theoretisch gesicherte quadratische Konvergenz gegen eine Diagonalmatrix vor. Die durch den Zyklus festgelegte Zuordnung von Zeilen der Matrix A (bzw. A^T) zu den Prozessoren erfordert nur einen geringen Kommunikationsaufwand und ermöglicht eine günstige Parallelisierung der Berechnungen.

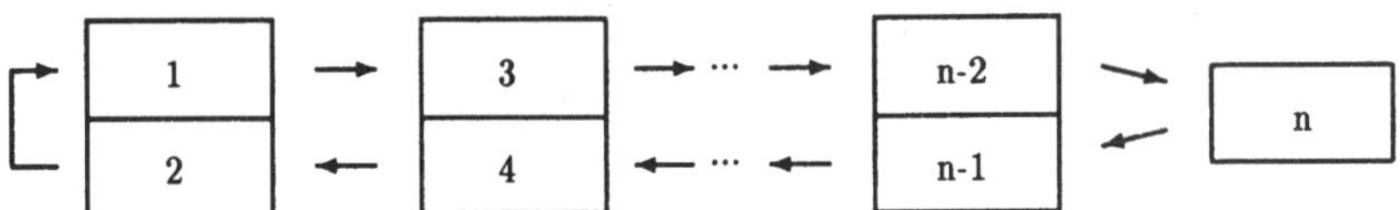

Zyklenmuster: Merry Go Round

Die vom CARO–Projekt vorgegebene Verteilung der Zeilen ist als Initialverteilung für das Zyklenmuster geeignet. Auf jedem Worker werden Jacobi–Rotationen mit Paaren der vorhandenen Zeilen durchgeführt. Diese Berechnungen können vollkommen parallel erfolgen. Das Zyklenmuster wird durch Vertauschen von Zeilen innerhalb des Workers und durch eine nearest neighbour Kommunikation zwischen den Workern aufrecht erhalten.

3.4 CG-Verfahren mit Vorkonditionierung

Das CG–Verfahren [7], [8] (conjugate gradient method) wird zur Lösung linearer Gleichungssysteme der Form $Ax = b$ mit einer symmetrischen positiv definiten Matrix $A \in \mathbf{R}^{n \times n}$ und $x, b \in \mathbf{R}^n$ angewandt. In der Praxis betrachtet man häufig schwach besetzte Matrizen (z. B. Bandmatrizen oder Profilmatrizen), wie sie unter anderem bei Finiten Elementen, Ausgleichsrechnung oder Differenzengleichungen auftreten.
Die Idee des Verfahrens ist, die Lösung des Gleichungssystems $Ax = b$ über die Minimierung des Funktionals $F(x) = \frac{1}{2}x^T Ax - bx$ zu bestimmen. Das Funktional besitzt ein eindeutiges globales Minimum. Es gilt: $F'(x) = \mathrm{grad}\, F(x) = Ax - b$. Mit dem CG-verfahren wird im m-ten Schritt eine m-dimensionale Minimierung von F entlang der zuvor bestimmten Suchrichtungen berechnet. Diese Suchrichtungen sind A-konjugiert, d.h. für je zwei Suchrichtungen p, q gilt: $p^T Aq = 0$.
Theoretisch handelt es sich beim CG–Verfahren um ein direktes Verfahren, das, ausgehend von einem Startvektor x_0, spätestens in n Schritten den Lösungsvektor liefert. In der Praxis wird es als iteratives Verfahren gehandhabt, wenn die Dimension n des Problems wesentlich größer als die Anzahl der vertretbaren Iterationsschritte ist.

Die parallele Implementation erfordert in jedem Iterationsschritt eine globale Kommunikation zur Berechnung der Skalarprodukte und einer Matrix-Vektor-Multiplikation. Die lokal berechneten Teilskalarprodukte werden im Ring rotiert (Multi Node Broadcast) und in jedem Prozessor zum Skalarprodukt aufaddiert. Ebenso werden die Teilvektoren in jedem Prozessor zu einem Gesamtvektor zusammengesetzt. Durch diese Operationen entstehen pro Iterationsschritt drei Synchronisationspunkte, die das Laufzeitverhalten des Verfahrens negativ beeinflussen. Mittels bidirektionaler I/O können ab einer Ringgröße von 16 Prozessoren die Kommunikationszeiten verringert werden.

Um die Konvergenzgeschwindigkeit des CG–Verfahrens zu erhöhen, wird ein Vorkonditionierer (z. B. SSOR oder Jacobi) an geeigneter Stelle der Iteration eingefügt.

Eine im sequentiellen Programm bewährte Methode zur Vorkonditionierung ist das SSOR–Verfahren, bei dem in jedem Iterationsschritt zusätzlich ein oberes und unteres Gleichungssystem gelöst wird. Dadurch erhält man eine starke Reduzierung der Iterationsschritte und einen großen Zeitvorteil im Vergleich zum reinen CG–Verfahren. Im parallelen Programm erfordert das Auflösen der beiden globalen Dreieckssysteme jedoch einen enormen zusätzlichen Kommunikationsaufwand, der den Zeitvorteil vollkommen kompensiert. Es ist also notwendig Vorkonditionierer zu benutzen, die mit keiner oder wenig Kommunikation auskommen. Hier bieten sich die Jacobi–Vorkonditionierung und seine Varianten an.

Bei einfacher Jacobi–Vorkonditionierung oder einfach gedämpfter Jacobi– Vorkonditionierung wird in jedem Iterationsschritt parallel ein Gleichungssystem der Form: $Dq = r$ bzw. $Bq = r$ gelöst. Hierbei ist D eine Diagonalmatrix mit den Diagonalelementen von A und $B = \theta \cdot D$ mit $\theta \in \,]0,1[$ als Dämpfungsfaktor. Zusätzliche Kommunikation entfällt, da die Lösung q lokal auf jedem Prozessor berechnet werden kann. Schon mit diesen einfachen Vorkonditionierern läßt sich die Anzahl der Iterationsschritte reduzieren.

Eine weitere deutliche Reduzierung der Iterationsschritte kann durch doppelte Jacobi–Vorkonditionierung bzw. durch doppelt gedämpfte Jacobi–Vorkonditionierung erzielt werden. Pro Iterationsschritt ist das Gleichungssystem $(\rho \cdot D^{-1} - D^{-1}AD^{-1})^{-1}q = r$ mit $\rho := (\theta_1 + \theta_2)/(\theta_1 \cdot \theta_2)$ zu lösen. Bei der doppelten Jacobi–Vorkonditionierung gilt $\theta_1 = \theta_2 = 1$ und in der gedämpften Version gilt $\theta_1, \theta_2 \in \,]0,1[$. Es ist zu beachten, daß die verminderte Anzahl der Iterationsschritte durch zusätzliche Kommunikation (Matrix–Vektor–Multiplikation $A(D^{-1}q)$) und höheren Rechenaufwand erkauft wird.

Eine weitere Alternative stellen die einfache und doppelte Block–Jacobi–Vorkonditionierung dar. Hierbei extrahiert jeder Worker aus seiner Teilmatrix von A eine Blockdiagonalmatrix M mit den Blöcken M_i. Je nach Version muß in jedem Iterationsschritt das Gleichungssystem $Mq = r$ oder $(2M^{-1} - M^{-1}AM^{-1})^{-1}q = r$ gelöst werden. Wählt man für die Zerlegung der einzelnen Blöcke M_i die Cholesky–Faktorisierung, so sind pro Iterationsschritt, lokal auf den Prozessoren und somit ohne zusätzliche Kommunikation, mehrere untere und obere Dreieckssysteme aufzulösen. Auch hier ist zu beachten, daß die einfache Block–Jacobi–Vorkonditionierung ohne Kommunikation auskommt, wo hingegen die 'doppelte' Version zur Durchführung der Matrix–Vektor–Multiplikation $A(M^{-1}q)$ eine globale Kommunikation erfordert.

4 Die Programmumgebung

Die Programmumgebung besteht aus einfachen message-passing Routinen und einer Auswertungslogik in den Workern, welche es ermöglichen, die parallelen Unterprogramme zentral vom Controller aus zu starten. Der User erhält dadurch eine einfache Programmierebene, auf der die Beschreibung des Problems sequentiell im Controller erfolgen kann. Zur Programmierung des Controllers können die Programmiersprachen C oder FORTRAN verwendet werden.

Innerhalb der Programmumgebung gibt es verschiedene Möglichkeiten den Controller einzusetzen. Läßt sich ein Problem durch eine Abfolge bestehender paralleler Unterprogramme lösen, dann übernimmt der Controller nur Steuerungsaufgaben. Die Rechnung findet ausschließlich in den Workern statt.

Reichen die vorhandenen parallelen Unterprogramme nicht zur vollständig parallelen Lösung eines Problems aus, so kann die Bibliothek der Unterprogramme erweitert werden oder der Controller in die Rechnung einbezogen werden. Wird die Unterprogrammbibliothek um neue Bausteine erweitert, so ist nur ein geringer Aufwand zur Einbindung in die Programmumgebung nötig. Bei Einbeziehung

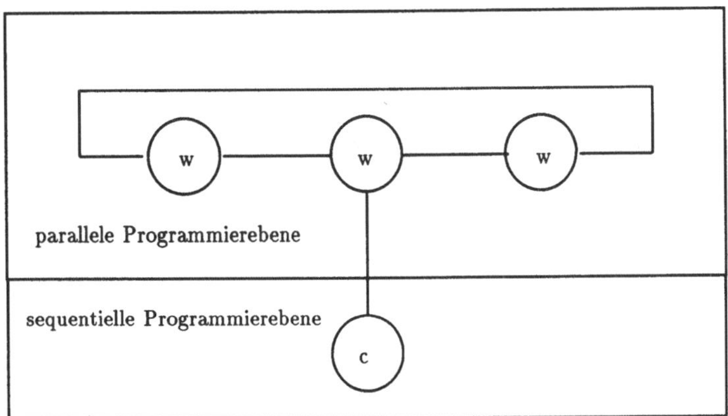

des Controllers in die Rechnung wird ihm ein sequentieller Programmteil zur Abarbeitung überlassen. Nur die zeit- und speicherplatzintensiven Programmteile werden über den Aufruf von parallelen Unterprogrammen in den Ring ausgelagert. Dadurch wird eine schnelle Portierung bestehender sequentieller Software ermöglicht.

So ist der Einsatz von CARO bei Problemen der Linearen Optimierung vorgesehen. Es wird zum Beispiel bei der Portierung von primal/dualen Inneren Punkte Methoden beabsichtigt, die rechenintensiven Teile, Matrixmultiplikation und das Lösen von linearen Gleichungssystemen, über den Aufruf paralleler Unterprogramme auf dem Ring abzuarbeiten. Der verbleibende sequentielle Programmteil wird vom Controller berechnet.
Durch diese verschiedenen Arten der Programmierung des Controllers kann ein weites Spektrum der Parallelität abgedeckt werden.

Literatur

[1] J.Stoer: Numerische Mathematik 1, p150ff (1989).

[2] J.Dekker, W.Hoffmann: Rehabilitation of the Gauss-Jordan Algorithm, Numerische Mathematik **54**, pp.591-599 (1989).

[3] D.J.Evans, M.Hatzopoulos: A Parallel Linear System Solver, Intern. J. Computer. Math. **7**, Section B, pp.227-238 (1979).

[4] R.L.Hellier: DAP Implementation of the WZ Algorithm, Computer Physics Communications **26**, pp.312-323 (1982).

[5] P.J.Eberlein: On One–Sided Jacobi Methods For Parallel Computation, SIAM J. ALG. DISC. METH. **8**, No. 4 (1987).

[6] G.H.Golub, C.F.Van Loan: Matrix Computations 2nd Ed., Chap. The Symmetric Eigenvalue Problem, pp.409-475 (1989).

[7] J.Stoer, R.Bulirsch: Numerische Mathematik 2, pp.294-303 (1990).

[8] M.R.Hestenes, E.Stiefel: Methods of conjugate gradients for solving linear systems, Nat. Bur. Standards, J. of Res. **49**, pp.409-436 (1952).

PARALLELE IMPLEMENTATION DER ITERATIVEN AUFLÖSUNG
VON RANDELEMENTGLEICHUNGEN

Matthias Pester
Technische Universität Chemnitz, Fachbereich Mathematik
PSF 964,   O–9010 Chemnitz

1. *Einleitung*

Für die Lösung von Randwertaufgaben der mathematischen Physik zählt die Randelementmethode neben der Methode der Finiten Elemente und der Differenzenmethode zu den bei Ingenieuren verbreiteten Verfahren. Theoretische Untersuchungen zu Fragen der Randelemente liegen zahlreich vor (z. B. CONSTABEL, HACKBUSCH, HSIAO, RJASANOW, WENDLAND).

Eine Besonderheit gegenüber anderen Verfahren besteht darin, daß aufgrund der Diskretisierung des Randes lineare Gleichungssysteme mit vollbesetzten Koeffizientenmatrizen auftreten, also keine schwachbesetzten Matrizen. Die bei Randelementmethoden entstehenden Systemmatrizen sind darüber hinaus im allgemeinen schlecht konditioniert.

Der Übergang zu Parallelrechnern erfordert aus Effizienzgründen grundsätzlich eine durchgängige Parallelität des gesamten Verfahrens von der Generierung der Daten bis zur Lösung des Gleichungssystems. Bei Randelementmethoden kann die Systemmatrix aus den auf jedem Prozessor verfügbaren Randdaten nahezu ohne Interprozessor-Kommunikation aufgestellt werden, indem jeder Prozessor nur einen (*seinen*) Teil der gesamten Matrix zu berechnen und für den weiteren Lösungsprozeß zu speichern hat.

Als Lösungsmethode für Gleichungssysteme mit großer Dimension werden Iterationsverfahren bevorzugt, da sie die Koeffizientenmatrix nicht verändern. Das ist von großem Vorteil im Hinblick auf eine eventuell notwendige externe Speicherung der Daten, vor allem aber bei der Realisierung in einem Parallelrechnersystem mit verteiltem Speicher. Die schlechte Kondition der Systemmatrizen macht die Anwendung von Vorkonditionierungsmethoden notwendig. Im folgenden wird speziell das Verfahren der konjugierten Gradienten betrachtet, bei dem die Vorkonditionierung mit Hilfe der schnellen Fouriertransformation realisiert wird. Als Topologie des Parallelrechners wird wegen seiner günstigen Kommunikationseigenschaften der Hypercube benutzt.

2. *Iterationsverfahren auf dem Parallelrechner*

Die vorkonditionierte Methode der konjugierten Gradienten (*PCGM*) gilt heute als eines der effektivsten iterativen Verfahren für klassische Rechnerarchitekturen:

Mit einer Startnäherung $x = x^{(0)}$ und dem Residuum $r = Ax - b$ wird die nachstehende Iteration ausgeführt:

$$
\begin{array}{llll}
(1) & w &=& C^{-1}r \\[1ex]
(2) & s &=& w + \beta\breve{s}, \quad \text{mit} \quad \beta = \dfrac{(w,r)}{(\breve{w},\breve{r})} \\[1ex]
(3) & u &=& As \\[1ex]
(4) & \hat{x} &=& x + \alpha s, \quad \text{mit} \quad \alpha = -\dfrac{(w,r)}{(s,u)} \\[1ex]
(5) & \hat{r} &=& r + \alpha u
\end{array}
$$

Hierbei ist C eine Vorkonditionierungsmatrix, und mit $\breve{r}$ bzw. $\hat{r}$ werden die Werte des vorhergehenden bzw. nachfolgenden Iterationsschrittes einer Variablen r bezeichnet.

Es ist bekannt, daß sich dieses Verfahren mit gutem Erfolg auch auf Parallelrechner (MIMD, mit verteiltem Speicher) übertragen läßt. Dabei erwies sich die Hypercube–Topologie der Prozessoren als besonders geeignet [5, 6]. Von den wesentlichen arithmetischen Operationen

- Linearkombinationen von Vektoren ($x + \alpha s$, $r + \alpha u$, $w + \beta\breve{s}$);

- Skalarprodukte (w,r) und (s,u);

- Matrix $*$ Vektor – Multiplikation (As);

- Vorkonditionierung $(C^{-1}r)$.

sind die drei erstgenannten bei verteilt gespeicherten Daten (Matrix und Vektoren) im Hypercube mit nahezu optimalem Speed-Up zu realisieren. Dabei sind Linearkombinationen völlig lokal durchführbar. Skalarprodukte erfordern nach lokaler Berechnung die globale Summation der auf den Prozessoren vorliegenden Teilsummen mittels eines Global–Exchange–Algorithmus. Die Matrixmultiplikation wird sehr effektiv unter Ausnutzung der im Hypercube eingebetteten Ringstruktur realisiert, indem die lokalen Vektorkomponenten zyklisch weitergereicht werden (und so am Ende wieder auf *ihrem* Prozessor ankommen). Dieser Transport über die Kommunikationskanäle kann zudem noch parallel zu den arithmetischen Rechnungen stattfinden (vgl. [6]).

Lediglich bei der Vorkonditionierung können Probleme in dem Sinne auftreten, daß hierfür in der Regel eine umfangreichere globale Kommunikation zwischen allen Prozessoren erforderlich ist.

3. *Vorkonditionierung mit zirkulanter Matrix*

Die aus der Anwendung der Randelementmethode (z. B. Galerkin-Verfahren) resultierende Systemmatrix hat u. a. folgende Eigenschaften [7]:

- $A = A^{\mathsf{T}}$; $A > 0$; $\kappa(A) = O(h^{-1})$

- $A = A_1 + A_2$ mit $A_1 \sim A$; $A_1 = A_1^{\mathsf{T}}$; $A_1 > 0$

- A_1 ist zirkulant und $\kappa(A_1^{-1}A) = O(1)$

So ist es naheliegend, daß zur Vorkonditionierung eine solche zirkulante Matrix

$$C = \begin{pmatrix} c_1 & c_n & c_{n-1} & \cdots & c_2 \\ c_2 & c_1 & c_n & \cdots & c_3 \\ c_3 & c_2 & c_1 & \cdots & c_4 \\ \vdots & \vdots & \vdots & \ddots & \vdots \\ c_n & c_{n-1} & c_{n-2} & \cdots & c_1 \end{pmatrix}$$

eingesetzt wird, die im Hinblick auf die für Vorkonditionierungsmatrizen geforderte schnelle Invertierbarkeit günstige Eigenschaften aufweist. Insbesondere gilt für diese Matrix (nach [7]):

$$C = \frac{1}{N}F\Lambda F^*$$
$$C^{-1} = \frac{1}{N}F\Lambda^{-1}F^*$$

mit

$$F = \text{Matrix der diskreten Fourier-Transformation}$$
$$\Lambda = \text{diag}(\lambda_1,\ldots,\lambda_n) = \text{diag}(Fc), \quad (\lambda_k:\ \text{Eigenwerte von } C)$$
$$c = (c_1,\ldots,c_n)^\mathsf{T} = \text{erste Spalte von } C$$

Die Vorkonditionierung $w = C^{-1}r$ läßt sich somit im wesentlichen durch die schnelle Fouriertransformation (FFT) realisieren. Zunächst wird die Diagonale der Matrix Λ durch $F \cdot c$ bestimmt (Speicherung der Werte λ_k^{-1}), so daß die im Iterationsprozeß auszuführende Vorkonditionierung $w = C^{-1}r$ durch die folgenden drei Schritte realisiert wird:

(1) FFT: $r' = F^* \cdot r$

(2) komponentenweise Multiplikation mit λ_k^{-1}: $w' = \Lambda^{-1} \cdot r'$

(3) FFT: $w = F \cdot w'$

Damit wird die ganze Vorkonditionierung auf ein Verfahren zurückgeführt, das sich für die parallele Realisierung im Hypercube besonders gut eignet, weil der Datenfluß bei der schnellen Fouriertransformation genau den Nachbarschaftsbeziehungen im Hypercube entspricht.

4. Parallele Implementation der FFT–Vorkonditionierung

Die diskrete Fouriertransformation für einen Vektor x der Länge $N = 2^m$

$$y = F \cdot x = \left(\sum_{k=0}^{N-1} x_k e^{2\pi i \frac{jk}{N}}\right)_{j=0}^{N-1}, \quad i^2 = -1$$

wird als FFT-Algorithmus durch eine Folge von m sogenannten *Butterfly-Operationen* der folgenden Art realisiert.

$$y_j^{(s)} = f_l y_{j1}^{(s+1)} + y_{j0}^{(s+1)},$$
$$s = m-1,\ldots,0; \quad y^{(m)} = x$$

mit:

$$j1 = j_{m-1}\ldots j_{s+1}\boxed{1}j_{s-1}\ldots j_0 = \mathrm{OR}(j,2^s)$$
$$j0 = j_{m-1}\ldots j_{s+1}\boxed{0}j_{s-1}\ldots j_0 = j1 - 2^s$$
$$l = j_{m-1}\ldots j_s = [j\cdot 2^{-s}]$$

jeweils für alle Indexpaare $j \in \{j0, j1\}$

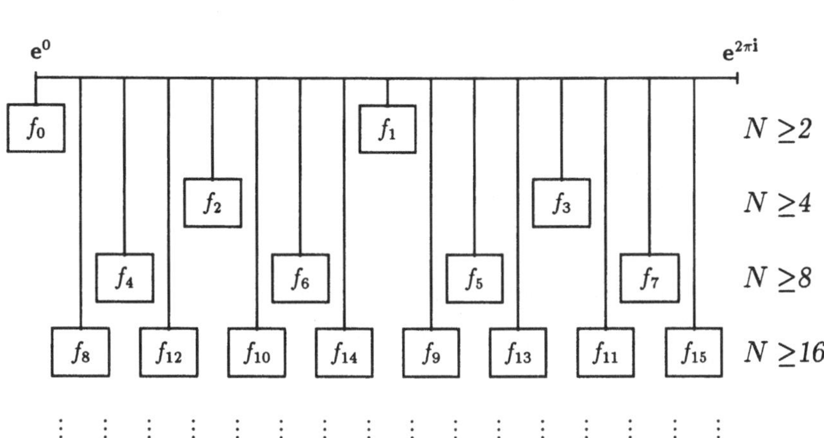

Hier bezeichnet $j = j_m\ldots j_0$ die binäre Darstellung des Index j, d. h. $j_s \in \{0,1\}$.

Dabei sind die Koeffizienten f_l in bitgespiegelter Ordnung indiziert, so daß die Reihenfolge der Abspeicherung der Koeffizienten von der Dimension N unabhängig ist, d. h.

$$f_l = \mathrm{e}^{2\pi\mathrm{i}\frac{h}{N}} \quad \text{mit:} \quad l = l_{m-1}\ldots l_1 l_0, \quad h = l_0 l_1\ldots l_{m-1}$$

Wenn der Vektor x zu gleichen Teilen auf die $p = 2^n$ Prozessoren eines Hypercubes verteilt ist (also je 2^{m-n} lokale Komponenten), so erfordern die ersten n Butterfly-Operationen jeweils den Austausch aller lokalen Komponenten zweier im Hypercube benachbarter Prozessoren mit anschließender Linearkombination der beiden Teilvektoren mit einem Faktor f_l, der auf beiden Prozessoren unterschiedlich ist. Der Austausch kann zugleich zwischen allen Paaren benachbarter Prozessoren erfolgen (benachbart in bezug auf dieselbe „Richtung" im Hypercube), wie auch die anschließende Berechnung parallel auf allen Prozessoren stattfindet.

Die restlichen $(m-n)$ Butterfly-Schritte benötigen nur noch die lokal gespeicherten Vektorkomponenten und laufen mit optimalem Speed-Up p (vgl. [6]). Abbildung 1 zeigt den tatsächlich erzielten Speed-Up in Abhängigkeit von der Vektordimension, wenn auch ein solcher Vergleich keine große Aussagekraft besitzt. Denn ein Algorithmus, der auf nur einem Prozessor ablaufen kann (für relativ geringe Dimensionen), wird die Kapazität von p Prozessoren eben nur mit einem Anteil von p^{-1} ausnutzen.

Die Komponenten des im Ergebnis des FFT-Algorithmus entstehenden Vektors y sind bezüglich ihrer globalen Indizes in bitgespiegelter Reihenfolge angeordnet. Die Umordnung würde eine globale

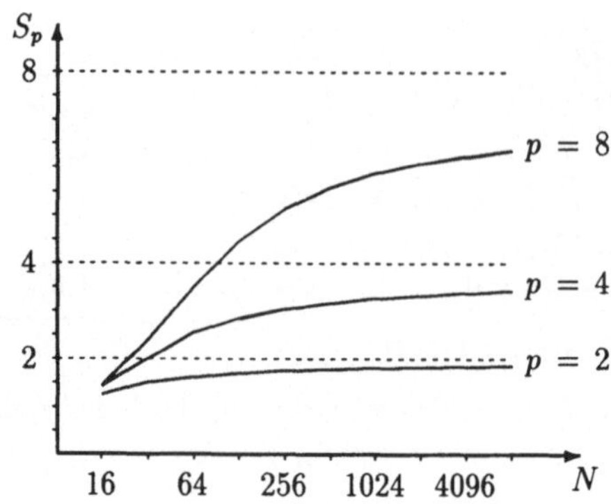

Abb. 1: Speed–Up für FFT im Hypercube

Prozessorkommunikation notwendig machen, da jeder Prozessor Komponenten an jeden anderen zu senden hätte (siehe [6]). Die beabsichtigte Anwendung der FFT zur Vorkonditionierung des CG–Verfahrens macht diese Umordnung jedoch überflüssig:

1. Bei der Berechnung der Eigenwerte λ_k mittels Parallel–FFT entstehen diese in bitgespiegelter Reihenfolge (auf dem als global angenommenen, aber verteilt gespeicherten Vektor λ).

2. Der FFT–Algorithmus für $r' = F^* \cdot r$ liefert einen Vektor r', dessen Komponenten in der gleichen bitgespiegelten Reihenfolge angeordnet sind wie bei λ.

3. Somit kann die komponentenweise Multiplikation $w'_k = \lambda_k^{-1} \cdot r'_k$ auf den einzelnen Prozessoren lokal und unabhängig voneinander durchgeführt werden.

4. Beim zweiten FFT–Algorithmus $w = F \cdot w'$ sind lediglich die Butterfly–Operationen in umgekehrter Reihenfolge auszuführen, indem die veränderte Speicherung des Ausgangsvektors berücksichtigt wird. Der Datenfluß kehrt sich damit um, d. h. die ersten $m - n$ Schritte verlaufen ausschließlich lokal und die letzten n Schritte erfordern den Austausch der lokalen Vektoren zwischen je zwei benachbarten Prozessoren.

Der zuletzt genannte umgekehrte Datenfluß ergibt sich daraus, daß nun der Index $j = j_{m-1} \ldots j_1 j_0$ nur der physischen Position des Elementes im Speicher entspricht, seine logische Position ist aber der bitgespiegelte Index $j' = j_0 j_1 \ldots j_{m-1}$. Die einzelnen Butterfly–Operationen verlaufen dann nach dem folgenden, bezüglich der Bedeutung der Indizes verändertem Prinzip:

$$
y_j^{(s+1)} = f_l y_{j1}^{(s)} + y_{j0}^{(s)},
$$
$$
s = 0, \ldots, m - 1; \quad y^{(0)} = x
$$

mit:

$$
\begin{aligned}
j1 &= j_{m-1} \ldots j_{s+1} \boxed{1} j_{s-1} \ldots j_0 = \mathrm{OR}(j, 2^s) \\
j0 &= j_{m-1} \ldots j_{s+1} \boxed{0} j_{s-1} \ldots j_0 = j1 - 2^s \\
l &= j_0 \ldots j_s = \mathbf{rev}_s(j \bmod 2^s)
\end{aligned}
$$

jeweils für alle Indexpaare $j \in \{j0, j1\}$

Mit $\mathbf{rev}_s()$ wurde hier die Spiegelung an Bitposition s bezeichnet.

5. *Resultate des parallelen Auflösungsverfahrens*

Numerische Ergebnisse für die parallele Implementierung der einzelnen für die CG-Iteration relevanten Matrix– und Vektoroperationen in Hypercubes auf Transputerbasis wurden bereits in [6] vorgestellt. Unter Anwendung der Parallelversionen aller dieser Teiloperationen einschließlich der im vorigen Abschnitt vorgestellten Methode zur Vorkonditionierung wurde das CG–Iterationsverfahren für (vollbesetzte) BEM–Matrizen auf Transputer–Hypercubes implementiert. Ergebnisse bei unterschiedlicher Prozessoranzahl (T800 mit je 4 MByte RAM) zeigt Abb. 2. Die relativ geringen Kommunikationszeiten (im Inneren der Balken) unterstreichen die gute Parallelisierbarkeit des Verfahrens. Bei bis zu zwei Prozessoren konnte nur bis zur Dimension $N = 512$ gerechnet werden, ab vier Prozessoren auch für $N = 1024$. Damit wird nochmals deutlich, daß die Anwendung von Parallelrechnern nicht nur zu einer Beschleunigung von Lösungsprozessen beiträgt, sondern auch bestimmte Aufgaben erst durch die Parallelisierung mit realistischem Aufwand lösbar werden.

Einige Rechenzeiten für unterschiedliche Dimensionen und daraus abgeleitete Speed–Up–Werte zeigt Tabelle 1. Da in der letzten Zeile ($N = 1024$) aus Kapazitätsgründen keine Vergleichswerte für einen oder zwei Prozessoren existieren, wurde der Speed–Up–Wert für $p = 4$ durch Extrapolation abgeschätzt.

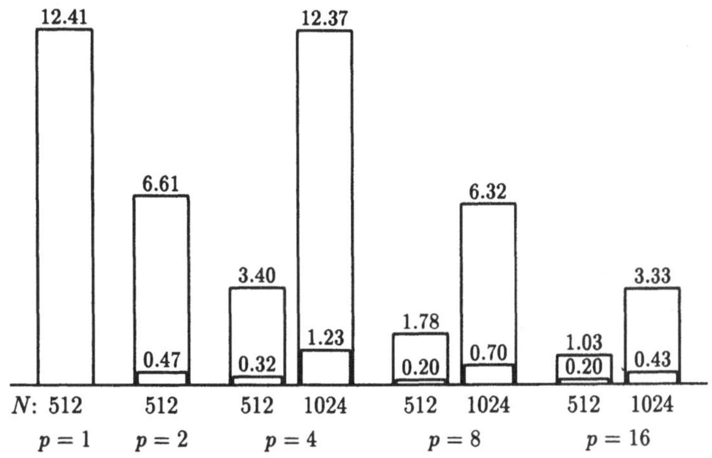

Abb. 2: Rechenzeiten und Anteil der Kommunikation für parallele *PCGM* auf p Prozessoren

N	T_1	T_2	S_2	T_4	S_4	T_8	S_8	T_{16}	S_{16}
128	1.05	0.59	1.78	0.33	3.18	0.20	5.25	0.16	6.56
256	3.50	1.90	1.84	1.00	3.50	0.56	6.25	0.36	9.72
512	12.41	6.61	1.88	3.40	3.65	1.78	6.57	1.03	12.05
1024	—	—	—	12.37	(3.75)	6.32	(7.34)	3.33	(13.93)

(Zeit in s)

Tabelle 1: Rechenzeit und Speed–Up für parallele *PCGM* in Abhängigkeit von Dimension N und Prozessorzahl p

N	T_1	T_2	S_2	T_4	S_4	T_8	S_8	T_{16}	S_{16}
128	1.35	0.69	1.96	0.35	3.86	0.19	7.11	0.10	13.50
256	5.39	2.71	1.99	1.38	3.91	0.71	7.59	0.37	14.57
512	21.50	10.80	1.99	5.44	3.95	2.75	7.82	1.41	15.25
1024	—	—	—	21.61	(3.98)	10.88	(7.91)	5.51	(15.61)

(Zeit in s)

Tabelle 2: Rechenzeit und Speed-Up für die parallele Generierung der Systemmatrix

Entsprechende Angaben für die Generierung der Systemmatrizen sind in Tabelle 2 zusammengefaßt. Hier wird bereits ein nahezu optimaler Speed-Up erreicht, da die Generierung in Abhängigkeit von den Randdaten völlig lokal abläuft.

Die Berechnungen wurden auf einem Multicluster-I mit freundlicher Unterstützung des Instituts für Mechanik Chemnitz durchgeführt.

Literatur

[1] T. Beth. *Verfahren der schnellen Fourier-Transformation.* B. G. Teubner Stuttgart, 1984.

[2] G. F. Carey (editor). *Parallel Supercomputing: Methods, Algorithms and Applications.* Wiley Series in Parallel Computing, Chichester – New York – Brisbane – Toronto – Singapore, 1989.

[3] J. W. Cooley and J. W. Tukey. An algorithm for the machine calculation of complex Fourier series. *Math. Comput.*, 19 : 297–301, 1965.

[4] G. C. Hsiao, P. Kopp, and W. L. Wendland. A Galerkin collocation method for some integral equations of the first kind. *Computing*, 25 : 89–130, 1980.

[5] A. Meyer. A parallel preconditioned conjugate gradient method using domain decomposition and inexact solvers on each subdomain. *Computing*, 45 : 217–234, 1990.

[6] M. Pester. Implementation und Test paralleler Basisalgorithmen der linearen Algebra. In R. Grebe and C. Ziemann (Hrsg.), *Parallele Datenverarbeitung mit dem Transputer. 2. Transputer-Anwender-Treffen TAT'90. Proceedings*, Informatik-Fachberichte, Bd. 272, S. 111–118. Springer-Verlag, 1991.

[7] S. Rjasanow. Vorkonditionierte iterative Auflösung von Randelementgleichungen für die Dirichlet-Aufgabe. Wiss. Schriftenreihe (7), TU Chemnitz, 1990.

[8] Y. Saad and M. H. Schultz. Data communication in hypercubes. *Journal of parallel and distributed computing*, 6 : 115–135, 1989.

Parallelisierung und Implementation eines Randwertelösers nach dem Mehrzielverfahren

C. Scheffczyk, M. Wiesenfeldt und W. Lauterborn
Institut für Angewandte Physik
Technische Hochschule Darmstadt
Schloßgartenstr. 7, 6100 Darmstadt

Einleitung

Parallelrechnerarchitekturen haben in der jüngeren Vergangenheit immer mehr an Bedeutung gewonnen. Für deren effektive Nutzung ist es jedoch notwendig, entweder bestehende, sequentielle Programme anzupassen, oder aber sich völlig neue Lösungsstrategien zu überlegen. Die Benutzer von Parallelrechnern lassen sich grob in zwei Gruppen unterteilen. Eine Gruppe sind die Anwender, welche ein ganz spezielles Problem auf einen bestimmten Parallelrechner anpassen, um eine möglichst schnelle Ausführung dieses einen Programmes zu erhalten. Die andere Gruppe sind jene Anwender, welche gerne die Vorteile eines Parallelrechners nutzen möchten, ohne sich jedoch um die speziellen Notwendigkeiten der Parallelprogrammierung kümmern zu müssen. Für diese zweite Gruppe von Anwendern wäre es daher wünschenswert, wenn Parallelversionen einzelner Unterprogramme zur Verfügung stünden, die auf einen Parallelrechner angepaßt sind und die für den Benutzer, bis auf den Austausch von Unterprogrammen, keinerlei Änderungen seines sequentiellen Hauptprogramms erforderten. Leider existieren heutzutage nur wenige solcher Unterprogramme. Wir stellen im folgenden ein Beispiel eines solchen, allgemein verwendbaren Unterprogrammes vor.

Viele Probleme in Mathematik und Physik führen auf ein System gewöhnlicher Differentialgleichungen mit Randbedingungen. Es wäre daher wünschenswert, wenn es ein im obigen Sinne allgemein verwendbares Unterprogramm (UP) zur numerischen Lösung solcher Randwertprobleme (RWP) gäbe. Unter den in der Literatur bekannten Methoden zur numerischen Lösung von RWPen ist das Mehrzielverfahren [1] (engl. *multiple shooting* o. *parallel shooting*) für eine parallele Formulierung gut geeignet. Eine Grundidee des Algorithmus ist die Unterteilung des Integrationsintervalles in kleinere Teilintervalle. Diese Teilintervalle können unabhängig voneinander integriert werden. Aus den Anschlußbedingungen für die Teilintervalle und den Randbedingungen ergibt sich ein Nullstellengleichungssystem, aus welchem sich iterativ die Gesamtlösung mit Hilfe geeigneter Verfahren berechnen läßt.

Das Mehrzielverfahren

Der Grundgedanke des Mehrzielverfahrens ist in Abbildung (1) veranschaulicht. Das Integrationsintervall wird in m Teilintervalle aufgeteilt, die nicht notwendigerweise gleiche Längen besitzen müssen. Ausgehend von geschätzten Startwerten $\vec{s}_i(x_i), i = 0, \ldots, m - 1$ an diesen Stützstellen (*shooting points*) versucht man, durch iterative Korrektur der Startwerte an den Stützstellen alle Teilstücke zu verbinden und zudem die Randbedingungen zu erfüllen. Dies führt zu einem mehrdimensionalen, meist nichtlinearen Nullstellenproblem, welches numerisch gelöst werden kann. Für eine detailliertere Beschreibung der Mehrzielmethode und ein optimiertes Verfahren zur Lösung des Gleichungssystems siehe Ref. [1].

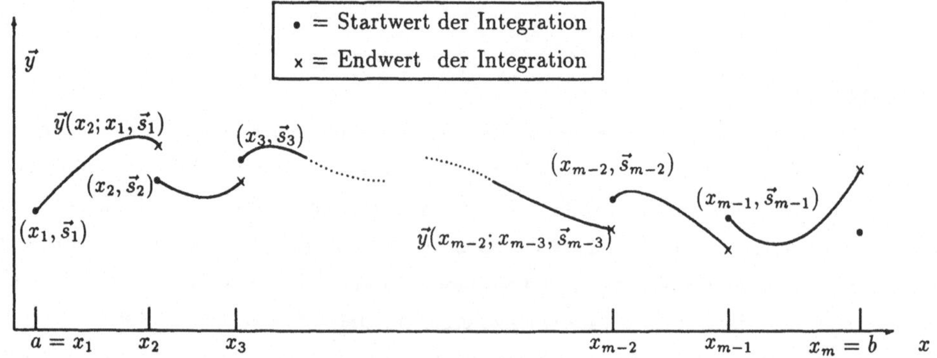

Abbildung 1: Das Mehrzielverfahren

Implementation

Die Implementation des Mehrzielverfahrens wurde als ein allgemein verwendbares UP in ANSI-C vorgenommen (ähnlich zu bereits bestehenden UPen in Programmbibliotheken wie NAG o. IMSL). Die Wahl der Programmiersprache C hatte, z.B. gegenüber Occam, mehrere Gründe. Der hardwareabhängige Teil des Quelltexts beschränkt sich auf wenige Zeilen. Im wesentlichen sind dies einige, meist sehr kurze, UPe, die für das Senden und Empfangen der nötigen Variablen erforderlich sind. Außer an diesen definierten Stellen ist in dem gesamten Mehrzielverfahren-UP keinerlei hardwareabhängiger Quelltext vorhanden. Daher sollte es einfach und in kurzer Zeit möglich sein, das gesamte UP auf andere parallele Rechnerarchitekturen zu übertragen (z.B. ein SUN-Netzwerk oder ein Cray-Multiprozessorsystem etc.). Dabei ist es jedoch sehr vorteilhaft, wenn die Kommunikation zwischen den verschiedenen Prozessoren, ähnlich wie bei den Transputern, möglichst schnell ist. Mit der Verwendung des hier vorgestellten Mehrzielverfahren-UPs ist man somit wieder relativ hardwareunabhängig. Des weiteren werden nur Standardmethoden der parallelen Programmierung benutzt, die unter jeder parallelen Programmierumgebung zur Verfügung stehen sollten. Ein ANSI-C-Compiler ist heutzutage für (fast) alle Rechner verfügbar, wohingegen eine effektive Nutzung von Occam fest an eine Transputerhardware gebunden ist. Weiterhin wurden in dem Mehrzielverfahren-UP andere UPe zur Bewältigung numerischer Teilaufgaben (Differentialgleichungs-Anfangswertelöser, Löser für lineares Gleichungssystem, etc.) benutzt, die in einer C-Implementation vorlagen. Da uns keine Möglichkeiten zum *mixed-language-programming* zur Verfügung standen, hätten diese Routinen für eine Nutzung unter Occam umgeschrieben oder neu erstellt werden müssen. Diese fehlenden Möglichkeiten hätten auch die Benutzung durch fremde Benutzer, für welche dieses UP im wesentlichen auch erstellt wurde, deutlich erschwert.

Die Grundidee des Algorithmus ermöglicht die voneinander unabhängige Integration des Differentialgleichungssystems (DGS) in den einzelnen Teilintervallen. Dies kann parallel auf verschiedenen Prozessoren geschehen. Dabei sollte das UP von folgenden Gesichtspunkten unabhängig sein:

1. Anzahl der Transputer
2. Netzwerktopologie
3. Dimension des DGS.

Dies konnte durch die Verwendung des *floodfill*-Konzeptes, welches vom ANSI-C-Compiler V2.1 der Firma 3L Ltd unterstützt wird, erreicht werden. Die Benutzerschnittstelle ist somit vollkommen unabhängig von Implementationsdetails. Es sollte daher einfach möglich sein, Randwertelöser-UPe in bereits bestehenden Programmen durch die hier vorgestellte, parallele Version zu ersetzen. Das Mehrzielverfahren-UP wird mit folgender Argumentliste aufgerufen:

```
int m_shoot(int dim_ode, int n_shoot, double *x_shoot,
            double x_left, double x_right, double **y_in, double **y_out,
            double **MMat, int niter, int maxiter, double *bc_eps,
            double *ode_eps, int (*bcond)(), int dim_par, double *par)
```

Die Argumente der Parameterliste haben dabei folgende Bedeutung ($\rightarrow \; \hat{=}$ Eingabeparameter, $\leftarrow \; \hat{=}$ Ausgabeparameter):

$\rightarrow$ `dim_ode` : Dimension des DGS

$\rightarrow$ `n_shoot` : Anzahl der Stützstellen

$\rightarrow$ `x_shoot` : Werte der unabhängigen Variablen x für die verschiedenen Stützstellen

$\rightarrow$ `x_left` : Wert der unabhängigen Variablen am linken Rand des Integrationsintervalls

$\rightarrow$ `x_right` : Wert der unabhängigen Variablen am rechten Rand des Integrationsintervalls

$\rightarrow$ `y_in`   : Startwerte an den Stützstellen

$\leftarrow$ `y_out`   : Ergebniswerte an den Stützstellen

$\leftarrow$ `MMat`   : Monodromiematrix

$\leftarrow$ `niter`   : Anzahl der durchgeführten Iterationen in `m_shoot`

$\rightarrow$ `maxiter` : Anzahl der zulässigen Iterationen

$\rightleftarrows$ `bc_eps` : Toleranzanforderungen für die Randbedingungen

$\rightleftarrows$ `ode_eps` : Toleranzanforderungen für den Lösungsvektor y

$\rightarrow$ `bcond`   : Funktion zur Auswertung der Randbedingungen

$\rightarrow$ `dim_par` : Dimension des Parametervektors

$\rightarrow$ `par`   : Parameter des DGS

Für die Anwendung des Randwertelöser-UP hat der Benutzer drei problemspezifische Unterprogramme zur Verfügung zu stellen:

- `int fcni(int dim_ode, int dim_par, double x, double *y,`
        `double *yprime, double *par)`

- `int fcnj(int dim_ode, int dim_par, double x, double *y,`
        `double **yjac, double *par)`

- `int fcnb(int dim_ode, int dim_par, double *y_left,`
        `double *y_right, double *f_zero, double *par)`

Die Bedeutung der noch nicht erläuterten Argumente in den Parameterlisten ist dabei folgende:

$\rightarrow$ `x`   : unabhängige Variable des DGS

$\rightarrow$ `y`   : abhängige Variable des DGS

$\leftarrow$ `yprime` : Ableitung von `y` bzgl. `x`

$\leftarrow$ `yjac`   : Jacobimatrix (partielle Ableitungen von `yprime` bzgl. `y`)

$\rightarrow$ `y_left` : Wert von `y` für `x = x_left` (s. u.)

$\rightarrow$ `y_right` : Wert von `y` für `x = x_right` (s. u.)

$\leftarrow$ `f_zero` : Werte der Nullstellenfunktion der Randbedingungen

Eine schematische Darstellung des parallelen UPs findet sich auf der nächsten Seite in Abbildung (2). Bei der Darstellung wurde besonderes Gewicht auf die Teile des UPs gelegt, welche speziell für die Parallelisierung von Bedeutung sind.

Zur Vermeidung von *deadlocks* müssen Sende- und Empfangsroutine der Mastertask als zwei asynchrone *threads* implementiert werden. Diese *threads* werden mittels dreier Semaphore (zweier logischer und eines ganzzahligen) synchronisiert. Mangels gemeinsamen Speichers ist die Kommunikation zwischen Master- und Workertask nur durch *message passing* möglich.

Das in einem Hauptprogramm eingebundene Mehrzielverfahren-UP besteht während der Ausführung aus einer Mastertask und prinzipiell beliebig vielen Workertasks. Die Mastertask des UPs hat im wesentlichen zweierlei Aufgaben. Zum einen wird in diesem Teil des UPs das bei der Mehrzielmethode auftretende Nullstellengleichungssystem *iterativ* gelöst. Zum anderen übernimmt und überwacht die Mastertask die gesamte Kommunikation und Synchronisation mit den Workertasks. Die Workertasks selber bestehen im wesentlichen nur aus einem Differentialgleichungslöser für die numerische Integration der Teilintervalle. Des weiteren besitzen sie noch jeweils eine Sende- und Empfangsroutine.

Zur Erstellung eines gesamten Programms müssen Worker- und Mastertaskquelltext zunächst mit den jeweils nötigen UPen zu eigenständigen Einheiten zusammengebunden werden. Die beiden UPe `fcni` und `fcnj` zur Lösung des DGS werden dabei nur von der Workertask benötigt und somit nur zu dessen Code hinzugebunden. Das UP `fcnb` wird zur Lösung des Nullstellenproblems benötigt. Dieses wird allein von der Mastertask gelöst und `fcnb` muß daher auch nur zum Mastertaskcode

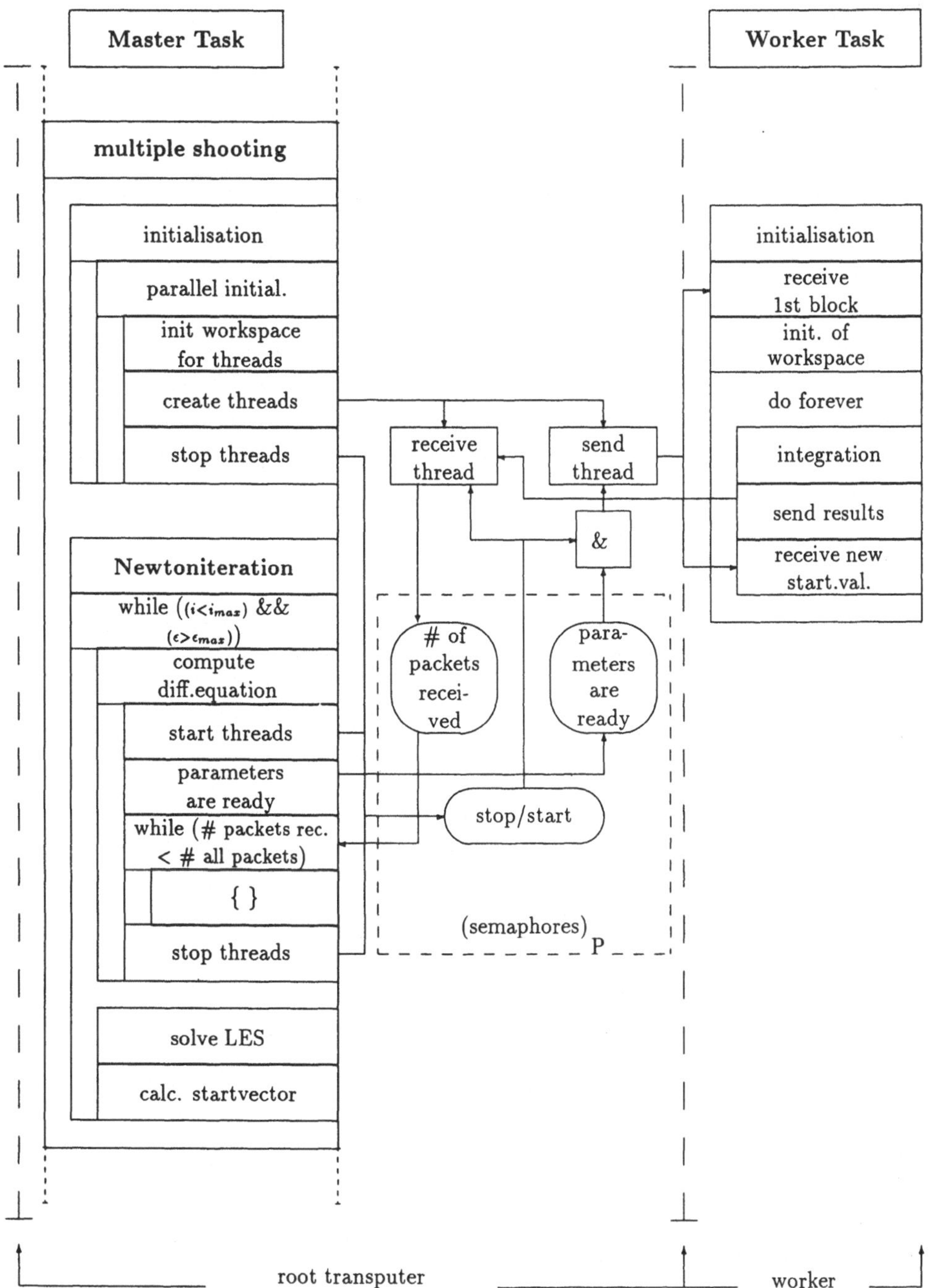

Abbildung 2: Schematische Darstellung des parallelisierten Mehrzielverfahrens

hinzugebunden werden. Die beiden Programmeinheiten von Master- und Workertask müssen anschließend noch zu einem auf dem Transputernetzwerk lauffähigen Programm konfiguriert werden. Für detailliertere Angaben zu diesem Vorgang siehe [3].

In den Argumentlisten aller drei vom Benutzer bereitzustellenden Funktionen ist par ein Zeiger auf Parameter, die den UPen zur Verfügung gestellt werden sollen. Da Master- und Workertask über **keinen** gemeinsamen Speicher verfügen, ist eine Parameterübergabe über globale Variable zwischen diesen Programmteilen ausgeschlossen. Alle von den Workertasks benötigten Parameter, die noch nicht zur Übersetzungszeit festliegen, müssen also über die Funktionsargumentlisten verfügbar gemacht werden.

Die Implementation wurde auf einem T800-Transputer Netzwerk realisiert. Eine SUN-Workstation dient als Host für mehrere VME-Bus-Karten. Jede dieser Karten kann bis zu sechs Transputer aufnehmen. Die Karten können durch Link-Kabel miteinander verbunden werden. Eine Software-Konfigurierung ist nicht möglich. Verschiedene Konfigurationen können jedoch durch hardware-mäßige Umkonfigurierung erhalten werden. Programme, die das Mehrzielverfahren-UP benutzen, müssen für verschiedene Netzwerkkonfigurationen weder neu übersetzt, noch neu gebunden werden.

Ergebnisse

Ein grob-parallelisiertes (zur Verwendung auf MIMD-Architekturen) UP zur numerischen Lösung von RWPen wurde entwickelt. Die Anwendung des IPs ist für den Benutzer transparent und völlig unabhängig von den Hardware- und Implementationsdetails.

Wir benutzen das Mehrzielverfahren-UP in einem größeren Programmkontext zur numerischen Behandlung von Bifurkationsproblemen in nichtlinearen, dynamischen Systemen. Insbesondere werden die Abhängigkeiten periodischer Lösungen nichtlinearer Differentialgleichungen von ein oder zwei Systemparametern untersucht [2]. Der zeitaufwendigste Teil dieser Berechnungen ist die numerische Integration des DGS. Dies aber ist der Teil des UPs, der parallel durchgeführt wird. Daher ist der Austausch des Mehrzielverfahren-UPs der effizienteste Weg, bei unseren Berechnungen Rechenzeit zu sparen. Die relative Rechenzeitersparnis ist umso größer, je zeitaufwendiger die Integration des DGS wird.

Im folgenden wurde als Testbeispiel die Duffinggleichung (1) untersucht.

$$\ddot{y} + \alpha\omega\dot{y} + y^3 = \cos{(\omega x)} \tag{1}$$

In Abbildung (3) ist die Abhängigkeit einer periodischen Lösung von der Anregungsfrequenz ω der Duffinggleichung (1) zu sehen. Aufgetragen ist die Koordinate u_2 einer Poincaré–Ebene [2] des Systems.In diesem Beispiel bestehen die Randbedingungen aus der Gleichheit der abhängigen Variablen y an den Intervallgrenzen. Die Kreise in der Abbildung, welche durch einen Polygonzug verbunden wurden, bezeichnen die bei der Kontinuation berechneten Punkte. Das Rechteck in Abbildung (3) markiert den Parameterbereich, in dem bei der Kontinuation mit dem Einzielverfahren ein Sprung auf eine andere, in diesem Bild nicht eingezeichnete, koexistierende Lösung stattfand.

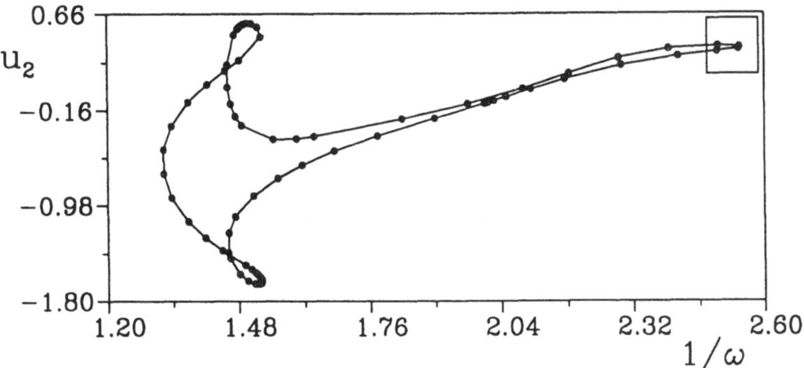

Abbildung 3: Parameterabhängigkeit einer Periode-1-Lösung von Gl. (1) für $c = 0.1$

Im Zusammenhang mit der Berechnung des obigen Beispiels wurden folgende Erfahrungen gemacht:

- Die Konvergenzeigenschaften des Algorithmus hängen empfindlich von den Startwerten y an **allen** Stützstellen ab. Dabei erweist es sich als vorteilhaft, mit einer existierenden Lösung des untersuchten Systems, welche in der Regel die Randbedingungen noch nicht erfüllen wird, das Mehrzielverfahren zu starten. Geeignete Startwerte für die Stützstellen lassen sich durch die Integration eines Wertes y(x_left) am linken Intervallrand mit einem Anfangswertelöser erhalten.

- Sofern geeignete Startwerte für alle Stützstellen vorliegen, zeigt das Mehrzielverfahren gegenüber dem Einzielverfahren bessere Konvergenzeigenschaften. Im Rahmen der Kontinuation liegen diese geeigneten Startwerte aufgrund der Kenntnis des Systems bei nur leicht geänderten Parameterwerten in aller Regel vor.

- Die Tendenz, bei der Kontinuation auf koexistierende Lösungen zu springen, wird bei wachsender Zahl von Stützstellen unterdrückt.

Zum Vergleich des Einflusses der Zahl der Prozessoren und Stützstellen auf die Rechenzeit diente die periodische Lösung des Systems (1) aus Abbildung (3) als Beispiel. Die Ergebnisse verschiedener Vergleichsrechnungen sind in Tabelle (1) zusammengefaßt. In der ersten Zeile der Tabelle ist zu sehen, daß der Rechenaufwand mit zunehmender Stützstellenanzahl steigt. Bei der Wahl von vierzehn Stützstellen (dritte Spalte) konnte beim Vergleich der Rechenzeit mit sechs Transputern gegenüber einem einzelnen Transputer eine Geschwindigkeitssteigerung von einem Faktor größer als vier festgestellt werden. Durch Hinzufügen weiterer Transputer bis zu einer sinnvollen Maximalgrenze ist ein weiterer Geschwindigkeitszuwachs zu erwarten. Eine größere Anzahl von Transputern zu verwenden, als Teilintervalle (= Stützstellen − 1) vorhanden sind, ist nicht sinnvoll. Die beste Wahl für die Anzahl von Stützstellen und Transputern für eine möglichst effektive Nutzung ist vom untersuchten

Zeit in Sekunden (Kontinuationsschritte)	2 Stützstellen $\hat{=}$ Einzielverf.	7 Stützst.	14 Stützst.	21 Stützst.
Ein Transputer	Sprung	1355 (59)	2699 (68)	3293 (62)
Sechs Transputer	Sprung	579 (59)	640 (68)	930 (62)

Tabelle 1: Einfluß von Transputern und Stützstellen auf die Rechengeschwindigkeit

System abhängig und kann nur empirisch ermittelt werden. Auf einem geeigneten Transputernetz ist die parallele Version jedoch in jedem Fall schneller als eine sequentielle Version, wenn auch die zu erreichende Geschwindigkeit nie linear mit der Anzahl der verwendeten Transputer steigen wird. In diesem Zusammenhang sei aber nochmals darauf hingewiesen, daß das hier vorgestellte Mehrzielverfahren-UP nicht nur in dem hier vorgestellten Programmkontext, sondern bei der Lösung der unterschiedlichsten RWPe verwendbar ist.

Probleme, bei denen die Integration des DGS gegenüber der Lösung des Nullstellenproblems einen größeren Zeitanteil benötigt, werden zur Zeit untersucht. Es zeigt sich, daß hierbei der relative Rechenzeitgewinn gegenüber sequentiellen Programmversionen immer größer wird. Eine detailliertere Beschreibung befindet sich in Vorbereitung und wird demnächst veröffentlicht werden.

Danksagung

Für die unermüdliche Betreuung und Installation der Transputerhardware möchten wir E. Schmitz und A. Billo danken. Klärende Gespräche mit U. Parlitz über das numerische Verfahren haben den Verlauf der Arbeit gefördert. Diese Arbeit wurde unterstützt mit Mitteln des Sonderforschungsbereiches 185 *Nichtlineare Dynamik*.

Literaturverzeichnis

[1] J. Stoer und R. Bulirsch: *Einführung in die Numerische Mathematik II*. Berlin-Heidelberg-New York: Springer 1990.

[2] R. Seydel: *From Equilibrium to Chaos. Practical Bifurcation and Stability Analysis*. New York: Elsevier 1988.

[3] *Parallel C User Guide, Version 2.1.1*. Livingston (Scotland): 3L Ltd. 1989.

Funktional parallele Lösung von Dekompositionsproblemen der mathematischen Optimierung

Harald Boden, Manfred Grauer
Universität-GH-Siegen, FB 5, Wirtschaftsinformatik
Hölderlinstr. 3, 5900 Siegen

(1) Einführung

Dekompositionsmethoden der mathematischen Optimierung werden sowohl für die Steuerung und den Entwurf großer technischer Systeme, als auch für die Planung in ökonomischen Systemen eingesetzt. Ihre Anwendungsmöglichkeit ist immer dann gegeben, wenn sich die Gesamtaufgabe in disjunkte Teilsysteme zerlegen läßt, die über Schnittstellen miteinander gekoppelt sind. Gängige Lösungsstrategien für derart dekomponierte Optimierungsprobleme arbeiten iterativ, so daß alle Teilsysteme mehrfach optimiert werden müssen. Auf der Ebene der lokalen Optimierungsprobleme ergibt sich somit aus der Problemstruktur heraus eine grobkörnige Parallelität, die z.B. durch den Einsatz eines Transputersystems genutzt werden kann, um Rechenzeiten zu verkürzen. Für diese Art der grobkörnigen Parallelität wird hier der Begriff der funktionalen Parallelität verwendet, im Unterschied zur feinkörnigen (massiven) Parallelität, die meist aus der Algorithmenstruktur hergeleitet wird.

Der Beitrag vermittelt in den Kapiteln (2) und (3) eine Übersicht über Dekompositionsmethoden in der mathematischen Optimierung und stellt Ansätze zur rechentechnischen Umsetzung vor. In Kapitel (4) wird die Optix-II Softwareumgebung beschrieben, die es erlaubt, nichtlineare dekomponierte Optimierungsprobleme auf einer Multiprozessor-Workstation, einem Workstation-Netzwerk oder einem Transputersystem zu lösen. In Abschnitt (5) sind erste Testergebnisse dargestellt.

(2) Problemformulierung und Dekompositionsmethoden

Den Dekompositionsmethoden der Optimierung liegt das Bestreben zugrunde, hierarchische Steuerungsmechanismen, wie sie sich evolutionär in Natur und Gesellschaft als effizient erwiesen haben, abzubilden. Die Arbeiten auf diesem Gebiet haben ihren Ursprung in der Untersuchung großer lineaer Modelle in den Wirtschaftswissenschaften (Operations Research) (s. z.B.: [Lasdon 70]) und großer nichtlineaer Modelle in der Systemtheorie (s. z.B.: [Mesarovic 70]). Bemerkenswert ist dabei, daß obwohl die grobkörnige Parallelität natürlich gegeben ist, (durch die Möglichkeit gleichzeitig alle Subprobleme zu lösen) diese bis vor 2-3 Jahren nur sequentiell behandelt werden konnten und trotzdem neben der Reduktion der Komplexität auch über Laufzeiteinsparungen berichtet wurde.

Die bereits klassische Formulierung eines **linearen Dekompositionsproblems** der mathematischen Optimierung mit ökonomischen Hintergrund geht auf den Autor des Simplexverfahrens G. B. Dantzig [Dantzig 61] zurück. Für diesen Aufgabenbereich sei als Beispiel ein block-angulares lineares Optimierungsproblem angeführt (vgl. Abb. 1: links die mathematische Formulierung und rechts die graphische Interpretation der Problemstruktur).

Eine Aufgabenstellung dieses Typs wurde z.B. auf einem Minicomputer-LAN untersucht [Medhi 90]. Probleme solcher Art werden auch im Rahmen der operativen Steuerung zur Ermittlung optimaler Produktionspläne für Erdölraffinerien gelöst. Das Bemühen bei Shell/Amsterdam, ein Cluster mit 400 Transputer für diese Aufgabenstellung zu nutzen, belegt diese Aussage [Bisseling 91].

Die Zielfunktion lautet: $\min z = c_1^T x_1 + c_2^T x_2 + \ldots + c_N^T x_N$

mit den Nebenbedingungen:

$$B_1 x_1 \qquad\qquad = b_1$$

$$B_2 x_2 \qquad\quad = b_2$$

$$\vdots \qquad\qquad \vdots$$

$$B_N x_N = b_n$$

$$A_1 x_1 + A_2 x_2 + A_N x_N = a$$

$$x_i \geq 0 \,;\, i = 1, .., n$$

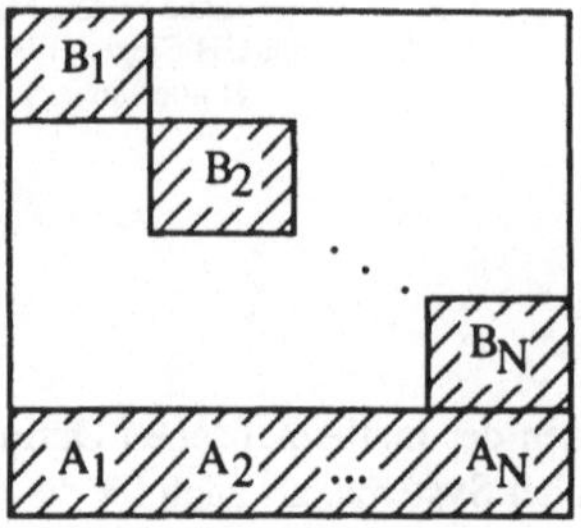

und $c_i \in R^{n_i}, b_i \in R^{m_i}, B_i \in R^{m_i * n_i}, x_i \in R^{n_i}, A_i \in R^{n_i * n_i}$. Die Nebenbedingungen bilden leicht erkennbar die Subprobleme 1 bis N mit den lokalen Zielfunktionen $f_i = c_i^T x_i$.

Abb.1: Struktur eines blockangulären linearen Dekompositionsproblems der mathematischen Optimierung.

Dekompositionsprobleme der nichtlinearen mathematischen Optimierung, wie sie im technischen Bereich entstehen, beziehen sich auf Aufgabenstellungen mit folgender Struktur:

$$\min f = \sum_{i=1}^{N} f_i(x_i, u_i) \text{ mit den Nebenbedingungen } \forall i \in \{1, .., N\}: \ y_i = h_i(x_i, u_i), g_i(x_i, u_i) \leq 0, \ x_i = \sum_{j=1}^{N} K_{ij} y_j.$$

Die Nebenbedingungen in Gleichungsform $y_i = h_i(x_i, u_i)$ entsprechen den mathematischen Modellen (z.B. nichtlineare oder partielle Differentialgleichungen) der betrachteten Subsysteme (i=1,..,N) mit den Ausgangsgrößen y_i, den Entscheidungsvariablen u_i und den Eingangsvariablen x_i. Die Teilsysteme besitzen eine lokale Zielfunktion $f_i(x_i, u_i)$ und Nebenbedingungen in Ungleichungsform $g_i(x_i, u_i) <= 0$. Die Verbindungen zwischen den Subsystemen werden durch eine Kopplungsmatrix K_{ij} beschrieben, die die Wechselwirkungen zwischen den Ausgangsgrößen y_j aller Teilsysteme und den Eingangsgrößen x_i des betrachteten Systems angibt. Die Steuerung von Anlagen der Chemieindustrie oder der Energiewirtschaft sowie der Entwurf von Bauteilen und Systemen im Maschinenbau (s. z.B.: [Bremicker 89], [Toppingg 91]) führen auf solche Probleme.

Die Zerlegung in Teilsysteme kann weiterhin auch durch die Diskretisierung eines Zeithorizontes entstehen und damit sind die Dekompositionsmethoden auch auf bestimmte Klassen von Steuerungsproblemen anwendbar.

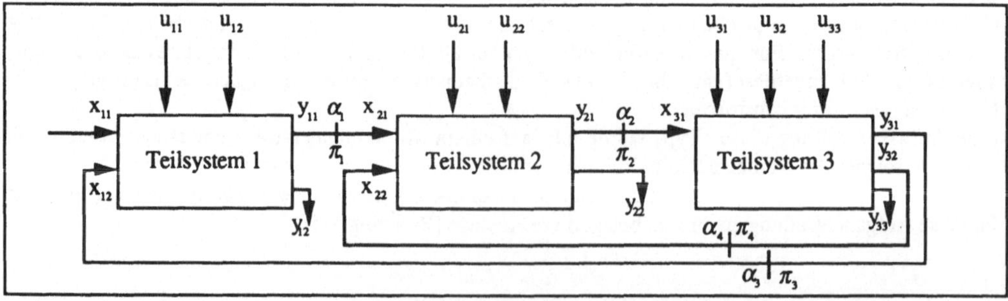

Abb. 2: Beispiel eines dekomponierten nichtlinearen Optimierungsproblems mit drei Teilsystemen

(3) Funktionale Parallelisierung und Dekompositionsmethoden

Zur Lösung von dekomponierbaren mathematischen Optimierungsproblemen lassen sich zwei prinzipielle Vorgehensweisen unterscheiden: **primale Dekompositionsverfahren** (Ressourcenzerlegung, Wechselwirkungsvorhersageprinzip, Feasible Method) und **duale Dekompositionsverfahren** (Zielfunktionsmodifikation, Nonfeasible Method).

Die primalen Dekompositionsverfahren zerlegen das Gesamtproblem durch Vorgabe der Wechselwirkungen (Ausgangsgrößen y_{ij} und Eingangsgrößen x_{ij}) in Teilsysteme. Durch das Lösen eines Koordinationsproblems werden für die Wechselwirkungen Koordinationsvariable α_j derart bestimmt, daß die Gesamtlösung nach erfolgter Teilsystemoptimierung zulässig bleibt.

Im Unterschied dazu besteht das duale Verfahren darin, die Wechselwirkungen mit Faktoren π_i (s. Abb. 2) zu bewerten und so die lokalen Zielfunktionen zu modifizieren. Die Teilsysteme bilden dann erst nach Lösung des Koordinationsproblems zulässige Lösungen.

Für das im Abschnitt 2 angeführte nichtlineare Dekompositionsproblem kann man folgende Lagrangefunktion aufstellen:

$$L = \sum_{i=1}^{N}\left\{ f_i(x_i,u_i) + \pi_i^T x_i - \sum_{k=1}^{N}\pi_k^T K_{ki}f_i(x_i,u_i)\right\} = \sum_{i=1}^{N}L_i(x_i,u_i,\pi_i).$$

Hier sind die Faktoren π_i Lagrangemultiplikatoren. Bezeichnet man den durch die Ungleichungssysteme $g_i(x_i, u_i) \le 0$ vorgegebenen zulässigen Bereich mit S_i, dann ergeben sich die lokalen Teilprobleme zu:

$$\min L_i(x_i,u_i,\pi_i) \quad \text{mit } g_i(x_i,u_i) \in S_i;\ i = 1,..,N.$$

Dieser klassische Ansatz setzt für die Lagrangefunktion die Existenz eines Sattelpunktes voraus. Eine solche Annahme ist besonders dann fragwürdig, wenn praktische Probleme gelöst werden. Für diese Fälle kann der in [Grauer 80] diskutierte Ansatz der "erweiterten" Lagrangefunktion verwendet werden. Die Lagrangefunktion wird dabei um einen Strafterm erweitert und ermöglicht eine sichere Lösung des Problems. Im weiteren wird dieser Ansatz implementiert.

In beiden Fällen (primale und duale Verfahren) sind bis zum Erfüllen einer Abbruchschranke jeweils sequentiell das Koordinationsproblem und alle lokalen Subprobleme im Wechsel zu lösen. Die Lösung der N lokalen Probleme kann vollständig getrennt parallel erfolgen.

In der Regel bestehen sowohl das Koordinationsproblem als auch die lokalen Probleme darin, numerisch sehr aufwendige (beschränkte, nichtlineare) Optimierungsprobleme zu lösen. Diese haben natürlich eine geringere Dimension als das Gesamtproblem. Eine solche grobkörnige an der Struktur des Dekompositionsproblems ausgerichtete funktionale Parallelisierung gestattet, für jedes Teilproblem und die Koordination den jeweils effizientesten Algorithmus auszuwählen. Weitere Anwendungen dieser grobkörnigen Parallelisierung sind in [Grauer 91] vorgestellt.

Die Steuerung der lokalen Optimierungen wird automatisch durch die Koordination synchronisiert, da diese erst bearbeitet werden kann, wenn die Teilprobleme beendet sind. Die Kommunikation besteht darin, die jeweiligen Lösungsvektoren zu übergeben und stellt einen sehr geringen Zeitaufwand dar. Angaben in der Literatur und eigene Erfahrungen besagen, daß der Kommunikationsoverhead unter 5% der Gesamtrechenzeit liegt.

(4) Entwurf und Implementierung der OpTiX-II-Softwareumgebung

Die entwickelte Softwareumgebung Optix-II ermöglicht die rechentechnische Umsetzung der oben beschriebenen primalen und dualen Dekompositionsverfahren auf unterschiedlichen Parallelrechnerarchitekturen. Die Interaktion mit dem Anwender erfolgt über die Editierkomponente und die Steuerungskomponente.

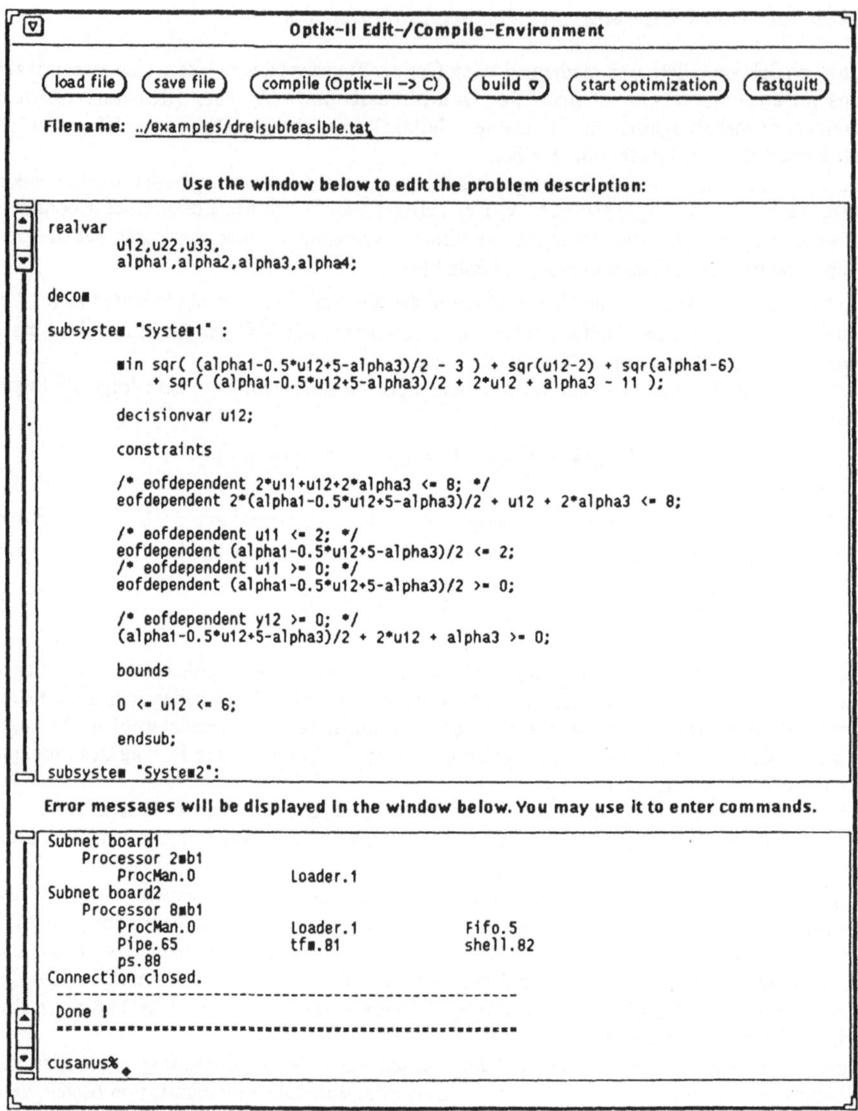

Abb. 3: Bildschirmfenster der Optix-II Editierumgebung

In der **Editierkomponente** (vgl. Abb. 3) beschreibt der Anwender sein Optimierungsproblem. Hierzu verwendet er die Optix-II Problembeschreibungssprache, die es erlaubt Probleme der beschränkten nicht-linearen Optimierung in mathematischer Notation zu beschreiben (vgl. Abb. 3). Neben der rein mathematischen Notation enthält diese Sprache auch Komponenten zur Einbindung externer Funktionen, die in den Programmiersprachen C und FORTRAN formuliert sein können, so daß auch Simulationspakete zur Lösung umfangreicher mathematischer Modelle eingebunden werden können.

Die Formulierung dekomponierter mathematischer Optimierungsprobleme erfolgt durch spezielle Sprachkonstrukte, wie etwa ´decom´, ´subsystem´, oder ´endsub´. Im Editierfenster der Abbildung 3 wird die Beschreibung eines Subsystems zur Lösung des in Abb. 2 wiedergegebenen Optimierungsproblems dargestellt (bei Verwendung der feasible Methode).

Aus der Editierkomponente kann der der Benutzer einen Compiler starten, der die Problembeschreibung in ein C-Programm übersetzt und hierbei sowohl für die Zielfunktion, als auch für die Restriktionen symbolische Ableitungen berechnet. In Abhängigkeit von den zur Verfügung stehenden Rechnerresourcen wird durch Hinzubinden von Laufzeitbibliotheken (vgl. Abb. 5) ein paralleles Programm für die folgenden Rechnerarchitekturen generiert:

i) Single Instruction Single Data-Architektur (einfache Unix-Workstation (Pseudoparallelität)),
ii) Shared Memory Multiple Instruction Multiple Data-Architektur (Multiprozessor-Unix-Workstation),
iii) Workstation-Netzwerke (aufgefaßt als MIMD-Rechner mit distributed memory) und
iv) Distributed Memory Multiple Instruction Multiple Data-Architektur (Transputersysteme).

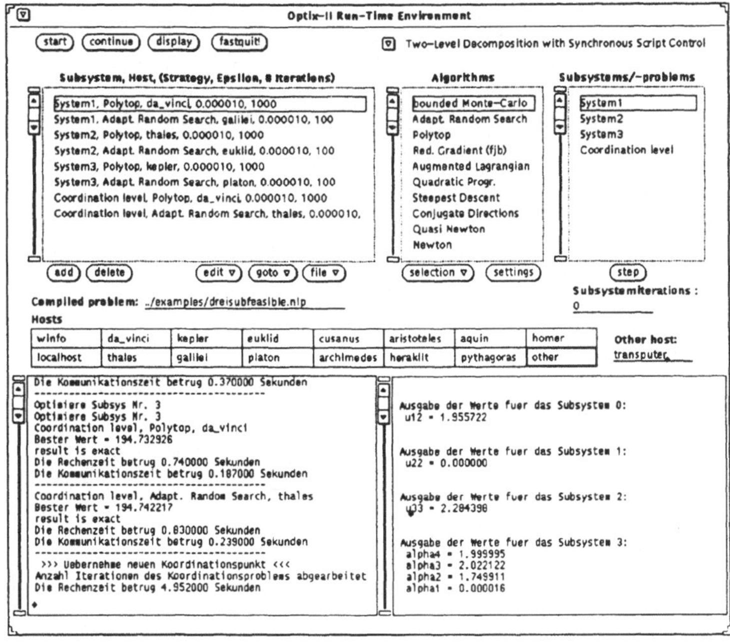

Abbildung 4: Billdschirmfenster der Optix-II Laufzeitumgebung

Die Kontrolle der Optimierungsrechnung erfogt durch eine **Steuerungskomponente** (vgl. Abb.4), die auf einem Unix-Rechner gestartet werden muß. Dieser "Optimierungs-Leitstand" führt in den Fällen (i) und (ii) die Optimierungsrechnung durch. Im Falle (iii) verteilt er die Rechenaufgaben auf mehrere vernetzte Unix-Workstations. Hierzu werden Konzepte wie ´Remote Procedure Call´ und ´Network File System´ genutzt. Steht ein Transputersystem zur Verfügung (Fall (iv)), so kann die Rechenlast vollständig auf das Transputersysten verlagert werden. Die entwickelte Einbindung der Transputer nutzt die auf den Internet - Protokollen basierenden Dienste rcp (remote copy), rsh (remote shell) und rlogin (remote login). Dies hat zur Folge, daß der räumlichen Lokalisierung des Parallelrechners nur noch eine untergeordnete Bedeutung zukommt. In Zukunft sollte es somit möglich sein, regionale Rechenzentren zu nutzen, die über eine große Anzahl von Transputern verfügen, wenn diese über das Internet oder das Forschungsnetz WIN erreichbar sind.

Die Interaktions-Komponente des Optimierungs-Leitstandes erlaubt die Auswahl der einzusetzenden Optimierungsverfahren. Hierbei ordnet der Anwender, aus einer Bibliothek verfügbarer Optimierungsverfahren, jedem (Teil-) Problem einen Lösungsalgorithmus, oder eine Sequenz von Lösungsalgorithmen zu.

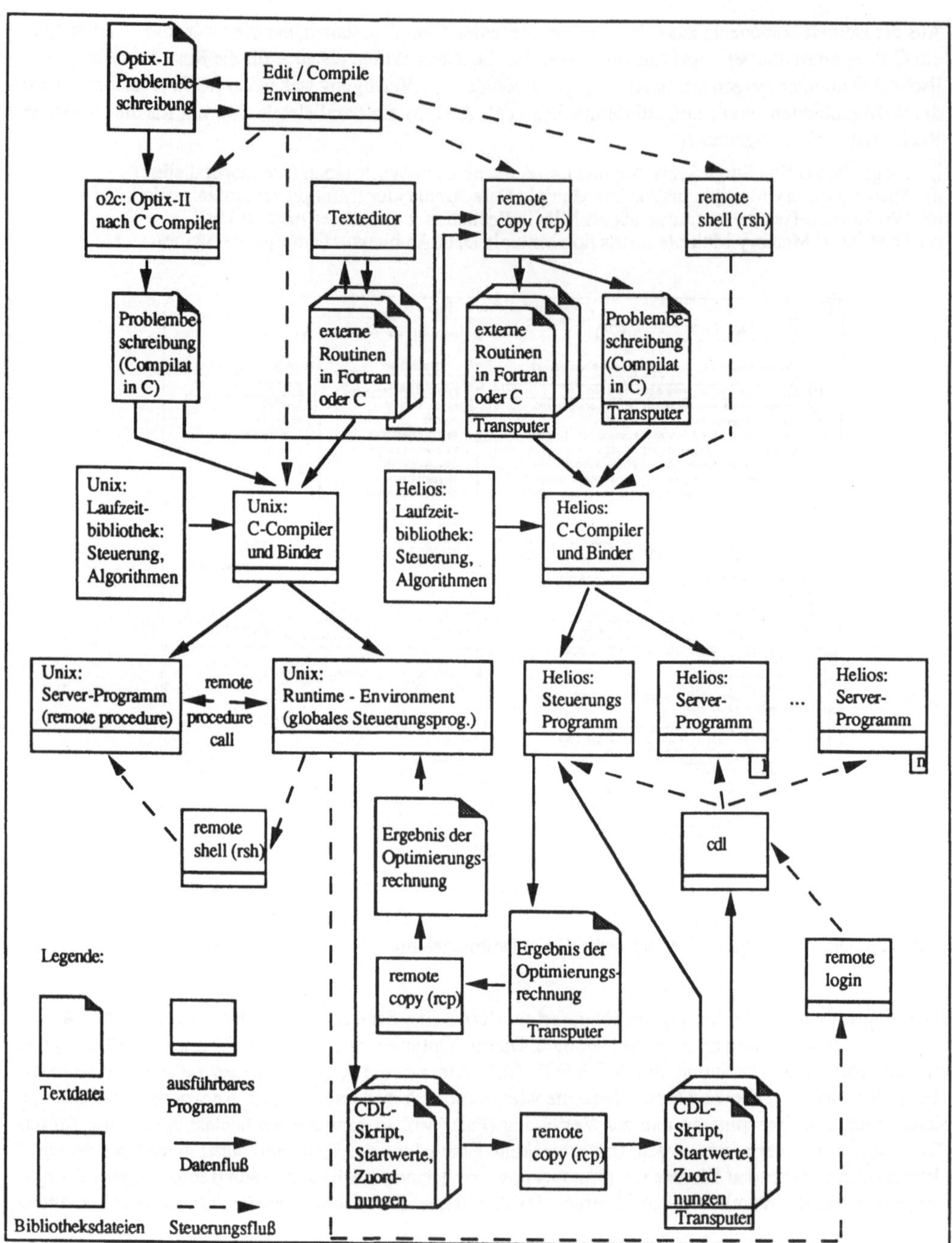

Abb. 5: Daten- und Steuerungsfluß in der Optix-II Softwareumgebung

Die auf der Basis der Lagrange- oder Kunh-Tucker Theorie entwickelten Lösungsansätze zur nichtlinearen Optimierung fordern Eigenschaften, wie etwa: Konvexität des Lösungsraumes, Differenzierbarkeit von Zielfunktion und Restriktionen etc. Die in der Praxis auftretenden Optimierungsprobleme genügen diesen Eigenschaften jedoch häufig nicht, so daß die eingesetzten Optimierungsverfahren gegen ein lokales Optimum konvergieren oder keine Lösung liefern. Deshalb kann der Anwender außerdem mehrere unterschiedliche Optimierungsverfahren gleichzeitig auf ein (Teil-) Problem anwenden (vgl. Abb. 4). In [Boden 91] wird gezeigt, daß diese ebenfalls grobkörnige Art der Parallelisierung eine zuverlässigere und zeiteffizientere Lösung liefern kann.

(5) Experimentelle Ergebnisse

Der größte Teil der Entwicklungsarbeit wurde auf Workstations der Firma Sun Microsystems geleistet. Die dort entwickelten Quelltexte werden auf das Transputersystem portiert und um für Helios spezifische Programmteile erweitert. Die zu Testzwecken verwendete Hardware-Konfiguration besteht aus einem Transputersystem mit einem PC als I/O-Server, 20 TRAM-Modulen mit je 1-8 MB Hauptspeicher und einem Ethernet-TRAM. Als Softwarekomponenten wurden eingesetzt Helios 1.2.1, das Ethernet-I Package, das X-Window System for Helios, der Perihelion C-Compiler, ein Fortran-Compiler, sowie der Symbolische Debugger von DSL. Mit Verfügbarkeit des 'Network File Systems for Helios´ wird die Einbettung des Transputersystems in lokale Netzwerke verbessert, da dann Quelltexte und Rechenergebnisse nicht mehr mit dem sehr zeitaufwendigen remote copy Kommando übertragen werden müssen. Für den Zugriff auf ein weiter entferntes Transputersystem (in einem Wide Area Network) bleiben diese Kopieroperationen aber unabdingbar.

Das in Abbildung 2 widergegebene Testproblem wird von der Optix-II Softwareumgebung gelöst. Die ermittelten Rechenzeiten sind jedoch aufgrund des einfachen Modellcharakters nicht aussagekräftig. Zur Zeit befindet sich ein komplexeres Optimierungsproblem in Arbeit, bei dem die mathematischen Modelle der Teilsysteme aus partiellen Differentialgleichungssystemen bestehen; die Lösung dieser Differentialgleichungssysteme erfordert einen hohen numerischen Aufwand.

Die bisher gelösten Testprobleme zeigten signifikante Leistungsunterschiede zwischen einem Transputer auf der einen und einer Workstation auf der anderen Seite. Dies soll anhand eines bekannten Testproblems der mathematischen Optimierung (Rosenbrocksche Bananen-Funktion) gezeigt werden. Es ist nachfolgende Zielfunktion zu minimieren:

$$\min f(x) = \sum_{i=1}^{20} 100 \left(x_{i+1} - x_i^2 \right)^2 + \left(x_i - 1 \right)^2$$

Als Startpunkt wird der Vektor $(-2,1,-2,....,-2,1)^T$ gewählt. Für das globale Minimum gilt: $f((1,1,1,...,1,1)^T) = 0$.

Mittels der Editierkomponente wurde eine Optix-II Beschreibung dieser Testfunktion erstellt und auf einer Workstation sowie einem Transputersystem zur Ausführung gebracht. Abbildung 6 zeigt die ermittelten Rechenzeiten für ein adaptives stochastisches Optimierungsverfahrens, mit einer Parametrisierung von 200 Iterationen á 100 Zielfunktionswertberechnungen. Gemessen wurde die reine Rechenzeit, d.h. die Programmladezeiten und der Kommunikationsaufwand sind nicht enthalten.

Für die getestete Anwendung ist die Floating-Point Leistung der ausführenden Hardware maßgeblich. Die Ergebnisse zeigen, daß die in der Literatur angegebenen Performance-Werte, die für einen T800-30 bei 2,25 MFlops liegen (s.z.B. [Topping 91],p.7), bei weitem nicht erreicht werden. Die Floating-Point Leistung einer Sun 4/20 wird mit 1,2 MFlops, die einer Sun 4/75 wird mit 4,2 MFlops angegeben. Teilt man, stark vereinfachend, die MFlop Angaben für die Sun-Maschinen durch die relative Leistung in Abbildung 6, so ergibt sich für das getestete T800-TRAM eine effektiv verfügbare Rechenleistung zwischen 0,26 und 0,29 MFlops. Diese geringen Werte sind vermutlich auch darauf zurückzuführen, daß die Compiler auf der Workstation einen wesentlich besseren Code erzeugen. Weitere mögliche Gründe für das relativ schlechte Abschneiden der Transputer bei der getesteten Anwendung sind möglicherweise auf die Helios-Bibliotheken, sowie auf einen gewissen Betriebssystem-Overhead zurückzuführen. Eine detaillierte Untersuchung

Rechnersystem	Compiler Option	T800 TRAM, 20 MHz	Compiler Option	Sun 4/20 (20 MHz SPARC)	Compiler Option	Sun 4/75 (40 MHz SPARC)
Rechenzeit in Sekunden	c -g c -O	1140,48 757,67	c -g c -O2	299,39 163,00	c -g c -O2	112,49 52,94
Relative Leistung	1		4,65		14,31	
Compiler/ Betriebssystem	Helios 1.2.1 C-Compiler		SunOS 4.1.1B, Sun C-Compiler			

Abb. 6: Rechenzeitvergleich anhand der Lösung der Rosenbrockschen Testfunktion (s. Abschnitt 5)

hat jedoch nicht stattgefunden, da unter Portabilitätsgesichtspunkten eine "Handoptimierung" der Software nicht zur Diskussion steht.

Die Optix-II Softwareumgebung ermöglicht es dem Anwender sein Problem unabhängig von der Hardware, auf der es später gerechnet werden soll, zu beschreiben. Der eingeschlagene Weg der Unterstützung unterschiedlicher Hardwareplattformen wird gezielt weiterverfolgt, so daß bei einem Technologiewechsel auf die jeweils neuste Hardware übergegangen werden kann.

Die vorgestellten Ergebnisse sind Teil eines vom Ministerium für Wissenschaft und Forschung NRW unterstützten Forschungsvorhabens zum Themengebiet Dekompositionsmethoden und Parallelverarbeitung.

Literatur:

[Bertsekas 89]   Bertsekas, D.P.; Tsitsiklis, J.N.: Parallel and Distributed Computation, Prentice Hall, 1989

[Bisseling 91]   Bisseling, R.H.; Doup, T.M.; Loyens, L.D.: A Parallel Interior Point Algorithm for Linear Programming on a Network of 400 Transputers, APMOD91, London, Jan. '91, Brunell-University

[Boden 91]   Boden, H.; Gehne, R.; Grauer, M.: Parallel nonlinear Optimization on a Multiprocessor System with distributed Memory, in [Grauer 91], p. 65-78.

[Bremicker 89]   Bremicker, Michael: Dekompositionsstrategie in Anwendung auf Probleme der Gestaltoptimierung, Fortschrittberichte VDI, Reihe 1, Nr. 173, VDI-Verlag, Düsseldorf 1989.

[Dantzig 61]   Dantzig, G.B.; Wolfe, P.: The Decomposition Algorithm for Linear Programs, Econometrica, 29 (1961), 767-778

[Grauer 80]   Grauer, M.: Über eine Erweiterung der Mehrebenenoptimierung, msr 23 (1980) H.3, S. 159-162

[Grauer 91]   Grauer, M.; Preßmar, D.B.(Eds.): Parallel Computing and Mathematical Optimization, Springer Verlag, Heidelberg, New York, 1991, p. 65-78.

[Lasdon 70]   Lasdon, L. S.: Optimization Theory for Large Systems, MacMillan, London, 1970

[Medhi 90]   Medhi, D.: Parallel Bundle-based Decomposition for Large-scale Structured Mathematical Programming Problems, in: Rosen, J.B.(Ed.): Supercomputers and Large-scale Optimization: Algorithms, Software, Applications, J.C. Baltzer AG, Basel, 1990

[Mesarovic 70]   Mesarovic, M. D.: Macko, D., Takahara, Y.: Theory of Hierarchical, Multilevel Systems, Acadamic Press, London, New York, 1970

[Topping 91]   Topping, B.H.V.; Khan,A.I.: Parallel Computations for Structural Analysis, Re-Analysis and Optimization, paper presented at the NATO:DFG Advanced Study Institute "Optimization of Large Structural Systems", Berchtesgarden, Germany, 23rd-4th October 1991.

Transputer in der Iterationstheorie
ganzer transzendenter Funktionen

B. Krauskopf
Vakgroep Wiskunde
Rijks*universiteit* Groningen

NL - 9700 AV Groningen

Einleitung

In der Iterationstheorie ist man an hochwertigen Computerbildern interessiert, die eine möglichst
große Aussagekraft haben. Bei der Iteration ganzer transzendenter Funktionen stehen diesem Ziel
grundsätzliche Probleme entgegen, die mit der wesentlichen Singularität in ∞ zusammen hängen. Als
wichtigstes Beispiel ganzer transzendenter Funktionen wurde am Lehrstuhl für Angewandte Mathematik insbesondere Informatik der RWTH Aachen die Exponential-Familie untersucht. Verschiedene
rechenintensive Verfahren wurden zum Teil neu entwickelt und auf einem Transputersystem implementiert. Anhand der dabei erzeugten Farbbilder wurden die Verfahren beurteilt.

Ziel dieses Artikels ist es, diese Arbeit vorzustellen, wobei wir uns auf Fluchtverfahren und Verfahren beschränken, die den dynamischen Zusammenhang mit der bekannten Mandelbrot-Menge
illustrieren. Dazu sagen wir in Abschnitt 1 zunächst etwas über die Exponential-Familie aus Sicht
der Iterationstheorie. In Abschnitt 2 erläutern wir unser Berechnungsmodell und in Abschnitt 3 das
verwendete Transputersystem. In Abschnitt 4 stellen wir dann einige Ergebnisse vor.

1 Iteration der Exponential-Familie

Wir betrachten die Familie komplexer Funktionen

$$\mathcal{E} := \{\lambda e^z | \lambda \in \mathbf{C}; \lambda \neq 0\},$$

die *Exponential-Familie*. Ein Element von $\mathcal{E}$ bezeichnen wir als E_λ und interessieren uns für das
Verhalten von Punkten $z \in \mathbf{C}$ unter Iteration von E_λ. Anders ausgedrückt interessiert uns das
Schicksal des *Orbits*

$$O_\lambda(z) := \{z, E_\lambda(z), E_\lambda^2(z), E_\lambda^3(z), \ldots\}$$

Die Iterationstheorie unterscheidet dabei 'chaotische' Punkte, die auf keiner noch so kleinen Umgebung Konvergenz erkennen lassen, und 'gutartige' Punkte, die gleichmäßig in einer Umgebung konvergieren.

Etwas mathematischer ausgedrückt betrachtet man zu E_λ die *Julia-Menge*

$$J_\lambda := \{z \in \mathbf{C} | \{E_\lambda{}^n\} \text{ ist in keiner Umgebung von } z \text{ normal}\}$$

und die *Fatou-Menge* $F_\lambda := \mathbf{C} \setminus J_\lambda$.

Die Funktion E_λ verhält sich auf J_λ in der Tat 'chaotisch' und auf F_λ 'gutartig'. Bei weiteren
Fragen zur Iterationstheorie verweisen wir auf [B84] und [D87].

Je nach dem Wert des Parameters λ gibt es zwei Möglichkeiten für die Gestalt von J_λ:

- $J_\lambda = \mathbb{C}$ oder

- $J_\lambda \neq \mathbb{C}$.

Im ersten Fall ist das Verhalten von E_λ auf ganz $\mathbb{C}$ 'chaotisch', im zweiten Fall ist J_λ eine nirgends dichte Menge von Kurven, die als *Cantor-Bouquet* bezeichnet wird.

Variiert man λ so, daß man vom einen Fall zum anderen kommt, so ist dies eine *Bifurkation*, die in diesem Fall, wegen der erstaunlichen qualitativen Veränderung, als Explosion bezeichnet wird. Der Leser sei bei Fragen die Exponential-Familie betreffend auf [D91] verwiesen.

Wir definieren die Mengen

$$\mathcal{M} := \{\lambda \in \mathbb{C} | J_\lambda = \mathbb{C}\} \text{ und } B_\infty := \mathbb{C} \setminus \mathcal{M}.$$

Diese Mengen unterteilen die Parameterebene gerade nach den oben besprochenen Möglichkeiten. Die Menge $\mathcal{M}$ wird als das *Verzweigungsdiagramm* der Familie $\mathcal{E}$ bezeichnet und es ist bewiesen worden, daß $\mathcal{M}$ eine Menge von Kurven ist.

1.1 Grundlagen der Fluchtverfahren

Um Bilder von Julia-Mengen und dem Verzweigungsdiagramm zu berechnen, kann man sich einer Klasse von Verfahren bedienen, die auf folgendem beruhen:

- Die Julia-Menge J_λ ist der Abschluß aller Punkte $z \in \mathbb{C}$, deren Orbit $O_\lambda(z)$ gegen ∞ konvergiert.

- Falls der sogenannte *kritische Wert* 0 unter Iteration von E_λ, i.e. der *kritische Orbit* $O_\lambda(0)$ gegen ∞ konvergiert, so ist $\lambda \in \mathcal{M}$.

Es kommt also auf fliehende Orbits an, daher der Name Fluchtverfahren. Die folgende Vorgehensweise liegt nahe:

Um sich ein Bild von der Julia-Menge J_λ zu festem λ zu machen, iteriere man $E_\lambda(z)$ für alle z und schätze geeignet ab, ob diese Folge gegen ∞ konvergiert.

Um ein Bild vom Verzweigungsdiagramm $\mathcal{M}$ zu bekommen, iteriere man $E_\lambda(0)$, den kritischen Wert, und schätze geeignet ab, ob diese Folge gegen ∞ konvergiert. Falls ja, so ist $\lambda \in \mathcal{M}$.

Die Schwierigkeit besteht darin, 'geeignet' zu entscheiden, ob eine Konvergenz gegen ∞ vorliegt oder nicht. Dabei hat man mit folgenden Schwierigkeiten zu tun:

- Bei der Exponentialfunktion verstärken sich Rundungsfehler extrem schnell.

- Der Auswertung der Exponentialfunktion sind auf dem Rechner, auch bei doppelter Rechengenauigkeit, enge Grenzen gesetzt.

- Wegen der wesentlichen Singularität der E_λ in ∞ gibt es kein einfaches Abbruchkriterium für die Konvergenz eines Orbits gegen ∞.

Man beachte, daß diese Probleme für Verfahren zur Iteration rationaler Funktionen, wie sie etwa in [PS88] behandelt werden, nicht auftreten. Sie sind vielmehr typisch für die ganzen transzendenten Funktionen.

1.2 Zum Zusammenhang mit der Mandelbrot-Menge

Die komplexen Polynome $P_{d,\lambda} := \lambda(1 + \frac{z}{d})^d$ konvergieren lokal gleichmäßig gegen E_λ. Betrachtet man die Julia-Mengen $J_{d,\lambda}$ zu $P_{d,\lambda}$, so stellt sich die Frage, ob auch für diese eine Art von Konvergenz gegen J_λ vorliegt.

Man muß sich dabei klar machen, daß es zwischen den $J_{d,\lambda}$ und J_λ erhebliche Unterschiede gibt. Zum Beispiel kann $J_{d,\lambda}$ für kein d und λ die gesamte komplexe Ebene sein.

Auch hier gibt es zwei verschiedene Möglichkeiten:

- $J_{d,\lambda}$ ist zusammenhängend oder

- $J_{d,\lambda}$ ist nicht zusammenhängend.

Wir definieren
$$B_d := \{\lambda \in \mathbb{C} \,|\, J_{d,\lambda} \text{ ist zusammenhängend}\},$$

was einer Aufteilung der Parameterebene in diese zwei Möglichkeiten entspricht. Die Menge B_2 ist nichts anderes als die bekannte Mandelbrot-Menge, auch 'Apfelmännchen' genannt, in etwas anderen Koordinaten.

Es ist nun eine erstaunliche Tatsache, daß eine dynamische Konvergenz der B_d gegen B_∞ bewiesen wurde, Einzelheiten entnehme man [D91].

Man kann auch die B_d mit einem Fluchtverfahren berechnen, denn es gilt:

- $J_{d,\lambda}$ ist genau dann zusammenhängend, wenn der kritische Orbit $O_{d,\lambda}(0)$ beschränkt bleibt.

Das Komplement von B_d besteht also gerade aus den Parameterwerten λ, so daß der kritische Wert 0 unter Iteration von $P_{d,\lambda}$ nach ∞ flieht.

2 Das Berechnungsmodell

Als Grundlage aller Verfahren dient ein Gitter, das der Auflösung des verwendeten Farbmonitors entspricht. Jeder Punkt dieses Gitters repräsentiert eine Zahl eines Ausschnitts der komplexen Ebene.

Allen Verfahren ist gemein, daß zu jedem Punkt des Gitters ein Orbit iteriert und dessen 'Schicksal' abgeschätzt wird. Diese Information wird dann farbig kodiert und es entsteht ein Bild des Iterationsverhaltens, zum Beispiel die Julia-Menge oder das Verzweigungsdiagramms.

Die Funktion E_λ wird in Real- und Imaginärteil zerlegt, was auf folgende Formeln für die Iteration auf dem Rechner führt:

```
X[N+1] = EXP(X[N]) * (LambdaX * COS(Y[N]) - LambdaY * SIN(Y[N]))
Y[N+1] = EXP(X[N]) * (LambdaX * SIN(Y[N]) + LambdaY * COS(Y[N]))
```

Diese Formeln werden für jeden Punkt des Gitters maximal NMax-mal iteriert, wobei bei Verlassen der Definitionsintervalle der Routinen EXP(X), SIN(X) und COS(X) geeignet reagiert werden muß. Man erhält so eine Näherung, deren Qualität stark vom verwendeten Verfahren und den zugehörigen Parametern abhängt. Dies werden wir in 4.1 am Beispiel der Fluchtverfahren noch genauer sehen.

An dieser Stelle können wir aber bereits festhalten, daß ein Bild ohne Kenntnis des verwendeten Verfahrens und der zugehörigen Paramter kaum mathematische Rückschlüße zuläßt. Mit Hilfe der Theorie kann man versuchen, Verfahren und Parameter zu verbessern.

3 Das Transputersystem

Es bietet sich in besonderer Weise an, für die erforderlichen Berechnungen ein Transputersystem zu verwenden, denn:

- Man benötigt eine große Rechnerleistung.

- Die Verfahren lassen sich hervorragend parallelisieren, weil der Orbit zu jedem Gitterpunkt völlig unabhängig von allen anderen Gitterpunkten ist.

- Der Kommunikationsaufwand zum Verschicken von Aufgaben und Lösungen tritt gegenüber dem Rechenaufwand in den Hintergrund.

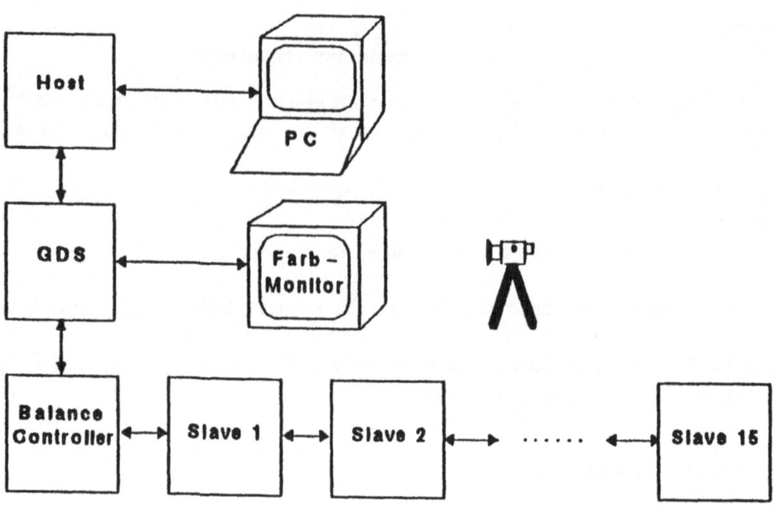

Abb. 1: *Schema des Transputersystems*

Alle Verfahren wurden auf dem Transputersystem des Lehrstuhls implementiert, das in Abb. 1 skizziert ist und nun kurz erläutert werden soll.

Vom Host-Transputer aus, der in einem PC steckt, werden die Programme in das Netzwerk geladen. Das Netzwerk ist fest verkabelt und besteht aus Transputer-Boards der Firma Parsytec aus Aachen. Es ist als Pipeline organisiert — jeder Transputer kann mit seinem Vorgänger und Nachfolger (so vorhanden) Nachrichten austauschen. Der erste Knoten ist ein Grafic Display System (GDSII), das die Bilder auf einem Farbmonitor in 256 Farben darstellt.

Der zweite Knoten im Netz dient als Balance-Controller und verteilt die Aufgaben an die restlichen Knoten, eine Farm von Slave-Prozessoren. Art und Anzahl der Slaves kann variiert werden — in der verwendeten Version rechnen 15 T800–Transputer mit Arithmetik-Coprozessor. Das ergibt eine theoretische Rechenleistung von 22.25 Mflops. Wegen des relativ geringen Kommunikationsaufwands kann man bei der Anzahl verwendeter Prozessoren von einer hohen Ausnutzung der theoretisch möglichen Rechenleistung ausgehen.

Der Kommunikationsteil stammt von einem Demo-Programm für die Mandelbrot-Menge der Firma INMOS, das am Lehrstuhl vorhanden ist. Alle Verfahren wurden in OCCAM 2 in doppelter Rechengenauigkeit implementiert.

Der Controller vergibt 'Aufgaben'. Jede dieser Aufgaben besteht aus dem Berechnen einer Viertel-Bildschirmzeile, eines 256 Byte großen Arrays mit den Farbwerten der entsprechenden Punkte. Sie wird die Pipeline entlang gereicht bis zum ersten Slave, der gerade frei ist.

Dieser bemächtigt sich der Aufgabe und ist von nun an beschäftigt. Gemäß dem vorher festgelegten Verfahren beginnt er mit der Rechnung. Parallel dazu gibt er gegebenenfalls Nachrichten, Aufgaben und Antworten, an seine Nachbarn weiter, so daß die Kommunikation entlang der Pipeline aufrecht erhalten bleibt. Ist die Aufgabe beendet, so gibt er das Ergebnis in Form eines Arrays entlang der Pipeline an den Controller zurück und ist wieder frei.

Der Controller vermerkt, daß die Aufgabe erledigt ist, und leitet das Ergebnis an das GDS weiter, das es sofort auf dem Farbmonitor darstellt. So erscheint das Bild nach und nach auf dem Bildschirm.

4 Ergebnisse

Hier können nur die bereits angekündigten Ergebnisse kurz vorgestellt werden. Der Interessierte sei daher auf [K91] verwiesen. Dort finden sich zudem Methoden, die Ideen der *symbolischen Dynamik* verwenden, ein Überblick über die Theorie und ein ausführliches Literaturverzeichnis.

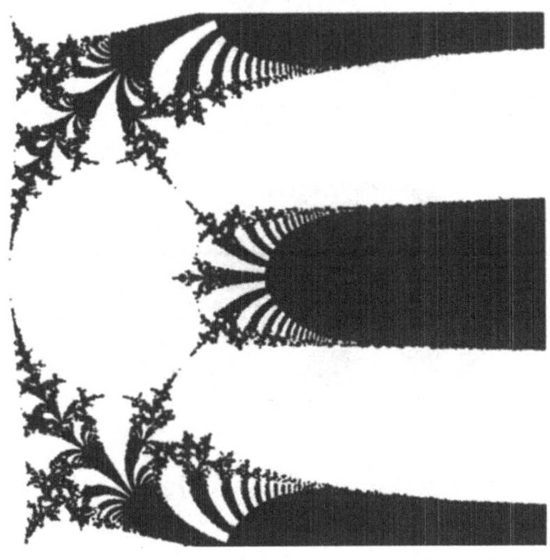

Abb. 2: *Veranschaulichung des Verzeigungsdiagramms $\mathcal{M}$ mit 'Keulen'
im Ausschnitt $-3.0 < Re(\lambda) < 5.5; |Im(\lambda)| < 4.0$*

4.1 Die Fluchtverfahren

Die Fluchtverfahren wurden mit dem Ziel implementiert, das Auftreten von Artefakten in den Bildern in Abhängigkeit vom Verfahren und den Parametern zu studieren. Dazu wurde der Einfluß der Auswertung von EXP(X) einerseits, und SIN(X) und COS(X) andererseits, untersucht, um die grundsätzlichen Grenzen für die Qualität von Bildern bei gegebener Rechengenauigkeit festzustellen.

Man wird im einfachsten Fall annehmen, daß ein Orbit gegen ∞ konvergiert, wenn nach spätestens der maximalen Anzahl von Iterationen NMax der Realteil von X[N+1] betragsmäßig sehr groß ist.

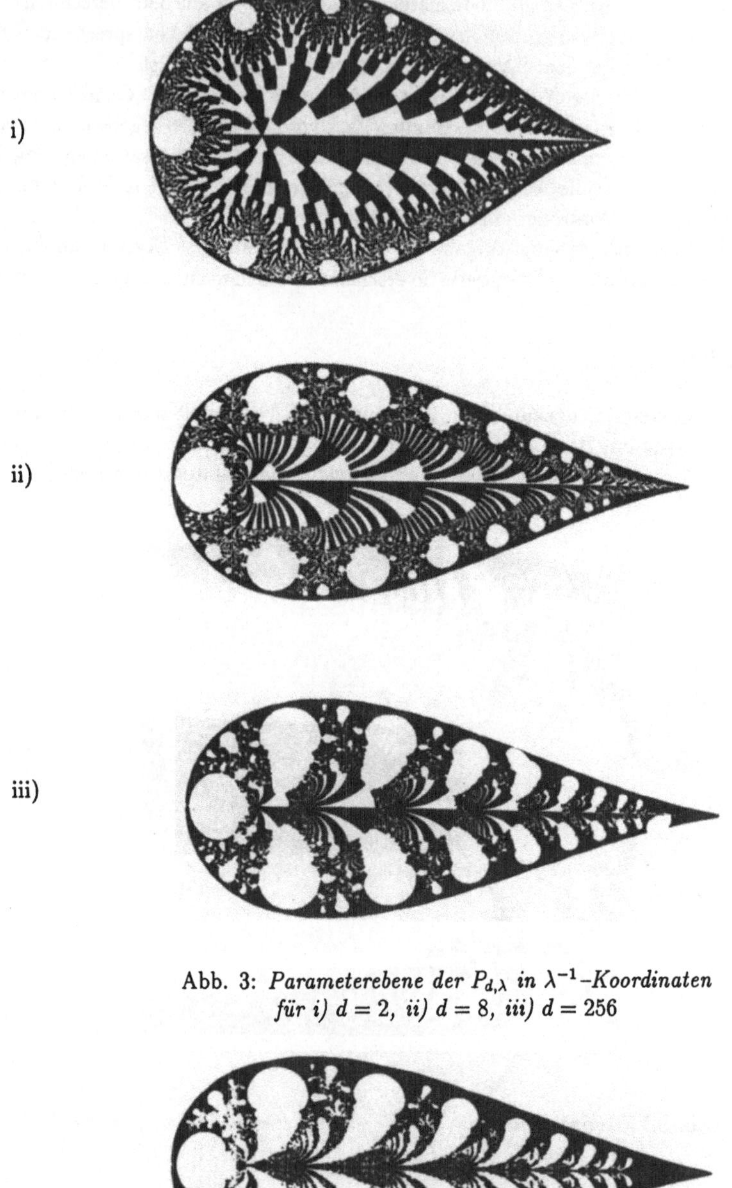

Abb. 3: *Parameterebene der $P_{d,\lambda}$ in λ^{-1}-Koordinaten für i) $d = 2$, ii) $d = 8$, iii) $d = 256$*

Abb. 4: *Parameterebene der Familie $\mathcal{E}$ in λ^{-1}-Koordinaten*

Dies ist sicher dann der Fall, wenn `X[N]` so groß ist, daß `EXP(X[N])` einen Überlauf erzielen würde. Dieser minimale Wert `GrenzeX`, ab dem das geschieht, hängt vom Zahlenformat ab und ist bei doppelter Rechengenauigkeit etwa 700.

Die so abgeschätzten Orbits führen zu großen einfarbigen Bereichen in den Bildern. Das sind Artefakte, auch 'Keulen' genannt, die eigentlich nicht auftreten dürfen. In Abb. 2 ist ein Bild des Verzweigungsdiagramms $\mathcal{M}$ wiedergegeben, wobei `GrenzeX = 50` bewußt niedrig gewählt ist, um das Entstehen der 'Keulen' zu demonstrieren.

Für `GrenzeX = 700` sind die 'Keulen' zwar kleiner, aber immer noch vorhanden. Eine echte Verbesserung kann man erreichen, wenn man sozusagen einen Schritt weiter schaut und zusätzlich das Vorzeichen von `X[N+1]`, also den Ausduck (`LambdaX * COS(Y[N]) - LambdaY * SIN(Y[N])`) untersucht. Ist dessen Vorzeichen negativ, so wird der nachfolgende Realteil `X[N+2]` sehr klein, und wir nehmen an, daß der Orbit dann *nicht* gegen ∞ konvergiert.

So lassen sich die 'Keulen' weiter auflösen, aber nur bis zu einer bestimmten Grenze, die vom Zahlenformat, also der Rechengenauigkeit abhängig ist. Einer ausführlicheren und weitergehenden Diskussion von Fluchtverfahren an Hand von Farbbildern widmet sich [K91].

4.2 Konvergenz in der Parameterebene

Bei unseren Experimenten hat es sich herausgestellt, daß sich die in 1.2 beschriebene Konvergenz der B_d gegen B_∞ am besten in λ^{-1}-Koordinaten veranschaulichen läßt. An dieser Stelle wollen wir einen Eindruck mit Abb. 3i)–iii) und Abb. 4 geben. Der betrachtete Ausschnitt der komplexen Ebene ist $-1.0 < Re(\lambda) < 3.0; |Im(\lambda)| < 1.0$.

Die Darstellung in λ^{-1}-Koordinaten entspricht der Spiegelung eines herkömmlichen Bildes am Einheitskreis; der Punkt ∞ befindet sich nahe der Bildmitte. Die Mandelbrot-Menge ist in Abb. 3i) in etwas ungewohnter Darstellung zu erkennen. Diese Bilder wurden mit einem Fluchtverfahren erzeugt bei gleichzeitiger Berechnung der *hyperbolischen Komponenten* und einer Approximation der *äußeren Winkel*, was sehr aufwendig ist.

Der Vergleich von Abb. 3iii) und Abb. 4 verdeutlicht die Konvergenz: es ist eine sehr große Übereinstimmung der weißen Gebiete, der hyperbolischen Komponenten, insbesondere der äußeren 'Tropfenform' erkennbar.

Wie schon gesagt stellt sich die Frage nach der Konvergenz der Julia-Mengen $J_{d,\lambda}$ gegen J_λ für festes λ. In Abb. 5 und Abb. 6 ist ein Experiment für $\lambda = 0.4$ in z^{-1}-Koordinaten wiedergegeben, das diese Konvergenz verdeutlichen soll. Es ist $J_{0.4} = C$ und $J_{256,0.4}$ nicht zusammenhängend, sondern eine *Cantor-Menge*. Obwohl man eine gewisse 'Konvergenz' in diesen Bildern erkennen kann, sind sie ohne genaue Kenntnis des verwendeten Verfahrens schlecht zu interpretieren. Der Interessierte sei deshalb auf [K91] verwiesen, wo sich auch Farbbilder finden.

Die mathematische Präzisierung und Beweise der Konvergenz der Julia-Mengen sind Gegenstand eines Artikels in Vorbereitung.

Danksagung

Die vorgestellte Arbeit wurde am Lehrstuhl für Angewandte Mathematik insbesondere Informatik als Diplomarbeit angenommen. Hiermit danke ich Professor Dr. W. Oberschelp und allen Mitarbeitern des Lehrstuhls herzlich für ihr Engagement und ihr Interesse. Mein Dank geht auch an die Firma Parsytec für ihre Unterstützung.

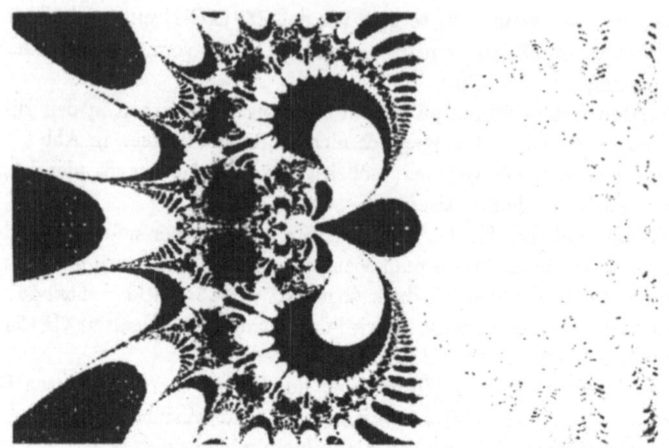

Abb. 5: *Julia-Menge J_λ zum Parameter $\lambda = 0.4$ in z^{-1}-Koordinaten im Auschnitt $-4.0 < Re(z) < 10.0; |Im(z)| < 5.0$*

Abb. 6: *Julia-Menge $J_{d,\lambda}$ zu den Parametern $\lambda = 0.4$ und $d = 256$ in z^{-1}-Koordinaten im Auschnitt $-4.0 < Re(z) < 10.0; |Im(z)| < 5.0$*

Quellen

[B84] Blanchard, P. "Complex analytic dynamics on the Riemann sphere," *Bull. AMS* **11**(1)(1984), 85–141.

[D87] Devaney, R.L *An Introduction to Chaotic Dynamical Systems* (Addison-Wesley, Redwood City, Ca, 1987).

[D91] Devaney, R.L. "e^z: dynamics and bifurcations," *Bifurcation and Chaos* **1**(2)(1991), 287–308.

[K91] Krauskopf, B. "Computergrafische Verfahren der Iterationstheorie zur Untersuchung der Exponential-Familie," *Schriften zur Informatik und Angewandten Mathematik* **148**, RWTH Aachen (1991).

[PS88] Peitgen, H.-O. & Saupe, D. (Editors) *The Science of Fractal Images* (Springer, Berlin, 1988).

Effizientes Lernen von ICD-Klassifikationen anhand von Diagnosetexten

Wolfram Pietsch, Andreas Ruppel, Bernd Schneider
Westf. Wilhelms-Universität Münster
Institut für Wirtschaftsinformatik
Grevener Str. 91
D 4400 Münster

1   Ausgangsproblem

Für die Abrechnung von Krankenhauspflegeleistungen ist eine Codierung nach dem
weltweit gültigen ICD-Schema (International Classification of Diseases, [Internationale
Klassifikation ... 87, 88]) vorgeschrieben. Bei der Einweisung von Patienten in ein Kran-
kenhaus wird von dem behandelnden Arzt die Diagnose schriftlich festgehalten. Die textuelle Beschreibung der Einweisungsdiagnose, die sogenannte *Klartextdiagnose*, wird entweder maschinell codiert oder liegt in Form einer Notiz vor, die in der (berüchtigt unleserli-
chen) Ärzte-Handschrift verfaßt ist. Zur verwaltungstechnischen Weiterverarbeitung muß
die Klartextdiagnose bei der zuständigen Krankenkasse in den betreffenden ICD-Code
überführt, d.h. klassifiziert werden.

Für einen medizinischen Laien ist es nahezu unmöglich, das Dickicht der medizinischen
Diagnosen zu durchschauen; selbst ausgebildete Fachvertreter beherrschen üblicherweise
nur einen bestimmten Ausschnitt aus dem medizinischen Begriffsspektrum. Da in den
Krankenkassen täglich sehr viele Krankheitsfälle bearbeitet werden müssen (bei einer
größeren Betriebskrankenkasse sind 100 Krankheitsfälle pro Tag nicht unüblich), kann die
Verschlüsselung nicht von medizinischen Fachkräften durchgeführt werden; stattdessen
erfolgt die Verschlüsselung durch speziell geschulte Sachbearbeiter. Aufgrund mangelnder
Fachkenntnisse und der Komplexität des ICD-Katalogs (ca. 35.000 Krankheits- bzw. Symptombeschreibungen) sind Fehlverschlüsselungen in einer Größenordnung von 30 Prozent
keine Seltenheit. Da der Informationsgehalt der verschlüsselten Krankheitsdaten von der
Verläßlichkeit der Verschlüsselung abhängt, ist die Minimierung von Verschlüsselungsfeh-
lern außerordentlich wichtig.

2   Klassfikationssysteme

2.1   Linguistische Verfahren

Leistungsfähige medizinische Klassifikationsverfahren (z.B. SNOMED, [Wingert 79]) kombinieren Ansätze aus der Linguistik und der Musterverarbeitung: durch gezielte Musterverarbeitung wird der Klartext in eine standardisierte Form überführt und damit die Variationsbreite der Klassifikation eingeschränkt; die eigentliche Klassifikation erfolgt linguistisch. Dabei wird die Diagnose in Worte und/oder Morpheme (kleinste sinntragende Bestandteile eines Wortes, d.h. Silben oder Teilsilben) zerlegt, denen dann aufgrund eines vordefinierten Wörterbuchs eine Bedeutung zugeordnet wird. Die abschließende Klassifikation wird auf der Basis von Referenzlisten oder Strukturbäumen, die die Wort- bzw. Morphem-Anordnung der Diagnosen einer Klasse beschreiben, durchgeführt.

Die linguistischen Verfahren sind in der Lage, falsch geschriebene oder unbekannte Wörter zu identifizieren. Eine automatische Korrektur kann jedoch nur mit sehr hohem Aufwand realisiert werden. Deshalb lehnen linguistische Klassifikationssysteme die Bearbeitung fehlerhafter Angaben ab, sind also nicht solderlich "fehlertolerant". Der hohe Erstellungs- und Wartungsaufwand für Wörterbücher, Referenzlisten und Strukturbäume stellt einen weiteren Nachteil dieser Klassifikationsverfahren dar. Soll das Klassifikationssystem um neue Diagnosen und/oder Diagnosebeschreibungen erweitert werden, sind Wörterbücher, Referenzlisten oder Strukturbäume zu ergänzen. Eine maschinelle Pflege ist beim augenblicklichen Stand der Technik nicht möglich.

2.2   Selbstlernende Klassifikation

Der Einsatz konnektionistischer Verfahren eröffnet eine alternative Lösung des Klassifikationsproblems. Wir entwickelten ein Verfahren, das sich nicht nur für die Klassifikation medizinischer Klartextdiagnosen eignet, sondern prinzipiell auf beliebige Klassifikationsprobleme übertragen werden kann - das selbstlernende Klassifikationssystem (SEKS). Das Verfahren basiert auf dem induktiven Lernen, d.h. es erwirbt selbständig Wissen aus einer Menge von Beispiel- bzw. - im Jargon der konnektionistischen Verfahren - Trainingsdaten. Ein Wertepaar, bestehend aus einer medizinischen Klartextdiagnose und dem zugehörigen ICD-Code, bildet ein Klassifikationsbeispiel für die ICD-Verschlüsselung.

Das Verfahren SEKS gliedert sich in die Phasen "Vorverarbeitung", "Anlernen" und "Anwendung". Im Rahmen der Vorverarbeitung werden aus der Menge der zur Verfügung stehenden Klassifikationsbeispiele, der sogenannten Musterdatenliste, Worte bzw. Wortsegmente extrahiert und eine Cross-Referenz-Tabelle, die angibt welche Wortsegmente in den Diagnosen einer Klasse auftreten, angelegt. Die Vorverarbeitung wird durch eine Kodierung der Musterdatenliste für eine effiziente Verarbeitung abgeschlossen. Wir wählten eine einfache binär-lokale Kodierung, d.h. für alle Muster wird dem betreffenden ICD-Schlüssel ein binärer Vektor mit folgender Bedeutung zugeordnet: Jede Stelle des Vektors repräsentiert ein Wortsegment; eine "1" gibt an, daß das betreffende Wortsegment in dem betrachteten Diagnoseklartext gefunden wurde und eine "0", daß es nicht gefunden wurde.

An die Vorverarbeitung schließt sich das Anlernen des neuronalen Netzes an. Konstruiert man ein neuronales Netz in Form eines einstufigen Perceptrons, das für jedes im Rahmen der Vorverarbeitung extrahierte Morphem ein Input-, und für jeden betrachteten ICD-Schlüssel ein Output-Neuron enthält, so kann dieses auf der Basis einer ausreichend großen Menge von Klassifikationsbeispiele mittels der Delta-Regel

$$\Delta w_{ij} = \eta \cdot (t_i - o_i) \cdot o_j$$

so "trainiert" werden, das es nach Abschluß der Lernphase zur automatischen Verschlüsselung von Klartextdiagnosen in die ICD-Systematik eingesetzt werden kann.

Die Effizienz des Verfahrens kann dadurch verbessert werden, daß auf eine vollständige Vernetzung von Input- und Output-Neuronen verzichtet wird und nur solche Verbindungen erzeugt werden, die auch in den Beispieldaten gefunden wurden. Die in der vorhergehenden Phase erstellte Cross-Referenz-Liste liefert die notwendigen Informationen. Die Ausgabe der Output-Neuronen wird allein durch das Auftreten von Wortsegmenten im Klartext bestimmt. Enthalten die Musterdaten kein Beispiel für das Auftreten eines bestimmten Wortsegments in einer Diagnosebeschreibung, dann ist die betreffende Verbindung zwischen Input- und Output-Neuron praktisch irrelevant; der Einfluß dieses Eingabeneurons auf die Ausgabe sollte immer gleich Null sein. Man kann durch theoretische Überlegungen zeigen, daß nur bei vollständiger Vernetzung garantiert werden kann, daß alle (linear separierbaren) Mustermengen korrekt gelernt werden. Unsere bisherigen Erfahrungen haben jedoch gezeigt, daß diese Einschränkung praktisch vernachlässigbar ist.

Nach erfolgreichem Anlernen kann das neuronale Netz über einen geeigneten Netzsimulator in ein Anwendungssystem eingebunden werden.

3 Implementierung und Performance-Probleme

In einer prototypischen Implementierung wurde die Praktikabilität des Verfahrens SEKS überprüft. Dazu wurde ein kleiner Teilbereich der ICD-Systematik (z.B. 420 "AKUTE PERIKARDITIS", 420 "HERZBEUTELERGUSS, AKUT", 422 "MYOKARDITIS", 423 "SONSTIGE KRANKHEITEN DES PERIKARDS", 427 "HERZRHYTHMUSSTOERUNGEN") - die ICD-Schlüssel 410 bis 429, die der Diagnose-Gruppe der "Sonstigen Formen von Herzkrankheiten" angehören - ausgewählt, eine kleine Musterdatenliste mit 54 Diagnose- bzw. Symptombeschreibungen erstellt und anschließend die darin enthaltenden Wortsegmente extrahiert (z.B. "HERZ", "AKUT", "PERIKARD", "STOERUNG"). Nach dem Anlernen des neuronalen Netzes ergaben sich die in Abbildung 1 gezeigten Gewichte. Die Tabelle ist wie folgt zu interpretieren: ein Wortsegment in der Spalte "Muster" liefert einen Hinweis auf die Klasse der Spalte "Klasse" in der in Spalte "Gewicht" angegebenen Höhe.

MUSTER	KLASSE	GEWICHT	MUSTER	KLASSE	GEWICHT
$Bias	420	-5.606	MYOKARD	425	0.855
AKUT	420	2.929	MYOPATHIE	425	3.232
BEUTEL	420	1.876	$Bias	426	-3.726
ERGUSS	420	5.899	ADAM	426	2.541
HERZ	420	-0.989	ERREGUNGSLEITUNG	426	3.101
PERIKARD	420	0.040	HERZ	426	0.280
PERIKARDITIS	420	3.402	SICK	426	2.291
PULMONAL	420	1.436	SINUS	426	0.767
$Bias	421	-6.917	STOERUNG	426	1.633
AKUT	421	3.538	STOKES	426	3.829
ENDOKARD	421	2.792	SYMPTOM	426	3.889
ENDOKARDITIS	421	2.304	WPW	426	2.596
SUBAKUT	421	0.758	$Bias	427	-3.811
$Bias	422	-4.462	ARRHYTHMIE	427	6.019
MYOKARD	422	1.565	EXTRA	427	3.336
MYOKARDITIS	422	4.940	HERZ	427	-0.246
$Bias	423	-4.281	IMPLANT	427	3.795
PERIKARD	423	4.268	RHYTHMUS	427	4.863
PERIKARDITIS	423	-0.245	SCHRITTMACHER	427	2.873
$Bias	424	-3.573	STOERUNG	427	1.410
AORT	424	3.548	SYSTOLIE	427	3.140
ENDOKARD	424	5.565	$Bias	428	-5.057
ENDOKARDITIS	424	-2.442	ASTHMA	428	5.862
FEHLER	424	4.335	AUSGEPRAEGT	428	3.620
HERZ	424	-0.572	CARDIALE	428	2.606
KLAPPEN	424	2.567	COR	428	0.228
RHEUMA	424	0.529	CORDIS	428	-0.947
STENOSE	424	2.754	HERZ	428	1.560
$Bias	425	-4.042	INSUFFIZIEN	428	2.248
IOPATHIE	425	5.403	MUSKEL	428	-0.160
KARDIO	425	3.281	MYODEGENERATIO	428	-0.346

Abb. 1: Konnektionistisches Klassifikationsmodell

Zur Durchführung einer Klassifikation werden die Hinweisgewichte aller Begriffe, die in einem Diagnosetext gefunden werden, je Klasse aufsummiert. Es wird die Klasse als Klassifikator ausgewählt, für die sich der höchste kummulierte Gewichtswert ergibt (Winner-takes-all-Strategie).

Eine praktische Evaluierung dieses sehr einfachen Prototyps ergab immerhin schon eine Trefferquote von circa 75 Prozent. Aufgrund dieser positiven Zwichenergebnisse wurde der Prototyp weiterentwickelt, und auf die vollständige, dreistellige ICD-Systematik mit circa 1000 Diagnosen angewandt ($\rightarrow$ Output-Neurone). Für das Anlernen standen circa 7.500 Klassifikationsbeispiele ($\rightarrow$ Musterdatenliste) zur Verfügung. Im Rahmen der Vorverarbeitung wurden über 2.600 Wortsegmente ($\rightarrow$ Input-Neurone) identifiziert. Die Cross-Referenz-Liste enthält über 45.000 relevante Verbindungen ($\rightarrow$ Verbindungen zwischen Input- und Output-Neuronen).

Dieses riesige Mengengerüst überforderte die Leistungsfähigkeit der zur Verfügung stehenden Workstation: nach einer einmonatigen Lernphase und 750 Lernschritten erzielte das neuronale Netz nur eine Trefferquote von weniger als 50 Prozent. Da man davon ausgehen kann, daß die Lernkurve (Anzahl korrekter Verschlüsselungen aufgetragen vs. Anzahl der Lernepochen) einen asymptotischen Verlauf aufweist, waren akzeptable Ergebnisse erst nach mehreren Monaten Laufzeit zu erwarten und das Verfahren daher so nicht praktikabel.

4 Übertragung auf ein Transputer-Cluster

Auch eine Portierung auf eine leistungsfähigere Workstation brachte keine wirklich signifikante Performance-Verbesserung. Es wurde klar, daß der notwendige Performance-Sprung nur durch Parallelisierung des Lernverfahrens und Einsatz von dedizierter Parallel-Hardware erreicht werden konnte.

Die Parallelisierung basiert auf folgenden Überlegungen: Faßt man die zur Verfügung stehenden Musterdiagnosen als Stützstellen einer Funktion

ICD : $\{0, 1\}^N \rightarrow \{0, 1\}^M$ mit

N : Anzahl der relevanten Wortsegmente und

M : Anzahl der betrachteten ICD-Schlüssel

auf, so impliziert der Aufbau des konnektionistischen Klassifikationsmodells die geeignete Approximation der Funktion ICD derart, daß für jeden Klartext die Diagnose gefunden wird, die auch in den Musterdaten enthalten ist. Die Funktion ICD sollte idealerweise auch dann den richtigen ICD-Schlüssel liefern, wenn die Musterdiagnose keine Stützstelle der Funktion ICD ist ("semantische Korrektheit"). Die Funktion ICD kann als eine Parallelausführung von M Funktionen ICD_i aufgefaßt werden, deren Bildbereich eingeschränkt ist:

$\langle f_1(\dots) \dots f_m(\dots)\rangle$ bezeichne die Parallelausführung von f_1 bis f_m mit

m : Anzahl der verwendeten parallelen Verarbeitungseinheiten ($1 \leq m \leq M$);

zur Vereinfachung wird angenommen, daß m | M.

Sei weiter

$P_j^k(a)$: die Projektion des Vektors a auf seine Komponenten j bis k

sowie $ICD_i = P_{S \cdot (i-1)}{}^{S \cdot i - 1} \cdot ICD$ mit

s : Größe des Netzwerk-Segments auf einer Verarbeitungseinheit (s = M div m).

Dann gilt für einen beliebigen Mustervektor v

$$ICD(v) = \langle ICD_1(v) \dots ICD_m(v)\rangle.$$

Idealerweise sollte die Funktion ICD in genausoviele Teilfunktionen zerlegt werden, wie es Ausgabeneuronen gibt (m = M). In diesem Fall würde auf jedem Transputer eine Ausgabekomponente gelernt werden. Da die Anzahl der verfügbaren Transputer jedoch üblicherweise dazu nicht ausreicht (m < M), müssen praktisch mehrere Ausgabekomponenten auf einem Transputer gelernt werden (siehe Abbildung 2).

Die Zerlegung geht von der oben erläuterten Cross-Referenz-Liste aus; sie wird nach dem ICD-Schlüssel aufgelöst und auf die für das Anlernen einzusetzenden Transputerknoten (in Beispiel: m = 2) bestehend aus jeweils s = M div m Schlüsseln (im Beispiel m = 2 = 4 div 2) aufgeteilt und in entsprechenden (Unter-) Dateien abgespeichert. Die Einträge zum Output-Neuron i ($1 \leq i \leq M$) werden in der k-ten Unterdatei ($0 \leq k \leq m$) gespeichert, falls k = i div s ist.

Je Transputer-Knoten wird ein neuronales Netz angelernt bzw. eine Funktion ICD_i approximiert; für jedes einzelne der m parallel lernenden (Teil-)Netze wird eine eigene Cross-Referenz-Datei (s.o.) generiert, jedes (Teil-)Netz arbeitet auf einer eigenen, lokalen Gewichtsmatrix, setzt jedoch auf der vollständigen Musterdatenliste auf, aus der es dann mittels Projektion (s.o.) die relevanten Teilvektoren selektiert.

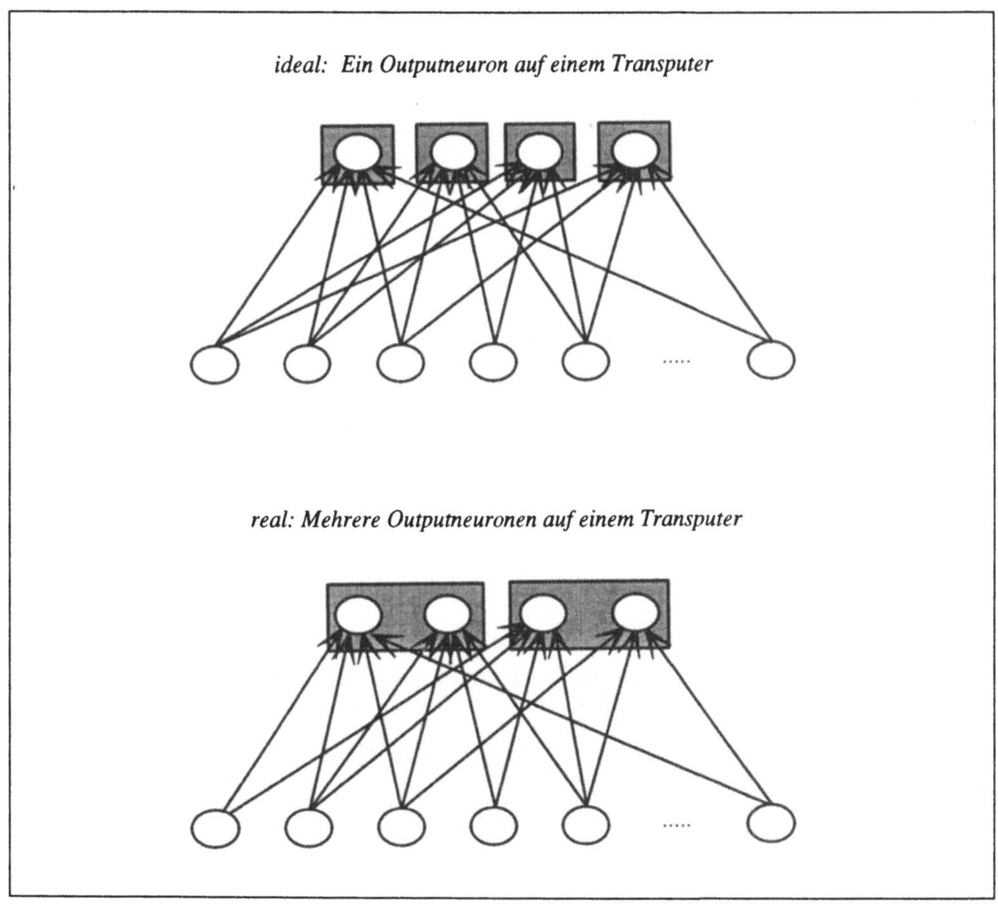

Abb. 2: Veranschaulichung der Parallelisierungsproblematik

Der Lernprozeß ist beendet, wenn alle Beispiele der Musterdatenliste fehlerfrei oder bis auf einen hinreichend kleinen Gesamtfehler gelernt wurden. Danach speichert jeder Transputer-Knoten seine "lokale" Geichtsmatrix. Die Gewichtsmatrix des Gesamtnetzwerkes, und damit das vollständige Klassifikationsmodell, erhält man durch Konkatenation der einzelnen Gewichtsmatrizen.

5 Ergebnis

Die parallelisierte Version des SEKS wurde auf einem Parsytec Multi-Cluster implementiert. Für den Lernprozeß wurden 10 Knoten eingesetzt (m = 10), pro Knoten wurden demnach 100 Output-Neuronen angelernt. Während ein Lernschritt (Präsentation von 7.500

Beispielen) auf der Workstation noch 38 Minuten dauerte, waren auf dem Transputer-basierten System nur knapp zwei Minuten erforderlich. Der Hauptanteil der Performanz-
Steigerung wird durch die Parallelisierung getragen (Faktor 10), weitere Determinanten
sind die schnellen RISC-Prozessoren, die Vermeidung von externen Speicherzugriffen (Festplatte) während des Lernens und der Betrieb der Transputer-Knoten im "Single-User" und
"Single-Process" Modus.

In diesem Beitrag wurde ein neuer leistungsfähiger Ansatz für die Klassifikation von Klartextdiagnosen vorgestellt, der sich im praktischen Einsatz befindet. Wegen der enormen
wirtschaftlichen Bedeutung der ICD-Klassifikation - eine Beratungsfirma berechnet 1 DM
für die automatische Nach-Verschlüsselung von Datenbeständen - handelt es sich bei der
vorgestellten Anwendung nicht nur um ein Beispiel, das die (anwendungs-)technischen
Vorteile des Einsatzes von Transputersystemen demonstriert, sondern auch ökonomisch zu
rechtfertigen ist.

Literatur

[ICD 87] : Internationale Klassifikation der Krankheiten, Band 2, 9. Revision, 2. Auflage,
Juli 1987, W. Kohlhammer-Verlag, Köln.

[ICD 88] : Internationale Klassifikation der Krankheiten, Band 1, 9. Revision, 2. Auflage,
Juli 1988, W. Kohlhammer-Verlag, Köln.

[Wingert 79] : Wingert, F., Medizinische Informatik, Stuttgart: Teubner 1979.

Video-Framegrabber für Transputernetzwerk

Technische Universität, W-3300 Braunschweig (FRG)
Institut für Robotik und Prozeßinformatik
Hamburger Straße 267

Martin Prüfer

Kurzfassung

Viele Probleme der Bildverarbeitung können mit Parallelcomputern gelöst werden. Seit der Verfügbarkeit der Transputer ist die notwendige Rechenleisung preiswert verfügbar. Die Entwicklung von Bildverarbeitungssoftware ist für einen 'General Purpose Prozessor' wie den Transputer vergleichsweise einfach und bequem. In derzeit bekannten transputerbasierten Systemen ist allerdings die schnelle Verteilung von Bilddaten in ein Transputernetzwerk ein ungelöstes Problem. In diesem Beitrag wird eine Architektur vorgestellt, mit der ein Video-Bild zugleich aufgenommen und verteilt wird, d.h. es wird keine extra Zeit benötigt, um die Bilddaten nach der Aufnahme zu verteilen. Eine weitere neue Eigenschaft ist die hardwaregestützte Umverteilung der verteilten Daten im Transputernetzwerk.

Stichworte: Parallele Bildverarbeitung, Echtzeit-Bilddaten-Verteilung, gepuffertes Umverteilen von Bilddaten

1. Einleitung

Viele Algorithmen der Bildverarbeitung lassen sich in unabhängige Teile aufspalten, wobei jeder Prozessor einen Teil der gesamten Bilddaten bearbeitet. Dies führt zu einer Verringerung der insgesamt benötigten Rechenzeit. Insbesondere diese Verzögerung zwischen Datenaufnahme und dem Ergebnis der Bildverarbeitung ist von Interesse und muß so kurz wie möglich gehalten werden. Zwar sind auf dem Markt bereits viele Framegrabber für Transputer verfügbar, aber sie alle haben ein gemeinsames Problem, das im folgenden erläutert wird (siehe auch [STRO90]). Zur Verdeutlichung werden hier die Operationen, die von einem transputerbasierten System durchzuführen sind, aufgezählt:

- Aufnahme eines Video-Bildes in den Speicher eines Framegrabbers
- Verteilen der Bilddaten in das Transputernetzwerk
- Parallele Bildverarbeitungsoperationen
- Zusammenführen der Ergebnisdaten auf einem Transputer
- Ausgabe der Videodaten

Üblicherweise erfolgt die Bildaufnahme mit DMA (direct memory access) in den Speicher eines Prozessors oder in ein Dual-Ported-RAM. Nach der Bildaufnahme müssen die Daten verteilt werden, bevor die Bildverarbeitungs-Algorithmen ausgeführt werden können. Im Gegensatz zu diesen Standard-Konzepten wird hier eine Architektur vorgestellt, mit der die Bilddaten direkt in ein Transputer-Netzwerk (TN) verteilt und nach der Verarbeitung in einem Schritt wieder ausgegeben werden können. Das heißt, die Verteilung/Zusammenführung der Bilddaten findet gleichzeitig zur Bildaufnahme/Wiedergabe statt.

Die oben aufgeführten Schritte werden also reduziert auf:

- Aufnahme und Verteilen eines Video-Bildes
- Parallele Bildverarbeitungs-Operationen
- Zusammenführen und Ausgabe der Ergebnisdaten

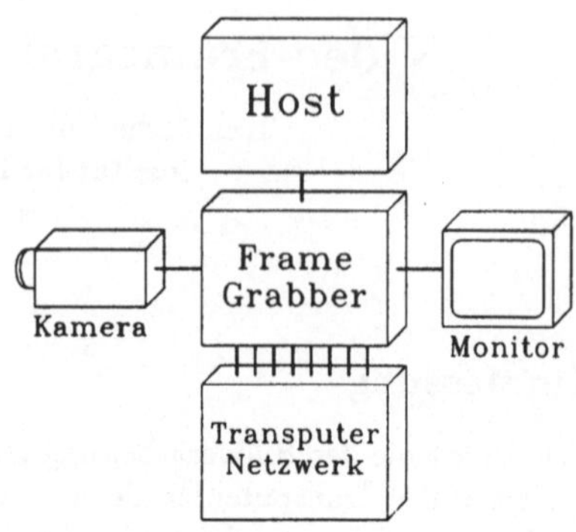

Abb.1: Die Komponenten des Systems: Host, Framegrabber und Transputernetzwerk

2. Das Konzept

Um Bildverarbeitung in eine Regelung (z.B. Robotersteuerung) zu integrieren, wird ein schnelles System benötigt, um die Zeitverzögerung in der Regelschleife gering zu halten. Große Phasenverschiebungen können zu instabilem Systemverhalten führen. Zur Algorithmenentwicklung ist es interessant, General-Purpose-Prozessoren wie Transputer zu benutzen. Die Verwendung von Transputern für Bildverarbeitungszwecke eröffnet die Möglichkeit, parallele Bildverarbeitung direkt nahtlos in ein robotersteuerndes Transputer-Netzwerk zu integrieren.
Um den Netzwerkprozessoren zu ermöglichen, ohne Kommunikation mit Nachbarprozessoren parallel zu rechnen, ist es notwendig, die Bilddaten mit einer Überlappung in die Speicher der Prozessoren einzuziehen. Das heißt, der Grenzbereich zwischen zwei Partitionen muß doppelt im Speicher zweier Prozessoren gespeichert werden.
Abhängig von der Anwendung könnte es von Interesse sein, Bildaufnahmen mit verschiedenen Auflösungen durchzuführen, um das zu verarbeitende Datenaufkommen deutlich reduzieren. Die Auflösung sollte einen Bereich von 64^2 bis 512^2 Bildelementen überstreichen.
Den gewünschten Bildverarbeitungsoperationen entsprechend muß die Verteilung der Bilddaten verschiedenen Randbedingungen genügen. Deshalb ist es notwendig, daß die Daten den Erfordernissen der Algorithmen entsprechend umverteilt werden können.

3. Implementierung

3.1 Framegrabber-Hardware

Die Aufnahme eines Video-Bildes in Echtzeit erfordert eine höhere Kommunikationsbandbreite, als ein Transputerlink mit $\frac{20 Mbit}{sec}$ leisten kann [IMS89]. Deshalb wird der digitalisierte Datenstrom auf acht parallele Kanäle aufgeteilt.

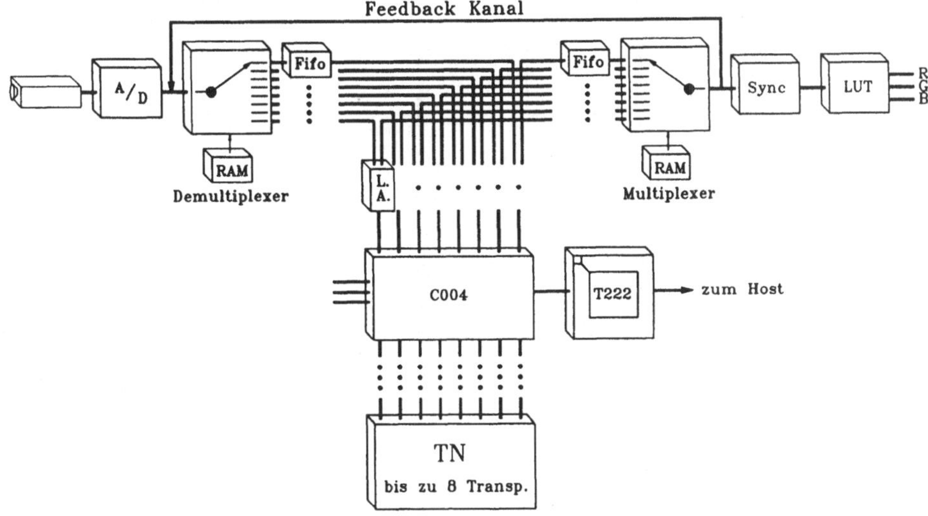

Abb.2: Die Bilddaten werden auf acht Kanäle verteilt

Die Struktur des neuen Framegrabbers ist in Abb.2 dargestellt.

Das Herz des Systems ist ein 8-Kanal Demultiplexer, der von einer RAM-Tabelle gesteuert wird. Der Demultiplexer kann für jedes Pixel einzeln programmiert werden. Mit den acht Kanälen wird die Datenrate je Kanal auf $\frac{1}{8}$ reduziert, und ist somit gering genug, um über Link transportiert zu werden. Bevor die Daten mit Link-Adaptern (LA) parallel/seriell gewandelt werden, werden sie in Hardware-Fifos gepuffert. Diese Fifos erfüllen zwei Zwecke:

1) Sie verbinden zwei asynchrone Operationen: Die Bildaufnahme mit Video-Timing und die Link-Kommunikation zum Transputer.

2) Es ist durch sie möglich, nicht nur jedes 8. Pixel in einen Kanal zu senden, sondern es können mehrere Pixel bis zu einer Zeile von 512 Pixeln vor der Übertragung zwischengespeichert werden.

Die RAM-Tabelle funktioniert als Maskenregister für die acht Kanäle, das heißt, für jedes gesetzte Bit wird ein Pixel in den korrespondierenden Kanal gesendet.

Abb.3 gibt einen Überblick über die Funktionsweise des Multiplexers. Der Zeilenzähler adressiert die Pattern-Select-Tabelle für jede einzelne Zeile. Mit der Masken-Adresse wird einer von acht Pattern für die aktuelle Zeile ausgewählt. Der Spaltenzähler selektiert für jedes Pixel eines von 512 Bytes des Kanal-Masken-RAMs. Mit dem Kanal-Select-Byte werden die Video-Daten in die Kanäle getaktet.

Der Vorteil dieser Art des Demultiplexers wird an zwei kurzen Beispielen erläutert:

Beispiel 1: Wenn mehrere Bits eines Kanal-Select-Bytes gesetzt sind, wird ein Pixel zu mehreren korrespondierenden Kanälen geschickt.

Beispiel 2: Wenn nur jedes zweite Kanal-Select-Byte ein gesetztes Bit enthält, wird nur jedes zweite mögliche Pixel aufgenommen. Die Auflösung ist also auf die Hälfte reduziert worden. Die Auflösung kann einfach durch Programmierung der Masken Patterns in der Masken-Pattern-Tabelle geändert werden.

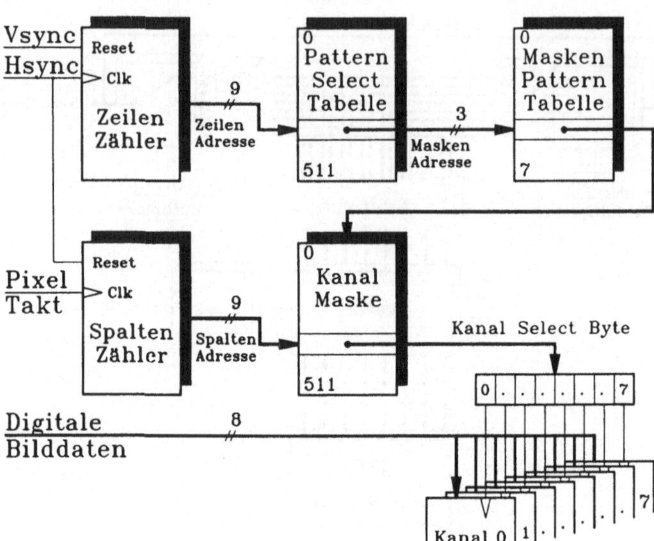

Abb.3: Funktionsdiagramm des Multiplexers

Wie gesehen, kann die Organisation der Daten bei der Bildaufnahme sehr flexibel verändert werden.

Die Linkadapter sind über einen Link-Switch (C004) mit den acht Links des Transputernetzwerks verbunden. Bei Bildaufnahmen mit der höchsten Auflösung (512^2 Bildpunkte) werden mindestens zwei Transputer benötigt; wird nur eine Auflösung von 256^2 verwendet ist bereits ein Transputer ausreichend. Bis zu acht Transputer können eine direkte Verbindung zum Framegrabber (FG) haben. Die Auflösung des Framegrabbers kann von 64^2 bis 512^2 Bildelementen frei gewählt werden.

Um die Daten im Transputer-Netzwerk auf einem Video-Monitor darstellen zu können, gibt es einen dem Bildeinzug ähnlich aufgebauten Datenweg zur Datenanzeige. Den aus dem Multiplexer kommenden Bilddaten werden die Synchronisationssignale hinzugefügt, nach einer Farbtabelle und A/D-Wandlung erfolgt die Anzeige auf einem RGB-Monitor.

Über den Feedback-Kanal können die ausgegebenen Daten erneut aufgenommen werden. Damit eröffnet sich die Möglichkeit, die Bilddaten im Transputernetzwerk zu reorganisieren.

3.2 Die Framegrabber-Software

Das gesamte System wird von drei Programmen, die miteinander kommunizieren, gesteuert. Die drei Programme auf den Hardware-Komponenten gemäß Abb.1 werden im folgenden genauer erläutert.

Das Anwenderschnittstellen-Programm läuft auf dem Host-Rechner (PC oder VME-bus). Dort gibt es verschiedene Menüs, um die Bildaufnahme und -anzeige sowie die Bildverarbeitungsalgorithmen auszuwählen.

Das Framegrabber-Programm läuft auf dem T222 des Framegrabbers. Das Framegrabber-Programm kommuniziert mit dem Host, um Befehle zu empfangen und Ergebnisse zu senden. Der T222 lädt die RAM-Tabellen für die Multiplexer und Demultiplexer und initialisiert die Farbtabelle.

Außerdem startet und synchronisiert er Bildaufnahme und -anzeige und überprüft den Status der Fifos und diverse Zähler. Das Programm kommuniziert außerdem mit dem Transputernetzwerk. Beispielsweise können die Netzwerkprozessoren vom Framegrabber gebootet werden. Zum Booten wird der Link-Switch mehrere Male umprogrammiert, bis alle Prozessoren ihr Programm erhalten haben.

Die Netzwerkprozessoren speichern die aufgenommenen Bilder in ihrem Speicher und führen - jeder Prozessor auf seiner Bildpartition - die Bildverarbeitungsoperationen durch.

4. Betriebsarten

Im folgenden werden die drei Betriebsarten genauer erläutert:

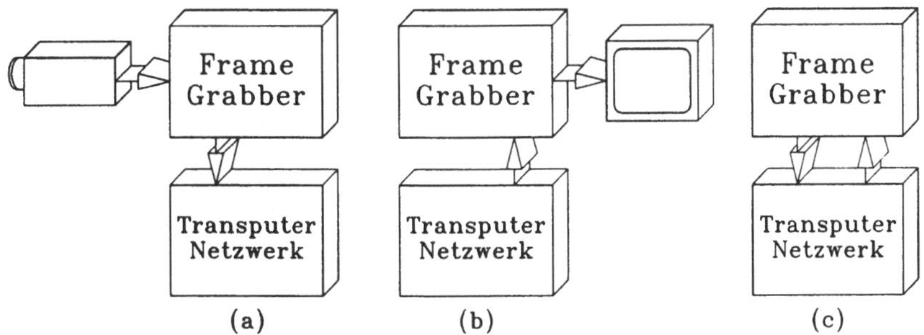

Abb.4: Die drei Betriebsarten: (a) Grab, (b) Display und (c) Daten-Umverteilung

4.1 "GRAB ..."

Die einfachste Art der Aufteilung der Daten auf die acht Kanäle liegt vor, wenn nach jedem Pixel auf den nächsten Kanal umgeschaltet wird. Das Ergebnis wäre eine Bildverteilung in ein Bit breiten Spalten. Für Punktoperationen ist die Verteilung der Bilddaten beliebig; für lokale Fenster-Operatoren wäre diese Art der Datenverteilung ungeeignet. Mit den Hardware-Fifos ist es möglich, mehrere aufeinanderfolgende Bildpunkte zu einem Kanal zu senden. Beispielsweise kann eine Zeile von m Bildpunkten in n Teile der Länge $\frac{m}{n}$ aufgeteilt werden. Das Ergebnis sind n Bildpartitionen der Größe $n*m$. Um die Probleme für lokale Bildverarbeitungsoperatoren wie zum Beispiel die Faltung (in Abb.5 mit einem kleinen Quadrat gekennzeichnet) am Übergang zwischen zwei Partitionen zu vermeiden, kann die RAM-Tabelle mit einer Überlappung von k Spalten programmiert werden. Das Ergebnis ist, daß jeder Prozessor seine Berechnungen auf seiner eigenen Partition durchführen kann, ohne mit Nachbarprozessoren kommunizieren zu müssen.

4.2 "... and DISPLAY"

Analog zur Bildaufnahme werden bei der Bildausgabe die Bildsegmente mit einem Multiplexer wieder zu einem Bild zusammengefügt. Der Multiplexer ist in 8 * 8 Bit organisiert und ist in seiner Funktionsweise mit dem Demultiplexer vergleichbar. Zusammen mit den Synchronisationssignalen werden die Bilddaten in einer Farbtabelle (LUT) zur Anzeige aufbereitet.

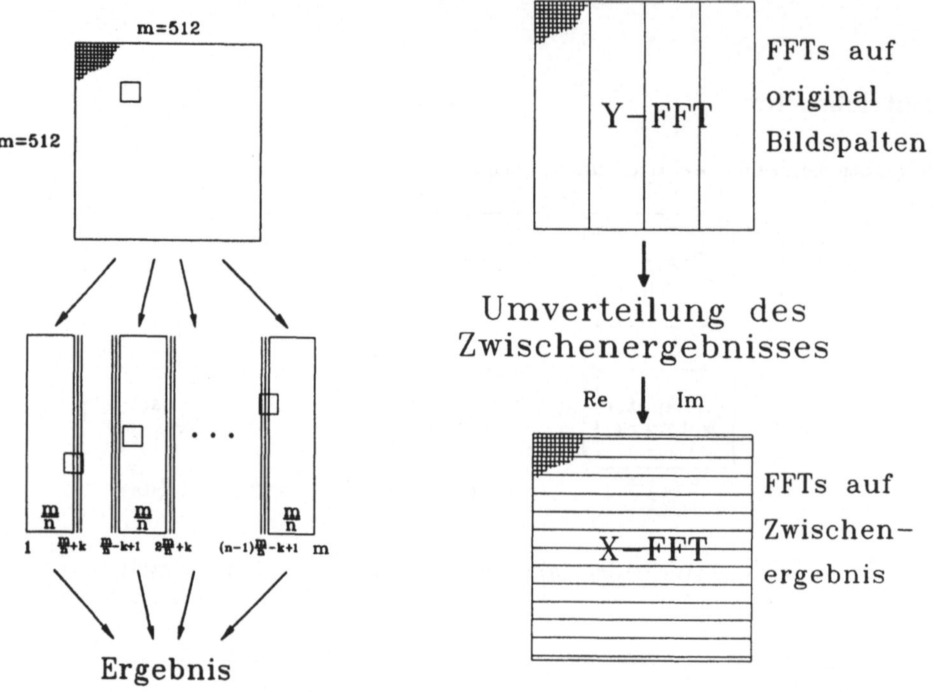

Abb.5: Redundante Bildverteilung für lokale BV-Operatoren

Abb.6: Umverteilung der Bilddaten

4.3 Umverteilen der Daten

Die bereits gezeigte Verteilung der Bilddaten erfüllt die Anforderungen für lokale Operatoren. Mit der Überlappung der Bilddaten lassen sich Faltungs- oder morphologische Operationen ohne Kommunikation zu den Nachbarprozessoren durchführen. Aber es gibt auch globale Operationen, die den Zugriff auf die gesamten Daten erfordern. Eine typische globale Bildverarbeitungsoperation ist die zweidimensionale FFT. Sie läßt sich als Sequenz von eindimensionalen FFT-Operationen in horizontaler und vertikaler Richtung realisieren. Beispielsweise werden zunächst die Spalten einer FFT in y-Richtung unterzogen. Für den zweiten Teil ist dann eine Zeilen/Spalten-Transponierung notwendig. Dies ist bei entsprechender Programmierung des Multiplexers/Demultiplexers sehr schnell über den Feedback-Kanal möglich. Daraufhin kann auf den transponierten Daten wiederum eine FFT in y-Richtung durchgeführt werden (vergleiche Abb.6).

5. Ausblick

Die hier vorgestellte Architektur für einen Video-Framegrabber zeichnet sich durch folgende Merkmale aus:

1) Er kann nahtlos in ein beliebiges Transputernetzwerk integriert werden.
2) Parallele Bildverarbeitung ohne zusätzlichen Zeitbedarf für Bildverteilung ist möglich.
3) Der Feedback-Kanal ermöglicht eine schnelle Umverteilung der Bilddaten.

Der beschriebene Framegrabber ist als Labormuster fertiggestellt – derzeit werden verschiedene Bildverarbeitungsalgorithmen auf dieser Architektur implementiert. Von besonderem Interesse ist dabei die parallele Verarbeitung von Bildteilen mit einem "General Purpose Prozessor", dem Transputer. Wir planen, den Framegrabber in zwei Applikationen zu nutzen:

1) Der Framegrabber soll als schneller Sensor in einer Robotersteuerung für eine sensorgeführte Bewegung genutzt werden.
2) Eine weitere geplante Applikation ist die sensorgeführte Fahrt von fahrerlosen Flurförderzeugen. Zu diesem Zweck werden TV-Kameras zur Überwachung einer Fertigungsumgebung eingesetzt.

Auch wenn der Datendurchsatz eines solchen Systems sicher einer Lösung in dedizierter Hardware nachstehen muß, so ist doch gerade der Aspekt der unabhängigen Bearbeitung von Bildteilen in beliebigen Transputernetzen ein interessantes Thema für künftige Untersuchungen.

Literatur

IMS89:   Inmos: The Transputer Databook, 2nd Edition 1989
STRO90:   T. Stavenuiter, H. Roebbers: Control of a servo loop for a vision system
          Proceedings of the 12th occam User Group Technical Meeting, IOS Press, 1990

Ein Transputersystem mit verteiltem Bildspeicher für Echtzeit-Computergrafik und Bildverarbeitung

C.W. Oehlrich, H.Karl
Lehrstuhl für Technische Elektronik
Informatik Forschungsgruppe E (INF FG E)
(Prof. Dr. Seitzer)
Friedrich-Alexander-Universität Erlangen-Nürnberg

A. Reinsch, V.Dörsing
Lehrstuhl für Automatisierungstechnik/
Technische Informatik (LA/TI)
(Prof. Dr. Entreß)
Friedrich-Schiller-Universität Jena

Leistungssteigerung in der Datenverarbeitung basierte in der Vergangenheit meistens auf dem Einsatz schnellerer Prozessoren und der Implementierung leistungsfähiger Software. Zur Erschließung neuer Gebiete der Bildverarbeitung, insbesondere der Farb- und Echtzeitverarbeitung von Bildern, ist ein weiterer Leistungszuwachs auf dem Gebiet der Rechner-Hardware zwingend notwendig. Im Rahmen des Projektes PADI (Parallel Processor with Distributed Image Memory) (<OEH91c>) wird derzeit ein neues Rechnerkonzept auf Transputer-Basis entwickelt, das hohe Rechen- und Kommunikationsleistung vereint. Das modular aufgebaute System eignet sich nicht nur für die Bildverarbeitung, sondern für alle Anwendungen, bei denen eine hohe Verarbeitungsleistung in Kombination mit hoher Kommunikationsleistung gefordert wird.

Einleitung

Technisch-wissenschaftliche Problemstellungen, wie z.B. Echtzeit-Bildverarbeitung, Anwendungen in der Strömungsmechanik oder die Lösung partieller Differentialgleichungen erfordern Rechenleistungen, die nur durch die Parallelarbeit mehrerer Prozessoren erzielt werden können. Ein wesentliches Problem aller Multiprozessorkonzepte ist die Interprozessor-Kommunikation, vor allem dann, wenn große Datenmengen in kürzester Zeit zwischen den Prozessoren ausgetauscht werden müssen. In Systemen mit globalem Speicher wird die Leistungsfähigkeit durch die endliche Bandbreite beim Zugriff auf den globalen Speicher beschränkt. Bei nicht speichergekoppelten Systemen begrenzt das erforderliche Verbindungsnetzwerk die maximal erreichbare Rechenleistung (<OEH91a>, <OEH91b>). Die Anforderungen an die Interprozessor-Kommunikationsleistung der eingesetzten Rechensysteme sind bei der Verarbeitung von Bilddaten in Echtzeit besonders hoch. Daher sind weder Systeme mit globalem Speicher noch netzwerkgekoppelte Systeme zur Lösung dieser Aufgaben geeignet.

Die Problematik soll an einem Beispiel verdeutlicht werden: Ausgegangen wird von einem Bildverarbeitungssystem mit globalem Bildspeicher, auf den alle Prozessoren des Systems gleichberechtigten Zugriff haben. Um eine grobe Leistungsabschätzung zu ermöglichen, soll ferner vorausgesetzt werden, daß es nötig ist, daß die Prozessoren das gesamte Bild aus dem globalen Speicher lesen müssen. Geht man zudem von einer Speicherzugriffszeit von 150ns pro Bildpunkt und von einer Bildgröße von 800*600 Bildpunkten aus, so ergibt sich eine maximale Bildleserate von 14 Bildern/s.

Nicht berücksichtigt sind dabei Verluste, die durch die Arbitrierung oder Hot-Spots entstehen, sodaß 8 bis 10 Bilder/s realistisch sein dürften. Zur Bearbeitung von TV-Bildern in Echtzeit ist jedoch eine Frequenz von 25 Bildern/s erforderlich, die aber nur durch eine höhere Bandbreite zwischen dem Bildspeicher und den Prozessoren erreicht werden kann. Wegen der nach unten beschränkten Zugriffszeit des Bildspeichers läßt sich die Forderung nach höherer Bandbreite jedoch nur dadurch erfüllen, daß der Datenstrom auf mehrere parallele Datenpfade aufgeteilt wird. Es müßten also mehrere Prozessoren gleichzeitig in der Lage sein, auf den Speicher zugreifen zu können, ohne sich dabei gegenseitig zu behindern! Diese Forderung läßt sich nur mit dem Konzept des verteilten Bildspeichers erfüllen, bei dem jeder Prozessor über seinen eigenen Bildspeicher verfügt, auf den nur er zugreifen kann. (Abb. 1)

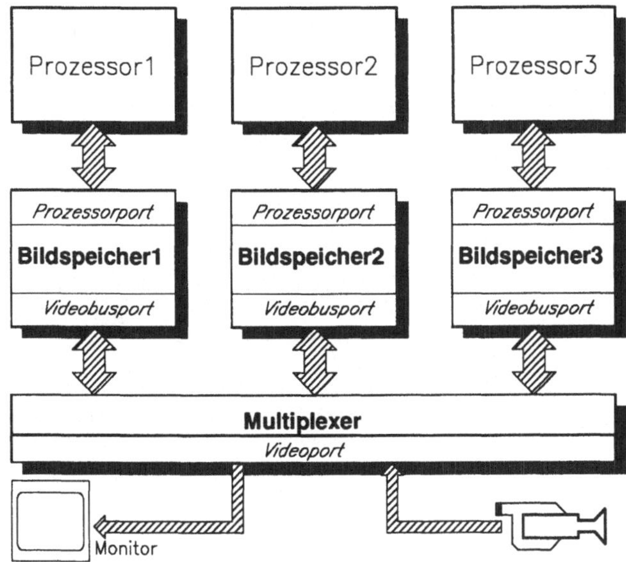

Abb.1: Verteilter Bildspeicher

Dieses Konzept wird auch in neueren parallelen Bildverarbeitungssystemen verwendet (<INM88>, <ELT90>), wobei hier für die Übertragung der Bilddaten zwischen den Systemkomponenten gewöhnlich ein spezieller Videobus zum Einsatz kommt. Die Systemkomponenten sind dabei über den Bus starr miteinander gekoppelt und arbeiten entweder nur als Datenquelle oder nur als Datensenke. Anwendungen, die über einfach strukturierte Aufgaben der Bildvorverarbeitung hinausgehen, erfordern jedoch die flexible Aufteilung und den universellen Austausch der Daten zwischen den einzelnen Systemkomponenten. Das hier vorgestellte Parallelrechnersystem **PADI** bietet die geforderten universellen Kommunikationsformen zwischen den einzelnen Systemkomponenten, die in kommerziellen Systemen derzeit nicht realisiert sind. Die Interprozessor-Kommunikation bei PADI geschieht über einen Hochgeschwindigkeits-Kommunikationsbus und spezielle RISC-Kommunikationsprozessoren.

Das Multiprozessorsystem PADI

Mit dem System PADI werden einige Schwachstellen heutiger Multiprozessorsysteme beseitigt. Das System ermöglicht neben der Ein- und Ausgabe von Videobildern in Echtzeit erstmals vielfältige Formen der Interprozessor-Kommunikation. PADI arbeitet auf Transputerbasis und besteht aus mehreren Transputer-Baugruppen und einer Hochleistungs-Ein-Ausgabeeinheit zur Anschaltung von Kamera und Bildschirm, die alle über einen Kommunikationsbus miteinander verbunden sind. (Abb. 2).

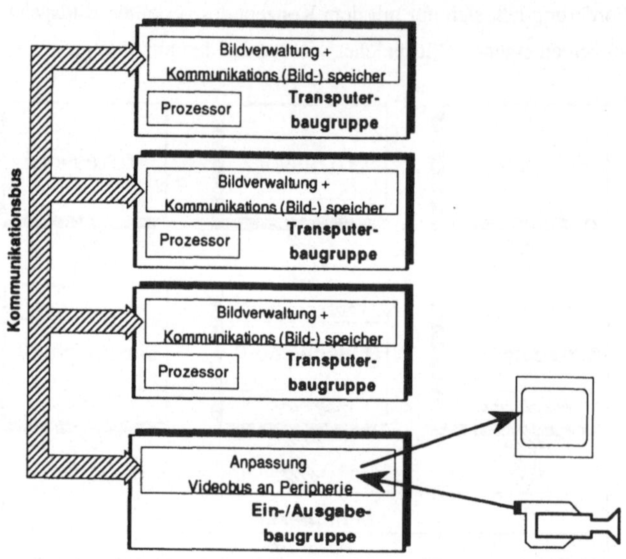

Abb.2: Struktur des PADI-Systems

Der Kommunikationsbus, ein echtzeitfähiges Multimaster-Bussystem, arbeitet mit einer Taktrate von 13,5 MHz und einer Datenbreite von 64 Bit. Die Übertragungsbandbreite beträgt 108 MByte/s, somit können simultan zwei digitale 4:4:4-TV-Kanäle (<CCIR 601>) zwischen den einzelnen Komponenten des Systems übertragen werden.

Auf den Transputer-Baugruppen befindet sich neben einem Transputer mit lokalem Arbeitsspeicher (z.Zt. T800, vorbereitet für T9000) ein RISC-Kommunikationsprozessor und ein Kommunikationsspeicher. Die Datenübertragung über den Kommunikationsbus erfolgt mit der maximalen Bus-Bandbreite, die Aufsetzzeit zwischen zwei Kommunikationsvorgängen ist 200ns.

Die Ein-Ausgabe-Baugruppe übernimmt die systemgerechte Aufbereitung der analogen Farb-Video-Signale und die Zwischenspeicherung und Visualisierung der Bilddaten. Außerdem erfolgt durch die Ein-Ausgabe-Baugruppe die Systemsteuerung, die mit Hilfe von Synchronsignalen eine eindeutige Zuordnung der Bilddaten zü den entsprechenden Bildpunktkoordinaten garantiert.

Der Kommunikationsbus

Die Datenrate und die Busbreite entsprechen den Anforderungen, die sich aus der Anwendung des Systems zur Farb-Bildverarbeitung in Echtzeit ergeben. Entsprechend den Anforderungen der CCIR-Norm 601 (<CCIR 601>) werden die drei Grundfarben rot, grün und blau mit einer Genauigkeit von jeweils 8 Bit digitalisiert und übertragen, also 24 Bit pro Bildpunkt. Die Busbreite wurde jedoch im Hinblick auf allgemeine technisch-wissenschaftliche Anwendungen auf 32 Bit festgelegt. Ein Bild besteht laut CCIR aus 720x575 Bildpunkten, die in 40ms übertragen werden müssen. Unter diesen Randbedingungen muß der Kommunikationsbus mindestens eine Übertragungsbandbreite von 41,5 MByte/s zur Verfügung stellen. Unter der Annahme, daß gleichzeitig Bilddaten aufgenommen (Eingabe) und dargestellt (Ausgabe) werden sollen, erhöht sich die benötigte Bandbreite um Faktor zwei. Aus Kompatibilitätsgründen wurde zudem die CCIR-Taktrate von 13.5 MHz gewählt und so eine Busbandbreite von 108 MByte/s erzielt.

Die Forderung nach gleichzeitiger Ein- und Ausgabe der Daten läßt sich entweder durch Bit- oder Zeitmultiplex-Betrieb erfüllen. Beim Bitmultiplex-Verfahren sind jeder Übertragungsrichtung eigene Leitungen zugeordnet. Im Hinblick auf Anwendungen außerhalb der Bildverarbeitung wurde das Zeitmultiplexverfahren gewählt (Abb. 3), bei dem immer zwei benachbarte Pixel zu einem "Doppelpixel" zusammengefaßt sind und gleichzeitig übertragen werden. Damit werden Anwendungen unterstützt, die Wortbreiten von 64 Bit gegenüber nur 32 Bit beim Bitmultiplex erfordern.

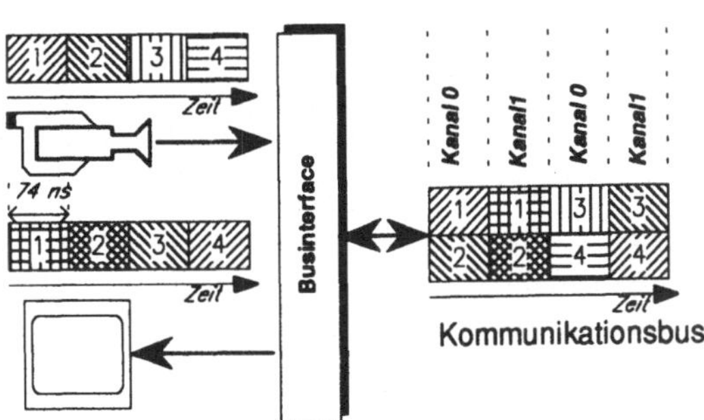

Abb.3: Kanalaufteilung im Zeitmultiplex-Verfahren

Die Transputer-Baugruppe

Die hohe Interprozessor-Kommunikationsleistung des Multiprozessorsystems PADI wurde durch die Entwicklung eines speziellen RISC-Kommunikationsprozessors erreicht, der sich auf jeder Transputer-Baugruppe befindet. Seine Aufgabe ist die Koordinierung aller Kommunikationsvorgänge auf dem Bus. Bei der gleichzeitigen Ein- und Ausgabe von TV-Bildern können so z.B. einer frei wählbaren Anzahl von Transputer-Baugruppen frei programmierbare Bildbereiche zugeordnet werden. Die Austastlücken am Ende der Zeilen und am Ende der Halbbilder, in denen keine Bildinformation über den Bus übertragen wird, sind für den Datenaustausch zwischen den Transputern verfügbar. Außer der Bildübertragung kann über den Bus auch eine beliebige Punkt-zu-Punkt-Kommunikation zwischen zwei Transputern stattfinden oder ein globaler, frei programmierbarer Datenaustausch. Entscheidend für die Leistungsfähigkeit des Systems ist es, daß die Kommunikation über den Bus weitgehend ohne Aktivität des Transputers und parallel zur Abarbeitung der Transputer-Algorithmen stattfindet.

Abbildung 4 zeigt das Blockschaltbild einer Transputer-Baugruppe. Es kommt derzeit ein T800 (später T9000) Prozessor zum Einsatz, der über einen lokalen Arbeitsspeicher von 2 MByte verfügt.

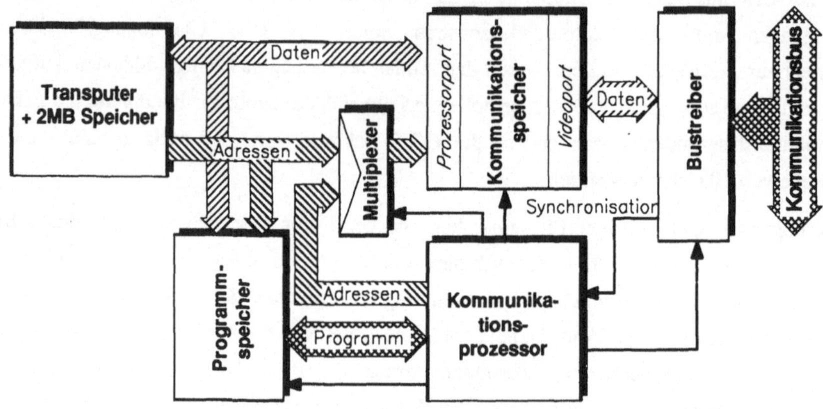

Abb.4: Transputer-Baugruppe

Neben dem Arbeitsspeicher hat der Transputer zudem Zugriff auf einen 2 MByte großen Kommunikationsspeicher. Dieser Speicher ist sowohl mit dem Transputer verbunden, und somit Teil des Arbeitsspeichers, als auch über den Kommunikationsbus mit den Kommunikationsspeichern der anderen Transputer-Baugruppen zusammengeschaltet. Realisiert ist der Kommunikationsspeicher mit Video-RAMs, die es aufgrund ihrer Dual-Port-Architektur gestatten, daß Kommunikationsvorgänge und Zugriffe des Transputers gleichzeitig erfolgen können, ohne sich gegenseitig zu stören. Die Kommunikation selbst wird von einem RISC-Kommunikationsprozessor überwacht, der mit zwei FPGA´s (FPGA - Field Programable Gate Array) realisiert wurde. Aufgabe des Kommunikations-Prozessors ist es, entweder Daten aus seinem Kommunikationsspeicher auszulesen und sie auf den Bus zu legen, oder Daten vom Bus in den Kommunikationsspeicher einzuschreiben. Die Kommunikationsprozessoren aller Transputer-Baugruppen sind über den Bus miteinander synchronisiert und führen ihre Anweisungen synchron zueinander aus. Die Information, welche Daten zu welchem Zeitpunkt aus dem Kommunikationsspeicher zu lesen oder in ihn zu schreiben sind, bezieht jeder Kommunikationsprozessor aus seinem Programmspeicher, der (ebenfalls "dual-ported") im Adreßraum des Transputers liegt. Damit hat jeder Transputer die Möglichkeit, seinen Kommunikationsprozessor zu programmieren. In jedem Wort des Programmspeichers steht genau eine RISC-Anweisung für den Kommunikationsprozessor, die genau einen Kommunikationsvorgang beschreibt. Ein Kommunikationsvorgang selbst überträgt N im Kommunikationsspeicher hintereinanderstehende Bytes.

Neu an dieser Art der Kommunikation ist, daß der Kommunikationsprozessor nicht für jeden Kommunikationsvorgang vom Transputer aus neu programmiert werden muß. Vielmehr können viele, unterschiedliche Kommunikationsvorgänge in seinem Programmspeicher abgelegt werden, die dann ohne Inanspruchnahme des Transputers vom Kommunikationsprozessor hintereinander abgearbeitet werden. Dies reduziert die Aufsetzzeiten für einen Kommunikationsvorgang von etlichen Mikrosekunden auf einen Wert von unter 200ns! Sinnvoll ist diese Vorgehensweise insbesondere deshalb, weil in der Bildverarbeitung sowie in anderen technisch-wissenschaftlichen Anwendungen gewöhnlich ganze Bereiche von Daten (Zeilen, Spalten, Blöcke) zwischen den Prozessoren ausgetauscht werden müssen, was sehr viele Aufsetzvorgänge nach sich zieht. Bei PADI hingegen muß lediglich einmalig eine Definition der Bereiche im Programmspeicher des Kommunikationsprozessors hinterlegt werden. Der Kommunikationsprozessor erledigt dann alle Aktionen selbständig und befreit damit den Transputer von allen Kommunikationsaktivitäten.

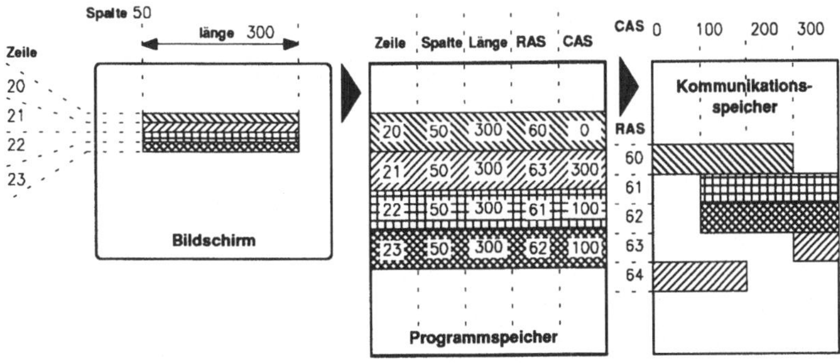

Abb.5: Beispiel eines Kommunikationsvorgangs

Abbildung 5 zeigt an einem Beispiel die Zuordnung eines Bildausschnittes auf einen Adreßbereich im Kommunikationsspeicher, wobei die Speicheradresse in eine Zeilen- (RAS) und eine Spaltenadresse (CAS) aufgeteilt ist. Die Programmanweisungen über die Bildpositionen und die Längen der hintereinander zu übertragenden Datensätze sind im Programmspeicher abgelegt.

Die Ein-Ausgabe-Baugruppe

Die für die Kommunikation des PADI-Systems mit der analogen Peripherie (wie Farbkamera, Videorecorder und Farbmonitor) erforderlichen Umsetzungen der Signalformen werden auf der Ein-Ausgabe-Baugruppe vorgenommen. Die Aufnahme, Bearbeitung und Darstellung von Bildern erfordert die bidirektionale Kommunikation mit dem Kommunikationsbus. Weitere Betriebsarten gestatten die direkte Visualisierung der Eingangsdaten und die Darstellung von Standbildern. Unabhängig davon, ob ein Eingangssignal vorhanden ist oder nicht, können synthetisch erzeugte Bilder dargestellt werden. Wird die Ausgabe von Bilddaten gesperrt, so ist der Bus auf beiden Kanälen für Interprozessor-Kommunikation nutzbar.

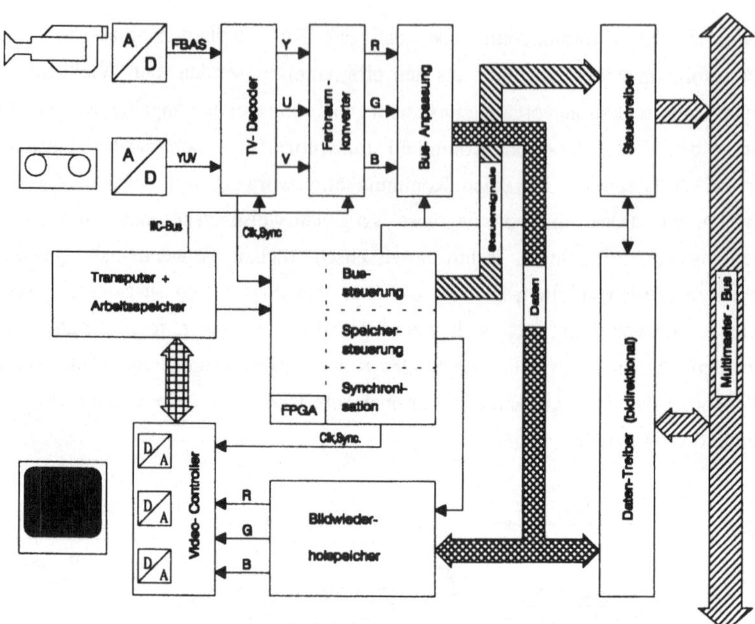

Abb.6: Ein-Ausgabe-Baugruppe

Die Abbildung 6 zeigt das Blockschaltbild der Ein-Ausgabe-Baugruppe. Für die Initialisierung des Video-Controllers, der Steuerlogik und der TV-Schaltkreise im Eingangszweig ist ein Transputer T400 mit lokalem Arbeitsspeicher vorgesehen, er hat jedoch keinen Zugriff auf die Bilddaten.

Das Eingangssignal im FBAS- oder YUV-Format (FBAS - Farb-Bild-Austast-Synchron, YUV - Leuchtdichte-Farbdifferenz) wird durch Digitalisierung, Dekodierung und Farbraum-Konvertierung in die Grundfarben rot, grün und blau zerlegt (Frame-Grabber-Funktion). Der Decoder trennt außerdem die im Eingangssignal enthaltenen Synchronimpulse ab. Für die Datenübertragung über den Multimaster-Bus werden immer zwei aufeinanderfolgende Pixel-Daten des Farbraum-Konverters zu einem 64-Bit-Wort zusammengefaßt. Die Parameter der Digital-TV-Schaltkreise und die Look-Up-Table des Farbraum-Konverters sind über einen lokalen I²C-Bus programmierbar.

Der Standbild-Modus und die flimmerfreie Ausgabe von Bildern (50Hz Bildfrequenz) erfordern einen Bildwiederholspeicher. Der Video-Controller (G364) teilt die 64 Bit breiten Busdaten zu je zwei Pixeln auf und setzt für die Ansteuerung eines hochauflösenden Monitors jede der drei Grundfarben in Analogwerte mit 8 Bit Genauigkeit um. Außer dem Farbraum-Konverter enthält auch der Video-Controller eine Look-Up-Table. Einfache Umcodierungen sind somit ohne Belastung der Transputer-Baugruppen möglich. Die Look-Up Tabellen werden mit dem Transputer T400 programmiert.

Die gesamte Steuerlogik der Ein-Ausgabe-Baugruppe ist auf einem FPGA-Schaltkreis integriert. Bei der Übertragung von Bilddaten über den Kommunikationsbus erfolgt die Bussteuerung mit Signalen, die von den Synchronimpulsen der peripheren Geräte abgeleitet werden. Somit ist die eindeutige Zuordnung der

Bilddaten zu ihren Bildpunktkoordinaten gesichert. Weitere Funktionen der Steuerlogik sind die Bereitstellung der unterschiedlichen Steuersignale bei den verschiedenen Betriebsarten und die Synchronisation des Video-Controllers G364 mit seinem Bildwiederholspeicher auf das Eingangssignal.

Zusammenfassung

Die vorgestellte PADI-Architektur gestattet es erstmals, Transputer in der Echtzeit-Bildverarbeitung sinnvoll einzusetzen. Möglich wird das durch ein von der Transputer-Philosophie abweichendes Kommunikationskonzept, das neben der Ein- und Ausgabe von Bilddaten eine extrem schnelle Kommunikation zwischen den Prozessoren ermöglicht.

Ein Prototyp des Multiprozessorsystems PADI ist seit September 1991 lauffähig. Er besteht aus drei Transputer-Baugruppen nebst zugehörigem Kommunikationsspeicher und Kommunikationsprozessor und aus einer Ein-Ausgabebaugruppe, die alle im Doppel-Europaformat realisiert wurden. Derzeit laufen die ersten Implementierungen von Anwendungsprogrammen auf dem System. Mit ihnen soll gezeigt werden, wie stark sich Bildverarbeitungsanwendungen duch den Einsatz des PADI-Kommunikationssystems beschleunigen lassen, und ab welcher Prozessorzahl der PADI-Kommunikationsbus zum Systemengpaß wird. Erste vorsichtige Abschätzungen lassen erwarten, daß erst beim Einsatz von ca. 100 Transputern der PADI-Bus zum leistungsbeschränkenden Faktor wird.

<CCIR601> Recommendation 601-1 : Encoding Parameters of Digital Television for Studios. Question 25/11, Study Programmes 25G/11, 25H/11 1982-1986 Section 11F Digital Methods of Transmitting Television Information.

<ELT90> ELTEC : *VMEbus Image Processing*. Eltec, 1990/91

<INM88> INMOS : A Transputer Based Distributed Graphics Display. Inmos, 1988 (Technical note 46).

<OEH91a> OEHLRICH, C.W. ; METZGER, P. ; QUICK, A. : Monitor-Supported Analysis of a Communication System for Transputer-Networks. in: BODE, A (Hrsg.): "2nd European Conference (EDMCC2) : Distributed Memory Computing, (Lecture Notes in Computer Science), München, 22.-24.04.1991, Springer LNCS, 1991.

<OEH91b> OEHLRICH, C.W. ; QUICK, A. : Performance Evaluation of a Communication System for Transputer-Networks Based on Monitored Event Traces. in: ACM SIGARCH (Hrsg.) : *Proceedings of the 18th Annual International Symposium on Computer Architecture (ISCA)*, Toronto, Canada, May 27 - 30, 1991.

<OEH91c> OEHLRICH, C.W. ; REINSCH, A. ; DÖRSING, V. : *PADI - A Parallel Processor with Distributed Image Memory*. Erlangen, Friedrich Alexander Universität / INF FG E; Apr. 1991 (Interner Bericht).

Link-Verbindung eines Transputernetzes mit einem Multiprozessor-Bildverarbeitungssystem

B. Blöchl und J.-U. Behrends

Institut für Meßtechnik
Universität der Bundeswehr München
8014 Neubiberg

Zusammenfassung

Ein tragfähiges und erprobtes Konzept für das Rechnersehen zur Bewegungssteuerung in Echtzeit und die daran angepaßte Hardwarestruktur einer ca.
1978 im Institut für Meßtechnik an der Universität der Bundeswehr München
entwickelten und schrittweise verbesserten Familie von Bildverarbeitungssystemen (BVV) auf der Basis lose gekoppelter Multiprozessoren wird vorgestellt. Die Verbindung des neuesten Bildverarbeitungssystems (BVV 3) mit
einem Transputercluster und die dafür entwickelte Hardware und Software
wird beschrieben, gefolgt von Messungen der Übertragungsgeschwindigkeit.

Einleitung

Seit etwa 1978 ist die **interpretierende Bildverarbeitung zur Bewegungssteuerung in Echtzeit** zentraler Forschungsgegenstand des Instituts für Meßtechnik
an der Universität der Bundeswehr München. Grundlage der experimentellen
Arbeit ist eine problemangepaßte Hardware. Die zugrundeliegenden Gesichts-
punkte sind in [Graefe 90] beschrieben und beruhen auf lose gekoppelten
parallel arbeitenden Multiprozessorsystemen (PP) auf Basis der 80x86-Reihe
von Intel mit einem Systembus für die Interprozessorkommunikation und mit
einem breitbandigen Videobus für die Verteilung der Bilddaten von mehreren
Kameras. Der Einsatz von marktüblichen Standardprozessorkarten erleichtert

eine Leistungssteigerung durch Kartentausch nach Erscheinen leistungsfähiger Nachfolge. Ein Systemprozessor (SP) wickelt die interne und externe Kommunikation ab. Nachdem mehrere gleichberechtigte Prozessoren Zugriff auf einen identischen Datensatz (Bilddaten) besitzen, könnte man von einem symmetrischen Multiprozessorsystem (SMP) sprechen. Anstelle eines gemeinsamen Hauptspeichers, der bei gleichzeitigem Zugriff durch mehrere PP einen Engpaß bilden würde, wird ein Videobus verwendet, der die digitalisierten Bilddaten jedem Prozessor verfügbar macht. Die Zweckmäßigkeit dieses Konzepts läßt sich theoretisch begründen [Graefe 89a, b; 91] und bedurfte in den letzten Jahren keiner konzeptionellen Änderung. Die bildverarbeitenden Parallelprozessoren wurden an den jeweiligen Stand angepaßt und im Lauf der Jahre in der Leistung erheblich gesteigert.

Ein frühes Beispiel der Leistungsfähigkeit dieses Konzepts war das BVV 1 (Intel 8085A 8-Bit-Mikroprozessoren), mit dem eine bekannte Aufgabe des Maschinensehens, die Stabilisierung eines invertierten Pendels, gelang [Haas 82, Graefe 83]. Der Nachfolger, das BVV 2 [Graefe 84] (Intel 8086 16-Bit-Mikroprozessoren) machte das Versuchsfahrzeug VaMoRs zum schnellsten autonomen Fahrzeug der Welt, durch die Fahrt auf einer Straße mit einer Geschwindigkeit von 96 km/h [Zapp 88]. Die Geschwindigkeit war motorbedingt und keineswegs eine Grenze des Bildverarbeitungssystems. Eine verbesserte Version des BVV 2 ermöglichte in der Folge das Fahren auf unmarkierten Straßen und das Klassifizieren von Hindernissen bei einer Geschwindigkeit von 50 km/h [Regensburger, Graefe 90; Solder, Graefe 90]. Der neueste Vertreter der BVV-Familie, das BVV 3 [Graefe 90], wird in Experimenten für die autonome Teilnahme des Fahrzeugs am Straßenverkehr einer Autobahn eingesetzt [Graefe, Kuhnert 88; Graefe, Blöchl 91].

Die hier im folgenden vorzustellende Link-Verbindung erlaubt nunmehr die Kopplung des Bildverarbeitungssystems BVV 3 an ein Transputernetz. Dabei sollen keine Bilddaten übertragen werden, wofür die Übertragungsbandbreite eines Links auch nicht ausreichen würde. Vielmehr werden die nach der Bildverarbeitung reduzierten Daten extrahierter Merkmale an die höhere Ebene, welche die Situationsbewertung durchführt, übergeben werden.
Durch die Ausstattung jedes Parallelprozessors mit einem Link werden zwei völlig unterschiedliche Rechnerarchitekturen – ein symmetrisches Multiprozessorsystem (das BVV 3) und ein massivparalleles System (das Transputernetz) – und zwei verschiedenartige problemangepaßte Konzepte sinnvoll verbunden.

Bildverarbeitungskonzept

Für die Bewegungssteuerung von Robotern
ist nur eine kleine Zahl von Objekten der
jeweiligen Umgebung gleichzeitig relevant. Diese Objekte können Landmarken,
Hindernisse, die Bewegungsbahn oder andere, je nach Aufgabe, sein. Nur eine begrenzte Anzahl der Objekte muß simultan
beobachtet werden, sofern in ausreichend
kurzer Zeit auf verschiedene Objekte umgeschaltet werden kann, die Aufmerksam-
keit erfordern. Das bedeutet, daß für
jedes relevante Objekt auf dem Bildver-

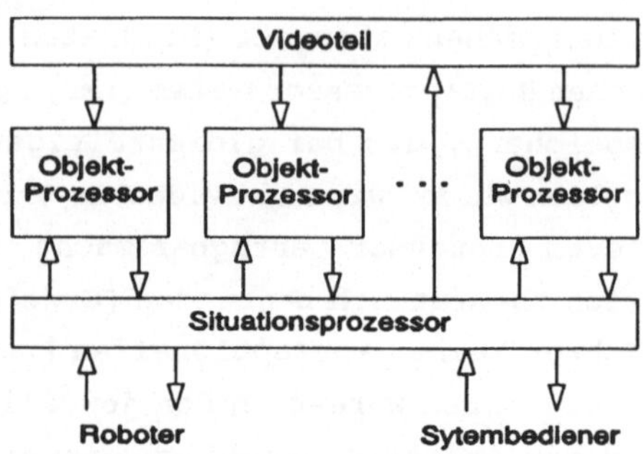

Abb. 1 Konzeptionelle Struktur der Objektorientierten Bildverarbeitung.

arbeitungssystem ein Objektprozessor bzw. ein Prozeß existieren sollte.
Für die Effizienz des Bildverarbeitungssystems ist ein unmittelbarer, unbe-
hinderter Zugriff jedes Prozessors auf die digitalen Videodaten Voraussetzung. Diese Forderung erfüllt der Videobus und eine jeder Prozessoreinheit
zugeordnete Videobus-Anschaltung. Jeder Objektprozessor hat über den Videobus
Zugriff auf die digitalisierten Videodaten einer von 4 möglichen Videokameras
und extrahiert in einem Prozeß der erkennenden Bildverarbeitung eine Beschreibung eines bestimmten externen Objekts. Die Beschreibung kann in verschiedener Art, wie z. B. Form, Ort, Bewegungszustand erfolgen. Ein Objektprozessor ist eine konzeptionelle Entität, keine physikalische. Das heißt,
mehrere Objektprozesse können auf einem einzigen Computerboard laufen oder
eine Anzahl von Mikrorechnern kann zusammen einen Objektprozessor bilden.

Die Objektbeschreibung wird an einen Prozessor für die Situationsbewertung
übergeben, der z. B. als Transputercluster realisiert sein kann. Diese Komponente des Führungssystems besteht aus einer Wissensbasis, die aufgabenbezo-
genes Hintergrundwissen bereitstellt. So kann das Führungssystem auf ein
bestimmtes Repertoir an Verhaltensweisen zurückgreifen und in Steuergrößen
für das Fahrzeug bzw. den Roboter umsetzen.

Die Aufgabe dieses Prozessors der Situationsbewertung ist die Interpretation
und über Kontrolldaten und Steuerdaten die Veranlassung der missionsangepaß-
ten Aktion des Roboters oder des Fahrzeuges als Reaktion auf die externe
Welt. Er ordnet den Objektprozessoren Objekte zu, übernimmt - sofern erforderlich - die Kamerasteuerung und stellt gleichzeitig die Schnittstelle

zum (menschlichen) Bediener her. Diese Situationsbewertung benötigt keinen
unmittelbaren Zugriff auf die Videodaten und wurde auf ein Transputernetz
verlagert. Daraus ergibt sich die Notwendigkeit der Kommunikation zwischen
dem Bildverarbeitungssystem, das die relevanten Merkmale extrahiert, und
dem Transputernetz, das die Bewertung durchführt und geeignete Aktionen
veranlaßt.

Nach der Verfügbarkeit des T9000 ist daran gedacht, auch den Bildverarbei-
tungsteil auf ein Transputernetz mit einem Abb.2 vergleichbaren Aufbau zu
realisieren.

BVV-Architektur

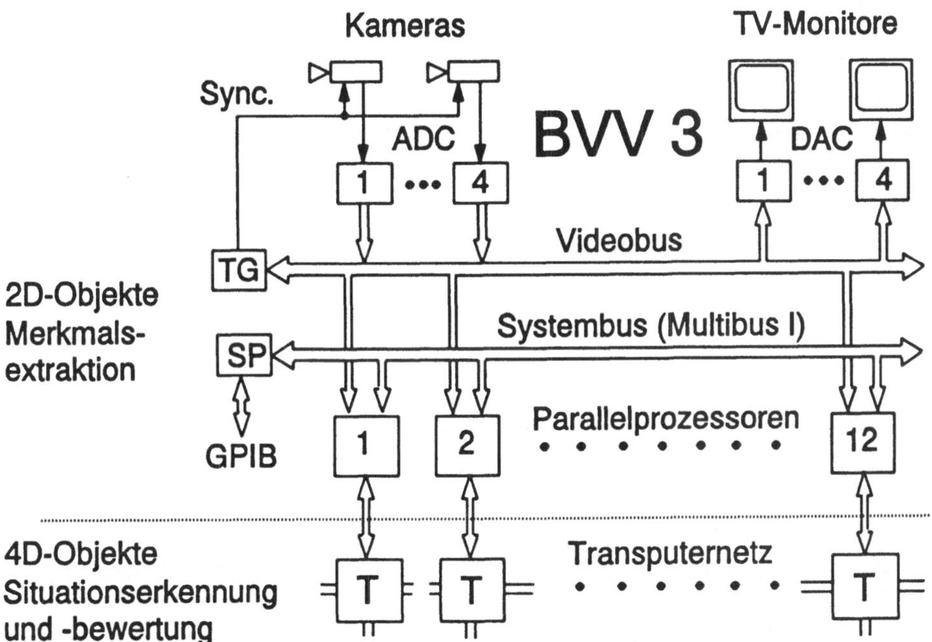

Abb. 2 Schematischer Überblick über das Gesamtsystem BVV 3 gekoppelt mit
einem Transputernetz. (ADC/DAC=Analog-Digital-/Digital-Analog-Wandler,
TG=Taktgenerator, SP=Systemprozessor, T=Transputerknoten)

Dem in Abb.1 gezeigten konzeptionellen Modell entspricht die in Abb.2 dargestellte Systemarchitektur.

Der Videoteil umfaßt die Kameras, die Videodigitalisierer und den Videobus, der den Objektprozessoren den Zugriff auf die digitalisierten Bilddaten erlaubt. Jeder Objektprozessor hat unmittelbaren Zugriff auf die Bilddaten und besitzt einen eigenen Speicher für die Bilddaten.

Jeder Objektprozessor, bestehend aus ein oder mehreren Parallelprozessoren (Merkmalsextraktion, 2D-Objektmodell) und einem oder mehreren Transputern (4D-Objekt), erhält die digitalen Bilddaten einer oder mehrerer Kameras und extrahiert daraus in einem kognitiven Prozeß eine Beschreibung eines Objekts. Diese Beschreibung kann die Form, den Ort, den Bewegungszustand oder andere Merkmale eines Objekts umfassen. Die so extrahierten Daten können entweder an andere Objektprozessoren oder an den Situationsprozeß oder an beide übergeben werden.

Die Kopplung zwischen BVV 3 und Transputernetz erfolgte durch Entwurf und Fertigung einer Aufsteckplatine mit einem Link-Baustein C012 von INMOS für die iSBX-Schnittstelle der verwendeten Multiprozessorboards. Die Hardware wird nachfolgend beschrieben. Zur Kontrolle der iSBX-Link-Schnittstelle wurde geeignete Software erstellt (2 Prozeduren und vier Funktionen), die die Übertragung abwickelt.

Link-Hardware

Um eine Schnittstelle zwischen den Single Board Computern (SBC) CD 21/286 bzw. iSBC 386/12 und einem Transputersystem zu ermöglichen, wurde eine Aufsteckplatine für die iSBX-Schnittstelle [Intel 80] des Single Board Computers gefertigt. Diese Platine ist mit einem Link-Baustein C012 von INMOS bestückt. Die Schnittstelle zum Transputer entspricht dem Standard der Firma Parsytec.

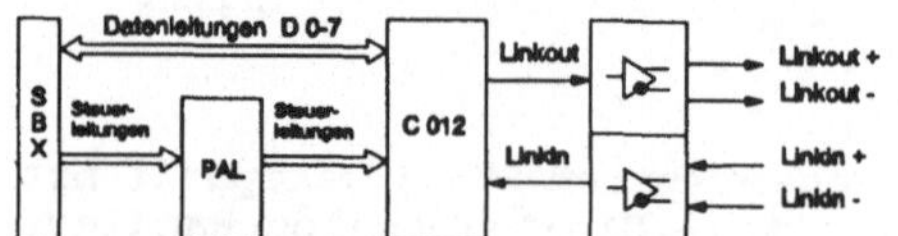

Abb. 3 Blockschaltbild der Link-Aufsteckplatine.

Die Hardware der Aufsteckplatine besteht im wesentlichen aus dem Link-Baustein IMS C012, einem PAL und Differenztreibern.

Die Steuersignale des iSBX-Bus werden mit Hilfe einer Logik auf einem PAL in Steuersignale für den IMS C012 Link-Baustein umgesetzt. Gleichzeitig erfolgt

eine Anpassung des Timing. Der iSBX-Bus des SBC stellt neben Adreß-, Daten-
und Steuerleitungen auch die benötigten Versorgungsspannungen zur Verfügung.

Zwei Differenztreiber setzen die TTL-Signale des Link des C012 in RS-422-
Signale um, die dem Standard der Firma Parsytec entsprechen.
Die maximale Übertragungsrate des C012 ist auf der Platine über einen Jumper
einstellbar (10 Mbit/s bzw. 20 Mbit/s).

Das Senden und Empfangen von Daten zum/vom Transputer erfolgt softwaregesteu-
ert unter Aufsicht des Prozessors des Einplatinenrechners. Die Synchronisation der Übertragung wird über eine Abfrage der Statusregister des C012
gewährleistet. Dabei wird das Ausgabestatusregister (Senden) bzw. das Ein-
gabestatusregister (Empfangen) des Link-Bausteins vor der Übertragung eines
jeden Byte gelesen, um festzustellen, ob das "output ready bit" bzw. das
"data present bit" gesetzt ist. Dieser Vorgang wird wiederholt, bis das
entsprechende Bit gesetzt ist. Erst dann wird ein Byte in das Schreibdaten-
register des C012 geschrieben bzw. vom Lesedatenregister gelesen.

Übertragungsgeschwindigkeit

Nach-richten-längen in Byte	T800 → BVV in ms	BVV → T800 in ms	Pro-zesse auf dem T800	I/O-Priori-tät
1024	5,1	5,0	1	---
1024	8,4	7,8	2	gleich
1024	13,2	12,3	4	gleich
1024	20,4	20,0	8	gleich
1024	5,1	4,7	8	höher
4096	35,1	35,1	8	gleich
4096	20,2	18,9	8	höher

Um die untenstehenden Übertra-
gungszeiten zu bestimmen, wurde
ein Single Board Computer (SBC)
CD 21/286 (8 MHz) mit einem
Transputer gekoppelt. Die Meßwerte geben an, wie lange der
SBC braucht, um eine Nachricht
entsprechender Länge an den
Transputer abzusetzen bzw. vom
Transputer zu empfangen. Die
Interpretation der Ergebnisse
gelingt unter Berücksichtigung
des Mechanismus der Verteilung
der Zeitscheiben für die einzelnen Prozesse in einem Transputer

[INMOS 86]. Den Prozessen, die auf einem Transputer ablaufen, kann eine
von zwei verschiedenen Prioritäten zugeordnet werden. Entweder haben alle

Prozesse die gleiche oder einer höhere Priorität. Bei mehreren Prozessen niedriger (gleicher) Priorität werden jeder Zeitscheibe 5120 (externen) Zyklen zugeteilt, das entspricht bei der Standardfrequenz von 5 MHz (extern) ca. 1 ms. Die Tabelle zeigt, daß mit jeder Verdopplung der Zahl der Prozesse die Übertragungszeit um einen Faktor von etwa 1,6 anwächst. Dieses Anwachsen ist zu erwarten, da jeder der Prozesse zyklisch eine Zeitscheibe zugeteilt erhält und die Wartezeit entsprechend zunimmt. Eine Erklärung für das unterproportionale Anwachsen konnte bisher nicht gefunden werden.

Läuft nur ein Prozeß oder wird der I/O-Prozeß priorisiert, ergibt sich unabhängig von der Anzahl der Prozesse niedrigerer Priorität eine annähernd gleiche Übertragungsgeschwindigkeit. Dies verwundert nicht, da nach Datenbuch [INMOS 86] Prozesse höchster Priorität eine Interrupt-Latenzzeit von typisch 19 Prozessorzyklen, maximal 78 Zyklen (jedoch nur 58 Zyklen, falls die FPU nicht aktiv ist) besitzen. Das heißt, die Reaktion erfolgt unmittelbar.

Eine Beschleunigung der Übertragung könnte durch Einsatz eines DMA-Kontrollers am Einplatinenrechner erreicht werden. Für den beschriebenen Anwendungsfall ist der erzielte Datendurchsatz jedoch völlig ausreichend.

Danksagungen:

Wir danken Herrn G. Hofbauer für Entflechtung und Aufbau der Schaltung. Das Institut für Systemdynamik und Flugmechanik unterstützte uns durch die leihweise Überlassung eines Transputerboards für den Test der Verbindung und die Messung der Übertragungsgeschwindigkeit.

Literatur

Graefe, V. (1983): A Pre-Processor for the Real-Time Interpretation of Dynamic Scenes. In T. S. Huang (ed.): Image Sequence Processing and Dynamic Scene Analysis, Springer-Verlag, pp 519-531.
Graefe, V. (1984): Two Multi-Processor Systems for Low-Level Real-Time Vision. In J. M. Brady, L. A. Gerhardt and H. F. Davidson (eds.): Robotics and Artificial Intelligence, Springer-Verlag, pp 301-308.

Graefe, V.; Kuhnert, K.-D. (1988): Towards a Vision Based Robot with a Driver's License. Proceedings, IEEE International Workshop on Intelligent Robots and Systems, IROS '88. Tokyo, pp 627-632.

Graefe, V. (1989a): Dynamic Vision Systems for Autonomous Mobile Robots. Proceedings, IEEE/RSJ International Workshop on Intelligent Robots and Systems, IROS'89. Tsukuba, pp 12-23.

Graefe, V. (1989b): A Processing Architecture for Sensor Fusion in Vision Guided Mobile Robots. International Advanced Robotics Programme – Proceedings of the First Workshop on Multi-Sensor Fusion and Environment Modelling. Toulouse, LAAS.

Graefe, V. (1990): The BVV-Family of Robot Vision Systems. In O. Kaynak (ed.): Proceedings of the IEEE Workshop on Intelligent Motion Control. Istanbul, pp IP55-IP65.

Graefe, V. (1991): Robot Vision Based on Coarsely-Grained Multi-Processor Systems. In R. Vichnevetzky, J.J.H. Miller (eds.): Proceedings, IMACS World Congress. Dublin, pp 755-756.

Graefe, V. Blöchl, B (1991): Visual Recognition of Traffic Situations for an Intelligent Automatic Copilot. PROMETHEUS Workshop, München 15.-16 Oct. 1991.

Haas, G. (1982): Meßwertgewinnung durch Echtzeitauswertung von Bildfolgen. Dissertation, Fakultät für Luft- und Raumfahrttechnik der Universität der Bundeswehr München.

Intel (1980): Intel iSBX Bus Specification, Intel Corporation, 3065 Bowers Avenue, Santa Clara, California 95051, Manual Order Number: 142686-001.

INMOS (1986): Transputer Reference Manual, Bristol, October 1986.

INMOS (1987): Engineering Data IMS C012 Link Adaptor, Bristol, August 1987, 42 1413 00.

Regensburger, U.; Graefe, V. (1990): Object Classification for Obstacle Avoidance. SPIE Symposium on Advances in Intelligent Systems. Boston, November 1990.

Solder, U.; Graefe, V. (1990): Object Detection in Real Time. Proceedings of the SPIE Symposium on Advances in Intelligent Systems. Boston, November 1990.

Zapp, A. (1988): Automatische Straßenfahrzeugführung durch Rechnersehen. Dissertation, Fakultät für Luft- und Raumfahrttechnik der Universität der Bundeswehr München.

EIN KONTROLLMODUL MIT VERTEILTER METHODENBASIS ZUR EXTRAKTION VON MERKMALEN AUS DEM HIERARCHISCHEN STRUKTURCODE

Ulrich Büker, Bärbel Mertsching, Stephan Zimmermann
Fachbereich Elektrotechnik
Universität-Gesamthochschule-Paderborn
Pohlweg 47-49
4790 Paderborn

Es werden Methoden zur Extraktion von lage- und größeninvarianten Merkmalen aus hierarchisch codierten Bildern vorgestellt. Diese Merkmale werden zu einem Vergleich mit Modellen von Objekten in einer Wissenbasis benutzt. Während dieser Vergleich auf einer SUN-Workstation durchgeführt wird, ist die benutzte Methodenbasis auf einer Transputerfarm implementiert. Es wird ein modularer Aufbau vorgestellt, der die Untersuchung verschiedener Parallelisierungsstrategien erlaubt.

Eine kurze Einführung in die Datenstruktur

Der Hierarchische Strukturcode (HSC), der in unserem Fachgebiet unter der Leitung von Professor Dr. Hartmann entwickelt wurde, stellt eine effiziente Datenstruktur zur Repräsentation von Bildinformationen dar. Hierbei werden in bidirektional verzweigten Codebäumen helle und dunkle Strukturtypen wie Linien und Flecken, sowie deren begrenzende Kanten auf verschiedenen Auflösungs- und Verknüpfungsebenen dargestellt. Durch den Einsatz selbstgebauter Spezialprozessoren sowie durch den Einsatz von Transputern konnte die Erzeugung des HSC ganz erheblich beschleunigt werden. Auf die Erzeugung des HSC kann an dieser Stelle nicht näher eingegangen werden. Detaillierte Informationen hierüber finden sich in [Hartmann 87], [Westfechtel 90] und [Priese 89]. Für den weiteren Inhalt dieses Papers ist es jedoch wichtig, die Datenstruktur des HSC kurz zu erläutern. Bei der Generierung des HSC werden innerhalb von sich überlappenden Inseln Strukturelemente gleichen Typs (helle u. dunkle Linie, helle u. dunkler Fleck, Kante) auf Kontinuität überprüft und gegebenenfalls zu größeren Elementen zusammengefaßt. Wir sprechen hierbei auch von Codeelementen einer höheren Verknüpfungsebene. Dieser Prozeß wird iterativ solange wiederholt, bis die gesamte Struktur durch ein einzelnes Element, den "Wurzelknoten", im HSC dargestellt wird. Bei der Verknüpfung wird eine bidirektionale Verzeigerung zwischen den Codeelementen einer Verknüpfungsebene n und dem hieraus entstandenen Codeelement der Ebene n+1 aufgebaut, so daß also zu jeder Struktur im Bild ein Codebaum aufgebaut wird. Da der HSC gleichzeitig für verschiedene Auflösungsebenen k des Ausgangsbildes aufgebaut wird, entsteht eine zwei-dimensionale Ebenenstruktur |k;n>. In Abbildung 1 wird ein Codeebaum der Auflösung k dargestellt und es werden einige Bezeichnungen eingeführt.

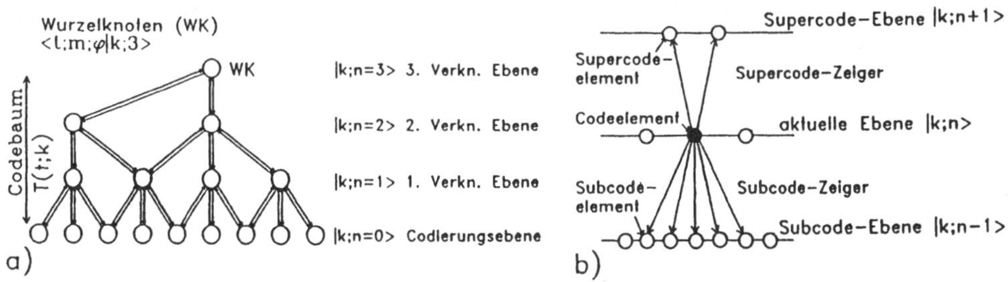

Abb. 1:   a) Verzeigerung innerhalb eines Codebaumes

b) Lokale Betrachtung eines Codeelementes im Codebaum

Die Speicherung der Codeelemente erfolgt mit Hilfe zweier Felder "Schlüsselarray" und "Datenarray". Im Schlüsselarray existiert für jede Ebene |k;n> ein Abschnitt, in dem für jede Koordinate (z;s) dieser Ebene ein Eintrag reserviert ist. Dieser Eintrag enthält einen Zeiger auf den ersten Eintrag dieser Koordiante im Datenarray. Er wird durch einen Wert ergänzt, der für diese Koordinate die Anzahl der Einträge angibt. Die Codeelemente selbst mit den dazugehörigen Zeigern, die "Codebaumknoten", werden beim Generieren des HSC sequentiell und ohne Zwischenraum in das Datenarray eingetragen. Abbildung 2 zeigt die Struktur eines Codebaumknotens sowie das Zusammenspiel zwischen Schlüssel- und Datenarray. In dieser Datenstruktur kann einerseits sehr schnell auf bestimmte Koordinaten zugegriffen werden und andererseits sehr schnell in den Codebäumen navigiert werden.

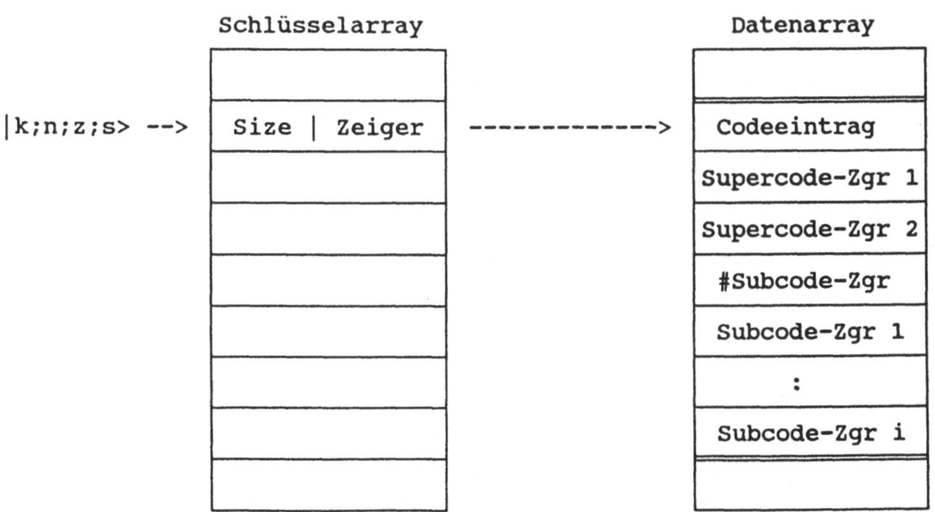

Abb. 2:   Adressierung im HSC mit Hilfe von Schlüssel- und Datenarray

Während die HSC-Generierung inzwischen bereits echtzeitnahe erfolgt, bildet die Auswertung im wissensbasierten System derzeit den Engpaß. Auf Grund der guten Erfahrungen beim Einsatz von Transputern bei der Erzeugung des HSC sind wir daher dazu übergegangen, auch die Auswertung auf Transputer zu verlagern. Im folgenden Abschnitt wird eine hierfür entwickelte Methodenbasis beschrieben.

Methoden zur Merkmalsextraktion

Für die Erkennung von Objekten wurde in unserer Arbeitsgruppe eine Methodenbasis entwickelt, die zur Extraktion von größen- und lageinvarianten Merkmalen aus dem HSC dient. Als Merkmale eines Objektes werden die Eigenschaften bezeichnet, die dieses eindeutig charakterisieren, so daß es von anderen Objekten unterschieden werden kann. Sie werden derart gewählt, daß sie ein Objekt unabhängig von seiner Lage oder Größe im Bild beschreiben. Weiterhin müssen sie mittels einfacher Methoden zuverlässig aus einem Bild extrahiert werden können. Die Summe aller Merkmale zur Beschreibung eines Objektes wird in einem Objektmodell in einer Wissensbasis abgelegt. Bei dem Erkennungsvorgang werden die Modelleigenschaften mit den aus dem aktuellen Bild extrahierten Merkmalen verglichen. Als Merkmale sind hierbei die Codebäume eines Objektes nicht geeignet, da bereits eine geringe Translation oder Rotation eines Objektes im Bild alle Knoten des Codebaumes verändern kann. Unverändert bleiben jedoch struktur- und formbeschreibende sowie topologische und geometrische Merkmale, die durch geeignete Methoden, den HSC-Operationen, aus den Codebäumen abgeleitet werden können. Bei den strukturbeschreibenden Operationen unterscheiden wir hierbei zwischen Operationen zum Auffinden bestimmter Strukturtypen im HSC, den sogenannten Strukturtyp-Operationen (ROOT, ALLROOT) und den Struktur-größen-Operationen zur Entwicklung von Kontursequenzen bzw. Codeelement-Gruppen (SEQU, AREA). Weiterhin existiert mit SHAPE eine formbeschreibende Operation mit der Fähigkeit, eine Kontursequenz zu untersuchen. Mit Hilfe der Nachbarschaftsoperationen CONNECT und DNEIGHBOUR kann untersucht werden, ob Strukturen zu einer gemeinsamen Gesamtstruktur gehören bzw. ob sie direkt aneinanderstoßen. Im folgenden Abschnitt wird die Funktionsweise der drei elementarsten Operationen ROOT, SEQU, SHAPE kurz erläutert.

Die Operation ROOT

Die Operation ROOT dient zur Suche von Wurzelknoten im HSC. Anhand der Wurzelknoten lassen sich bereits erste Aussagen über die Strukturen im Bild treffen. Die Strukturtypen der die Wurzelknoten beschreibenden Codeelemente geben Auskunft über die Art der Strukturen, ihre Koordinaten bestimmen die ungefähre Lage im Bild. Auf diese Weise kann für weitere Operationen das Operationsgebiet eingeschränkt werden. Die Suche kann sowohl für bestimmte Auflösungs- als auch Verknüpfungsebenen vorgenommen werden. Weiterhin kann das Suchgebiet auf ein Fenster um einen Startknoten und auf bestimmte Strukturtypen eingeschränkt werden. Bei der Suche wird in Abhängigkeit vom vorgegebenen Operationsgebiet mit den Ebenen größter Formelementgröße f=k+n begonnen. Somit werden zuerst die Wurzelknoten der ausgedehntesten Strukturen innerhalb des Suchgebietes gefunden.

Die Operation SEQU

Ein Wurzelknoten gibt nur einen groben Hinweis auf die Struktur aus der er durch den Verknüpfungsprozeß hervorgegangen ist. Durch die Operationen SEQU und AREA ist eine genauere Analyse der Struktur möglich. Dazu wird vom Wurzelknoten top-down durch den Codebaum bis zu den Blättern herabgestiegen und so die Kontursequenz oder die Flächen-gruppe auf Detektorebene |k;n=0> aufgespannt. Somit bilden diese Operationen eine Umkehrung des bottom-up verlaufenden Verknüpfungsprozesses. Im Detail arbeitet SEQU wie folgt: Vom Wurzelknoten ausgehend wird mit Hilfe der Subcode-Zeiger bis zu einem Codebaumknoten auf der Verknüpfungsebene n=1 hinabgestiegen. Iterativ werden nun alle zu diesem Element gehörenden Subcodeelemente in die Kontursequenz aufgenommen. Im nächsten Schritt werden nun die beiden Supercode-Zeiger des zuletzt behandelten Subcode-elementes ausgewertet. Einer von ihnen zeigt zum gerade bearbeiteten Codeelement, der andere zum nächsten Codeelement, dessen Subcode ins Ergebnisarray eingetragen werden muß. Hierbei ist zu beachten, daß entweder dessen erster oder letzter Subcode mit dem zuletzt eingetragenen identisch ist, da die Subcodeelemente von Konturen (Kante, Linie) sortiert im Datenarray eingetragen werden. Die Sequenzbildung endet, wenn das letzte einge-tragene Element eine Endepunktmarkierung besitzt. Die Entwicklung zyklischer Strukturen terminiert, wenn das aktuell eingetragenene Element identisch ist mit dem zuerst eingetrage-nen. Der gerade beschriebene Prozeß der Sequenzentwicklung wird nochmals in Abbildung 3 verdeutlicht. Das Ergebnisarray dient als Operand der formbeschreibenden Operation SHAPE. Als Merkmal liefert SEQU die Anzahl der Elemente der Sequenz. Innerhalb gewis-ser Grenzen ist dieses Merkmal lage- und skaleninvariant und liefert Informationen über die Proportionen der Struktur. Die Vorgehensweise von AREA ist entsprechend. Es werden jedoch keine Konturen sondern Flächen aufgespannt.

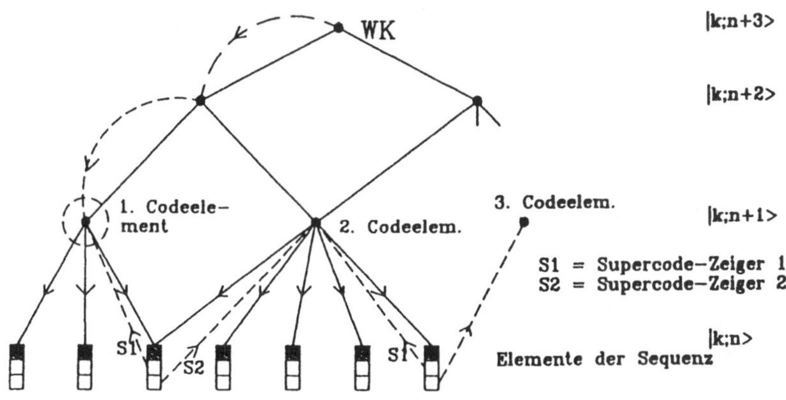

Abb. 3:   Schematische Darstellung der Sequenzentwicklung im HSC

Die Operation SHAPE

Nachdem mit SEQU eine Kontursequenz aufgespannt wurde und wenn sie den erwarteten Proportionen entspricht, wird eine genaue Formanalyse notwendig. Hierzu dient die Operation SHAPE, die als Eingabe eine Kontursequenz erwartet. Die Orientierungen der einzelnen Codeelemente werden dazu genutzt, eine Orientierungssequenz aufzubauen, aus der wiederum eine Abknicksequenz berechnet wird. Hierzu dient die Differenz jeweils zweier aufeinanderfolgender Orientierungen. Als nächstes werden Sequenzen gleicher Abknicke zusammengefaßt und ihre Längen aufaddiert. In einem weiteren Schritt erfolgt eine Normalisierung auf die Länge Null. Diese normalisierte Sequenz kann dazu verwendet werden, mit Formbeschreibungen in einer Modellbibliothek verglichen zu werden. Dabei besteht die Möglichkeit, gezielt mit einer vorgegebenen Beschreibung zu vergleichen oder aber auch die am besten passendste Formbeschreibung aus der Bibliothek zu ermitteln. Detailliertere Beschreibungen der Operationen finden sich auch in [Mertsching 90].

In einer ersten Version unseres Erkennungssystems waren diese Operationen auf einer VAX 730 in PASCAL implementiert. Durch Änderungen an der Datenstruktur des HSC konnten inzwischen die Algorithmen der Methodenbasis wesentlich effizienter gestaltet werden. Diese wurden nun auf einem T800 in OCCAM implementiert. Im Vergleich zur VAX 730 ergibt sich eine Beschleunigung um den Faktor 1000 und höher, wodurch die Laufzeit der einzelnen Operationen im Bereich weniger Millisekunden liegt. So ergab sich für die Suche der Wurzelknoten auf den Ebenen $f=k+n=5$ bis $f=8$ (bei 14 Wurzelknoten) eine Laufzeit von nur noch 1.3 ms. Die Laufzeit für eine typische Sequenz mit 48 Elementen liegt bei 6 ms für die Sequenzentwicklung und 7 ms für die Formbestimmung.

Die Operationen werden von einem Operations-Manager verwaltet und auf Anfrage aktiviert. Im folgenden Abschnitt wird dieser Vorgang näher erläutert.

Der Operations-Manager

Der Operations-Manager dient als Schnittstelle zwischen den Operationen und einem Kontrollmodul, welches den Erkennungsvorgang verwaltet. Er ist ebenso wie die Operationen in OCCAM implementiert und arbeitet auf einem speziell ausgezeichneten Host-Transputer. Er besitzt Wissen über die Topologie der Transputerfarm und Wissen über die Verteilung der Methodenbasis in dieser Farm. Zur Kommunikation mit dem Kontrollmodul, welches auf einer SUN-Workstation unter OpenWindows läuft, wurde ein variantes Kanal-Protokoll mit Records und variablen Feldern definiert. Hierbei wurde für jede Operation ein Slot vorgesehen, der speziell für seine Eingabeparameter bzw. Ausgabeparameter konzipiert wurde. Des weiteren sind Slots für das Übertragen von Bilddaten, Texten und speziellen Botschaften implementiert. Aus der Sicht des Operations-Managers ist dieses Protokoll-Konzept sicherlich die übersichtlichste Art der Kommunikation. Auf Seiten des Kontrollmoduls muß ein solches Protokoll natürlich simuliert werden. Das heißt, die Werte der "Tags" müssen durch

Byte-Konstanten, die von der Reihenfolge innerhalb der Protokoll-Definition abhängen, ersetzt werden.

Um den Operations-Manager möglichst variabel in unserer Arbeitsumgebung einsetzen zu können, wurde ein spezieller Starterprozeß entwickelt. Wir verwenden ein MTM-SUN-Board mit mehreren Transputern, die über unterschiedliche Kanäle mit der SUN-Workstation kommunizieren. Der Starterprozeß wartet nun gezielt auf allen vier Eingabe-Links des Host-Transputers auf Informationen, um dann den Operations-Manager mit den zur SUN führenden Kommunikationskanälen zu versehen. Somit kann der Operations-Manager auf jedem unserer Transputer eingesetzt werden. Die nachstehende Abbildung zeigt den Aufbau des Starterprozesses und einen Ausschnitt aus dem Kanalprotokoll zur Kommunikation mit dem Operations-Manager.

```
Starter-Prozeß

  ALT
    input0 ? ch
      operations.manager(input0, output0)
    input1 ? ch
      operations.manager(input1, output1)
  ...


Kanal-Protokoll

  PROTOCOL von.Kontrolle.zu.Methoden
    CASE
      ROOT;  INT::[]INT
      SEQU;  INT
      SHAPE; INT::[]INT; INT::[]BYTE
    ...
```

Abb. 4:　　ALT-Konstrukt zur Ermittelung des Kommunikations-Kanals und das zugehörige variante Kanal-Protokoll

Von besonderer Bedeutung in unserem Konzept ist die Voraussetzung, daß der gesamte HSC auf jedem der Transputer zur Verfügung steht. Da wir zur Zeit die Generierung des HSC auf Transputern simulieren, bedeutet dies einen erheblichen Kommunikationsaufwand für das Versenden des HSC innerhalb der Farm, der eine echtzeitnahe Erkennung zur Zeit nicht möglich macht. Bei Einsatz unserer Spezialprozessoren wird diese Voraussetzung jedoch erfüllt sein. Jeder der Farm-Transputer hält dann den kompletten HSC und einen Satz von HSC-Operationen. Bei der Erkennung ist es daher ausreichend die lokal ermittelten relativen Adressen der entdeckten Strukturtypen über die Links an den Host-Transputer und weiter an die Workstation zu übertragen. Die Bilddaten selbst müssen nicht über die Links transferiert werden.

Die Abbildung 5 verdeutlicht noch einmal den oben beschriebenen Aufbau unseres Systems.

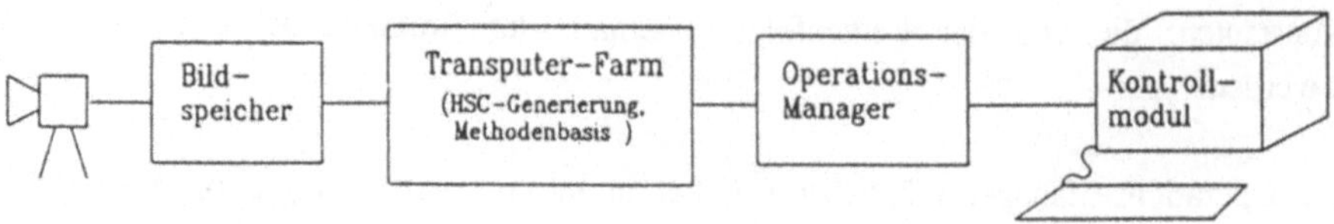

Abb. 5:   Aufbau des Gesamtsystems

Durch die Aufteilung in ein Kontrollmodul, den Operations-Manager und die Methodenbasis sowie durch ihre Anordnung auf der zur Verfügung stehenden Hardware ist eine flexible, schnelle und benutzerfreundliche Umgebung zur Untersuchung verschiedener Parallelisierungsstrategien bei der Erkennung von Objekten im HSC entstanden. Dabei wurde der Kontrollmodul in ein Testbett integriert, das uns verschiedene Funktionalitäten zur Untersuchung des HSC zur Verfügung stellt. Die folgende Darstellung zeigt einen Screendump nach einem Erkennungsvorgang eines Pleuels. Die farbliche Gestaltung der einzelnen Substrukturen des Pleuels kann hier leider nicht wiedergegeben werden.

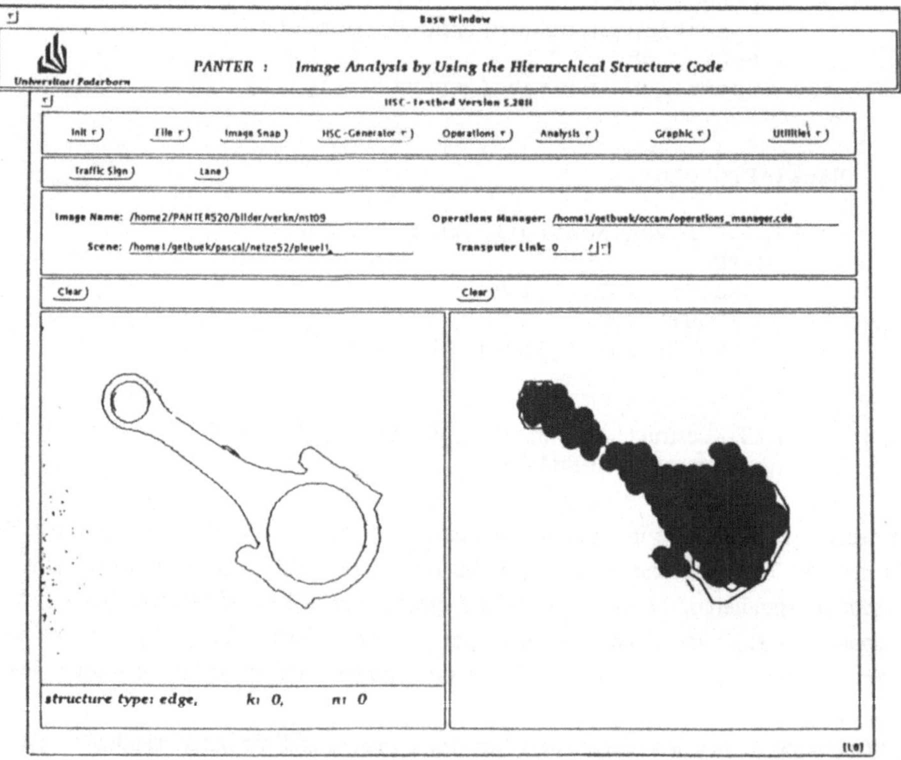

Abb. 6:   Testbett-Oberfläche mit Kanten-Darstellung eines Pleuels sowie den beim Erkennungsvorgang markierten Substrukturen.

Zu den Funktionalitäten des Testbettes gehören alle notwendigen Schritte von der Bildaufnahme bis zur Erzeugung des HSC, ein Graphik-Paket zur Visualisierung des HSC sowie des zugrundeliegenden Grauwertbildes und des daraus berechneten dreiwertigen Laplacebildes. Weiterhin besteht die Möglichkeit, Operationen von Hand mit Eingabeparametern zu versehen und zu starten, sowie sie vom Kontrollmodul gesteuert für einen automatischen Erkennungsvorgang zu benutzen. In beiden Fällen kann eine graphische Darstellung der Ergebnisse und der Abläufe erfolgen.

Ergebnisse und Ausblick

Durch den Einsatz von Transputern ist es uns bereits gelungen, die Laufzeit eines Erkennungsvorganges wesentlich zu verkürzen. Dabei hat sich der Transputer auch als sequentieller Rechner als sehr leistungsstark erwiesen. In einer nächsten Stufe beabsichtigen wir, verschiedene Strategien der Operationsverteilung auf der Farm zu untersuchen. Ein besonderes Augenmerk wird dabei auf einer möglichst gleichmäßigen Auslastung unserer Transputerfarm liegen, um die Fähigkeiten des Systems noch weiter auszuschöpfen. Die Belastung der Datenwege bringt in unserem Konzept keine Engpässe. Um eine wirklich echtzeitnahe Bildanalyse zu gewährleisten, werden in weiteren Schritten auch Teile des Kontrollmoduls auf Transputer verlagert und parallelisiert werden müssen.

Literatur

[Hartmann 87]
Hartmann, G.: Recognition of Hierarchically Encoded Images by Technical and Biological Systems. Biological Cybernetics 57, S.73-84, 1987

[Mertsching 90]
Mertsching, B.: Lernfähiges wissensbasiertes Erkennungssystem auf der Grundlage des Hierarchischen Strukturcodes. Fortschr.-Ber. VDI Reihe 10. Düsseldorf (VDI Verlag) 1990

[Priese 89]
Priese, L; Rehrmann, V.; Schwolle, U.: A Fast Generator for the Hierarchical Structure Code With Concurrent Implementation Techniques. DAGM-Symposium Mustererkennung 1989, Proceedings, S.416-419, Springer 1989

[Westfechtel 90]
Westfechtel, A.: Entwurf und Realisierung eines Prozessors zur hierarchischen Codierung von Flächen, Kanten und Linien. Fortschr.-Ber. VDI Reihe 10 Nr. 138. Düsseldorf (VDI Verlag) 1990

Realzeitzugriff auf ausgedehnte geometrische Objekte in einem Transputernetz

Frank Klingspor, Thomas Rottke
FernUniversität
Postfach 940
5800 Hagen 1

Zusammenfassung

Bei geometrischen Suchprozessen bilden File-I/O und Floating-Point-Arithmetik zwei schwerwiegende Performance-Engpässe, die aber durch geeignete Parallelisierung entschärft werden können. Hierfür haben wir als Basisdatenstruktur den topologischen B^*-Baum entwickelt, der sich gut parallelisieren läßt und sowohl als Index- als auch als Objektdatenstruktur genutzt werden kann. Um eine effiziente Nutzung paralleler Ressourcen (Prozessoren / Platten) zu gewährleisten, muß ihre gleichmäßige Auslastung erreicht werden. Für diesen Zweck schlagen wir ein spezielles geometrisches Hashverfahren vor.

Schlüsselwörter:

geometrisches Suchen, parallele topologische B^*-Bäume, Datenverteilung

1. Einleitung

Nicht-Standard-Datenbanken für ausgedehnte geometrische Objekte werden in der graphischen Datenverarbeitung, für Computer-Aided-Design, bei der Bildverarbeitung oder bei Prozeßanimationen, verwendet. Viele Anwendungen erfordern eine Indexstruktur, die geometrische Anfragen, wie z.B. Point-Query, Line-Query, Polygon-Query, Volume-Query, Closest-Pair oder Neighbour-Queries nach diesen Objekten in Realzeit unterstützt. Die Selektion geometrischer Objekte ist aber aus zwei Gründen sehr aufwendig:

- Da die Beschreibungen der komplexen geometrischen Objekte (z.B. Polygone oder Polyeder) sehr umfangreich sind, wird der Zugriff auf den Hintergrundspeicher zum Engpaß.

- Es müssen komplexe floating-point-Berechnungen (z.B. Polygonschnitte oder Polyederschnitte) durchgeführt werden, um zu entscheiden, ob ein einzelnes Objekt tatsächlich zu selektieren ist. Dadurch wird der Prozessor zum Engpaß.

Realzeitzugriff auf geometrische Objekte kann nur durch den Einsatz von parallelen Ressourcen (Prozessor und Speicher) gewährleistet werden.

2. Topologischer B*-Baum

Als Indexdatenstruktur für externe Daten mit skalaren Schlüsseln haben sich B*-Bäume [Ba72] in Datenbankanwendungen bewährt. B*-Bäume sind robust in dem Sinne, daß sie ihre gleichmäßige Gestalt (ausbalanciert, lineare Anordnung, alle Knoten, bis auf die Wurzel, sind mindestens zur Hälfte gefüllt) unabhängig von der Datenverteilung oder Einfügereihenfolge behalten. Wir haben den B*-Baum zu einem *topologischen B*-Baum* [Ro92] erweitert mit dem Ziel, zum einen möglichst viele Eigenschaften des klassischen B*-Baums für einen geometrischen Index zu erhalten und zum anderen eine Datenstruktur zu entwickeln, die sich gut für ein *Transputernetz* parallelisieren läßt [KlRo91]. Die Schlüssel im topologischen B*-Baum entsprechen Teilräumen des Universums. Die Änderungen, bzw. Erweiterungen beim topologischen B*-Baum ergeben sich dann aus dem neuen geometrischen Schlüsseltyp.

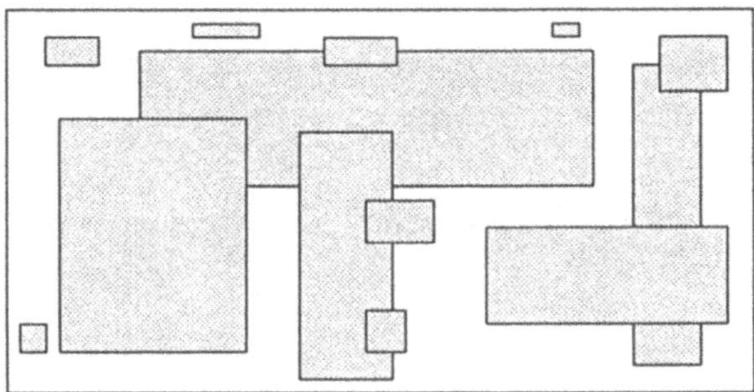

Abbildung 1: Objekte in einer Region

Die Abbildung 1 zeigt eine Anordnung von einfachen geometrischen Objekten, bei der die Objekte nicht durch einen achsensymmetrischen Schnitt in disjunkte Bereiche getrennt werden können. Läßt man aber sich überlappende Teilräume zu, dann ist die Eindeutigkeit der Zuordnung von Objekten zu Teilräumen nicht mehr gewährleistet. Damit geht aber die Unabhängigkeit gegenüber der Einfügereihenfolge verloren. Die Alternative ist, die Objekte nach einem anderen Kriterium zu trennen, um so für den Fall, daß ein geometrischer Split nicht möglich ist, die Eindeutigkeit der Zuordnung zu gewährleisten. Dieses Kriterium sollte global sein, d.h. in jedem Fall angewendet werden können. Wir haben für den topologischen

B*-Baum einen erweiterten Schlüsseltyp (Abbildung 2) definiert, mit dem sich genau diese Probleme beim reinen geometrischen Split leicht beheben lassen. Ein Schlüssel dieses Typs besteht aus zwei Teilen:

- Domain (in diesem achsenparallelen Bereich dürfen Objekte liegen) und
- Range (in diesem achsenparallelen Bereich liegen tatsächlich Objekte)

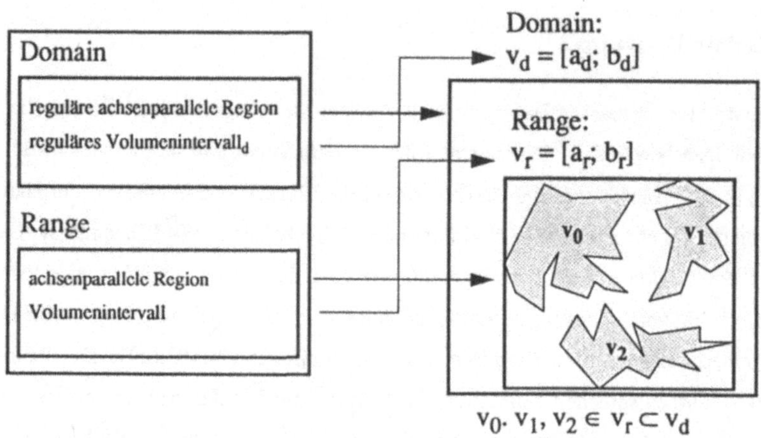

Abbildung 2: Schlüsseltyp des topologischen B-Baums*

Domain und Range bestehen jeweils aus einem Teilraum des Universums und einem Volumenintervall: alle Objekte, die einem Schlüssel zugeordnet sind, müssen im zugehörigen Teilraum des Schlüssels und außerdem im zugehörigen Volumenintervall liegen. Dieser um das Volumenintervall erweiterte Schlüssel hat folgende Vorteile: Objekte, die sich nicht der Lage nach trennen lassen, können nun nach ihrem Volumen getrennt werden.

Ein übergelaufener Baumknoten (Abbildung 3.1) wird dann nach folgendem Schema gesplittet: Zuerst wird die Medianlinie der Knotendomain bestimmt und die Objekte danach getrennt, ob sie die Medianlinie schneiden oder nicht (*normal split*). Die Objekte, die die Medianlinie nicht schneiden, bilden einen neuen Eintrag, in dem alle Objekte entweder auf der einen oder auf der anderen Seite der Medianlinie liegen (Abbildung 3.2a). Sollte später eine Teilung dieses Eintrags nötig werden, kann dies durch einen achsensymmetrischen Split entlang der Medianlinie geschehen (*area split*). Die Teile 3a und 3b zeigen die beiden neuen Regionen, die durch einen *area split* aus der Region 2a entstanden sind. Die Objekte aus der Region 1, die die Medianlinie schneiden (Abbildung 3.2b), können später dem Volumen nach getrennt werden (*volume split*). Die Teilbilder 3c und 3d zeigen das Ergebnis eines *volume splits* der Region 2b.

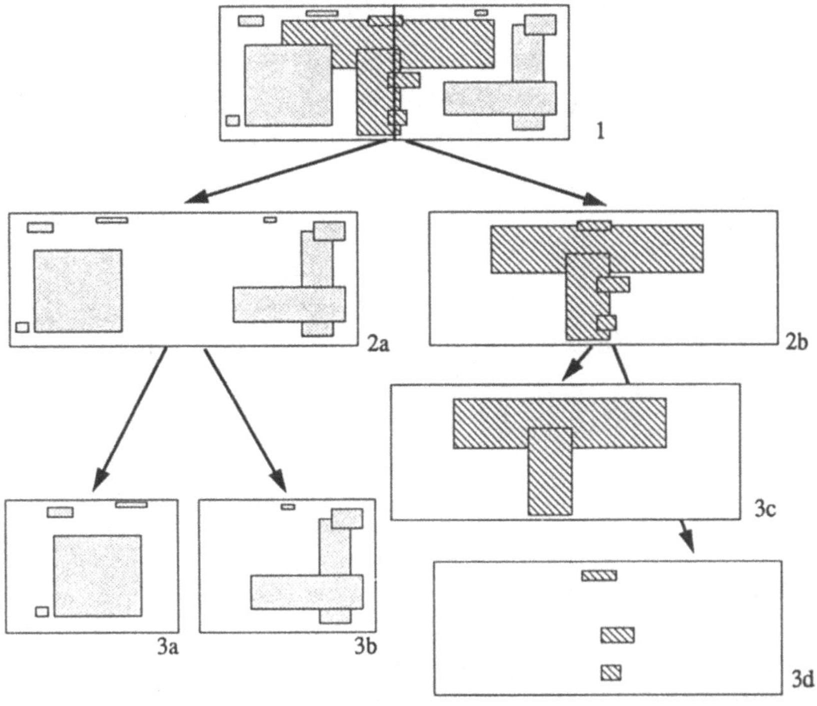

Abbildung 3: Split-Prozeß

Die Objekte können außerdem nach ihrem Volumen linear im topologischen B^*-Baum angeordnet werden. Die Eigenschaften der klassischen B^*-Baum Variante vererben sich dadurch weitestgehend auf den topologischen B^*-Baum.

Geometrische Objekte werden nach ihrer Bounding-Box (kleinstes umschliessendes achsenparalleles Rechteck) und dem tatsächlichen Volumen in den topologischen B^*-Baum eingefügt. Ein Suchprozeß selektiert also zunächst alle Objekte, deren Bounding-Box den Suchbereich schneidet. Diese Objekte werden dann in einem zweiten Schritt daraufhin überprüft, ob sie tatsächlich im Suchbereich liegen. Bestehen die Objekte selbst wieder aus vielen atomaren Teilobjekten (z.B. Polygon aus Dreiecken, Polyeder aus Tetraedern), dann können diese Objekte jeweils wieder durch einen topologischen B^*-Baum strukturiert dargestellt werden, d.h. man fügt die Teile eines komplexen Objektes in einen topologischen B^*-Baum ein (Abbildung 4).

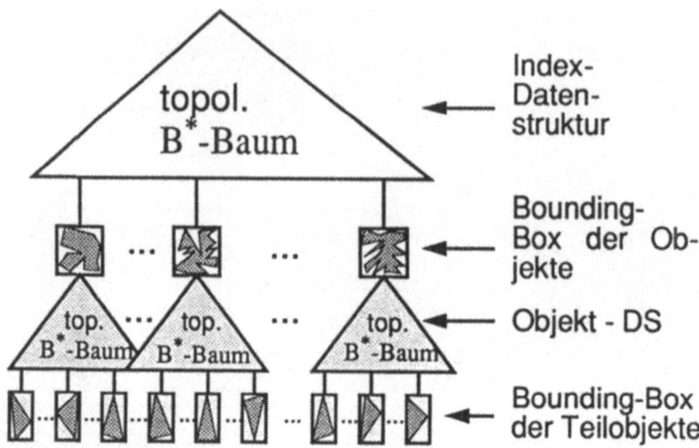

Abbildung 4: topologischer B-Baum mit komplexen Objekten*

3. Parallele Topologische B*-Bäume

Für die Parallelisierung von topologischen B^*-Bäumen gibt es zwei Möglichkeiten:

- Die Datenmenge (n geometrische Objekte) wird in gleichgroße, disjunkte Teilmengen (Partitionen) zerlegt und für jede Teilmenge wird ein eigener topologischer B^*-Baum aufgebaut (*Array - Parallelität*). Solange gewährleistet werden kann, daß alle Teilmengen denselben zu erwartenden Bearbeitungsaufwand haben, ist der Speed-Up durch Partitionierung linear. Der Grad der Zerlegung sollte also linear von der zu erwartenden Größe der Antwortmengen abhängen, d.h. vereinfacht gesprochen, pro zu erwartendem Element der Antwortmenge wird ein Baum erzeugt. Alle m Elemente einer beliebigen Anfrage werden von etwa m parallelen Bäumen in O(log (n)) Zeit gefunden.

- Der topologische B^*-Baum wird *Pipeline*-artig parallelisiert. Diese Art der Parallelisierung lohnt sich nur, wenn kontinuierlich Suchanfragen abgearbeitet werden müssen. Den Knoten des topologischen B^*-Baumes werden Prozesse zugeordnet, d.h. die Prozesse sind in der gleichen Weise hierarchisiert wie die Knoten des Baumes. Während eines Zeittaktes durchsucht jeder Prozeß alle Einträge seines Knotens auf maximal eine Anfrage hin und reicht für die relevanten Einträge die Anfrage an die Sohnprozesse weiter. q Anfragen können in O(q+log (n)) Zeit bearbeitet werden. Wird q groß gegenüber n, dann wird im Schnitt für jede Anfrage O(1) Zeit verbraucht.

4. Datenverteilung

Der gleichmäßigen Verteilung von geometrischen Daten auf verschiedene parallele Bäume oder parallele Platten kommt ebenfalls eine Schlüsselrolle zu, weil nur so eine gleichmäßige Auslastung der Prozessoren gewährleistet werden kann. Grundsätzlich gibt es hierbei folgende Möglichkeiten:

- geometrisches Clustern (Zuordnung nach der Lage im Universum)
- Hashverfahren
- zufällige Zuordnung der Daten zu einer Partition

Wir haben bei unseren Messungen festgestellt, daß im wesentlichen zwei Faktoren zu beachten sind:

- Die Datenverteilung der verschiedenen Partitionen sollte möglichst homogen sein.
- Die Partitionen sollten gleich groß sein, denn schon geringe Abweichungen bei der Größe können zu erheblichen Differenzen beim Zugriff auf die verschiedenen Partitionen führen.

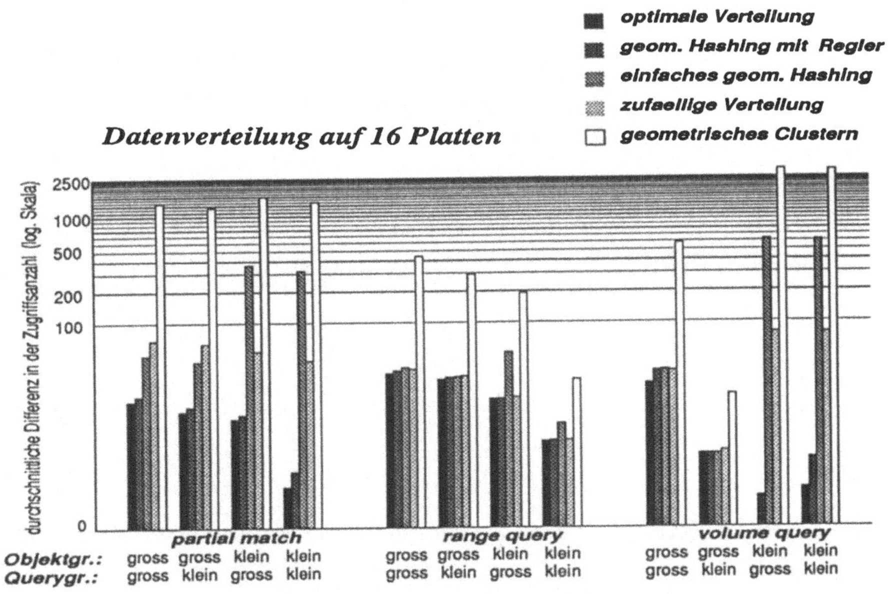

*Abbildung 5: Meßergebnisse zur Datenverteilung auf 16 parallele Platten.
Gemessen wird die mittlere Differenz bei den Zugriffen auf jede Platte pro Anfrage.
Die Objektmengen bestehen jeweils aus 8192 Polygonen.*

Es zeigt sich, daß geometrisches Clustern zur Partitionierung völlig ungeeignet ist. Die Datenpartitionen sind weder gleich groß, noch ist ihre Verteilung homogen. Bei Suchanfragen ist unter Umständen nur ein Baum aktiv. Zufälliges Partitionieren der Daten führt zwar zu halbwegs homogenen Verteilungen weist aber dennoch Differerenzen bei der Größe der Partitionen auf. Ähnliches gilt für einfache Hashverfahren. Wir haben zur Verteilung von geometrischen Daten ein geometrisches Hashverfahren (Hashing über die Bounding-Box und das Volumen der Objekte) mit einem Regelmechanismus versehen, der dafür sorgt, daß die Differenz der Partitionen einen bestimmten Schwellenwert nicht übersteigt. Dieses Verfahren arbeitet nahezu optimal (siehe Abbildung 5).

5. Zusammenfassung

Mit Hilfe von topologischen B^*-Bäumen in Transputernetzen, wie sie hier vorgeschlagen worden sind, kann die Zugriffszeit auf komplexe geometrische Objekte entscheidend verbessert werden:

- Der topologische B^*-Baum läßt sich gut parallelisieren, d.h. die parallelen Ressourcen werden gleichmäßig genutzt.
- Index- und Objektdatenstruktur sind homogen, d.h. der algorithmische Aufwand reduziert sich erheblich.
- Die strukturierte Darstellung der komplexen Objekte spart Rechenzeit, z.B. bei den Schnittberechnungen.
- Die Schnittberechnungen können jeweils parallel ausgeführt werden.
- Der Zugriff auf externe Daten kann parallel erfolgen (parallele Platten).
- Durch einen großen, verteilten Intern-Speicher kann eine Vielzahl von Objekten intern gepuffert werden.
- Durch Veränderung der Knotengröße des topologischen B^*-Baums und des Grads der Partitionierung kann der parallele Index an gegebene Datenmengen und Anfrageprofile angepaßt werden.

Literatur

[Ba72] R. Bayer and E. McCreight, *Organization and maintenance of large ordered indexes*, Acta Informatica, 1 (1972), pp. 173 - 189.

[KlRo91] F. Klingspor and T. Rottke, *Realzeitzugriff auf ausgedehnte geometrische Objekte mit parallelen topologischen B^*-Bäumen*, Proc. of the PEARL 91, Informatik-Fachberichte 295, Springer-Verlag, (1991).

[Ro92] T. Rottke, *Parallele Suchprozesse in der geometrischen Datenverarbeitung*, Technischer Bericht, Fachbereich Informatik, Fernuniversität Hagen, in Vorbereitung.

Erkennen und Lokalisieren von Polyedern im 3-D Raum

V. D. Sánchez A. und G. Hirzinger
Deutsche Forschungsanstalt für Luft- und Raumfahrt
Institut für Dynamik der Flugsysteme
Abteilung Automatisierung
D-8031 Weßling

Zusammenfassung

Das Problem des Erkennens von Polyedern im 3-D Raum wird formuliert, eine Lösung dazu wird erarbeitet, und ein mögliches Erkennungsmodul wird mit einem früher vorgestellten Lokalisierungsmodul integriert. Erste Ergebnisse für das Erkennen und Lokalisieren eines im Weltraum freischwebenden Objekts (DLR Freiflieger) werden vorgestellt. Der DLR Freiflieger soll während der nächsten D2 SPACELAB Mission im Rahmen des Experiments ROTEX ('RObotics Technology EXperiment') unter Schwerelosigkeit aufgefangen werden. Die komplexe Bildverarbeitung erfolgt auf einem Transputer-basierte Bildverarbeitungssystem, Bestandteil der Telerobotik-Bodenstation.

1 Einleitung

Bei Manipulationsaufgaben in der Robotik ist das Greifen von 3-D Objekten von erheblichem Interesse. Hier werden Polyeder angenommen, die sich im 3-D Raum befinden und deren Vorhandensein durch optische Sensoren, in erster Linie Kameras (komplementär Entfernungsmesser), auf ikonischer Ebene erfaßt wird. Ein polyedrisches Objekt (DLR Freiflieger) soll während der nächsten D2 SPACELAB Mission im Rahmen des Experiments ROTEX ('RObotics Technology EXperiment') [2] unter Schwerelosigkeit aufgefangen werden, wozu ein Konzept zur Schätzung der Bewegung des zu greifenden Objekts definiert wurde, bestehend aus einer Kalman-Filter-basierten Regelstruktur und der Berechnung der Position und Orientierung des Objekts. Abbildung 1 zeigt eine schematische Darstellung der ROTEX Steuerungsstrukturen, des DLR multisensoriellen Greifers [1], des DLR Freifliegers sowie der Telerobotik-Bodenstation.

In diesem Beitrag werden mögliche Module für Erkennen und Lokalisieren von Polyedern im 3-D Raum vorgestellt, die die Berechnung von Position und Orientierung einzelner Polyeder liefern. In Abschnitt 2 wird das Erkennungsproblem formuliert und eine Lösung wird vorgestellt. In Abschnitt 3 werden das Lokalisierungsproblem und eine Lösung dazu zusammengefaßt. Die Integration beider Module (Erkennung und Lokalisierung) wird in Abschnitt 4 behandelt. Schließlich werden in Abschnitt 5 einige Ergebnisse vorgestellt.

2 Erkennen von Polyedern

2.1 Erkennungsproblem

Polyeder werden mit Hilfe eines Graphen repräsentiert. Für einen Überblick über Repräsentationsformen für 3-D Körper kann z.B. [3] nachgeschlagen werden. Abbildung 2, links zeigt die Grundelemente unseres Objektbeispiels, des DLR Freifliegers. Eckpunkte (V), Kanten (E) und Flächen (F) erscheinen durchnumeriert. In Abbildung 2, rechts werden die Beziehungen zwischen Grundelementen gezeigt: welche Eckpunkte gehören welchen Kanten an und welche Kanten gehören welchen Flächen an. Eckpunkte, Kanten und Flächen werden jeweils durch Punkte, Geraden und Ebenen im dreidimensionalen Raum repräsentiert. Für die Repräsentation von Geraden und Ebenen werden ein Punkt und ein Vektor benötigt. Im Falle der Gerade handelt es sich um den Richtungsvektor, im Falle der Ebene um den Normalvektor.

Das Erkennungsproblem besteht in der Zuordnung von Sensor-Merkmale und dazugehörigen Modell-Merkmale [9], [10], [11]. Beide sind in diesem Ansatz 3-D Daten: Geraden im Raum (3-D Kanten). Die

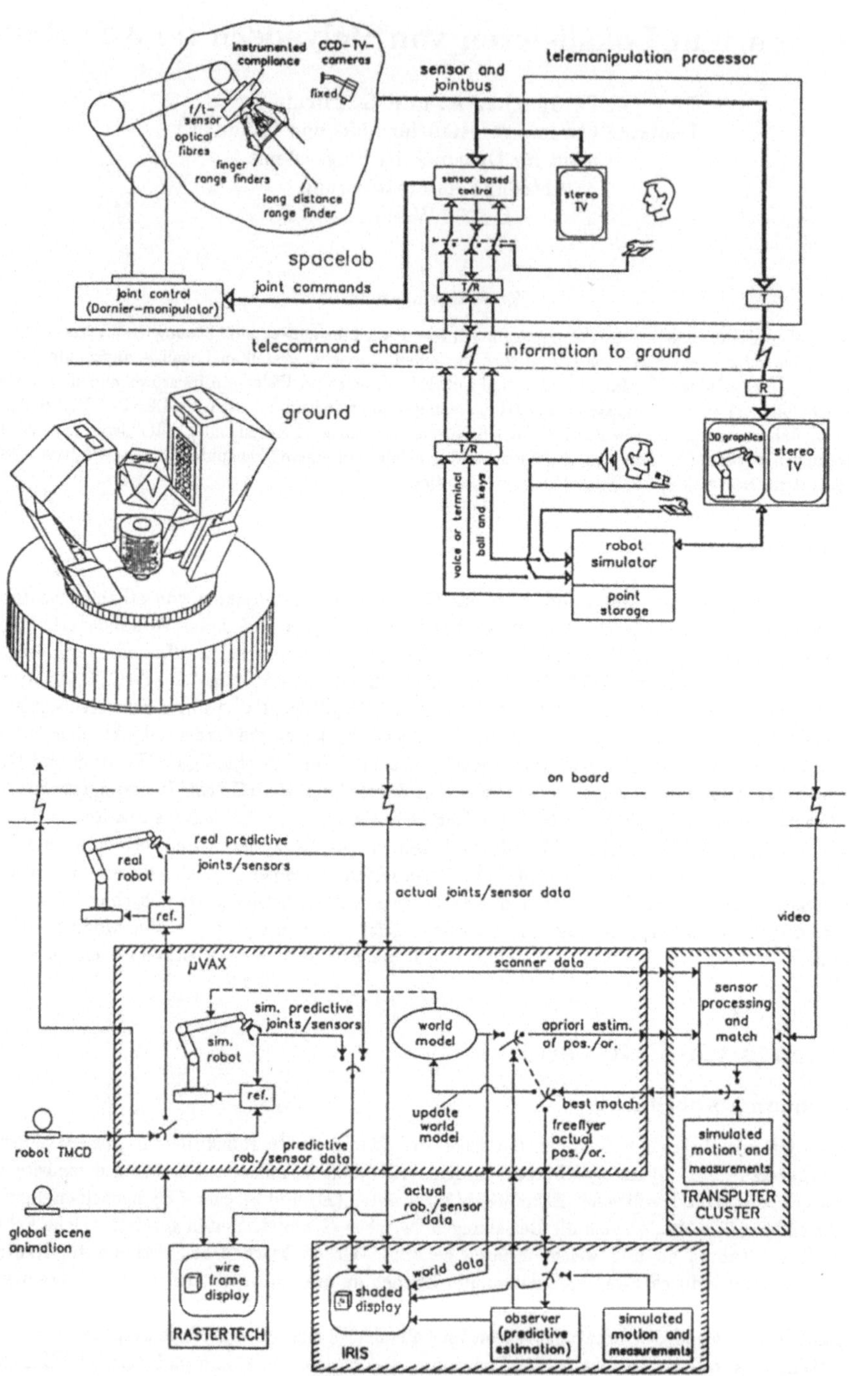

Abbildung 1: ROTEX Steuerungsstrukturen und Bodenstation

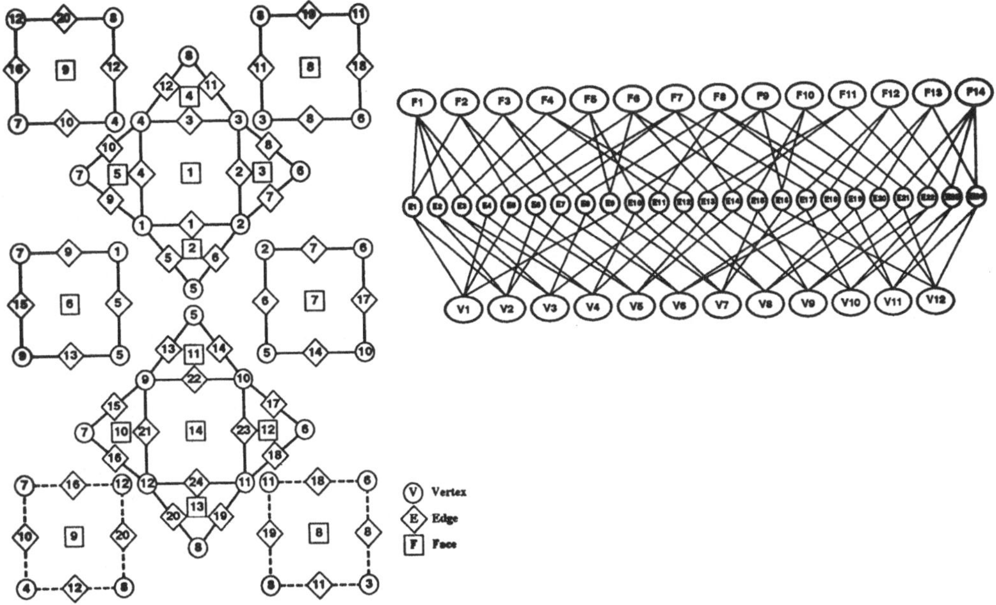

Abbildung 2: Graphendarstellung des DLR Freifliegers

Sensor-Geraden werden in einer Vorverarbeitungsstufe gewonnen. Die erforderliche Eingabeinformation für den Erkennungsprozeß besteht aus:

- einem CAD-Modell des Polyeders (Modelldaten). Für den Erkennungsprozeß werden die 3-D Kanten des Modells herangezogen. Die Umstellung auf eine Lösung auf der Basis von Flächen ist problemlos

- einer Menge von 3-D Kanten (Sensordaten). Sie werden typischerweise in einer Vorverarbeitung gewonnen

- die o.g. 3-D Kanten, sowohl Modell- als auch Sensordaten, werden als Geraden im Raum mit Aufpunkt und Richtungsvektor repräsentiert (sie könnten problemlos eine andere Repräsentation annehmen)

In Abbildung 3 wird der hier vorgestellte Erkennungsprozeß visualisiert. Die linke Seite zeigt die 3-D Kanten des Modells (Modelldaten), während die rechte die aus der Vorverarbeitung zurückgewonnenen (sichtbaren) 3-D Kanten (Sensordaten) zeigt. Die beiden Datenmengen (bei den Modelldaten nur eine Untermenge) sollen einander zugeordnet werden.

2.2 Lösung des Erkennungsproblems

Die Lösung des Erkennungsproblems liefert Ergebnisse in folgender Form:

- Eine mögliche Zuordnung zwischen allen Sensordaten und den dazugehörigen Modelldaten

- Wahlweise können alle (mehrere) möglichen Zuordnungen gefunden werden

- Mit den Modelldaten inkonsistenten Sensordaten

Die hier vorgestellte Lösung konzentriert sich auf die modellbasierte Erkennung einzelner Polyeder. Die Lösung basiert auf Suchverfahren, wobei das Suchkriterium auf Invarianz-Relationen im 3-D Raum beruht (Abbildung 4a). Abbildung 4b skizziert die Suche nach einer gültigen Zuordnung zwischen eingegebenen Sensordaten und vorgegebenen Modelldaten. Die Tiefe des Suchbaums bezieht sich auf die Elementenanzahl der Sensordaten-Menge SD, deren Konsistenz mit dem Modell überprüft werden soll, bis alle (m) eingegebenen Sensordaten bzw. eine Mindestanzahl abgearbeitet worden sind.

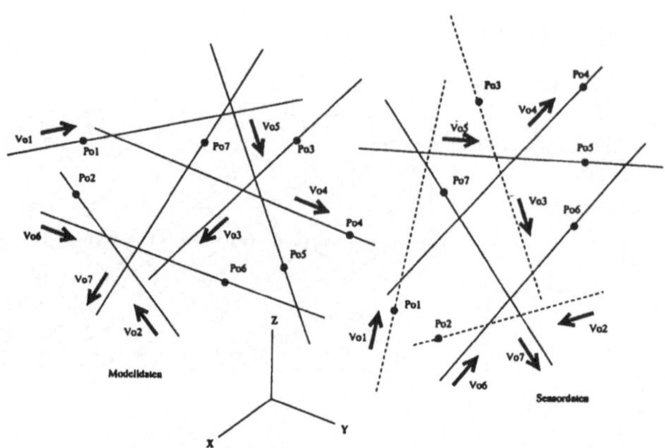

Abbildung 3: Erkennungsproblem

Um die Konsistenzüberprüfung zu erleichtern, wird das Modell erweitert durch eine Dreieckmatrix-Konstruktion, deren Indizes zwei Modell-Geraden repräsentieren und das Matrixelement selber Distanz und Winkel zwischen beiden Modell-Geraden repräsentiert. Diese Matrix kann off-line berechnet werden (die ursprüngliche Matrix ist symmetrisch und kann deswegen in eine Dreieckmatrix überführt werden). Eine analoge Berechnung (on-line) erfolgt nach Eingabe der Sensor-Geraden, die ebenfalls zu einer Dreieckmatrix führt. Die o.g. Suche durchläuft dann die Inhalte beider Dreieckmatrizen. Das Suchkriterium zwischen zwei Sensor-Geraden und zwei Modell-Geraden beruht auf der Translations- und Rotations-Invarianz der Distanz d_{ij} und des Winkels θ_{ij} zwischen zwei Geraden i, j im 3-D Raum, bis auf Fehlertoleranzen, die u.a. Fehler durch Rauschen und Diskretisierung berücksichtigen.

Wenn zwei Geraden durch $(\mathbf{P}_i, \mathbf{v}_i)$ und $(\mathbf{P}_j, \mathbf{v}_j)$, mit $\mathbf{v}_i, \mathbf{v}_j$ Einheitsvektoren, repräsentiert werden, errechnen sich Distanz und Winkel zwischen beiden Geraden folgendermaßen:

$$d_{ij} = \begin{cases} |(\mathbf{P}_i - \mathbf{P}_j) \circ (\mathbf{v}_i \times \mathbf{v}_j)| & , (\mathbf{v}_i \times \mathbf{v}_j) \neq \mathbf{0} \\ |(\mathbf{P}_i - \mathbf{P}_j) \times \mathbf{v}_i| & , (\mathbf{v}_i \times \mathbf{v}_j) = \mathbf{0} \end{cases} \tag{1}$$

$$\theta_{ij} = \arccos(\mathbf{v}_i \circ \mathbf{v}_j) \tag{2}$$

Wenn eine vorläufige Teillösung (irgendwo mitten im Suchbaum) durch eine zusätzliche Zuordnung Modell-Sensor-Gerade erweitert werden soll, wird die o.a. Konsistenzüberprüfung zweier Geraden paarweise zwischen der neuen Gerade und allen Geraden der Teillösung durchgeführt. Bei erfolgreicher Suche nach der neuen Gerade darf der Suchbaum eine Stufe tiefer abgesucht werden. Bei erfolgloser Suche erfolgt das sogenannte 'Backtracking', d.h. der Suchbaum wird eine Stufe höher erneut nach einer vorläufigen Teillösung abgesucht (vgl. Abbildung 4b).

3 Lokalisieren von Polyedern

3.1 Lokalisierungsproblem

Die Objektlage wird durch die Angabe der Position und der Orientierung des Objektes im dreidimensionalen Raum definiert. Dazu wird zunächst ein Koordinatensystem willkürlich als Referenz festgelegt, so z.B. wird oft das Sensor-Koordinatensystem ausgewählt. Die Position des Körpers, d.h. des Körpermittelpunkts, wobei dieser Mittelpunkt im Objektmodell prinzipiell willkürlich festgelegt werden kann, wird lediglich durch einen dreidimensional Punkt $\mathbf{P} = (x\ y\ z)^T$ im Referenz-Koordinatensystem angegeben.

Für die Orientierung gibt es mehrere Repräsentationsformen [5], [6], [7]. Wir verwenden hier die Rotationsmatrix:

$$\mathbf{R} = \begin{pmatrix} r_{11} & r_{12} & r_{13} \\ r_{21} & r_{22} & r_{23} \\ r_{31} & r_{32} & r_{33} \end{pmatrix}$$

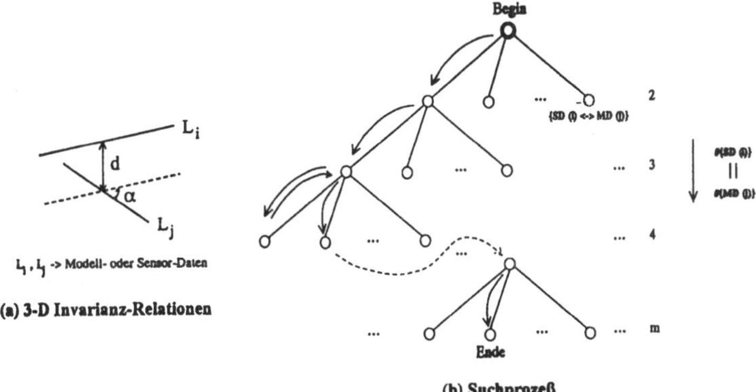

Abbildung 4: Invarianz-Relationen und Suchprozeß

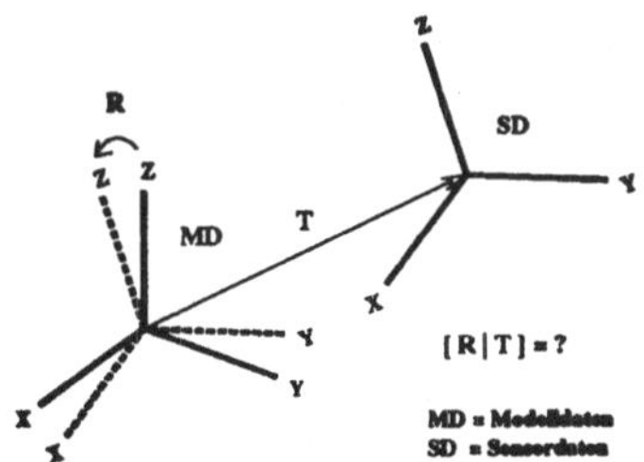

Abbildung 5: Lokalisierungsproblem

Das Lokalisierungsproblem besteht in der Bestimmung von Position und Orientierung eines Objektes in 3-D Raum [14], [15]. Die hier verwendeten modellbasierten Algorithmen konzentrieren sich auf das Lokalisieren einzelner Polyeder. In diesem Ansatz wird der Prozeß des Lokalisierens vom Prozeß des Erkennens zunächst einmal getrennt (für einen integrierenden Ansatz siehe z.B. [8]), wobei die Ergebnisse des Erkennungsprozeßes im Lokalisierungsprozeß verwendet werden.

Die erforderliche Eingabeinformation für den Lokalisierungsprozeß besteht aus:

- einem Objektmodell (vgl. Abbildung 2),

- Korrespondenz zwischen Sensor- und Modelldaten (aus dem Erkennungsprozeß),

- Geradenrepräsentation von drei nichtkoplanaren 3-D Objektkanten (Sensordaten), $\mathcal{L}_i = (\mathbf{P}_{0i}, \mathbf{v}_{0i})$, $i = 1, 2, 3$, und

- Entfernung o.g. Geraden von einem im Modell willkürlich definierten Schwerpunkt $\mathbf{P}$, $d_i = d(\mathcal{L}_i, \mathbf{P})$. Entfernungen sind geeignete Merkmale, denn sie sind translations- und rotationsinvariant. Die Entfernungen der einzelnen Geraden zum Schwerpunkt werden off-line mit den Modelldaten berechnet und werden als a priori Wissen über das Objektmodell angesehen. Dieser Prozeß wird Modell-Erweiterung genannt.

In Abbildung 5 wird das Lokalisierungsproblem skizziert.

3.2 Lösung des Lokalisierungsproblems

Eine iterative Lösung für die Positionsbestimmung und eine analytisch geschlossene Lösung für die Orientierungsbestimmung (vgl. Abbildung 5) wurden in [14], [15] vorgestellt. Die Algorithmen sind modell-basiert und setzen 3-D Merkmale voraus. Sie wurden im Sinne aktueller Forschungsanstrengungen, 3-D Information zu verarbeiten [12], [13], [16], [17], [4] entwickelt.

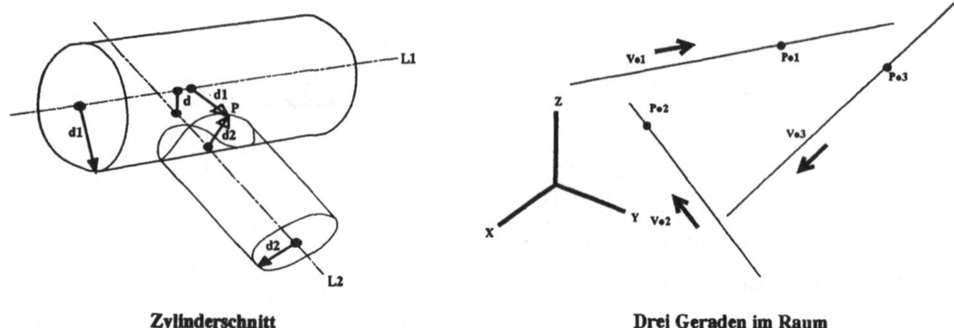

Abbildung 6: Drei Geraden und Zylinderschnitt

3.2.1 Positionsbestimmung

Die Positionsbestimmung besteht geometrisch gesehen im Auffinden der Schnittpunkte zwischen drei Zylindern (vgl. Abbildung 6, links), wenn drei Geraden im 3-D Raum vorgegeben worden sind (Abbildung 6, rechts). Die Zylinderachsen sind gleich der vorgegebenen Geraden; die Entfernungen der einzelnen Geraden zum Schwerpunkt definieren die Radien der Zylinder. Für eine detaillierte Darstellung siehe [14], [15].

3.2.2 Orientierungsbestimmung

Die Orientierungsbestimmung wird erleichtert dadurch, daß zur Berechnung der Rotationsmatrix-Elemente statt die Inverse einer Matrix neunter Ordnung, drei Mal die Inverse einer Matrix dritter Ordnung berechnet wird. Für eine detaillierte Darstellung siehe [14], [15].

4 Integration der Erkennungs- und Lokalisierungs-Module

Abbildung 7 stellt den Zusammenhang zwischen Erkennungs- und Lokalisierungsprozeß in unserem Ansatz dar und zeigt unsere Testumgebung für die Validierung von Erkennungs- und Lokalisierungs-Module. Das Lokalisierungsmodul benötigt Daten aus dem CAD-Modell des Objektes und die Ergebnisse des Erkennungsmoduls (Zuordnung von Sensor-Geraden und dazugehörigen Modell-Geraden, vgl. Abschnitt 2). Das Lokalisierungsmodul erweitert das CAD-Modell (off-line Modell-Erweiterung) durch Distanzen d_i zwischen einzelnen Modell-Geraden und einem vordefinierten Punkt, der normalerweise den Nullpunkt des objekt-zentrierten Koordinatensystem darstellt, dessen Position und Orientierung bezogen auf dem Referenz-Koordinatensystem bestimmt werden sollen(vgl. Abschnitt 3).

Die Positionsbestimmung kann aufgrund der gelieferten Zuordnung aus dem Erkennungsmodul die entsprechenden Distanzen d_i des erweiterten Modells einsetzen. Die Orientierungsbestimmung setzt ihrerseits die Richtungsvektoren v_i der zugeordneten Modell-Geraden ein. Die Repräsentation (P_j, v_j) von drei erkannten Sensor-Geraden werden außerdem sowohl für Positions- als auch für Orientierungsbestimmung verwendet(vgl. Abschnitt 3).

5 Ergebnisse

Ein kleines Beispiel soll die Arbeitsweise der Erkennungs- und Lokalisierungsmodule sowie deren Integration illustrieren. Alle nachfolgenden Maße werden in cm angegeben. Abbildung 8 zeigt das Objekt-zentrierte Koordinatensystem des DLR Freifliegers in der Simulation einer Schwebebahn nach mehreren Taktzyklen. Das Modell wurde um den Vektor $v = (0.308 \, \text{-}0.231 \, 0.923)$ um $\theta = 5^0$ pro Takt (200 ms oder 5 Hz) rotiert. Die translatorische Bewegung entspricht einer Translation mit konstanter Geschwindigkeit von $(0.0 \, 0.2 \, 0.4)$ pro Takt.

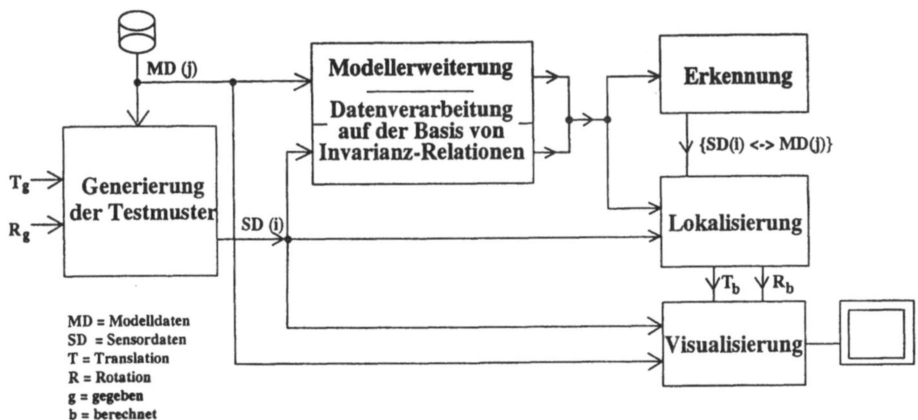

Abbildung 7: Integration von Erkennung und Lokalisierung

Die ersten drei 'Frames' $[\mathbf{R}|\mathbf{T}]$ (die Rotationsmatrix $\mathbf{R}$ wird aus dem Vektor $\mathbf{v}$ und einer Vielzahl des Winkels θ berechnet) werden nachfolgend aufgeführt (die Rotationsmatrizen schließen je die ersten drei Spalten und drei Zeilen ein, die Positionsvektoren je die vierte Spalte und drei Zeilen):

$$[\mathbf{R}|\mathbf{T}]^i = \begin{pmatrix} 0.997 & -0.081 & -0.019 & 0.0 \\ 0.080 & 0.996 & -0.028 & 0.2 \\ 0.021 & 0.026 & 0.999 & 0.4 \\ 0.986 & -0.161 & -0.036 & 0.0 \\ 0.159 & 0.986 & -0.057 & 0.4 \\ 0.044 & 0.050 & 0.998 & 0.8 \\ 0.969 & -0.241 & -0.050 & 0.0 \\ 0.236 & 0.968 & -0.087 & 0.6 \\ 0.069 & 0.072 & 0.995 & 1.2 \end{pmatrix}, \ i = 1, 2, 3$$

Da nicht alle Modelldaten als Sensordaten sichtbar werden, wurden nach dem ersten Takt folgende transformierte Modelldaten als simulierte Sensordaten (die Transformation wird durch $[\mathbf{R}|\mathbf{T}]$ definiert) für die Berechnung zugrundegelegt: $\{0, 1, 5\}$. Nach dem zweiten und dritten Takt waren es jeweils $\{0, 4, 6\}$ und $\{0, 7, 10\}$.

Die $(\mathbf{P}, \mathbf{v})$-Repräsentation der o.g. Modell-Geraden $\{0, 1, 5, 4, 6, 7, 10\}$ ist wie folgt: ((1.0 0.0 1.0), (-0.707 0.707 0.0)), ((0.0 1.0 1.0), (-0.707 -0.707 0.0)), ((0.0 1.0 1.0), (0.707 0.0 -0.707)), ((1.0 0.0 1.0), (0.0 0.707 -0.707)), ((0.0 1.0 1.0), (-0.707 0.0 -0.707)), ((-1.0 0.0 1.0), (0.0 0.707 -0.707)) und ((-1.0 0.0 1.0), (0.0 -0.707 -0.707)). Für die Simulation der Sensordaten wurden die Aufpunkte der Modell-Geraden leicht verändert (etwa wie nach der Zurückgewinnung der Sensordaten, wo i.a. die Aufpunkte unterschiedlich sind wie die im Modell). Die eingesetzten Aufpunkte waren jeweils: (0.5 0.5 1.0), (-0.5 0.5 1.0), (0.5 1.0 0.5), (1.0 0.5 0.5), (-0.5 1.0 0.5), (-1.0 0.5 0.5), und (-1.0 -0.5 0.5).

Alle o.g. simulierten Sensor-Geraden wurden vom Erkennungsmodul jeweils als $\{0, 1, 5\}$, $\{0, 4, 6\}$ und $\{0, 7, 10\}$ erkannt. Das Lokalisierungsmodul berechnete alle Ergebnisse, Position und Orientierung (Rotationsmatrix) für die drei vorgegebenen Takte, mit numerischer Genauigkeit.

Literatur

[1] G. Hirzinger, J. Dietrich, J. Schott, and B. Gombert, *Multiple and redundant sensing in an advanced robot gripper*, NATO Advanced Research Workshop "Robotics with Redundancy: Design, Sensing and Control", Salo, Lago di Garda, Italy, June 27 -July 1, 1988.

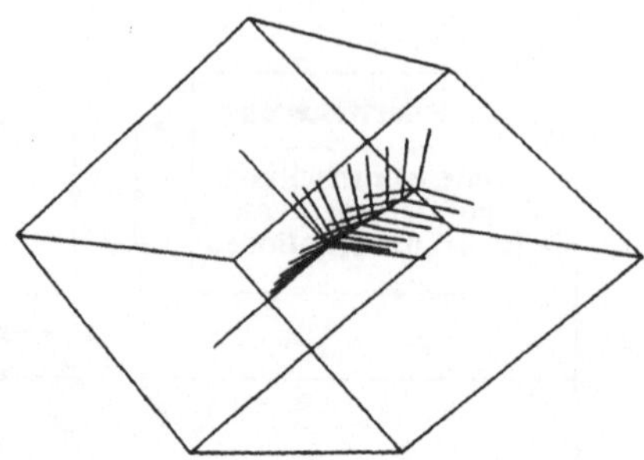

Abbildung 8: Schwebebahn des DLR Freifliegers

[2] G. Hirzinger, J. Heindl, K. Landzettel, *Predictive and Knowledge-Based Telerobotic Control Concepts*, 1989 IEEE Int. Conf. Robotics and Automation, May 14-19, 1989, Scottsdale, Arizona, pp. 1768.

[3] D.H. Ballard, *Computer Vision*, Prentice Hall 1982.

[4] T.-J. Fan, *Describing and Recognizing 3-D ObejctsUsing Surface Properties*, Springer-Verlag 1990.

[5] B.K.P. Horn, *Robot Vision*, The MIT Press 1986.

[6] Y.L. Gu, *An Exploration of Orientation Representation by Lie Algebra for Robotic Applications*, IEEE Trans. SMC 20 (1990) 1, 243-248.

[7] K. Kanatani, *Group-Theoretical Methods in Image Understanding*, Springer 1990.

[8] O.D. Fagueras and M. Hebert, *The Representation, Recognition, and Locating of 3-D Objects*, The Int. J. Robotics Research 5 (3) (1986) 27-52.

[9] W.E.L. Grimson, *The Combinatorics of Object Recognition in Cluttered Environments Using Constrained Search*, Artificial Intelligence 44 (1990) 121-165.

[10] W.E.L. Grimson, *Object Recognition by Computer*, The MIT Press 1990.

[11] W.E.L. Grimson, *The Combinatorics of Heuristic Search Termination for Object Recognition in Cluttered Environments*, Trans. PAMI 13 (1991) 9, 920-935.

[12] T. Kanade, *Three-Dimensional Machine Vision*, Kluwer Academic Publishers 1987.

[13] D.G. Lowe, *Fitting Parameterized 3-D Models to Images*, The University of British Columbia, CS-Dpt., Technical Report 89-26, Dec. 1989.

[14] V.D. Sánchez A. und G. Hirzinger, *Echtzeitfähiges Lokalisieren von Polyedern im 3-D Raum*, in: R. Grebe und C. Ziemann (Hrsg.): Parallele Datenverarbeitung mit dem Transputer, Proc. TAT'90, Aachen, September 1990, Informatik-Fachberichte Bd. 272, Springer-Verlag, Berlin, 1991, 174-181.

[15] V.D. Sánchez A. and G. Hirzinger, *Real-time polyhedra localization in 3-D Space*, in: T.S. Durrani, W.A. Sandham, J.J. Soraghan and S.M. Forbes (Ed.): Applications of Transputers 3, Proc. 3rd Int. Conf. and Exh. on Applications of Transputers TA'91, Glasgow, Scottland, U.K., August 28-30, 1991, Amsterdam: IOS Press, 1991, Vol. I, 295-300.

[16] Y. Shirai, *Three-Dimensional Computer Vision*, Springer Verlag 1987.

[17] S. Ullman, R. Basri, *Recognition by Linear Combinations of Models*, M.I.T. A.I. Memo No. 1152, August 1989.

Echtzeit-Bildverarbeitung unter HELIOS am Beispiel der Bahnverfolgung von Objekten

L. Thieling, P. Henn, A. Meisel, W. Ameling

Rogowski-Institut für Elektrotechnik, RWTH-Aachen

Schinkelstraße 2, D-5100 Aachen

1 Einleitung

Oft diskutiert wird die Frage, in wieweit ein Betriebssystem wie HELIOS [1] für Echtzeitanwendungen geeignet ist. In diesem Beitrag wird ein unter HELIOS implementiertes Verfahren vorgestellt, das eine mit dem Bildwechseltakt schritthaltende Positionsbestimmung eines Objektes im Bild und somit auch dessen Bahnverfolgung erlaubt. Anwendung findet dieses Verfahren im Rahmen der industriellen 3D-Bildverarbeitung, wo aus den Bewegungsbahnen eines Objektes in einem Stereobildpaar dessen Bewegungsbahnen im Raum ermittelt werden. Die exemplarische Darstellung der zur Echtzeitfähigkeit dieses Algorithmus führenden Optimierungsansätze, die dabei zu lösenden Probleme sowie das dazu benötigte Detailwissen über HELIOS sind Schwerpunkte dieses Beitrages.

2 Anforderungen

Der Einsatz des Verfahrens im industriellen Umfeld, mit relativ großen Objektgeschwindigkeiten (bis zu 5 m/s) und hohen Anforderungen an die Genauigkeit der Raumpositionsbestimmung (1/10 mm), verlangt eine subpixelgenaue und mit dem Halbbildwechseltakt schritthaltende Berechnung der Objektposition in den Stereobildern. Die schnellstmögliche Bearbeitung von Bilddaten wird dadurch gewährleistet, daß während der Aufnahme des ersten bzw. zweiten Halbbildes mit den Daten des jeweils anderen Halbbildes gearbeitet wird. Diese zeitlichen Anforderungen können nur durch einschränkende Randbedingungen erfüllt werden. Für das vorgestellte Verfahren bedeutet dies die Begrenzung der handhabbaren Objekte auf einen Objekttyp 'Meßmarke' (weiße kreisförmige Fläche mit schwarzer Umrandung). Dieses kontrastreiche Objekt erlaubt eine einfache und damit schnelle Lokalisierung im Bild. Da für viele Anwendungen die betrachteten Objekte mit einer solchen Meßmarke versehen werden können, ist diese Beschränkung durchaus vertretbar. Beleuchtungsschwankungen und ein sich in Form und Größe änderndes Abbild der Meßmarke aufgrund von Objektbewegungen müssen jedoch berücksichtigt werden.

3 Realisierung

Die Struktur des bezüglich der oben genannten Randbedingungen optimierten Algorithmus ist in Bild 1 dargestellt. Der implementierte Algorithmus umfaßt sechs Prozesse, die auf vier Prozessoren teils quasi-parallel, teils echtparallel arbeiten und über Links Daten austauschen. Auf dem Knoten K1 wird neben der Bildaufnahme die eigentliche Objektverfolgung durchgeführt. Abhängig von den adaptiv ermittelten Prozeßparametern (Luminanzschwellwert, Randwertaussage) wird als Ausgabe ein Bildausschnitt erzeugt, der das zu verfolgende Objekt enthält. Diese Bilddaten werden zum einen zur Bestimmung des Luminanzschwellwertes (Knoten K2) und der Randwertaussage (Knoten K3) herangezogen, zum anderen nach der Eliminierung von Störungen (Knoten K3) zur Berechnung des Objektschwerpunktes (Knoten K4) benötigt. Im weiteren werden die einzelnen Prozesse dieser Implementierung genauer betrachtet.

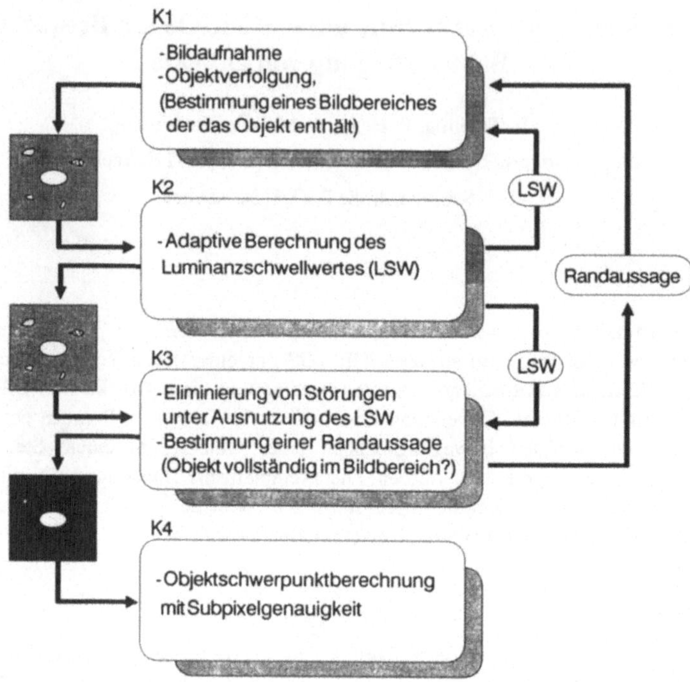

Bild 1: Algorithmusstruktur

3.1 Bildaufnahme

Der auf den ersten Blick recht einfach zu realisierende Bildaufnahmeprozeß erweist sich unter Beachtung der gestellten Randbedingungen (mit dem Halbbildwechseltakt schritthaltende synchrone Bildaufnahme) und der verwendeten Hardware (TFG der Firma Parsytec) als kritisch. Die Tatsache, daß die Objektverfolgung genau auf dem Halbbild durchgeführt wird, das nicht von der Bildaufnahme-Hardware aktualisiert wird, verlangt eine Synchronisation der bilddatenzugreifenden Prozesse auf den Halbbildwechseltakt. Leider stellt die Hardware des TFG keine Information darüber zur Verfügung, welches der beiden Halbbilder momentan aufgenommen wird. Lediglich der Beginn einer Aufnahme eines der beiden Halbbilder ist durch ein an den Event-Eingang des Transputers angekoppeltes VSYNC-Signal feststellbar. Zur Lösung dieses Problems wird ein Zählprozeß realisiert, der sich auf das VSYNC-Signal synchronisiert und somit die Halbbildwechsel mitzählt. Nach einer initialen Synchronisation auf die Periode eines bestimmten Halbbildes (z.B. erstes Halbbild) und kontinuierlichem Mitzählen aller nun folgenden VSYNC-Signale liegt stets eine Information darüber vor, welches Halbbild momentan nicht beschrieben wird und somit bearbeitet werden darf. Die initiale Synchronisation wird durch eine einmalige Testaufnahme eines Halbbildes erreicht, wobei auszuwerten ist welches der zuvor mit bekannten Mustern beschriebenen Halbbilder zerstört wird.

Der Zählprozeß ist ein wesentlicher Bestandteil eines VSYNC-Event-Handlers, der für jeden der beiden Halbbildtypen ein Statusregister zur Verfügung stellt, in das die auf den Halbbildern arbeitenden Prozesse einen geeigneten Eintrag vornehmen und somit eine Aufnahme in das entsprechende Halbbild bewirken. Der VSYNC-Event-Handler testet je nach aktuellem Halbbild das entsprechende Statusregister auf eine Bildanforderung und löst gegebenenfalls mittels Zugriff auf ein Register des TFGs die Aufnahme aus. Für die Auswertung des VSYNC-Signals (Hardware-Event des Transputers), der Abfrage des Statusregisters und der Initialisierung einer Bildaufnahme stehen nach CCIR- und RS-170 Norm 160 us zur Verfügung. Die Event-Latency, d.h. die Zeit vom Event-Input bis zum Start der Event-Service-Routine wird in [5] mit maximal 78 Zyklen, also 3,9 us (beim 20 MHz Transputer) angegeben. Diese Angaben gelten jedoch nur unter der Vorraussetzung, daß der Event-Prozeß der einzige existente hochpriorisierte Prozeß ist. Ist dies nicht der Fall, so kann keine Aussage über diese Reaktionszeit gemacht werden. Diese wesentliche Voraussetzung ist jedoch bei HELIOS nicht gegeben, da stets hochpriorisierte Prozesse installiert sind, die Systemüberwachungsaufgaben durchführen.

Es ist somit nicht auszuschließen, daß die oben beschriebenen Prozesse zur Bildaufnahme 'außer Tritt' geraten und somit auf den Halbbilddaten gearbeitet wird, die gerade durch die Bildaufnahme überschrieben werden. Die Praxis zeigt jedoch, daß die von HELIOS erzeugten hochpriorisierten Überwachungsprozesse nur recht selten und für kurze Zeit aktiv sind. Bei der hier beschriebenen Applikation tritt im Durchschnitt alle 30 min Laufzeit eine Störung auf, so daß nach deren Erkennung eine neue automatische Aufsynchronisierung nach der bereits beschriebenen Vorgehensweise vertretbar ist. Applikationen bei denen solche Störungen nicht hingenommen werden können sind zur Zeit mit HELIOS nicht durchführbar.

3.2 Objektverfolgung und Bestimmung des Bildausschnittes

Die eigentliche Verfolgung des Objektes geschieht in vier Phasen:

- **Extrapolation des Objektmittelpunktes**

  Ausgehend von den letzten beiden berechneten Objektmittelpunkten (in Bild 2: M1, M2) erhält man unter Annahme einer nicht beschleunigten Translation des Bildobjektes eine erste Abschätzung über dessen neuen Aufenthaltsort (Punkt A).

- **Suche des Referenzpixelmusters**

  In der Umgebung von Punkt A wird mittels Minimumbestimmung einer Fehlerfunktion F das Referenzpixelmuster gesucht (u,v so, daß F minimal wird). Die Werte der Parameter u und v, für die die Fehlerfunktion ein Minimum annimmt bestimmen hierbei die Lage des Referenzpixelmusters im Halbbild. GB(x,y) ist der Grauwert im Halbbild, GR(x,y) der im Referenzpixelmuster.

$$F = \sum_{y} \sum_{x} |GB(x + u, y + v) - GR(x, y)|$$

  Eine wesentliche Geschwindigkeitssteigerung bei der Berechnung der Fehlerfunktion wird dadurch erzielt, daß das Referenzpixelmuster bereits unterabgetastet vorliegt (siehe Adaption des Referenzpixelmusters) und der zu untersuchende Teil des Halbbildes unterabgetastet wird. Das Halten des Referenzpixelmusters und des Funktions-Stacks im internen RAM des T800 bringen eine weitere Geschwindigkeitssteigerung. Aufgrund der Unterabtastung und der Tatsache, daß die Form und Größe des Objektes sich seit der letzten Aktualisierung des Referenzpixelmusters verändert haben, erhält man eine verbesserte Abschätzung des Objektmittelpunktes (Punkt B).

- **Iterative Bestimmung des Mittelpunktes**

  Zur genaueren Berechnung des Objektmittelpunktes werden zunächst die Schnittpunkte (D, C) der durch den Punkt B verlaufenden Bildzeile mit dem Objektrand ermittelt. Der Objektrand ist durch einen Grauwertsprung von Weiß auf Schwarz im gemäß dem Luminanzschwellwert binarisierten Bildbereich definiert. Durch analoge Berechnung für die durch den Mittelpunkt der Strecke DC gehenden Bildspalte erhält man die Strecke EF, deren Mittelpunkt eine weitere Näherung des Objektmittelpunktes darstellt. Eine iterative Weiterführung dieser Berechnung führt selbst bei einer

Ellipse deren Hauptachsen nicht parallel zu den Bildachsen (x,y) sind nach wenigen Iterationsschritten zu einem pixelgenauen Objektmittelpunkt (M3).

- **Adaption des Referenzpixelmusters**

In dieser letzten Phase der eigentlichen Objektverfolgung wird ein rechteckiger auf den Objektmittelpunkt zentrierter Bildbereich so unterabgetastet, daß die Abtastwerte ein rechteckiges Referenzpixelmuster einer vorgegebenen Größe (üblicherweise 32*32 Pixel) ergeben. Zur Geschwindigkeitsoptimierung wird hierzu der 2D Block-Move des Transputers (HELIOS-Funktion *bytblt* [4]) eingesetzt.

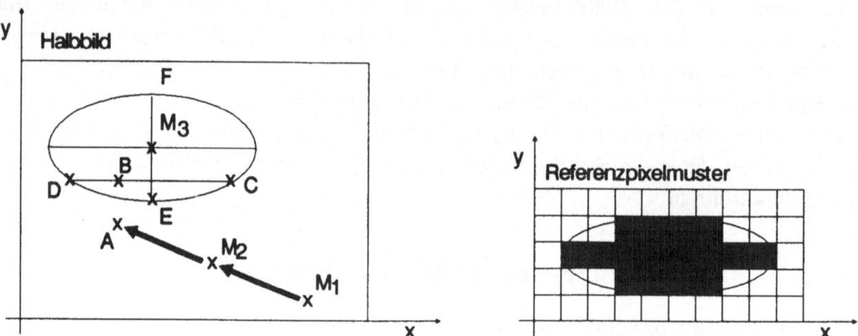

Bild 2: Objektverfolgung

Die adaptive Bestimmung des rechteckigen Bildausschnittes (Größe, Lage), der von den parallel arbeitenden Prozessen benötigt wird, geschieht gemäß ständig aktualisierter Randwertaussagen (Objekt ist / ist nicht vollständig im Bildbereich). Der Schwerpunkt des Bildausschnittes im Halbbild ist identisch mit dem berechneten Objektschwerpunkt.

3.3 Luminanzschwellwertberechnung

Der für die eigentliche Objektverfolgung und die Eliminierung von Störungen im Bildausschnitt benötigte Luminanzschwellwert (LSW) wird durch histogrammbasierte Verfahren ermittelt. Hierbei kommen je nach Art des vorliegenden Bildmaterials bzw. Histogramms zwei verschiedene Berechnungsarten des LSW zum Einsatz.

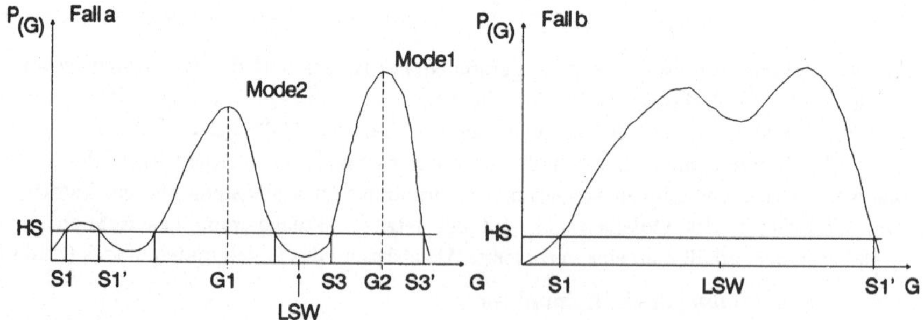

Bild 3: Histogrammauswertung $P_{(G)}$: Häufigkeit des Grauwertes G im Bild

Liegt ein kontrastreicher Bildausschnitt vor, der neben dem hellen zu verfolgenden Objekt weitere Objekte verschiedener Grauwerte enthält (Fall a: mehrere stark ausgeprägte Modi), so ergibt sich der LSW als Mittelwert der zu den beiden stärksten Modi gehörenden Grauwerte (G1, G2). Die Stärke eines Modus wird hierbei durch die unter ihm liegende Fläche (Fl) bestimmt.

$$Fl = \int_{S}^{S'} P(G)\, dG$$

Die Integrationsintervalle ergeben sich aus den Schnittpunkten (S, S′) des Histogrammverlaufs mit einer vom Anwender vorgegebenen Häufigkeitsschwelle (HS).

Ist der zu untersuchende Bildausschnitt hingegen kontrastarm (Fall b: schwach ausgeprägte Modi), so berechnet sich der LSW als Mittelwert der beiden Grauwerte, die durch die Schnittpunkte des Histogrammverlaufs mit der Häufigkeitsschwelle HS bestimmt sind.

3.4 Eliminierung von Störungen und Randwertaussage

Zur Eliminierung von Störungen wird zunächst ausgehend vom pixelgenau bestimmten Objektmittelpunkt in horizontaler Richtung der Objektrand (Übergang vom Grauwert Weiß nach Schwarz im nach LSW binarisierten Bildbereich) gesucht. Ausgehend von dem so bestimmten Punkt auf dem Objektrand wird im Bildbereich eine Konturverfolgung durchgeführt, die als Ergebnis die Koordinaten aller den Objektrand bildenden Pixel liefert. Der außerhalb dieser Kontur liegende Bildbereich erhält den Grauwert Null. Alle Pixel auf und innerhalb der Kontur behalten ihren ursprünglichen Grauwert.

Durch die Ermittlung der maximalen X- und Y- Koordinaten der Konturpunkte erhält man ein die Kontur umschließendes Rechteck, dessen Lage innerhalb des Bildausschnittes eine Randwertaussage ermöglicht.

3.5 Objektschwerpunktberechnung

Der Objektschwerpunkt (Sx, Sy) wird unter Berücksichtigung des Grauwertes $G_{(x,y)}$ durch eine 2D-Mittelwertbildung subpixelgenau bestimmt.

$$S_x = \frac{\sum_y \sum_x x\, G(x,y)}{\sum_y \sum_x G(x,y)} \qquad S_y = \frac{\sum_y \sum_x y\, G(x,y)}{\sum_y \sum_x G(x,y)}$$

4 HELIOS-Interna

Wesentliche Voraussetzung zur Erfüllung der hohen zeitlichen Anforderungen an die hier vorgestellte Implementierung war sowohl die effektive Nutzung der vom Transputer bereitgestellten Ressourcen (z.B. Links, internes RAM, Hardware-Event) mittels HELIOS als auch die konsequente Optimierung des Source-Codes hinsichtlich der Ausführungszeiten für Datenzugriffe und Schleifendurchläufe. Die hierzu von HELIOS bereitgestellten Mechanismen sowie die Ausführungs- und Zugriffszeiten oft benötigter 'C'-Sprachkonstrukte werden im weiterem vorgestellt.

4.1 Dumb-Link-Kommunikation

Neben dem Zugang zu den Transputerlinks mittels CDL und Message-Passing erlaubt HELIOS einen schnelleren Zugriff auf die Kommunikationskanäle mittels sogenannter Dumb-Links. Hierbei ist es jedoch die Aufgabe des Programmierers, die Prozesse auf die Transputer starr zu verteilen und ein eigenes Kommunikationsprotokoll zu entwerfen. Der Vorteil des schnellen Zugriffs wird mit dem Nachteil der Unflexibilität der Prozeßkonfiguration erkauft.

Für den direkten Link-Zugriff stellt HELIOS die Funktionen *Configure*, *AllocLink*, *FreeLink*, *LinkIn* und *LinkOut* zur Verfügung. Ein Anwendungsbeispiel findet man in [2].

Bei Untersuchungen zur Spezifikation der Übertragungsrate der Dumb-Link traten jedoch erhebliche Fehler bei der konsekutiven Übertragung großer Datenblöcke auf. Die Ursache liegt darin, daß HELIOS selbst bei einer zur Dumb-Link umkonfigurierten Link einen Time-Out-Handler aktiv hält, der fälschlicher Weise die aktivierten Dumb-Link-Kommunikationsprozesse (*LinkIn*, *LinkOut*) nicht als solche erkennt und willkürlich terminiert.

Zur Lösung des Problems muß HELIOS eine virtuelle Linkverbindung zur Verfügung gestellt und ein direkter Zugriff auf die Links mittels der T800-Maschinenbefehle *in* und *out* durchgeführt werden.

4.2 Nutzung des schnellen internen RAM des T800

Das 4 kbyte große interne schnelle RAM des T800 ist von HELIOS über die Funktion *AllocFast* zugänglich. Jedoch läßt sich das interne RAM nur als Datenspeicher nutzen. Als Anwendung gestattet es die Funktion *Accelerate*, den Stack einer *void*-Funktion in das interne RAM zu legen. Dieses kann den Ablauf einer Funktion deutlich beschleunigen. Die Funktionen *Accelerate* und *AllocFast* sind in [1] mit Beispielen dokumentiert.

4.3 Auswertung des Hardware-Events

Der Hardware-Event-Pin des Transputers ist ähnlich einem Interrupt-Eingang eines Mikroprozessors nutzbar. Tritt ein Event auf, so startet der Transputer einen Event-Handler, vergleichbar mit der Interrupt-Service-Routine des Mikroprozessors. Unter HELIOS läßt sich mit den Funktionen *SetEvent* ein Event-Handler installieren und mit *RemEvent* wieder beseitigen [3].

4.4 Zugriffszeiten unter 'HELIOS C'

Für eine zeitoptimierte Programmierung ist die Kenntnis der Zugriffszeit auf Variablen verschiedenen Typs notwendig. Zur Untersuchung wurden Unterprogramme mit *for*- Schleifen programmiert, die einen intensiven Zugriff auf die verschiedenen Datentypen durchführen.

Mit der Systemfunktion *Accelerate* wird der Stack und damit ebenfalls alle lokalen Variablen des Unterprogramms in das interne RAM gelegt. Die Messung verifiziert die beschleunigte Bearbeitung im internen RAM. Im Bedingungsargument der *for*-Schleifen befindet sich zum einen eine direkte Konstante zum anderen eine Variable als Vergleichswert.

Der in Bild 4 aufgeführten Ausführungszeiten sind 1.000.000 Schleifendurchläufe zugrunde gelegt, wobei die zeitliche Auflösung der Funktion *_cputime* die Genauigkeit der Zeitmessung auf +/- 10 ms beschränkt. Die sinnvolle Auswertung dieser Ergebnisse erlaubt nur einen relativen Vergleich der verschiedenen Datenzugriffstechniken untereinander. Die höhere Zugriffszeit auf Konstanten läßt sich darauf zurückführen, daß nur solche Konstanten mit einem Einwort-Befehl gelesen werden können, die mit weiniger als 4 Bit kodierbar sind [5]. Bei großen Konstanten ist somit ein häufiger Speicherzugriff der CPU unumgänglich. Konstanten mit kleinem Wert, wie z.B. eine Null, können dagegen kürzer codiert und damit schneller bearbeitet werden.

Globale *externe* Variablen, die direkt adressiert werden, bedingen ebenfalls eine hohe Zugriffszeit. Dagegen werden innerhalb einer Funktion definierte *static*-Variablen wie Pointer adressiert.

Zugriffstype	Variable		Konstante	
	externer RAM	interner RAM	externer RAM	interner RAM
auto	2420 ms	1740 ms	2910 ms	2000 ms
static	3640 ms	2660 ms	4290 ms	3310 ms
extern	5520 ms	4540 ms	5820 ms	4830 ms
struct auto	2420 ms	1740 ms	2910 ms	1990 ms
struct extern	5700 ms	4720 ms	6060 ms	5080 ms
pointer to ext. RAM	3640 ms	2660 ms	4290 ms	3310 ms
pointer to int. RAM	3200 ms	2230 ms	3860 ms	2860 ms
pointer to struct in ext. RAM	3640 ms	2650 ms	--	--
pointer to struct in int. RAM	3200 ms	2230 ms	--	--

Bild 4: Datenzugriffszeiten

- *auto*-Variablen: Innerhalb einer Routine definierte Variablen.
- *static*-Variablen: Innerhalb der Funktion mit Typ-Klasse static definierte Variablen.
- *externe* Variablen: Globale, ausserhalb der Funktion definierte Variablen.
- Die *pointer* oder die *pointer to Struct*uren wurden als Parameter übergeben.
- Bei *ext. RAM* wurde das externe Transputer-RAM adressiert.
- Bei *int. RAM* wurde das interne Transputer-RAM adressiert.

4.5 Ausführungszeiten von Schleifenkonstrukten

Die in Bild 5 aufgeführten Ausführungszeiten oft benötigter Schleifenkonstrukte sprechen für sich und demonstrieren gleichzeitig, was Optimierung auf Sprachebene bedeutet.

C' Schleifenanweisung:	Stack im externen RAM	internen RAM
for(i=0; i<loops; i++);	2420 ms	1740 ms
for(i=0; i<loops; ++i);	2420 ms	1740 ms
for(i=loops; (bool)i; i--);	2000 ms	1580 ms
for(i=loops; (bool)i; --i);	2000 ms	1570 ms
for(; (bool)loops; loops--);	2000 ms	1570 ms
for(; (bool)loops; --loops);	2000 ms	1570 ms
while(i++ < loops);	2720 ms	1740 ms
while(++i < loops);	2780 ms	1800 ms
while(i-- > 0);	2350 ms	1730 ms
while(--i > 0);	2420 ms	1690 ms
while((bool)i--);	2060 ms	1690 ms
while((bool)--i);	2420 ms	1690 ms

Bild 5: Ausführungszeiten für Scheifenkonstrukte

- Die angegebenen Zeiten beziehen sich auf 1.000.000 Schleifendurchläufe
- Mit der Systemfunktion *Accelerate* wurde der Stack in das interne Transputer-RAM gelegt.

5 Zusammenfassung

Die hier vorgestellte Implementierung konnte nur mit erheblichen Einschränkungen (keine garantierten Reaktionszeiten auf Hardware-Events, fehlerhafte Dumb-Link-Kommunikation) realisiert werden. Eine größere Transparenz der im Betriebssystem ablaufenden Mechanismen würde die Realisierung zeitkritischer Aufgaben erheblich vereinfachen. Dennoch liegen die Stärken des Betriebssystems HELIOS in einer komfortablen, leistungsfähigen Benutzerschnittstelle, ohne die die Erstellung, Wartung und Handhabung großer Software-Projekte auf transputerbasierten Rechnersystemen nicht möglich ist. Die Implementierung echtzeitkritischer Aufgaben ist unter OCCAM (MTOOL) weitaus einfacher, dies jedoch auf Kosten einer weniger komfortablen Handhabbarkeit. Sinnvoll ist deshalb der Einsatz eines OCCAM-Sub-Netzes zur Bewältigung echtzeitkritischer Aufgaben, das an ein HELIOS-Netzwerk angebunden ist.

6 Literatur

[1]   Simon & Schuster International Group
           The HELIOS Operating System
           Perihelion Software
           Prentice-Hall, 1989

[2]   N. Garnet
           Technical Report: Use of Transputer Links from HELIOS
           Perihelion Software, 1989

[3]   A. Evans
           Technical Report: Use of Transputer Event Line from HELIOS
           Perihelion Software, 1989

[4]   A. Evans
           Technical Report: HELIOS Support for 2-D Block Moves
           Perihelion Software, 1989

[5]   INMOS
           The Transputer Databock
           INMOS, 1988

SYSTEM ZUR AUTONOMEN FAHRZEUGFÜHRUNG AUF TRANSPUTERBASIS[1]

Volker von Holt

Institut für Systemdynamik und Flugmechanik
Fakultät für Luft- und Raumfahrttechnik
Universität der Bundeswehr München
Werner-Heisenberg-Weg 39 / 8014 Neubiberg

Übersicht

Dieser Artikel beschreibt ein Transputersystem, das zur autonomen Führung eines Straßenfahrzeugs eingesetzt wird. Der Aufgabenumfang und das angestrebte Ziel werden in Verbindung mit den sich daraus ergebenden Randbedingungen umrissen. Die hierarchische Systemstruktur, die 3 Verarbeitungsebenen unterschiedlichen Informationsextraktiongrades vorsieht, wird vorgestellt und der Grundgedanke des für die Fahrzeugführungsaufgabe gewählten Lösungsansatzes angeschnitten. Aus der Systemkonzeption ergibt sich der Ansatz zur konkreten Realisierung des Systems. Diese wird von ihren Anfängen in den 80er Jahren, über den momentanen Entwicklungsstand auf Transputerbasis bis hin zu den demnächst erfolgenden Erweiterungen beschrieben, wobei das augenblickliche Hard-/Softwaredesign des Systems unter dem Aspekt der für ein solches System zu fordernden Echtzeitfähigkeit ausgeleuchtet wird. Abschließend werden noch einige der in letzter Zeit erzielten Ergebnisse angeführt.

1 Aufgabe und Zielsetzung

Das hier vorgestellte Transputersystem hat die Aufgabe, ein Fahrzeug durch monokulares Rechnersehen vollautonom auf einer Straße zu führen. Die Wahl eines Straßenfahrzeugs als Versuchträger hat eine Reihe von Randbedingungen für das System zur Folge. So sind zum einen eine strukturierte Umgebung und Verhaltensrichtlinien (STVO) bereits von vorneherein gegeben, zum anderen kann die Anwendung von jedem Menschen aus seinem Alltag heraus nachvollzogen werden und es können oder vielmehr müssen menschliche Reaktions-/Verhaltens- und Denkschemata als Vorbild dienen. Darüberhinaus erscheint die Realisierung eines solchen Systems im Fahrzeugsektor in absehbarer Zeit in welcher Form auch immer als durchaus denkbar.

Das System in seiner derzeitigen Gestalt ist über die reine Spurführung hinaus in der Lage auf Hindernisse in der eigenen Fahrspur zu reagieren, vor diesen anzuhalten, diese zu umfahren oder ihnen im Stop-and-Go zu folgen. Das momentan beherrschte Verhaltensrepertoire beschränkt sich damit auf rein reflexartige Handlungen. In Zukunft sollen sowohl die Robustheit dieser reagierenden Verhaltenskomponente durch die Entdeckung und Verfolgung mehrerer Objekte, das Erkennen von Objektverdeckungen, die Formerkennung und Identifikation von Objekten in Verbindung mit einer Objektdatenbasis und die Erkennung von Lebewesen und deren Verhaltensdeutung ausgebaut werden, als auch eine agierende Komponente in Form einer Missionsplanung, Situationsanalyse und -bewertung in das System integriert werden. Neben diesen - vor allem auf das autonome Fahren ausgerichteten - Modulen, befindet sich auch ein fahrerunterstützendes Monitor- und Warnsystem

---

[1]Die Arbeiten auf diesem Gebiet erfolgen in der Hauptsache im Rahmen des europäischen Forschungsprogramms PROMETHEUS in Kooperation mit der Daimler-Benz AG.

in der Entwicklung, das - basierend auf den Daten der anderen Module - den Fahrer in geeigneter Weise über die Fahrsituation - insbesondere bei Gefahr - informiert.

Alle diese Entwicklungen zusammengenommen ergibt sich ein ausgesprochen komplexes System. Das Design des Systems in Hard- und Software wird im wesentlichen durch die erforderliche Echtzeitfähigkeit bestimmt, die durch Abtastperioden im Bereich von 20-80ms (50-12.5Hz) - in Anlehnung an die visuelle Aufnahme - und Verarbeitungsgeschwindigkeit sowie Reaktionsfähigkeit des Menschen - gegeben ist.

Ausgehend von dieser Zielsetzung wird im 2.Abschnitt zunächst die Grundidee des Lösungsansatzes und Systemkonzeption umrissen. Im Hauptteil, dem 3.Abschnitt, wird dann die Systemimplementation in seiner momentanen Ausbaustufe dargestellt, wobei einerseits die Übertragung der Systemkonzeption auf das Hard-/Softwaredesign des Systems und der Einfluß der Echtzeitforderung auf das Design herausgearbeitet werden.

2 Systemstruktur

Die Systemstruktur kann in eine Merkmals-, eine Objekt- und eine Situationsebene unterteilt werden. Jede dieser Ebenen repräsentiert einen bestimmten Grad der Informationsextraktion ausgehend von den Bildinformationen auf der Merkmalsebene bis hin zur Situationsbeschreibung auf der Situationsebene. Die Grundidee des gewählten Lösungsansatzes ist dabei in der Verwendung „objekt"orientierter Modelle zu sehen, anhand derer eine rechnerinterne Weltvorstellung aufgebaut wird. Ausgerichtet am menschlichen Sehen werden hierbei lediglich charakteristische Bildbereiche, d.h. Bildbereiche mit für die Aufgabe relevanten Informationen, ausgewertet. Im folgenden werden die Aufgaben der 3 Verarbeitungsebenen im Hinblick auf die modellorientierten Lösungsansatz erläutert.

2.1 Merkmalsebene

Auf der Merkmalsebene werden Bilder von einer oder mehreren Videokameras (unterschiedlicher Brennweite) eingelesen. Aus diesen Bilddaten werden von den Modulen der Merkmalsebene anhand des Verfahrens der gesteuerten Korrelation [KUHNERT88], [MYSLIWETZ90] Merkmale -in diesem Fall Kanten - extrahiert und zur Weiterverarbeitung an Module der Objektebene übergeben.

Der Begriff der gesteuerten Korrelation bringt dabei zum Ausdruck, daß nicht wahllos der gesamte Bildbereich nach Kanten abgesucht oder gar einer Transformation unterzogen wird, sondern gezielt bestimmte Bildbereiche betrachtet werden, in denen die Merkmale vermutet, d.h. in ihrer Position und Orientierung vorhergesagt werden. Die Vorhersage der Merkmalslagen erfolgt durch die Module der Objektebene basierend auf deren Modellvorstellungen über die jeweiligen Objekte und die zu diesen gehörigen Merkmale.

2.2 Objektebene

Die Objektebene beinhaltet diejenigen Module, in denen die interne Weltrepräsentation als integrale räumlich-/zeitliche Modellvorstellung - auch als 4D-Weltmodell [DICKMANNS87], [WÜNSCHE88] bezeichnet - angeordnet ist. Diese bilden den Kern des gesamten Systems. Im Gegensatz zu sonst üblichen Verfahren, bei denen die Bilder einer Bildfolge jeweils isoliert „statisch" verarbeitet werden und bei denen dann durch Vergleich mehrer zurückliegender Bilder aus Verschiebungen im Bild auf Bewegungen im Raum rückgeschlossen wird (Inversionsproblem), erfolgt beim 4D-Modell

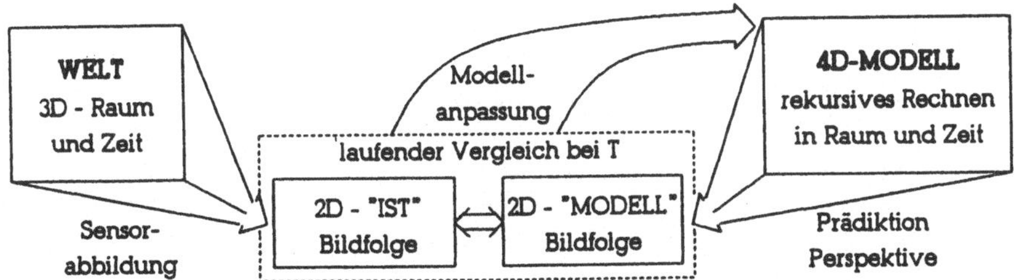

Abb. 2.1: Ablauf der Bildfolgenauswertung bei Verwendung des 4D-Modells (nach DICKMANNS87)

eine explizite Einbeziehung zeitlicher Kontinuitätsbedingungen bei der Bewegung massebehafteter Körper in die Modellvorstellungen über diese Objekte. Dabei werden die Objekte durch dynamische Modelle aus der Regelungstechnik, d.h. in Form von Differential-/Differenzengleichungen, beschrieben. Hierbei gelangen rekursive Schätzverfahren nach [KALMAN60] zum Einsatz [DICKMANNS,MYSLIWETZ,CHRISTIANS90].

Abbildung 2.1 zeigt den rekursiven Teil des Verfahrens, der vom Vorhandensein einer Objekthypothese ausgeht, deren Generierung hier nicht angesprochen werden soll. Auf der einen Seite ist die „Reale Welt" als 3D-Raum und Zeit erkennbar, und die mit einer Videokamera von dieser Welt gewonnene „Ist-Bildfolge". Auf der anderen Seite läuft parallel zu den Vorgängen in der realen Welt ein räumlich-zeitlicher Modellprozeß, repräsentiert durch ein rekursives Differenzengleichungssystem. Anhand diese 4D-Weltmodells kann eine Prädiktion der Relativzustände der Objekte im folgenden Zeitschritt vorgenommen werden, aus der dann ihrerseits anhand einer perspektivischen Abbildung eine „Modellbildfolge" erzeugt wird, welche die vorhergesagte Lage der Merkmale im folgenden Videobild beinhaltet. Die Modellbildfolge dient zum einen der Steuerung des Merkmalsextraktionsverfahrens, zum anderen können anhand der Abweichungen der vorhergesagten zu den tatsächlich gemessenen Merkmalslagen die Modellparameter adaptiert sowie die Güte der Schätzungen beurteilt werden. Auf dieser stabilisierenden Rückkopplung beruht letztlich die Robustheit des Verfahrens.

2.3 Situationsebene

Auf der Situationsebene werden die für das Verhalten des Fahrzeugs wesentlichen Daten aus sämtlichen Objektmodulen gesammelt, gehen in eine Situationsanalyse ein, die ihrerseits die Verhaltensrichtlinien an die Fahrzeugführung (im engeren Sinn) [BRÜDIGAM90] übermittelt. Die Fahrzeugführung regelt nach Vorgabe der Situation, relevanter Objektdaten und der über Sensoren gemessenen Fahrzeugdaten (Geschwindigkeit, Weg, Lenkwinkel, ...) das Fahrverhalten und steuert das Fahrzeug über Aktuatoren (Gas, Bremse, Lenkung) an.

Das Zusammenspiel der unterschiedlichen Ebenen ist in Abbildung 2.2 nochmals dargestellt.

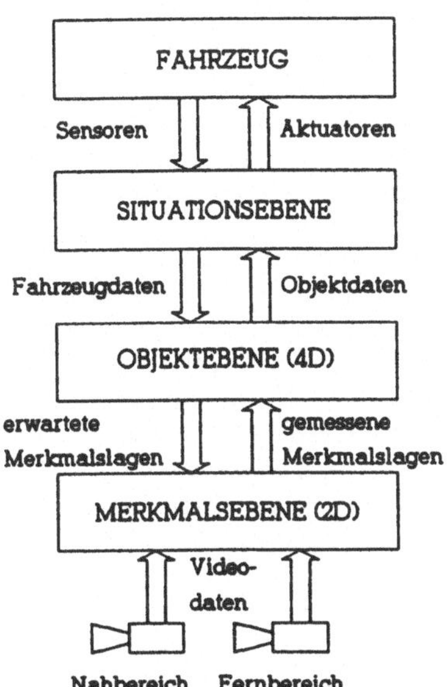

Abb. 2.2: Zusammenwirken der Verarbeitungsebenen

3 Implementation

3.1 Entwicklungsgeschichte und Entwicklungsstand

Das System in seiner Grundstruktur war bis 1990 auf dem vom Institut für Meßtechnik der Universität der Bundeswehr entwickelten Bildverarbeitungsrechner BVV2 [DICKMANNS,GRAEFE88] implementiert. Bei diesem handelt es sich um ein Multibus-basiertes System mit 80286/80386-Prozessoren und digitalem Videobus. Aufgrund der im Laufe der nächsten Jahre geplanten Systemerweiterungen war die mit dem BVV2 zur Verfügung stehende Rechenleistung nicht mehr ausreichend. Zwar war in Form des Bildverarbeitungsrechners BVV3 [DICKMANNS,GRAEFE88] ein mit einem speziellen Bildverarbeitungskoprozessor versehenes Nachfolgesystem in Sicht, doch auch dessen Leistung konnte aufgrund der begrenzten Ausbaufähigkeit nicht als ausreichend für das Gesamtsystem angesehen werden. Es wurde daher die Möglichkeit ins Auge gefaßt, die Module der Merkmals- und einige Module der Objektebene im BVV3, die übrigen Objektmodule sowie die Module der Situationsebene jedoch auf einem Transputernetzwerk zu implementieren. So wurde Ende 1990 damit begonnen, die Module der Objekt-/Situationsebene auf Transputer zu portieren. Aufgrund eines zwischenzeitlich beim Projektpartner Daimler-Benz entwickelten Bildverarbeitungsmoduls [FRANKE91] auf Transputern und der damit gemachten sehr guten Erfahrungen, wurde beschlossen, auch ein Modul der Merkmalsebene auf Transputern einzusetzen.

3.2 Hard- und Softwaredesign

Das momentane Hardwaredesign des Systems resultiert einerseits aus den Forderungen nach komfortabler Entwicklung, einfacher Integration und transparenter Struktur, andererseits aus dem geforderten Einsatz von käuflicher Standardhardware, der durch 4 Links begrenzten Verknüpfungsmöglichkeiten bei Transputern, der notwendigen Ankopplung an Fremdsysteme (BVV2/3), der Ansteuerung von Fahrzeugsensoren/-aktuatoren und letzlich der Forderung nach Echtzeitfähigkeit des Systems.

Das Resultat der angestellten Überlegungen ist ein - auf der momentanen Ausbaustufe durchaus noch als kompakt zu bezeichnendes - System, dessen Hardwarestruktur das Konzept der 3 Verarbeitungsebenen widerspiegelt. Die Bildverarbeitung (Merkmalsebene) für Objekte im Nahbereich (Fahrspur im Nahbereich RTN) ist mit einem Transputermodul nach [FRANKE91] realisiert. Das Charakteristikum dieses Moduls ist die Echtzeitfähigkeit der Bildverarbeitung, obwohl kein Videobus zur Verfügung steht, sondern Bilddaten über Links verteilt werden. Die Bildverarbeitung für Objekte im Fernbereich hingegen (Hindernisse in eigener Fahrspur ODT, Fahrspur im Fernbereich RTF) ist durch Module im BVV3 realisiert. In diesem befindet sich auch ein Modul zur Blickrichtungssteuerung der beiden Kameras für Nah- und Fernbereich, die beide gemeinsam auf einer Zweiachsenplattform befestigt sind. Die Kopplung zwischen den Objektmodulen im Fernbereich auf Transputern und den zugehörigen Merkmalsmodulen im BVV3 erfolgt über eigens für diesen Zweck entwickelte Linkadapter nebst entsprechender Software. Als bislang einziges Modul der Situationsebene befindet sich das Fahrzeugführungsmodul (VC) ebenfalls im Transputernetz, wobei in das Fahrzeugführungsmodul auch eine einfache missionsplanerische und situationsanalytische Komponente integriert ist. Der Datenaustausch mit den Fahrzeugsensoren/-aktuatoren erfolgt bislang noch über eine Schnittstellenkarte im Hostrechner (PC), der auch als Schnittstelle zum Benutzer während der Echtzeitphase fungiert. Ein weiterer PC dient in Verbindung mit einem Transputer (TERM) als Terminal zum Monitoring und Debugging zur Laufzeit.

Da die erforderlichen Modulverknüpfungen bereits auf dieser ersten Ausbaustufe - vom weiteren Ausbau völlig abgesehen - nicht alle durch direkte Linkverbindungen realisiert werden können, mußte nach einer adäquaten Lösungsmöglichkeit gesucht werden. Die gebräuchliche Lösung in einem solchen

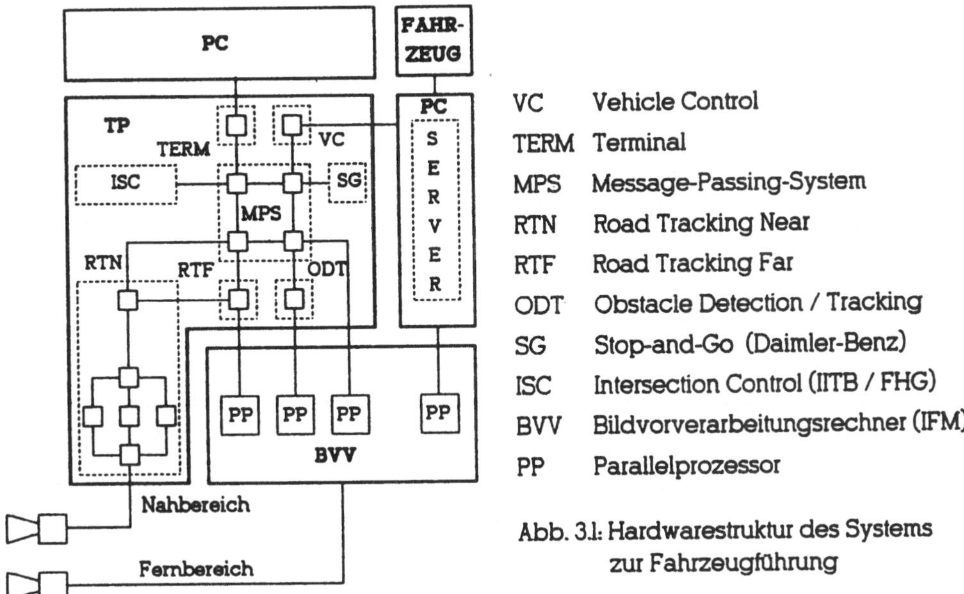

Abb. 3.1: Hardwarestruktur des Systems zur Fahrzeugführung

Fall - zumindest bis zum Erscheinen des T9000-Prozessors - besteht im Einsatz eines Message-Passing-Systems (MPS). Bei einem solchen System wird üblicherweise auf jedem Prozessor ein zusätzlicher Prozess parallel zu den dort jeweils befindlichen Anwenderprozessen installiert, der Kommunikationsdienste zwischen allen diesem Message-Passing-System angegliederten Prozessen zur Verfügung stellt. Die Hauptnachteile solcher in vielfältiger Weise und für die verschiedensten Anwendungen entwickelten Message-Passing-Systemen bestehen in den Abhängigkeiten zwischen den Nachrichtenlaufzeiten der Kommunikationsprozesse auf der einen Seite und den Rechenzeiten der Anwenderprozesse auf der anderen Seite. Bei einem solchen System wird man, insbesondere in Anbetracht der genannten Abhängigkeiten, besonders bestrebt sein, die Distanzen zwischen den Kommunikationspartnern und damit zwischen deren Prozessoren möglichst gering zu halten. Bei einem derart gestalteten System ergibt sich damit aber zwangsläufig bei jeder Systemänderung/-erweiterung erneut die Frage nach der optimalen Struktur. Nach eingehenden Untersuchungen in dieser Richtung wurde daher eine andere, an sich recht naheliegende Art des Message-Passing realisiert.

Eine weitestgehende Entkopplung von Anwender- und Kommunikationsprozessen wird durch Einführung eines MPS-Moduls, das in diesem Fall aus einer Ringstruktur aus T2-Prozessoren gebildet wird, erreicht. Auf den Prozessoren dieses Moduls sind keine Anwenderprozesse plaziert. Diese befinden sich vielmehr auf den über jeweils einen Link mit einem Prozessor des MPS-Moduls verbundenen Prozessoren der Anwendermodule. Auf den mit dem MPS-Prozessoren gekoppelten Prozessoren eines Anwendermoduls ist ein Interface-Prozess als Schnittstelle installiert. D.h. der Nachrichtenaustausch zwischen den Modulen erfolgt normalerweise über die Prozessoren des MPS-Moduls, ein Anwendermodul wird also nicht durch Nachrichtentransfers zwischen anderen Anwendermodulen belastet. Durch diese Struktur werden einerseits die Module voneinander und vom Message-Passing entkoppelt, andererseits ergibt sich gleichzeitig eine transparente Struktur, welche die Ankopplung weiterer Module überaus einfach gestaltet. Damit das MPS-Modul durch den Nachrichtentransfer intensiv kommunizierender Module nicht überlastet wird, ist vorgesehen solche Module direkt über deren noch freien Links zu verknüpfen. Aufgrund der Struktur des MPS können auch „systemfremde" Module (z.B. Stop-and-Go-Modul (SG) von Daimler-Benz [KÜHNLE90], Intersection-Control (ISC) vom IITB der Fraunhofer Gesellschaft), als auch Fremdrechner (BVV3 des Institut für Meßtechnik) einfach in das System integriert werden. Die Kommunikationsknoten übernehmen die dabei eventuell notwendige Protokollumsetzung. Für die Anwendermodule im Transputernetz ist die Verbindung zu diesen „externen" Modulen damit vollkommen transparent. Das hiermit implementierte MPS garantiert einerseits geringe Nachrichtenverzugszeiten andererseits bedingt es die explizite Programmierung der Prozeßkommunikation innerhalb der Anwendermodule. Kommunikation zwschen den Prozessen innerhalb eines Moduls von Hand zu programmieren. Das MPS-Modul übernimmt folglich auf Modulebene die Funktion eines Koppelfeldes oder auch Routing-Chips wie er in Gestalt des C104 in Verbindung mit dem T9000 verfügbar sein wird.

3.3 Entwicklungsperspektiven

Aufgrund der guten Erfahrungen mit Transputern ist geplant in Zukunft alle bildverarbeitenden Module der Merkmalsebene auf Transputern zu realisieren. Das baldige Erscheinen einer Videobusarchitektur wird diesen Ansatz sicher unterstützten, notwendig im Sinne der in Abschnitt 2.1 erwähnten Bildverarbeitungsverfahren ist es jedoch nicht, da die bislang vorhandenen Module auf der Basis der Bildverteilung über Links ebenfalls sehr gute Ergebnisse erbringen.

3.4 Entwicklungswerkzeuge

Das Transputersystem besteht aus bislang verfügbaren T8/T2-Komponenten und ist einem 19"-Einschubgehäuse einfacher Bauhöhe untergebracht.

Die Programmierung der Module auf den „höheren" Ebenen mit den dabei erforderlichen Datenstrukturen erfolgte in C, während Module, bei denen es auf eine optimale Resourcenausnutzung bzw. eine feinergranulare Prozeßtrukturierung ankommt (Bildverarbeitung und Kommunikation) in OCCAM gehalten sind. Als Entwicklungsumgebung diente zu Beginn der Portierungsphase Multitool (respektive TDS) sowie der 3LC-Compiler. Diese Entwicklungsumgebungen können zwar nicht als unzureichend, zumindest aber als für modulare Entwicklungen von Seiten mehrerer Programmierer ungeeignet bezeichnet werden. Mit den zwischenzeitlich verfügbaren C- und OCCAM-Toolsets von INMOS gestaltet sich die Entwicklung annehmbar, wobei insbesondere der C-Compiler gegenüber anderen Produkten angenehm auffällt. Die ideale Entwicklungsplattform für große Netze mit vielen verschiedenen Prozessoren ist das Toolset aber gewiß noch nicht.

4 Ergebnisse

Im Rahmen einer Demonstrationsveranstaltung des Forschungsprojekts PROMETHEUS wurden im September 1991 eine Reihe unterschiedlicher Fähigkeiten nachgewiesen. So wurden Fahrten auf gerader Strecke mit Geschwindigkeiten bis zu 60/70 km/h und mit entsprechend reduzierter Geschwindigkeit auch auf kurvigen Strecken mit engen Radien (40m) robust demonstriert. Auf Straßen höherer Ordnung dürften wesentlich höhere Geschwindigkeiten beherrschbar sein. In Verbindung mit dem BVV3 konnte das sichere Reagieren auf Hindernisse in der eigenen Fahrspur gezeigt werden [REGENSBURGER,GRAEFE90],[SOLDER,GRAEFE90]. Darüberhinaus wurden Module der Projektpartner Daimler-Benz sowie des IITB Karlsruhe an das System, respektive das Fahrzeugführungsmodul, angekoppelt, wobei einerseits deren Funktionsumfang demonstriert und gleichzeitig die Modularität und Universalität des hier besprochenen Transputersystems betont wurde.

Literaturhinweise

[BRÜDIGAM90]: C.Brüdigam: Collision Avoidance by Passive Monocular Vision, PROMETHEUS
CED3-Workshop, Coventry, 1990

[DICKMANS87]: E.D.Dickmanns: 4D-Szenanalyse mit integralen raum-/zeitlichen Modellen: in
Paulus (Hrsg.): 9.DAGM-Symposium Mustererkennung, Braunschweig, Informatik Fachberichte,
Springer Verlag, 1987

[DICKMANNS,GRAEFE88]: E.D.Dickmanns, V.Grafe:
a) Dynamic monocular machine vision
b) Application of dynamic monocular machine vision
in Journal on Machine Vision & Application, Springer Verlag, 1988

[DICKMANNS,MYSLIWETZ,CHRISTIANS90]: E.D.Dickmanns, B.Mysliwetz, T.Christians:
Spatio-temporal guidance of autonomous vehicles by computer vision, in IEEE Transactions on Systems, Man and Cybernetics, Special Issue on Unmanned Vehcles and Intelligent Systems, 1990

[FRANKE91]: U.Franke, S.Ullrich: Modellgestützte Echtzeit-Bildverarbeitung auf Transputern zur
autonomen Führung von Fahrzeugen, in Grebe (Hrsg.): Transputer-Anwender-Treffen 1990, Aachen,
Informatik Fachberichte, Springer Verlag, 1991

[KALMAN60]: R.E.Kalman: A New Approach to Linear Filtering and Prediction Problems. Transactions of ASME, Journal of Basic Engineering, 1960

[KÜHNLE90]: A.Kühnle: Vehicle Location and Tracking in Urban Environments, PROMETHEUS
CED3-Workshop, Coventry, 1990

[KUHNERT88]: K.D.Kuhnert: Zur Echtzeit-Bildfolgenanalyse mit Vorwissen, Dissertation an der
Fakultät für Luft- und Raumfahrttechnik der Universität der Bundeswehr München, 1988

[MYSLIWETZ90]: B.Mysliwetz: Parallelrechner-basierte Bildfolgen-Interpretation zur autonomen
Fahrzeugsteuerung, Dissertation an der Fakultät für Luft- und Raumfahrttechnik der Universität
der Bundeswehr München, 1990

[REGENSBURGER,GRAEFE90]: U.Regensburger, V.Graefe: Object Classification for Object Avoidance, in Proc. of SPIE, Symposium of Advances in Intelligent Systems, 1990

[SOLDER,GRAEFE90]: U.Solder, V.Graefe: Object Detection in Realtime, Proc. of the SPIE,
Symposium of Advances in Intelligent Systems, 1990

[WÜNSCHE88]: H.J.Wünsche: Bewegungssteuerung durch Rechnersehen, Fachberichte Messen,
Steuern, Regeln, Band 20, Springer Verlag, 1988

Einsatz von Bildverarbeitungssystemen mit TRANSPUTER-
Parallelprozessoren zur automatischen Kontrolle
von bedruckten Kunststoffartikeln

W. Michaeli, M. Philipp

Institut für Kunststoffverarbeitung (IKV)
Pontstr. 49, D-5100 Aachen

In der kunststoffverarbeitenden Industrie sind das hohe Qualitätsbewußtsein der Abnehmer und die Notwendigkeit, bei verketteten Fertigungsabläufen alle Zulieferteile in fehlerfreiem Zustand bereitzustellen, Ursache dafür, daß große Anstrengungen im Hinblick auf eine übergreifende Qualitätssicherung und Fehlervermeidung unternommen werden. Dabei gewinnt der Einsatz von berührungslos arbeitenden optoelektronischen Meß- und Prüfsystemen im industriellen Anwendungsfeld immer mehr an Bedeutung. Sie arbeiten schnell, rückwirkungsfrei und können innerhalb der Produktionslinie zur Erfassung von Prozeßdaten herangezogen werden. Bei Meßaufgaben, die über einfache Problemstellungen hinausgehen, kann heute eine automatisierte und flexible Auswertung der optischen Informationen mit den Methoden der rechnergestützten Bildauswertung erfolgen.
Dabei unterscheiden sich die Anforderungen an Bildverarbeitungsproblemlösungen für industrielle Anwendungen z.T. erheblich von denjenigen für medizintechnische oder computergrafische Problemstellungen. Die hohen erforderlichen Prüfgeschwindigkeiten machen vielfach den Einsatz aufwendiger Vorverarbeitungs- und Auswertungsverfahren unmöglich, zudem unterliegen die Systemkosten mehr als in anderen Einsatzgebieten wirtschaftlichen Restriktionen.

1. Einleitung

Die Bedruckung von Formartikeln hat als Veredelungsprozeß für die kunststoffverarbeitende Industrie große wirtschaftliche Bedeutung erlangt. So erlauben z. B. in der Verpackungstechnik die vielfältigen Gestaltungsmöglichkeiten bei der Formgebung die resourcenschonende Integration von Behälter- und Verpackungsfunktion in ein Formteil, ohne auf ein für den Markterfolg entscheidendes ästhetisches Produktdesign verzichten zu müssen. Eine Bedruckung erfüllt dabei mehrere Aufgaben /1/:

Sie ist wesentlicher Werbeträger, so daß sowohl die Gestaltung eines ansprechenden Druckbildes bei der Produktentwicklung als auch die saubere Ausführung des Druckes bei der Produktion für den Erfolg im Wettbewerb ausschlaggebend sind. Weiterhin werden Artikel mit Texten und Symbolen zur Unterweisung oder Information bedruckt. Eine Verfälschung oder Störung des Informationsgehaltes durch ein fehlerhaftes Druckbild oder geringe Druckqualität muß zuverlässig vermieden werden. Schließlich werden mit der Bedruckung in vielen Fällen Markierungen oder Codes zur Kennzeichnung der Ware aufgebracht (z.B. Barcode). Die Ausführung dieser Bedruckung darf eine Mindesqualität nicht unterschreiten, um im Gebrauch eine automatische Lesbarkeit zu garantieren.

2. Problemstellung

Trotz moderner Drucktechniken ist die Bedruckung von Kunststoffoberflächen um vieles fehleranfäl-
liger als vergleichsweise das Bedrucken von Papier oder Karton. Aufgrund der spezifischen Eigenschaften von Kunststoffoberflächen, dem fehlenden Absorptionsvermögen, den komplexen zu
bedruckenden Geometrien und durch Fett, Staub bzw. Reste von Formtrennmittel kann es zu einer
fehlerhaften Ausprägung des Druckbildes kommen (Bild 1).

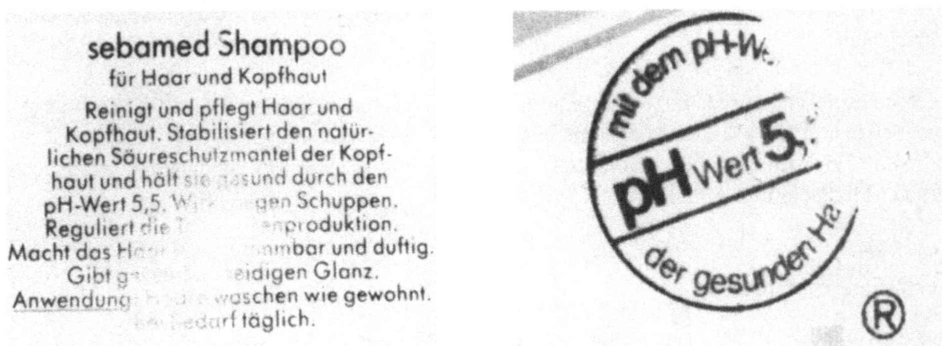

Bild 1: Fehlerhafte Formartikelbedruckung

Insbesondere in modernen Produktionsanlagen, in denen Behälterproduktion, Bedruckung und
Befüllung aufeinander folgen, müssen im Fertigungsablauf fehlerhafte Artikel aussortiert und Prozeß-
fehler schnell und gezielt behoben werden, um hohe Ausschuß- bzw. Makulaturkosten zu vermeiden.
Zur automatischen Überprüfung von Bedruckungen auf Kunststoffartikeln werden am IKV im Rahmen
von Forschungsarbeiten Prüfverfahren entwickelt, die eine flexible automatische Kontrolle der
Druckbilder ermöglichen sollen (Bild 2).

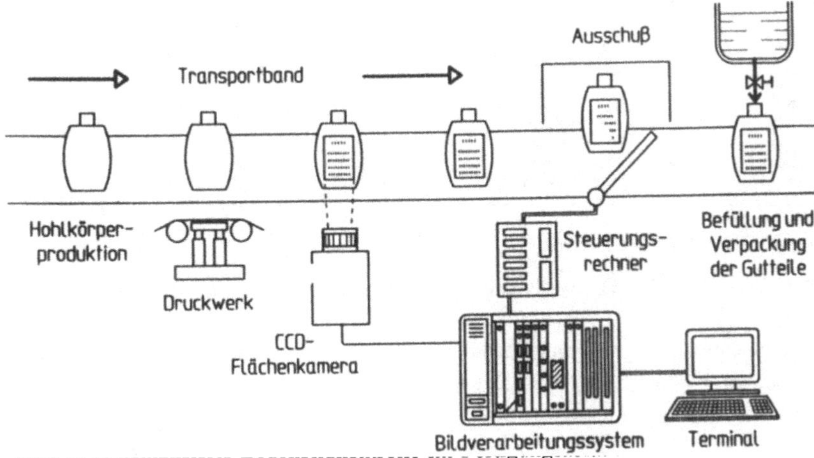

Die Konzeptionierung eines solchen Systems ist konkreten Randbedingungen unterworfen. So ist eine
hohe, von der Drucktechnik vorgegebenen Durchsatzleistung zu erbringen.

Sie liegt für kleine bis mittlere handbestückte Druckautomaten bei ca. 500 - 600 Stck./h, bei vollautomatischen Anlagen bei bis zu 2000 Stck/h.` Großer Wert muß daher auf effektive Auswertungsverfahren und hohe Rechenleistung gelegt werden.Es sollen dabei Druckbilder bis zu einer Größe von 100 mm x 100 mm mit einer Bildauflösung von 512 x 512 Pixel geprüft werden, eine Erweiterung auf größere Druckbilder durch Einsatz mehrerer Kameras ist vorgesehen. Es ist zu gewährleisten, daß mit dem gleichen System Druckbilder unterschiedlicher Bildkomplexität und unterschiedlichen Druck-Designs ohne aufwendige Umkonfigurierung geprüft werden können. Weiterhin dürfen industrielle Umgebungseinflüsse (Beleuchtungsschwankungen, Fremdlichteinfluß, Staub etc.) das Prüfergebnis nicht beeinträchtigen.

Um den industriellen Anforderungen zu genügen und die Systeme unmittelbar in Anlagensteuerungen zu integrieren, werden VMEbus-Bildverarbeitungssysteme eingesetzt. Im vorliegenden Fall sollen die hohen Forderungen hinsichtlich Prüfleistung und -genauigkeit durch Erweiterung um zusätzliche Transputer-Module erfüllt werden.

3. Auswertungsverfahren

Da die zu prüfenden Druckbilder durch Reproduktionstechnik entstehen, kann das System mit umfangreichem à-priori-Wissen ausgestattet werden, so daß sich eine Druckbildkontrolle anstatt auf die aufwendige Auswertung symbolischer Informationen auf die schnellere Analyse ikonischer Daten zurückführen läßt. Bei der Durchführung der Auswertung ist ein mehrstufiges Vorgehen erforderlich, da aufgrund von Positionierungenauigkeiten bei der Prüfteilzuführung die in verschiedenen Arbeitsgängen aufgebrachten, mehrfarbigen Druckbildelemente untereinander sowie das Prüfobjekt in der Prüfstation selbst Lagetoleranzen unterworfen sind (Bild 3).

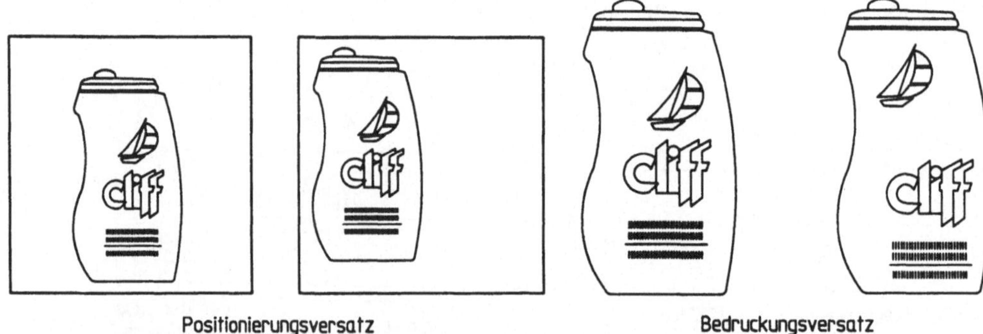

Bild 3: Lagetoleranzen bei der Druckbildkontrolle (vergrößerte Darstellung)

Einfache Schablonenverfahren zur Fehlerdetektion sind daher störanfällig und liefern keine ausreichend differenzierte Fehlerinformation. Die Festlegung der zu kontrollierenden Bereiche eines Druckbildes (Segmente) und der zulässigen Toleranzgrenzen erfolgt in einer vorgeschalteten Einrichtphase durch den Bediener. Die automatische Druckbildkontrolle wird dann in 3 Stufen durchgeführt:

In einem ersten Schritt wird die exakte Lage des Prüfobjektes in der Prüfstation bestimmt, in einer zweiten Stufe erfolgt dann die Lokalisierung der einzelnen Druckelemente im zu prüfenden Druckbild, so daß daran anschließend die Auswertung gezielt durchgeführt und die Beurteilung des gesamten Druckbildes vorgenommen werden kann.

Die Lagebestimmung von Prüfobjekt und Druckbildelementen wird mit Hilfe von Korrelationsverfahren durchgeführt. Prinzipiell sind hier auch andere, weniger rechenintensive Ansätze (z.B. durch Kantenbestimmung) denkbar, diese haben sich im praktischen Einsatz aber aufgrund der Fehleranfälligkeit bei leicht gestörten Druckbildern, veränderten Randbedingungen und aufgrund der starken Abhängigkeit vom Inhalt des Druckbildes als nicht geeignet erwiesen. Da durch technische Randbedingungen sichergestellt werden kann, daß nur translatorischer Positionierversatz auftritt, läßt sich eine genaue und robuste Lageerkennung mit Hilfe der Kreuzsubtraktionsquadrat-Funktion (KQF) durchführen /2/. Sie ist definiert als

$$KQF\left(d_1 , d_2\right) = \sum_{x=0}^{dx} \sum_{y=0}^{dy} \left(s\left(x , y\right) - g\left(x + d_1 , y + d_2\right)\right)^2$$

Dabei sind d_i und d_j mögliche Verschiebungen, $s(x,y)$ das Referenz- und $g(x,y)$ das Prüfsignal. Sie besitzt den Vorteil, von der Energie der verglichenen Signale unabhängig zu sein, so daß eine Normierung, die z.B. bei Verwendung einer einfachen Kreuzkorrelation erforderlich würde, entfallen kann. Darüber hinaus werden größere Grauwertabweichungen stärker gewichtet, was auch bei wechselnden Randbedingungen zu stabilen Ergebnissen führt.

Damit wird im ersten Auswertungsschritt die Lage des Prüfobjektes in der Prüfstation durch Anwendung der KQF auf ein Referenzelement des Druckbildes und in den Grenzen des maximal zulässigen Positionierversatzes bestimmt. Im zweiten Schritt wird jeder einzelne der zu prüfenden Druckbildbereiche ebenfalls durch Korrelation exakt lokalisiert. Die Durchführung dieser Auswertung erfolgt innerhalb des Transputernetzwerkes, das z.Z. aus bis zu 12 Prozessoren T800/20 MHz besteht und in Form eines trinären Baumes verschaltet ist. Der Root-Prozessor ist mit dem VMEbus-Bildverarbeitungssystem durch einen Busbrückenkopf-Modul (BBK) verbunden. Über ihn wird einmal zu Beginn der Prüfphase das Referenzbild mit der Segmentaufteilung und dann für jede Auswertung das aktuelle Prüfbild an alle Netzwerkknoten verteilt. Die Bilddatenübertragung muß dabei über die Link-Verbindungen erfolgen, da eine Ankopplung der Transputer z.B. über einen schnellen Videobus noch nicht realisiert ist.

Nach dem 'demand-driven model' /3/ werden unter der Koordination des Root-Prozessors nun die für die verschiedenen Segmente durchzuführenden Korrelationen in einzelne Korrelationsschritte zerlegt. Ein Schritt umfaßt dabei die Berechnung der KQF für <u>ein</u> Segment und <u>ein</u> Verschiebungswertepaar (d_i, d_j). Die Aufforderung zur Durchführung eines Arbeitsschrittes wird als Datenblock mit festgelegtem Protokoll an einen freien Prozessor des Netzwerkes verschickt und enthält nur Segmentnummer und aktuellen x- und y-Versatz, da an allen Netzwerkknoten die benötigten Bilddaten bereits vorliegen. Nach Durchführung des Berechnungsschrittes wird das Ergebnis an den Root-Prozessor zurückgeschickt und dort für die Auswertung gespeichert. Die Verteilung der Daten im Netzwerk geschieht anhand von 2 Flags, mit denen sich die Netzwerkknoten bei der Initialisierung als existent (*exist*) bzw. bei der dynamischen Lastverteilung als frei (*free*) bei den ihnen übergeordneten Prozessoren melden. Die *free*-Flags werden jeweils summiert und zusammen mit dem Status dieses Prozessors an den wiederum übergeordneten weitergeleitet. Fällt ein Arbeitsschritt an und befindet sich ein freier Prozessor im Netz, so erfolgt die Zuteilung des abzuarbeitenden Jobs auf diesen automatisch, die Summe der freien Prozessoren wird dekrementiert. Bei mehreren freien Prozessoren erfolgt die

Verteilung zufällig. Ist kein Prozessor frei, so wird gewartet, bis ein Job beendet ist und ein neues *free*-Flag eintrifft.

Auf diese Weise liegt an jedem Zweig des Baumes die Information an, wieviele freie Knoten er zu diesem Zeitpunkt enthält, so daß über den Root-Prozessor und danach fortlaufend eine entsprechende Verteilung der Anweisungen vorgenommen werden kann. Durch das 'demand-driven model' wird dabei eine gleichmäßigere Lastverteilung erzielt.

4. Verbesserung der Auswertungsgeschwindigkeit

Zur Steigerung der Konvergenzgeschwindigkeit bei der Korrelationsberechnung kann ausgenutzt werden, daß die KQF bei den hier gewählten Abbildungsverhältnissen und für die meisten der praktisch auftretenden Druckbildmuster eine deutliche Bandbreitenbegrenzung aufweist.

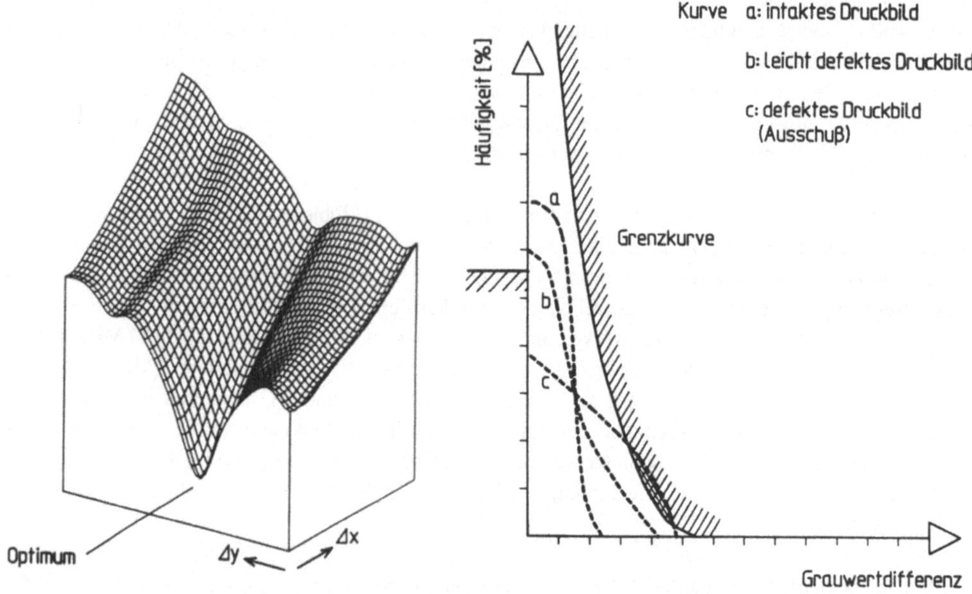

Bild 4: Korrelationsergebnis für ein typisches Druckbild

Bild 5: Beurteilung der Druckbildqualität anhand des Differenzenhistogrammes

Dies äußert sich im Auftreten ausgeprägter Korrelationsoptima, die erst über mehrere Verschiebungsschritte hinweg erreicht werden. Auf diese Weise kann der Prüfbereich zur Auffindung des absoluten Korrelationsoptimums mit einer stufenweise verfeinerten Versatzschrittweise abgesucht und sichergestellt werden, daß dieses unabhängig von auftretenden lokalen Optima ermittelt wird.

Da sich das Korrelationsoptimum an der Stelle befindet, an der die KQF ihr Minimum besitzt (Bild 4), können zusätzlich veränderliche Schwellwerte bestimmt werden, so daß die Berechnung der KQF für eine lokale Verschiebung bereits dann abgebrochen wird, wenn durch Überschreiten des Schwellwertes feststeht, daß für die aktuelle Verschiebung kein neues Minimum der KQF mehr erreicht werden kann.

Bei sehr stark fehlerhaften Druckbildern ermöglicht auch die Anwendung von Korrelationsverfahren keine korrekte Versatzbestimmung mehr. Damit führen allerdings auch die auf den nicht exakt korrelierten Druckbildern angewendeten Auswertungsverfahren zu sehr deutlichen Abweichungen von den zu erwartenden Ergebnissen, so daß dem Anlagenbediener anforderungsgemäß das Auftreten von größeren Störungen im Druckprozeß signalisiert werden kann.

Ist die Lage des Prüflings und der mögliche Versatz der einzelnen Elemente eines Druckbildes durch die Korrelationsverfahren bestimmt, kann die Anwendung der Auswerteverfahren erfolgen. Dabei sind in vielen Fällen sichere Prüfentscheidungen bereits aus der Beurteilung des Histogramms der Grauwert-differenzen zwischen Prüf- und Referenzdruckbild abzuleiten (Bild 5).

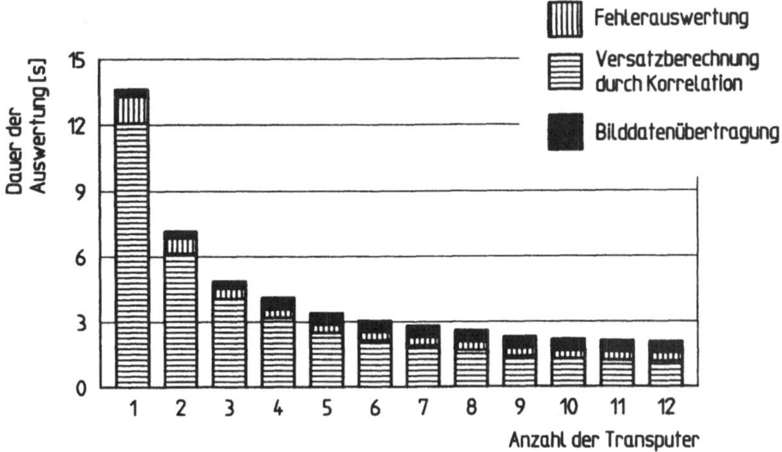

Bild 6: Verteilung der Rechenleistung bei der Auswertung eines typischen Druckbildes (6 verschieden große Segmente)

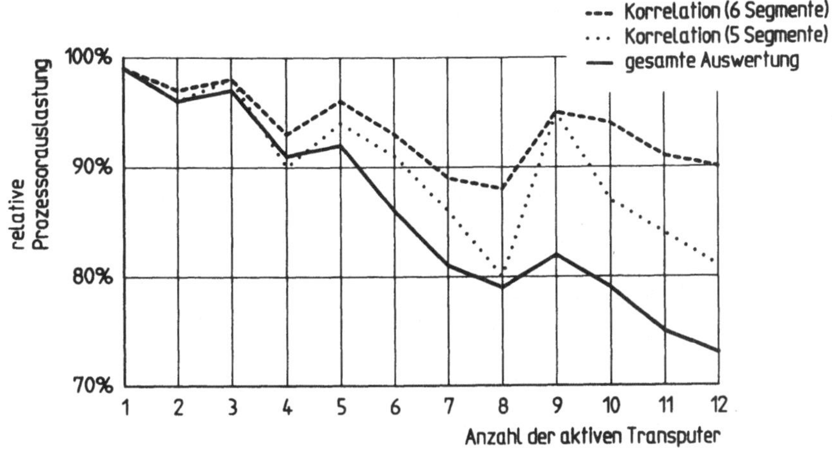

Bild 7: Relative Prozessorauslastung für das gleiche Druckbild

Diese Vorgehensweise hat den Vorteil, daß Toleranzgrenzen auf einfache Weise durch Auswertung von Grenzmustern in das Prüfsystem übertragen werden können, läßt aber als integrales Maß nur begrenzte

Aussagen über Fehlerart und Fehlermerkmale zu. Daher werden zusätzliche Auswertungsverfahren zur Bestimmung der Rand- bzw. Konturschärfe, der Korrektheit der Bildaussage (z.B. bei Dosierangaben) oder zur automatischen Lesbarkeit von Codierungen angewendet. Die Dauer für die Auswertung eines Druckbildes wird damit letztendlich bestimmt durch Anzahl und Leistungsfähigkeit der verwendeten Prozessoren, durch Anzahl und Größe der zu prüfenden Segmente und durch den Umfang der durchgeführten Auswerteverfahren. In den Bildern 6 und 7 sind die Ergebnisse für eine typische Prüfaufgabe dargestellt.

Auch wenn mit den vorliegenden Verfahren schon jetzt ein Großteil der praktischen Anforderungen erfüllt werden kann, müssen doch, wie aus den Diagrammen ersichtlich, die Schwerpunkte der weiteren Untersuchungen auf einer genaueren Analyse und Verbesserung der Lastverteilung, auf der Beschleunigung der Bilddatenübertragung und auf einer weiteren Verbesserung der Korrelationsgeschwindigkeit liegen.

Bild 8: Bei der automatischen Auswertung werden die Abweichungen zusätzlich auf dem Überwachungsmonitor angezeigt

Literatur

/1/ Domininghaus, H. Dekorieren von Kunststoff-Formteilen
VDI-Taschenbuch T 16
VDI-Verlag Düsseldorf, 1971

/2/ Oberhoff, St. Entwicklung von Verfahren zur automatisierten Kontrolle
bedruckter Formteiloberflächen mit Methoden der rechnergestützten Bildauswertung
Unveröffentlichte Diplomarbeit am IKV, Aachen 1990
Betreuer: Dipl.-Ing. M. Philipp

/3/ Harp, J.G. Image Processing on the Reconfigurable Transputer Processor
Palmer, K.J. 7th Occam Users Group and International Workshop on
Webber, H.C. Parallel Programming of Transputer based Machines

**Lichtschnittsensor auf Transputerbasis zur Echtzeit-Erfassung
der Schweißnahtgeometrie**

K. Fuchs, L. Zunker
Prozeßsteuerung in der Schweißtechnik, RWTH Aachen
Reutershagweg 4
D-5100 Aachen

1. Einführung

Zur Qualitätssicherung bei automatisierten Fertigungsprozessen werden Bildverarbeitungssysteme neben der Beurteilung der Qualität der gefertigten Produkte (z.B.: Maßhaltigkeit, Vollständigkeit) zunehmend auch für die Qualitätskontrolle des Fertigungsprozesses selbst eingesetzt. In der Schweißtechnik werden so zur Beurteilung der Schweißnahtqualität unter anderem geometrische Kenngrößen der Schweißnaht herangezogen (z.B.: a-Maß, Nahtüberhöhung, Nahtbreite). Diese lassen sich beim automatisierten Schutzgasschweißen beispielsweise mit Hilfe eines optischen Meßwertaufnehmers, der nachlaufend hinter dem Schweißbrenner Messungen durchführt, ermitteln.

Der vorliegende Beitrag stellt ein optisches Sensorsystem auf der Basis des Lichtschnittverfahrens vor, welches es ermöglicht, während der Schweißung qualitätsbezogene Geometriemerkmale der Schweißnaht zu erfassen und im Sinne einer Qualitätssicherung zu verarbeiten.

2. Das Lichtschnittprinzip

Beim Lichtschnittverfahren wird quer zur Schweßnaht ein Lichtmuster auf die Werkstückoberfläche und die Schweißnaht projiziert. Betrachtet man die Lichtkontur unter Berücksichtigung der Abbildungsmaßstäbe und der geometrischen Anordnung von Beleuchtungsquelle und seitlich angeordneter Kamera, so repräsentiert die Abbildung der Lichtschnittkontur in der Bildebene der Kamera das Höhenprofil der Schweißnaht (Bild 1) /1/. Die Beleuchtung erfolgt durch eine Laserdiode mit einem Strahlungsintensitätsmaximum im Wellenlängenbereich von 780 nm. Durch eine Zylinderlinsenkombination wird der Laserstrahl zu einem Lichtstreifen von 20 mm Länge und 0.1 mm Breite geformt. Die Beleuchtung der Schweißnaht erfolgt in der Art, daß die Beleuchtungsachse dabei senkrecht zur Werkstückoberfläche steht. Die Lichtschnittkontur wird somit senkrecht zur Schweißnaht projiziert und repräsentiert damit genau das Höhenprofil der Schweißnaht an einer Schweißposition.

Die Kamera verfügt über einen CCD-Matrix-Bildwandler mit einer Auflösung von 384 x 576 Pixeln bei einer Pixelfläche von 23 x 23 μm. Das Objektiv ist dabei so ausgelegt, daß bei einer Neigung der Aufnahmeachse in einem Winkel von 45° gegen die Beleuchtungsachse ein Objektbereich von 20 mm x 30 mm auf den CCD-Wandler abgebildet wird. Damit wird eine Auflösung von ca. 6 μm/Pixel erreicht.

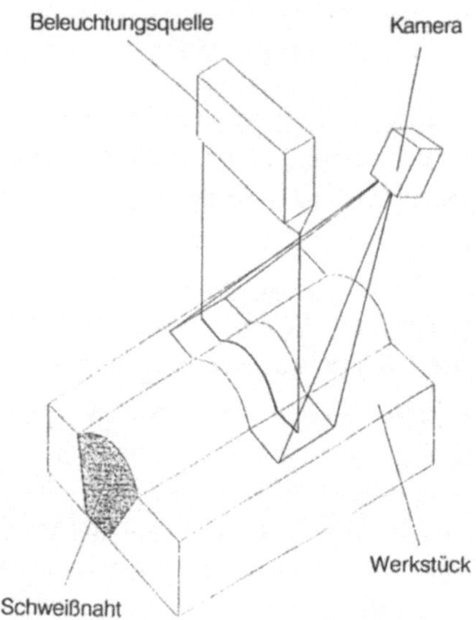

Bild 1: Prinzip des Lichtschnittverfahrens zur Schweißnahtgeometrieerfassung

Zur Erhöhung des Nutz-/Störleistungsverhältnisses bei Betrieb in der Nähe des Schweißlichtbogens ist ein schmalbandiges optisches Interferenzfilter, dessen Durchlaßbereich auf die Wellenlänge des Laserlichtes abgestimmt ist, in den Strahlengang der Kamera eingefügt.

Kehlnaht und Stumpfnaht liefern die in Bild 2 dargestellten charakteristischen Lichtschnittkonturen. Für die Beurteilung der Schweißnaht können aus diesen Konturverläufen folgende Schweißnahtgeometriegrößen bestimmt werden:

Stumpfnaht:
- Nahtbreite NB
- Nahthöhe NH
- Kantenversatz KV

Kehlnaht:
- Nahtbreite NB
- Nahthöhe NH
- Ungleichschenkligkeit UG = $|a\text{-}b|$

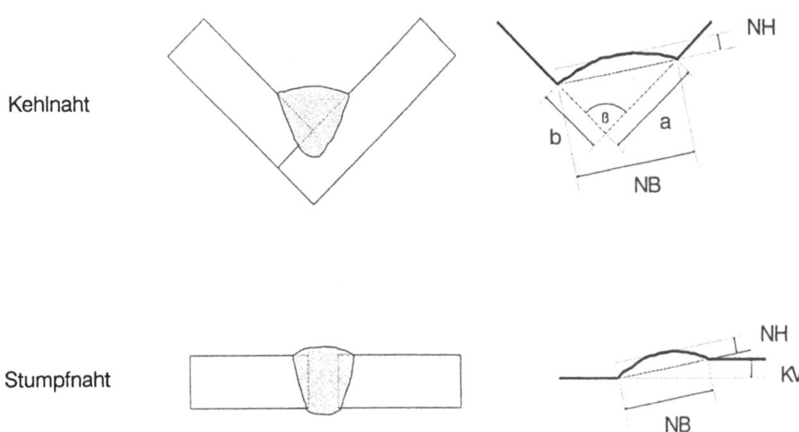

Bild 2: Querschnitt von Kehlnaht und Stumpfnaht und zugehörige Lichtschnittprofile

3. Bildauswertung

Ziel der Bildauswertung ist die Bestimmung der gewünschten geometrischen Kenngrößen der Schweißnaht aus dem mit der Kamera aufgenommenen Grauwertbild.

Die erste Aufgabe der Bildverarbeitung besteht in der Reduktion der gesamten Bildinformation auf den interessierenden Verlauf des Lichtschnittstreifens. Die Lichtschnittkontur soll dabei als Funktion K(x) auf Pixelbreite extrahiert werden. In einem zweiten Schritt werden dann aus der Lichtschnittkontur die eigentlichen Geometriekenngrößen der Schweißnaht bestimmt.

Bei der Entwicklung und Implementierung der Algorithmen sind die besonderen Einflüsse des Lichtbogenschweißprozesses zu berücksichtigen. Die wichtigsten Störeinflüsse des Schweißprozesses auf die optische Meßwerterfassung werden hervorgerufen durch /2/:

- Reflexionen an der Werkstückoberfläche aufgrund des sehr hellen
  Lichtbogenlichtes,
- glühende Schweißspritzer, die durch das Bildfeld fliegen,
- Schweißrauch, der auf Dauer die optischen Komponenten verschmutzt.

3.1. Extraktion der Lichtschnittkontur

Um den Einfluß der Störungen beim Schweißen auf das Meßprinzip und den Einfluß unterschiedlicher Intensitäten des Lichtstreifenbildes zu reduzieren, wird ein zweistufiges Verfahren zur Extraktion der Lichtschnittkontur vorgeschlagen.

Dazu wird das Grauwertbild $g(x,y)$ zunächst in 16 vertikale Bildstreifen zu je 32 Bildspalten eingeteilt (Bild 3 a). In der ersten Bearbeitungsstufe wird zur groben Lageerkennung der Lichtschnittkontur innerhalb eines jeden Bildstreifens ein Korrelationsverfahren angewendet /3/. Mittels Kreuzkorrelation erfolgt die Berechnung eines Ähnlichkeitsmaßes zwischen dem tatsächlichen Grauwertverlauf $g(x,y)$ in Richtung der Bildspalte innerhalb eines Bildstreifens und einem idealisierten Referenzgrauwertverlauf $r(x,y)$. Das Maximum dieser Kreuzkorrelation bestimmt dabei in erster Näherung die Lage der Kontur innerhalb des Bildstreifens. Als Referenzfunktion $r(x,y)$ für den idealisierten Grauwertverlauf wird dabei hinsichtlich eines geringen Rechenzeitbedarfes die achsensymmetrische Rechteckfunktion gewählt. Die Wahl dieser Referenzfunktion läßt eine Berechnung der Kreuzkorrelation durch Rekursion zu.

In der zweiten Bearbeitungsstufe wird zunächst symmetrisch um die Position des Maximums der Kreuzkorrelationsfunktion ein Bearbeitungsfenster bestimmt (Bild 3 b), dessen Größe durch einen Sicherheitsparameter festgelegt werden kann. Innerhalb dieses Bearbeitungsfensters wird in jeder Bildspalte als Lage $K(x)$ der Kontur die Position des Grauwertschwerpunktes ermittelt. Bei dieser Berechnung des Grauwertschwerpunktes werden dabei nur diejenigen Pixel berücksichtigt, deren Grauwerte über einer signalangepaßten Schwelle liegen. Dadurch läßt sich der Einfluß von allgemeinem Bildrauschen auf die Bestimmung der Konturlage reduzieren. Durch die Nutzung von Bearbeitungsfenstern innerhalb eines jeden Bildstreifens werden Bildstörungen durch den Schweißprozeß, deren Ähnlichkeitsmaß aufgrund der Kreuzkorrelation kleiner als das Ähnlichkeitsmaß zur Lichtschnittkontur ist, als Konturpositionen ausgeschlossen. Der spaltenweise Grauwertschwerpunkt innerhalb des Bearbeitungsfensters liefert die Lage der Lichtschnittkontur einer jeden Bildspalte.

3.2. Auswertung der Lichtschnittkontur

Als Ergebnis der Extraktion der Lichtschnittkontur erhält man den in Bild 3 c dargestellten eindimensionalen Konturverlauf als Funktion $K(x)$. Je nach Signalgüte ist $K(x)$ ein Rauschanteil überlagert. Durch Anwendung eines schnellen Median-Filter-Algorithmus wird die Funktion $K(x)$ durch Unterdrückung hochfrequenter Störpixel geglättet, ohne jedoch den markanten Funktionsverlauf zu verfälschen (Bild 3 d).

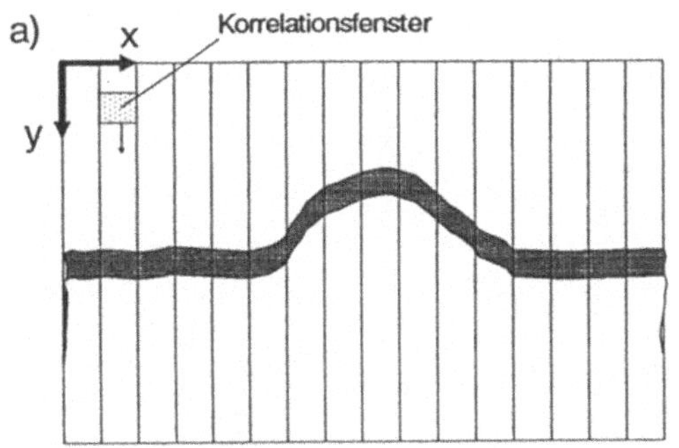

Aufsuchen einer 1. Näherung der
Konturlage durch Korrelation

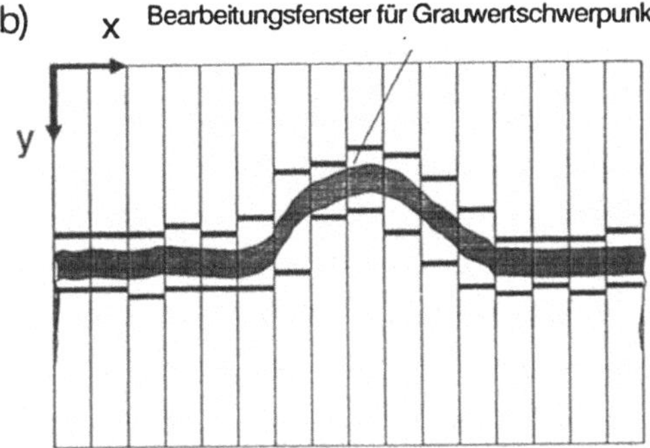

Ermittlung der Konturlage durch
spaltenweise Grauwertschwer-
punktbildung

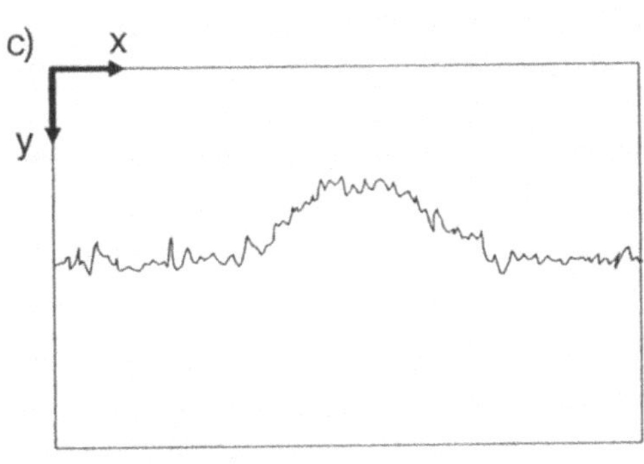

Glätten der Lichtkonturfunktion

Schließen von Konturlücken durch
Interpolation

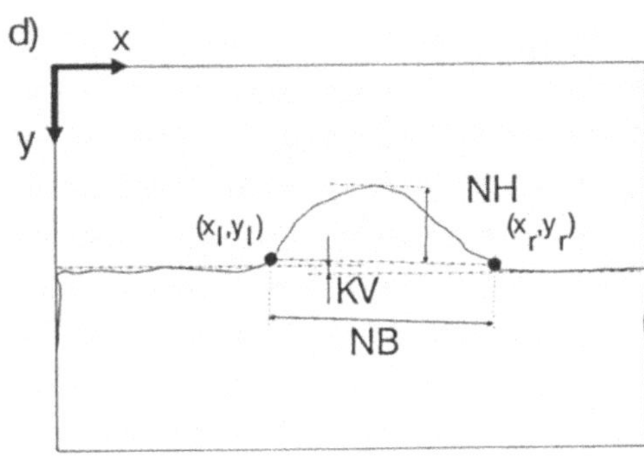

Bestimmung der Schweißnaht-
gemetriegrößen

- Nahtübergangspunkte
- Nahtbreite NB
- Nahtüberhöhung NH
- Kantenversatz KV

Bild 3: Auswertestrategie

Zur Berechnung der Kenngrößen der Schweißnaht werden zunächst die Nahtübergangspunkte vom Werkstück zur Schweißnaht im Funktionsverlauf K(x) gesucht. Die zugehörigen Stützwerte (x_l,y_l) und (x_r,y_r) teilen die Konturfunktion K(x) in drei Kontursegmente. Zwei dieser Segmente, welche die Werkstückoberfläche repräsentieren, werden nach der Methode der kleinsten Fehlerquadrate durch Geradenstücke approximiert. Das mittlere Segment stellt die Schweißnaht dar und hat die Form eines Kreissegmentes.

Ein Maß für die Nahtbreite NB läßt sich unmittelbar aus der euklidischen Distanz der Stützwerte (x_l,y_l) und (x_r,y_r) berechnen. Zur Bestimmung der Nahtüberhöhung NH wird diejenige Position zwischen den beiden Knickstellen (x_l,y_l) und (x_r,y_r) aufgesucht, deren Steigung gleich der Steigung der Sekante zwischen (x_l,y_l) und (x_r,y_r) ist. Bei Stumpfnähten ergibt sich ein aufgetretener Kantenversatz KV der beiden verschweißten Bleche durch die Berechnung des Versatzes der beiden Geradenstücke.

4. Implementierung auf dem Transputernetzwerk

4.1 Aufbau des Transputernetzwerkes

Aufgrund des inhärent parallelen Charakters zweidimensionaler Bilddaten wurde die Echtzeitverarbeitung der Kamerabilder auf einem Transputernetzwerk aus acht T800 /4/ implementiert (Bild 4).

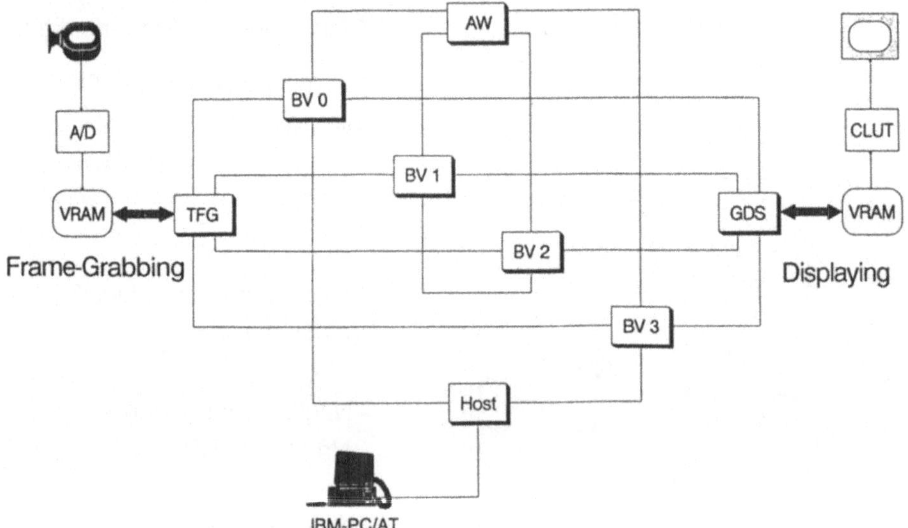

Bild 4: Topologie des verwendeten Transputernetzwerkes

Dabei wurden die Aufgaben folgendermaßen auf die einzelnen Transputer verteilt. Bildaufnahme und Bilddigitalisierung erfolgen auf dem Framegrabber-Transputer (TFG) /5/. Über die Links diese TFG-Transputers wird das digitalisierte Bild auf das Netzwerk der vier angeschlossenen Bildverarbeitungs-Transputer BV übertragen, auf denen die Extraktion der Lichtschnittkontur aus dem Grauwertbild durchgeführt wird. Von dort werden die Lichtschnittkonturdaten zum Auswerte-Transputer AW transportiert, auf dem die Schweißnahtgeometriegrößen aus der Lichtschnittkontur ermittelt werden. Das angeschlossene Graphiksystem (GDS) /6/ dient ausschließlich der Darstellung des Grauwertbildes und der Auswerteergebnisse.

Die Bedienung des Gesamtsystems erfolgt über einen weiteren Transputer, an den ein PC als Terminal angeschlossen ist.

4.2 Taskstruktur

Bei der Implementierung der Sensorauswertung wurde versucht, die einzelnen Algorithmen möglichst weit in Pipelinestruktur zu parallelisieren, um die parallele Hardware des Transputernetzes auszunutzen. Deshalb werden neben den eigentlichen Verarbeitungs-Tasks auf jedem Transputer für den Datentransport zwischen den einzelnen Prozessoren entsprechende parallel ablaufende Sender-Tasks S bzw. Empfänger-Tasks E plaziert (Bild 5). Diese initialisieren jeweils die DMA-Controller der Links für den Datentransport zwischen den einzelnen Transputern. Dadurch wird eine echte Gleichzeitigkeit von Verarbeitung durch CPU bzw. FPU und Kommunikation durch die Links gewährleistet. Auf dem Framegrabber-Transputer sind so neben der Bildaufnahme-und Controller-Task vier Sender-Tasks plaziert, die den Datentransport zu den vier Bildverarbeitungs-Transputern durchführen. Die einzelnen BV-Transputer verfügen über jeweils eine Empfänger-Task und zwei Sender-Tasks. Sie übernehmen dabei den Transport der Bilddaten bzw. Konturdaten zum AW-Transputer und GDS-Transputer. Entsprechend besitzen sowohl der AW-Transputer als auch der GDS-Transputer vier Empfänger-Tasks, die die Ergebnisse der vier BV-Transputer entgegennehmen.

Um konkurrierenden Zugriff der verschiedenen Tasks eines Prozessors auf einen zusammengehörenden Satz von Bild- bzw Ergebnisdaten zu verhindern, wurde ein Mehrpufferprinzip implementiert. Jeder der auf einem Prozessor parallel arbeitenden Tasks werden Datenpuffer zugeordnet, in denen die Bilddaten und Kontrolldaten, wie Größe und Aufbau des Bildes sowie die Bearbeitungsergebnisse abgelegt werden. Eine zusätzliche Controller-Task übernimmt mit Hilfe von Semaphore die Synchronisation der Verarbeitungs- und Kommunikationstasks und führt auch die Umschaltung der Datenpuffer nach jedem Zyklus durch.

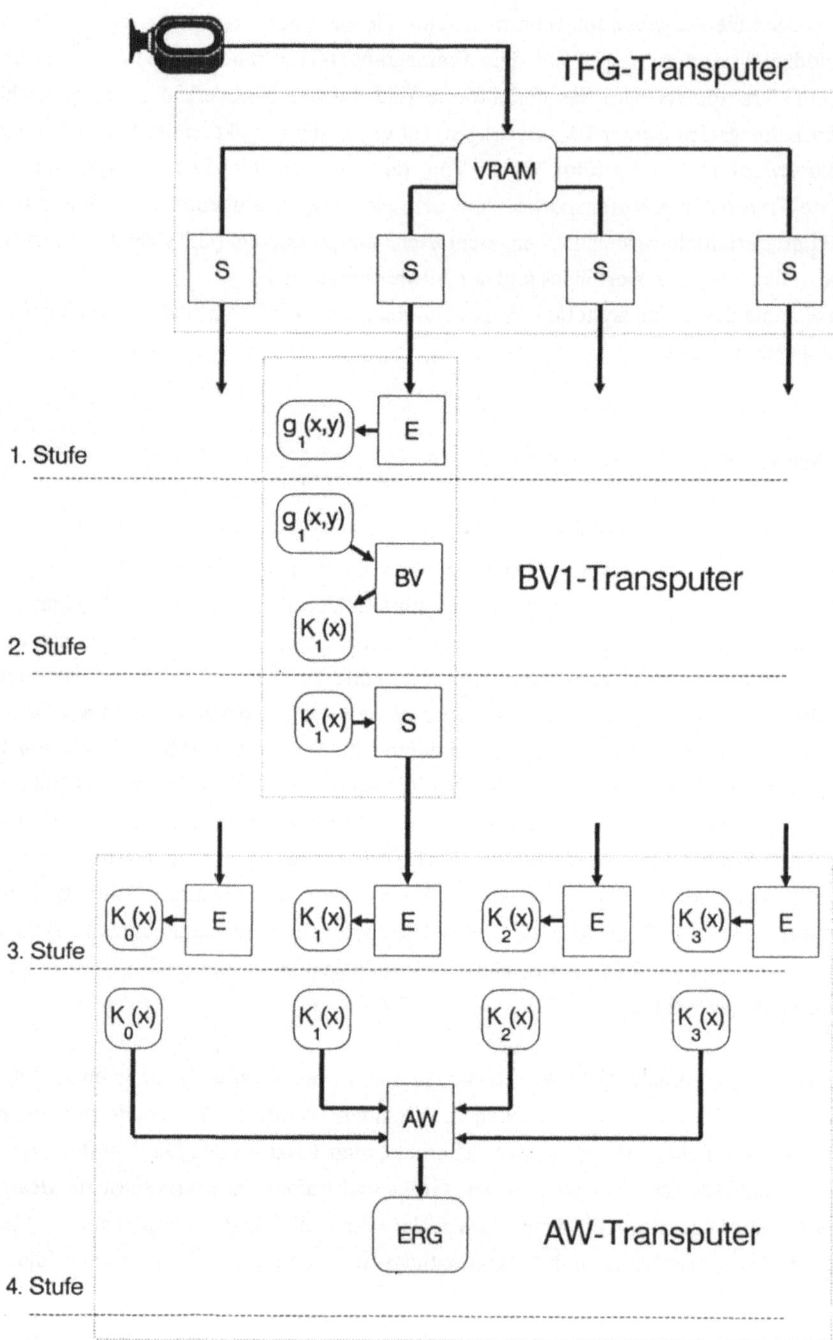

Bild 5: Taskstruktur der Bildauswertung

Um die Bildauswertung in Echtzeit zu gewährleisten, wird eine Aufmerksamkeitssteuerung eingesetzt. Diese Maßnahme ist notwendig, um eine Bildauswertung nicht im gesamten Bildbereich eines Bildstreifens, sondern nur in relevanten Bildausschnitten durchzuführen. Die Lage und Größe dieser Bildfenster wird ·aufgrund der Auswertung der zeitlichen Folge der Konturpunktlagen zuvor verarbeiteter Grauwertbilder festgelegt. Dabei wird ein zusätzlicher Toleranzbereich beachtet, der die geänderte Lage der Kontur im neuen Bild berücksichtigt. Durch die Reduktion der Bilddaten auf wesentliche Bildbereiche kann nicht nur die Extraktion der Lichtschnittkontur beschleunigt, sondern auch die erforderliche Kommunikationszeit für den Bilddatentransport reduziert werden. Zu diesem Zweck werden die Daten der Aufmerksamkeitssteuerung zurück zur Bildaufnahme TFG-Transputer gesendet, um bereits für die Bildaufnahme und den Datentransport verwendet zu werden.

4.3 Leistungsmessungen und Performance

Bei der Implementierung einer Anwendung in Form einer Pipeline ist zu beachten, daß im allgemeinen mit der steigenden Anzahl von Pipelinestufen die Totzeit zwischen dem Zeitpunkt der Sensorerfassung in der ersten Pipelinestufe und der Bereitstellung des Auswerteergebnisses am Ende der Pipeline steigt und die Taktzeit sinkt. Die Taktzeit der Pipeline-Verarbeitung ergibt sich dabei durch die längste Bearbeitungszeit der in der Pipelinestruktur verankerten Tasks. Läßt sich eine Verarbeitung weiter parallelisieren, so sinkt die Taktzeit jedoch nur solange, wie die Kommunikationszeit kleiner ist als die pro Pipelinestufe benötigte Verarbeitungszeit. Die beste Prozessorauslastung wird man also dann erreichen, wenn durch Verteilung von Teilalgorithmen die Kommunikationszeit und Verarbeitungszeit auf allen Prozessoren ungefähr gleich sind. Die Totzeit der Pipeline ergibt sich dabei als Produkt aus Taktzeit multipliziert mit der Anzahl der Pipelinestufen.

Bild 6 zeigt den Zeitbedarf einzelner Verarbeitungs- und Kommunikationstasks in Abhängigkeit von der Breite des Toleranzbereiches der Aufmerksamkeitssteuerung (in Pixel).

Man erkennt, daß mit zunehmender Größe des Toleranzbereiches der Aufmerksamkeitssteuerung ebenfalls der Zeitbedarf sowohl für den Transport der Bilddaten als auch der Bildverarbeitung anwächst. Lediglich die Ermittlung der Schweißnahtgeometrie aus dem extrahierten Lichtschnitt weist eine von der Toleranzbereichsbreite unabhängige Verarbeitungszeit auf.

Diese bestimmt im vorliegenden Fall gleichzeitig die Taktzeit des Gesamtsystems:

$$T_{Takt} = 32,7 \text{ ms}$$

Aufgrund der vier Pipelinestufen ergibt sich die Gesamttotzeit zu:

$$T_{Tot} = 4 * 32{,}7 \text{ ms} = 130{,}8 \text{ ms}$$

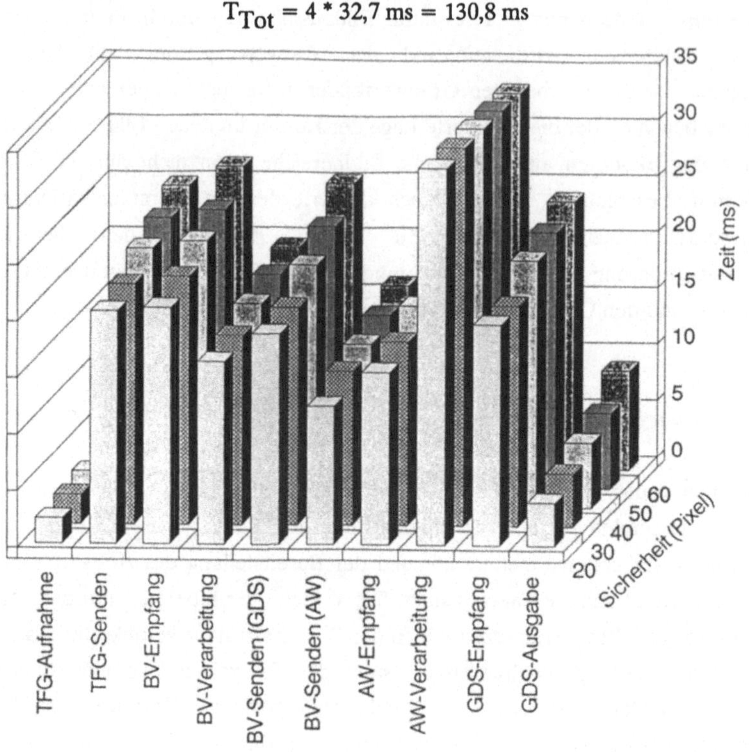

Bild 6: Zeitbedarf einzelner Taskstrukturen

5. Zusammenfassung

Es wurde ein optisches Sensorsystem auf der Basis des Lichtschnittverfahren zur Bestimmung geometrischer Kenngrößen einer Schweißnaht vorgestellt. Der Meßwertaufnehmer wird dabei während des Schweißens nachlaufend hinter dem Schweißbrenner durch den Industrieroboter mitgeführt. Die Auswertung der vom Sensor aufgenommenen Bilder erfolgt in einem zweistufigen Auswerteverfahren. In der ersten Stufe werden die vom Bildwandler gelieferten digitalen Bilder auf eine pixelbreite Rohkontur reduziert. Durch die Implementierung einer Aufmerksamkeitssteuerung konnte sowohl eine Reduktion der Bilddatenmenge beim Datentransport als auch eine Beschleunigung der Bildauswertung erzielt werden. In der zweiten Stufe wurden aus der extrahierten Lichtschnittkontur die für die Beurteilung der äußeren Geomtrie einer Schweißnaht wesentlichen Kenngrößen bestimmt. Die Implementierung des Sensorsystems erfolgte auf einem Parallelrechner auf Transputerbasis.

6. Literatur

1. Drews, P. - Buchmann, R.
   Sensorsystem mit gekreuztem Lichtschnittverfahren
   Robotersysteme 7/1991, Springer Verlag, Berlin

2. Wagner R.
   Optische Sensorsysteme für den Einsatz mit Handhabungssystemen
   unter besonderer Berücksichtigung des Lichtbogenschweißens.
   Dissertation TH-Aachen, 1990.

3. Wahl, F.M.
   Digitale Bildsignalverarbeitung
   Springer Verlag, Berlin 1984

4. Inmos-Firmenschrift
   The Transputer Databook
   Redwood Burn Ltd, Trowbridge, 1989

5. Wassmann, L.
   TFG Transputer Frame Grabber
   Technische Dokumentation
   Parsytec GmbH, Aachen 1988

6. Peise, G.H.
   GDS Graphic Display Subsystem
   Technische Dokumentation
   Parsytec GmbH, Aachen 1988

Schnelle Rekonstruktion der Rohdaten eines
Kernspintomographen für den Einsatz
in der interventionellen Radiologie

Gunnar Vogel,   Martin Busch

Mülheimer Radiologie Institut
Institut für Diagnostische und interventionelle Radiologie
Medizinische Computerwissenschaften
Universität Witten/Herdecke
Priv.Doz.Dr. Rainer M.M. Seibel
Priv.Doz.Dr. Dietrich H.W. Grönemeyer

Einleitung

Am Mülheimer Radiologie Institut MRI werden außer der radiologischen Diagnostik mit Hilfe von Computertomograph (CT), Kernspintomograph (MRI) und der digitalen Subtraktionsangiographie (DSA) auch verschiedene Therapien mit Hilfe der interventionellen Radiologie durchgeführt. Unter interventioneller Radiologie versteht man therapeutische oder diagnostische Eingriffe unter Bildkontrolle in den menschlichen Körper mit möglichst großer Schonung des Patienten. Ein Beispiel ist die Behandlung von Bandscheibenvorfällen mit Hilfe eines YAG-Lasers. Dazu wird eine Nadel unter Kontrolle eines CT und eines Durchleuchtungsgerätes vom Rücken bis zur behandelnden Bandscheibe vorgeschoben. Durch diese Nadel wird dann ein Lichtleiter ins Zentrum der Bandscheibe gelegt und mit kurzen energiereichen Lichtpulsen wird ein Teil des Gewebes verdampft und abgesaugt. Der Vorteil dieser Technik besteht vor allem in der ambulanten Durchführung ohne Krankenhausaufenthalt.

Wegen der geringen Kosten und der Schonung des Patienten bei interventionellen Verfahren, ist eine Ausweitung der Technik auf NMR-geführte interventionelle Einsätze in hohem Maße wünschenswert. Dies gilt insbesondere wegen des guten Weichteilkontrastes der Kernspinresonanztomographie, die erweiterte Einsätze erwarten läßt.

Für den praktischen Einsatz der NMR-gesteuerten Intervention sind die folgenden Bedingungen zu erfüllen.

1. Es muß NMR-geeignetes Interventionsmaterial zur Verfügung stehen.
2. Die Acquisitionszeit für ein Bild muß in der Größenordnung von etwa 10 Sekunden liegen.
3. Acquisition und Rekonstruktion laufen parallel oder quasiparallel ab.
4. Die Rekonstruktionszeit für ein Bild muß kleiner als die Acquisitionszeit sein .
5. Der Magnet muß den Zugang zum Patienten erlauben.
6. Dies gilt auch für die Sende- und Empfangsspulen.

Bild 1

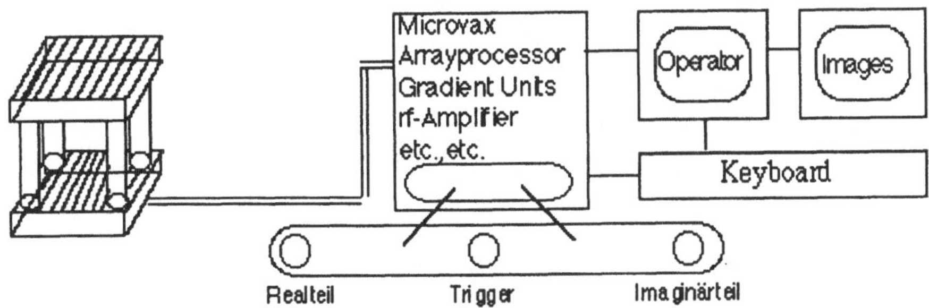

Kernspintomograph mit offenen Permanentmagnet

Das Mülheimer Radiologie Institut besitzt einen Kernspintomograph mit einem offenen Permanentmagneten der Feldstärke 0.064Tesla. Die Acquisitionszeiten dieses Systems lassen sich auf etwa 10-20 Sekunden für ein Bild drücken. Leider ist aber das erste rekonstruierte Bild erst nach mehr als einer Minute am Schirm sichtbar. Dies ist für den Einsatz in der Intervention zu lang. Das System besitzt allerdings alle nötigen Voraussetzungen für den Anschluß eines weiteren Rechners für die Bildrekonstruktion nach den oben aufgeführten Kriterien.

Funktionsprinzip des Kernspintomographen:

Vor der Schaltungsbeschreibung eine kurze Darstellung der Funktionsweise des Kernspintomographen. Die Kernspintomographie beruht auf dem physikalischen Phänomen der Kernresonanz. Wasserstoffkerne haben aufgrund ihres Spins ein mag. Moment und führen in einem äußeren Magnetfeld (ähnlich wie ein Kreisel im Schwerefeld der Erde) eine Präzessionsbewegung um die Magnetfeldrichtung aus. Die Präzisionsfrequens ist $w_0 = r * B_0$ proportional zur Stärke des Magnetfeldes.

Im Kernspintomographen hat man ein konstantes Magnetfeld B_0 in Z-Richtung ausgerichtet, in unserem Fall ein Permanentmagnet. Die Empfangsspule für die induzierte Kernresonanssignale ist in XY-Richtung ausgerichtet, daher kann man im Gleichgewichtszustand kein Signal empfangen. Sie ist um das zu erfassende Körperteil des Patienten herum angebracht.

Durch Einstrahlen eines zusätzlichen Magnetfeldes B, das senkrecht zu B_0 ausgerichtet und mit w_0 moduliert ist, führt man dem Spinsystem Energie zu. Vereinfacht kann man sagen, daß die Spins aus der Z-Richtung in die XY-Ebene umgeklappt werden und nach dem Abschalten von B in der XY-Ebene um Z präzedieren. Hier induzierten sie das Kernresonanzsignal, den sog. FID (free induktion decay), der mit der Resonanzfrequenz moduliert ist. Aufgrund von Wechselwirkungen des Spins mit der Umgebung und auch untereinander, fällt das induzierte Signal schnell ab. Das Signal erhält somit Informationen über die Gewebebeschaffenheit. Die Information setzt sich aus einer Vielzahl von Parametern zusammen, wie Wasserstoffdichte, molekulare Umgebung der Wasserstoffkerne, Temperatur und Fluß

In der MR-Tomographie wird eine Ortskodierung der Kernresonanzsignale durch das Schalten von linearen Magnetfeldgradienten erreicht. Hierbei wird ausgenutzt, daß die Resonanzfrequens w_0 proportional zum Magnetfeld ist. Für das Gradientenechoverfahren werden aus dem FID ein Real- und ein Imaginärteil erzeugt und mittels eines Lock-in-Verstärkers in Frequenzen im kHz-Bereich heruntertransformiert. Das Signal wird analog gefiltert und anschließend digitalisiert. Die Bilddaten werden dann mit einer inv. 2D-FFT berechnet

Systembeschreibung:

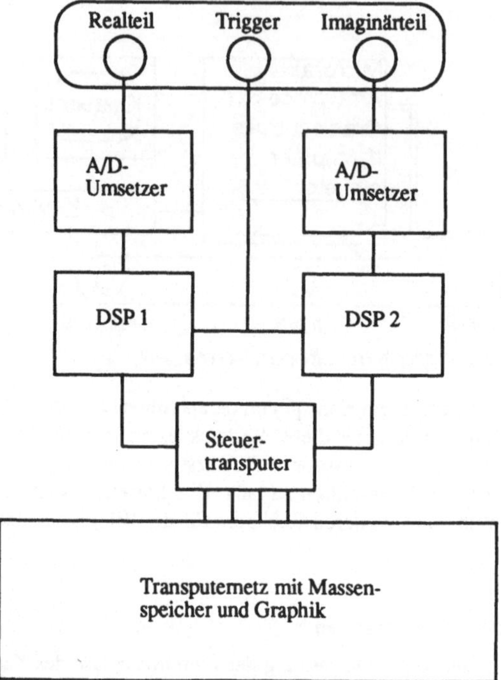

Ein Transputersystem hatte sich bereits bei der Berechnung von Rohdaten der Kernspintomographie bewährt. So bot sich die Verwendung einer Transputerkarte an. Zur digitalen Filterung der Rohdaten werden zusätzlich zwei Signalprozessoren eingesetzt.

Die schnelle Bildrekonstruktion, die aus einer Filterung der Rohdaten mit einem FIR-Filter und einer 2- oder 3-Dimensionalen FFT besteht, wird teilweise von den Signalprozessoren vorgenommen. Zum anderen Teil findet sie innerhalb eines Transputernetzes statt. Die Hauptaufgabe der Signalprozessoren besteht in der Datenaufnahme in Oversamplingtechnik und der digitalen Filterung zur Verbesserung der Bildqualität. Die Berechnung des ersten FFT-Durchlaufs für die Fouriertransformation kann ebenfalls von den Signalprozessoren übernommen werden.

Um die gestellten Anforderungen zu erreichen sind die folgenden Spezifikationen einzuhalten:
1. 10us-10.000us Samplingabstand in 1us Schritten,
2. 16 Bit Auflösung,
3. Digitale Filterung mit 64 Koeffizienten FIR Filter mit 100kHz,
4. Pufferspeicher für Averaging bis 40 kWorte (32 Schichten zu je 1024 + 64 Datenpunkten),
5. eine Transferleistung von etwa 800kByte pro Sekunde in den Transputer,
6. Boot der Signalprozessoren über die Hostschnittstelle (kein EPROM erforderlich),
7. Boot des Transputers über Link (kein EPROM erforderlich),
8. Transputer mit 4MByte Speicher,
9. Board als Transputermodul (TRAM).

Schaltungsbeschreibung:

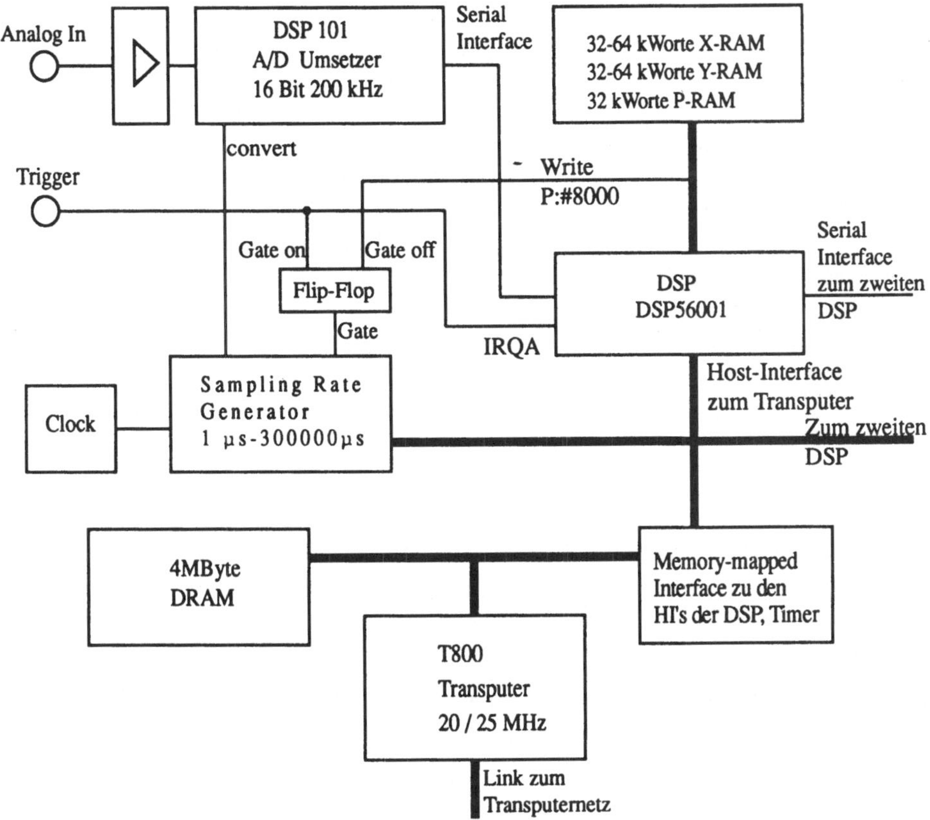

Die Schaltung ist als Transputer-Modul (TRAM) entsprechen des INMOS-Standards ausgeführt. Das Modul belegt 8 TRAM Plätze und der Analogteil ist als "Huckepack"-Leiterplatte konstruiert, um Störeinflüsse von der Digitalschaltung zu vermeiden.

Als Steuerprozessor ist ein T800 mit 25 MHz und 4MByte dynamischen RAM vorgesehen. Das eingesetzte DRAM, 8 Bausteine zu 4*1MBit, hat eine Zugriffszeit von 80ns. Für die 25MHz-Version des T800 ist ein Wartezyklus notwendig. Bei der 20MHz-Version kann das DRAM ohne Waitstates betrieben werden.

Der Zugriff auf das DRAM wird mit einem PAL gesteuert. Desweiteren werden mit dem PAL die Adressen für den Timer und für die Hostschnittstellen (HI) der DSP dekodiert. HI und Timer kann der T800 Memory-mapped ansprechen. Für den Zugriff auf den langsamen Timer ist ein Waitstate-Generator vorgesehen. Es sind von 0 bis 8 Wartezyklen einstellbar.

Als DSP wird der DSP 56001 von Motorola mit 27 MHz eingesetzt. Mit seiner Hostschnittstelle können Daten mit 3,3 MBytes pro Sekunde an den Transputer übertragen werden. Für die Datenübertragung kann zwischen Polling oder Interruptbetrieb gewählt werden. Das Serial Communication Interface (SCI) dient dem Datenaustausch von DSP zu DSP. Über die schnelle serielle Schnittstelle (SSI) erhalten die DSP die Daten von dem AD-Umsetzer mit einer maximalen Übertragungsrate von 6,75 MBit pro Sekunde, was 800kByte/s entspricht.

Als AD-Umsetzer standen zwei Typen zur Auswahl:

    1. Der AD1382 von Analog Devices, 500 kHz, 16 Bit mit parallelem Ausgang.

    2. Der DSP 101 von Burr Brown, 200kHz, 18 Bit mit seriellem Ausgang.

Die Entscheidung fiel zu Gunsten des DSP 101, weil:

- Die Beschaltung war unproblematischer.

- Der Anschluß an den DSP über die Serielle Schnittstelle ist sehr einfach und die Übertragungsrate reicht aus.

- Im Bedarfsfall kann die Auflösung von 18 Bit genutzt werden, wobei wir nur Daten mit einer Auflösung von 16 Bit einlesen.

An jedem DSP wird ein DSP101 angeschlossen, einer pro Kanal. Den Eingängen der ADC ist jeweils ein Impedanzwandler vorgeschaltet. Dieser besteht aus einem direkt rückgekoppelten FET-Operationsverstärker mit besonders niedrigem Rauschen und hoher Genauigkeit.

Die Versorgungsspannung von ±5V für die ADC wird von einem Low-Noise DC/DC Wandler erzeugt, dem PWR 1546A von Burr Brown, und zwei nachgeschalteten Spannungsreglern.Dies ist notwendig, da die Spannungsschwankungs-Unterdrückung des ADC nur -60 dB beträgt. Bei 16 Bit Auflösung dürfen demnach höchstens 15mV Schwankungen auftreten. Der DC/DC-Wandler hat ein maximales Ausgangsrauschen von 20mVss (bei 0-20MHz) und die Spannungsregler von 38μV bei 1KHz. So sind Störungen auch bei stark "verseuchter" Versorgungsspannung aus dem Digitalteil nicht zu erwarten.

Die Abtastrate für den ADC kommt von dem Timerbaustein 8254 (Intel). Dieser erhält seinen Takt (2MHz) von dem Betriebstakt der AD-Umsetzer. Somit sind Umsetzer und Timer synchron getaktet. Die Abtastrate ist von 1μs bis 327,68ms in Schritten von 0,5μs wählbar. Jeder ADC belegt im Timerbaustein einen der drei zur Verfügung stehenden Zähler. So können die Kanäle auch mit unterschiedlichen Abtastraten betrieben werden. Die Erzeugung der Abtastrate wird durch externe Triggersignale eingeleitet. Es sind zwei externe Triggersignale möglich, eins pro Kanal. Beide Kanäle können auch von einem Signal getriggert werden.

Die folgende Beschreibung bezieht sich auf einen Kanal, der andere ist ebenso aufgebaut.

Mit dem Triggersignal wird ein Flip-Flop gesetzt, dessen Ausgang über den Gate-Eingang des Timers den Zähler startet.

Hat der Zähler den vom Transputer softwaremäßig eingestellten Wert herunter gezählt, wird am Ausgang des Timers ein kurzer Low-Impuls erzeugt und der Zählvorgang von neuem begonnen. Dieser Impuls geht an die *Start of Conversion* -Leitung des DSP 101.

Die Generierung der Abtastrate wird dadurch beendet, indem das Flip-Flop vom DSP durch Ansprechen einer bestimmten Adresse zurückgesetzt wird. Der Zähler wird durch den Gate-Eingang gesperrt und vor dem nächsten Start auf den eingestellten Wert gesetzt. Somit ist die Anfangsbedingung immer gleich. Das Triggersignal geht außerdem zu dem jeweiligen DSP und löst dort ein Interrupt aus. Dadurch erfährt dieser den Beginn der AD-Umsetzung eines Echos.

Der Transputer wird über Link vom Netzwerk, die DSPs wiederum über die Hostschnittstelle vom Transputer gebootet.

Aufgabenstellung:

Die Aufgabenstellung soll an einem Beispiel erläutert werden

Samplingfrequens: 50kHz

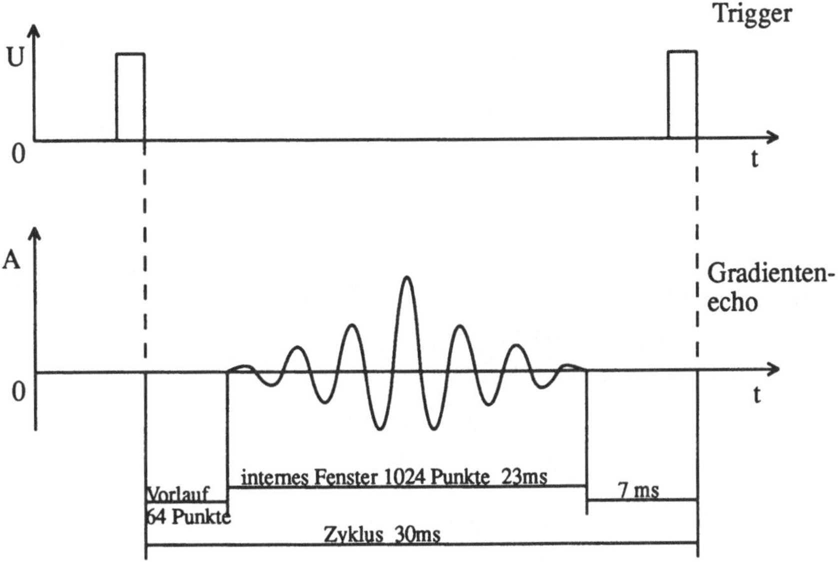

Es soll eine oder mehr Schichten in Gradientenechotechnik mit einer Repetitionszeit von 30ms ohne Mittelwertbildung aufgenommen werden. Dies bedeutet, daß alle 30ms, ausgelöst durch ein Triggersignal, ein Datenpaket von 2*1088 Datenpunkten innerhalb von etwa 23ms aufgenommen wird. Der Samplingabstand beträgt dann ca. 20μs. Ein Kanal verarbeitet den realen Anteil des Echos, der andere den komplexen Anteil. In dieser Aufnahmezeit muß der komplette Datenzug gleichzeitig gefiltert und in einen FFT-Puffer auf dem DSP gespeichert werden. In den restlichen 7ms sollen noch folgende Aktionen durchgeführt werden.

1. Austausch der Daten über die SCI-Schnittstelle mit dem zweiten Signalprozessor,
   Ein Prozessor sendet Daten und einer empfängt Daten
   (für 256 Worte ca. 2,16ms bei einer Transferrate des SCI von 400kByte/s),
2. FFT über den gesamten komplexen Datensatz von 2*256 Punkten
   (Eine FFT über den gesamten komplexen Datensatz dauert ca. 1,0ms)
3. Senden der transformierten Daten ins Transputernetzwerk
   (Dazu bleiben ca. 4ms Zeit entsprechend 384kByte/s Transferrate).

Für die Datenaufnahme von I Schichten mit einer Auflösung von n * m Datenpunkten bei l Mittelungen zur Verbesserung des S/N sind insgesamt i * l * n Datenzüge aufzunehmen. Soll mit einer q-fachen Oversamplingtechnik gearbeitet werden, besteht jeder Datenzug aus q * m Datenpunkten. Wird ein Filter mit k Koeffizienten benutzt, der erst einschwingen soll, besteht jeder Datenzug aus q * m +k Datenpunkten.

Dazu folgende Graphik:

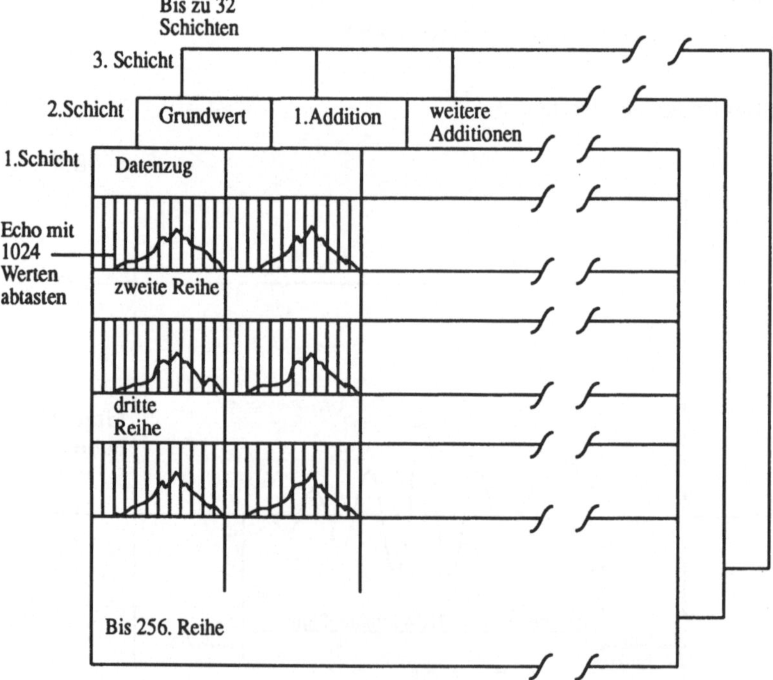

Ist eine Mittelwertbildung zur Erhöhung des Signal-Rauschen-Verhältnisses (S/N) erwünscht, so werden die ersten Datenaufnahmen addierend in ein Puffer gespeichert. Beim letzten Mittelwertdurchlauf wird die Datenverarbeitung wie oben beschrieben durchgeführt.

Bei der bildgebenden Kernspintomographie wird aus Gründen des besseren S/N zuerst eine Schleife über alle Schichten gebildet, dann erst eine Schleife über alle Mittelungen. In einer äußeren Schleife werden alle erforderlichen Phasenzyklen durchlaufen. Dies erfordert den großen Pufferspeicher auf dem Signalprozessor.

Aussicht:

Die Schaltung wird derzeitig überarbeitet, um sie auch für andere Anwendungsfälle interessant zu machen. Die neue Karte belegt auch nur noch 6 TRAM-Slots in dem die SMD- Bestückung (beidseitig) konsequenter ausgenutzt und die Leiterplatte 6-lagig ausgeführt wird. Der Analogteil ist im Layout und der Beschaltung optimiert, um eine Auflösung besser 14 Bit (real) zu erreichen. Desweiteren ist die mechanische Verbindung zur Mutterplatine stabiler ausgeführt. Die Erzeugung der Abtastrate läßt sich jetzt per Sofware mit dem jeweiligen Signalprozessor triggern.

So ist die Schaltung in vielen Einsatzgeieten verwendbar, in denen analoge Signale abgetastet (2*ADC mit 200kHz / 18 Bit), anschließend gefiltert (in DSP) und die Daten dann einer Bearbeitung in einem Transputersystem zugeführt werden sollen.

Literatur

Ramm, Bernd; Semmler,W.; Laniado M. :Einführung in die MR-Tomographie, Enke, 1986

Vogel, Gunnar :Entwicklung und Inbetriebnahme eines Multiprozessorsystems zur Aufnahme analoger Rohdaten eines Kernspintomographens; Diplomarbeit, FH-Dortmund, 1991

Kontakt:

Dr. Matin Busch

Mülheimer Radiologie Institut

Schulstraße 10

4330 Mülheim

Ein Transputersystem zur Untersuchung von Synchronisationsmechanismen zur Merkmalsverknüpfung in einem sich selbst organisierenden neuronalen Netzwerk

S. Drüe, G. Hartmann, S. Lohmann, F. Drees[1]
FB 14 Elektrotechnik, Universität - GH - Paderborn
Pohlweg 47-49, 4790 Paderborn

In diesem Beitrag wird ein neuronales Netzwerk zur Verarbeitung von Bildinformationen vorgestellt. Bestimmte Bildmerkmale (z. B. kontinuierliche Linien und Kanten) werden in dem Netzwerk verknüpft und durch synchrone Neuronenaktivität gekennzeichnet. Die hierfür benötigte lokale Verbindungsstruktur organisiert sich durch Zeigen von Bildmustern von selbst. Das benutzte Transputersystem besteht aus einem Transputerframegrabber, an den eine CCD-Kamera angeschlossen ist, einer Transputergraphikkarte und mehreren T 800 Transputern mit 4 MB Speicher.

1. Einführung

Seit längerem ist bekannt, daß zeitliche Codes in biologischen Systemen bei der Informationsverarbeitung genutzt werden [1]. Neuere Untersuchungen von Eckhorn und Reitböck [2] sowie Gray und Singer [3] haben gut synchronisierte Aktionspotentiale im visuellen Cortex von Katzen gezeigt, wenn die Neuronen von kontinuierlichen Strukturen stimuliert werden. Synchronität kann deshalb als eine zeitliche Markierung interpretiert werden, die die Merkmale kontinuierlicher Stimuli verknüpft.

Merkmalverknüpfung durch zeitliche Codes hat von der Malsburg bereits vor längerer Zeit vorgeschlagen [4] und Modelle dafür sind von unterschiedlichen Autoren vorgeschlagen worden. Eckhorn benutzte in seinen Simulationen spezielle Neuronen; Mannion [5], Kammen [6] und Schillen [7] verwenden zur Modellierung gekoppelte Oszillatoren.

Wir konnten durch Simulationen zeigen, daß herkömmliche Modellneuronen durch einen verteilten Mechanismus synchronisiert werden. Für die Untersuchung von Synchronisationsprozessen wurden Impuls (Spike)-codierte Modellneuronen verwendet. Hierfür wählten wir eine Software-Simulation des elektrischen Neuronen-Ersatzschaltbildes von French und Stein (Fig. 1) [8]. An den verschiedenen Eingängen j eines Neurons i erzeugen die einlaufenden Impulse (Spikes) durch Multiplikation mit einem Gewichtsfaktor W_{ij} je einen Membranpotentialanteil Mp_{ij} der mit einer Zeitkonstante T_{ij} abklingt. Die Potentialanteile werden zum Gesamtmembranpoten-

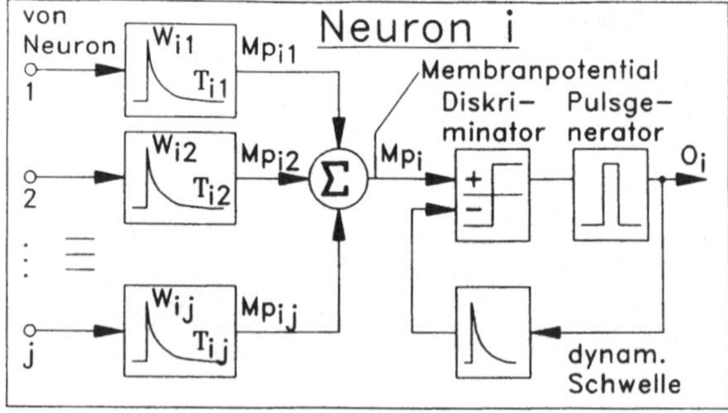

Fig. 1: Ersatzschaltbild eines Neurons

1.Diese Arbeit wurde vom BMFT (Az.: 413-5839-01 IN 105 C/5 SENROB) gefördert.

tial aufsummiert, das anschließend mit einer dynamischen Schwelle verglichen wird. Sobald das Membranpotential diese Schwelle überschreitet, wird ein Spike erzeugt, und die Schwelle springt auf einen Maximalwert. Die Schwellspannung fällt anschließend mit einer wählbaren Zeitkonstante

wieder auf das Ruhepotential ab. Auf diese Weise wird bei dem Modellneuron eine Refraktärzeit simuliert, während der es nur durch stärkere Anregung vom Eingang her zur Erzeugung eines Aktionspotentials veranlaßt werden kann. In Fig. 2 ist der Membranpotentialverlauf eines Neurons dargestellt, das an drei Eingängen Spikes empfängt. Durch die einlaufenden Impulse wird das Membranpotential überschwellig. Jedesmal wenn die abklingende dynamische Schwelle unter das Membranpotential sinkt, wird ein Ausgangsspike erzeugt.

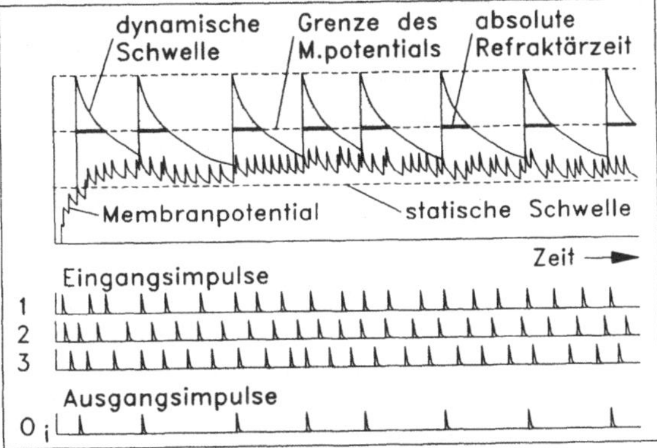

Fig. 2: Membranpotentialverlauf eines Neurons

2. Synchronisationsmechanismen und Kontinuitätsprüfung

Das hier vorgestellte neuronale Netzwerk dient der Verarbeitung von Bildinformation. Es soll wichtige Bildmerkmale (z.B. kontinuierliche Linien und Kanten) durch synchrone Neuronenaktivität kennzeichnen. Das hierfür notwendige zweidimensionale Netzwerk enthält Detektorneurone mit orientierten rezeptiven Feldern. Auf kontinuierliche Konturen sprechen Neuronengruppen an, die durch lokale Verbindungen ihre Aktionspotentiale synchronisieren. Zur Erklärung dieser Synchronisationsmechanismen in unserem Modell beschränken wir das eigentlich zweidimensionale Problem der Kontinuitätsprüfung zunächst auf eine Kette von Neuronen (Fig. 3). Wir nehmen an, es handle sich um

Detektorneuronen, deren rezeptive Felder eine zusammenhängende Sequenz bilden. Dann zeigt simultane Aktivität aller Neuronen dieser Kette Kontinuität einer durch die rezeptiven Felder verlaufenden Linie an. Zunächst soll nun erklärt werden, wie es durch zusätzliche Synchronisationsverbindungen zwischen direkt benachbarten Neuronen (Fig. 3) gelingt, die Aktionspotentiale der gesamten Kette zu synchronisieren und so das Kollektiv als zusammengehörig zu kennzeichnen.

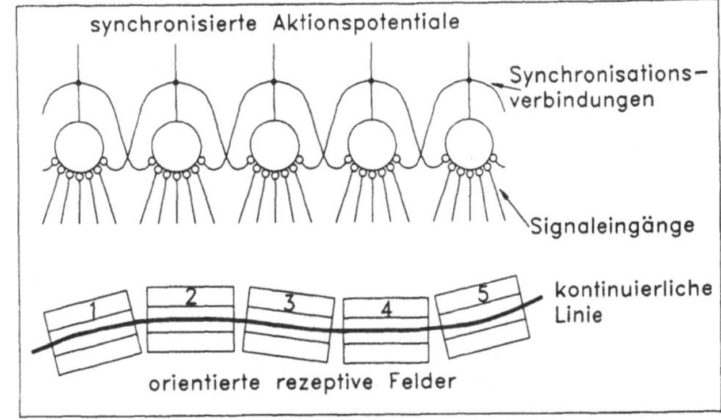

Fig. 3: Synchronisationsverbindungen einer Neuronenkette

Die Detektorneuronen [9] werden über Signaleingänge von mehreren antagonistischen Neuronen aktiviert. Die synaptischen Gewichte dieser Eingänge sind verhältnismäßig klein und die Zeitkonstanten der Integratoren relativ groß. Ein einzelner Spike an einem dieser Eingänge kann deshalb das Membranpotential nicht nennenswert ändern, und das Neuron kann nur durch hohe Raten an allen exzitatorischen Eingängen aktiviert werden. Demgegenüber sind die synaptischen Gewichte der

Synchronisationseingänge deutlich höher und haben kürzere Zeitkonstanten. Ein einzelner Spike von einem Nachbarneuron kann deshalb das Membranpotential kurzzeitig deutlich erhöhen. Das Neuron zeigt ohne Signale an den Synchronisationseingängen das Verhalten eines völlig normalen Neurons. Liegt das Membranpotential bei hohen Signalraten über dem Ruhepotential der Schwelle, so erzeugt es eine Spikerate, ansonsten ist es inaktiv. Liegt das Membranpotential über dem Ruhepotential der Schwelle und ist das Neuron nicht mehr in der Refraktärzeit, so kann ein einziger Spike an einem Synchronisationseingang das Neuron veranlassen, selbst ein Aktionspotential zu erzeugen. Ist hingegen keine Aktivität an den Signaleingängen vorhanden, so kann ein Spike an einem Synchronisationseingang kein Ausgangssignal bewirken, und das Neuron bleibt inaktiv.

Da zwischen dem Eintreffen eines synchronisierenden Spikes und dem Aussenden eines Spikes eine bestimmte Zeitspanne liegt, kann eine gleichzeitige Aktionspotentialerzeugung der Neurone nicht erreicht werden. Unter Synchronität der Aktionspotentiale wird hier nicht die zeitgleiche Erzeugung von Spikes verstanden, sondern die Generierung von Aktionspotentialen in einem bestimmten (kleinen) Zeitfenster. Für die hier betrachtete Kette bedeutet dies, daß bei Synchronität die benachbarten Neurone in ebenfalls benachbarten Zeittakten feuern. Wie leicht zu sehen ist, werden durch Synchronisationsverbindungen die benachbarten Neurone nach einer bestimmten Verzögerungszeit auch zum Erzeugen von Aktionspotentialen veranlaßt. Da die Detektorneurone über ihre Signaleingänge erregt werden und somit spontan ein Aktionspotential erzeugen, ist das Zeitfenster in dem alle Neurone der Kette ihre Spikes erzeugen viel kleiner als die Summe aller Verzögerungszeiten der Synchronisationsverbindungen der Neuronenkette. Fig. 4 zeigt die Funktionsweise, die sich in ausführlichen Simulationen bestätigt hat. Auf der waagerechten Achse sind die Zeitpunkte markiert, an denen ein Neuron ein Aktionspotential erzeugt. Auf der Ordinate sind in der Reihenfolge ihrer Nachbarschaft die Neuronen einer Kette (Fig. 4) eingetragen. Bei absoluter Synchronität (d.h. zeitgleich) müßten also die markierten Zeitpunkte genau senkrecht übereinanderliegen. Zum einfacheren Verständnis des Mechanismus nehmen wir an, daß zu einem bereits vergangenen Zeitpunkt, also außerhalb des linken Randes von Fig. 4, alle Neuronen der Kette ungefähr gleichzeitig gefeuert haben. Aufgrund der Raten an den Signaleingängen würden alle Neuronen auch ohne wechselseitige Verkopplung wieder feuern, allerdings mit einer zeitlichen Streuung. In unserem Beispiel (Fig. 4) seien die Neuronen 3, 6 und 10 am frühesten aktiv. Aufgrund der wechselseitigen Verkopplung (Fig. 3) stimuliert Neuron 3

nach einer geringen Verzögerungszeit seine Nachbarn 2 und 4. Eine weitere Zeitspanne später triggert Neuron 2 seinen Nachbarn 1, und Neuron 4 möchte Neuron 5 stimulieren. Aber Neuron 5 war kurz vorher bereits von seinem anderen Nachbarn 6 aktiviert worden, ist deshalb in seiner absoluten Refraktärzeit und kann nicht von 4 erneut aktiviert werden. Der Umstand, daß ein Neuron in seiner absoluten Refraktärzeit kein Aktionspotential erzeugen kann, verhindert hier, daß die Aktivität der Neurone so ansteigt, daß alle andauernd in sehr kurzen Zeitabständen Spikes erzeugen.

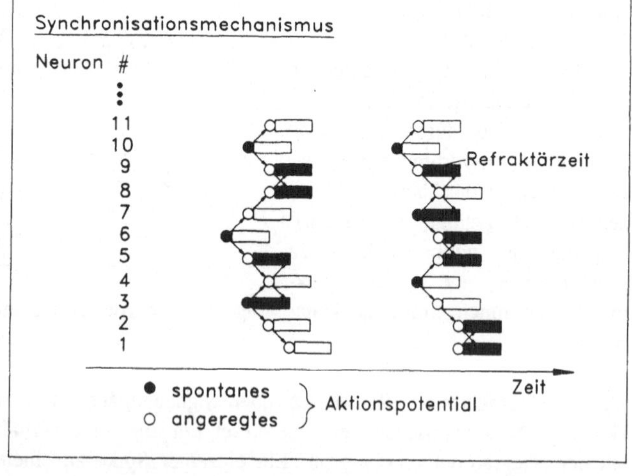

Fig. 4: Synchronisationsmechanismus einer Neuronenkette

Noch einfacher ist das Modell zu verstehen, wenn man sich vorstellt, daß von jedem signalgetriebenen aktivierten Neuron beginnend, Wellen ausgehen und nach beiden Richtungen die Kette entlanglaufen. Stoßen solche Wellenfronten zusammen, so erlöschen sie, weil ein bereits von einer Wellenfront aktiviertes Neuron in der Refraktärzeit ist und nicht von der anderen erneut aktivierbar ist. Die Simulationsergebnisse mit sehr langen Neuronenketten zeigen, daß die zeitliche Streuung der Spikes (zeitliches Synchronisationsfenster) unabhängig von der Länge der Kette ist. Durch Variation der Neuronenparameter (synaptische Gewichte, Zeitkonstanten für Potential und Schwelle) konnte nachgewiesen werden, daß der Synchronisationsmechanismus stabil ist und nicht von einer eng begrenzten Parameterwahl abhängt.

Der Sinn der Synchronisationsverbindungen soll mit Hilfe einer weiteren Darstellung (Fig. 5) erläutert werden. Erst durch die Kopplung von benachbarten Neuronen mit zusammenpassenden rezeptiven Feldern wird erreicht, daß die Neurone in einem kleinen Zeitfenster ihre Aktionspotentiale erzeugen. In Fig. 5 sind drei Neurone dargestellt die durch ihre Signaleingänge so angeregt werden, daß sie leicht unterschiedliche Membranpotentiale besitzen. Sind keine Synchronisationsverbindungen vorhanden, erzeugen die drei Neurone zu stark unterschiedlichen Zeitpunkten ihre Aktionspotentiale.

Sind die Neurone jedoch miteinander über Synchronisationsverbindungen gekoppelt, liegen die erzeugten Spikes in einem sehr schmalen Zeitbereich. Da die Koppelverbindungen aber nur zwischen Neuronen vorhanden sein sollen, die bestimmte zusammengehörige Merkmale (z.B. eine kontinuierliche Linie) erfassen, kann Synchronität der Spikes auch nur dann auftreten, wenn diese Merkmale vorhanden sind. Die mögliche Auswertung der Synchronität kann durch komplexe Neurone (hier auch Verknüpfungsneurone genannt) geschehen (Fig. 5 unten). Die Ausgänge der Detektorneurone 1-3 sind mit den Eingängen eines komplexen Neurons verbunden. Nur bei Synchronität der Spikes der drei hier betrachteten Detektorneurone kann das Membranpotential des komplexen Neurons überschwellig werden. Dies führt dazu, daß auch das komplexe Neuron Aktionspotentiale erzeugt und hierdurch das Vorhandensein eines bestimmten Merkmals (z.B. kontinuierliche Linie) kennzeichnet.

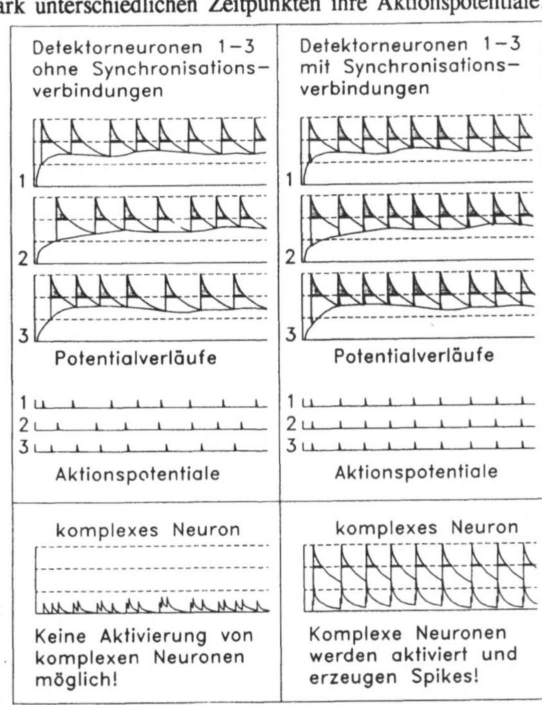

Fig. 5: Auswirkungen der Synchronisationsverbindungen

3. Zweidimensionale Kontinuitätsprüfung und Synchronisation

Auf der Grundlage des oben vorgestellten Modells konnte auch für zweidimensionale Konturverläufe die Synchronisation der beteiligten Detektorneuronen simuliert werden. Für unsere Untersuchungen wird ein Bildfeld in hexagonal angeordnete Teilbildfelder unterteilt. Für jedes Teilbildfeld existiert ein Satz von Detektorneuronen mit unterschiedlich orientierten rezeptiven Feldern. Bildstrukturen können daher stückweise durch Neuronen detektiert werden, wenn ihre orientierten rezeptiven Felder durch passende Konturstücke angeregt werden. Ausgedehnte kontinuierliche Konturen erregen somit mehrere topographisch benachbarte Detektorneurone mit überlappend anschließenden rezeptiven Feldern. In Fig. 6 ist ein Ausschnitt aus dem in Inseln aufgeteilten Bildfeld dargestellt. Eine kontinuierliche Kontur, z. B. eine Linie wird dann durch die Detektorneuronen (1-7) erfaßt, durch deren rezeptive Felder diese Linie verläuft. In jedem Satz von Detektorneuronen, der zu einer von der Linie durchlaufenen Insel gehört, ist also ein entsprechendes Neuron aktiv, während die restlichen Neuronen unterschwellig bleiben. Zur Kennzeichnung des Merkmals "kontinuierliche Linie" sollen

die Aktionspotentiale der Detektorneurone synchronisiert werden. Hierfür müssen die Neurone über zusätzliche Synchronisationsverbindungen wechselseitig verbunden werden, also 1 mit 2, 2 mit 3 usw., bis sie über den Verlauf der Linie eine Kette bilden (vgl. Fig. 3). Diese wechselseitigen Verbindungen, also von 1 nach 2 und von 2 nach 1, sind in Fig. 7 der Übersichtlichkeit halber nur durch eine einfache Verbindungslinie symbolisch dargestellt. Nach den Ergebnissen des vorhergehenden Kapitels synchronisieren sich die Aktionspotentiale dieser Neuronenkette, wenn die betrachtete Linie durch das Bildfeld verläuft.

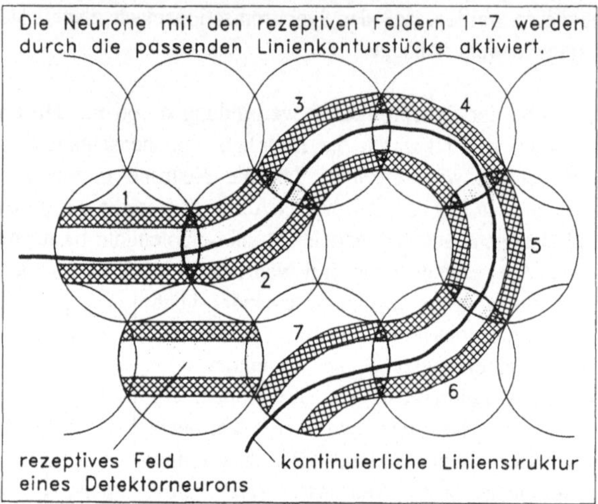

Fig. 6: Rezeptive Felder der Detektorneurone

Die wechselseitige Verbindungsstruktur ist aber spezifisch für diese eine Linie. Ändert sich diese Linie auch nur gerinfügig, werden nicht mehr alle Neuronen der Kette aktiviert. Die Linie verläuft dann teilweise durch andere rezeptive Felder, und es müßten nun andere Neurone zu einer Kette verschaltet werden. Dabei dürfen aber die für die ursprüngliche Linie eingeführten Synchronisationsverbindungen nicht entfernt werden, da ja auch diese Linie wieder im Bildfeld erscheinen könnte. Die Synchronisation der neuen Kette wird durch das Verbleiben der zusätzlichen alten Verbindungen

nicht gestört. Zwar empfangen die Neuronen der alten Kette an den Verzweigungspunkten weiterhin Synchronisationssignale, da aber ihr rezeptives Feld bei Vorzeigen der neuen Linie nicht von einem Linienelement durchlaufen wird, erhält das Neuron folglich keine Aktivität an den Signaleingängen. Eine Aktivierung allein durch Synchronisationsimpulse ist nicht möglich. Alle an der neuen Linie unbeteiligten Neurone bleiben inaktiv. Sie senden somit auch keine störenden Synchronisationsimpulse an die aktiven Neurone. Die durch die neue Linie stimulierten Neurone synchronisieren ihre Aktionspotentiale wie erwartet.

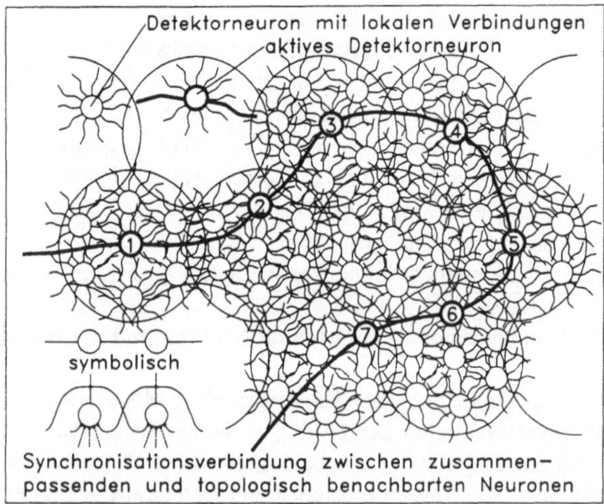

Fig. 7: Verbindungsstruktur der Detektorneurone

Damit nun jeder sinnvolle kontinuierliche Linienverlauf zu synchronen Aktionspotentialen der passenden Neuronen führt, müssen wechselseitige Synchronisationsverbindungen zwischen allen Paaren von Neuronen mit zusammenpassenden rezeptiven Feldern vorgesehen werden. Diese wechselseitige Verbindung von Neuronen benachbarter Teilbildfelder mit "passenden" rezeptiven Feldern wurde nun systematisch für alle Paare benachbarter Teilbildfelder vorgenommen (Fig. 7). Wir konnten nun mit beliebig im Bildfeld verlaufenden kontinuierlichen Konturen zeigen, daß alle Neuronen, durch deren rezeptive Felder diese Konturen verliefen, miteinander synchronisiert wurden.

4. Selbstorganisation der Synchronisationsverbindungen

Die Synchronisierung der Antwortsignale auf beliebige Konturen ist von der speziellen Verbindungsstruktur abhängig, da nur Neuronen mit passenden rezeptiven Feldern verknüpft werden. Anstelle dieser spezifischen Verbindungsstruktur wählten wir eine vollständige Verbindungsstruktur, bei der nun alle Detektorneuronen einer Insel mit allen Neuronen aller benachbarten Inseln wechselseitig verbunden waren. Die benötigte Verbindungsstruktur ist somit eine Untermenge der Ausgangsstruktur. Bei dieser Ausgangsstruktur waren jedoch die synaptischen Gewichte der Synchronisationsverbindungen zunächst auf Null gesetzt, so daß keine Synchronisation möglich war. Die synaptischen Gewichte der Synchronisationsverbindungen waren bei diesen Untersuchungen veränderlich und konnten durch folgende Lernregel modifiziert werden.

$$\Delta w_{ij} \text{ (pro Spike von j nach i)} = \left\{ \begin{array}{l} p \text{ wenn } w_{ij} \leq W \text{ und i überschwellig} \\[2ex] -q \text{ wenn } w_{ij} \geq q \text{ und i unterschwellig} \end{array} \right.$$

Mit w_{ij} = Verbindungsgewicht, W = Sättigungsgewicht, p = Lernschritt, q = Zerfallsterm, $p >> |q|$ und q sehr klein.

Dem Netzwerk werden Trainingssequenzen mit unterschiedlichen kontinuierlichen Linienverläufen gezeigt. Wegen der Kontinuität werden in benachbarten Inseln immer nur solche Paare von Neuronen aktiviert, deren rezeptive Felder zusammenpassen. Mit einer dem Hebb'schen Lernen ähnlichen Regel bildet sich für ein Paar i, j von Neuronen mit zusammenpassenden rezeptiven Feldern die erforderliche Synchronisationsverbindung heraus. Werden Trainingssequenzen mit ausschließlich kontinuierlichen Konturen gezeigt, so können keine falschen Kombinationen gelernt werden. Beim Training von Konturverläufen aus Bildern der natürlichen Umwelt werden mit geringer Wahrscheinlichkeit auch Neuronenpaare verknüpft, deren rezeptive Felder nicht zusammenpassen. Diese statistisch unterrepräsentierten Kombinationen sollen nicht akkumulieren. Die Lernregel enthält deshalb einen Zerfallsterm -q, der jedoch wesentlich kleiner als der Lernschritt p ist [11,12].

5. Simulation auf einem Transputernetzwerk

Das Netzwerk wurde zuerst auf einer Workstation implementiert und getestet. Die erwarteten Eigenschaften (Synchronisation der Aktionspotentiale und Selbstorganisation) bestätigten sich hierbei voll. Da das Netzwerk hauptsächlich lokale Verbindungen benötigt, lag die Portierung auf ein Transputersystem nahe (Fig. 8). Hierbei wurden zwei Parallelisierungsstrategien benutzt. Dieses sind die Aufteilung des Bildfeldes in verschiedene Teilbildfelder (d. h. Gliederung in Subnetzwerke) und die Funktionstrennung (Berechnung der Neuronenpotentiale und die Verwaltung der Verbindungsstruktur). Das System erlaubt die Verarbeitung realistischer Bildvorlagen. Hierzu wird eine CCD-Kamera benutzt, die an einen Transputer-Frame-Grabber angeschlossen ist. Die im Speicher des Framegrabbers abgelegten digitalisierten Grauwertbilder werden vorverarbeitet und an verschiedene Subnetzwerke verteilt. Die Größe der Teilbildfelder beträgt 64x64 Inseln (Pixel). Pro Insel sind 60 Detektorneurone vorhanden. In jedem dieser Subnetze ist ein Transputer für die Verwaltung der Verbindungsstruktur zuständig. Er übernimmt den Datenaustausch zwischen jeweils zwei Subnetzwerken, sowie zwischen den Transputern eines Subnetzes. Zu den Daten gehören beispielsweise Spikes, die Neurone in benachbarten Teilbildfeldern über die Grenzen der Teilbildfelder hinweg zu anderen Neuronen senden. Zusätzlich sorgt dieser Transputer für die Weiterleitung von Daten zur Auswertung auf der Transputergraphik. Die Graphik erlaubt es, wärend der Simulation bestimmte Ergebnisse anzuzeigen, die für eine Funktionsbewertung des neuronalen Netzes notwendig sind. Es kann z.B. die Stärke der Synchronisationsverbindungen angezeigt werden, oder die Potential- und Schwellenverläufe verschiedener Neurone (siehe Fig. 2 / 5). Selbstverständlich ist auch die Darstellung des codierten Bildes nach den einzelnen Bearbeitungsschritten möglich.

Die weiteren Transputer der einzelnen Subnetze stehen den eigentlichen Simulationsberechnungen zur Verfügung. Da für viele Bildmustererkennungsaufgaben es oft nicht ausreicht nur kontrastreiche Kanten und Linien einer festen Breite zu erfassen, wurden auch bei dem hier vorgestellten neuronalen Netz Detektorneurone auf mehreren Auflösungebenen benötigt. Dies entspricht der Simulation von Detektorneuronen mit unterschiedlich großen rezeptiven Feldern. Wie in den vorangegangenen Kapiteln erläutert, soll die Synchronisation als Merkmal für kontinuierliche Linien und Kanten dazu genutzt werden, komplexe (Verknüpfungs-) Neurone zu aktivieren. In der in Fig. 8 gezeigten Matrix-Organisation der Teilbildnetze sind die Transputer in vertikaler Richtung für die verschiedenen Auflösungsebenen und in horizontaler Richtung für die verschiedenen

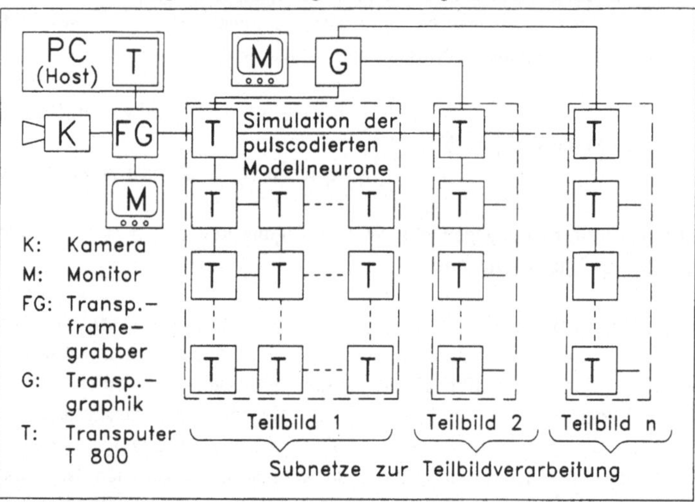

Fig. 8: Transputernetzwerk

Verknüpfungs-(Komplexitäts-)ebenen zuständig. Das bedeutet, daß in der Transputermatrix auf dem Transputer der linken oberen Ecke die Neurone der besten Auflösung und der niedrigsten Komplexität und auf dem Transputer der rechten unteren Ecke die Neurone der gröbsten Auflösung und höchsten Komplexität simuliert werden.

Die Simulation der pulscodierten Neurone geschieht mittels Zeitscheibentechnik. Um eine ausreichende Genauigkeit bei der Potential- und Schwellenberechnung zu bekommen wird eine Sekunde (betrachteter Simulationszeitraum) in 5000 Simulationsschritte zerlegt. In jedem dieser Zeittakte müssen pro Neuron die folgenden Aufgaben erledigt werden. Es müssen die Detektorneurone durch Spikes angeregt werden, deren rezeptive Felder zu den vorhandenen Bildstrukturen passen. Dies geschieht durch Auswertung einer Erregungstabelle in der alle die Neurone enthalten sind, die über ihre Signaleingänge stimuliert werden müssen. Als weiterer Schritt ist die Verteilung der Impulse der

Neuronen notwendig, die im vorhergehenden Zeitschritt ein Aktionspotential erzeugt haben. Dies geschieht unter Verwendung einer Tabelle, in der die gewichtete Verbindungsstruktur des neuronalen Netzwerks gespeichert ist. Die Auswertung dieser Impulse geschieht durch gewichtete Veränderung des Membranpotentials. Anschließend erfolgt eine Abfrage, ob das Membranpotential größer als die dynamische Schwelle ist. Wenn dieses zutrifft, wird die dynamische Schwelle auf ihren Maximalwert gesetzt. Weiterhin wird die Neuronennummer abgespeichert, damit sie im folgenden Simulationsschritt zur Auswertung (unter Benutzung der Verbindungstabelle) zur Verfügung steht. Als letzter Schritt folgt dann die Erniedrigung des Membranpotentials und der dynamischen Schwelle unter Berücksichtigung der jeweiligen Abklingkonstante. Durch die Einteilung in einzelne Zeitschritte ist es erforderlich, das Tranputernetz in jedem Zeittakt zu synchronisieren, da sichergestellt werden muß, daß die Spikes zum richtigen Zeitpunkt an den einzelnen Neuronen eintreffen und dadurch erst die Synchronisationsmechanismen ermöglicht werden.

6. Ergebnisse

Auf Grund der lokalen Verbindungsstruktur des neuronalen Netzwerks sind sehr effiziente Parallelisierungsstrategien möglich. Durch den Einsatz eines Transputersystems konnten die auf Workstation sehr großen Rechenzeiten erheblich reduziert werden. Es konnte somit durch umfangreiche Simulationen nachgewiesen werden, daß Synchronität der Aktionspotentiale von Detektorneuronen über große Abstände erzeugt wird. Die Verbindungsstruktur organisierte sich durch Zeigen mehrerer Bilder mit kontinuierlichen Linien- und Kantenstrukturen unter Anwendung bestimmter Lernregeln von selbst. Es wurde nachgewiesen, daß durch die synchrone Aktivität der Detektorneurone komplexe Neurone so angeregt werden können, daß sie dann ebenfalls synchron Aktionspotentiale erzeugen.

Literatur

[1] Freeman, W. J.: Mass action in the nervous system. Academic Press New York (1975)
[2] Eckhorn, R. et al.: Feature linking via stimulus-evoked oscillations: Experimental results from cat visual cortex and functional implications from a network model. Proc. IJCNN89, IEEE, 1.723-1.730 (1989)
[3] Gray, C. M., Singer, W.: Stimulus specific neuronal oscillations in the cat visual cortex: a cortical functional unit. Soc. Neurosc. abstr. 404.3 (1987)
[4] von der Malsburg, C.: The correlation theory of brainfunction. Internal report 81-2, Dpt. Neurobiology, Max Planck Institute for Biophysical Chemistry (1981)
[5] Mannion, C. L. T., Taylor, J. G.: Coupled excitable cells. NCM90: Developments in Neural Computing. Springer-Verlag (1990)
[6] Kammen, D. M., et al.: Collective oscillations in neural networks: functional architecture drives the dynamics. Proc. IJCNN90,LEA, 1.181-1.184 (1990)
[7] Schillen, T. B.: Simulation of delayed oscillators with the MENS general purpose modelling environment for network systems. In: Parallel Processing in Neural Systems and Computers, R. Eckmiller, G. Hartmann and G. Hauske (Editors), Elsevier Science Publishers B. B. (North-Holland), 135-138 (1990)
[8] French, A. S., Stein, R. B.: A flexible neuronal analog using integrated circuits. IEEE Trans. Biomed. Eng., 17, 248-253 (1970)
[9] Hartmann, G.: Processing of continuous lines and edges by the visual system. Biol. Cybern. 47, 43-50 (1983)
[10] G. Hartmann, S. Drüe, Feature Linking by synchronization in a two dimensional network, Proc. of the Internat. Joint Conf. on Neural Networks (IJCNN), 1, 247-250 (1990)
[11] G. Hartmann, S. Drüe, Self Organization of a Network Linking Features by Synchronization. In: Parallel Processing in Neural Systems and Computers, R. Eckmiller, G. Hartmann and G. Hauske (Editors), Elsevier Science Publishers B. B. (North-Holland), 361-364 (1990)
[12] G. Hartmann, S. Drüe, Verification of Continuity, Using Temporal Code, Proc. of the International Joint Conference on Neural Networks (IJCNN), San Diego, IEEE-Press, II, 459-464 (1990)

Das Closed Loop Antagonistic Network auf Transputern.

M. Busemann, G. Hartmann
UNI-GH Paderborn, FB Elektrotechnik
Pohlweg 47 - 49, 4790 Paderborn
Email: getbuse@get.uni-paderborn.de

Einleitung

Die Forschung im Bereich der neuronalen Netze ist in den letzten Jahren wieder sprunghaft angestiegen. In vielen Gebieten, z. B. der Mustererkennung, werden Anwendungen neuronaler Netze untersucht. Da die Neuronen, die kleinsten Einheiten eines neuronalen Netzes, unabhängig voneinander arbeiten, scheinen neuronale Netze gut parallelisierbar zu sein. Aufgrund der vielfältigen Verbindungsstruktur können sich aber bei der Parallelisierung Probleme ergeben.

Das Closed Loop Antagonistic Network, kurz CLAN, ist ein neuronales Netzwerk zur Klassifikation von Mustern. Es wurde auf ein Transputernetz übertragen, wobei zwei verschiedene Ansätze betrachtet wurden. Die Portierung von einem CLAN auf je einen Transputer nutzt die Parallelität der Transputer voll aus. Bei der Verteilung des CLANs auf mehrere Transputer ist durch den hohen Kommunikationsaufwand der 'Speed Up' nur bei sehr kleinen Transputernetzen erwähnenswert.

Das Erkennungssystem

Unsere Fachgruppe beschäftigt sich mit der Erkennung von Objekten mit Hilfe von neuronalen Netzen. Mit einer Kamera wird ein Grauwertbild der Größe 512 x 512 Bildpunkte aufgenommen [Fig. 1]. Die Vorverarbeitung glättet und filtert das Bild. Anschließend wird es ausgehend von einem Zentrum in Polarkoordinatendarstellung umgewandelt, wobei die r-Richtung logarithmisch abgetastet wird. Aus diesem Bild wird ein dreiwertiges Laplacebild erzeugt und dann eine hierarchische Codierung generiert, die der Repräsentation von Bildern im visuellen Cortex ähnlich ist.

Die erzeugte Codierung ist nicht lage-, entfernungs- und orientierungsinvariant. Dies wird durch die nachfolgend beschriebenen Mechanismen ausgeglichen. Die Fovealisierung der Bilder geschieht über eine Rückkopplung des Systems zur Kamera. Die Kamera wird so positioniert, daß das betrachtete Objekt immer im Zentrum liegt (Blicksteuerung). Die Entfernungsinvarianz wird durch ein neuronales Netz verwirklicht, das eine Verschiebung des Erregungszustandes in r-Richtung vornimmt. Die Verschiebung ist so eingestellt, daß das Objekt immer in der gleichen Entfernung codiert erscheint. Auf diese Weise wird nicht Größeninvarianz, sondern Entfernungsinvarianz erzielt. Ein Objekt wird zwar unabhängig von der Entfernung erkannt, aber ein Auto von einem Spielzeugauto unterschieden.

Die Rotationsinvarianz wird durch ein neuronales Netz erzielt, welches eine Verschiebung des Aktivierungszustandes in ϕ-Richtung vornimmt. Es wird jeweils so geschoben, daß das Objekt immer im gleichen Winkel in der Codierung repräsentiert wird.

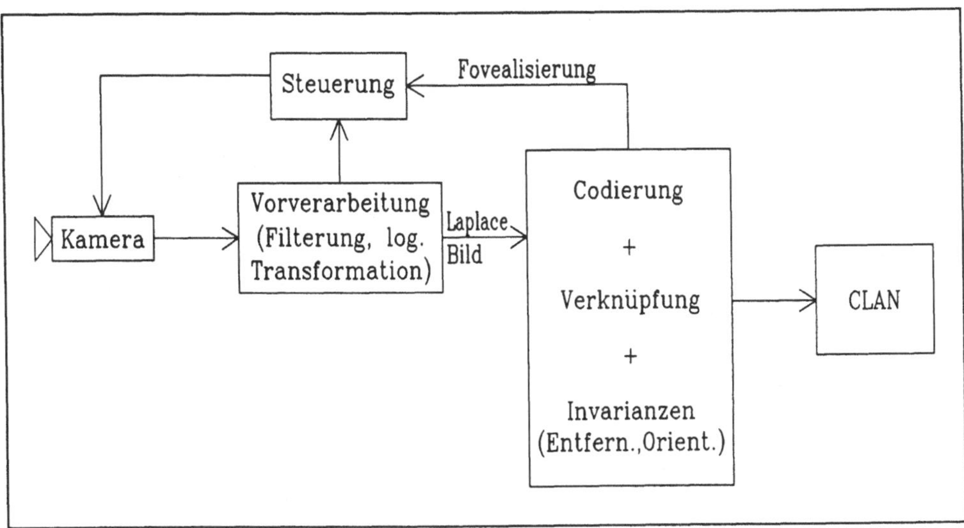

Fig. 1: Das Erkennungssystem

Die gewonnene Information über ein aufgenommenes Bild wird als Aktivitätsvektor von Neuronen, im folgenden auch als Eingangsmuster bezeichnet, an das CLAN weitergegeben. Dort wird das Muster mit bereits gelernten Mustern verglichen. Entweder existiert schon ein ähnliches Muster und damit wird das präsentierte Muster erkannt oder es wird als neues Muster gelernt. Im folgenden soll nur noch auf das CLAN eingegangen werden.

Die Theorie des CLANs

Das CLAN ist ein neuronales Netz, das unüberwacht Muster lernt und in wohldefinierte Musterklassen ([HAR90] und [HAR91]) unterteilt. Zwei Muster werden miteinander verglichen, indem der Übereinstimmung der beiden Muster minus Hamming-Distanz berechnet und dann normiert wird. Ist der Wert größer als eine Konstante, dann gehören die Muster in die gleiche Musterklasse. Ansonsten sind es unterschiedliche Muster, die in zwei verschiedene Klassen gehören.

Das CLAN gehört in die Gruppe der unüberwacht lernenden Netzwerke. Wird ein Muster angelegt, so kann das Netzwerk selbständig ohne Lehrer entscheiden, ob das gezeigte Muster ihm unbekannt ist, oder ob es dafür schon eine Musterklasse gibt. Es ist nicht notwendig, das ihm explizit gezeigt wird, welcher Vektor als Ausgabe erwartet wird, wie es bei vielen anderen neuronalen Netzwerken geschieht.

Außerdem ist kein explizites Umschalten zwischen Erkennen und Lernen notwendig. Wird ein Muster präsentiert, welches in eine schon gelernte Klasse gehört, zeigt das CLAN diese Musterklasse an. Wird hingegen ein fremdes Muster präsentiert, so wird das Muster neu gelernt. Hierzu braucht das Muster nur einmal gezeigt zu werden und die sonst üblichen Trainingssequenzen mit mehreren tausend Präsentationen entfallen.

Das Lernen bzw. Wiedererkennen geschieht in der assoziativen Schicht A [Fig. 2]. Ein Eingangsmuster wird im Merkmalsraum F und das Komplement des Eingangsmusters zusätzlich im antagonistischen Merkmalsraum F' gelernt. Um das in [HAR90] definierte Ähnlichkeitsmaß zu errechnen, werden zusätzlich zu den erregenden Signalen der Ausgänge der Merkmalsräume F und F' inhibierende Signale von der Neuronengruppe S zu den Eingängen der Schicht A gesendet. Im Wettbewerb unter den Neuronen der Schicht A wird ein Sieger ermittelt. Dies geschieht durch einen geschlossenen Regelkreis, in dem über eine externe Gruppe C von Neuronen die Ausgangssignale der Schicht A auf die Eingänge dieser Schicht gegenkoppeln [KAL90].

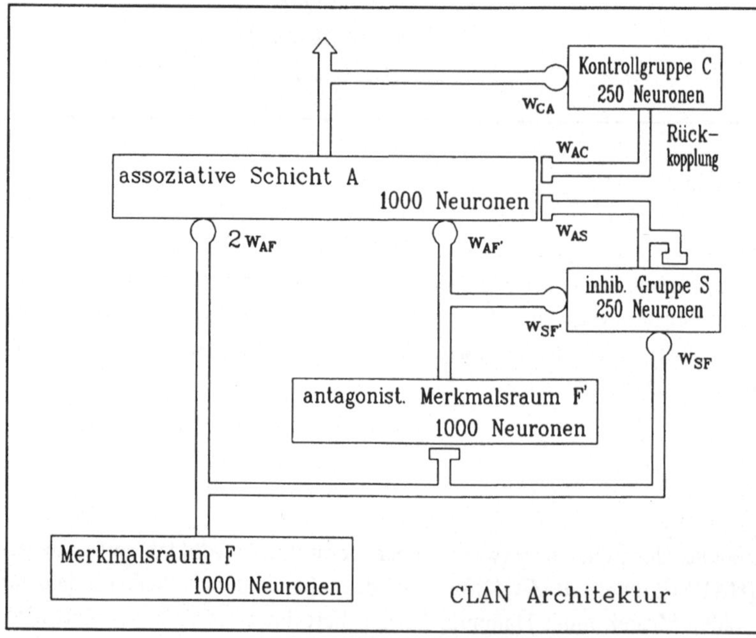

Fig. 2:
Blockschaltbild des Closed Loop Antagonistic Network

Bei den Modellneuronen handelt es sich um eine Software-Simulation der von French und Stein [FRE70] eingeführten Ersatzschaltbilder [Fig. 3]. Die Eingangsimpulse (Spikes) werden mit einem Gewichtsfaktor multipliziert an einem RC-Glied integriert. Die Signale aller Integratoren werden zum Membranpotential aufsummiert, das mit einer dynamischen Schwelle verglichen wird. Sobald das Membranpotential diese Schwelle übersteigt, wird ein Ausgabeimpuls (Spike) erzeugt, und die Schwelle springt auf einen Maximalwert. Die Schwellenspannung fällt anschließend mit einer wählbaren Zeitkonstanten wieder auf das Ruhepotential ab. Auf diese Weise wird bei dem Modellneuron eine Refraktärzeit simuliert, während der es nicht vom Eingang her zur Erzeugung eines Aktionspotentials veranlaßt werden kann.

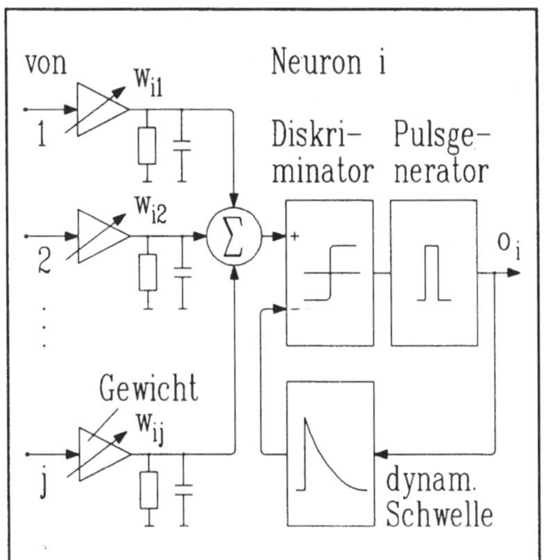

Fig. 3:
Neuronenmodell als Ersatzschaltbild (French und Stein, 1970)

Parallelisierung des CLANs

Für unser Gesamtsystem war es nötig die Größen der Schichten des CLANs zu modifizieren. Aus den vorgeschalteten Stufen ergab sich ein Eingangsmuster von fast 50000 Eingangsneuronen in der Schicht F bzw. F'. Zusätzlich erhöht sich die Größe der inhibierendenen Schicht S. Aber ein einzelnes CLAN mit einem so großen Eingangsmuster erschien biologisch und simulationstechnisch nicht sinnvoll, da ein Neuron der A-Schicht dann Input von über 100000 Synapsen bekommen müßte. Es wurde daher das Eingangsmuster in 32 disjunkte Teilmuster aufgeteilt und für jedes Teilmuster wurde ein CLAN simuliert. Die so erzeugte Antwort des Systems ist nicht mehr nur ein einzelner Ausgabevektor, sondern wir erhalten eine Ausgabematrix, in der in jeder Zeile ein Ausgabevektor mit einer Eins steht.

Die so erzeugte Gesamtstruktur bietet sich ideal für eine Parallelisierung an. Ein CLAN wird jeweils auf einen Transputer installiert. In diesem Transputernetzwerk gib es fast keine Kommunikation zwischen den Transputern. Zu Beginn wird lediglich das Muster auf die einzelnen Transputer verteilt. Diese können dann unabhängig mit etwa gleicher Auslastung arbeiten und brauchen nur noch die Endergebnisse an den Host-Rechner zu senden. Nur wenn der Benutzer es wünscht, können Zwischenergebnisse angezeigt werden. Um die verbleibende Kommunikationzeit zu minimieren, werden nach dem Prinzip der kürzesten Wege die Transputer zu einer Baumstruktur verbunden [Fig. 4].

Mit dieser Vorgehensweise können sehr große Muster verarbeitet werden, ohne daß die Rechenzeit nennenswert steigt. Es muß nur eine entsprechende Zahl von Transputern eingesetzt werden.

Neben der aus unserem Erkennungssystem gewachsenen Strategie der Parallelisierung, haben wir auch versucht ein CLAN auf mehrere Transputer zu verteilen. Hierzu wurden die einzelnen Schichten des CLANs in gleichmäßige Scheiben aufgeteilt. Auf jeden Transputer wurde dann eine Scheibe jeder Schicht installiert. So kann gewährleistet werden, das die Auslastung der Transputer annähernd gleich ist. Doch nach jedem Zeitschritt war es nötig, den aktuellen Zustand im gesamten Netzwerk zu verteilen. Hieraus ergibt sich, daß je nach Topologie des Transputernetzes nur eine begrenzte Beschleunigung durch die Hinzunahme von weiteren Transputern möglich ist. Ab einer gewissen Transputerzahl wird das Netz sogar langsamer. Z. B. kann bei einer Reihenschaltung mit bis zu 8 Transputern eine Beschleunigung des Programms erreicht werden, während bei einer weiteren Erhöhung der Transputerzahl das Programm wieder langsamer wird.

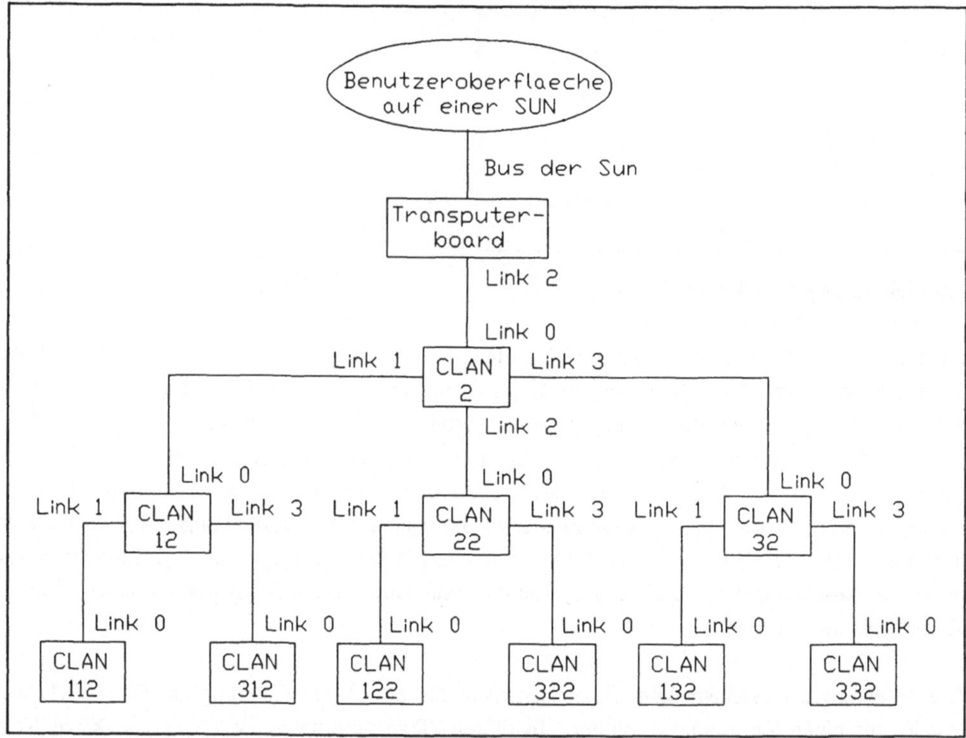

Fig. 4: Beispiel für die Verbindungstruktur der Transputer

Um einen Zeitgewinn zu erreichen wäre es möglich die beiden vorgestellten Parallelisierungsansätze zu mischen. D. h. das Muster wird ebenfalls in disjunkte Teilmuster aufgeteilt, und diese werden jeweils wieder auf ein CLAN als Eingabe gegeben. Ein CLAN wird dann aber nicht nur auf einem Transputer, sondern auf mehrere Transputer verteilt, installiert.

Implementierung

Die Bedienungsumgebung ist in C unter der Benutzeroberfläche Open Windows auf einer Sun- bzw. Sparc-Workstation erstellt worden. Über eine Standalone-Schnittstelle wird mit den Transputern kommuniziert.

Auf den T800-Transputern läuft ein in OCCAM unter Megatool geschriebenes Programm ab, das von der Workstation auf die Transputer geladen wird. Im Netzwerk wird zwischen drei verschiedenen Transputertypen bezüglich ihrer Aufgaben unterschieden. Der Transputer an der Wurzel des Baumes, in Fig. 4 mit Transputerboard bezeichnet, hat die Aufgabe die Signale von der Workstation aufzunehmen, auszuwerten und an die anderen Transputer weiterzugeben und die Ergebnisse an die Workstation zurückzuleiten. Auf diesem Transputer wurde kein CLAN installiert, da je nach Board nicht genügend Speicherplatz für ein komplettes CLAN (3 bis 4 MByte) zur Verfügung stehen.

Auf den Transputern, die auf einem Knoten im Netz plaziert sind, werden Prozesse installiert, die Daten aus beiden Richtungen empfangen und weiterreichen, bzw. für sich herausfiltern, und ein Prozeß der ein CLAN simuliert. Die Transputer in den Blättern des Baumes brauchen nur Daten zu empfangen bzw. abzusenden und ein CLAN zu simulieren. Die Transputer in den Knoten bearbeiten jeweils auch ein CLAN, damit die Zahl der benötigten Transputer nicht zu groß wird.

Es ist nicht notwendig, daß die Links der Transputer vollständig belegt sind. Die Zahl der Söhne kann zwischen eins und drei schwanken. Dies wird dadurch realisiert, daß beim Laden des Netzwerkes jeder Transputer ein Signal an seinen Vorgänger sendet, und dieser so merkt, über welche Links noch weitere Transputer bzw. CLANs erreichbar sind. Hierdurch ist es möglich durch eine einfache Änderung in der Konfiguration die Anzahl der benutzten Transputer beliebig zu wählen.

Von der graphischen Oberfläche aus besteht die Möglichkeit, die einzelnen Teilmuster auf die Transputer zu laden und die Endergebnisse zu empfangen. Über entsprechende Parameter kann die Länge der Musterpräsentation und die Ausgabe von Zwischenergebnissen vorgegeben werden. Außerdem können Parameter des CLANs verändert werden. Für die Sicherung eines aktuellen Netzwerkzustandes kann alle nötige Information von allen CLANs erfragt und gesichert werden. Zu einer beliebigen Zeit ist es so möglich, das Netzwerk im gesicherten Zustand auf das gesamte Transputernetz zu laden. Dies ist besonders wichtig wenn ein Netzwerk, das schon verschiedene Muster gelernt hat, für spätere Untersuchungen erhalten bleiben soll.

Die Zuordnung von Mustern, Ergebnissen und anderen Daten zu den Transputern geschieht über eine Integer-Konstantentabelle in Hexadezimaldarstellung, die auf der Workstation steht. Von hinten nach vorne gelesen steht in jedem Byte einer Konstanten der nächste Link, über den die Nachricht jeweils weiterzuleiten ist. Ist das entsprechende Byte Null, dann ist die empfangene Nachricht für den entsprechenden Transputer selbst bestimmt. In Fig. 4 ist dies in der Numerierung der CLAN nachvollziehbar. Mit dieser Methode ist es möglich, von der Workstation aus die Wege der Nachrichten in den Transputer zu bestimmen. Wird die Konfiguration des Netzwerkes geändert, ist diese Konstantentabelle entsprechend zu modifizieren, damit nicht eine Nachricht an einen nicht mehr vorhandenen oder falschen Transputer gesendet wird.

Werden von dem Netzwerk nur Endergebnisse gebraucht, so ist keine Synchronisation der einzelnen Transputer notwendig. Dies ist aber erforderlich, wenn Zwischenergebnisse gewünscht werden. Denn in diesem Fall kann es passieren, daß die Zwischenergebnisse von tiefer liegenden Transputer unterdrückt werden, da die anderen Transputer die entsprechenden Links blockieren. Deshalb wurde sichergestellt, daß die Zwischenergebnisse zu einem Zeitpunkt von allen CLANs an die Graphikoberfläche übertragen werden. Die Transputer werden jeweils zu den Zwischenergebniszeitpunkten synchronisiert. Ansonsten arbeiten sie vollkommen unabhängig voneinander.

Zusammenfassung

In groben Zügen wurde ein Erkennungssystem vorgestellt, welches mit Hilfe von neuronalen Netzen arbeitet. Die letzte Stufe des Systems, ein neuronaler Klassifizierer, wurde auf ein Transputernetz übertragen. Obwohl hierbei die Verteilung von je einem CLAN auf einen Transputer die simpelste Methode der Parallelisierung ist, haben wir hier ein Anwendungsbeispiel gefunden, das für diese Parallelisierungsart gut geeignet ist.

Literatur

[FRE90] French, A.S., Stein, R.B., A flexible neural analog using integrated circuits. IEEE Trans. Biomed. Eng. 17, 248-253, 1970

[HAR90] G. Hartmann, The Closed Loop Antagonistic Network (CLAN), in: Advaced Neural Computers, R.Eckmiller (Editor), Elsevier Science Publishers (North Holland), 279-285, 1990

[HAR91] G. Hartmann, Learning in a Closed Loop Antagonistic Network, in: Articial Neural Networks, Volume 1, T. Kohonen, K. Mäkisarn, O. Simula, J. Kangas, North Holland, 239-244, 1991

[KAL90] B. Kalthoff, Antagonistischer Assioativspeicher mit pulscodierten Neuronen, Diplomarbeit, UNI-GH Paderborn, 1990

Parallele Bildfolgenanalyse von Wasseroberflächenwellen

T. Scholz, K. Riemer, D. Wierzimok, N. Quien, B. Jähne
Institut für Umweltphysik
und
Interdisziplinäres Zentrum für Wissenschaftliches Rechnen
der Universität Heidelberg
sowie
Scripps Institution of Oceanography
University of California, San Diego

1   Einleitung

Die Oberflächen der Ozeane bilden 71% der Erdoberfläche. Durch diese Phasengrenze finden natürliche Transportvorgänge statt, die beträchtliche Auswirkungen auf globale Umweltfaktoren wie z.B. den CO_2 Haushalt und das Klima haben. Für Treibhausgase wie das CO_2 bilden die Ozeane der Erde natürliche Senken. In der Umweltphysik hat die Untersuchung des Verhaltens von Wasseroberflächenwellen erhebliche Bedeutung erlangt, da es den Schlüssel zum Verständnis des Gasaustauschs zwischen Atmosphäre und Ozean bildet. Die genaue Kenntnis der Vorgänge an der Wasseroberfläche, das Verhalten der Wasseroberflächenwellen, ihre Wechselwirkungen untereinander sowie mit dem Windfeld und der oberflächennahen Turbulenz bilden die Voraussetzung für das Verständnis der Parameter, die den Gasaustausch bestimmen [Jähne, 1985].

Wellen unterschiedlicher Wellenlänge bilden sich auf einer freien Wasseroberfläche durch den Einfluß des Windes. Ihr Verhalten ist in hohem Maße abhängig von ihrer Wellenzahl. Sie wechselwirken untereinander nichtlinear und beeinflussen sich damit gegenseitig. All dies ist in der Theorie erst ansatzweise beschrieben und verstanden.

Um das Verhalten von Wasserwellen unterschiedlicher Wellenzahlbereiche sowie ihre Wechselwirkungen untereinander zu untersuchen, wurde das hier verwendete Verfahren, das es durch eine geeignete Aufnahmetechnik und Weiterverarbeitung erlaubt, Bildfolgen von Wasseroberflächenwellen bezüglich der örtlichen und zeitlichen Entwicklung von Wellen ausgewählter Wellenzahlbereiche sowie ihrer lokalen Energieverteilung im Ortsraum zu analysieren, von RIEMER [1990] entwickelt.

Um den sehr hohen Rechenaufwand des Verfahrens bei großen Bildserien auf eine möglichst geringe Rechenzeit abzubilden, wurde es auf einem Transputercluster implementiert.

2 Bildaufnahme und Auswertung

2.1 Das Bildaufnahmeverfahren

Die Bildaufnahme der Wasseroberflächenwellen erfolgt durch ein von B. JÄHNE entwickeltes Verfahren mittels einer CCD-Kamera im Zeitabstand der Videonorm. Dabei wird mit Hilfe einer speziellen Beleuchtungstechnik die Neigung an einem Punk' der Wasseroberfläche als Helligkeit am entsprechenden Bildpunkt gemessen (Abb. 1). Benutzt wird ein Refraktionsverfahren mit einem sog. Graukeil als Beleuchtung. Durch Brechung an der Wasseroberfläche wird die örtliche Neigung auf einen Helligkeitswert abgebildet. Die Digitalisierung erfolgt mit 512×512 Pixeln pro Vollbild in 256 Graustufen und ermöglicht eine örtliche Auflösung von 1 mm. Mit einer Folge solcher zweidimensionaler Wellenbilder wird die örtliche und zeitliche Entwicklung der Wellenneigung erfaßt.

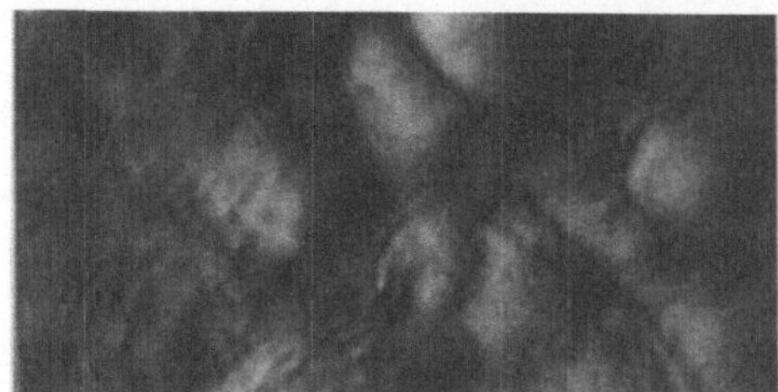

Abbildung 1: Neigungsbild der Wasseroberfläche

2.2 Die Bildauswertung

Deutlich ist auf den Aufnahmen zu erkennen, daß groß- und kleinskalige Wellen sich überlagern. Zur An?'yse der zeitlichen Entwicklung der Wellen ist daher die Untersuchung von verschiedenen Wellenzahlbereichen am gleichen Ort notwendig. Das ist möglich durch ein geeignetes Filterverfahren, das die Darstellung der gesuchten physikalischen Bildinformation im Orts-Wellenzahl-Raum ermöglicht. Das Verfahren berücksichtigt dabei den nichtlinearen Charakter des Verhaltens der Wellen indem es die Information über die Wellenzahl mit der örtlichen Information verbindet.

Der Orts-Wellenzahl-Raum ist für eine 1D-Funktion aufgespannt durch eine Orts- und eine Wellenzahlachse. Geeignet für die Transformation einer Funktion in eine Orts-Wellenzahl-Darstellung sind lineare Filter, sog. Bandpaßfilter. Um daraus physikalische Größen wie z.B. Phasen- und Gruppengeschwindigkeit der Wellen bestimmen zu können, müssen an die Filter bzw. die durch die Filter erzeugte Darstellung folgende Anforderungen gestellt werden [Riemer, 1991]:

- **Linearität.**

- **Homogenität.**

- **Geeignete Orts- und Wellenzahlauflösung.**

- **Möglichkeit der Energiebestimmung.**

- **Vollständigkeit.**

Die Transformation eines Bildes in den Orts-Wellenzahl-Raum erfolgt mit Hilfe der lokalen Fouriertransformation. Dabei wird durch Multiplikation mit einer geeigneten Fensterfunktion nur eine kleine Umgebung um einen Punkt betrachtet. Die Transformation wird für jeden Punkt des Bildes durchgeführt.

Bezeichnet man die Fensterfunktion als $\omega(x)$, so wird die lokale Fouriertransformation an einem Punkt x_0 einer Funktion $f(x)$ beschrieben durch

$$F(x_0, k_0) = \int_{-\infty}^{\infty} f(x)\omega(x - x_0)\exp[-ik_0 x]dx$$

Da die Funktion $F(x_0, k_0)$ vom Ort und der Wellenzahl abhängt, wird sie als Orts-Wellenzahl-Darstellung bezeichnet, deren Funktionswerte die lokalen Fourierkoeffizienten oder lokalen Wellenzahlen sind. Durch Verschiebung von x_0 wird die Lage der Fensterfunktion und damit der Ort der lokalen Fouriertransformation festgelegt, während k_0 den Wellenzahlbereich angibt, der mit dem Filter selektiert wird.

Als geeignet erwiesen sich Gaborfilter. Sie erfüllen in guter Näherung die Bedingung für eine Wavelet-Transformation, d.h. die Basisfunktionen sind verschiedene Dehnungsstufen einer Grundfunktion und erlauben somit die Zerlegung einer Funktion in verschiedene Skalen. Ein Gaborfilter ist das Produkt aus einer komplexen ebenen Welle ($\exp[-ikx]$), also dem Kern der Fouriertransformation, und der Gaußfunktion.

Die Gaußfunktion ist als Fensterfunktion ideal, da sie die minimale Unschärfe und damit die optimale Auflösung im Orts- Wellenzahl- Raum erreicht, für den die klassische Unschärferelation gilt: Ort und Wellenzahl lassen sich nicht gleichzeitig beliebig genau messen [Gabor, 1946].

Die eindimensionale Gaborfunktion im Ortsraum

$$G_{x_0 k_0}(x) = \exp\left\{-\frac{(x - x_0)^2}{2\sigma^2}\right\}\exp[ik_0 x]$$

wird durch ihre Mittelwerte im Ort (x_0) und im Fourierraum (k_0), sowie der Standardabweichung σ bestimmt. Mehrdimensionale Gaborfilter sind in den kartesischen Koordinaten separabel.

Der komplexe Gaborfilter kann in zwei reelle Filter zerlegt werden. Sie haben gleiche Amplitudenantwort und um $\frac{\pi}{2}$ verschobene Phasenlagen. Um eine vollständige Orts-Wellenzahl-Darstellung zu erreichen, wird eine Bandpaßfilterung mit einem Satz von Gaborfiltern durchgeführt (Abb. 2).

Die Bestimmung der lokalen Dichte der potentiellen Energie ist dadurch möglich, daß ein komplexer Gaborfilter, d.h. sein Real- und Imaginärteil, ein Quadraturfilterpaar darstellt.

Die Energiedichte einer Welle wird durch das Betragsquadrat des globalen komplexwertigen Fourierkoeffizienten wiedergegeben. Im Ortsraum ist die Amplitude jedoch phasenabhängig, so daß die einfache Quadrierung des Grauwertverlaufs nicht ausreicht.

Um die korrekte Energiedichte der Welle pro Wellenlänge an einen bestimmten Ort zu ermitteln, muß die Phasenabhängigkeit der Grauwertinformation eleminiert werden. Dies wird dadurch erreicht, daß zu dem quadrierten sinusförmigen Amplitudenverlauf der Welle der um $\pi/2$ phasenverschobene quadrierte kosinusförmige Amplitudenverlauf hinzuaddiert wird. Durch einfache Addition der quadrierten reellen Filterantwort und ihrer Hilberttransformierten, der quadrierten imaginären Filterantwort, kann somit die lokale Dichte der potentiellen Energie für kleinskalige Wellen aus den Neigungsbildern berechnet werden (Abb. 3).

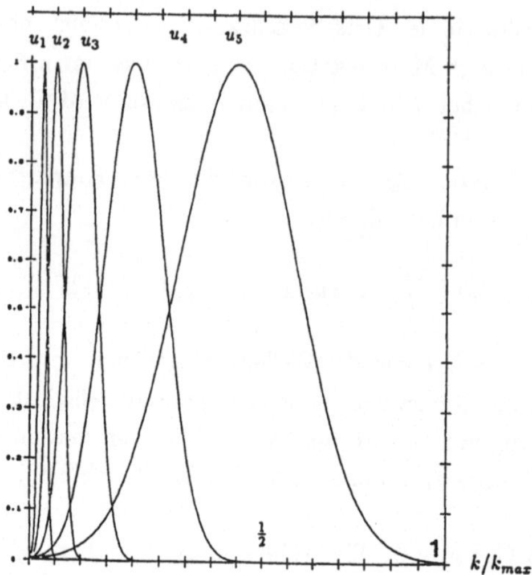

Abbildung 2: Der Satz von Gaborfiltern: Beträge der komplexen Transferfunktionen im positiven Halbraum

3 Implementierung des Verfahrens auf dem Transputer

Alle Bearbeitungsschritte des Verfahrens werden jeweils auf ein einzelnes, vollständiges Bild angewendet. Sie sind unabhängig von den Ergebnissen der Auswertung anderer Bilddaten der Serie. Eine bestimmte Abfolge in der Bearbeitung der Bilder ist nicht notwendig. Um Rechenzeit zu sparen, können die Bilder daher gleichzeitig, das heißt parallel bearbeitet werden. Voraussetzung dafür ist eine entsprechende Hardware und die Entwicklung der parallelisierenden Software.

3.1 Hardware

Für die vorliegende Anwendung erwies sich ein Mehrprozessorsystem mit verteiltem Speicher, der Transputer, als die am besten geeignete Hardware. Durch die Zusammenarbeit mit dem Interdisziplinären Zentrum für wissenschaftliches Rechnen (IWR) der Universität Heidelberg konnten zwei Supercluster der Fa. Parsytec mit insgesamt 128 frei konfigurierbaren INMOS T800 Transputern mit je 4 MByte Hauptspeicher zur parallelen Datenverarbeitung genutzt werden. Als Hostrechner diente eine SUN-4, an die über Ethernet ein PC/AT-System als Terminal angeschlossen war. An das PC/AT-System war weiterhin ein optisches Laufwerk als Massenspeicher sowie ein Bildverarbeitungssystem auf VME-Bus Basis der Fa. Stemmer und eine Realtime-Disk angekoppelt (Abb. 4). Zur Grafikwiedergabe konnte eine hochauflösende Grafikkarte (GDS-Board) vom Transputer angesprochen werden.

3.2 Software

Die Software wurde in der Programmiersprache C entwickelt. Unter den Gesichtspunkten der Kompatibilität und des Programmierkomforts fiel die Wahl auf Helios-C unter dem Unix-ähnlichen Betriebssystem Helios. Das Ergebnis ist die Task-Force PIPA (Parallel Image Processing Application). Als Hardwaretopologie wurde aufgrund der hohen Flexibilität das Netz (Grid) gewählt. Als Softwaretopologie diente das Farm-Konzept mit Load-Balancer (Abb. 5).

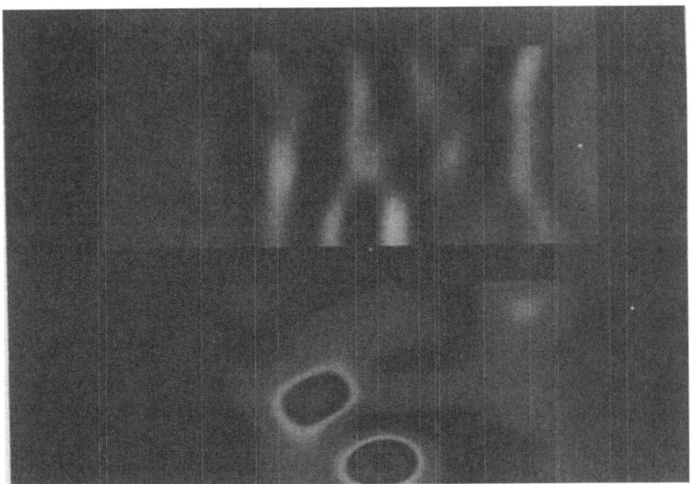

Abbildung 3: Ein bearbeitetes Neigungsbild. Oben: Realteil für den Wellenzahlbereich $\lambda \approx 48$mm. Unten: die berechnete Energieverteilung auf der Wasseroberfläche

Die Farm erwies sich aus folgenden Gründen als ideale Softwaretopologie für PIPA:

- Es ist eine Masterkomponente vorhanden, die die gesamte Applikation überwacht. Dies ist notwendig, um zu gewährleisten, daß ein Bild nicht mehrfach bearbeitet wird. Weiterhin kann die Masterkomponente zentral Ergebnisdaten sammeln, bearbeiten und archivieren. Sie ermöglicht eine interaktive Verbindung zum Benutzer.

- Es steht ein Load-Balancer zur Verfügung. Dies ist ein Serviceprogramm, das Arbeitsaufträge des Masters effektiv an die ausführenden Worker-Tasks verteilt und Ergebnisdaten der Worker an die Masterkomponente weiterleitet [Perihelion Software, 1989].

- Je nach zur Verfügung stehender Hardware kann eine beliebige Anzahl Worker-Tasks aktiviert werden, von denen jeder ein ganzes Bild bearbeiten kann. Kommunikation zwischen den einzelnen Worker-Tasks ist daher nicht notwendig.

Die PIPA-Worker-Komponente führt die Fouriertransformation und Filterung durch. Dadurch, daß unter Ausnutzung des Nyquist-Theorems nur der von Null verschiedene Teil der Filterantwort zurücktransformiert wird, kann Rechenzeit und Speicherplatz gespart werden und es ergibt sich als effektive Datenstruktur die Pyramide. Aus dem Real- und Imaginärteil der Filterantwort wird für jeden Wellenzahlbereich die Energieverteilung berechnet.

Die Aufteilung eines einzelnen Bildes auf mehrere Worker erwies sich aufgrund des hohen Kommunikationsaufwands bei Fouriertransformation und Filterung als nicht effektiv.

Die gesamte Applikation ist sehr flexibel ausgelegt, so daß durch entsprechende Resource-Maps und CDL-Sripts eine fast beliebige Anzahl von Transputern eingebunden werden kann, ohne am Quelltext der einzelnen Programmkomponenten Änderungen vornehmen zu müssen. Durch einfache

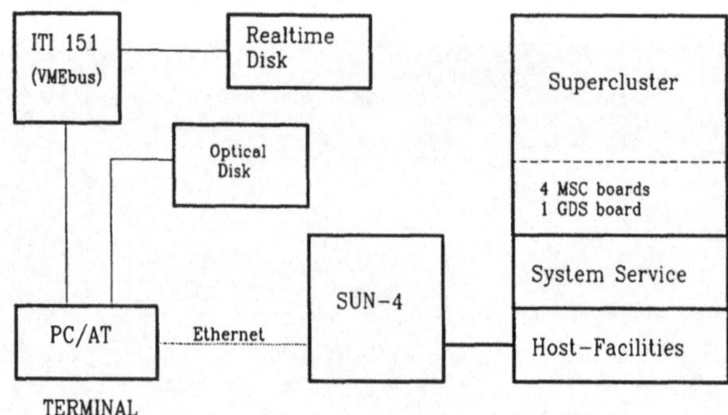

Abbildung 4: Schematischer Aufbau der benutzten Hardware

Hinzunahme von weiteren Transputern kann die Rechenleistung erhöht werden. Eine Begrenzung erfährt diese Methode der Leistungssteigerung nur durch den Zugriff auf Festplatte, der von den Workern parallel angefordert, von der Festplatte selbst jedoch nur seriell durchgeführt werden kann. Durch Austausch der Filterkoeffizienten kann PIPA einfach an Anforderungen anderer Bildverarbeitungsanwendungen angepaßt werden [Scholz, 1991].

Mit einer Sofware-Topologie, die aus einer Masterkomponente, einem Load-Balancer und 38 Workern auf jeweils separaten Transputern bestand, wurde eine Bildserie von 175 Neigungsbildern vollständig bearbeitet. Die mittlere Bearbeitungszeit pro Bild betrug etwa 20 Sekunden. Gegenüber der seriellen Bearbeitung der Bilder auf einer Vax 11/780, die für die Bearbeitung eines Bildes 900 Sekunden benötigte, konnte damit eine Senkung des Rechenzeitaufwandes um den Faktor 45 erzielt werden

3.3 Rekonstruktion der Wasseroberfläche

Die Struktur einer freien Wasseroberfläche wird durch die flächendeckende Information über die örtliche Neigung oder Höhe beschrieben. Bei der vorliegenden Anwendung wird durch das Aufnahmeverfahren die örtliche Neigung als Grauwert abgebildet. Vor allem bei Wellen großer Wellenlänge ist jedoch die Kenntnis der örtlichen Wasserhöhe sehr wichtig. Bei ihnen wird die potentielle Energie maßgeblich durch die Amplitude bestimmt. Weiterhin ermöglicht die Höheninformation eine 3D Visualisierung der örtlichen Strukturen und Ereignisse an der Wasseroberfläche. Dies ist für Verständnis, Interpretation und Darstellung vieler Phänomene von Vorteil. Durch interdisziplinäre Zusammenarbeit mit N. QUIEN innerhalb des IWR in Heidelberg wurde ein Verfahren entwickelt, das auf dem Transputer arbeitet und aus den Neigungsbildern die Höheninformation berechnet [Quien et al. 1992]. Mittels eines Ray-Tracing Programms kann dadurch die Wasseroberfläche im Raum realitätsnah dargestellt werden (Abb. 6). Das Verfahren erlaubt die Berechnung der Wasserhöhe mit hoher örtlicher Auflösung. Für spätere Anwendungen wird es möglich sein, das zeitliche

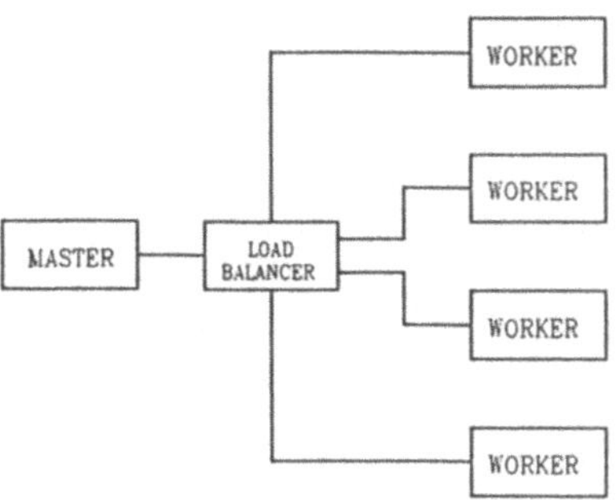

Abbildung 5: Farm-Softwaretopologie

Verhalten der Wasseroberfläche durch Animation der berechneten Bilder gezielt zu visualisieren. Dies ist eine völlig neue Möglichkeit zur eingehenden Untersuchung und Darstellung einzelner Phänomene an der Wasseroberfläche.

Abbildung 6: Berechneter und entsprechend visualisierter 3D-Ausschnitt der Wasseroberfläche

3.4 Untersuchung des zeitlichen Verhaltens der Energie

Zur Bestimmung des zeitlichen Verhaltens der Energie eines Wellenpakets in verschiedenen Wellenzahlbereichen wurde ein interaktives Verfahren entwickelt. Erste Ergebnisse zeigen, daß es damit möglich ist, Lebensdauern von Wellenpaketen aus Bildfolgen zu bestimmen und die Kopplung der Energie von verschiedenen Wellenzahlbereichen zu untersuchen [Scholz, 1991]. Abbildung (7) zeigt den zeitlichen Verlauf der Energie eines einzelnen Wellenpakets im Wellenlängenbereich um 1,2 cm.

Deutlich läßt sich der näherungsweise gaußförmige Verlauf erkennen. Eine Untersuchung der Energieverteilung am gleichen Ort in anderen Wellenzahlbereichen zeigt deutliche Korrelationen, die auf eine Kopplung der Energie in verschiedenen Wellenzahlbereichen schließen läßt.

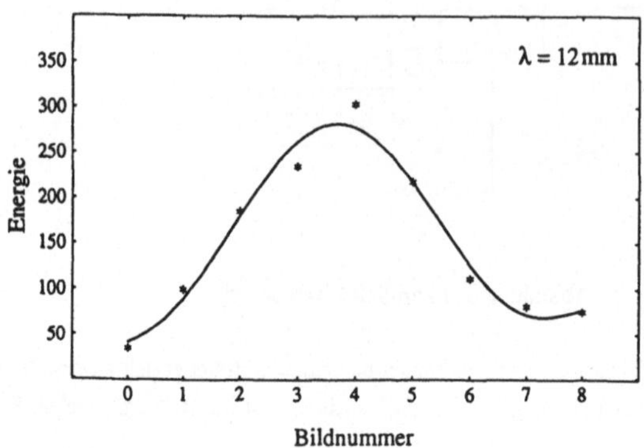

Abbildung 7: Der zeitliche Energieverlauf eines Wellenpakets. (Fit durch Polynom 6. Grades)

Literaturverzeichnis

[Gabor, 1946] Gabor, D., 1946. Theory of communication. J. Inst. Elec. Eng., 93 429-457.

[Jähne, 1985] Jähne, B., 1985. Transfer processes across the air-water interface Habilitationsschrift, Universität Heidelberg, Fakultät für Physik und Astronomie.

[Perihelion Software, 1989] The Helios Operating System. Perihelion Software, Prentice Hall, 1989.

[Quien et al. 1992]Quien, N., Riemer, K., Scholz, T., Jähne, B., 1992 Reconstruction of the form of water surface waves from grey value images of the slope. Computer Graphics and Image Processing, in Vorbereitung.

[Riemer, 1990] Riemer, K., 1990. Analyse von Wasseroberflächenwellen im Orts-Wellenzahl-Raum. Dissertation, Universität Heidelberg, Institut für Umweltphysik.

[Riemer, 1991] Riemer, K., Scholz, T., Jähne, B., 1991. Bildfolgenanalyse im Orts-Wellenzahl-Raum. Proceedings des 13. DAGM Symposiums, Informatik-Fachberichte, Springer-Verlag, 1991.

[Scholz, 1991] Scholz, T., 1991. Bildfolgenanalyse von Wasseroberflächenwellen auf dem Transputer. Diplomarbeit, Universität Heidelberg, Institut für Umweltphysik und Interdisziplinäres Zentrum für Wissenschaftliches Rechnen.

EINE VERTEILTE REALISIERUNG VON DARENDER

B. Lange, M. Lobo Netto, Ch. Hornung
Fraunhofer Gesellschaft
Arbeitsgruppe für Graphische Datenverarbeitung

Wilhelminenstraße 7, 6100 Darmstadt, Tel.:06151/155237, email:lange@agd.fhg.de

Kurzfassung: Im folgenden werden zwei unterschiedliche Strategien zur Parallelisierung von DaRender, einer am Graphikstandard PHIGS-PLUS orientierten Rendering Pipeline zur Erzeugung von dreidimensionalen, schattierten Szenen vorgestellt. Dabei wird die Realisierung der Verfahren auf einem Mehrprozessor-System unter besonderer Berücksichtigung des dafür entwickelten dynamischen Puffer-Mechanismus beschrieben sowie eine Bewertung verschiedener Verteilungsstrategien gegeben.

1 Einleitung

DaRender (**Darmstädter Render**er) ist eine Entwicklung der Fraunhofer Gesellschaft, Arbeitsgruppe für Graphische Datenverarbeitung in Darmstadt und besteht aus einer Bibliothek von 3D geometrischen Modellierungs- und Renderingroutinen, mit denen sich Rendering Pipelines für die unterschiedlichsten Applikationen aus dem Bereich der 3D-Graphik erstellen lassen. Die Bibliothek enthält Kommandos auf prozeduraler Ebene, die konzeptionell auf dem Graphikstandard PHIGS und seiner Erweiterung PHIGS-PLUS basieren. Unter Rendering versteht man dabei im allgemeinen den Prozeß der Wandlung einer struktierten, geometrischen Beschreibung einer 3D-Szene in ein 2D-Bild auf dem Bildschirm.

Das Leistungsspektrum von DaRender umfaßt die folgende Standard-Graphikfunktionalität: Modellierung, Transformationen, Perspektive, Clipping, Beleuchtungsmodelle, Schattierung, Depth Cueing, Pattern Mapping, Data Mapping (Visualisierung anwendungsbezogener Daten), Liniendarstellungen und Darstellungen gekrümmter Kurven und Flächen (NURBS). Es wurde jedoch auch eine Reihe über den Standard hinausgehende Funktionalität implementiert, wie zum Beispiel das 3D-Pattern-Mapping zur Erzeugung von Skulptureffekten.

DaRender ist als eine geräteunabhängige Implementierung konzipiert, die zunächst vor allem für den Einsatz auf PCs unter MSDOS und transputerbasierten Systemen unter HELIOS entwickelt worden ist, die aber auch für den Workstationbereich unter UNIX und X-Windows realisiert wurde.

Speziell für den Einsatz auf dem Transputer unter HELIOS existiert eine sehr kompakte Implementierung, die als Library zu der Anwendung gebunden wird und auf einem Transputer (T800) in Verbindung mit einem G300 abläuft. Derzeit existieren Treiber für GDS2 (parsytec) und Mega-Link02 (SANG). Das Rendering kann dabei sowohl im single- als auch im double-buffer-mode erfolgen. Ein spezielles Darstellungsverfahren (Dithering) erlaubt die Darstellung von qualitativ hochwertigen Echtfarbenbildern bei Verwendung eines 8 Bit Framebuffers und einer Auflösung bis zu 1280×1024.

Da beim Rendering Prozeß jedes einzelne geometrische Objekt die gesamte Rendering Pipeline durchlaufen muß, um in eine gerätespezifische Darstellung auf dem Bildschirm gewandelt werden zu können, läßt sich durch die Parallelisierung dieses Prozesses bei komplexen Szenen, die typischerweise aus mehreren tausend graphischen Primitiven bestehen, ein Speed-up erzielen.

Zur Verteilung der DaRender Rendering Pipeline auf einem Mehrprozessor-System sind zwei verschiedene Strategien der Parallelisierung entwickelt worden, die auf einem dynamischen Puffer-Mechanismus beruhen, der die Kommunikation zwischen den einzelnen Prozessoren über Links steuert. Das dabei verwendete System verfügt über keinen globalen Speicher und besteht aus 16 Prozessoren. Jeder dieser Prozessoren ist ein T800 Transputer mit 1MB RAM und vier seriellen Links. Die Graphikausgabe erfolgt über eine speziell für dieses System entwickelte Graphikarte mit einem T800 Transputer und einem G300 Chip.

Anschließend wird nun die Realisierung der Verteilungsstrategien beschrieben. Zuvor wird jedoch das diesen Verfahren zugrundeliegende Konzept der PHIGS-PLUS Rendering Pipeline erläutert.

2 Die PHIGS-PLUS Rendering Pipeline

PHIGS ist eine funktionale Spezifikation, die im weitesten Sinne als eine Schnittstelle zwischen dem Anwendungsprogramm und dem graphischen Ausgabesystem, das die Anwendung anzeigt, aufgefaßt werden kann. PHIGS ist ein sehr flexibles Tool, indem es die Definition von geometrischen Objekten als 3-dimensionale graphische Datenstrukturen (Hierarchie aus Polygonen) sowie deren Manipulation durch Orientierung und Bewegung im Raum wie auch deren Anzeige durch perspektivische Projektion erlaubt. Dazu stellt PHIGS eine Reihe von Werkzeugen zur Verfügung, mit denen sich Transformationen und deren dynamische Modifikation beschreiben lassen. Diese Transformationen und ihre Beziehung untereinander bilden dann die sogenannte Transformations- oder Rendering Pipeline. Die Erweiterung des Standards, PHIGS-PLUS, ermöglicht zusätzlich die Darstellung gekrümmter Kurven und Oberflächen, sowie die Simulation von Lichtquellen und Schattierung.

2.1 Konzept der Rendering Pipeline

Die DaRender Rendering Pipeline basiert konzeptuell auf der PHIGS-PLUS Rendering Pipeline und läßt sich als Zweischichtenmodell, bestehend aus einer geräteabhängigen und einer geräteunabhängigen, Schicht beschreiben.

Applikationen mit DaRender lassen sich in einen Modellierungs- und einen Darstellungsschritt gliedern. Durch die Modellierungsfunktionalität wird der Applikation die Möglichkeit zur Verfügung gestellt, hierarchische Strukturen zu bilden. Diese Strukturen beschreiben alle graphischen Objekte von DaRender; sie können aus einzelnen graphischen Primitiven (Fill Area, Polyline), deren Attributen, aus Transformationen oder aus Kontroll- und Steuerinformationen bestehen. Im Darstellungsteil wird dann die im Modellierungsteil durch Strukturen spezifizierte geräteunabhängige Kommandofolge durch den sogenannten Traversal- oder Renderingprozeß in eine gerätespezifische Darstellung auf dem Bildschirm gewandelt.

Die Rendering Pipeline ist in die Stufen Modelling, Viewing und Device Mapping gegliedert. Die Stufen bestimmen die geometrische Repräsentation der Ausgabeelemente. Neben diesen Stufen existieren noch folgende nicht geometrische, die Farbrepräsentation der Ausgabeelemente betreffenden Schritte: Lighting (Beleuchtungsrechnung) und Depth Cueing (Ändern der Farbe mit der räumlichen Tiefe).

Bei der Graphischen Ausgabe durchlaufen alle Ausgabeelemente oder graphischen Primitive nacheinander die Transformationspipeline. Die Ausgabeelemente sind durch Angabe ihrer Geometrie (Vertex, Vertex-Normale) definiert.

In der ersten Stufe der Transformationspipeline, dem Modelling, das die Komposition von Szenen aus elementaren Modellen umfaßt und aus einer Modelling Transformation und dem dazugehörigen

Modelling Clip besteht, werden die Ausgabeelemente von Modellkoordinaten in Weltkoordinaten überführt. Haben die Ausgabeelemente die richtige Größe, Orientierung und Position in der Welt, kann der Beleuchtungsschritt, das Lighting ausgeführt werden. Hierbei wird in Weltkoordinaten eine Beleuchtungsrechnung mit allen Lichtquellen und den jeweiligen Ausgabeelementen durchgeführt.

In der zweiten Stufe wird das Viewing, d.h. das Festlegen eines normierten Bildausschnitts durch Anwendung einer Viewtransformation und des View Clip ausgeführt. Beim Viewing werden die Ausgabeelemente von Weltkoordinaten in Normalisierte Projektionskoordinaten überführt. Der nächste Schritt in der geräteabhängigen Schicht ist das Depth Cueing.

In der letzten Stufe, dem Device Mapping, werden dann die Ausgabeelemente an der Workstation geclippt und durch die Workstationtransformation von Normalisierten Projektionskoordinaten in Gerätekoordinaten überführt. Die transformierten und geclippten Primitive werden nun in Dreiecke zerlegt von denen jedes einzelne Gouraud-schattiert (Schattierung durch lineare Farbinterpolation) und anschließend in ein Rasterbild konvertiert wird.

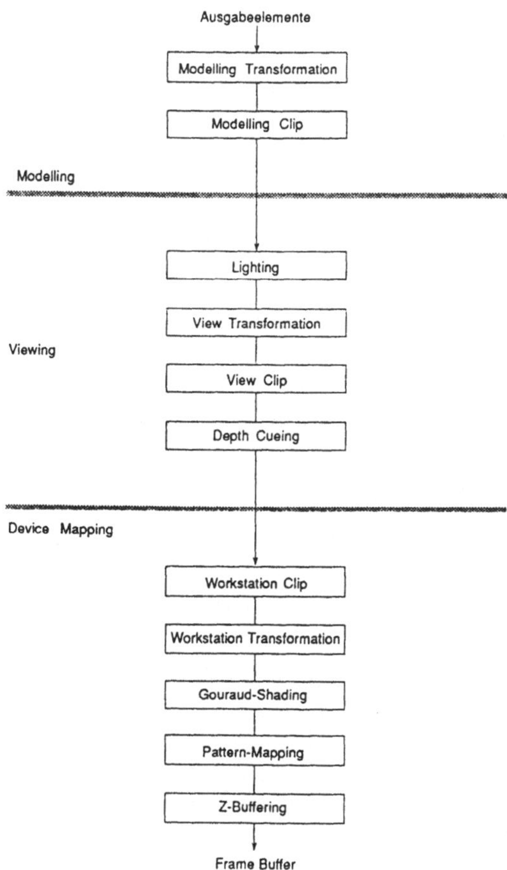

Bild 1 DaRender Transformationspipeline

3 Verteilung der Rendering-Pipeline

Bei der Verteilung der Rendering Pipeline lassen sich diverse Strategien verfolgen. Zwei grundlegende Methoden, die sich auch direkt an das Konzept der Rendering Pipeline anlehnen werden nun kurz erläutert.

3.1 Parallelisierung

Das Parallelisierungskonzept bietet sich an, wenn bei der Applikation eine große Anzahl von Daten in ein und der selben Art und Weise verarbeitet werden müssen, wie dies bei der Generierung verschiedener graphischer Objekte einer Szene der Fall ist. Jedes Objekt der Szene wird aus einer Anzahl von Primitiven aufgebaut, die in identischer Weise die Rendering Pipeline durchlaufen. Der Datenverarbeitungsprozeß wird nun als ein Task aufgefaßt und durch Duplizierung auf die verschiedenen Prozessoren verteilt, die die Daten nun parallel verarbeiten können. Der Vorteil dieser Methode ist, daß die Applikation unabhängig von der Anzahl der Prozessoren laufen kann und das ferner ein großer Teil des Source Codes der ursprünglichen Rendering Pipeline unverändert übernommen werden kann. Der Nachteil, der dadurch entsteht ist jedoch der relativ hohe Speicheraufwand, denn jeder Prozessor muß das gesamte Programm der Rendering Pipeline halten.

3.2 Pipelining

Eine andere Methode zur Verteilung ist das Pipelining, d. h. die Aufteilung der Rendering Pipeline in einzelne Tasks. Dabei werden eine Reihe von hintereinander auszuführenden Operationen in der Rendering Pipeline zu einzelnen Prozessen zusammengefaßt, die jeweils sequentiell arbeiten, aber parallel ablaufen. Der Vorteil dieser Methode ist der geringere Speicheraufwand, der mit der Partitionierung des gesamten Programms in kleinere Einheiten einhergeht. Ein großer Nachteil ist jedoch die Anfälligkeit für Bottlenecks, denn die gesamte Pipeline ist immer nur so stark (schnell) wie ihr schwächster (langsamster) Prozeß.

Eine weitere Vorgehensweise zur Verteilung der Rendering Pipeline ist daher eine geeignete Kombination beider Strategien. Hierdurch können die Stärken genutzt und ihre Schwächen gemindert werden.

4 Implementierung

Ziel der Verteilung der Rendering Pipeline auf einem Transputernetzwerk ist die Beschleunigung des Bildgenerierungsprozesses bis hin zur Erzeugung von Bewegtbildern in Echtzeit.

Es gilt daher eine Verteilung zu finden, die unabhängig von der Anzahl der zur Verfügung stehenden Prozessoren eine optimale Auslastung und Leistungssteigerung garantiert. Dies beinhaltet das Aufteilen der Rendering Pipeline in geeignete Tasks unter größtmöglicher Beibehaltung der ursprünglichen Programmstruktur und die Entwicklung eines flexiblen Message-Passing-Mechanismus, der für einen reibungslosen Kommunikationsablauf zwischen den einzelnen Prozessen sorgt und so allgemein konzipiert ist, daß er sich auf beliebige logische Topologien und Netzwerkkonfigurationen übertragen läßt. Letzteres wurde über einen allgemeinen Buffer-Mechanismus realisiert, bei dem konzeptionell jeder

Hauptprozeß über ein oder mehrere Lese- und Schreibmechanismen verfügt, die wiederum entsprechend mit einem oder mehreren Lese- und Schreib- Prozessen ausgestattet sind. Für die Aufteilung der Rendering Pipeline in Tasks wurden die im folgenden beschriebenen Strategien verfolgt.

4.1 Objektverteilung

Das Objektverteilungskonzept basiert auf der Idee, Parallelisierungs- und Pipelining- Strategie zu verbinden. Zur Parallelisierung werden mehrere Rendering Pipelines auf Prozessoren verteilt, wobei jede Pipeline ein Objekt der darzustellenden Szene verarbeitet. Das bedeutet, die gesamte Rendering Pipeline wird als ein Prozeß aufgefaßt und die Anzahl der parallelen Prozesse richtet sich nach der Anzahl der Szenenobjekte. Dies führt jedoch zu einem Engpaß bei der graphischen Ausgabe, da es nur einen einzigen Prozeß gibt der auf den Bildschirm schreibt aber viele Prozesse ihre Daten dorthin senden.

Um eine bessere Auslastung der Prozessoren und eine Steigerung in der Performance jeder einzelnen Pipeline zu erzielen empfiehlt sich zusätzlich eine Verteilung der PHIGS-PLUS Pipeline auf funktionaler Basis, also eine Pipelining-Strategie. Dazu wird jede einzelne Rendering Pipeline in die drei Prozesse Objektgenerierung, Fill Area Verarbeitung und Span-Erzeugung gegliedert.

Der Objekt Prozeß umfaßt dabei das Generieren eines geometrischen Objektes als Modell bestehend aus einer Folge von graphischen Primitiven (Fill Areas). Dies schließt die Berechnung der Position der Fill Areas, deren Eckpunkte und den dazugehörigen Normalen in Modellkoordinaten ein.

Der Fill Area Prozeß umschließt den gesamten Transformationsprozeß der Fill Areas, angefangen bei der Unterscheidung von Vorder- und Rückflächen über das Clipping, die Transformation in Weltkoordinaten, das Beleuchten und Viewing, bis hin zum Device Mapping, einschließlich der Triangulierung und der Gouraud-Schattierung entlang jeder Kante eines Dreiecks.

Der Span Prozeß übernimmt dann die Aufgabe der Generierung einzelner horizontaler Spans, durch lineare Farbinterpolation zwischen zwei Kanten eines Dreiecks entlang jeder Scanline. Sind die Objekte mit einer Textur versehen, wird an dieser Stelle auch das Texture-Mapping durchgeführt, da dies zur Vermeidung von Darstellungsfehlern auf Pixelbasis ausgeführt werden muß. Die resultierenden Punkte müssen nun, bevor sie in den Frame Buffer eingetragen werden können, noch auf Überdeckungsfreiheit mit anderen Polygonen getestet werden. Dies läßt sich durch einen Vergleich mit dem entsprechenden Eintrag im Z-Buffer realisieren.

Der Z-Buffer ist ein Feld in der Größe der Bildauflösung bestehend aus Integer Werten, die für jeden Punkt der Darstellungsfläche die zugehörige Bildtiefe, d.h. den Abstand vom Betrachter angeben.

Bedingt durch die physikalische Netzwerktopologie kann jedoch nur ein einziger Span-Prozeß für alle parallelen Rendering-Pipelines existieren, da es nur einen Prozessor gibt, der eine direkte Verbindung zum Frame-Buffer des graphischen Ausgabegerätes hat.

Setzt sich ein Objekt aus mehreren hundert Fill Areas zusammen und wird dieses von vielen verschiedenen Lichtquellen beleuchtet, dann benötigt der Fill Area Prozeß den größten Zeitaufwand. In diesem Fall ergibt sich eine günstigere Konfiguration, wenn jede Rendering Pipeline mit mehreren Fill Area Prozessen ausgestattet wird (Bild 2). Zusätzlich zu diesen Prozessen wurde noch ein Manager-Task implementiert, der an erster Stelle in der Baumstruktur des Netzwerkes liegt und die Aufgabe des Controller Tasks bei der Ausgabe von Bildsequenzen übernimmt.

Bei der beschriebenen Netzwerkkonfiguration kann eine Auslastung aller Prozessoren zur Laufzeit von 85 bis zu 100 Prozent erzielt werden.

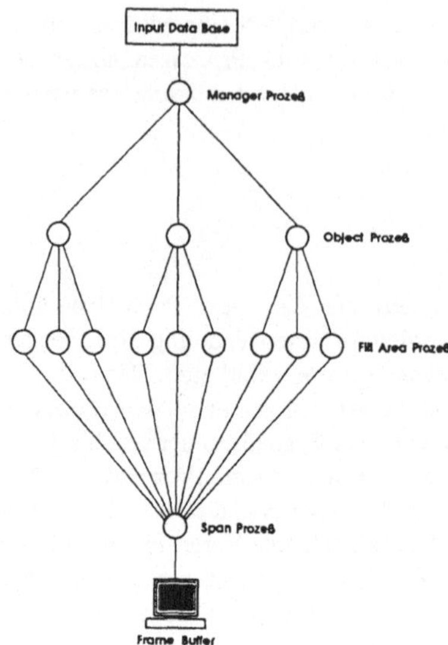

Bild 2   Logische Netzwerktopologie der Objektverteilung

4.2 Bildraumverteilung

Ein anderer Ansatz zur Verteilung von DaRender auf einem Transputernetzwerk ergibt sich aus dem Bildgenerierungskonzept für die DaRender PC-Version. Dabei ist die Applikation vom Systemspeicherplatz unabhängig. Stellt das System nicht genügend Speicherplatz für das Z-Buffering des gesamten Bildes zur Verfügung, wird dieses nacheinander in vertikalen Streifen aufgebaut, wobei Anzahl und Größe der Bildstreifen von der Größe des noch verfügbaren Systemspeicherplatzes abhängen. Durch die Partitionierung des Bildraums in vertikale Bildstreifen, die sogenannten Slices, kann die Rendering Pipeline unabhängig für jeden dieser Streifen durchlaufen werden. Dies kann nun für ein Parallelisierungskonzept ausgenutzt werden, ohne daß dabei der ursprüngliche Programmcode geändert werden muß.

Die Parallelisierungsstrategie beruht also auf der Partitionierung des Bildraums in vertikale Bildstreifen und entspricht damit der Aufteilung des Bildschirms in mehrere unabhängige Bildschirme, auf denen jeweils ein Teil des gesamten Bildes angezeigt wird. Das parallele Ausführen der Slice-Berechnung ergibt sich durch die Verteilung der Bildstreifen auf die verschiedenen Prozessoren.

Dabei werden ähnlich wie bei der Objektverteilung mehrere parallele Rendering Pipelines, die jeweils einen Slice bearbeiten, mit einem gemeinsamen Manager- sowie Pixel-Prozeß zu einer Baumstruktur verbunden (Bild 3). Jede dieser Rendering Pipelines besteht jedoch nur aus einem Prozeß, der die gesamte PHIGS-PLUS Pipeline für einen Teil des Bildes durchläuft. Der Manager-Prozeß übernimmt die Verteilung der Slices auf die Prozessoren zur Erzeugung von Bildsequenzen und der Pixel-Prozeß trägt die Intensitäten der Bildpunkte einzelner Slices in den Frame Buffer ein.

Die Bildraumverteilung wurde auf 2, 4, 8 und 12 parallelen Prozessen realisiert. Ist das darzustellende Bild ausgewogen, d.h. gleichmäßig über die gesamte Darstellungsfläche verteilt, ergibt sich auch hier eine mittlere Auslastung der Prozessoren von 90 Prozent.

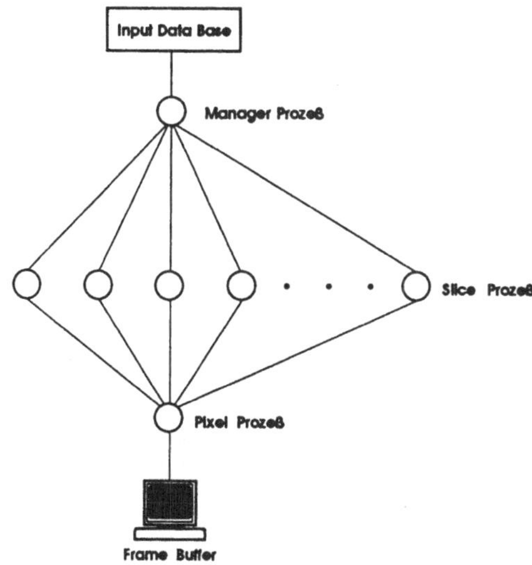

Bild 3   Logische Netzwerktopologie der Bildraumverteilung

4.3 Der Puffer-Mechanismus

Zur Verteilung der Rendering Pipeline wurde ein Puffer-Mechanismus entwickelt, der die Kommunikation zwischen den Prozessen so steuert, daß immer ein kontinuierlicher Datenfluß gewährleistet ist. Die Implementierung dieses Puffer-Mechanismus wurde transparent ausgeführt, ohne dabei die Programmstruktur der Single-Prozessor Version zu verändern.

Das Konzept des Puffer-Mechanismus beruht auf einer homogenen Strukturierung aller Prozesse. Jeder Hauptprozeß hat dabei zusätzlich noch zwei Hilfs-Prozesse, einen Lese- und einen Schreibprozeß. Über einen Eingabekanal empfängt der Leseprozeß Nachrichten, die er dann in einen Puffer schreibt, der in eine Liste von Eingabepuffern eingehängt wird. Durch die Steuerung der Eingabe über Pufferlisten können ständig Nachrichten gelesen werden ohne dadurch den Hauptprozeß zu unterbrechen. Hat der Hauptprozeß die Verarbeitung eines Puffers beendet, holt er sich den nächsten Puffer aus der Liste. Das Ergebnis der Pufferverarbeitung wird dann wieder in einen Puffer geschrieben, und dieser wird dann in eine Liste von Ausgabepuffern eingehängt. Der Schreibprozeß sucht nun in der Ausgabeliste nach einem Puffer, den er als Nachricht zum nächsten Prozeß senden kann. Da die Größe der Pufferlisten starken, dynamischen Schwankungen unterliegt wurde zusätzlich noch eine Liste von freien Puffern eingeführt, die Puffer ohne Daten enthält und eine bessere Balancierung der Pufferlisten der drei Prozesse eines Hauptprozesses garantiert. Benötigt ein Prozeß einen leeren Puffer zum Schreiben fordert er diesen von der Liste der freien Puffer an. Genauso kann ein Prozeß einen Puffer nachdem er gelesen worden ist wieder an die Liste der freien Puffer abgeben. Zur Vermeidung von Dead-Locks gewährleistet ein Schleifen-Mechanismus, daß sich mindestens ein Puffer in der Ein- bzw. Ausgabeschleife der Freien Pufferliste befindet (Bild 4).

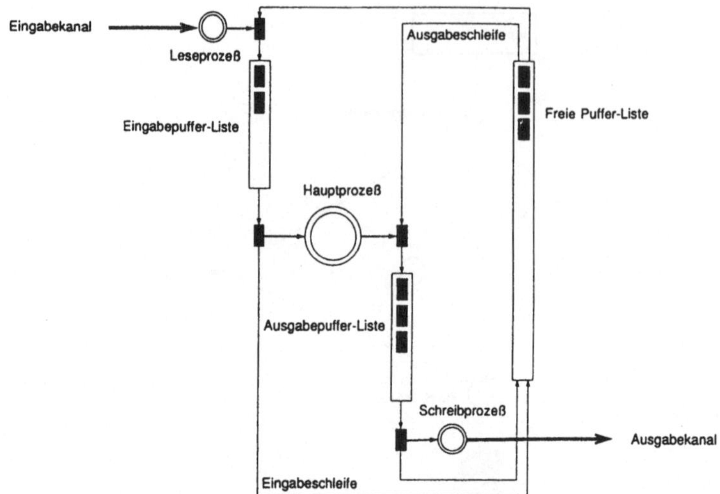

Bild 4   Puffer-Mechanismus

Durch den Puffer-Mechanismus läßt sich der ursprüngliche Programmcode in einfacher Weise partitionieren. Es wurden dazu spezielle Puffer-Funktionen sowie für jeden Prozeß eine Hauptfunktion eingeführt, die die Eingabe-Kommandos interpretiert und Ausgabekommandos erzeugt. Diese Hauptfunktion ruft auch die PHIGS-Funktionen mit den zugehörigen Daten auf. Die definierte Kommandostruktur erlaubt die flexible Handhabung verschiedener Netzwerktopologien, da sich die Grenzen zwischen den einzelnen Prozessen einfach wechseln lassen. Außerdem gibt es nur einen einzigen Synchronisationspunkt bei der Generierung aufeinanderfolgender Bilder, da der letze Prozeß der Rendering Pipeline erst das ganze Bild auf dem Bildschirm darstellen muß bevor mit dem Schreiben des nächsten Bildes begonnen werden kann. Alle anderen Prozesse der Pipeline können ständig Daten verarbeiten und sind so immer ausgelastet.

5   Ausblick

Es wurden zwei verschiedene Verfahren zur Verteilung der Rendering Pipeline implementiert.

Schwerpunkt der weiteren Untersuchung wird die Entwicklung einer modularen Verteilungsstrategie sein, die die Konzepte von objektorientierter und bildraumorientierter Verteilung vereinigt und dabei über ein dynamisches Load-Balancing verfügt. Dazu müssen durch Auswertung einer Reihe von vergleichenden Messungen Erkenntnisse aus den bereits implementierten Verfahren gewonnen werden.

Literatur

Programmer's Hierarchical Interactive Graphics System (PHIGS), Functional Description, ISO/IEC 9592-1, 1988.

Programmer's Hierarchical Interactive Graphics System - Plus Lumière Und Surfaces (PHIGS-PLUS), Functional Description, ISO/IEC 9592-4:199x, Draft Proposal, March 1990

Verteilte Generierung von 3-dimensionalen Szenenfolgen auf Mehrprozessor-Systemen

Knut Menzel
Matthias Ohlemeyer

August 1991
Universität Paderborn

Zusammenfassung

In diesem Artikel wird ein Verfahren zum Erstellen von 3-dimensionalen Szenenfolgen auf einem SuperCluster mit beliebiger Netztopologie vorgestellt. Der dafür benutzte SuperCluster ist ein Mehrprozessor-System, ausstattbar mit einer nahezu unbegrenzten Anzahl von Prozessoren. Wir zeigen, wie eine 3-dimensionale Szene im Netzwerk verteilt und parallel berechnet wird, so daß alle Prozessoren ausgelastet werden und ihre Idlezeit minimiert wird. Dazu werden spezielle Lastverteilungs-Strategien vorgestellt und ihre Wirkungsweise verglichen.

1 Einführung

In den letzten Jahren ist die realistische Präsentation von 3-dimensionalen Szenen immer wichtiger geworden. Der Ursprung hierfür liegt in der rasanten Entwicklung von Hochleistungs- und Parallelrechnern. Speziell in der graphischen Datenverarbeitung können aufgrund der inhärenten natürlichen Parallelität komplexe Algorithmen zum Darstellen von 3-dimensionalen Szenen auf Parallelrechnern eingesetzt werden.

Schon seit den sechziger Jahren gibt es Algorithmen um verdeckte Flächen zu unterdrücken oder Objekte in einer 3-dimensionalen Szene zu beleuchten und zu schattieren. Jedoch war es, aufgrund der mangelnden Rechenleistung, schwierig diese Algorithmen zu implementieren [8, 10, 2, 1]. Qualitativ hochwertige Grafiken konnten daher nur auf speziellen Grafikmaschinen bzw. Vektorrechnern erstellt werden. Heute werden die Probleme in Teilprobleme aufgeteilt und diese dann auf Mehrprozessor-Systemen parallel berechnet.

Wir zeigen, wie 3-dimensionale Szenen parallel auf einem SuperCluster berechnet werden. Der SuperCluster kann mit einer nahezu unbegrenzten Anzahl von Prozessoren ausgestattet werden. Unser System besitzt zur Zeit 320 Prozessoren. Jeder dieser Prozessoren ist ein INMOS Transputer T800 mit 4MB Ram und 4 seriellen Links. Es gibt keinen globalen Speicher. Kommunikation zwischen den Prozessoren ist nur über die vorhandenen Links möglich. Alle Knoten arbeiten asynchron. Der SuperCluster ist vollständig elektronisch rekonfigurierbar und erlaubt beliebige Netzwerktopologien, dessen zugrundeliegender Graph höchstens vom Grad 4 ist [9].

Um 3-dimensionale Szenen zu berechnen und darzustellen wird eine 'State of the Art' Viewing-Pipeline benutzt, die eine Reihe von Transformationen ausführt, um Punkte vom Model-Coordinate-System (MC) auf die Viewplane zu transformieren. Objekte werden dabei anhand ihrer Oberfläche durch ein Gittermodell approximiert, welches aus kleinen Dreicken besteht. Diese Dreiecke werden dann im Netzwerk verteilt, beleuchtet (Phong-Lighting) und schattiert (Gouraud-Shading). Weiterhin wurde ein Z-Buffer-Algorithmus implementiert, um verdeckte Teile der Objekte zu unterdrücken.

Das Problem bei der verteilten Berechnung ist, alle Prozessoren gleichmäßig auszulasten und die Idlezeit der Prozessoren zu minimieren, d. h. den Speedup zu maximieren. Wir beschreiben im folgenden eine probabilistische sowie eine deterministische Strategie, die die Szenenberechnung im Netzwerk so verteilen, daß Idlezeiten minimiert und Speedup maximiert werden.

Das Projekt ist in 'C' geschrieben und läuft unter dem verteilten Betriebssystem Helios [4]. Für die Graphikausgabe benutzen wir das GDS-II, ein 24-Bit Graphik-System [3]. Alle Hardware-Komponenten sind von der Firma *Parsytec Computer GmbH*.

2 Berechnung von Szenen

In diesem Abschnitt beschreiben wir, wie 3–dimensionale Szenen konstruiert und schattiert werden. Nähere Einzelheiten können in [6] gefunden werden.

Alle Objekte einer Szene werden von einem Objektgenerator konstruiert, der das Gittermodell, bestehend aus einer Liste von Dreiecken, liefert, die die Oberfläche des Objektes approximieren. Mit jedem Dreieck konstruiert der Objektgenerator für jeden Eckpunkt je einen Normalenvektor. Diese Normalenvektoren finden dann beim Beleuchten Verwendung, wenn für jede der drei Grundfarben RGB die Intensitäten akkumuliert werden. Das generiert Objekt ist ein 'Einheitsobjekt' und liegt im Model–Coordinate–System (MC). Damit es ein Objekt der gewünschten Szene wird, muß es durch Translation, Rotation und Skalierung in das World–Coordinate–System (WC) transformiert werden.

Im WC werden mittels des Backface–Culling alle Dreiecke auf ihre Sichtbarkeit getestet. Für alle noch sichtbaren Dreiecke werden mit Hilfe der Normalen die Eckpunkte mittels des Phong Beleuchtungsmodells beleuchtet [11]. Wir benutzen vier Arten von Lichtquellen: Ambientes Licht, direktes Licht, Punktlichtquellen und Spotlichtquellen. Die möglich Reflektionsarten sind: Ambiente, diffuse und spekulare Reflektion. Alle Intensitäten werden getrennt für jede der drei Grundfarben RGB an jedem Eckpunkt eines Dreieckes akkumuliert.

Der Z–Buffer–Algorithmus kann einfach implementiert werden, wenn alle Objekte vom WC ins View–Reference–Coordinate–System (VRC) transformiert werden. Die Viewplane liegt in der x,y–Ebene des VRC und der Betrachter befindet sich auf der positiven z–Achse des VRC. Nach Abschluß dieser Transformation werden alle Eckpunkte aller sichtbaren Dreiecke unter Beibehalten ihrer z–Koordinate auf die Viewplane projeziert. Dieses Koordinatensystem bezeichnen wir als Viewplane–Coordinate–System (VPC). Der nächste und letzte Schritt transformiert den sichtbaren Teil der Viewplane, den Viewport, ins Raster–Coordinate–System (RC), in dem dann die Dreiecke mittels Gouraud–Shading schattiert werden [11]. Alle Pixel mit gleicher x,y–Koordinate werden gegen den Z–Buffer getestet und diejenigen mit der am nächsten zum Betrachter liegenden z–Koordinate auf dem Bildschirm angezeigt.

3 Verteilen von Teilproblemen

Die von uns benutzte Netzwerktopologie besteht aus einem Host, einem Graphik-Prozessor sowie einer beliebigen Anzahl von Slaves. Es ist leicht einzusehen, daß alle Objekte, bzw. alle Dreiecke aller Objekte unabhängig voneinander beleuchtet und schattiert werden können. Im folgenden wird genau beschrieben, wie die Teilprobleme im Netzwerk verteilt und ausgeführt werden.

Zu Beginn liest der Host das Grafik–Konfigurationsfile, indem der Betrachterstandpunkt, Bildschirmgeometrie, Viewport, Lichtarten und andere Systemdaten beschrieben sind. Danach legt er eine Kopie des Videorams und des Z–Buffers an und verteilt sie zusammen mit den Systemdaten im Netzwerk (Figur 1).

P30	P2	P63	P15	P5
P20	P17	P6	P0	P38
P43	P17	P55	P50	P2

Jeder der 15 zufällig gewählten Prozessoren verwaltet einen der 15 Teile des verteilten Videorams des Grafik–Prozessors.

Figur 1: Verteilen einer Kopie des Videorams

Nachdem die Initialisierung beendet ist, gibt der Host die Objekte nacheinander ins Netz zu zufällig ausgewählten Prozessoren. Diese aktivieren den entsprechenden Objektgenerator, der wiederum eine Liste von Dreiecken mit Normalenvektoren produziert. Diese Liste wird in viele kleinere Listen aufgeteilt und wiederum randommäßig ins Netzwerk zu anderen freien Slaves verteilt. Erhält ein Slave solche eine Liste, so werden die Dreiecke auf Sichtbarkeit gestestet, an den Eckpunkten beleuchtet und schattiert, jeweils in dem entsprechenden Koordinatensystem (Figur 2).

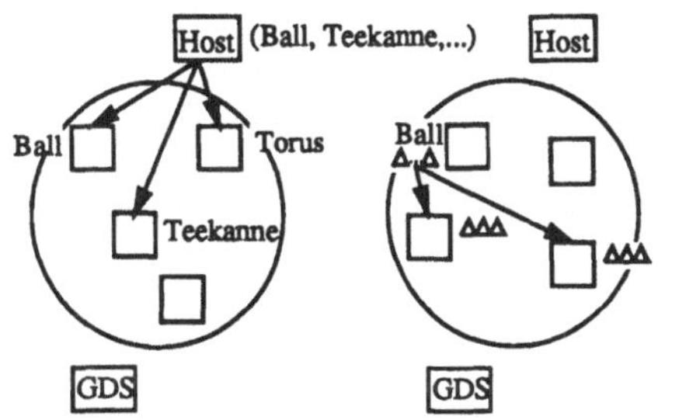
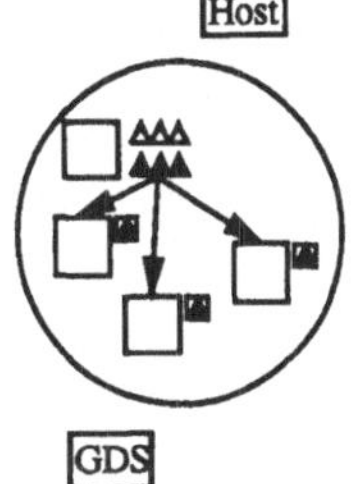

Verteilen der Objekte   Generieren der Objekte und   Schattieren und senden der Z/F–
in das Netzwerk   verteilen der Dreieckslisten   Regionen zum entsprechenden
                                                             Slave im Netzwerk

Figur 2

Die Dreiecke werden dabei wie folgt schattiert: Jedes Dreieck der gegebenen Liste paßt in eine spezielle rechteckige Z– und Farben–Region. Während des Gouraud–Shadings werden die z-Koordinaten in die Z–Region und die dazu-gehörigen Farbwerte des Pixels in die Farben–Region geschrieben. Da diese rechteckige Farben-Region später ein Teil des Videorams abdeckt, wird zusätzlich der Offset dieser Region zum Bildschirm festgehalten. Nach dem Schattieren werden die Z– und Farben–Region zu dem Prozessor gesendet, der den Teil der Videoram-Kopie verwaltet, indem die Farben–Region liegt. Sollte der Sonderfall eintreten, dass die Z– und Farben–Region gerade Teile von mehreren Verwaltungsregionen überdecken, so werden die Z– und Farben–Region entsprechend aufteilt und die einzelnen Teile verschickt. Erhält ein Slave nun eine Z– und Farben–Region, so werden die Pixel an der entsprechenden Stelle mit dem Z–Buffer der Kopie des Videorams verglichen und gegebenenfalls die Farb– und Tiefenwerte übernommen.

Wenn alle Dreiecke auf diese Weise schattiert und versandt worden sind, werden die einzelnen Teile der Kopie des Videorams eingesammelt und zum GDS geschickt. Der Graphikprozessor kopiert diese Teile in seinen Videoram und die Szene wird auf dem Bildschirm sichtbar (Figur 3).

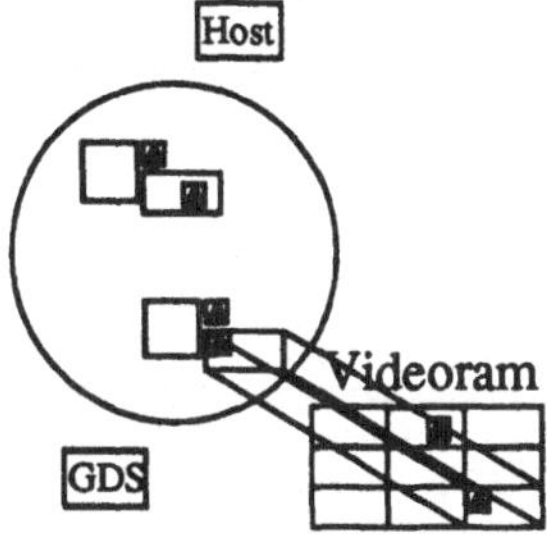
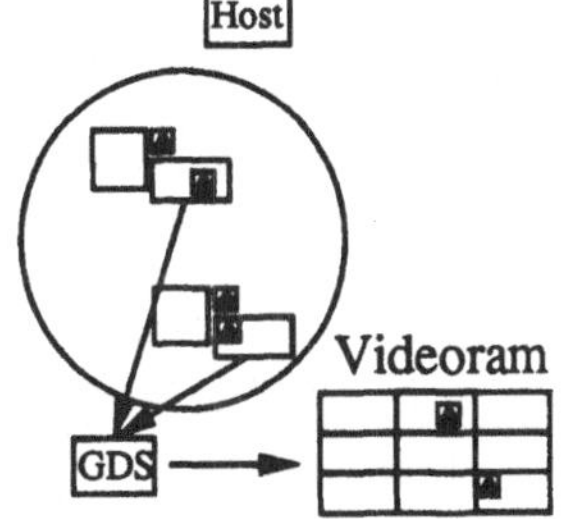

Updaten der Z/Frame–Region. Die Kopie   Die Teilregionen der Kopie des Video-
des Videorams ist im Netzwerk verteilt.   rams werden zum GDS gesendet.

Figur 3

4 Generieren von Szenenfolgen

Mit den bisher beschriebenen Methoden ist es nicht möglich Szenenfolgen hinreichend schnell zu generieren, so daß man den Betrachter durch die Szene schnell genug navigieren könnte. Daher wurde eine Art Pipelining eingebaut, in der mehrere Bilder parallel berechnet werden, sofern Prozessoren mit der Berechnung vorheriger Bilder schon fertig sind.

Wenn man mehrere Bilder parallel berechnet, treten sofort zwei Probleme auf: Zum einen muß die korrekte Bildfolge eingehalten werden, zum anderen müssen mehrere Kopien des Videorams im Netzwerk gehalten werden. Enthält zum Beispiel die Pipeline n Bilder, so müssen auch n Kopien des Videorams gehalten werden, da es möglich sein kann, daß aufgrund der Konstellation der Szene auch an n Bildern parallel gerechnet wird. Zu Beginn sendet der Host n Szenen ins Netzwerk. Ist die erste Szene vollständig berechnet, so teilt er allen Slaves mit, dass die Kopie des Videorams des ersten Bildes zum GDS geschickt werden und danach, während die Kopie zum GDS unterwegs ist, bereits an den anderen Bildern weitergerechnet werden kann! Darüber hinaus sendet er die $(n + 1)$-te Szene ins Netzwerk, damit die Pipeline wieder aufgefüllt ist. Alle Jobs besitzen eine Bildnummer. Ankommende Jobs werden in einem Heap eingefügt, der bzgl. dieser Bildnummer sortiert ist. Nimmt nun ein Slave einen Job aus dem Heap, so ist durch die Sortierung gesorgt, daß er immer an der nächsten zum GDS zu sendenden Szene rechnet. Wird das i-te Bild zum GDS gesendet und hat ein Slave keine Jobs mehr, die für die Fertigstellung des i-ten Bildes benötigt werden, so kann er bereits an der Fertigstellung eines späteren Bildes arbeiten.

5 Lastverteilung

Obwohl alle Slaves alle Graphik–Operationen beherrschen ist noch nicht das Problem gelöst, wie alle Prozessoren möglichst lange gleichzeitig an einem Bild rechnen. Dafür existieren verschiedene Lastverteilungs–Strategien, wovon wir zwei Strategien vorstellen wollen.

Ramme [7] hat bereits mit Transputer–Netzwerken verschiedene Strategien vorgestellt und untersucht. Wir haben die *Direkte-Nachbarschafts*-Strategie sowie eine *Random*-Strategie implementiert. In diesen Strategien besitzt jeder Slave drei Lastzustände IDLE, NORMAL, HIGH. Jeder Job hat einen Lastwert, einen hohen für zeitintensive Berechnungen, einen kleinen für nicht zeitkritische Berechnungen. Kommt ein Job an einem Slave an, so wird er in einem Buffer abgelegt. Buffering von Jobs ist notwendig, da ansonsten ein Deadlock des Systems riskiert wird. Die Summe der Lastwerte aller Jobs definiert den Lastzustand eines Prozessors. Jedes mal, wenn ein Job aus dem Buffer geholt wird, wird der Lastzustand neu berechnet und bei Zustandsänderung werden alle Nachbarn darüber informiert.

Hat ein Slave einen hohen Lastzustand, so muß er entscheiden, ob ein Job zu einem anderen Slave gesendet wird. Diese Entscheidung hängt nur von dem eigenen Lastzustand, sowie von den Lastzuständen der Nachbarn ab. Ein Slave sendet einen Job zu einem anderen Slave, wenn einer der folgenden Bedingungen erfüllt ist (Figur 4):

Random–Strategie:
- Der eigene Zustand ist HIGH und mehr als die Hälfte der Nachbarn ist in Zustand NORMAL
- Der eigene Zustand ist NORMAL und mehr als die Hälfte der Nachbarn ist in Zustand LOW

Direkte Nachbarschaft:
- Gibt es einen Nachbarn mit einem niedrigeren Lastzustand, so sende ihm ein Teilproblem zu.

In der *Random–Strategie* wird ein Job zu einem zufällig im Netzwerk ausgewählten Slave auf dem kürzesten Weg geschickt. Es existiert keine Kommunikation zwischen Sender und Empfänger. Der Sender weiß also nicht, in welchem Lastzustand sich der Empfänger befindet. Ist der Lastzustand des Empfängers zu hoch, so entscheidet der Empfänger für sich, ob er einen seiner Jobs im nächsten Schritt weitersendet (Figuren 4,5).

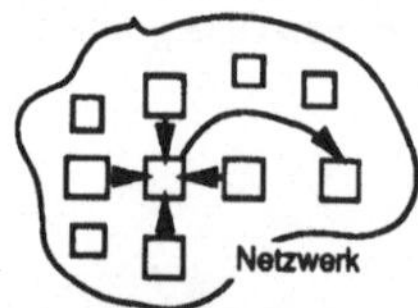

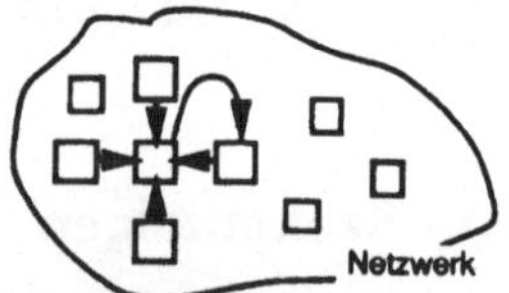

Figur 4: Zwei Lastverteilungs–Strategien

```
Slave(i):
    Do forever
    {
        Vergleiche eigene Last mit denen der Nachbarn;
        if (Random-Strategie)
            if (Sendebedingung erfüllt)
                {
                    Hole Job aus Heap;
                    Sende Job zu zufällig ausgewählten Slave;
                }
        if (Direkte-Nachbarschafts-Strategie)
            if (Sendebedingung erfüllt)
                {
                    Hole Job aus Heap;
                    Sende Job zu Nachbarn mit niedrigerem Lastzustandswert;
                }
        Hole Job aus Heap;
        Führe Job aus;
    }
```

Figur 5: Lastverteilung bei einem Slave

6 Prozess-Kontrolle

Wie bereits beschrieben läuft unser Programm auf einem SuperCluster unter dem verteilten Betriebssystem Helios. Jedes Programm in Helios ist eine Task. Eine Task läuft auf einem beliebigen Prozessor. Tasks kommunizieren über 'C'-Streams. Liegen zwei Tasks auf benachbarten Prozessoren, sorgt Helios automatisch dafür, daß die Daten über einen entsprechenden seriellen Link gesendet werden, transparent für den Benutzer. Liegen zwei Tasks auf zwei nicht benachbarten Prozessoren, so routet Helios die Daten automatisch über die seriellen Links zu der Ziel-Task auf dem korrekten Prozessor [5].

Wir haben drei Arten von Tasks: einen Host, eine Graphik-Task, sowie eine beliebige Anzahl von Slaves. Auf jedem Prozessor läuft genau eine Task. Zwei Tasks sind genau dann mit einem Stream verbunden, wenn die Prozessoren, auf denen die Tasks laufen, benachbart sind. Da ein Prozessor genau 4 serielle Links hat, werden für die Verbindung von einer Tasks zu anderen Tasks maximal 8 Streams (4 Input-, 4 Output-Streams) benutzt, damit möglichst multiplexen von Kanälen seitens Helios unterdrückt wird.

Jede Task hat für jeden Input-Stream einen Prozeß, der ankommende Jobs empfängt und in den Buffer einfügt. Jeder Job besteht aus einem auszuführenden Grafik- oder Systembefehl. Für beide Arten von Befehlen gibt es verschiedene Buffer, die von zwei Prozessen zeitverzahnt abgearbeitet werden. Die Systembefehle (Routing, Lastverteilung, Phasenende-Erkennung, usw.) sind sehr zeitkritisch und müssen schnell und in Reihenfolge abgearbeitet werden. Daher werden sie in einer FIFO-Struktur gehalten. Die Grafikbefehle (Rückflächenunterdrückung, Beleuchten, Schattieren) sind weniger zeitkritisch und benötigen im allgemeinen mehr Rechenzeit. Sie werden bzgl. der Bildnummern abgearbeitet und werden daher in einem HEAP gehalten, der bzgl. der Bildnummern sortiert ist.

Die Aufteilung in System- und Grafik-Buffer sichert die schnelle Abarbeitung der System-Befehle, da diese nur eine sehr geringe Laufzeit haben und die einzelnen Prozesse mittels eines fairen Zeitscheibenverfahrens zeitverzahnt abgearbeitet werden. Eine andere Möglichkeit der Priorisierung von Prozessen unter Helios ist nicht möglich. Da mehrere Prozesse auf ein und denselben Speicherbereich zugreifen, ist der Programmierer dafür verantwortlich, daß nicht zwei Prozesse zur gleichen Zeit auf den kritischen Speicherbereich zugreifen können. Der gegenseitige Ausschluß wird bei uns mittels Semaphoren gewährleistet (Figur 6).

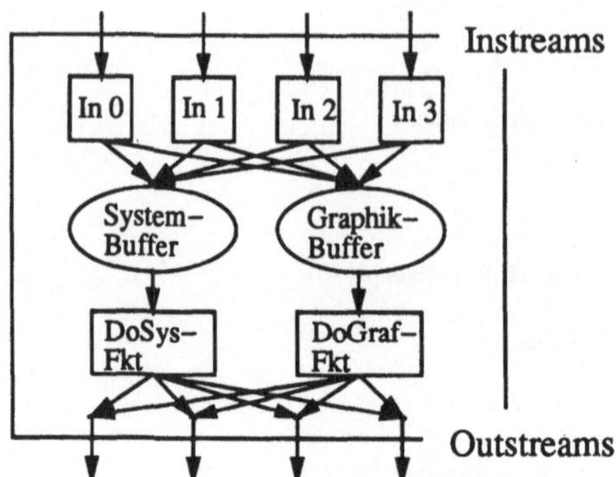

Figur 6: Job–Scheduling

7 Ergebnisse

Die für unser Projekt zu benutzende Topologie ist generell frei wählbar. Wir haben unsere Messungen auf einem Debruijn–Netzwerk ausgeführt, da diese Topologie eine Reihe von guten Eigenschaften besitzt. Das Debruijn–Netzwerk $DB(n)$ der Dimension n ist definiert durch die Knotenmenge $V = \{0,1\}^n$ und der unten beschriebenen Kantenmenge E. Die Kanten werden *shuffle* und *shuffle exchange* –Kanten genannt, da das erste Bit der Knotennummer rotiert bzw. rotiert und invertiert wird. E wird beschrieben durch:

$$E = \quad \{((\alpha,i),(i,\alpha)) \in V \times V : i \in \{0,1\}^{n-1}, \alpha \in \{0,1\}\} \cup$$
$$\{((\alpha,i),(i,\overline{\alpha})) \in V \times V : i \in \{0,1\}^{n-1}, \alpha \in \{0,1\}\}$$

Die Debruijn–Topologie hat 2^n Knoten, einen Durchmesser von n und einen Hamiltonkreis. Ein Knoten des Netzwerkes entspricht einem Prozessor. Jedem Knoten wird daher genau eine Task zugeordnet. Der Host und das GDS werden an das Netzwerk angehängt. Der Hostprozessor hängt an Prozessor 0, das GDS an Prozessor 1^n des $DB(n)$.

Zwei Testbilder wurden generiert, beide aus 9600 Dreiecken bestehend. Das erste Testbild deckt 100%, das zweite Testbild 50% des Grafikbildschirms ab. Alle Dreiecke werden mittels Gouraud–Shading schattiert. Das folgende Diagramm zeigt den Speedup bei Benutzung der Topologien $DB(i)$, $i = 1\ldots5$. mittels der verschiedenen Lastverteilungs–Strategien. Dabei ist der Speedup definiert durch:

$$Speedup = \frac{Schnellste\ sequentielle\ Zeit}{Schnellste\ parallele\ Zeit}$$

Die generelle Charakteristik der Speedup-Kurve bzgl. der *Random*-Strategie ist zufriedenstellend (Figur 7). In dem Fall, daß sehr viele Dreiecke produziert werden, nähert sich die Kurve noch mehr einer Geraden. Der absolute Speedup-Wert ist jedoch nicht wie erwartet. Dies liegt an den dramatisch hohen Kosten des Datentransportes von Helios über die Helios–Streams.

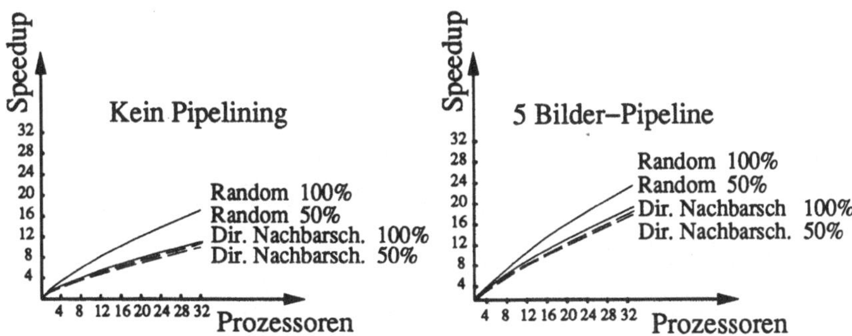

Figur 7: Speedup mit *Random–* and *Direkte Nachbarschafts–* Strategie

Der Speedup wird sehr viel besser werden, wenn die Entwicklungsumgebung Megatool, ParC oder das neue Inmos C-Toolset benutzt wird. Die nächste Abbildung zeigt die Transportkosten in Abhängigkeit zur Paketgröße (Figur 8). Es ist zu beachten, daß bei Megatool, ParC, und Inmos C-Toolset die Daten direkt über den Link geschickt und in Helios die Daten über Helios-Streams gesendet werden, somit also ein Betriebssystem-Overhead vorhanden ist. In unseren Algorithmen benutzen wir eine durchschnittliche Paketgröße von 200 Byte, da wir damit den besten Speedup erreichen. Jedoch ist der Datendurchsatz bei dieser Paketgröße weit vom Optimum entfernt (siehe senkrechte Linie).

Da jeder Prozessor einen Teil der Kopie des Videorams hat, können die Z- und F-Buffer-Funktionen nicht lastverteilt werden. Damit ist klar, daß der Speedup bei Auslastung des Bildschirms von nur 50% nicht so gut sein kann wie bei voller Auslastung des Bildschirms.

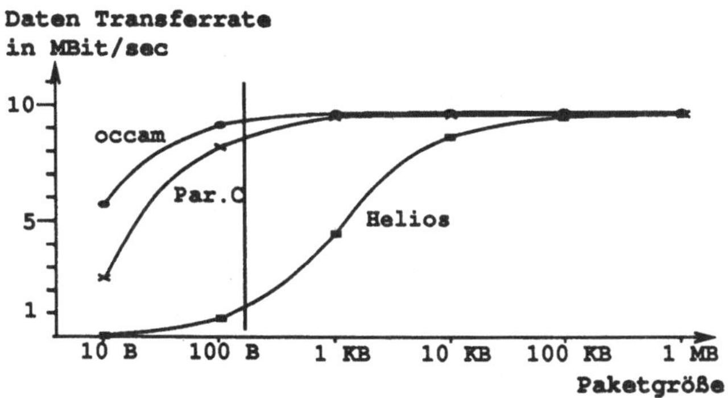

Figur 8: Transportkosten

Wird die *Direkt-Nachbarschafts*-Strategie verwendet, so verschlechtert sich der Speedup erheblich. Dies kommt daher, daß die Daten nur zum nächsten Nachbarn verschickt werden und dadurch das Netzwerk lokal mit Jobs regelrecht überflutet wird. Bei der *Random*-Strategie werden die Daten gleichmäßig über das Netzwerk verteilt und es enstehen keine Stauungen.

8 Zukünftige Arbeit

Für die Erstellung von Echtzeit–Animationen wird voraussichtlich der Nachrichten–Transfer innerhalb des Netzwerks auch unter Megatool, ParC oder Inmos C-Toolset noch zu hoch sein. Daher haben wir ein Verfahren entwickelt, welches den Nachrichten–Transfer minimiert:

Als zugrundeliegende Topologie wird ein $(n \times m)$ Torus verwendet, und der Videoram wird in n Zeilen und m Spalten aufgeteilt. Dabei wird jede Region der Videoramkopie von dem entsprechend angeordneten Prozessor im Netzwerk verwaltet. Initial werden alle Dreiecke zu dem Prozessor geschickt, in dessen Teilregion das Dreieck liegt. Theoretisch würde das bedeuten, daß alle Dreiecke nach dem Schattieren bis auf wenige Ausnahmen in der lokalen Teilregion upgedated werden. Wenn der Beobachter durch die Szene navigiert wird, werden nur diejenigen Dreiecke zum shaden versandt, die in einen anderen Teil des aufgeteilten Videorams verschoben wurden. Ein Problem tritt auf, wenn der Beobachter sehr weit von den Objekten der Szene entfernt ist und alle Dreiecke in einer Verwaltungsregion liegen. Deshalb wird über den gesamten Algorithmus ein Lastverteiler als eigenständiger Prozeß gestülpt, der dafür sorgt, daß alle Prozessoren gleiche Last haben. Diese Lastverteilung findet nur lokal statt mit einer *Direkten–Nachbarschafts*–Strategie, damit die Entfernung zur korrekten Verwaltungsregion minimiert wird.

9 Zusammenfassung

In diesem Artikel wurde ein Verfahren zum Erstellen von 3–dimensionalen Szenenfolgen auf einem SuperCluster mit beliebiger Netztopologie vorgestellt. Wir zeigen, wie eine 3–dimensionale Szene im Netzwerk verteilt und parallel berechnet wird, so daß alle Prozessoren ausgelastet werden und ihre Idlezeit minimiert wird. Dazu werden spezielle Lastverteilungs–Strategien vorgestellt und ihre Wirkungsweise auf die Lastverteilung verglichen. In der hier dargestellten Konstellation zeigt sich, daß eine *Zuffalls*–Strategie den besten Speedup liefert.

Literatur

[1] Foley, van Dam, Feiner, Hughes: Computer Graphics – Priciples And Practice, Addison Wesley, 1990

[2] A. Appel: The Notion of Quantitative Invisibility and the Machine Rendering of Solids, Proc. ACM Nat. Conference, Thomson Books, 1967

[3] GDS-II: Graphic Display Subsystem, Version 1.1, June 1990, Parsytec GmbH, Aachen

[4] Perihelion Software Ltd.: The Helios parallel programming tutorial, Helios technical guides, Distributed Software Limited, 1990

[5] Perihelion Software Ltd.: The Helios operating system, Prentice Hall, 1989

[6] Matthias Ohlemeyer: Entwurf und Implementierung eines verteilten Grafiksystems, Diplomarbeit, UNI-Paderborn, 12/1989

[7] Friedhelm Ramme: Lastausgleichsverfahren in verteilten System, Diplomarbeit an der UNI-Paderborn, 3/1990

[8] Machine Perception of Three Dimensional Solids, MIT Lincoln Lab., TR 315, May 1963.

[9] SC-Technical Documentation, Rev. 1.2, April 1989, Parsytec GmbH, Aachen

[10] A Hidden-Surface Algorithm for Computer Generated Halftone Pictures, Univ. Utah Comp. Sc. Dept. TR 4-15, 1969

[11] Alan Watt: Three-Dimensional Computer Graphics, Addison-Wesley, 1989

DATENERFASSUNGS- UND VERARBEITUNGSSYSTEM AUF TRANSPUTERBASIS MIT EINER TRANSFERLEISTUNG VON 100 MBYTE/SEK

M.Rost, W. Weihs
ZESS, Zentrum für Sensorsysteme
Universität GH Siegen, Postfach 101240, 5900 Siegen

Kurzfassung

Das vorgestellte System ist ein Echtzeit Datenerfassungs- und Verarbeitungssystem, das T800 Transputer von Inmos als Basisrechner einsetzt. Es ist dafür ausgelegt, 100 Mbyte/s von oder zu 16 verschiedenen Transputermodulen zu transferieren, wobei die notwendige Zeit für die Arbitrierung 150ns beträgt. Insgesamt können an einem System vier unterschiedliche Schnittstellen für die Datenein/ausgabe mit der vorgegebenen Transferleistung angeschlossen sein. Das System erlaubt bevorzugte Zuordnungen zwischen Datenschnittstellen und Rechnermodulen, die mittels Software von den Rechnern aus gesteuert werden können. Es ist in einem 6HE VME Überrahmen untergebracht.

1. Einführung

Das Hauptproblem der Echtzeit Datenerfassung- und Verarbeitung ist heute weniger, einen dem Problem angepaßten Prozessor zu finden, sondern vielmehr die Auswahl eines geeigneten Datentransportsystems, das den zeitlich richtige Transport der relevanten Daten von oder zu den Verarbeitungseinheiten garantieren kann. Dies gilt insbesondere, wenn auf das Preis/Leistungsverhältnis geachtet werden muß. Kommerzielle Datentransportsysteme wie Fastbus, VME, Futurebus+ usw. [1] offerieren hier zwar ein weites Spektrum möglicher Anwendungen, in der Praxis stellt sich jedoch schnell heraus, daß die hohe Flexibilität dieser Bussysteme durch komplizierte Busprotokolle und aufwendige Hardware erkauft werden muß, so daß ihr Einsatz zu einem spürbar hohen Kostenaufwand führt. Daneben ist es auch nicht immer einfach, beliebige Prozessoren an diesen Systemen einzusetzen. Das gilt insbesondere für Transputer [2], für die auf Grund ihrer vier Linkschnittstellen z.Z. noch keine direkten Bussysteme entwickelt wurden. Das hier vorgestellte Bussystem für Transputer baut auf der relativ verbreiteten VME-Busmechanik auf. Dabei gelang es durch die Überarbeitung der notwendigen Busprotokolle die Leistungsfähigkeit des Datentransportsystems erheblich zu steigern und so gleichzeitig sein Preis/Leistungsverhältnis wesentlich zu verbessern.

2. Bussystem

Abbildung 1 zeigt gibt einen Überblick über das hier vorgestellte Datenerfassungs und -Verarbeitungssystem, das 16 Transputerkarten und vier Datenschnittstellen umfaßt. Die geforderte Datentransportleistung des Systems konnte erwartungsgemäß nur durch zwei generelle Einschränkungen an ein allgemeines, komplexes Busprotokoll erzielt werden.

- Die vier möglichen Datenschnittstellen agieren als 'Master' auf dem Bus. Interruptleitungen sorgen dafür, daß sie jederzeit für eine Serviceaufgabe unterbrochen werden können.

- Auf den Bus wird bevorzugt Blocktransfer durchgeführt und nur beschränkt Einzelwortübertragungen.

Diese Einschränkungen sind sicher für einen größeren Anwenderkreis akzeptabel. So stellen sie z.B. für die später aufgezeigten Anwendungen kein Problem dar. Der Gewinn besteht jedoch in einer relativ einfachen und damit schnellen Hardware und einem problemlosen Busprotokoll. Das zeigt sich insbesondere bei der Arbitrierungslogik, die einerseits zwischen den Datenschnittstellen als Master und auf der Slaveebene zwischen den Prozessormodulen vermitteln muß. Sie konnte in einen einzigen GAL-Baustein untergebracht werden und benötigt einschließlich der Busreflektionszyklen 150ns.

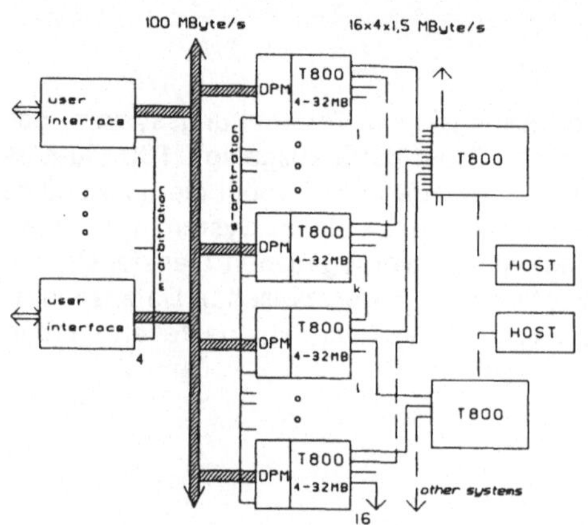

Abb. 1 Transputer Bussystem

Da nur zwei Transferprotokolle auf dem Bus möglich sind, kann ein Master nach der Arbitrierung den direkt gewünschten Transfer durchführen. Normalerweise ist das ein synchroner Blocktransfer, wobei die Datenblöcke zu oder von einen Dual Ported RAM Speicher geschrieben bzw. gelesen werden, das auf jeder Prozessorkarte installiert ist und vom Transputer als Teil seines Speichers aufgefaßt wird. Ein Einfach-Wort Transfer kann als kurzer Blocktransfer durchgeführt werden. Daneben besteht die Möglichkeit, Einzelworte über ein 32-Bit breites Interface- Kontrollregister auszutauschen, das gleichfalls auf jeder Prozessorkarte installiert ist. Die optimale Bustransferleistung wird nur durch synchronen Blockübertragungen erzielt. Falls sich asynchrone Datenübertragungen als unumgänglich erweisen sollten, stehen optional die üblichen Leitungen für 'Handshake'-Signale zur Verfügung.

Das System beinhaltet einen Satz von fünf bidirektionalen Interruptleitungen, die es einem Busmaster erlauben, Arbitrierungszyklen zwischen den zugeordneten Slavekarten einzuleiten, und die auch umgekehrt zulassen, daß ein Slave eine bestimmte Service-Leistung von einem Master anfordern kann. Der Arbitrierungsbus benötigt auf der Slave- und Masterseite jeweils vier Prioritätsleitungen sowie zwei zusätzlich Strobeleitungen. Zusammen mit den 32 Bit breiten Datenbus und dem 20 Bit Adreßbus lassen sich alle Busverbindungen auf dem mit 96 Leitungen ausgelegten einfachen VME Bus (J1) unterbringen. Da das System 6HE VME-Überrahmen benutzt, steht der zweite 96-polige Busstecker (J2) jedes Moduls frei als Datenschnittstelle für das jeweilige Interface oder als Anschlußstelle für die vier Transputerlinks einer Prozessorkarte zur Verfügung.

3. Transputerkarte

Im wesentlichen werden auf dem Bus T805 Transputer mit 25/30Mhz Taktfrequenz eingesetzt. Um eine optimale Anpassung an den Bus zu ermöglichen, wurde eine eigene Karte entwickelt, deren schematischer Aufbau Abbildung 2 wiedergibt. Der wesentliche Bestandteil des Businterfaces ist ein SRAM, auf das sowohl vom Bus als auch vom Transputer aus zugegriffen werden kann. Um die höchstmögliche Datenrate zu erzielen, werden

SRAMs mit 25ns Zugriffszeit eingesetzt. Die Größe dieses Speichers kann je nach Einsatzbedingungen zwischen 64 Kbyte und 1 Mbyte in bestimmten Schritten variiert werden. Der SRAM-Block liegt im Transputer Adreßraum direkt hinter dem des DRAM-Speichers, dessen Größe seinerseits von 4 MByte an bis zu 32 Mbytes betragen kann.

Jede Prozessorkarte verfügt über ihre eigene Arbitrierungslogik zur Busseite hin. Diese Logik steuert auch gleichzeitig den Zugriff zu dem SRAM Speicher, wobei den Zugriffen vom Bus aus immer der Vorrang gegeben wird. Um 'timeouts' auf der Transputerseite zu vermeiden, wird der Prozessor vor jeden externen Zugriff auf das SRAM über vorgegebene Interruptleitungen informiert. Insgesamt werden auf jeder Karte alle fünf Interruptleitungen dekodiert und als Event-Signal an den Transputer weitergegeben.

Alle Rechnermodule sind zusätzlich mit 128K EPROM ausgestattet. Zusammen mit zwei seriellen RS232 Schnittstellen läßt sich so jeder Prozessor als sogenannter 'stand alone' Rechner ohne Host betreiben. Der eigentliche Vorteil besteht jedoch darin, daß in diesen Speichern alle für den reibungslosen Busbetrieb notwendige Software untergebracht werden kann.

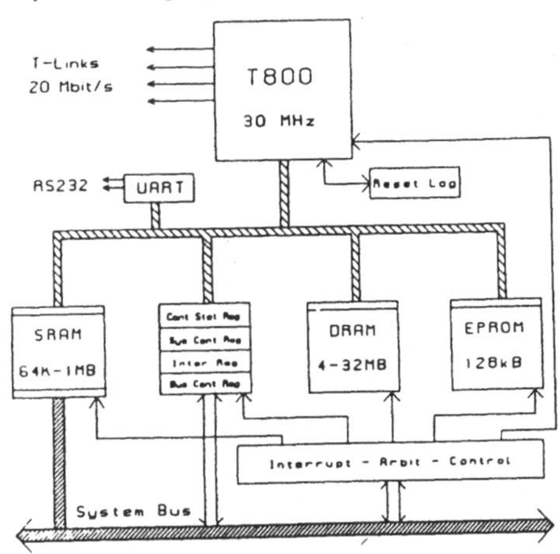

Abb. 2 Transputer Slavekarte

Die weitere Rechner Hardware entspricht dem normalen Standard mit einer Ausnahme bezüglich der Stellung eines Modules in einem Netzwerk aus Transputer Host- und Subsystemen, die bei kommerziellen Systemen sehr unterschiedlich ausgelegt sein kann. Tatsächlich unterbinden diese Unterschiede die freizügige Portation beliebiger Transputersoftware zwischen verschieden kommerziellen Systemen. Die hier vorgestellten Rechnermodule stellen sich automatisch so ein, daß sie mit drei verschiedenen kommerziellen Auffassungen bezüglich Host- und Subsystemen arbeiten können [3], was sicher die Einsatzmöglichkeit dieser Rechner erhöht.

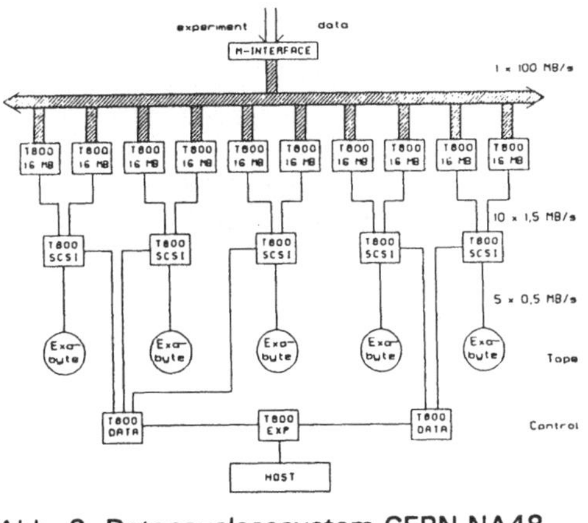

4. Anwendungen

Das hier vorgestellte Bussystem wurde bisher für zwei unterschiedliche Aufgaben eingesetzt. Eine davon ist die Datenaufnahme bei einem Experiment der Hochenergiephysik [4]. dessen schematischer Aufbau die Abbildung 3 zeigt. Bei dieser Anwendung wird die volle Transferkapazität des Busses ausgenutzt, um einen einlaufenden Datenstrom von ca 80Mbyte/sek auf zehn Transputer mit je 16MByte Speicher zu verteilen. Die Rechner arbeiten wie Filterelemente für einen einlaufenden Datensatz und geben nach einer mittleren Rechenzeit von ca 2ms die um das zehnfache reduzierten Daten über ihre Links an eine zweite Kette von Transputern weiter, die diese Daten auf

Abb. 3 Datenauslesesystem CERN NA48

Videobänder für eine weitere 'offline' Analyse aufzeichnen.

Bei der zweiten Aufgabe handelt es sich um die Datennahme und Analyse von Interferogrammen eines Fourierspektrometers [5]. Die Datennahme und die Instrumentsteuerung erfolgt hier über die Linkschnittstellen, während bei der Datenanalyse ausgiebig Gebrauch von dem Bus gemacht wird. Hierbei handelt es sich im wesentlichen um die Foutriertransformation der Daten mittels FFT, die parallel auf zwei Transputern durchgeführt wird. Eine Nutzung der Transputerlinks erweist sich für dieser Aufgabe als ungeeignet, da die Durchführung eines Zwischenschrittes des FFT-Algorithmus etwa gleich lang dauert wie ein nachfolgender Datentausch über die Links

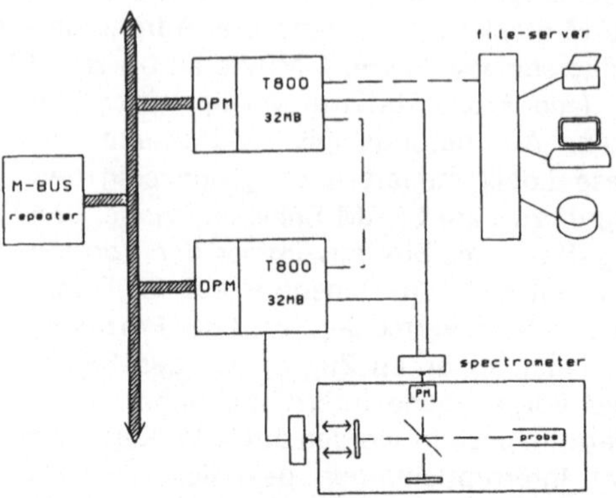

Abb. 4 Datenaufnahmesystem für ein Fourier Spektrometer

und damit folglich über diesen Weg kein wesentlicher Rechenzeitgewinn mit zwei Transputersystemen erzielt werden kann. Da für diese Aufgabe bis zu 16×10^6 Meßwerte pro Datensatz transformiert werden müssen, erweist sich der hier beschriebene Einsatz des Bussystems als schnelle Transferleitung als durchaus gerechtfertigt.

Zusammenfassung

Der Artikel beschreibt ein Datenaufnahme- und Verarbeitungssystem bei dem Transputer als Basisrechner eingesetzt werden. Dabei werden bis zu 16 Transputermodule und maximal vier Datenschnittstellen in einem 6HE VME Überrahmen zusammengefaßt. Das System erlaubt Datentransfers zwischen den einzelnen Systemkomponenten von bis zu 100 Mbyte/sek. Für den Einsatz des Bussystems wurden zwei in ihrer Aufgabenstellung grundverschiedene Beispiele gegeben, die die Breite der Einsatzmöglichkeiten des Systems demonstrieren.

Referenzen und Anmerkungen

1. Die genannten Bussysteme sind Standardsysteme nach ANSI IEEE 9601986 bzw. P896
2. Inmos Ltd: Transputer Reference Manual, Prentice Hall, 1988
3. Transputersysteme der Firmen Inmos, Caplin Cybernetics und Parsytec
4. A Precision Measurement of ε'/ε in CP Violating $K^\circ \to \pi\pi$ Decays, CERN SPSC/90-22 Experiment (NA48)
5. H.O. Tittel et al, A UV-VIS Fourier Spectrometer with Automatic Adjustment, 8th Inter national Conference on Fourier Transform Spectroscopy, Lübeck-Travemünde, 1991

Eine beliebig erweiterbare Vielkanalmeßanlage mit Transputern und Delta-Sigma A/D-Umsetzern

Frank Dzaak,   Klaus Alvermann,   Bernd Gelhaar

DEUTSCHE FORSCHUNGSANSTALT FÜR LUFT- UND RAUMFAHRT

1 Einleitung

Hubschrauber haben eine hohe Verbreitung gefunden. Verglichen mit Flächenflugzeugen sind sie komplizierter und schwieriger zu modellieren, deshalb haben sie noch nicht den hohen Reifegrad erreicht, den Flugzeuge aufweisen können. Wesentlich für das Verhalten von Hubschraubern ist die Aerodynamik des Rotors. Die Luftströmung um den Rotor ändert sich jedoch schnell mit der Zeit und dem Ort – sie ist stark instationär.

Leider ist es auch heutzutage nicht möglich, die Umströmung des Rotorblattes mit hinreichender Genauigkeit theoretisch zu berechnen. Messungen im Windkanal unter realen Bedingung sind der einzige Weg, um genaue und verläßliche Daten zu bekommen. Mit diesen Daten ist es möglich, leisere, sparsamere und damit umweltverträglichere Hubschrauber zu konstruieren.

2 Meßaufgabe

Die starke instationäre Strömung erfordert eine hohe Anzahl von Drucksensoren an den Rotorblättern, die mit einer hohen Abtastrate abgefragt werden müssen:

$$\begin{array}{rl} 184 & \text{Kanäle} \\ 2048 & \text{Messungen pro Rotorumdrehung} \\ 1050 & \text{Rotorumdrehungen pro Minute} \end{array}$$

Während 100 Umdrehungen (ca. 6 s) werden

$$184 * 2048 * 100 = 37\,683\,200$$

Messwerte mit 16 Bit Auflösung erzeugt. Die Abtastfrequenz beträgt

$$\frac{2048 * 1050 \ \text{min}^{-1}}{60 \ \text{s/min}} = 35\,840 \ \text{Hz}$$

Alle Kanäle müssen streng gleichzeitig in äquidistanten Drehwinkelintervallen abgetastet werden.

3 Intelligentes Datenerfassungsmodul

Ein IDAM (Intelligent Data Acquisition Module) faßt acht Kanäle zu einem intelligenten Datenerfassungsmodul mit 4 MByte Speicher zusammen. Ein T800 steuert vier ADC's, die je zwei Kanäle erfassen.

Die gewünschte Auflösung von 16 Bit und die Abtastfrequenz von ca. 40 kHz schränkt die Wahl der A/D-Umsetzer auf solche mit sukzessiver Approximation oder mit Delta-Sigma Umsetzung ein.

Delta-Sigma ADC's wurden gewählt, da sie durch 64-fache Überabtastung nur ein Tiefpaßfilter 1.Ordnung als Anti-Alaising Filter benötigen und sie durch den hohen Digitalanteil bei der Umsetzung weniger empfindlich gegenüber Störungen sind. Auch der Kostenfaktor spricht für die Delta-Sigma ADC's.

Durch die integrierten Filter und Energiespeicher können Delta-Sigma ADC's nicht im Start-Stop Betrieb arbeiten, sondern müssen fortlaufend wandeln. Eine PLL-Schaltung synchronisiert die ADC's mit dem rotierenden Meßsystem.

Die Meßdaten werden während der Messung in den Speicher des IDAM-Transputers eingelesen und können nach der Messung auf einem Massenspeicher abgelegt werden.

4 Datenaufbereitung

Der IDAM-Transputer kann nach der Messung die Meßdaten weiterverarbeiten. Zur Verfügung stehen:

1. FFT über 2048 Punkte für jede Rotorumdrehung
2. Autospektrum über alle Umdrehungen gemittelt
3. Mittel- und Effektivwert über je eine Umdrehung von den Rohdaten
4. Faltung von zwei Kanälen über eine Umdrehung

Für eine Messung müssen u.a. $184 * 100 = 18\,400$ FFT's berechnet werden. Da die Berechnung von den IDAM's lokal durchgeführt wird, bleibt die Rechenzeit mit 90 s relativ gering; sie ist zudem von der Anzahl der Gesamtkanäle unabhängig. Auch für die anderen Verarbeitungsarten wird die Rechenzeit durch die lokale Verarbeitung stark verkürzt.

5 Gesamtsystem

Eine *beliebige* Anzahl von IDAM's wird zu einer TEDAS (Transputer Based Expandable Data Acquisition System) Meßanlage zusammengeschaltet. Wie die Glieder in einer Kette ist jedes IDAM über je einem Link mit seinem Vorgänger und seinem Nachfolger verbunden. Das erste IDAM, der Master, synchronisiert die ADC's der anderen IDAM's durch eine Steuerleitung. Mit Ausnahme des ersten IDAM's läuft auf allen anderen das gleiche Programm. Die einzelnen Funktionen der IDAM's wie das Setzen von Parametern, Starten der Aufzeichnung, Ausführen einer Weiterverarbeitung, werden durch Nachrichten angestoßen, die vom Host ausgesendet werden („upstream"). Die Meßdaten werden auf dem gleichen Weg zum Host gesendet („downstream").

Im Normalzustand wartet der Prozeß auf dem IDAM auf Daten aus der upstream- oder downstream-Richtung. Wenn Daten aus der downstream-Richtung ankommen, dann werden sie an den Vorgänger weitergereicht, da alle Daten aus dieser Richtung zum Host gehen. Wenn Daten aus der anderen Richtung ankommen, dann steht im Vorspann die Adresse (Nummer) des angesprochenen IDAM's. Daten oder Kommandos können an alle IDAM's adressiert werden. In diesem Fall sendet das IDAM die Daten an seinen Nachfolger und führt das Kommando aus. Wenn die Daten an ein spezielles IDAM adressiert sind, dann führt das IDAM das Kommando aus, falls es der Adressat ist, andernfalls wird das Kommando an den Nachfolger gesendet.

6 Host

Als Hostcomputer wird ein Sun SPARC Fileserver 370 mit VME-Bus verwendet. Die Sun kann über den Linkbaustein mit dem Transputernetzwerk kommunizieren. Gleichzeitig steht der Sun der gesamte Speicher des Transputers vom Hostinterface direkt über den VME-Bus zur Verfügung. Die

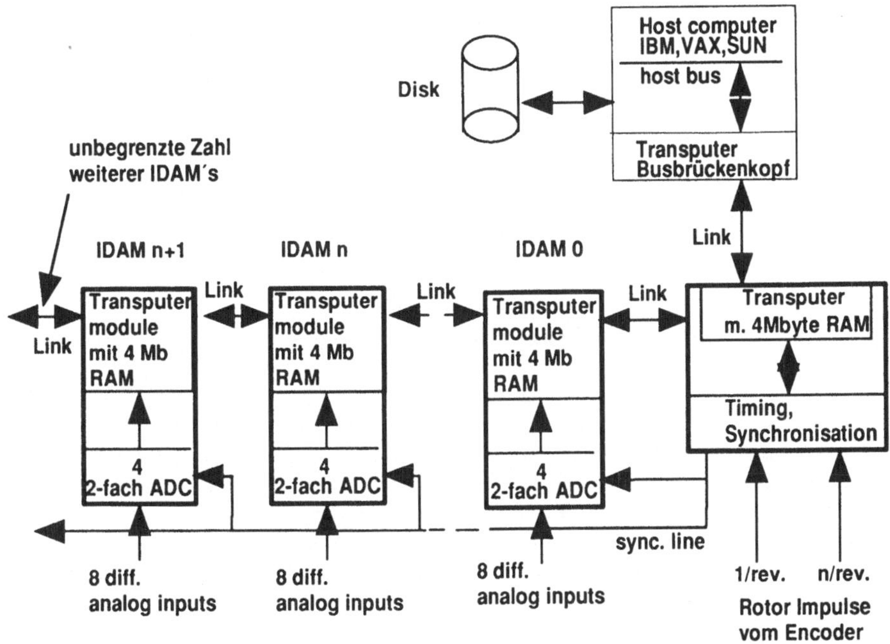

Bild 1: Aufbau des Gesamtsystems

Übertragung der Meßdaten wird dadurch sehr beschleunigt, so daß nicht der Linkbaustein, sondern die Festplatte der Sun der Flaschenhals beim Abspeichern ist. Sämtliche Rohdaten (ca. 80 MByte) werden in weniger als drei Minuten abgespeichert!

TEDAS wird vom Host über eine grafische Benutzeroberfläche auf der Basis von X11/NeWS und OpenLook gesteuert. Sie kann auch über ein Netzwerk von einem X-Terminal bedient werden.

Die Meßwerte stehen auf dem Host für eine weitere Verwendung zur Verfügung; z.B. Extrahieren von Kanälen, grafische Anzeige, Versenden über Netzwerk usw.

Die Erprobung der Meßanlage wurde im August '91 abgeschlossen. Sie wird im Herbst '91 im Windkanal in Betrieb genommen.

Literatur

[1] V. Klöppel: *Helicopter and Tilt-Rotor Aircraft Exterior Noise (Heli-Noise)*, Brite/Euram Aeronautic Days, April 1991

[2] D. R. Welland, Tanaka et al.: *A Stereo 16 Bit Delta-Sigma A/D Converter for Digital Audio*, Journal of the Audio Engineering Society, Vol. 37, No. 6

[3] G. Lehmann, C.-H. Oertel, B. Gelhaar: *A new approach in helicopter real-time simulation*, 15th European Rotorcraft Forum, Amsterdam, Paper No. 62, September 1989

[4] N. N.: *Analog/Digital Conversion IC's Data Book Vol 1*, Crystal Semiconductor Corp. 1990

WAHRSCHEINLICHKEITSBASIERTE NEURONALE NETZE ZUR SIGNALVERARBEITUNG

H.Effinger und H.-J.Reusch *
Angewandte Forschung
Dornier GmbH
Postfach 1420
7990 Friedrichshafen 1

In der vorliegenden Arbeit wird ein wahrscheinlichkeitsbasiertes Neuronales Netz zur Signalverarbeitung (PROBANET, **probability based neural net**) untersucht. Das Signal wird durch eine Folge reeller Zahlen $(S_1, ..., S_M)$ repräsentiert. Im Unterschied zu anderen Ansätzen wird als Eingabewert im Zeitschritt i nur der Signalwert zu diesem Zeitpunkt S_i benötigt. Das Neuronale Netz ist in der Lage, ein erlerntes Signal zu erkennen, und sich mit diesem Signal zu synchronisieren. Dabei ist sein Verhalten nicht deterministisch, da die Gewichte nur über eine zeitlich veränderliche Wahrscheinlichkeitsdichte festgelegt sind. Die Möglichkeiten einer Parallelisierung auf einem Transputernetzwerk und Rechenzeiten für eine Implementation werden diskutiert.

1 Einleitung

Die Untersuchung Neuronaler Netze hat in den vergangenen Jahren auf den unterschiedlichsten Gebieten großes Interesse hervorgerufen. Als Stichworte sind dabei Assoziativspeicher, Klassifikation, adaptive Steuerungen, Mustererkennung und ganz allgemein Signalverarbeitung zu nennen [1, 2, 3, 4]. Besonders attraktiv in bezug auf die technische Anwendung der Neuronalen Netze ist die hohe Flexibilität aufgrund ihrer Lernfähigkeit und die Möglichkeit hochgradiger Parallelisierung der zugrundeliegenden Algorithmen.

Die enge Beziehung zwischen Assoziativspeichern und magnetischen Spinsystemen hat zu einer erfolgreichen theoretischen Beschreibung einer Klasse von Neuronalen Netzen beigetragen [5]. Über diesen Zusammenhang hinaus wurden statistische Methoden zur Analyse verwendet und z.B. probabilistische Neuronale Netze zu Klassifikation vorgeschlagen [6] oder die Gewichte mit Hilfe vorgegebener Verteilungen ausgewürfelt [7]. Wir bezeichnen ein Neuronales Netz als wahrscheinlichkeitsbasiert, wenn das Verhalten seiner Neuronen nicht deterministisch festgelegt ist, sondern durch (i.a. zeitabhängige) Wahrscheinlichkeitsverteilungen bestimmt wird.

Ziel des hier diskutierten speziellen Modells ist das Erkennen eines zeitlich diskreten, periodischen Signals $(S_1, ..., S_M)$. Durch Einführung eines Netzes mit M Eingangsknoten, die zur Zeit t über einen Satz von M Signalen $S_t, S_{t-1}, ..., S_{t-M+1}$ verfügen, kann die Aufgabe prinzipiell mit Hilfe eines Backpropagation Verfahrens gelöst werden [8, 9]. Davon abweichend geht unser Ansatz von einem Neuronalen Netz aus, dessen Neuronen über einen Satz von Gewichten verfügen, die in jedem

---

*MasPar GmbH, Ridlerstr. 11, 8000 München 2

Zeitschritt einer vorgegebenen Wahrscheinlichkeitsverteilung entsprechend ausgewählt werden. Die eigentliche Zeitentwicklung besteht dann nicht in der Veränderung der Gewichte selbst sondern der zugehörigen Verteilungsfunktion. Wir interpretieren damit die Gewichte nicht als Eigenschaft der Verbindung zwischen den Neuronen sondern wie Hecht-Nielsen [2] als Variable der Neuronen.

Unser Vorgehen hat den Vorteil, daß zu jedem Zeitpunkt nur ein Signalwert vorliegen muß, und wesentliche Aspekte des statistischen Verhaltens des Modells analytisch für unterschiedliche Regeln der Zeitentwicklung beschrieben werden können. Des weiteren entspricht dieses nicht rein deterministische Verhalten der Neuronen dem, was auch an Gehirnzellen von Säugetieren beobachtet werden konnte [10].

Im folgenden wird zunächst das Neuronale Netz und die Dynamik seiner Zeitentwicklung beschrieben. Anschließend werden die Möglichkeiten der Parallelisierung und die Ergebnisse einer Implementation auf einem Netzwerk von vier Transputern vorgestellt.

2 Statistische Beschreibung Neuronaler Netze

Im allgemeinen wird für Neuronale Netze wie z.B. das Backpropagation Netzwerk [2] das Gewicht des Knotens n zum Zeitpunkt $t+1$ bei vorgegebenen Eingangsignalen $I(t)$ deterministisch aus den Gewichten $\{w_\rho(t), \rho = 1, \cdots, N\}$ berechnet

$$w_n(t+1) = f(\{w_\rho(t)\}, I(t), ..., t). \tag{1}$$

Für eine kontinuierliche Zeitentwicklung sind die entsprechenden gewöhnlichen Differentialgleichungen zur Beschreibung zu verwenden.

Da $I(t)$ in der Regel aus einem Signal- und einem Rauschanteil besteht, kann zur Berechnung des statistischen Verhaltens zu einer stochastischen Beschreibung des Netzwerkes übergegangen werden. Dabei ist an Stelle einer gewöhnlichen Differentialgleichung eine stochastische Differentialgleichung oder als äquivalent dazu eine partielle Differentialgleichung für die zugehörige Wahrscheinlichkeitsverteilung zu lösen [11]. Für ein in der Zeit diskretes System lautet die entsprechende Gleichung für die Wahrscheinlichkeitdichte am Knoten n zur Zeit t

$$P_n(w, t+1) = \mathcal{F}(\{P_\rho(w, t)\}, I(t), ..., t). \tag{2}$$

Dabei ist $P_n(w, t)dw$ die Wahrscheinlichkeit dafür, daß zum Zeitpunkt t am Knoten n das Gewicht im Intervall $[w, w + dw]$ liegt.

Diese durch externes Rauschen implizierte stochastische Beschreibung (2) war der Ausgangspunkt, Neuronale Netze zu untersuchen, deren Zeitentwicklung über die Gleichung (1) hinausgehend nur durch die Dynamik ihrer Wahrscheinlichkeitsverteilung definiert sind. Die deterministischen Regeln der Zeitentwicklung können als Spezialfälle dieser Beschreibung mit varianzfreien Verteilungen aufgefaßt werden.

3 Modellbeschreibung

Das von uns untersuchte Netz besteht aus drei Schichten (vgl. Abb. 1). Die erste Schicht enthält lediglich ein Neuron, das für die Transmission des einkommenden Signals $I(t)$ an alle N Neuronen der mittleren Schicht verantwortlich ist. Jedes dieser Neuronen ist mit allen anderen Neuronen in der mittleren Schicht verknüpft, so daß in einem Zeitschritt ein vollständiger Austausch der Information möglich ist. Die dritte Schicht besteht wiederum nur aus einem Neuron.

Jedes Neuron n der mittleren Schicht wird durch M Gewichte $w_{n,m}, 1 \leq n \leq N, 1 \leq m \leq M$ charakterisiert. Während des Lernprozesses wird das zu erkennende Signal entweder direkt auf die

Gewichte übertragen d.h. $w_{n,m} = S_m$ für alle n, oder mit Hilfe einer linearen Lernregel $w_{n,m}(t+1) = w_{n,m}(t) - \eta(w_{n,m}(t) - S_m)$ mit kleinem Lernparameter η bestimmt.

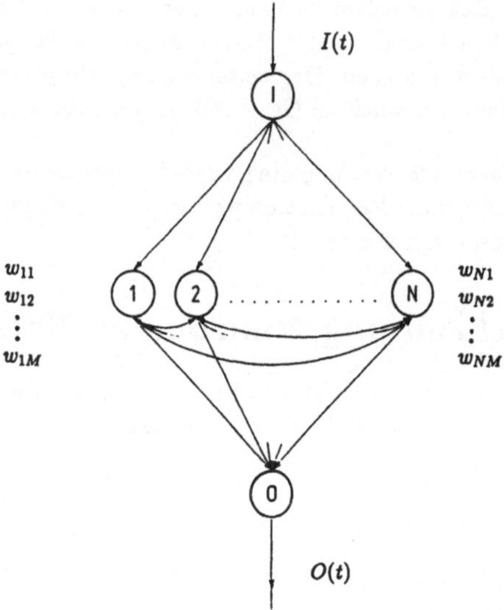

Abbildung 1: Ein Neuronales Netz (PROBANET) mit N Knoten in der mittleren Schicht. Jeder Knoten ist durch M Gewichte $w_{n,m}$ gekennzeichnet. Den Verbindungslinien zwischen den Knoten entsprechen somit keine Gewichte. Sie deuten lediglich den Informationsfluß zwischen den Knoten an. Mit $I(t)$ und $O(t)$ werden die Signale des Eingabe- bzw. Ausgabeknotens bezeichnet.

In der Detektionsphase wählt jedes Neuron eines seiner M Gewichte einer zeitabhängigen Wahrscheinlichkeitsverteilung $P_{n,m}(t)$ entsprechend aus und vergleicht es mit dem einkommenden Signal $I(t)$. Falls $I(t)$ innerhalb vorgegebener Grenzen ε mit dem gewählten Gewicht und damit möglicherweise mit dem gesuchten Signal übereinstimmt

$$| w_{n,m} - I(t) | < \varepsilon, \tag{3}$$

transferiert das Neuron den zugehörigen Index m an alle anderen Neuronen der mittleren Lage. Andernfalls wird eine Null weitergegeben. Man kann sagen, das Neuron befindet sich zur Zeit t in einem der $M + 1$ möglichen Zustände $z_n(t) \in \{0, 1, ..., M\}$. Aufgrund der vorhandenen synaptischen Verbindungen ist die Zahl der Neuronen, die sich zum Zeitpunkt t im Zustand m befinden,

$$a_m(t) = \#\{z_n(t) = m \mid 1 \leq n \leq N\}, \ 0 \leq m \leq M, \tag{4}$$

an jedem Knoten bekannt. Die Idee der zeitlichen Veränderung der Wahrscheinlichkeiten für ein Gewicht läßt sich wie folgt beschreiben: Ein großer Wert $a_{m_0}(t)$ zeigt an, daß viele Neuronen zur Zeit t eine Übereinstimmung mit dem gesuchten Signal gefunden haben $I(t) \approx S_{m_0}$. Da im nächsten Zeitschritt mit großer Wahrscheinlichkeit das Signal $S_{m_1}, m_1 = m_0 + 1$ folgen wird, soll die Wahrscheinlichkeit $P_{n,m_1}(t+1)$ vergrößert werden. Aufgrund der Normierung der Verteilung an jedem Knoten

$$\sum_{m=1}^{M} P_{n,m}(t) = 1 \quad \forall n \tag{5}$$

wird damit die Wahrscheinlichkeit, eines der anderen Gewichte ($m \neq m_1$) im nächsten Zeitschritt auszuwählen, kleiner.

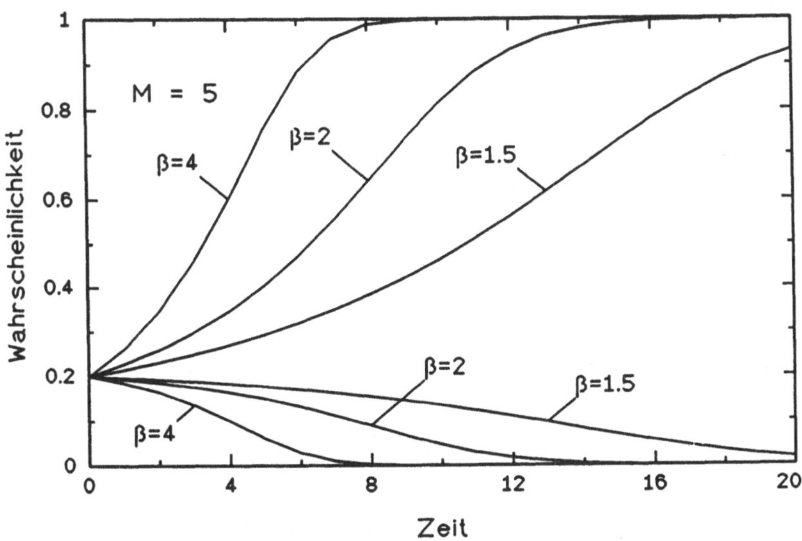

Abbildung 2: Zeitlicher Verlauf der größten und kleinsten Wahrscheinlichkeit am Knoten 1 eines Netzes unabhängiger Neuronen, Gl.(9), $M = 5$.

Das Netzwerk hat das gesuchte Signal erkannt und sich mit ihm synchronisiert, falls für große t für alle N Neuronen nur noch ein Wert P_{n,m^*} signifikant von Null verschieden ist.
Zentrales Element unseres wahrscheinlichkeitsbasierten Neuronalen Netzes ist damit die Regel, die es erlaubt, aus den Wahrscheinlichkeiten für die Gewichte zum Zeitpunkt t die Gewichte zur Zeit $t+1$ unter Berücksichtigung der Statistik der Zustände $\{a_m(t)\}_{m=0}^{M}$ zu berechnen

$$P_{n,m}(t+1) = \mathcal{F}(\{P_{n,m}(t)\}, \{a_m(t)\}). \tag{6}$$

Da a priori kein Gewicht ausgezeichnet ist, wird zur Zeit $t = 0$ mit einer Gleichverteilung gestartet

$$P_{n,m}(t = 0) = \frac{1}{M} \quad \forall m,n. \tag{7}$$

Das Neuron in der dritten Schicht kann sein Ausgangssignal aufgrund der Information über die Zustände der Neuronen in der mittleren Schicht verändern

$$O(t) = \mathcal{G}(\{a_m(t)\}). \tag{8}$$

und z.B. durch Überschreiten eines Schwellenwertes für die Anzahl der im selben Zustand befindlichen Neuronen eine erfolgte Synchronisation signalisierten.

Die Gleichungen (6) und (8) definieren eine ganze Klasse Neuronaler Netze, die je nach konkreter Wahl der Regel für die Zeitentwicklung qualitativ völlig unterschiedliches Zeitverhalten aufweisen können. Stellvertretend für jeweils eine ganze Klasse von Zeitentwicklungsregeln werden hier drei qualitativ unterschiedliche Neuronale Netze diskutiert.

Im Modell unabhängiger Neuronen tauschen die Neuronen der mittleren Schicht untereinander keine Information aus. Jedes Neuron verändert seine Wahrscheinlichkeiten $P_{n,m}$ nur aufgrund seines eigenen Zustandes $z_n(t)$. Wird eine Übereinstimmung des gewählten Gewichtes $w_{n,m}$ mit dem Signal $I(t)$ festgestellt, so wird die zugehörige Wahrscheinlichkeit mit einem Faktor $(1 + \beta)$ multipliziert und anschließend wird die Verteilung wieder normiert

$$P_{n,m+1}(t + 1) \propto (1 + \beta)P_{n,m}(t), \quad \beta \geq 0. \tag{9}$$

Andernfalls bleiben alle Wahrscheinlichkeiten unverändert. In der Abbildung 2 ist der zeitliche Verlauf der jeweils größten und kleinsten Wahrscheinlichkeit an einem Knoten für unterschiedliche Werte von β und $M = 5$ dargestellt.

Für 'linear kooperierende' Neuronen sind die Wahrscheinlichkeiten z.Zt. $t+1$ linear von der Statistik der Zustände $\{a_m(t)\}$ abhängig

$$P_{n,m+1}(t + 1) = \frac{1 + a_m(t) + a_0(t)/M}{N + M}, \tag{10}$$

und das statistische Verhalten des Netzes ist vollständig analytisch berechenbar. Für große Zeiten läuft die maximal erreichbare Wahrscheinlichkeit jedoch nicht gegen eins, sondern schwankt um einen Wert

$$\lim_{t \to \infty} \frac{1}{t} \sum_{i=1}^{t} \max_{1 \leq m \leq M} P_{n,m}(i) = P < 1. \tag{11}$$

Aus den Gleichung (10) und (7) folgt, daß die Wahrscheinlichkeitsverteilungen und damit auch der Fixpunkt P in (11) unabhängig von n sind. Abbildung 3 zeigt in Abhängigkeit von der Neuronenzahl die Lage des Fixpunktes P und die zugehörige Streuung.

Ein Beispiel für die Klasse der 'nichtlinear kooperierende' Neuronen ist

$$P_{n,m+1}(t + 1) = \frac{(1 + a_m(t))P_{n,m}(t)}{1 + \sum_{\rho=1}^{M} a_\rho(t)P_{n,\rho}(t)}. \tag{12}$$

In jedem Zeitschritt wird die vollständige Information über die Wahrscheinlichkeiten $P_{n,m}(t)$ und die Statistik der Zustände aller Neuronen der mittleren Schicht zur Berechnung der neuen Wahrscheinlichkeiten verwendet. Im Unterschied zu dem Modell unabhängiger Neuronen nach Gl. (9) ist der Faktor, mit dem die Wahrscheinlichkeit $P_{n,m}(t)$ multipliziert wird, $1 + a_m(t)$, nicht konstant, sondern vom Verhalten des gesamten Netzes abhängig.

Da wir für alle Neuronen mit denselben apriori Wahrscheinlichkeiten starten $P_{n,m}(t) = 1/M$, Gl. (7), führen viele Zeitentwicklungsregeln zu identischen Wahrscheinlichkeiten, so daß $P_{n,m}$ häufig unabhängig von n ist. In diesem Fall ist die Wahrscheinlichkeitsverteilung für die Zustände $\{a_m(t)\}$ eine Polynomialverteilung [12] mit dem Mittelwert $< a_m(t) >= N p_n(t)$, der Streuung $< (\delta a_m(t))^2 >= N p_m(t)(1 - p_m(t))$ und der Korrelation $< \delta a_m(t)\delta a_l(t) >= -N p_m(t)p_l(t)$, $m \neq l$. Dabei ist $\delta a_m(t) := a_m(t)- < a_m(t) >$ und $p_m(t)$ die Wahrscheinlichkeit dafür, daß sich ein Neuron zum Zeitpunkt t im Zustand z_m befindet.

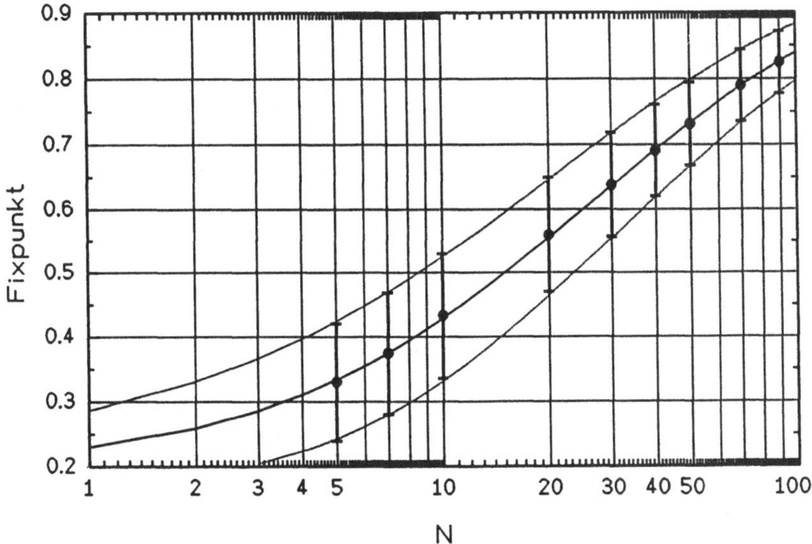

Abbildung 3: Fixpunkte für die maximal erreichbare Wahrscheinlichkeit des Netzes mit linearem Zeitentwicklungsgesetz Gl. (10)
in Abhängigkeit von der Neuronenzahl. Die durchgezogenen
Kurven stellen die Ergebnisse der analytischen Rechnung dar
(mittlere Linie entspricht den Fixpunkten), Punkte und Fehler-
balken stammen aus einer numerischen Simulation.

4 Parallelisierung

Die einfachste Methode einer Parallelisierung eines Neuronalen Netzes mit N Knoten besteht in der
Verteilung der einzelnen Knoten auf die T Transputer. Da nach Gl.(12) die Zahl der Operationen zur
Berechnung einer Wahrscheinlichkeit proportional zur Periodenlänge M ist, geht die Rechenleitung
pro Zeitschritt für jeden Transputer proportional zu $M * N/T$. Diese ist zu vergleichen mit der
Komplexität eines parallelisierten Backpropagation Netzwerkes, $N * N/T$.

N/M	Anzahl der Transputer							
	Zeit/sec				rel. Zeit			
	1	2	3	4	1	2	3	4
1	0.021	0.015	0.016	0.014	1.00	0.71	0.76	0.67
10	0.138	0.078	0.063	0.053	1.00	0.57	0.46	0.38
100	1.275	0.725	0.525	0.450	1.00	0.57	0.41	0.35

Abbildung 4: Absolute und relative Laufzeiten des Neuronalen
Netzes, Gl. (13), für jeweils 10 Zeitschritte.

Die benötigte Kommunikationsleistung hängt stark von der an jedem Knoten notwendigen Information ab. Transferiert man in jedem Zeitschritt die Zustände aller Neuronen, so hat man $T(T - 1)$

Transfervorgänge mit einer Informationlänge, die proportional zur Zahl der Neuronen eines jeden Transputers, N/T, ist. Die auszutauschende Informationsmenge geht daher asymptotisch wie $N * T$. Alternativ hierzu kann jeder Transputer zunächst eine lokale Statistik der Neuronenzustände erstellen. $a_m^{(\tau)}(t)$ bezeichnet dann die Zahl der Neuronen auf dem Transputer $\tau, 1 \leq \tau \leq T$, die sich im Zustand $z_n(t) = m$ befinden. Da sich jedes Neuron in einem der $M + 1$ möglichen Zustände befindet, ist bei einem vollständigen, wechselseitigem Austausch der lokalen Neuronenstatistik die Länge der insgesamt auzutauschenden Information proportional zu $M * T^2$ und damit unabhängig von der Neuronenzahl! An Stelle von Gl.(12) tritt dann

$$P_{n,m+1}(t+1) = \frac{(1 + \sum_{\tau=1}^{T} a_m^{(\tau)}(t))P_{n,m}(t)}{1 + \sum_{\rho=1}^{M} \sum_{\tau=1}^{T} a_\rho^{(\tau)}(t)P_{n,\rho}(t)}. \tag{13}$$

Im folgenden sollen kurz die Ergebnisse einer Implementation eines dieser Modelle auf einem Transputernetzwerk beschrieben werden. Als konkrete Regel wurde der nichtlineare Zusammenhang zwischen den Wahrscheinlichkeiten $P_{n,m}(t+1)$ und den $a_m(t)$ nach Gl.(13) gewählt. Jeder Prozessor berechnete dabei die Zeitentwicklung der gleichen Anzahl von Neuronen der mittleren Schicht. Über die Transputerlinks wird in jedem Zeitschritt dann die lokal berechnete Statistik $a_m^{(\tau)}(t)$ ausgetauscht. Die Abbildungen 4 und 5 zeigt die absoluten und auf einen Transputer bezogenen Laufzeiten für unterschiedliche Verhältnisse N/M.

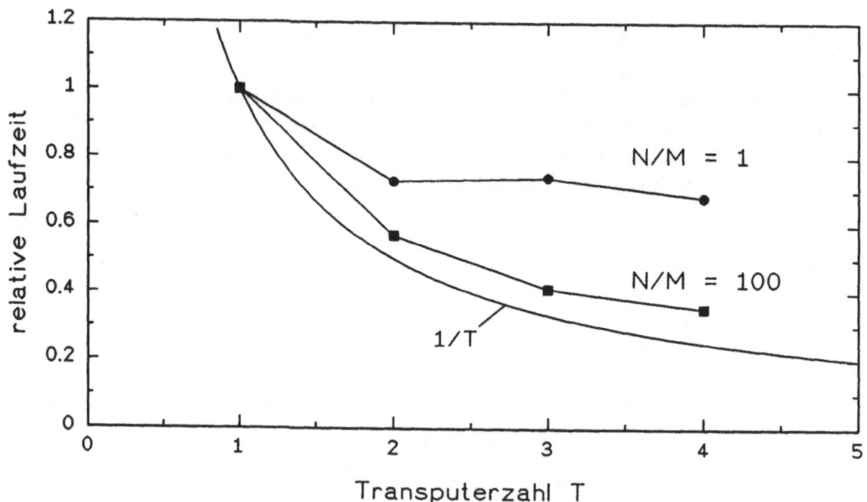

Abbildung 5: Rechenzeiten relativ zur Laufzeit eines Transputers für zwei unterschiedliche Verhältnisse N/M Die durchgezogene Linie gibt die kleinste erreichbare Rechenzeit $1/T$ an.

Ein weiterere Möglichkeit den Kommunikationsaufwand zwischen den Transputern zu reduzieren besteht darin, daß jeder einzelne Transputer nur mit einer Anzahl von $k < T$ Transputern kommuniziert. Dies bedeutet nur eine geringfügige Modifikation des benutzten Neuronalen Netzes. Es findet dann kein Austausch von Information zwischen allen Neuronen statt und daher ist i.a. $P_{n_1,m} \neq P_{n_2,m}$, falls $n_1 \neq n_2$. Damit sollte auch bei massiv parallelen Transputersystemen ($T > 100$) ein relatives Laufzeitverhalten für $N/M > 100$ von $1/T$ folgen.

5 Zusammenfassung

Eine Klasse Neuronaler Netze wurde definiert, deren Zeitenwicklung durch eine Veränderung der die Verteilung der Gewichte bestimmenden Wahrscheinlichkeiten gegeben ist. Die konkreten Regeln der Zeitentwicklung umfassen ein Spektrum von vollständig unabhängigen Neuronen, über lineare Wechselwirkungen bis hin zu einer starken, nichtlinearen Kopplung. Mit Hilfe statistischer Methoden lassen sich wesentliche Eigenschaften der unterschiedlichen Modelle wie z.B. das Konvergenzverhalten analytisch bestimmen. Für eine nichtlineare Zeitentwicklungsregel wurde eine effiziente Parallelisierung des Algorithmus auf einem Transputernetz mit vier Transputern durchgeführt und angedeutet, daß diese Effizienz bei massiv parallelen Transputersystemen erhalten bleibt. Weiterführende Arbeiten müssen, um die Verwendbarkeit der Modelle in echtzeitnahen praktischen Anwendungen beurteilen zu können, die Möglichkeiten einer Trennung unterschiedlicher Signale und die Rauschempfindlichkeit der Netze untersuchen. Dabei ist auch ein Vergleich mit den bekannten konventionellen Methoden der Signalverarbeitung und deren Parallelisierbarkeit durchzuführen.

Literatur

[1] J.Hertz, A.Krogh, R.G.Palmer, *Introduction to the Theory of Neural Computation*, (Addison-Wesley, Reading, 1991).

[2] R.Hecht-Nielsen, *Neurocomputing*, (Addison-Wesley, Reading, 1990).

[3] B.Müller, J.Reinhardt, *Neural Networks, An Introduction*, (Springer, 1990).

[4] E.Domany, J.L.van Hemmen, K.Schulten, *Models of Neural Networks*, (Springer, 1991).

[5] D.J.Amit, H.Gutfreund, H.Sompolinsky, Spin-glass models of neural networks, *Physical Review*, **A32** (1985) 1007.

[6] D.F.Specht, Probabilistic Neural Networks for Classification, Mapping, or Associative Memory, *Proc. IEEE Conf. Neural Networks* , Vol 1, (1988) 525.

[7] S.Renals, R.Rohwer, A Study of Network Dynamics, *J.Stat.Phys.*, **58** (1990) 825.

[8] D.E.Rumelhart, G.E.Hinton and R.J.Williams, Learning representations by back-propagating errors, *Nature*, **323** (1986) 533.

[9] A.Lapedes, R.Farber, Nonlinear Signal Processing Using Neural Networks: Prediction and Modelling, Technical Report LA-UR-87-2662, Los Alamos National Laboratory, 1987

[10] J.C. Eccles, *Das Gehirn des Menschen*, (Piper Verlag, München, 1975).

[11] J.Honerkamp, *Stochastische Dynamische Systeme*, (VCH, Weinheim, 1990).

[12] M.Fisz, *Wahrscheinlichkeitsrechnung und mathematische Statistik*, (Deutscher Verlag der Wissenschaften, Berlin, 1980).

Transputer als Front-End-Datenerfassungs- und Echtzeit-Analyse-System für Kernmassen-Messungen*)

K.Balog , K.E.G. Löbner, Th.Winkelmann
Sektion Physik, Universität München - Garching

Im Rahmen einer Kollaboration zwischen der Universität Gießen, der Gesellschaft für Schwerionenforschung (GSI, Darmstadt), dem Los Alamos National Laboratory, der Universität Osaka und der Universität München soll an der GSI ein Experiment aufgebaut werden, mit dem die Masse einzelner, sehr exotischer Atomkerne (= Kerne weit weg vom Stabilitätstal mit extremen Proton-Neutron-Verhältnissen) gemessen werden kann [1].

Motivation

Die systematische Bestimmung der Atomkern-Massen ist kernphysikalisch interessant, da die Masse eine fundamentale Größe ist, die alle Wechselwirkungen enthält, die zur Kernbindung beitragen. Die Massen einiger Kerne sind auch aus astrophysikalischen Gründen interessant, weil sie entscheidende Parameter für die Berechnungen der Elementsynthese in unserem Weltall darstellen.

Von den 263 stabilen und ca. 6000 instabilen - also radioaktiven - Isotopen hat man bisher nur ca. 2200 erzeugt und von einigen deren Kernmasse bestimmt. Außerdem bereitet es den zur Zeit existierenden Massen-Modellen noch große Schwierigkeiten, die Kernmasse hinreichend exakt vorherzusagen. Um die Datenbasis zu vergrößern, Vorhersagen von Modellen zu überprüfen und diese Modelle zu verbessern, benötigt man daher weitere exakte Messungen von möglichst exotischen Atomkernen. Je weiter man sich jedoch vom sogenannten "Stabilitätstal" entfernt, desto kleiner werden i.a. die Produktionsraten dieser Kerne und desto kürzer werden deren Lebensdauern, was deren Messung i.a. erschwert bzw. unmöglich macht.

Eine Methode zur Bestimmung von Kernmassen besteht aus einer Flugzeit-Messung, die - grob vereinfacht - auf der Anwendung der Formel $E = 1/2\ mv^2$ [E = Energie des Teilchens, m = Masse des Teilchens, v = Geschwindigkeit des Teilchens] basiert. Bei einer sogen. "isochronen Strahlführung" von geladenen Teilchen (=Ionen) kann man erreichen, daß die Umlaufszeit im ESR für alle Ionen gleicher Masse (genauer : gleicher Masse zu Ladungszustand des Ions) gleich lang ist. Das wird dadurch erreicht, daß Ionen mit größerer Energie auf einem längeren Weg geführt werden. So ist es möglich, durch Messung der Flugzeit direkt die Masse zu bestimmen.

Experiment

Mit dem an der GSI fertiggestellten Experimentier-Speicher-Ring (ESR) ist es möglich, eine solche Meßsituation für exotische Kerne herzustellen. Das Experiment soll direkt im ESR stattfinden. Mit dem Linearbeschleuniger UNILAC und dem Schwer-Ionen-Synchrotron (SIS) werden Projektil-Teilchen (= Teilchen-Strahl) bis auf Energien von 1-2 GeV pro Nukleon beschleunigt. Das entspricht einer Geschwindigkeit von ca. 88% der Lichtgeschwindigkeit (siehe Abb. 1).

Diese Projektile werden auf eine Folie (Target) geschossen, die sich am Anfang der Fragment-Separator-Strecke (FRS) befindet. Durch die extrem hohe Energie der Projektil-Teilchen entstehen in den dabei ablaufenden Reaktionen unter anderem die exotischen Kerne, die mit ähnlichen Geschwindigkeiten aus dem Target fliegen, mit dem die Projektil-Teilchen auf das Target getroffen sind. Mit dem FRS können nun die verschiedenen Isotope separiert und anschließend in den ESR eingeschossen werden. Wenn die Magnete des ESR so eingestellt werden, daß gleiche Massen gleiche Umlaufszeiten haben (Isochronbedingung), ist die oben beschriebene Flugzeit-Messung möglich.

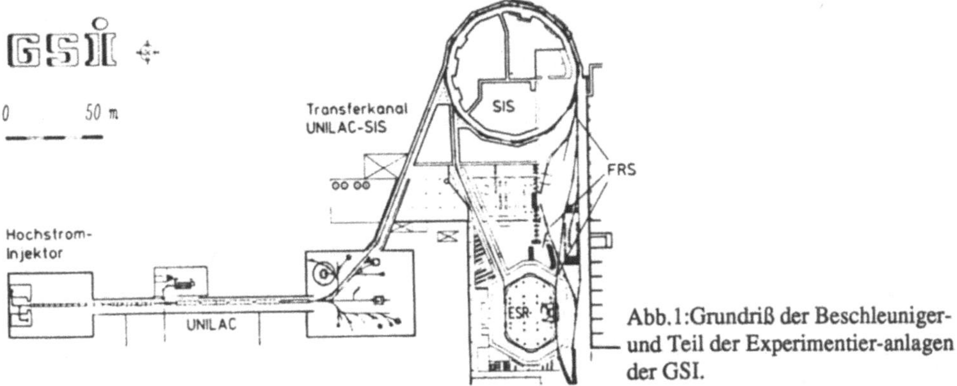

Abb.1:Grundriß der Beschleuniger- und Teil der Experimentier-anlagen der GSI.

Da die Kerne immer noch etwa die Geschwindigkeit der Projektilteilchen haben, benötigen sie für einen Umlauf im Ring nur ca. 500ns. Daher ist es mit dieser Apparatur möglich sehr kurzlebige Isotope zu messen. Für die Bestimmung der Kernmasse genügen schon die sehr kleine Produktionsraten, wie sie bei exotischen Kernen üblich sind. Da die Kernmasse direkt bestimmt werden kann, vermeidet man im Gegensatz zu den Zerfallsmethoden außerdem das Akkumulieren von Meßfehlern. Allerdings bringen die hohe Geschwindigkeit der Teilchen und die nötige Meßgenauigkeit hohe Anforderungen für Elektronik und Datenerfassung mit sich.

Meßelektronik

Wir gehen zur Zeit von vier bis zehn Teilchen aus, die sich gleichzeitig im ESR befinden. In einem Channelplate-Detektor wird bei jedem Umlauf, wenn ein Teilchen die Detektorposition im ESR passiert, ein Signal erzeugt. Die Signale haben eine typische Anstiegszeit von < 500ps, eine Halbwertsbreite von ca. 1ns und Amplituden von 10 bis 300mV. Die Zeitauflösung dieses Detektors sollte besser als 100ps sein. Die nachfolgende Elektronik muß eine deutlich bessere Zeitauflösung haben, um die Auflösung der Massen-Bestimmung nicht wesentlich zu verschlechtern.

Für ein einzelnes Teilchen im ESR ergibt sich bis zum Verlust der Kerne nach voraussichlich einigen 100μs wegen der typischen Umlaufszeiten von 500ns eine Zählrate von 2MHz im Detektor. Mehrere Teilchen können sich auf Grund ihrer unterschiedlichen Massen - und daher unterschiedlichen Geschwindigkeiten - überholen und nach wenigen Umläufen völlig durcheinander laufen. Der kleinste Teilchenabstand, den wir auflösen wollen, sind 5ns. Die Elektronik muß demnach für kurze Meßzyklen 200MHz Datenrate verarbeiten können. Die Dauer der Meßzyklen soll möglichst ohne Begrenzung durch die Elektronik sein, mindestens aber 100 Umläufe - das sind 50μs Fullscale - überdecken.

Die zur Zeit auf dem Markt erhältlichen Geräte können einzelne aber nicht alle diese Anforderungen erfüllen. Betrachtet man die beiden gängigen Techniken, wird die Ursache sofort klar und bietet eine Lösung für das Meßproblem. Die Time-to-Amplitude-Converter (TAC) - Technik fährt ab einem Startpuls eine Rampe hoch und hält die Amplitude bei einem Stopsignal. Diese Rampe kann zum Beispiel durch das lineare Aufladen eines Kondensators realisiert werden. Der große Vorteil dieser Methode ist ihre sehr gute Zeitauflösung, die allerdings mit dem Nachteilen einer großen Totzeit im Bereich von Mikrosekunden und der durch die ADC-Bitbreite begrenzten Fullscale von ca. 200ns bei 25ps Auflösung verbunden sind.

Eine weitere Methode besteht im Zählen der Pulse eines hochpräzisen Oszillators. Die sogenannten Transientenrecorder haben im allgemeinen Zähler mit 24 Bit Breite. Aber trotz teurer GHz-Technologie hat einer der schnellsten Transientenrecorder auf dem Markt "nur" eine Clock-Frequenz von 1.3GHz, was einer Zeitauflösung von ca. 770ps entspricht und somit einer Fullscale von einigen Millisekunden.
In Zusammenarbeit mit der Fa. *G/P Elektronik* in Berlin wurde eine neue Zeitmeß-Elektronik TRS (Time-Recording-System) entwickelt, die die Vorteile der beiden vorgestellten Techniken vereint.

Time-Recording-System

Das Blockbild (Abb.2) zeigt das Grundprinzip des TRS. Anstelle der im Start-Stop-Betrieb gesteuerten Rampe werden die quasi-linearen Teile einer hochstabilen 50MHz-Sinuswelle benutzt. Das Zeitsignal vom Detektor wird als Trigger für einen Sample-and-Hold (S&H) verwendet, der die zu dem Zeitpunkt anliegende Amplitude an einen Flash-Analog-Diagital-Converter (FADC) weiter gibt. Dieser S&H/FADC-Kreis ist zweifach ausgelegt, um eine Systemtotzeit von weniger als 80ns zu erreichen. Höhere Anforderungen an die Totzeit können durch eine Erweiterung auf mehr Kreise realisiert werden.

Detektorsignale, die zu Zeiten der nicht linearen Sinusphasen in das TRS kommen, werden in einer zweiten Gruppe von S&H/FADC-Kreisen digitalisiert, an der der gleiche Sinus um +90 Grad verschoben anliegt. Dieser Teil des TRS erzeugt die sogenannte Feinzeit des Teilchendurchgangs durch den Detektor. Die Digitale Auflösung beträgt 10ps. Der Jitter der Elektronik-Bauteile und damit die elektonische Auflösung liegen nach einigen ersten Tests unter 35ps.

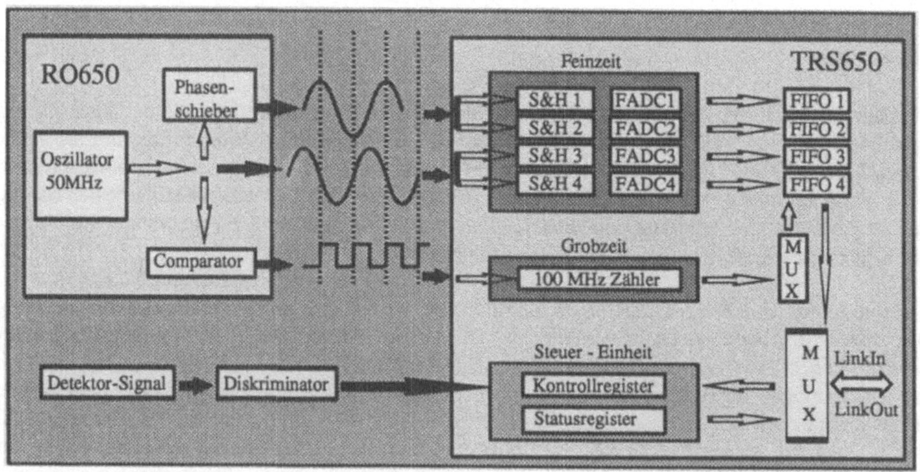

Abb.2: Blockbild des Time-Recording-Systems (TRS 650) mit Referenz-Oszillator (RO 650) als Quelle für die Sinuswellen und Rechteckspannung für den Grobzähler.

Mit den 10 Bit breiten AD-Wandlern können insgesamt nur 10ns Meßzeit überbrückt werden. Zur Vergrößerung dieser Fullscale werden die Nulldurchgänge des nicht verschobenen Sinus von einem 12 Bit breiten Counter gezählt. Die so erzeugte "Grobzeit" erhält man also in einer 10ns-Basis und mit einer Fullscale von 40960ns. Bei einer mittleren Umlaufszeit der Teilchen von 500ns im ESR wird der Überlauf des Grobzeit-Zählers nach ca. 82 Umläufen von der Software korrigiert werden. Damit ist der einzige limitierende Faktor für die mögliche Dauer eines Meßzyklus die Speichertiefe des bidirektionalen FIFOs, in dem die Daten gesammelt werden. Zur Zeit sind für jeden S&H/FADC-Kreis 512 Worte zu 32 Bit installiert.

Eine Hochfrequenz-Auswahl-Logik (HAL) übernimmt die Verteilung der Zeitsignale des Detektors. Innerhalb von 1.5ns wird entschieden, welcher S&H/FADC-Kreis für die Digitalisierung des Zeitwertes passend und frei ist. Die HAL übernimmt außerdem die Ansteuerung der S&H/FADCs und die prompte Zwischen-Speicherung des Grob-Zähler-Standes. Sobald der FADC die Amplitude gewandelt hat, steuert die HAL die Zusammenführung von Feinzeit, Grobzeit, und zusätzlich möglichen externen Datenbits in einem Datenwort im FIFO des jeweils aktiven Kreises. Die HAL ist in Gatterlogik aufgebaut und durch ein Kontrollregister steuerbar. Statusmeldungen, wie zum Beispiel das Ende eines Meßzyklus werden von der HAL in ein Statusregister codiert. Das Ende eines Meßzyklus wird erzeugt, wenn in einer einstellbaren Zeitspanne kein neues Ereignis eingetreten ist.

Datenanalyse

Die Durchgangszeiten der Teilchen durch den Detektor sind somit in zwei Zeitbasen und Informationsbits kodiert und in 4 Speichergruppen im TRS verteilt. Die Datenanalyse muß innerhalb von einem Meßzyklus diese Speicher auslesen, die Datenworte zu Zeiten dekodieren, eine Statistik über das bereits Gemessene aktualisieren und ein Spektrum erzeugen, an dem man erkennt, welche Kerne im Ring gemessen wurden, wie gut die Zeitauflösung war und wieviele Umläufe pro Teilchen mit dieser Einstellung der Ringoptik erreicht wurden.

Dieses Spektrum kann, wenn die Datenworte erst einmal dekodiert und sortiert sind, durch Differenzen-Bildung erzeugt werden. Wegen der erwähnten speziellen Einstellung der ESR-Stahlführung haben Teilchen mit unterschiedlicher Masse verschiedene Umlaufszeiten. Der zeitliche Abstand zweier Teilchen zueinander ändert sich demnach permanent, falls die beiden Teilchen nicht die gleiche Masse haben. Berechnet man die Differenzen aller gemessenen Zeiten zueinander und sortiert sie in ein Spektrum ein, erhält man als einzige immer wiederkehrende Werte die Umlaufszeiten der Teilchen und deren Vielfache, die als 'Peaks' aus dem Untergrund aller anderen unkorrelierten Differenzen herauswachsen (Abb.3).

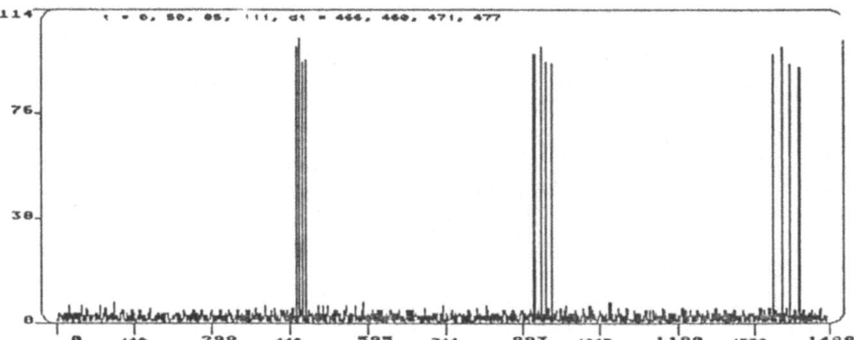

Abb.3: Simuliertes Differenzen-Spektrum unter der Annahme von 4 Teilchen mit den Einschußzeiten: 0ns, 50ns, 85ns und 11ns, und Umlaufzeiten von: 466ns, 460ns, 471ns und 477ns.

Für die Simulation des abgebildeten Differenzenspektrums wurden vier Teilchen im Ring mit vier unterschiedlichen Massen angenommen. Im Spektrum sind deutlich die immer wiederkehrenden Gruppen von 4 Peaks und deren Auseinanderlaufen mit jedem Umlauf zu erkennen. Die Darstellung und Berechnung wurde bei Differenzen größer 1500ns, das entspricht ca. 3 Umläufen, abgebrochen. Die Nachweis-Wahrscheinlichkeit wurde für die Simulation der Einfachheit halber auf 100% gesetzt und die Anzahl der Umläufe pro Teilchen wurde mit 100 angenommen. Daher ergeben sich für alle Peaks konstante Höhen von 100 Ereignissen + Untergrund.

In der Meßrealität wird ein solches Differenzenspektrum wesentlich komplizierter aussehen. Die Peaks werden Gaußverteilungen sein, die unter Umständen ineinander übergehen. Die Halbwertsbreite dieser Gaußkurven gibt direkt die Zeitauflösung der Messung an. Aus der Zahl der Ereignisse in den Gaußverteilungen und deren zeitliche Verteilung kann man Rückschlüsse auf die Anzahl der Kerne gleicher Masse, auf die Nachweiswahrscheinlichkeit des Detektor- und Datenerfassungs - Systems und die Anzahl der Umläufe pro einzelnem Teilchen ziehen.

In den ESR können in einer Größenordnung von 1Hz Teilchen eingeschossen werden. Dementsprechend oft sollen Differenzen-Spektren am Bildschirm erscheinen. Durch eine Darstellung, in der die Spektren in vertikaler Richtung "scrollen", ist es leicht möglich, Änderungen im Spektrum zu erkennen. Damit ist ein "Online-Tuning" der ESR-Magnete sowie das Online-Optimieren der Detektor- und Datenerfassungs-Elektronik möglich. Gleichzeitig müssen die Daten gesichert und via Ethernet in eine µVax und damit das GOOSY-System der GSI geschickt werden. Außerdem muß die Datenerfassung das TRS steuern. Im Offline-Betrieb müssen ferner Systemtests und Eichungs-Prozeduren möglich sein.

Hardware

Im Prinzip kann die TRS-Steuerung, Datenanalyse und Speicherung auf jedem beliebigen Prozeßrechner erfolgen. Auf Grund ihrer Architektur bietet sich die Prozessorfamilie der Transputer aber besonders an. Allein die drei Hauptaufgaben : Steuerung, Analyse und Speicherung lassen sich unproblematisch parallel abarbeiten. Die Datenanalyse ist wegen der guten Kommunikationsfähigkeit der Transputer geeignet, auf parallele Prozesse verteilt zu werden. Durch die Verwendung von Transputern ist die Abarbeitungsgeschwindigkeit der Analyse in dieser Anwendung skalierbar mit der Anzahl der verwendeten Prozessoren. Die Modularität eines solchen Systems ist ein weiterer Vorteil in Hinblick auf eine Erweiterung der Datenaufnahme und -Analyse auf mehrere, sich zum Teil ergänzender Detektoren.

Das Transputer-System besteht aus Modulen der Fa. *parsytec*. Begonnen wurde die Entwicklung auf einem einzelnen Transputer (T800) auf einer TPM/IO-Karte in einem PC. Zur Zeit besteht das System aus einem zusätzlichen MTM-2-12 Modul (2xT800, 25MHz, 2x 4MB 80ns DRAM), einem MTM-2-10 Modul (2xT805, 25MHz, 2x1MB 60ns DRAM) und einem IOS1-Modul (1x68000 mit Terminal-, Floppydisk- und Harddisk-Schnittstellen), aus einem MultiCluster1-System, sowie einer 3.5"Winchester und einem 3.5" Floppydisk-Drive.

Das TRS ist aus Gatterlogik aufgebaut und kann über ein Kontroll-Register gesteuert werden. Für die Rückmeldung von Zuständen wird ein Statusregister ausgelesen. Die beiden Register, Wortzähler für die vier FIFO-Speicher und der Inhalt der FIFOs werden vom TRS entsprechend dem Inhalt des Kontroll-Registers in eine Linkschnittstelle (*inoms CO11 Link* ADAPTER) gemultiplext. Für die Übersetzung des TTL- *imos*-Links auf den differenziellen *parsytec*-Link werden schnelle Treiber (26LS31 als Sender und 26LS32B als Empfänger) benutzt. Aus Strahlenschutzgründen befindet sich das Rechner-System während des Meßbetriebes nicht in unmittelbarer Nähe zum TRS. Die Übertragungsgeschwindigkeit des Links von 20MBit/s soll jedoch trotz einer Weglänge von ca. 70m erhalten bleiben. Für diesen Fall werden die TTL-*inmos*-Link-Signale direkt über Treiber und Koaxial-Leitungen in den Datenerfassungsraum geleitet. Die Konvertierung in *parsytec*-Link-Signale findet in dem Fall direkt auf einer Karte im Transputer-Crate mit den oben beschriebenen Sender-/ Empfängerbausteinen und Treibern für die langen Kabel statt . Die Karte wird mittlerweile von der Fa. *G/P Elektronik* (Berlin) vertrieben.

Der Transputer benutzt den PC (80486, 25MHz) als Ein-/Ausgabemodul. Außerdem hat man über die Terminalschnittstelle der IOS1-Karte Zugriff auf Transputer und Daten. Ausschnitte des Differenzen-Spektrums können über eine Ethernetkarte im PC an eine μVax des GSI-GOOSY-Netzes geschickt und von dort beliebig weitergeleitet werden. Mit der μVax hat man Zugriff auf die Maschinendaten des ESR und auf Experiment-Parameter wie Vakuum, Detektorspannungen u.s.w. . In der Vax werden diese Daten mit den Rohdaten des Transputernetzes kombiniert und im GOOSY-Format gespeichert.

Software

Für die Programmierung der Datenerfassung und -analyse wurde wegen der Echtzeit-Anforderung an die Datenanalyse die Sprache OCCAM [2] unter dem Betriebssystem MultiTool [3] verwendet. MultiTool ist eine von *parsytec* entwickelte integrierte Programmier-Umgebung aus Editor, Filemanager, Compiler und Debuggingsystem. MultiTool ist abwärts kompatibel zum *inmos* TDS (Transputer Development System) [4] . Betriebssysteme wie HELIOS [5], EXPRESS [6] oder TROLLIUS [7] bieten zwar eine angenehme, UNIX-ähnliche Oberfläche, nutzen aber nur schlecht die hohe Leistung eines Transputernetzwerkes, da unter anderem das Problem der optimalen Verteilung der Rechenlast nur ungenügend gelöst ist.

Wie im folgenden gezeigt, gliedert sich die gesamte Analyse im wesentlichen in wenige Arbeitsschritte die für alle Daten gleich und daher parallel ausgeführt werden können. Mit OCCAM kann man diese Parallelität in konkrete Formen fassen, deren Umfang völlig im Ermessen des Entwicklers liegt. Prozesse in OCCAM reichen vom einfachsten Element ("Primitive Prozesse") bis zum gesamten Programm. Gleichzeitig laufende Prozesse können über "Kanäle" miteinander kommunizieren, wobei es für den Entwickler in erster Näherung nicht wichtig ist, ob diese Prozesse auf einem oder mehreren Transputern laufen. Die Definitionen für Soft- oder Hardware-Kanäle sind identisch. Für die Entwicklung eines Systems, dessen endgültiger Ausbau zur Entwicklungszeit nicht feststeht, ist diese Eigenschaft eine große Hilfe. Die im folgenden beschriebenen Prozesse zur Datenanalyse wurden unabhängig von ihrer endgültigen Verteilung auf das Netzwerk geschrieben. Diese endgültige Verteilung einzelner Prozesse kann am Ende der Entwicklung entsprechend der Rechenlast vorgenommen werden.

Prozesse der Datenanalyse

Die Abb.4 zeigt den Datenfluß durch die Prozesse des Transputernetzwerkes wie er während des Experiments (online) abläuft. Der Prozeß "STEUERUNG TRS" ist das Interface zwischen der seriellen Welt des TRS und dem Transputernetz. Er setzt bestimmte Schlüsselcodes an das Kontrollregister des TRS ab. Die Gatterlogik des TRS multiplext daraufhin als Folge eines solchen Kommandos zum Beispiel den Inhalt eines FIFO-Wortzählers auf die Link-Output-Leitung. Eine weitere Aufgabe dieses Prozesses ist die Überwachung des Statusregisters im TRS, mit dem u.a. angezeigt wird, wann der Meßzyklus beendet oder die FIFOs voll sind und der Datentransfer starten soll, bei dem die Daten der 4 FIFO-Speicher durch den Steuerungs-Prozeß in einen Datenbuffer-Prozeß geschleift werden.

Der Prozeß "DATENBUFFER" multiplext die Rohdaten schon während ihres Eintreffens sowohl in den "SPEICHERPROZEß", der über die IOS1-Karte die Daten auf die Harddisk speichert, als auch in Datenbuffer, die von "DEKODIERUNGs"-Prozessen ausgelesen werden. Das Datenwort wird in der Dekodierung in Bitgruppen geteilt, in denen die Feinzeit und die Grobzeit kodiert ist. Zwei parallel laufende Prozesse (hier nicht dargestellt) bearbeiten die beiden Zeiten. Im Feinzeit-Prozeß wird aus der gemessenen Pulshöhe der Sinuswelle der Wert für eine Feinzeit von einem "EICHTABELLEN"-Prozeß erfragt. Diese Tabellen wurden offline von Eichprozessen angelegt, in denen die Pulshöhen für die einzelnen S&H/FADC-Kreise Zeiten in Einheiten von 10ps zugeordnet werden. Bei dieser Zuordnung werden alle systematischen Fehler der Digitalisierung berücksichtigt und so zum größten Teil eliminiert. Der Grobzeitprozeß muß im wesentlichen nur eine Überlaufkorrektur des Grobzeit-Zählers vornehmen. Am Ende beider Dekodierungsprozesse steht die Zusammenführung zu einem Zeitwert aus Grob-und Feinzeit in einen weiteren Software-FIFO-Buffer.

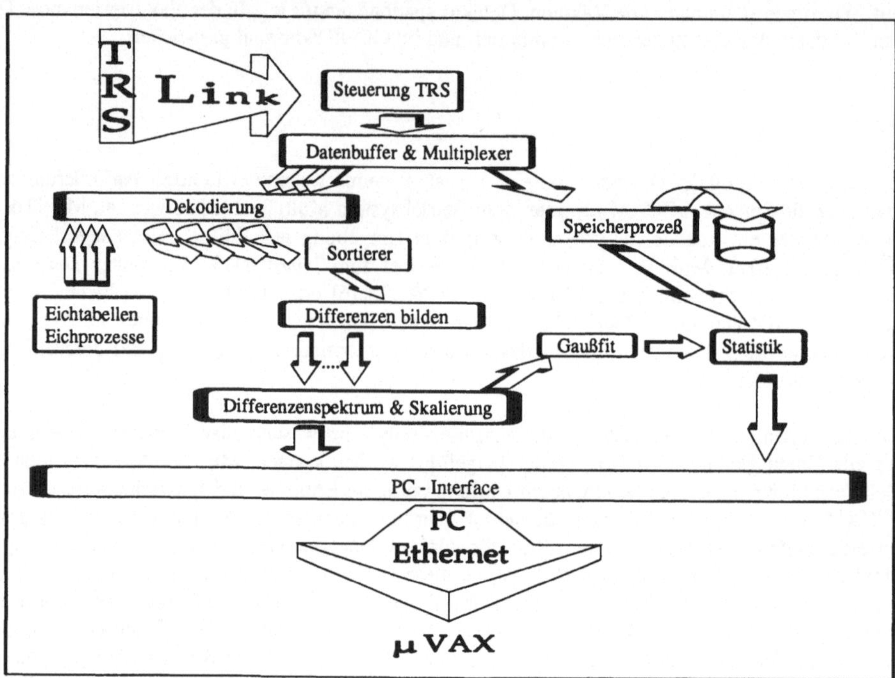

Abb.4 : Prozesse der Datenanlyse

Die gemessenen Durchgangszeiten der Kerne durch den Detektor wurden von der HAL je nach Phasenlage zu den Sinuswellen und zur Verfügung stehenden S&H/FADC-Kreisen in die FIFO-Speicher verteilt. Innerhalb dieser FIFO liegen die kodierten Zeiten entsprechend dem FIFO-Konzept in der zeitlichen Reihenfolge ihres Eintreffens. Dementsprechend müssen die vier Datensätze nur noch untereinander aufsteigend sortiert werden. Jeder Datensatz wird von einem von vier parallel laufenden Dekodierungs-Prozessen bearbeitet. Der Datenfluß in den "SORTIERER"-Prozeß wird durch die Daten selbst synchronisiert , eine sehr nützliche Eigenschaft der Kommunikation über Kanäle.

Der Sortierer besteht aus einem simplen "Pipline-Sorter"-Teil. Das Grundprinzip des Sortierers besteht darin, daß ein Strom unsortierter Zahlen in eine Pipline geschickt wird, die aus genau so vielen parallelen Prozessen zusammengesetzt ist, wie Zahlen vorhanden sind. Der hier verwendete Pipline-Sorter besteht demnach aus vier identischen Prozessen. Die Prozesse haben zwei lokale Variablen, "lokal" und "neu". Aus den vier Datenbuffern der Dekodierungs-Prozesse wird sequentiell je eine Zeit über die Variable "neu" eingelesen. Die neu ankommende Zahl wird mit dem Wert von "lokal" verglichen. Wenn sie nicht größer ist als "lokal", wird sie sofort an den nächsten Prozeß in der Pipline weitergegeben. Ist sie jedoch größer als "lokal", wird sie behalten, d.h. in die Variable "lokal" geschrieben, und der alte Wert von "lokal" wird stattdessen weitergegeben. Durch dieses Verfahren setzen sich die Zahlen wie ein Sediment ab. Das Ereignis mit der "kleinsten Zeit" "fällt" durch alle Prozesse durch an den Ausgang des Sortierers. Dort wird es wieder in einen Software-FIFO-Buffer gelegt. Der Sortierer weiß, aus welchem Dekodierer-Buffer dieser "kleinste" Zeitwert kommt. Aus diesem Buffer wird ein neuer Wert geholt und in die Pipeline geschickt. Die Pipline-Prozesse sind vorgeladen mit dekodierten Zeitwerten. Daher reichen vier Vergleiche aus, die zu dem noch zeitversetzt parallel zum nächsten Wert durch den Sortierer ablaufen.

Der Prozeß "DIFFERENZEN BILDEN" kann leider nicht analog aufgebaut werden, da die Anzahl der zu verrechnenden Zahlen zu diesem Laufzeitpunkt noch nicht bekannt ist. Demnach ist auch die Anzahl der Prozesse, die eine Pipline bilden könnten, unbekannt. Dieser Prozeß muß aus dem obigen Buffer Zeiten einzeln herauslesen und die Differenz zum ersten Zeitwert bilden, bis diese Differenzen einen durch den Benutzer voreingestellten Wert überschreiten. Danach müssen alle Differenzen zur zweiten Zahl des Buffer gebildet werden. Über eben dieses Differenzen-bilden zur ersten Zahl, zur zweiten Zahl, zur dritten Zahl .... ist eine Parallelisierung und damit Rechenzeitersparnis möglich. Ein Multiplexer verteilt die n ersten Zahlen an n parallele Prozesse, die daraufhin die aufsteigenden Zeiten zu ihren "Startwerten" anfordern, Differenzen bis zum Grenzwert bilden und mit der nächsten "ersten" Zahl geladen werden.

Die so erzeugten Differenzen werden in einen Prozeß "DIFFERENZENSPEKTRUM " in ein Spektrum gesammelt. Sobald die letzte Differenz in diesem Prozeß angekommen ist, wird das Spektrum an den "SKALIERUNG"s-Prozeß geschickt, der das Maximum in der Verteilung der Differenzen sucht und während des Weiterleitens an den "PC-INTERFACE"-Prozeß mit einem Skalierungsfaktor multipliziert. Parallel zum Skalierens wird in einem vorgegebenen kleinen Ausschnitt des Spektrums ein grober GAUßFIT durchgeführt. Die Ergebnisse, wie Halbwertsbreite, Inhalt der Gaußkurve u.s.w. werden von einem "STATISTIK"-Prozeß erfaßt und ebenfalls an den "PC-INTERFACE"-Prozeß weitergleitet.Der Interface-Prozeß stellt wieder die Schnittstelle zwischen paralleler und sequenzieller Prozessorwelt dar.

Auf der PC-Seite läuft parallel zum Transputernetzwerk ein C-Programm, das das Differenzenspektrum grafisch darstellt, die Informationen des Statistik-Prozesses anzeigt und eine Benutzeroberfläche bereitstellt. Die Tatsache, daß das C-Programm parallel zum OCCAM-Programm laufen soll, stellte anfangs ein Problem dar, obwohl das MultiTool-Betriebssystem prinzipiell einige Werkzeuge zur Verfügung stellt. Mit dem "afserver" kann man aus der DOS-Umgebung ein OCCAM-Programm starten. Allerdings wird dann auf den return-Code des DOS-Servers gewartet. Will man ein Transputer-Programm aus einem DOS-Programm (hier C-Programm) starten, werden die Routinen "system()" oder "exec()" benutzt, die ihrerseits auf den return/exit-Code des Command-Prozessors warten. In beiden Fällen steht also die Benutzeroberfläche, bis das Transputer-Programm abgeschlossen ist.

Eine weitere Möglichkeit besteht darin, vom Transputer-Programm aus ein DOS-Programm zu starten. Durch die Hilfe von Hr.P.Siemon vom Lehrstuhl für Informatik der Universität Dortmund [8] gelang es, über die IOS-Channels des FileServers zunächst ein C-Programm im DOS zu starten und Daten vom Transputer in dieses Programm zu schicken. Der Server ignoriert jede Link-Kommunikation von dem Zeitpunkt an, zu dem er das erste Byte des Request akzeptiert, bis das letzte Byte der Antwort (hier der Terminate-Code) empfangen ist. In der Zwischenzeit kann man bliebig Daten in die BBK-Schnittstelle legen und vom C-Programm über "inportb(....)" abholen. Der umgekehrte Weg des Datentransfers funktioniert aber leider nicht. Im Transputer läuft zu dem Zeitpunkt ein Multiplexer, aufgerufen durch den IO-Server, der die IOS-Channels verwaltet. Dieser Multiplexer wartet auf zwei Integer, die er als Response-Code auf das Kommando "starte DOS-Programm" interpretiert. Die ersten vier Byte, die vom C-Programm Richtung Transputer abgesetzt werden, verursachen also einen Fehler im Serverablauf und der Transputer steht.

In Zusammenarbeit mit der Fa. *parsytec* konnte das Problem gelöst werde. Das OCCAM-Programm wird als "StandAlone" übersetzt und mit dem FileServer als File in das DOS kopiert. Das C-Programm, das parallel zum Transputer-Programm laufen soll, versetzt das Transputernetzwerk in den "Boot-From-Link"-Modus und schickt dann Byte für Byte den Inhalt des OCCAM-Files über die Schnittstelle (Abb.5).

```c
#define  BASE_ADDR              0x0150
#define OUT_RESET_REG           (BASE_ADDR + 0x010)
#define OUT_RESET_SET           (unsigned char) 0x01
#define OUT_RESET_RESET         (unsigned char) 0x00

void boot_tranputer(void)
{  long  time, dummy =0;              int   cmd =0; unsigned char byte;
   FILE *ofp,*fopen();


   outportb( OUT_RESET_REG, OUT_RESET_SET);
   time = biostime( cmd, dummy); while ((biostime(cmd,dummy) - time)  <= 2); /* 128ms warten*/
 outportb( OUT_RESET_REG,OUT_RESET_RESET);

   ofp = fopen("boot_net.prg","rb");
   while( !feof(ofp))
   {   byte = (unsigned char) fgetc(ofp);
       while( !OUT_READY) outportb ( OUT_DATA_REG, byte);
   }
}
```

Abb.5 : C-Routine: Starten eines Transputernetzwerks

Von dem so parallel zum Transputer-Netzwerk laufenden C-Programm aus, können die Daten zwischen gespeichert, dargestellt und über Ethernet an das GOOSY-System weitergereicht werden.

Zusammenfassung

Insgesamt kann man feststellen, daß die oben beschriebene Methode der Kernmassen-Messung und die Art der Datenaufnahme und -analyse ein Beispiel für gut und effektiv parallelisierbare Prozesse ist, für das sich Transputer als Front-End- und Analyse-System besonders eignen. Dies gilt speziell für eine Erweiterung des Systems auf mehrere Datenquellen (d.h. Erweiterung auf mehrere Detektoren) und für eine evtl. nötige Steigerung der Rechenleistung für den Online-Betrieb.

Literaturhinweise

[1]   K.Balog et. al., *Scientific Report*, GSI - 91-1 (1991) S.296
[2]   inmos, OCCAM 2 *Reference Manual*, Prentice-Hall, Englewood Cliffs, 1988
[3]   parsytec, Multi Tool 5.0 , *Technical Documentation*, parsytec,1990
[4]   inmos, *Transputer Development System*, Prentice-Hall, Englewood Cliffs, 1988
[5]   Perihelion, *The Helios Operating System*, Prentice-Hall, Englewood Cliffs, 1989
[6]   P. Van Renterghem, *Express: A parallel programming environment*, In.H.Metzdorf, editor,
        Parallel Processing with Personal Computers, Ispra, 1989,Joint Research Center ISPRA
[7]   M.Braner, *Trollius: A software solution for transputer and other multicomputers*, In G.S.Stiles,
        editor, *Transputer Research and Applications I*, Amsterdam, 1989, IOS
[8]   M.Böhm,H.P.Siemon, *Ein graphisches Ausgabegerät für arme Forscher mit einem Transputer*,
        Bericht Nr.330, Abtlg.Informatik, Univ.Dortmund (1990)

*) Gefördert von der GSI und dem BMFT unter 06 LM 171

Ein objektorientiertes Konzept
zur Prozeßkopplung und Datenverarbeitung
in mechatronischen Systemen

Thomas Gaedtke (Konzept)
Uwe Honekamp (Software-Aspekte)
Marco Busetti (Hardware-Aspekte)

Universität-Gesamthochschule Paderborn
Fachbereich 10 - Automatisierungstechnik
(Prof. Dr.-Ing. Joachim Lückel)
Pohlweg 55, D - 4790 Paderborn

Konzept

Mechatronische Systeme sind gekennzeichnet durch die Aufnahme von Signalen, deren Verarbeitung und Ausgabe. Dazu ist ein technisches System in der Regel um Sensoren, Mikrorechner und Aktoren zu erweitern [Schweitzer 1989, Lückel 1990]. Funktional gehören Signal-Aufnahme und -Ausgabe zusammen; sie bilden gemeinsam mit den Sensoren und Aktoren die Prozeßperipherie eines mechatronischen Systems. Die Hauptaufgabe der Signal-Aufnahme besteht in der Umformung der Signale unterschiedlicher Repräsentationsformen in eine einheitliche diskrete, quantisierte, numerische Form zur weiteren Verarbeitung im Mikrorechner. Verarbeitung bedeutet in diesem Zusammenhang meist digitale Regelung. Aber auch andere Operationen, wie Signalerfassung und -analyse sowie Steuerung, sind nicht ausgeschlossen. Bei der Signal-Ausgabe werden numerische Werte in eine zum Aktor passende Repräsentation umgeformt. Es liegt in der Natur der Sache, daß die zur Realisierung notwendigen Funktionen zeitlich nebeneinander oder zumindest zeitlich verzahnt ablaufen können. Deshalb ist eine Parallelisierung der Gesamtaufgabe sinnvoll.

Von uns ist ein Konzept entwickelt und realisiert worden, das die oben genannten Elemente, die Signal-Aufnahme, die Signal-Verarbeitung und die Signal-Ausgabe, verbindet und mit folgenden, in dieser Kombination nicht selbstverständlichen, Eigenschaften ausstattet: Echtzeitfähigkeit, Parallelität, Kommunikationsfähigkeit, Modularität, Skalierbarkeit, Modernisierbarkeit, Hardwareunabhängigkeit und Benutzerfreundlichkeit.

In Anlehnung an die Prinzipien des objektorientierten Entwurfs (OOD) [Booch 1991] sind drei Klassen formuliert worden: Die **Peripherie-Modul-Klasse**, die **Computer-Modul-Klasse** und die **Monitor-Modul-Klasse**. Sie repräsentieren die drei bei der digitalen Regelung und Steuerung notwendigen elementaren Aufgaben: Prozeßkopplung, Rechnung und Überwachung/Verwaltung. **Klassen** sind bewußt ungegenständlich und abstrakt. Sie dienen primär der verallgemeinerten Darstellung des Konzepts. **Objekte** (auch Instanzen der Klasse genannt) entstehen später aus den Klassen durch ihre **Instantiierung**. Sie sind dann, durch ihren Bezug zur Hardware, gegenständlich geworden. Ihre Eigenschaften erhalten sie durch **Hardware und Software**. Durch ihre Gegenständlichkeit unterscheiden sie sich von den bekannten Objekten aus der objektorientierten Programmierung. Wir nennen sie deshalb auch **Geräte**, wenn wir den gegenständlichen Charakter hervorheben wollen.

Die Analogie Klasse ↔ virtuelles Gerät und Objekt ↔ konkretes Gerät schafft eine klare Trennung zwischen der eher abstrakten und aufgabenbezogenen Funktionalität und der Implementierung. Die Klasse beschreibt alle Eigenschaften und Funktionen, die eine Instanz - in der Realität als Gerät - besitzen wird. Klasseneigenschaften werden dabei aus einer Mischung von Hard- und Software realisiert, wobei die implementationsabhängigen Details verdeckt bleiben. Funktionen, die in diesem Kontext auch **Methoden** heißen, lassen sich von außen durch Senden von passenden **Botschaften** aktivieren.

Peripherie-Module (PM), **Computer-Module** (CM) und die **Monitor-Module** (MM) sind Instanzen der oben genannten Klassen. Aus der Sicht eines Anwenders sind sie die hochwertigen Elemente, aus denen er seine spezielle **Anwendung** (die Anwenderobjekte) aufbauen wird. Alle Module haben die im folgenden genannten gemeinsamen Eigenschaften. Sie sind:

kommunikativ,	weil sie untereinander Nachrichten (Botschaften) in Form von Daten (unter Echtzeitanforderungen) und Kommandos austauschen können;
informativ,	weil sie ihren inneren Zustand und ihre Konfiguration auf Anfrage mitteilen;
autonom,	weil sie als eigenständiges Programm auf eigenständiger Hardware implementiert sind;
flexibel,	weil sie sich in gewissem Rahmen konfigurieren lassen;
kombinierbar,	weil sie untereinander kompatible Schnittstellen besitzen.

Bevor wir näher auf die Details eingehen, soll anhand eines vereinfachten Beispiels gezeigt werden, wie die einzelnen Module zu einem Anwenderobjekt zusammenzusetzen sind. **Beispiel**: Ein **Industrieroboter** (IR) soll geregelt und gesteuert werden. Dazu benötigt man folgende Elemente und Funktionsgruppen: **Sensoren** mit Meßumformern, **Aktoren** mit Leistungselektronik, einen digitalen **Regler**, eine **Bahnvorgabe** und letztlich ein **Benutzerinterface** (Bild 1).

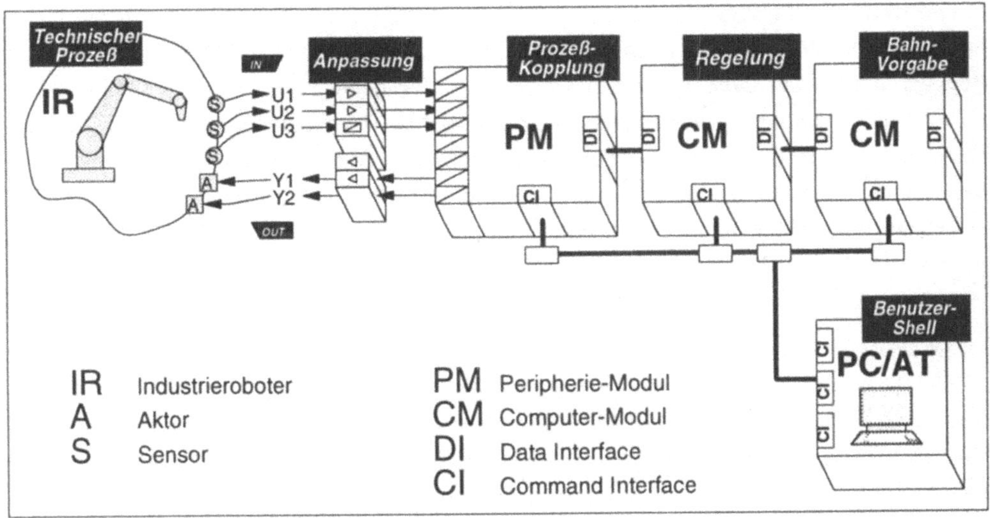

Bild 1: Anwendungsbeispiel Industrieroboter

Logisch betrachtet *hüllt* das Peripherie-Modul den mit Sensoren und Aktoren ausgestatteten IR ein. Durch diese Hülle *sieht* das angeschlossene Computer-Modul alle Sensorsignale in aufbereiteter Form (als Größen mit physikalischen Einheiten, auch gefilterte und abgeleitete Größen). Anders ausgedrückt: Das Peripherie-Modul repräsentiert den IR gegenüber dem Computer-Modul. Der Regler zur Kontrolle des IR residiert im ersten Computer-Modul. Es *sieht* den IR durch die *Hülle* des Peripherie-Moduls, das sein direkter Kommunikationspartner ist. Sollwerte, in diesem Beispiel also Bahndaten in Gelenkkoordinaten, liefert das vorgelagerte zweite Computer-Modul (Bahnvorgabe). Alle Module und der Hostrechner sind untereinander vernetzt. Der *Host* beherbergt das Benutzerinterface und hält verschiedene andere Applikationen bereit. In der Entwicklungsphase eines Projekts wird er auch noch das Entwicklungssystem enthalten.

Jedes Modul hält seine **Daten lokal** und läuft, von den kurzen Synchronisationszeitpunkten abgesehen, **autonom**. Im Bild weiter links stehende Module haben höhere **Priorität**. Das heißt konkret: Das Peripherie-Modul wird nicht durch den Regler blockiert und der Regler nicht durch die Bahnvorgabe. Damit ist ein sicherer Betrieb möglich, weil das Peripherie-Modul den Notlauf des IR durch Abbremsen der Gelenke dann sichert, wenn der Regler durch Ausfall die Kontrolle verlieren sollte. Der Regler seinerseits stabilisiert den IR durch eine Festpunktregelung, wenn die Bahnvorgabe ausfällt. Das Beispiel ist bewußt einfach gehalten, andere Ausprägungen sind jederzeit möglich (Erweiterung auf mehrere Peripherie-Module, zusätzliche Computer-Module, optionales Monitor-Modul etc.).

Die **Hardwareplattform** für die Implementierung der Module ist vom Typ MIMD und findet sich in hervorragender Weise wieder in der inmos-Transputer/Motherboard/TRAM-Konzeption. Unser Konzept nutzt die sich damit ergebenden Möglichkeiten weitgehend aus. Fehlende Komponenten, so eine transputerbasierte, intelligente Schnittstelle (das Transputer-Interface-Board) zu leistungsfähiger Prozeßperipherie, wurden von uns entwickelt und hergestellt. Es ist kompatibel zu einem Peripheriekartenbus und zur oben genannten Motherboardarchitektur. Durch die aufsteckbaren und austauschbaren TRAMs ist die Rechenleistung an ein konkretes Problem anpaßbar. Außerdem ist die Modernisierbarkeit der Komponenten gewährleistet (T9000 TRAMs). Weitere Details enthält der Abschnitt "Hardware-Aspekte".

Mit einem Peripherie-Modul, einem Monitor-Modul und einem oder mehreren Computer-Modulen lassen sich also die sogenannten **Anwenderobjekte** aufbauen, die meßtechnische oder einfache bis komplexe Regelungs- und Steuerungsaufgaben in mechatronischen Systemen bewältigen können. Peripherie-Module residieren auf dem Transputer-Interface-Board, Computer-Module und Monitor-Module auf TRAMs. Module können dabei auf mehrere TRAMs verteilt sein.

Funktionen und **Eigenschaften** jeder Modul-Klasse stehen enger im Kontext der mechatronischen Aufgabe als in dem der Implementierung; sie sollen ja primär dem Anwender dienen. Die **Kataloge** der Funktionen und Eigenschaften sind daher aufgabenorientiert und weitgehend hardwareunabhängig formuliert worden.

Module sind grundsätzlich **kommunikativ**. Unterschieden werden zwei Typen von Kommunikationskanälen: **Kommandokanäle** und **Datenkanäle**. Jedes Modul besitzt einen Kommandokanal, über den Botschaften (Kommandos) empfangen und Ergebnisse versandt werden. Peripherie- und Computer-Module besitzen einen oder mehrere Datenkanäle, über die zyklisch Daten ausgetauscht werden. Kommando- und Datenübertragung laufen zeitlich nebeneinander ab, die Datenkanäle aber werden mit hoher Priorität behandelt. Empfangen Module gültige Botschaften, werden die zugehörigen Funktionen ausgeführt und gegebenenfalls quittiert.

Peripherie-, Computer- und Monitor-Module besitzen, ihren spezifischen Aufgaben entsprechend, unterschiedliche Funktionen:

>**Peripherie-Module** lassen sich konfigurieren. Das heißt, es lassen sich mit Attributen versehene direkte und indirekte Signalkanäle einrichten. Neben den Grundattributen wie *Name*, *Einheit*, *Skalierungsfaktor* und *Offset* gibt es Attribute, die die *Quantisierungswortbreite* und den *Darstellungsbereich* betreffen. Nach der Konfiguration ist ein Peripherie-Modul in der Lage, die Prozeßdaten zyklisch zu erfassen und zu erzeugen. Dazu sind drei Funktionen fest eingebaut. Erstens: ***Erfassen und Speichern*** von Prozeßdaten über eine zuvor bestimmte Zahl von Abtastschritten. Zweitens: Wiederholung der Sequenz ***Erfassen-Versenden-Empfangen-Erzeugen*** bis zum Abbruch. Drittens: Kombination der Funktionen Eins und Zwei; also ***Erfassen und Speichern, während die Sequenz*** läuft. Alle in einem Peripherie-Modul gespeicherten Informationen, also Attribute, Daten und Einstellungen, können jederzeit über den Kommandokanal abge-

rufen werden. Peripherie-Module sind in einer Anwendung obligatorisch. Messungen am technischen Prozeß lassen sich durch eingebaute Trigger- und Aufzeichnungsfunktionen einfach ausführen.

Der Funktionsumfang der **Computer-Module** ist geringer als der der Peripherie-Module und wird erst bei der Instantiierung durch den Anwender endgültig festgelegt. Verbindlich sind jedoch die Eigenschaften der Kommunikation über Kommando- und Datenkanal. Eine mögliche Implementierung ist im zweiten Teil gezeigt.

Monitor-Module verbinden und kapseln mehrere logisch zusammengehörende Peripherie- und Computer-Module zu einer Einheit. Dazu brauchen sie lediglich Kommandokanäle. Monitor-Module sind in einer Anwendung im allgemeinen durch eine graphische Oberfläche mit dem menschlichen Benutzer verbunden. Grundsätzlich läuft eine Anwendung aber auch stand-alone, also ohne Benutzeroberfläche. Monitor-Module in einem Anwenderobjekt sind optional und dienen eher der Strukturierung und dem Management als der primären Aufgabe.

__Zusammenfassung__: Es sind drei Modul-Klassen definiert. Instanzen dieser Klassen sind Peripherie-Module, Computer-Module und Monitor-Module (auch Objekt oder Geräte genannt). Werden sie zusammengeschaltet, können sie miteinander kommunizieren. Dazu besitzen sie zwei verschiedene Kanäle: Datenkanäle für den schnellen Datenaustausch unter Echtzeit; Kommandokanäle für den Botschaftenaustausch. Jedes Objekt läuft autonom (eigene Daten, eigener Speicher und eigener Prozessor) und läßt sich von außen steuern (durch Senden einer entsprechenden Botschaft). Peripherie-Module kapseln den physikalischen (mechatronischen) Prozeß, Computer-Module führen Berechnungen aus, und Monitor-Module strukturieren.

Software-Aspekte

Das im vorhergehenden Teil vorgestellte Konzept nennt die Implementierung einzelner Module Instantiierung. In diesem Teil wird beschrieben, welche Techniken bei der Instantiierung eines speziellen Computer-Moduls, konkret eines Moduls zur Abarbeitung eines **linearen Regelgesetzes**, angewendet wurden. Das diskutierte **Computer-Modul (CM)** ist zur Zusammenarbeit mit einem bestimmten **Peripherie-Modul (PM)** ausgelegt.

Das verwendete Peripherie-Modul ist nicht Gegenstand dieses Beitrags. Es ist bereits für den Ablauf auf einer selbstentwickelten, transputerbasierten **Echtzeithardware** instantiiert [Honekamp 1991]. Die Konfiguration für eine spezielle Aufgabe erfolgt über seine Benutzerschnittstelle. Das CM soll als übergeordnete Entität diese Konfiguration **zur Laufzeit** (vor dem Abarbeiten des Regelgesetzes) vornehmen. Das PM muß Informationen über die zu verwendenden **Datenkanäle** zur Prozeßperipherie erhalten, wozu die technische Spezifikation des Datenkanals und seine Attribute gehören. Die Attribute sind Name, Einheit, Skalierungsfaktor und Offset der zu übertragenden physikalischen Größe. An dieser Stelle ist festzuhalten, daß das CM die Informationen zur Konfigurierung des PM erhalten bzw. einsammeln muß. Auf diesen Punkt wird später eingegangen.

Die Struktur des vom CM abgearbeiteten Regelgesetzes ist zunächst nicht festgelegt. Die Spanne kann vom einfachen P-Regler bis zum Zustandsregler reichen. Dies ist möglich, da eine Beschreibungsform existiert, mit deren Hilfe eben diese Strukturen einheitlich beschrieben werden können. Es handelt sich um die sogenannte **Zustandsdarstellung**. Sie ist sozusagen die Schnittstelle zwischen der Synthese des Regelgesetzes und seiner Realisierung im CM. Konkret wird diese Schnittstelle durch textuelle Beschreibungen in der Sprache **DSL** (**D**ynamic **S**ystem **L**anguage) [Schröer 1991] formuliert. DSL erlaubt die Beschreibung linearer wie nichtlinearer, kontinuierlicher dynamischer Systeme in Zustandsdarstellung.

Es stellt sich die Frage, auf welche Weise das CM das Regelgesetz abarbeitet. Prinzipiell existieren zwei Möglichkeiten: Zum einen kann das CM mit einem **Interpreter** zur Auswertung des Regelgesetzes ausgestattet werden. Der Interpreter analysiert die Aufgabenstellung (DSL) und konfiguriert einen Auswerter zur Abarbeitung des Regelgesetzes. Diese Vorgehensweise hat einen Vorteil: Das CM existiert ähnlich wie das PM als vorinstantiiertes Objekt, das flexibel konfiguriert werden kann. Auf diese Weise macht die Anpassung an die Aufgabenstellung weniger Aufwand. Nachteilig ist aber die geringe Performance eines Auswerters. Gegenüber compiliertem Code ergeben sich deutliche Geschwindigkeitsunterschiede.

Da die geplanten Anwendungen hohe Anforderungen an die Verarbeitungsgeschwindigkeit stellen, kann der elegante Weg nicht beschritten werden. Die Alternative ist die Kodierung des Regelgesetzes in occam. Diese etwas aufwendigere Lösung kann aber durch leistungsfähige Softwaretools unterstützt werden. Ein solches Werkzeug (mit dem Namen **GENOCC**) wurde mit Hilfe der Sprache Ada [ANSI 1983] (und einiger in der Fachgruppe Automatisierungstechnik entwickelten Pakete) programmiert [Honekamp 1991]. Seine Arbeitsweise wird im weiteren diskutiert.

Das zu erzeugende CM dient zur Abarbeitung eines linearen Regelgesetzes. Da DSL aber auch die Formulierung nichtlinearer Anteile erlaubt, findet nach Durchlauf eines in GENOCC integrierten DSL-Compilers zunächst eine symbolische **Linearisierung** des Systems nach **Taylor** statt. Des weiteren ist es notwendig, die kontinuierliche Beschreibung in eine zeitdiskrete umzuwandeln, da letztere zur Verarbeitung in einem Mikroprozessor unter Echtzeit besonders gut geeignet ist. Zu diesem Zweck enthält GENOCC entsprechende **Diskretisierer** [Hanselmann 1984]. Die Diskretisierungsmethode ist wählbar. Zur Auswahl stehen neben zwei diskreten **Integrationsverfahren** (Rechteckrückwärts- und Trapezintegration) noch einige **Invarianzverfahren**. Unter diesen ist die rampeninvariante Diskretisierung als ein besonders geeignetes Verfahren hervorzuheben. Das Ergebnis der Diskretisierung ist ein System linearer Differenzengleichungen (Zustands-DZGLn) der Form $\mathbf{x}_{k+1} = \mathbf{A}\mathbf{x}_k + \mathbf{B}\mathbf{u}_k$ und $\mathbf{y}_k = \mathbf{C}\mathbf{x}_k + \mathbf{D}\mathbf{u}_k$. Der Vektor $\mathbf{u}_k$ enthält im allgemeinen Fall sowohl Prozeßgrößen als auch Referenzgrößen (die von anderen CMs stammen können).

Nachdem die beiden letzten Transformationen auf das System angewendet wurden, liegt es in einer Form vor, aus der die direkte Kodierung in occam erfolgen kann. In den zur Lösung obiger Gleichung notwendigen Skalarprodukten werden nur diejenigen Koeffizienten berücksichtigt, die von Null verschieden sind. Es ist zu beachten, daß diese Regel nur für Koeffizienten angewendet werden darf, die in der numerischen Darstellung exakt den Wert 0.0 haben. Es wäre falsch, eine allgemeine Schranke anzugeben, ab der kleine Werte zu Null gerundet werden. Selbst kleine Werte können ihren Beitrag zum Regelverhalten liefern. Es besteht ja die Wahrscheinlichkeit, daß der jeweils andere Faktor im Skalarprodukt sehr groß ist. Erst nach eingehender Untersuchung des Regelverhaltens kann man entscheiden, ob ein solcher Faktor vernachlässigt werden kann.

Die bei der Abtastregelung zwangsläufig auftretende **Totzeit** wird unter Verwendung eines besonderen Verfahrens minimiert. Nachdem das CM die Werte u_k erhalten hat, werden zunächst die y_k errechnet und an das PM weitergegeben, danach erfolgt die Berechnung der neuen Zustandswerte.

Um die Zusammenarbeit mit dem PM zu ermöglichen, werden Informationen über die verwendeten Prozeßdatenkanäle benötigt. Auch in diesem Fall ist die Schnittstelle zwischen Anwender und Realisierung eine textuelle Beschreibung. In ihr werden alle zu Beginn aufgezählten Informationen gesammelt. Da für diesen Anwendungsfall keine geeignete Beschreibungssprache existierte, wurde die Sprache **HML** (**H**ardware **M**apping **L**anguage) definiert [Honekamp 1991]. Als Vorbild für die Grammatik von HML diente die Sprache Ada.

HML-Programme sind in drei Teile gegliedert. Im ersten Teil (*declaration*) werden die Ein- und Ausgangskanäle vereinbart. Im zweiten Teil (*description*) werden Schablonen für Datenkanäle angelegt, die technische Spezifikationen und die Attribuierung beschreiben. Im dritten und letzten Teil (*connection*) werden die Schablonen auf physikalisch vorhandene Datenpfade abgebildet. Die Schablonen können mehrfach verwendet werden. Der Name HML leitet sich aus der Funktion des letzten Teils ab.

Der in GENOCC integrierte HML-Compiler übersetzt das HML-Programm in eine Folge von **Zeichenketten**, die in einer für das PM verständlichen Grammatik abgefaßt sind. GENOCC erzeugt eine Prozedur, deren Start die Versendung der Zeichenketten (als Botschaft) zum PM und damit die Konfiguration des PM zur Laufzeit bewirkt.

Die beiden bisher schwerpunktmäßig diskutierten Themengebiete Regelgesetz und Konfigurierung werden jeweils in eine gesonderte Prozedur eingebracht. Der Programmgenerator könnte die Aufrufe der Prozeduren (und damit die Prozeßtopographie) gleich mitgenerieren. Es läßt sich aber ein wichtiger Grund finden, der gegen eine solche Vorgehensweise spricht. Die Topographie ist unter Umständen nicht statisch, weil es notwendig werden könnte, weiterer Prozesse hinzuzufügen. Es bietet sich daher an, nur die oben erwähnten Prozeduren zu erzeugen und diese in ein vorher erstelltes occam-Programm (den sogenannten **Programmrahmen**) einzubetten. Die Prozeduren werden an die Stelle der Anweisungen **#GENERATE** (siehe Bild 2) geschrieben. Der

Programmrahmen ist wiederverwendbar und modifizierbar. Ungeübte Anwender brauchen jedoch nicht unbedingt occam-Kenntnisse zu besitzen. Für sie wird ein Standard-Programmrahmen zur Verfügung gestellt.

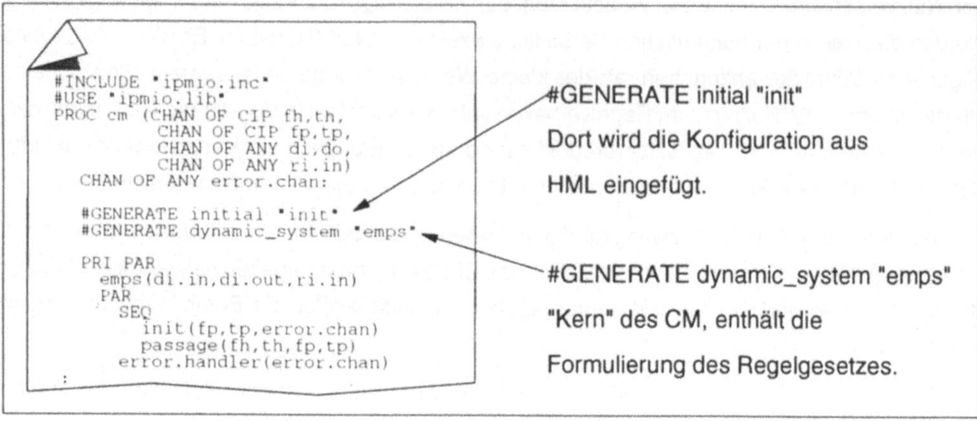

Bild 2: Der Programmrahmen

In Bild 3 ist der bisher diskutierte Sachverhalt zusammengefaßt. Noch nicht erwähnt wurde lediglich die Umsetzung in bootfähigen Code und das Herunterladen auf die Zielhardware. Da es sich dabei um Standardverfahren handelt, werden sie hier nicht erläutert.

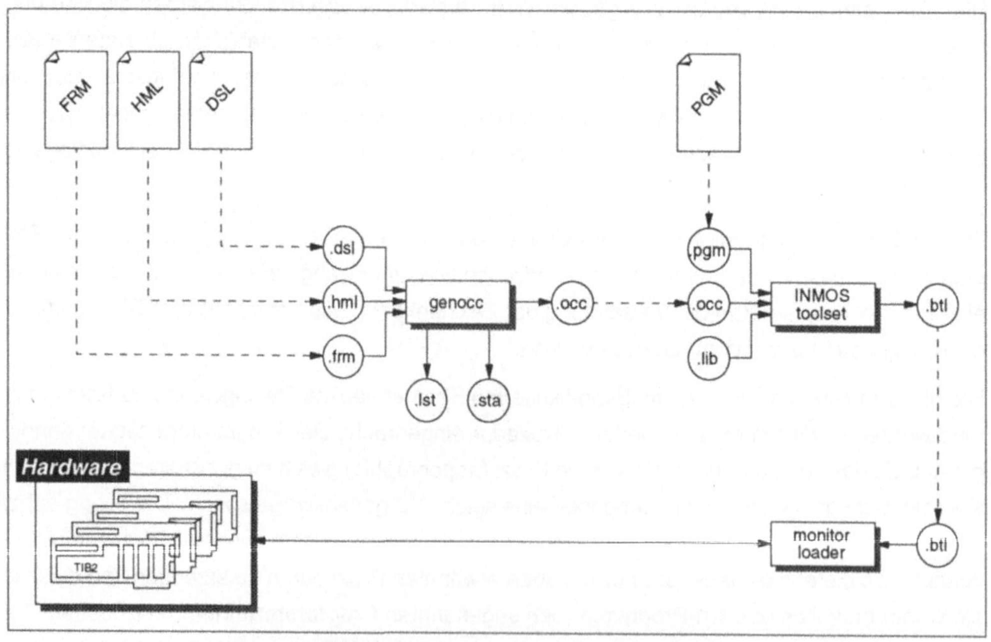

Bild 3: Ablaufschema der Programmgenerierung

Die Abkürzungen HML und DSL sind bekannt, **FRM** dient als Synonym für Programmrahmen (englisch: frame). GENOCC stellt in einer Datei mit der Erweiterung **.STA** einige Informationen zusammen. In ihr sind alle verwendeten Dateien aufgelistet und statistische Angaben gemacht. So wird z.B. die Anzahl der notwendigen arithmetischen Operationen angegeben, die zumindest ein ungefähres Maß für die benötigte Prozessorzeit darstellt.

Ein konkretes Beispiel kann aus Platzgründen leider nicht untergebracht werden. Das Programm GENOCC benötigt wenig Laufzeit; Für die in der Praxis verwendeten Systeme ergibt sich, je nach Problem, ein Zeitbedarf von 10 bis 50 Sekunden.

Zusammenfassung: *Es existiert ein Werkzeug zur Instantiierung der Computer-Modul-Klasse, speziell zur Erzeugung von Computer-Moduln zur Abarbeitung eines linearen Regelgesetzes. Die Schnittstellen zum Generator sind für den Benutzer textuelle Beschreibungen, mittels derer die Aufgabe definiert werden kann. Ergonomie stand bei der Entwicklung des Programmgenerators im Vordergrund. Das Programm befindet sich in den Bereichen der Roboterregelung und der aktiven Fahrwerksdämpfung im Laboreinsatz.*

Hardware-Aspekte

Das im ersten Abschnitt vorgestellte Konzept zur Prozeßkopplung wurde von uns auf zwei verschiedenen Hardwareplattformen realisiert, die auf PHS-Bus (*Peripheral-High-Speed-Bus* [dSPACE]) und VMEbus aufsetzen. Entsprechend ihrer Abstammung nennen wir sie die **PHS-Plattform** und die **VMEbus-Plattform**. Zu jeder Plattform gehören die Prozeßperipherie und die transputerbasierten Verarbeitungseinheiten. Die Prozeßperipherie besteht aus kommerziellen Komponenten, auf deren Besonderheiten später noch eingegangen wird. Die Verarbeitungseinheiten basieren auf "Dual Inline Transputer Modules" (TRAMs) und "Module Motherboard Architecture" (MMA), die in [INMOS 89] beschrieben sind.

Die Motherboard-Architektur ist von großer Bedeutung, weil sie, in Zusammenhang mit den Transputer-Moduln, die gewünschte Flexibilität bei der Ausstattung mit *Rechenleistung* schafft. Ein ausgezeichnetes *virtuelles* TRAM übernimmt die Ankopplung der Prozeßperipherie. Es handelt sich dabei um ein logisches Modul, das zu einem regulären TRAM schnittstellenkompatibel ist, physikalisch aber anders ausgeführt ist. So kann es sich etwa um ein Teil eines Boards oder um ein ganzes Board handeln. Durch die folgenden Abschnitte wird das noch deutlich werden.

PHS-Plattform: Zur Kontrolle und zum Datentransfer sind Peripherie-Karten über den schnellen PHS-Bus mit dem von uns entwickelten Bus-Controller **Transputer-Interface-Board** (**TIB**) verbunden. Jedes TIB kann bis zu 16 Peripherie-Karten der PHS-Bus-Familie kontrollieren. Zur Zeit gehören folgende Karten zur Familie: Analog-Eingabe (ADC), Analog-Ausgabe (DAC), Digital-Eingabe/Ausgabe und Inkremental-Eingabe. Die meisten Karten sind durch Software konfigurierbar. So lassen sich, um nur zwei Beispiele zu nennen, der Eingangs-/Ausgangsspannungsbereich und die Quantisierungswortbreite einstellen. Nebenbei sei noch bemerkt, daß die Karten der PHS-Bus-Familie physikalisch ISA-Bus-Karten sind. Der ISA-Bus dient hier jedoch nur zur Spannungsversorgung und mechanischen Fixierung. Lediglich das TIB besitzt ein ISA-Bus-Interface.

Ein Transputer-Interface-Board kontrolliert in der Regel eine oder mehrere Peripherie-Karten. Zusammen bilden sie ein System, das entweder in einem PC/AT-Gehäuse residiert oder in einer separaten Box untergebracht wird. Sofern ausreichend Platz vorgesehen wurde, können mehrere Systeme in einer Box untergebracht werden. Sie sind unabhängig voneinander zu betreiben.

Auf einem Transputer-Interface-Board (Bild 4) sind 3 TRAM-Slots vorhanden. Die fest installierten Baugruppen bilden das virtuelle TRAM. Im einzelnen verfügt das virtuelle TRAM über einen Transputer IMS T801-25(30) mit 256 KByte statischem Speicher (2 cycles) sowie ein Interface zum PHS-Bus. Mit den Funktionsgruppen Timer, Sequencer, Interrupt- und Error-Logik stehen außerdem Hardwarefeatures zur Verfügung, die als sogenannte **Hardwaretasks** die CPU entlasten. Durch die als Aalener-Link [Hema 87] ausgeführten Schnittstellen *pipe-head* und *pipe-tail* ist man in der Lage, das TIB in ein Netzwerk einzubetten. *Pipe-head* läßt sich optional über das ISA-Bus-Interface ansprechen.

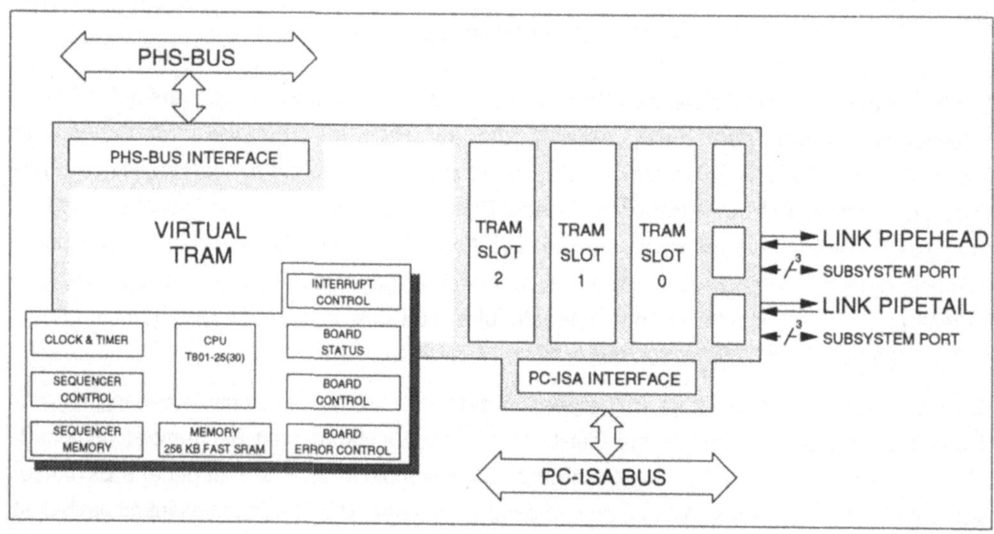

Bild 4: Schematische Darstellung des TIB

VMEbus-Plattform: Der VMEbus [VMEbus] ist eines der wichtigsten industriellen Bussysteme. Karten und Gehäuse sind sehr robust und arbeiten auch in rauher Umgebung zuverlässig. Die vorteilhafte Modul-Motherboard-Struktur entsteht allerdings erst durch das von uns entwickelte **VMEbus-Motherboard-Modul (VMM)**.

Zur VMEbus-Plattform gehören im einzelnen: ein *IMS B011* [INMOS 89] als VMEbus-Master; ein *DATA TRANSLATION DT1402* als Analog-Eingabe-Board mit 16 Multiplex-Kanälen, 12 Bit Quantisierung und 4 μs Wandlungszeit pro Kanal; ein *BURR-BROWN MPV954* als Analog-Ausgabe-Board mit 8 Kanälen, 12 Bit Quantisierung und ein *VMEbus-Motherboard-Module*.

Das VMM benutzt einen VMEbus-Steckplatz, bietet 7 TRAM-Slots und zusätzlich das schon angesprochene **virtuelle TRAM**. Anders als bei der PHS-Plattform ist hier eine komplette IMS B011 VMEbus-Karte die Hardware des virtuellen TRAMs. Die Verbindung mit dem VMM erfolgt über den P2-Stecker des VMEbus.

Das VMM verfügt über zwei Möglichkeiten, *pipe-head* und *pipe-tail* anzusprechen: Entweder durch einen angepaßten B008-Stecker [INMOS 89] oder durch Aalener-Link [Hema 87]. Die Aalener-Link-Spezifikation benutzt als Interface RS422, wodurch eine Übertragung mit 20 MBit/s über eine Distanz von bis zu 10 Metern möglich wird.

Eine weitere Komponente des VMM ist das **Boot-Modul**, das Programme unter Eigenkontrolle in das Transputernetz laden kann; ein Hostrechner ist dann überflüssig. Als Boot-Modul benutzen wir ein IMS B418 (EEPROM-TRAM). Bild 5 gibt einen Überblick über die Struktur des VMM-Boards.

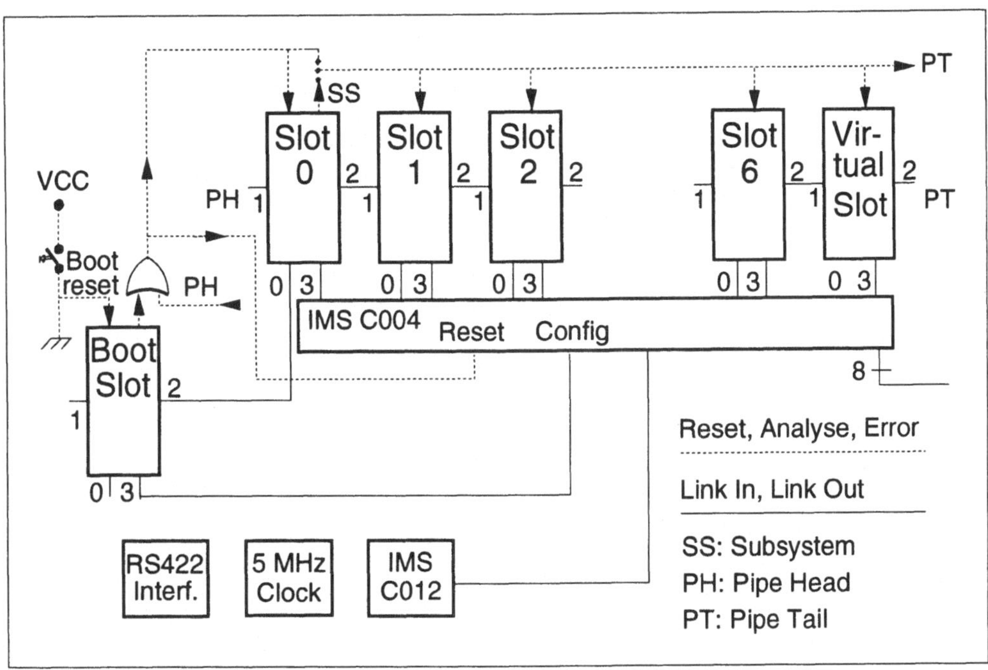

Bild 5: Struktur des VMEbus-Motherboard-Moduls

Zusammenfassung: *Es existieren zwei verschiedene Hardware-Plattformen zur Instantiierung der Peripherie-Modul-Klasse: Die PHS-Plattform und die VMEbus-Plattform. Auf beiden konnte* durch sogenannte virtuelle TRAMs die von i*nmos vorgeschlagene "Modul Motherboard Architecture" verwirklicht werden. Allerdings mußte dazu Hardware entwickelt werden; für den PHS-Bus das Transputer-Interface-Board und für den VMEbus das VMEbus-Motherboard-Module. Letzteres besitzt für den Stand-alone-Betrieb ein Boot-Modul mit EEPROM.*

Literatur

[ANSI 1983]	Ada program joint office: *Reference manual for the Ada programming language*, ANSI/MIL-STD 1815 A, Washington D.C., 1983.
[dSPACE]	dSPACE GmbH: *DSP CIT-pro Hardware manual, DSxxxx User's Guide*, Version 1.1, Paderborn.
[Schweitzer 1989]	Schweitzer, G.: *Mechatronik - Aufgaben und Lösungen*, in: VDI-Tagungsband "Kontrollierte Bewegung im Maschinen- und Fahrzeugbau", Bad Homburg, 29./30.11.1989.
[Booch 1989]	Booch, Grady: *Object-Oriented Design with Applications*, Benjamin/Cummings Publishing Company, Inc., Redwood City, California 1991.
[Hanselmann 1984]	Hanselmann, Herbert: *Diskretisierung kontinuierlicher Regler*, Regelungstechnik, 32. Jahrgang 1984, Heft 10, S. 326ff.
[Hema 87]	Hema Elektronik: *Spezifikation Aalener Link*, Aalen, 1987.
[Honekamp 1991]	Honekamp, Uwe: *Effiziente Implementierung eines intelligenten Peripherie-Moduls und Entwicklung unterstützender Tools zur Echtzeit-Datenverarbeitung und digitalen Regelung auf Parallelrechner-Transputer-Hardware*, Diplomarbeit, Universität-Gesamthochschule Paderborn, Fachbereich 10, Automatisierungstechnik 1991.
[INMOS 89]	INMOS Limited: *The Transputer Development and iq Systems Databook*, INMOS Document Number 72 TRN 219 00, 1989.
[Lückel 1990]	Lückel, Joachim; Jäker, Karl-Peter; Moritz, Wolfgang: *Entwurfswerkzeuge der Mechatronik*, Vortrag zum Forum '90, Wissenschaft und Technik, Trier 1990.
[Schröer 1991]	Schröer, Joachim: *A short description of a model compiler/interpreter for supporting simulation and optimization of nonlinear and linearized dynamic systems*, Vortragsmanuskript, 5th IFAC/IMACS Symposium on CADCS '91, Swansea, UK.
[VMEbus]	*VMEbus Specification Manual*, Revision C, February 1985.

<u>Echtzeitmeßdatenverarbeitung mittels Transputern am Beispiel eines</u>
<u>elastischen Manipulators</u>
<u>Ulrich Wolff, Peter Kurth, Hans-Uwe Flunkert</u>
<u>Lehrstuhl für Elektrische Steuerung und Regelung</u>
<u>Ruhruniversität Bochum</u>
<u>D-4630 Bochum 1</u>

1. Einführung

In der zunehmenden Automatisierung der Produktion der Industrie nimmt die Zahl der Robotersysteme immer mehr zu. Flexibilität und Produktivität sind dabei gegenüber herkömmlichen Arbeitsmethoden die wichtigsten Vorteile derartiger Systeme.

Energie- und Materialaufwand, eine hohe Masse und verhältnismäßig großer Platzbedarf der heute verwendeten Systeme sind aber für verschiedenste Anwendungsfälle gravierende Nachteile. Im weiteren sind diese Systeme nicht in der Lage komplexe Abläufe zu beherrschen und besitzen, bedingt durch ihre Masse, nur geringe Arbeitsgeschwindigkeiten. Umgangen werden können diese Nachteile durch den Bau von Leichtbaurobotern, die aufgrund ihrer geringen Masse neben Energie- und Materialeinsparungen und geringeren Platzbedarf auch die Forderung nach einer erhöhtem Arbeitsgeschwindigkeit erfüllen. Die Voraussetzungen in Form geeigneter Materialien (Kunststoffe, Metalle) und Antriebstechniken zu schaffen, ist ein interessantes und mit großer Aktivität verfolgtes Problemfeld heutiger Forschung.

Daneben ist für die Realisierung von Leichtbaurobotern die Entwicklung schneller und exakter Regelungen von grundlegender Bedeutung. Im Gegensatz zu konventionellen starren Systemen können Leichtbauroboter nicht mehr mittels einer Steuerung beherrscht werden, da sie elastisches Verhalten zeigen. Diese Elastizität, die sich in einer unerwünschten Schwingfähigkeit äußert, führt zu einem stark nichtlinearen und hochdynamischen Verhalten, daß die Verwendung konventioneller Steuerungen nicht mehr zuläßt. Sie stellt den Hauptnachteil der Leichtbauroboter dar.

Aufgrund der Komplexität des Problems bestehen hohe Anforderungen an das benutzte Meßdatenerfassungs- und -verarbeitungssystem. Neben einer ausreichenden numerischen Genauigkeit muß das Rechnersystem sämtliche Berechnungen in Echtzeit ausführen können.

Neben einer kurzen Erläuterung des der Problemstellung zugrunde liegenden Beispielprozeßes eines mehrgelenkigen Manipulatorarms wird in den folgenden Abschnitten die für die Meßdatenerfassung in Echtzeit erforderliche, auf Transputer basierende, Hard- und Software vorgestellt und abschließend ein Beispiel gegeben.

2. Modellbildungsprinzip und Struktur des elastischen Manipulators

Grundsätzlich bestehen zur mathematischen Modellbildung von Manipulatoren zwei Beschreibungsformen:
1. Hamilton-Prinzip (Energiebetrachtung)
2. Newton-Euler-Verfahren (Mechanische Beschreibungsform)

Während die Beschreibungen nach dem Hamilton-Prinzip und dessen Abwandlungen zu einer sehr komplexen mathematischen Struktur des Manipulators führen, deren Komponenten aus einer beträchtlichen Anzahl numerisch kritischer Operationen besteht, kann durch eine Betrachtung nach Newton-Euler eine zwar komplexe, aber in ihren verwendeten Komponenten (im wesentlichen Additionen und Multiplikationen) einfache, Form eines mathematischen Modells eines Manipulators gefunden werden [1,3].
Im Hinblick auf eine Realisierbarkeit bezüglich der Echtzeitfähigkeit, der erreichbaren Übereinstimmung mit dem realem System und der numerische Stabilität ist das Newton-Euler-Verfahren das einzige zur Zeit sinnvoll nutzbare Verfahren.
Der der mathematischen Modellbildung zugrundeliegende reale Manipulator ist planar und besitzt vier Arme. An seiner Spitze befindet sich ein Greifer, der unterschiedliche Lasten aufnehmen kann.
Der Manipulator wird nach dem Newton-Euler-Verfahren als starres System modelliert, die Elastizität aufgrund der Leichtbauweise wird durch eine kombiniertes Feder-Dämpfer-System gebildet. Jeweils ein Teilarm des Manipulators wird in Segmente (Pseudoarme) unterteilt, wobei die Verbindung der Segmente untereinander elastisch ist (Pseudogelenk mit Feder-Dämpfer-System), vgl. Bild 1.

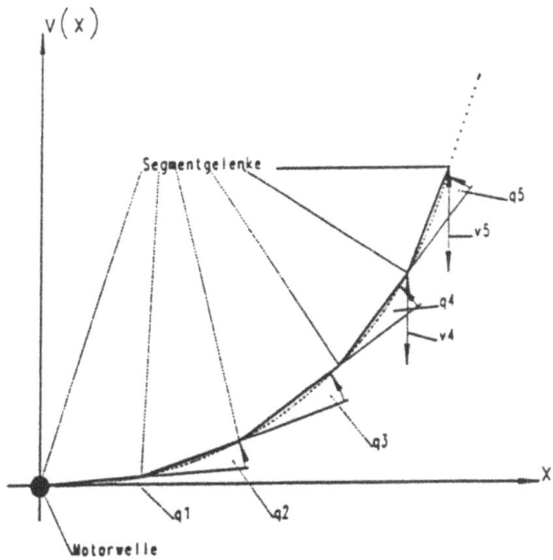

Bild 1: Teilsystem eines elastischen Mehrfach-Arm-Manipulators

Der hierbei auftretende Rechenaufwand ist schon bei einer Unterteilung jedes Arms in nur vier Segmente enorm groß (16 Koordinatensysteme mit zugehörigen Transformationen, Beeinflussungen der Segmente untereinander) und auch in Hinblick auf ein vernünftiges Preis-/ Leistungsverhältnis nur mit Transputern zu lösen.

3. Struktur des Meßdatenerfassungssystems

Die an das datenverarbeitende System zu stellenden Anforderungen sind aufgrund der Komplexität des Prozesses mit einer seriellen Datenerfassung nicht mehr zu erfüllen. Nur eine konsequente Anwendung paralleler Algorithmen eröffnet dem Anwender die Möglichkeit einer Echtzeitregelung. Durch parallele Kommunikation mit Echtzeit-MeßDaten-ErfassungsSystemen (EMDES) über die Links eines Transputernetzes (T800-Prozessoren) mit der überlagerten Regelung ist die Möglichkeit gegeben, eine Meßwerterfassung in Echtzeit zu garantieren [2].
Die realisierte Echtzeitmeßdatenverarbeitung besteht aus zwei Transputern T800 als paralleles Meßdatenerfassungssystem, einer Seriell-Parallel-Wandlung mit Hilfe von C011-Linkadaptern und vier

EMDES, wobei jeweils ein EMDES mit einer Achse des Manipulators verbunden ist (Bild 2).

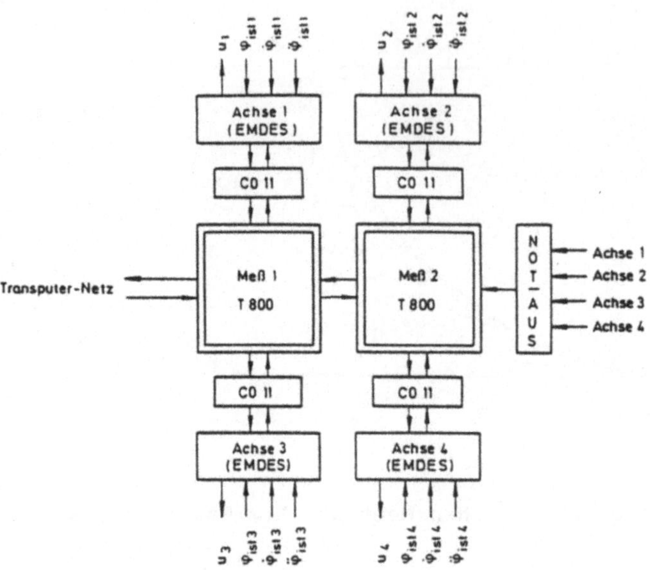

Bild 2: Blockdarstellung der Echtzeit-Datenerfassung

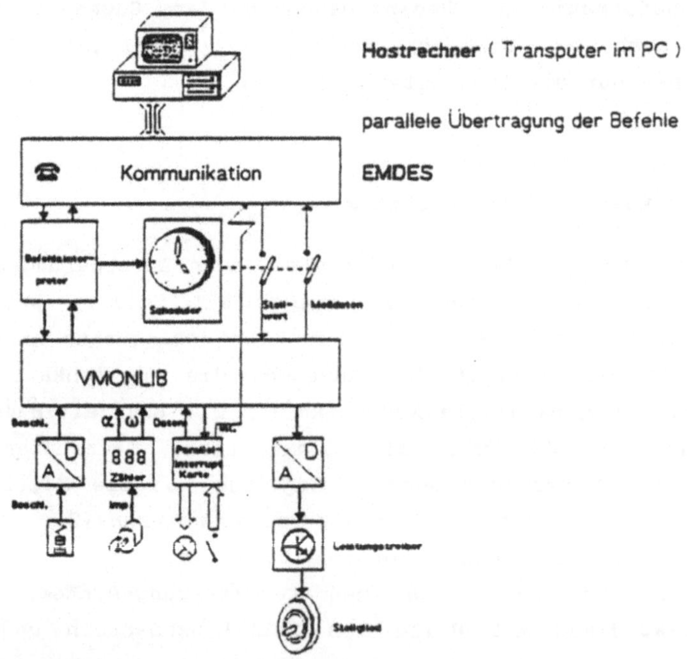

Bild 3: Softwarestruktur von EMDES

Zur Kommunikation mit dem Manipulatorsystem ist auf der Transputerebene ein Softwarekonzept realisiert worden, dessen parallele Tasks für die Kommunikation der einzelnen EMDES'e mit dem Transputernetz verantwortlich sind. Neben den Meßdatenerfassungs-Tasks, die jeweils für ein EMDES zuständig sind, existieren eine Überwachungs-Task zur Kontrolle der Sicherheitssensorik, eine Task zur Kommunikation mit dem überlagertem Rechnernetz und Regler-Tasks, die die unterlagerten Motorregler enthalten.

4. Transputer Echtzeit Umgebung T.E.U

Die Transputer-Echtzeit-Umgebung T.E.U. bildet eine Toolbox zur Entwicklung von Echtzeitanwendungen, basierend auf dem Meßdatenerfassungssystem EMDES. Hierbei können bis zu 4 Emdes berücksichtigt werden, welche aufgrund der Parallelstruktur der Hardware quasi gleichzeitig angesprochen werden.

Insgesamt unterteilt sich das System in den MS-DOS-Teil (PC) und den Transputer Echtzeitkern. PC-seitig wurde ein einfaches Multitasking-System implementiert, so daß es möglich wurde eine Watchdog-Task zu installieren, welche die Aufgabe hat die Kommunikation mit dem Transputersystem zu überwachen.
Desweiteren wurde es so möglich, trotz stattfindender interaktiver Eingabe z.B. Sollwertänderungen, die Kommunikation mit dem Transputersystem d.h. eine Beobachtung der Systemgrößen aufrechtzuerhalten.
Den Kern der Echtzeit Transputer Umgebung bildet die Task E_TEU_T8. Nach verschiedenen Initialisierungvorgängen, welche durch die auf dem PC laufenden Benutzeroberfläche gestartet werden, startet die Maintask den Echtzeitscheduler in Form eines Threads. Zu diesem läuft der OFFLINE-Teil der Task, welche die Kommunikation mit der Benutzer-oberfläche bildet parallel weiter. Der Datenaustausch zwischen diesen beiden Tasks erfolgt über einen globalen Datenbereich.
Innerhalb des Threads, welcher mit einer konstanten Abtastzeit getaktet wird, kann somit eine Echtzeitanwendung erfolgen.
Innerhalb der Echtzeitschleife stehen verschiedene Routinen zur Prozeßankopplung zur Verfügung, z.B. A/D-Wert ausgeben oder A/D-Wert einlesen. Die eigentliche Anwendung z.B. eine Reglertask wird aus der Schleife heraus über Transputer-Channels angesprochen, wobei auch

eine komplette Taskstruktur, bestehend aus mehreren parallel laufenden Tasks, gestartet werden kann.

Bild 4 zeigt den prinzipiellen Aufbau der Echtzeitstruktur.

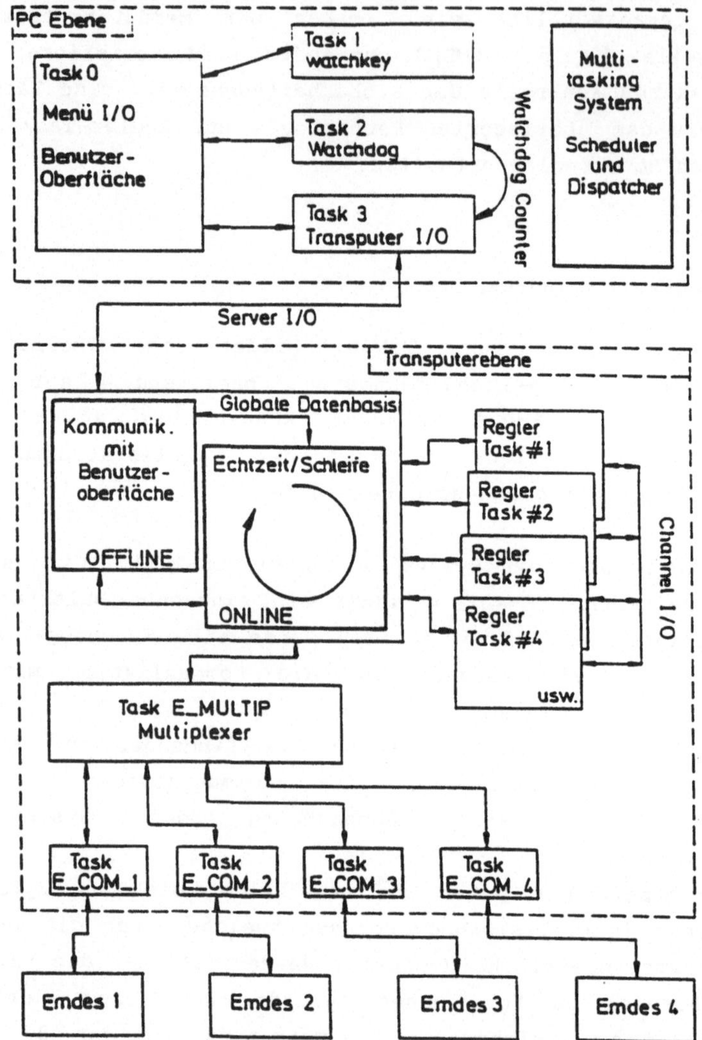

Bild 4: Struktur der Echtzeitumgebung T.E.U

5. Funktionsweise von T.E.U am Beispiel einer Lageregelung

Die Beispielanwendung verdeutlicht eine vom Führungsrechner gesteuerte Lageregelung (Sinuidensteuerung) mit einem EMDES Subsystem.

Basis der T.E.U. bilden folgende Transputer Tasks:

    1]   E_TEU_T8
    2]   E_MULTIP
    3]   E_COM_1 - E_COM_4
    4]   und beliebig viele Anwendungstasks
          - im Beispiel nur eine Task -> REGLER

Auf der Seite des Führungsrechners (PC) existiert ein Server (TEU86), der die Kommunikation mit dem Transputernetz dem Anwender bereitstellt.

1) E_TEU_T8

Die Task E_TEU_T8 bildet den Kern der Echtzeitumgebung. Sie unterteilt sich in einen Offline- und einen Online-Bereich. Der Offlineteil ermöglicht eine quasi kontinuierliche Kommunikation mit dem Server TEU86. Hierbei werden die Routinen *send_block_to_host* und *get_block_from_host* für die Kommunikation benutzt. Diese beiden Routinen können bei Bedarf der jeweiligen Anwendung angepaßt werden, d.h. die Anzahl der zu übergebenden Werte können in Übereinstimmung mit dem Server vergrößert oder verkleinert werden. In der Beispielanwendung werden in jede Richtung jeweils 4 Werte übergeben (*in_1* - *in_4* und *wist_1*, *adist_1*, *stell_1* und *wist_4*). Eine weitere wichtige Routine im Offlineteil für die Programmierung eigener Echtzeitanwendungen ist die Routine *init_system_parameters*. Von ihr wird die Initialisierung aller Offline-Parameter übernommen. Diese werden dann anwendungsspezifisch auf die einzelnen Anwendertasks verteilt (z.b. T_a, q[0] und q[1] an den Regler). Die Anzahl und Verteilung der Parameter ist anwendungsspezifisch, d.h. abhängig von der gewünschten Verteilung und muß im Server und den Tasks berücksichtigt werden. Die Einhaltung von Anzahl und Reihenfolge obliegt dem Programmierer.

Der Onlinebereich wird durch den Thread *echtzeit_loop* realisiert. Hier wird automatisch die initialisierte Abtastzeit berücksichtigt. Mit den Routinen *emdes_send_stell* (sende Stellwert), *emdes_get_ad* (hole Analogwert) und *emdes_get_wink* (hole Winkelwert) kann mit den EMDES 1-4 kommuniziert werden.

Innerhalb des gekennzeichneten Bereiches, wird dann mit Hilfe der Routinen CHAN_IN_..... und CHAN_OUT_..... die Kommunikation mit den Anwendertasks realisiert.

2) E_MULTIP.C

- Die Multiplexer-Task verteilt Echtzeitzugriffe auf die einzelnen
  Subsysteme.
  (ohne Bedeutung für den Anwendungsprogrammierer - automatisiert)

3) E_COM_x

- Task zur Kommumnikations mit den EMDES Subsystem
       (ohne   Bedeutung   für   den   Anwendungsprogrammierer
automatisiert)

4) REGLER (Beispiel einer Anwendungstask)

Die Task REGLER bewirkt eine Lageregelung eines Roboterarmes. Um
mechanische Schwingungen zu vermeiden, wird während der beiden
Beschleunigungsphasen die Roboterachse nach einer Sinuide gesteuert,
wobei die Maximalgeschwindigkeit durch die Eigenschaft des Antriebs
bestimmt wird. Die Periodendauer T der Sinuide muß so gewählt werden,
so daß die Eigenfrequenzen des Systems nicht angeregt werden und die
zulässige Beschleunigung nicht überschritten wird.

Das gesamte Regelungssystem einschließlich der Datenerfassung wird so
ausgelegt, daß es als "Stand-alone"-Einheit am jeweiligen zu regelnden
Prozeß verbleiben soll. Als beliebig konfigurierbares Echtzeitsystem
kann es auf die Erfordernisse verschiedenster Prozeße angepaßt werden
und stellt eine kostengünstige und effektive Alternative zu
konventionellen seriell arbeitenden Systemen dar.

Literatur

[1] Huang Y. and C.S.G. Lee: Generalization of Newton-Euler
Formulation of Dynamic Equations to Nonrigid Manipulators, ASME
Journal of Dynamic Systems, Measurement and Control, Vol.110, 1988

[2] Jäger, P: Aufbau und Erprobung eines modularen Echtzeit-
Meßdatenerfassungssystems. Diplomarbeit ESR 8914, Lehrstuhl für
Elektrische Steuerung und Regelung, Ruhr-Universität Bochum, 1989.

[3] Knohl, L.: Modellbildung und Simulation eines viergelenkigen
Leichtbaumanipulators, Diplomarbeit ESR 9104, Lehrstuhl für
Elektrische Steuerung und Regelung, Ruhr-Universität Bochum, 1991.

Ultraschall-Computertomographie an Aerosolen

G. Höfelmann

Institut für Nachrichtentechnik, Universität Duisburg

Bismarckstraße 90, D-4100 Duisburg 1

Einleitung

Ein Aerosol ist ein Zweiphasensystem, bestehend aus einer Gasphase und festen oder flüssigen Partikeln. Die Charakterisierung eines Aerosols umfaßte bisher im wesentlichen die Untersuchung der sehr komplexen physikalischen und chemischen Partikeleigenschaften. Neben dieser interdisziplinären Erforschung der Partikelphase, ist in jüngster Zeit mehr und mehr die Gasphase ins Blickfeld gerückt. Von besonderem Interesse sind hier die Kenntnis der orts- und zeitabhängigen Verteilungen des Extinktionskoeffizienten, der Temperatur bzw. des akustischen Brechungsindexes und des Geschwindigkeitsvektorfeldes der Strömung. Mit der Computer Tomographie (CT) steht ein 'in situ' Meßprinzip zur Verfügung, das aus den in einer Ebene gemessenen integralen Werten der beobachteten Verteilungsgröße, ein Schnittbild der realen dreidimensionalen Verteilung erzeugt.

Das Prinzip der Computer Tomographie ist unabhängig von dem in der konkreten technischen Realisierung verwendeten Signalträger. Daher wird dieser so gewählt, daß die Wechselwirkung zwischen dem Meßsignal und der zu beobachtenden physikalischen Verteilungsgröße möglichst groß wird. Zur Bestimmung des lokalen Extinktionskoeffizienten wird eine Infrarot-CT eingesetzt [1]. Mit der Ultraschall-CT (US-CT) können die Temperaturverteilung und prinzipiell das Strömungsfeld aus Laufzeitmessungen der US-Signale rekonstruiert werden [2], [3]. Bild 1 veranschaulicht das Prinzip der CT.

Entlang im allgemeinen nicht geradliniger Wege g_k breiten sich die Ultraschallwellen zwischen den auf dem Rand δG der Meßebene G positionier-

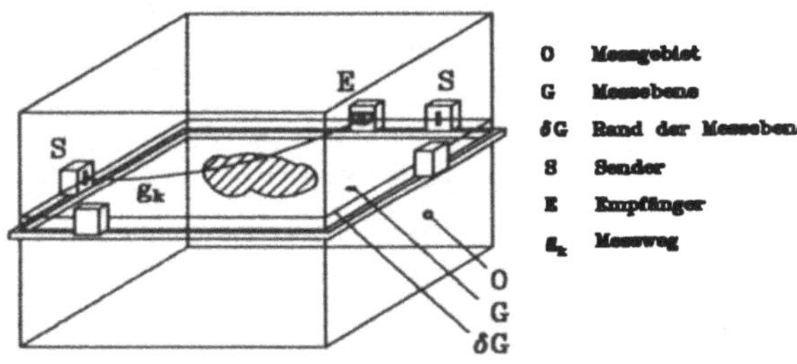

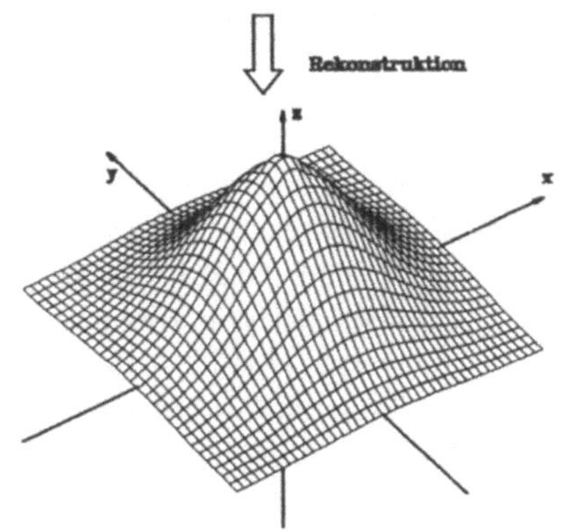

Bild 1: Prinzip der Ultraschall-CT

ten Sendern und Empfängern aus. Die US-Laufzeit ist dabei direkt abhängig von der Temperatur und der Strömung des gasförmigen Mediums. Aus den gemessenen integralen Laufzeitwerten wird durch ein geeignetes Rekonstruktionsverfahren die Temperaturverteilung und das Strömungsfeld in der Meßebene berechnet.

Das Meßverfahren

In Bild 2 ist das Blockschaltbild des realisierten US-Tomographen zur Messung und Rekonstruktion von Temperaturverteilungen abgebildet. Es gliedert sich in vier Funktionsblöcke, die Meßwerterfassung, die Steuerung und Signalgenerierung, die parallele Signalverarbeitung und den Rekonstruktionsrechner.

Die Meßwerterfassung besteht aus 42 mikrocontrollergesteuerten US-Sende- und Empfangsmodulen, die, auf einem Stahlrohrrahmen angeordnet, die Meßebene beranden. Als Steuerrechner wird ein einfacher PC-XT verwendet. In der Signalverarbeitung werden die empfangenen US-Signale digitalisiert (ADU1..ADU7) und daraus die Laufzeiten mittels einer modifizierten Quadraturdemodulation mit einer Genauigkeit von ca. 1/15 der US-Wellenlänge berechnet [5]. Dieser Algorithmus ist auf 7 parallel arbeitenden digitalen Signalprozessoren (SP1..SP7) implementiert, so daß die Laufzeiten für je 7 Meßwege online berechnet werden. Der Steuerrechner sammelt die Laufzeitdaten und überträgt sie bildweise an den Rekonstruktionsrechner. Bei der numerischen Rekonstruktion kommen bis zu 10 T800 Transputer und ein Graphikboard mit einem T800 zum Einsatz; als Hostrechner dient ein PC-AT.

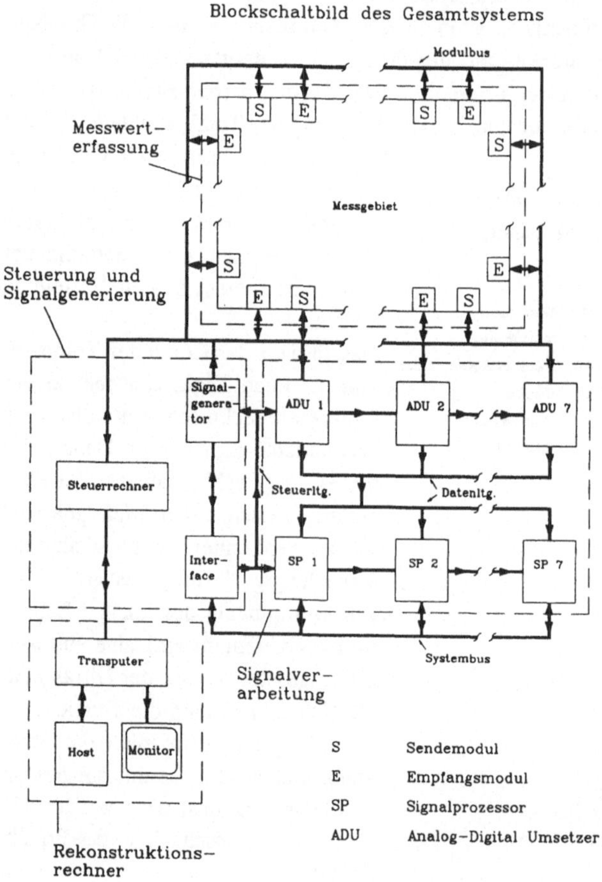

Bild 2: Blockschaltbild des Ultraschall Computertomographen

Da man bei diesem Meßverfahren mit wesentlich weniger Meßwegen als z.B. in der medizinischen Röntgen-CT auskommen muß, (Faktor 10^2-10^3 weniger) wird als Rekonstruktionsverfahren die 'algebraic reconstruction technique' (ART) zur Rekonstruktion eingesetzt [4].

Das Rekonstruktionsverfahren

Die ART ist eine Methode zur computertomographischen Rekonstruktion skalarer Verteilungsgrößen. Sie läßt sich in ihrer überarbeiteten Form, der Vektor-ART (VART), auch zur Rekonstruktion quellenfreier Vektorfelder verwenden. Die ART wird vorzugsweise eingesetzt, wenn die zur Verfügung stehende Anzahl von Meßdaten wesentlich kleiner ist als die zu rekonstruierende Anzahl von Bildpunkten. Zur besseren Konvergenz lassen sich relativ leicht physikalische Randbedingungen implementieren, z.B. daß Temperatur oder Extinktionskoeffizient immer positiv sind und ihre Verteilungen Tiefpaßcharakter besitzen [3].

Mit dem ART/VART Verfahren wurden die Temperaturverteilung und die x- und y-Komponenten des Strömungsfeldes auf einem Raster von 64x64 Pixeln rekonstruiert. Um der nicht geradlinigen Schallausbreitung in einer inhomogenen Temperaturverteilung bzw. im inhomogenen Brechungsindex Rechnung zu tragen, werden derzeit noch Raytracing Algorithmen in das ART und VART Verfahren integriert.

Für die Schallgeschwindigkeit v gilt das Superpositionsprinzip.

$$v = v_n + \vec{v}_{Str} \cdot \vec{e} \tag{1}$$

v_n ist der Betrag der Ausbreitungsgeschwindigkeit mit inhomogenem Brechungsindex ohne Strömung, $\vec{v}_{Str}$ ist die Strömungsgeschwindigkeit, $\vec{e}$ der Tangentenvektor an den Ausbreitungsweg. Für die Laufzeit t_k entlang eines Weges g_k gilt dann mit der Vorraussetzung $v \cong v_n >> |\vec{v}_{Str}|$

$$t_k = \int_{g_k} \frac{ds}{v} = \int_{g_k} \frac{ds}{v_n \cdot (1 + \frac{\vec{v}_{Str} \cdot \vec{e}}{v_n})} \tag{2}$$

Der Integrand wird in eine Taylorreihe entwickelt und nach dem ersten Glied abgebrochen.

$$t_k \cong \int_{g_k} \frac{ds}{v_n} - \int_{g_k} \frac{\vec{v}_{Str} \cdot \vec{e}}{v_n^2} ds \cong \int_{g_k} \frac{ds}{v_n} \tag{3}$$

Mit dem Brechungsgesetz $n = n_0 \frac{v_0}{v_n}$ und mit $ds = v \cdot dt$, $n_0 = 1$, $v_0 = 331.6 m/s$ folgt:

$$t_k \cong \frac{1}{n_0 v_0} \int_{g_k} n \cdot v \, dt = \frac{1}{n_0 v_0} \int_{g_k} n \cdot (v_n + \vec{v}_{Str} \cdot \vec{e}) \, dt \tag{4}$$

Die Diskretisierung von Gl. (4) führt auf

$$\vec{M} = (m_k) = \overset{\leftrightarrow}{A} \cdot \vec{N}_T + \overset{\leftrightarrow}{C}_x \cdot (\overset{\leftrightarrow}{A} \cdot \vec{N}_{vx}) + \overset{\leftrightarrow}{C}_y \cdot (\overset{\leftrightarrow}{A} \cdot \vec{N}_{vy}) \tag{5}$$

$\vec{M}$ ist der die Laufzeiten repräsentierende Meßwertvektor, $\overset{\leftrightarrow}{A}$ die Matrix der diskretisierten Wege g_k, $\vec{N}_T$ die diskrete Temperaturverteilung und $\vec{N}_{vx}$ und $\vec{N}_{vy}$ die Vektoren, welche die diskretisierten Komponenten des Strömungsfeldes repräsentieren. $k = 1\,(1)\,K$ nummeriert die Meßwege. $\overset{\leftrightarrow}{C}_x$ und $\overset{\leftrightarrow}{C}_y$ sind die Projektionen der Strömungsvektoren an die Ausbreitungswege.

Ausgehend von geeignet definierten Startwerten, hier die Mittelwerte,

$$\vec{N}_T{}^{(1)} = <\vec{N}_T> \quad ; \quad \overset{\leftrightarrow}{N}{}^{(1)} = (\vec{N}_{vx}{}^{(1)}, \vec{N}_{vy}{}^{(1)}) = (<\vec{N}_{vx}>, <\vec{N}_{vy}>) \tag{6}$$

werden die gesuchten Verteilungen aus den Gleichungen (7)-(9) iterativ berechnet.

$$d_k{}^{(i)} := -(\vec{e}_k \cdot (\vec{A}_k \cdot \vec{N}_{vx}{}^{(i)}, \vec{A}_k \cdot \vec{N}_{vy}{}^{(i)})^T + \vec{A}_k \cdot \vec{N}_T - m_k) \tag{7}$$

$$\vec{N}_T{}^{(i+1)} = \vec{N}_T{}^{(i)} - \frac{\vec{A}_k{}^T}{|\vec{A}_k| \cdot |\vec{A}_k{}^T|} \cdot \frac{1}{2} \cdot d_k{}^{(i)} \tag{8}$$

$$\overset{\leftrightarrow}{N}{}^{(i+1)} = \overset{\leftrightarrow}{N}{}^{(i)} - \frac{\vec{A}_k{}^T}{|\vec{A}_k| \cdot |\vec{A}_k{}^T|} \cdot \frac{1}{2} \cdot \vec{e}_k \cdot d_k{}^{(i)} \tag{9}$$

$\vec{e}_k$ ist der Tangentenvektor des k-ten Weges, der hochgestellte Index i der Iterationszähler. Dieses vektorwertige, iterative Rekonstruktionsverfahren, eine Kombination aus ART und Vektor-ART, wurde auf einem Transputersystem mit 11 T800 Prozessoren gemäß Bild 3 realisiert.

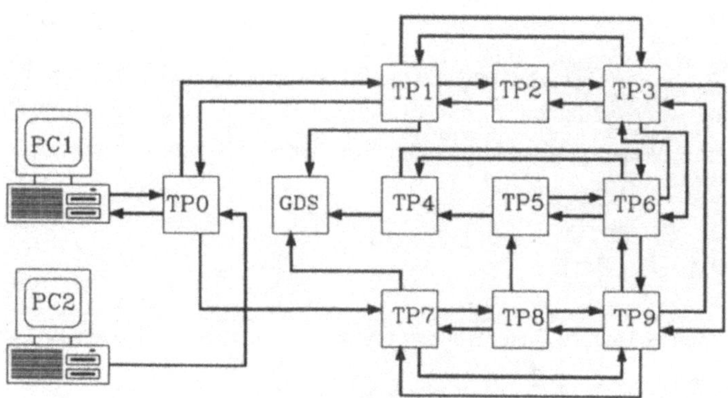

Bild 3: Verlinkung der Transputer für die on-line Rekonstruktion.

Als Hostrechner dient PC1. Die von der CT Anlage gemessenen Daten werden über den Steuerrechner PC2 an den Transputer T0 übertragen. Die graphische Aufbereitung übernimmt das auf dem GDS-Board implementierte Graphikprogramm. Das gesamte Programm ist so strukturiert, daß die Transputer T1, T2, T3 die Temperaturverteilung, die Transputer T4, T5, T6 die x-Komponente und T7, T8, T9 die y-Komponente des Strömungsfeldes berechnen.
Zu Testzwecken wurde zunächst nur der ART-Algorithmus zur Rekonstruktion der Temperatur implementiert, die Strömung wurde zu 0 definiert. In einem ersten Ansatz wurde so parallelisiert, daß jeder Transputer je ein zehntel des Vektors $\vec{N}_T$ berechnete. Dabei waren für den jeweils folgenden Iterationsschritt alle Teilvektoren des aktuellen Iterationsschrittes zwischen den Transputern zu übertragen. Der Algorithmus benötigte auf einem Transputer 9s, auf 10 Transputern 60s. Der Flaschenhals des Systems war also der Linktransfer der einzelnen Teilvektoren zwischen den Transputern.
Ein wesentlich besseres Resultat wurde mit dem Ansatz erzielt, den Korrekturterm $d_k{}^{(i)}$ zu zerlegen, der auf allen Transputern zur Berechnung des $(i+1)$-ten Iterationsschrittes aus dem i-ten benötigt wird. Teilt man die Berechnung des Korrekturterms, gemäß der Aufteilung des Vektors $\vec{N}_T$, auf alle

Transputer auf, so ist es für den jeweils folgenden Iterationsschritt hinreichend die einzelnen Teilkorrekturen zwischen allen Transputern zu übertragen. Erst nach dem letzten Iterationsschritt werden dann die einzelnen Teilvektoren an den Hostrechner übergeben und auf dem GDS graphisch dargestellt. Mit dieser Methode der Parallelisierung benötigte der ART-Algorithmus auf 10 Transputern nur 1.6s.

Der kombinierte ART/VART Algorithmus wurde letztlich in der Form parallelisiert, daß die Berechnung der Temperatur, der x-Komponente und der y-Komponente der Strömung auf je einer Gruppe von drei Transputern lief; die Berechnung der gesuchten Vektoren wurde nach dem beschriebenen Verfahren aufgeteilt.

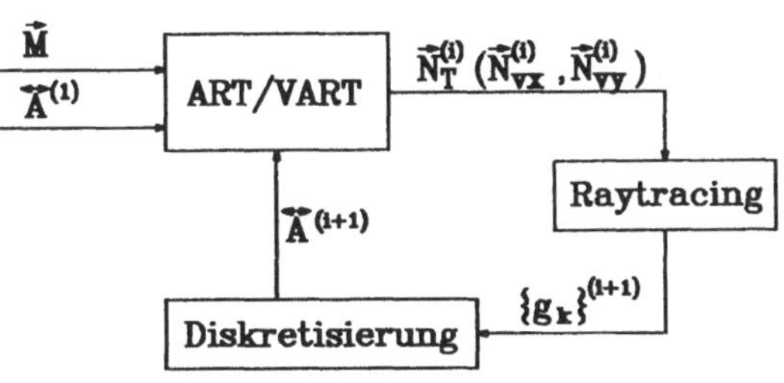

Bild 4: Programmablauf bei nicht geradliniger Rekonstruktion

Die ART/VART läßt sich auch auf krummlinige, aber bekannte Ausbreitungswege anwenden. Wenn wie hier, die Meßwerte aus den Laufzeiten von Wellen gewonnen werden, hängt der Ausbreitungsweg gemäß dem Fermat'schen Prinzip von der gesuchten Verteilungsfunktion ab und ist mithin unbekannt. Dann muß der ART Algorithmus um ein Raytracing, bzw. Raylinking Verfahren ergänzt werden, siehe Bild 4. Als Startwert für die unbekannten Wege werden in erster Näherung die geradlinige Sender- Empfängerverbindungen eingesetzt.

Nachdem der ART/VART Algorithmus einmal durchlaufen ist, wird aus dem Vektor $\vec{N}_T$, mittels Bezier Interpolation, der Brechungsindex $n(\vec{r})$ für die ganze Meßebene G berechnet. Mit der Kenntnis von $n(\vec{r})$, $\vec{N}_{vx}$, $\vec{N}_{vy}$ und den Sender- und Empfängerkoordinaten lassen sich dann aus der Raytracinggleichung (10) die nichtgeradlinigen Ausbreitungswege g_k als Funktion von x und y berechnen berechnen.

$$\frac{d^2y}{dx^2} = \frac{1}{n(x,y)} \cdot [\frac{\partial n}{\partial y}(x,y) - \frac{\partial n}{\partial x}(x,y) \cdot \frac{dy}{dx}] \cdot [1+(\frac{dy}{dx})^2] \tag{10}$$

Der Strömungseinfluß wird durch eine zeitvariante Koordinatentransformation T berücksichtigt. Aus den als Lösung des Randwertproblems erhaltenen Wegen $g_k = T[y(x)]$ werden die Zeilen der Wegematrix $\vec{A}$ ermittelt. Der Zyklus wird so lange durchlaufen, bis sich der Brechungsindex nicht mehr signifikant ändert.

Während das Rekonstruktionsverfahren ohne Berücksichtigung der krummlinigen Schallausbreitung mit 1.7s Rechenzeit on-line fähig ist -die Meßwertaquisition dauert 2.1s- ist durch die Integration des Raylinking Algorithmus in das Rekonstruktionsverfahren der numerische Aufwand um circa 2 Zehnerpotenzen angestiegen.

Meß- und Simulationsergebnisse

In diesem Abschnitt werden sowohl die mit dem realisierten Tomographen experimentell ermittelten Ergebnisse präsentiert, als auch Simulationsergebnisse für Temperatur- und Strömungsfelder, alle unter der idealisierenden Annahme geradliniger Schallausbreitung. Simulationsergebnisse für die krummlinige Rekonstruktion von skalaren und vektorwertigen Verteilungen liegen noch nicht vor. Im Experiment wird die Meßebene aufgespannt von einem quadratischen Stahlrohrrahmen von 2.1m Kantenlänge. Hierauf sind 30 Sende- und 14 Empfangsmodule montiert, was maximal 199 Meßwegen ergibt. Die Aquisition der 199 Laufzeitwerte dauert 2.1s. Während dieser Zeit ändert sich die Temperaturverteilung in der Meßebene aufgrund thermisch induzierter Verwirbelungen und Konvektion über der Wärmequelle teilweise erheblich, was zu Fehlmessungen führt. Es war also ein experimenteller Aufbau zu finden, der eine möglichst statische Temperaturverteilung gewährleistet. Dazu hing senkrecht durch die Meßebene ein Seidenzylinder von 50cm Durchmesser der oben abgeschlossen war und von unterhalb der Meßebene, mit einer Heizplatte mit 1.5KW, beheizt wurde. Mit diesem experimentellen Aufbau wurden eine quasistatische Temperaturverteilung erreicht, und sinnvolle Laufzeitdaten gemessen. Trotz der geringen Datenmenge können die 4096 Bildpunkte der Temperaturverteilung hinreichen gut rekonstruiert werden. Für die Rekonstruktion von 2 mal 4096 Bildpunkten des Strömungsfeldes ist die Inf   nation in den Meßdaten nicht ausreichend.

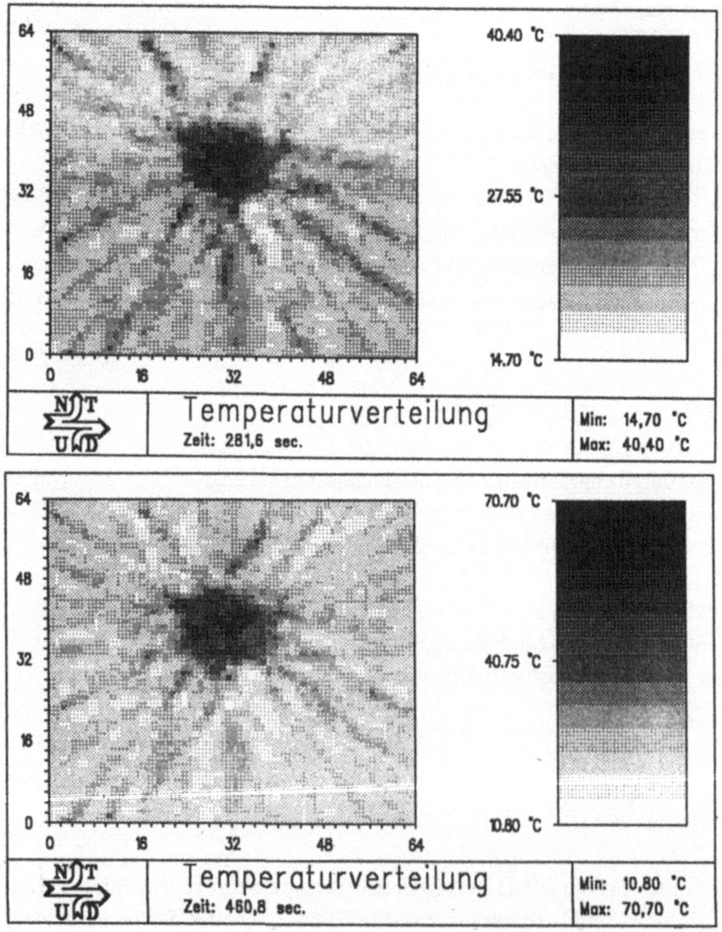

Bilder 5, 6: Gemessene Temperaturverteilung zu 2 aufeinander folgenden Zeitpunkten bei weiterer Wärmezufuhr.

Die Bilder 5 und 6 zeigen Ergebnisse des beschriebenen Experimentes. Die Raumtemperatur betrug 18°C, die maximale Temperatur im Seidenzylinder zum Ende der Meßzeit 74°C. Bild 5 wurde während der Erwärmungsphase aufgenommen, Bild 6 im quasistatischen Zustand.

Zum Test des Rekonstruktionsverfahrens wurden, unter der Vorraussetzung geradliniger Ausbreitung, je 990 Laufzeitmeßwerte je Verteilung simuliert. Als Originaltemperaturverteilung ist ein Zylindermantel der Dicke 8 Pixel (von 64) mit der Temperatur 333°K definiert worden, die anderen Pixel hatten eine Temperatur von 293°K. Bild 7 zeigt die Rekonstruktion.

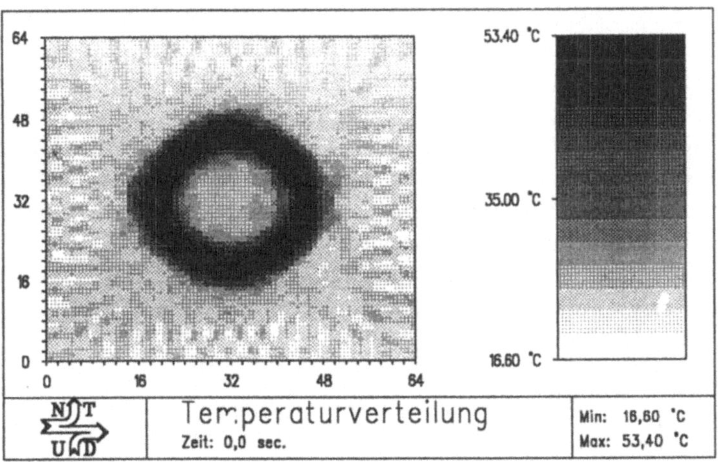

Bild 7: Rekonstruktion eines Temperaturfeldes auf Basis von 990 simulierten Laufzeitmessungen.

Als Original-Strömungsfeld wurde ein Wirbel definiert, dessen Zentrum in der Bildmitte liegt.

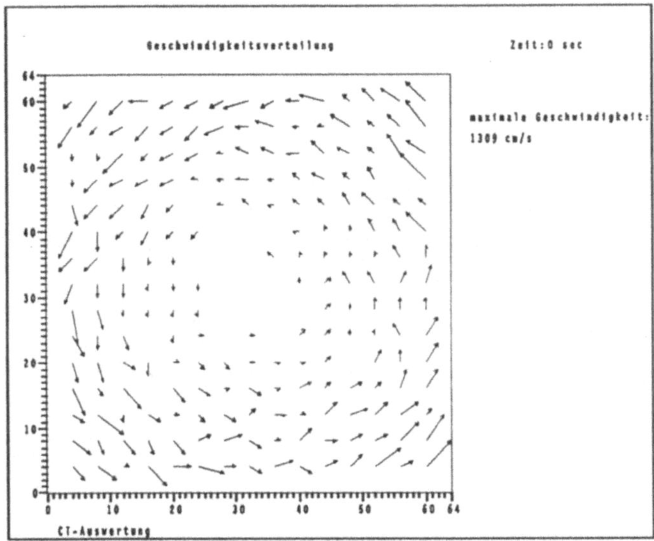

Bild 8: Rekonstruktion eines Wirbelfeldes auf Basis von 990 simulierten Laufzeitmessungen.

340

Die radiale Strömungskomponente ist 0, die tangentiale stieg von von 0 cm/s im Zentrum auf maximal 905cm/s. Die Rekonstruktion des Strömungsfeldes auf Basis der simulierten Laufzeitwerte ist in Bild 8 dargestellt.

Zusammenfassung

Es ist ein Ultraschall CT Verfahren zur Messung orts- und zeitabhängiger Temperaturverteilungen an Aerosolen entwickelt und experimentell getestet worden. Unter Berücksichtigung der geringen Anzahl von Meßdaten und der experimentellen Probleme bei der Messung einer zeitvarianten Temperaturverteilung können die Ergebnisse als durchaus zufriedenstellend bezeichnet werden. Durch den Einsatz verbesserter Signalverarbeitungsmethoden und einer größeren Anzahl von Sendern und Empfängern lassen sich auch statische Strömungsfelder erfassen, jedoch aufgrund des höheren numerischen Aufwandes nur off-line. Die Simulationen haben gezeigt, daß auch quellenfreie Vektorfelder [2] rekonstruierbar sind.

Es ist ein Raylinkingverfahren implementiert worden, das sowohl den Einfluß einer inhomogenen Temperaturverteilung bzw. eines inhomogenen Brechnungsindexes berücksichtigt, als auch den Einfluß des strömenden Mediums. Die Integration des Raylinkings in den Rekonstruktions-algorithmus bedeutet eine bessere Modellbildung der physikalischen Vorgänge und führt, wenn der Brechungsindex um mehr als 3% variiert, zu besseren Ergebnissen.

Anmerkung

Dieses Projekt wurde unterstützt von der Deutschen Forschungsgemeinschaft, im Rahmen des Sonderforschungsbereiches 209, 'Stoff- und Energietransport in Aerosolen'.

Keywords:

Ultraschall-Computertomographie, Thermotomographie, Rekonstruktion von Vektorfeldern.

Literatur:

[1] Luck, H.: Siemund, B.: *The measurement of spatial aerosol distribution in enclosures by means of computed tomography.* Part. Charact. 2 (1985) pp.137-142.
[2] Siemund, B.: *Ein Beitrag zur computertomographischen Rekonstruktion von skalaren und vektor-wertigen Funktionen.* Dissertation Universität Duisburg, 1986.
[3] Beckord P.; Höfelmann, G.; Luck, H.: *DFG Sonderforschungsbereich 209 Stoff- und Energie-transport in Aerosolen. Arbeits und Ergebnisbericht 1989-90-91. Teilprojekt A4.* Duisburg, 1988.
[4] Kak, A.C.; Slaney, M.: *Principles of Computerized Tomographic Imaging.* IEEE Press, New York, 1988.
[5] Höfelmann, G.; Siemund, B.; Deffte, N.: *Prinzip einer hochgenauen Ultraschall-Laufzeitmessung.* DAGA, Duisburg, 1989.

Der On-Board Computer für den Kleinsatelliten BREMSAT

Rüdiger Gandert, Bernd Gelhaar

DEUTSCHE FORSCHUNGSANSTALT FÜR LUFT- UND RAUMFAHRT

DLR Braunschweig

1. Überblick

Im Rahmen der D-2-Mission wird der Kleinsatellit BREMSAT im Weltraum ausgesetzt. Danach wird er die Erde in ca. 300 Km Höhe für eine Dauer von etwa 2 bis 3 Monaten umkreisen. Der Satellit wird unter der Federführung des Zentrums für angewandte Raumfahrttechnik und Mikrogravitation (ZARM) der Universität Bremen von der Firma OHB in Bremen zusammen mit anderen Firmen und Instituten gebaut. Das Institut für Flugmechanik der DLR in Braunschweig erhielt den Auftrag, den Bordrechner für Bremsat zu entwickeln. Aufgabe des Bordrechners ist die Steuerung der fünf Experimente des Spacecrafts, sowie die Verarbeitung und Reduktion der dabei anfallenden Daten. Darüberhinaus hat er umfangreiche Housekeeepingfunktionen, wie z.B. Lagestabilisierung oder die Erkennung und Behandlung von auftretenden Fehlern, durchzuführen. Als Prozessor wurde ein T800-17M ausgewählt.

2. Spezifikation

Es sind gefordert: 512kByte SRAM, 64 kByte Programmspeicher, frei programmierbares Speichertiming, gebufferte memory mapped I/O - Schnittstelle mit 32 Bit Daten und 32 Bit Adressen. Die Funktion des Rechners wird mit einem watchdog - Timer überprüft. Als Platinenformat ist eine Einfacheuropakarte vorgegeben.
Aus Gründen der Strahlungsresistenz sind keinerlei Bauteile erlaubt, bei denen Information in Form von isolierten Ladungspaketen (EPROM, EPLD etc.) gespeichert wird. Auf Grund von früheren Untersuchungen, die eine erhöhte Strahlungsempfindlichkeit des internen RAM´s ergaben, ist das interne RAM des Transputers abzuschalten. Die Leistung des gesamten Rechners muß im zeitlichen Mittel unter 2 Watt liegen. Der Temperaturbereich soll -55 bis +125 Grad Celsius betragen. Die Platine ist nach den entsprechenden Richtlinien der ESA zu layouten und zu fertigen.

3. Konzeption

Da maskenprogrammierte Speicher für einen low - cost - Satelliten nicht verwendbar sind, kommen als Programmspeicher nur bipolare PROMs in Frage. Abgesehen von der schlechten Beschaffbarkeit (praktisch nur noch zwei Hersteller) zeichnen sich bipolare PROMs durch hohe Stromaufnahme und geringe Integrationsdichte aus. Aufgrund der hohen Stromaufnahme müssen die PROMs während der Programmlaufzeit von der Versorgungsspannung getrennt werden. Das verbietet den direkten Anschluß der PROMs an den Bus des T800. Daher wurde der in **Bild 1** ersichtliche Weg beschritten.
Ein Gatearray (LCA) verwaltet die BipolarPROMs und deren Stromversorgung. Es liest das Programm selbst aus dem PROM und schickt es mit einer im LCA realisierten link engine auf den Link0 des T800, der dann ganz normal vom Link bootet. Anschließend werden die Verbindungen zwischen LCA und PROM hochohmig gemacht und das PROM von der Stromversorgung abgeschaltet. Neben diesen Funktionen enthält das LCA noch einen watchdog timer, der im Fehlerfall einen neuen Bootvorgang einleitet.

Die weiteren Funktionsblöcke des Rechners sind Standardschaltungen: Der Addressdecoder kann zwischen RAM, I/O- Schnittstelle und den Kontrollsignalen für den watchdog selektieren.

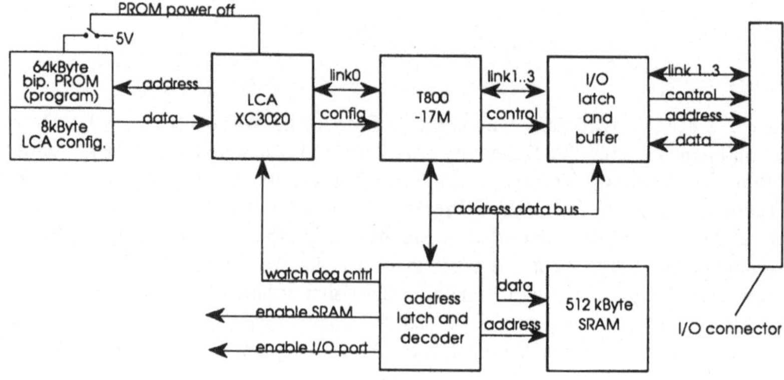

Bild1. Blockdiagramm BREM-SAT

4. Realisierung

Das RAM ist aus vier 128k x 8 SRAMs im vertical in line Gehäuse aufgebaut. Für die Buffer sowie das Addresslatch wurden FCT Bausteine der Fa. Cypress verwendet. Der Adressdecoder sowie die erforderliche "glue logic" sind in HCT bzw AC Technik ausgeführt. Beim Design der Schaltung waren die Geschwindigkeit der verwendeten Bausteine, der Stromverbrauch sowie ein möglichst geringer chip count zu berücksichtigen.

Speicher, Adressdekoder, Transputer und Buffer beanspruchen bereits einen erheblichen Teil der Boardfläche. Eine Realisierung der Bootlogik und des watchdogtimers mit Hilfe von Standardlogik und eines Linkbausteins C011 kam daher aus Platzmangel nicht in Frage. Diese Funktionen wurden in einem programmierbaren Gatearray (LCA) der Fa. XILINX vom Typ XC3020 implementiert. Ein solcher Baustein wird unmittelbar nach dem Anlegen der Betriebsspannung mit dem im Designprozeß erzeugten Konfigurationsinformationen geladen und erhält dadurch seine Funktionalität. Die Daten hierzu liegen im oberen Bereich eines Konfigurationsproms vom selben Typ, wie die für das Programm des Transputers. Die ersten 36 Byte enthalten vordefinierte Timings für die Speicherschnittstelle des T800. Per Konfigurationsjumper wird eines der acht Bit eines Speicherwortes ausgewählt, so daß insgesamt acht unterschiedliche Speichertimings im Konfigurationsprom untergebracht werden können. **Bild 2** zeigt die Struktur des Bausteins.

Ein 16 Bit Zähler dient während der Konfigurations- und Bootphase zur Adressierung der Bipolarproms und danach als Zähler für den watchdogtimer. Das Transputerlink-Schieberegister wird während der Bootphase parallel mit jeweils einem aus dem Programmspeicher stammenden Byte und den für das Linkprotokoll erforderlichen Headerbits geladen und anschließend mit einer Rate von 5 Mbit/sec seriell über Link Out ausgegeben. Die Steuerung aller Funktionen übernimmt ein synchrones Schaltwerk.

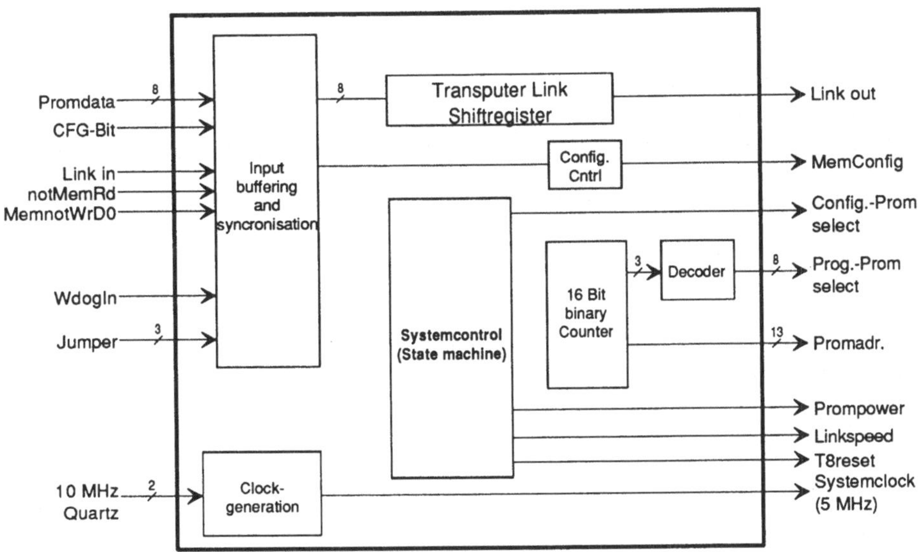

Bild 2. Blockdiagramm des LCA

5. Einschaltsequenz

Anhand von **Bild 3** soll die Einschaltsequenz und das Verhalten während des Programmablaufs erläutert werden. Nach Einschalten der Betriebsspannung oder nach einem externen Masterreset wird über ein Relais die Versorgungsspannung der Bipolarproms eingeschaltet und danach das LCA konfiguriert. Nach Ablauf dieser LCA-internen Initialisierungssequenz verhält sich der Baustein so, wie es im Designprozeß festgelegt wurde. Nach Erzeugen eines Resetsignals für den T800 und die Satellitenelektronik, konfiguriert das LCA das Timing der Transputerspeicherschnittstelle indem es sequentiell die ersten 36 Byte des Konfigurationsproms adressiert und das per Jumperfeld selektierte Bit des Promdatums zum Transputer schickt. Für den weiteren Ablauf sind drei, durch entsprechendes Jumpern wählbare, Alternativen möglich:

a) (Boot from ROM)
Das Programm befindet sich in einem externen Speicher, der über die implementierte Speicherschnittstelle mit dem Rechner verbunden ist. Dieser Speicher kann z.B. per Telemetrie vom Boden aus geladen werden, so daß währen der Satellitenmission das Programm beliebig geändert werden kann.

b) (Boot from LCA)
Hier wird der Inhalt der On-Board-Programmproms im "Boot from link" Modus per LCA in das SRAM des T800 geladen. Nach Erhalt des letzten Byte startet der Transputer die Programmausführung. Dies ist der für die vorliegende Applikation vorgesehene Betriebsmodus.

c) (Boot from Link)
Die letzte Alternative ist für die Programmentwicklung und den Test der Satellitenexperimente vorgesehen. Der Transputer arbeitet wie im vorhergenden Fall im "Boot from link" Modus; der Programmcode wird hier jedoch über eines der vier Links von außen geladen.

6. Programmlaufzeit

Eine der ersten Aktionen des nunmehr aktiven Programms ist das Abschalten der Versorgungsspannung der stromhungrigen Bipolarproms. Dies wird durch einmaliges Pulsen des watchdog-bit erreicht und aktiviert auch gleichzeitig den im LCA implementierten watchdog. Falls die Überwachung durch den watchdog nicht gewünscht wird, kann dieser durch Setzen eines weiteren Bit im watchdog-Port per Programm inaktiviert werden. Darüberhinaus kann der watchdog per Jumper gänzlich außer Funktion gesetzt werden.

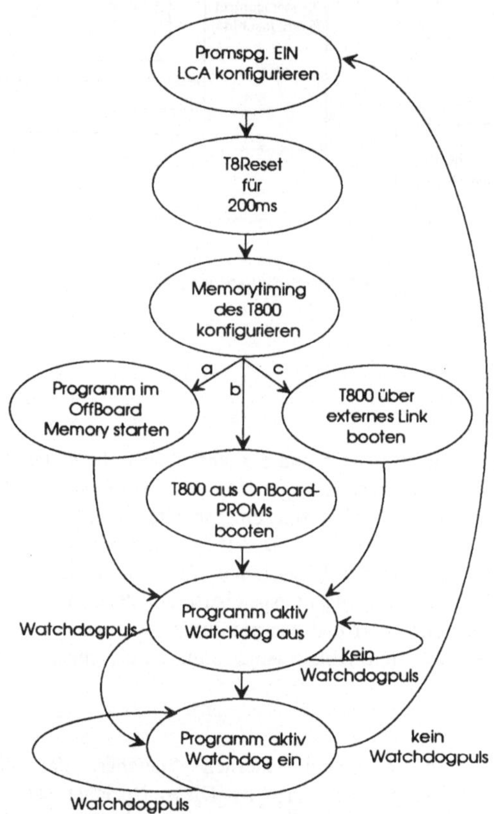

Bild 3. Statusdiagramm

7. Erfahrungen

Der Bordrechner von BREMSAT liegt als voll funktionsfähiger Prototyp vor und hat alle bisherigen Tests problemlos überstanden. Die Stromaufnahme liegt bei etwa 1.5 Watt. Hierbei ist jedoch zu berücksichtigen, daß der Rechner mit der längsten einstellbaren Konfiguration für das Speichertiming arbeitet (ein Speicherzyklus dauert dann 24 T-states bzw. bei 17,5 Mhz 686 ns).

DISQUE: Ein verteilter Simulator für Warteschlangennetze auf Transputern

Jörg Richter

FB Informatik
Universität des Saarlandes
Im Stadtwald 36
W6600 Saarbrücken 11

e-mail: jrichter@cs.uni-sb.de

1 Einleitung

Warteschlangennetze sind eine weit verbreitete Klasse von Simulationsmodellen, die ihre Hauptanwendungsgebiete im Bereich Betriebssysteme, Rechnernetze und Materialflußsysteme haben. In dieser Arbeit wird ein Testbett namens DISQUE (=*Di*stributed *S*imulator for*Que*ueing Networks) vorgestellt, in dem verschiedene Strategien zur Parallelisierung ereignisgesteuerter Simulationen im Hinblick auf ihre praktische Verwendbarkeit für die Simulation von Warteschlangennetzen untersucht werden sollen. Weiterhin wird über Erfahrungen bei der Implementierung des Testbetts auf einem Tranputer-System unter HELIOS sowie einer Portierung dieses Systems auf eine SUN-Workstation als "pseudo-paralleles" System zu Debugging-Zwecken berichtet.

2 Warteschlangennetze

Ein Warteschlangennetz besteht aus einer Menge von Warteschlangen, die durch Kanäle miteinander verbunden sind. In diesem Netz kreisen Kunden. Jede Warteschlange besteht aus einem oder mehreren Warteräumen für Kunden, sowie einer Bedienstation. Das Verhalten der Bedienstation ist dabei durch die Bedienstrategie und die statistische Verteilung der Bedienzeiten der Kunden gegeben. Die Bedienstrategie legt fest, nach welchen Regeln die Kunden aus den Warteräumen geholt werden. Die in DISQUE implementierten Bedienstrategien sind FIFO (die Kunden werden in der Reihenfolge ihres Eintreffens an der Warteschlange bedient), "processor sharing" (alle Kunden werden gleichzeitig bedient, jedoch "arbeitet" die Bedienstation bei Anwesenheit von n Kunden n-mal langsamer), mehrere Arten prioritätsgesteuerter Bedienstrategien mit und ohne Unterbrechung von Kunden, die gerade bedient werden, und "infinite server" (alle Kunden werden gleichzeitig bearbeitet ohne Einfluß auf die Geschwindigkeit der Bedienstation). Die Bedienzeit der Kunden, d. h. die Zeit, die ein Kunde in der Bedienstation verbringt, wird in DISQUE durch eine statistische Verteilung spezifiziert, in der Simulation werden dann für die Bedienzeit der einzelnen Kunden entsprechend verteilte Zufallszahlen erzeugt. In DISQUE stehen normal, negativ exponentiell, Erlang- und in einem Intervall gleichverteilte sowie konstante Bedienzeiten zur Verfügung. Es ist dabei möglich, Gruppen von Kunden zu definieren, die jeweils eine eigene Bedienzeitverteilung besitzen. Insgesamt wird in Warteschlangennetzen also nur spezifiziert, wann und wie lange, aber nicht wie ein Kunde bedient wird. Ein Kunde, dessen Bedienung an einer Wartschlange beendet ist, verläßt diese augenblicklich und begibt sich (in Nullzeit) zu einer anderen Warteschlange, die er u. U. aus mehreren Möglichkeiten gemäß vorgegebener Wahrscheinlichkeiten zufällig auswählt, oder verschwindet in einer Senke. Eine Anfangsbelegung von Warteschlangen mit Kunden zu Beginn der Simulation ist in DISQUE ebenso spezifizierbar wie Kunden-Quellen, die Kunden während der Simulation neu erzeugen, wobei die Zeit zwischen dem Erzeugen zweier Kunden wiederum durch eine statistische Verteilung spezifiziert wird.

Abb. 1 zeigt ein kleines Beispiel, bei dem ein Computersytem mit Batchverarbeitung und Dialogbetrieb modelliert wurde. In diesem Warteschlangennetz gibt es zwei Sorten Kunden, Batch-Aufträge, die an der Quelle Batch_Start entstehen und nach ihrer vollständigen Abarbeitung in der Senke Batch_Stop verschwinden, sowie von Terminals an das System abgesetzte Aufträge, die nach erfolgter Ausführung an das

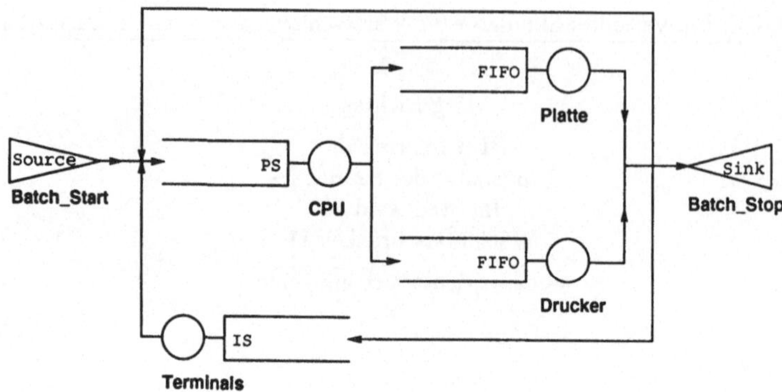

Abb. 1

```
model Computer_System

queues   queue Terminals
                 type active
                 discipline is
                 classes class iTerminals distribution negexp 3000.0
         queue CPU
                 type active
                 discipline ps
                 classes class iCPU distribution negexp 3.1
                         class bCPU distribution negexp 8.2
         queue Drucker
                 type active
                 discipline fifo
                 classes class iDrucker distribution normal 200.1 100.6
                         class bDrucker distribution normal 300.6 100.3
         queue Platte
                 type active
                 discipline fifo
                 classes class iPlatte distribution constant 7.0
                         class bPlatte distribution constant 7.0

topology         from iTerminals to iCPU
                 from iCPU to iDrucker iPlatte probabilities 0.1 0.9
                 from iPlatte to iCPU iTerminals probabilities 0.7 0.3
                 from iDrucker to iCPU iTerminals probabilities 0.7 0.3

                 from source to bCPU
                 from bCPU to bDrucker bPlatte probabilities 0.3 0.7
                 from bDrucker to sink bCPU probabilities 0.8 0.2
                 from bPlatte to sink bCPU probabilities 0.8 0.2

population       at iTerminals 10
                 source of bCPU with distribution constant 40000.0

statistics       at CPU record utilisation
                 at Drucker record maxql

terminate        clock limited to 1000000.0

end
```

Abb. 2

jeweilige Terminal zurückkehren. Als Bedienstrategie für die CPU wurde "processor sharing" als Grenzfall des Round-Robin Schedulings gewählt. Da zu jedem Zeitpunkt pro Terminal genau ein Kunde vorhanden ist, wurden sämtliche Terminals in einer Warteschlange vom Typ "infinite server" zusammengefaßt. Die Anzahl der beim Start der Simulation vorhandenen Kunden entspricht also der Anzahl der Terminals und die Bedienzeit eines Kunden dieser Warteschlange der "Bedenkzeit" des Benutzers des Terminals zwischen den Eingaben.

Das Ergebnis der Simulation eines Warteschlangennetzes ist eine Statistik, die für jede Warteschlange Auslastung und Durchsatz der Bedienstation, mittlere und maximale Länge des bzw. der Warteräume sowie die maximale Wartezeit eines Kunden enthält. Falls gewünscht werden an gewissen Warteschlangen nur ein Teil dieser Größen bestimmt. Mögliche Fragestellungen, die ein Simulationslauf für das Beispiel in Abb. 1 beantworten könnte, sind z. B. die Frage, ob die CPU leistungsstark genug ist (Auslastung der CPU) oder wie groß der Buffer für den Drucker sein muß (maximale Länge der Warteschlange des Druckers). Abb. 2 zeigt die Beschreibung des Beispiels in der Sprache LAVENDER (*L*anguage for *V*arious *Q*ueueing *N*etwork *D*escriptions), die in Anlehnung an die Sprache RESQ2 von IBM als Eingabesprache für DISQUE entwickelt wurde.

3 Die Komponenten von DISQUE

Ziel bei der Implementierung von DISQUE war nicht, einen praktisch einsetzbaren Warteschlangennetz-Simulator zu schaffen, sonder ein Testbett zur Verfügung zu haben, mit dem sich verschiedene Strategien der Parallelisierung ereignisgesteuerter Simulationen "unter praktischen Bedingungen" auf ihre Tauglichkeit hin testen lassen. Daher wurde auf die sonst oft übliche graphische Eingabe verzichtet, und auch die Modellwelt bewußt einfach und überschaubar gehalten. Statt dessen wurde zusätzlich zu der parallelen Version des Simulators ein rein sequentieller Simulator entwickelt, in den noch einige Optimierungsmöglichkeiten, die nur bei einem nicht-verteilten Gesamtzustand des Systems möglich sind, eingebaut wurden, um so realistische Werte für die durch verteilte Simulation erreichbare Beschleunigung zu erhalten. Weiterhin wurde eine spezielle Version des sequentiellen Simulators implementiert, die durch sogenannte "Kritische-Pfad-Analyse" eine obere Schranke für die durch parallele Simulation maximal erreichbare Beschleunigung errechnet. Im folgenden werden diese Komponenten im einzelnen geschildert.

3.1 Sequentieller Simulator

Der sequentielle Simulator arbeitet nach dem Prinzip der ereignisgesteuerten Simulation (vgl. [MAM89]). Die Grundidee ist dabei, daß das zu simulierende System seinen Zustand nur zu bestimmten Zeitpunkten ändert. Diese Zustandsänderungen geschehen in Null-Zeit und werden Ereignisse genannt. Bei der Ausführung von Ereignissen können Ereignisse für spätere Ausführungszeitpunkte entstehen. Beispielsweise stellt in DISQUE die Ankunft eines Kunden an einer Warteschlange ein Ereignis dar. Ist die Warteschlange leer, so erzeugt dieses Ereignis ein weiteres Ereignis, nämlich den Abgang des Kunden von der Warteschlange, nachdem er bedient worden ist. Der sequentielle Simulator (Abb. 3) besteht daher im wesentlichen aus Datenstrukturen, die den momentanen Gesamtzustand des Systems beschreiben (in DIS-QUE sind das im wesentlichen die Warteräume der Warteschlange mit den darin enthaltenen Kunden) und der sogenannten Ereignisliste, in die die Ereignisse nach Eintrittszeitpunkten aufsteigend sortiert verwaltet werden. Der sequentielle Simulator durchläuft dann nachdem die Initialisierungsphase zum Start der Simulation abgeschlossen ist, immer wieder denselben Zyklus:

1. Ereignis mit kleinstem Ausführungszeitpunkt aus der Ereignisliste holen

2. Ereignis ausführen (z. B. bei Ankunkftsereignissen in DISQUE den Kunden in den entsprechenden Warteraum einfügen)

3. Dabei neu entstandene Ereignisse in die Ereignisliste einfügen

Da Zugriffe auf die Ereignisliste bei dieser Vorgehensweise sehr häufig vorkommen (mindestens einmal pro Zyklus!), ist eine effiziente Implementierung dieser Datenstruktur natürlich sehr wichtig. In der Literatur wurden mehrere Vorschläge dafür gemacht, in DISQUE werden sogenannte Calendar-Queues ([BRO88])

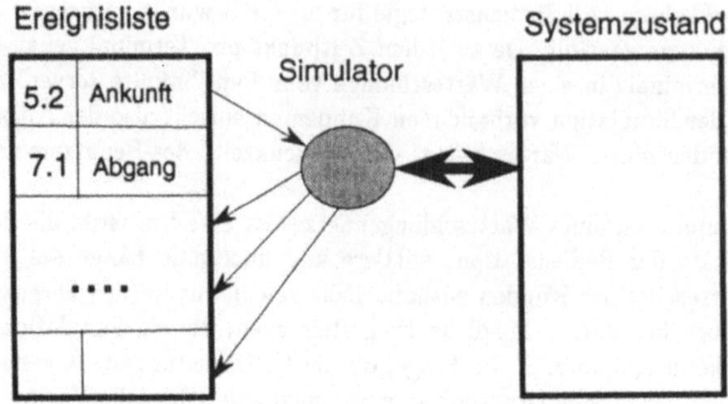

Abb. 3

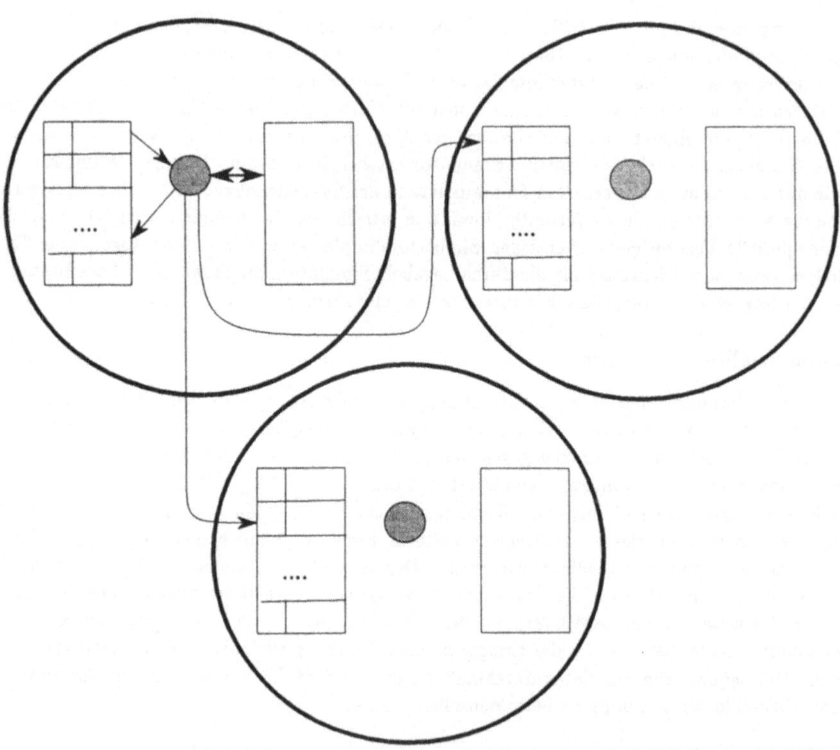

Abb. 4

verwendet. Wie stark sich unterschiedliche Implementierungen auf das Laufzeitverhalten des sequentiellen bzw. des verteilten Simulators auswirken, wird noch Gegenstand zukünftiger Untersuchungen sein.

3.2 Kritischer-Pfad Analysator

Wenn man den sequentiellen Simulationsalgorithmus parallelisieren will, gibt es zwei grundsätzliche Möglichkeiten: Entweder man parallelisiert ihn auf der funktionalen Ebene, d.h. man verlagert die einzelnen Funktionen eines sequentiellen Simulators wie Ereignislisten-Verwaltung, Ereignis-Ausführung, statistische Auswertungen, Ergebnisausgabe, etc. auf je einen Rechnerknoten, oder aber man parallelisiert ihn auf der Datenebene, d.h. man teilt den Gesamtzustand des Systems in disjunkte Teile auf, verteilt diese auf die Rechnerknoten und startet für jeden Teilzustand je einen Simulator, der für Ereignisse, die diesen Teilzustand betreffen, zuständig ist. Die erstere Methode gilt mittlerweile als wenig erfolgversprechend (vgl. z.B. [JOC89]), insbesondere ist sie nicht beliebig skalierbar, da die Anzahl der verschiedenen Funktionen eines sequentiellen Simulators stark begrenzt ist. Der zweite Ansatz stellt eine zusätzliche Voraussetzung an das Simulationsmodell, nämlich das es eine Zerlegung des Gesamtzustandes in Teilzustände gibt, bei der jedes Ereignis auf genau einem Teilzustand ausgeführt werden kann, ohne dabei andere Teilzustände zu verändern. Dies ist jedoch bei vielen Simulationsmodellen gegeben. In DISQUE stellen beispielsweise die Datenstrukturen, die zu einer Warteschlange gehören, einen solchen Teilzustand dar. Dies liegt im wesentlichen daran, daß die Ereignisse Erzeugung, Ankunft und Abgang eines Kunden an einer Warteschlange unabhängig von dem Zustand anderer Warteschlangen sind. Wäre es in DISQUE beispielsweise möglich, den Abgang eines Kunde so lange zu verzögern, bis die Anzahl der Kunden an seiner nächsten Warteschlange unter eine gewisse Grenze fällt (z.B. bei Warteschlangen mit endlichem Puffer), so wäre diese Aufteilung in Teilzustände nicht möglich.

Als Folge der gerade beschriebenen Vorgehensweise ergibt sich, daß ein Simulator bei der Ausführung von Ereignissen neue Ereignisse erzeugen kann, die auf einem anderen Simulator ausgeführt werden müssen. Diese werden dann als sogenannte Ereignis-Nachrichten an den entsprechenden Simulator verschickt (Abb. 4). Dabei entsteht das zentrale Problem dieses Parallelisierungsansatzes: Ein Simulator darf erst dann aktiv werden, wenn er sicher ist, daß kein anderer Simulator ihm eine Ereignis-Nachricht mit einem Ereigniszeitpunkt früher als das früheste Ereignis seiner Ereignisliste schickt, da die Ereignisse in der Reihenfolge ihrer Eintrittszeitpunkte ausgeführt werden müssen. Dies hat zur Folge, daß die Simulatoren oft warten müssen, bis sie im Besitz des Ereignisses sind, das sie als nächstes ausführen dürfen. In der Praxis warten Simulatoren oft noch erheblich länger bis sie nicht nur im Besitz des entsprechenden Ereignisses sind, sondern auch die Gewißheit haben, daß dies der Fall ist. Auf diese Problematik wird im nächsten Abschnitt eingegangen.

Der Kritische-Pfad Analysator ist ein sequentieller Simulator, der die CPU-Zeit, die für die Ausführung von Ereignissen benötigt wird, mißt und daraus berechnet, wie schnell der Simulationslauf auf einem Parallelrechner hätte ausgeführt werden können. Er tut dies unter folgenden Annahmen:

1. Jeder Simulator besitzt die Datenstrukturen genau einer Warteschlange und hat seinen eigenen Prozessor.

2. Die Zeiten für Nachrichtenübertragungen und Verwaltung von Ereignislisten werden ignoriert

3. Mit der Ausführung eines Ereignisses wird zum frühest möglichen Zeitpunkt begonnen.

Diese Annahmen sind natürlich für einen realen Parallelrechner hypothetisch, so daß das Ergebnis dieser Berechnungen immer eine obere Schranke für tatsächliche erreichbare Beschleunigungen sein wird. Der Wert dieser Analyse liegt vielmehr darin, daß man mit ihr Simulationsmodelle ermitteln kann, die "inhärent sequentiell" sind, d.h. deren verteilte Simulation letztendlich einer sequentiellen Simulation entspricht, die abwechselnd auf unterschiedlichen Rechnerknoten stattfindet. Ein einfaches Beispiel dafür ist die Simulation eine beliebigen Warteschlangennetzes, in dem nur ein Kunde zirkuliert.

Das Prinzip der Kritischen-Pfad Analyse ist in [BEJ85] beschrieben.

3.3 Verteilter Simulator

Das zentrale Problem bei der ereignisgesteuerten Simulation auf Parallelrechnern wurde bereits im letzten Abschnitt angesprochen: "Wann darf ein Simulator aktiv werden und das früheste Ereignis seiner Ereignisliste abarbeiten?" Die Strategien, die dabei bisher entdeckt wurden, lassen sich in zwei Gruppen einteilen: Bei den *konservativen* Strategien wartet ein Simulator so lange, bis er ausreichende Garantien von anderen Simulatoren bekommt, so daß sichergestellt ist, daß er kein Ereignis zugesandt bekommt, daß einen früheren Eintrittszeitpunkt als das früheste Ereignis seiner Ereignisliste hat. Bei den *optimistischen* Verfahren kümmern sich die Simulatoren nicht um solche Garantien. Statt dessen legen sie vor der Ausführung jedes Ereignisses eine Kopie ihres Zustands an. Trifft nun eine Ereignisnachricht ein, deren Ausführungszeit kleiner als das zuletzt ausgeführte Ereignis ist, so findet ein "Rollback" statt, d. h. der Simulator stellt den Zustand vor der Ausführungszeit des Stragglers wieder her und beginnt an diesem Zeitpunkt mit der Arbeit von vorne. Ein besonderes Problem tritt dabei auf, falls bei der irrtümlichen Ausführung von Ereignissen bereits neue Ereignisnachrichten ausgesand wurden, die natürlich nicht mehr zurückgeholt werden können. Solchen Ereignisnachrichten werden sogenannte "Antinachrichten" hinterhergeschickt. Kommt eine solche Nachricht beim Empfänger an, löscht die Antinachricht das entsprechende Ereignis und löst, falls das Ereignis bereits ausgeführt wurde, zusätzlich einen Rollback aus.

Die Idee bei der Konzeption von DISQUE war, diese recht unterschiedlichen Strategien an denselben Simulationsmodellen anwenden zu können, um so vergleichende Messungen zu ermöglichen. Daher wurde der Simulator von vornherein so ausgelegt, daß die Teile des Code, die bei der jeweiligen Simulationsstrategie unterschiedlich implementiert werden mußten, streng gekapselt sind. Die Idee bei dieser Art der Kapselung stammt aus [DRE89]. Die Idee dabei ist, in den normalen sequentiellen Simulationsalgorithmus an bestimmten Stellen Funktionsaufrufe (sogenannte Filter) einzubauen, in denen die eigentliche Simulationsstrategie codiert ist. Die drei wichtigsten Funktionen sind die folgenden:

- Dem *In-Filter* werden alle ankommenden Nachrichten übergeben. Seine Aufgabe ist es, die Ereignisnachrichten als Ereignisse in die Ereignisliste des Simulators einzufügen und die eingehenden Kontrollnachrichten (z. B. Garantien anderer Simulatoren, Anti-Nachrichten, etc.) entsprechend zu verarbeiten.

- Dem *Out-Filter* werden alle vom Simulator erzeugten Ereignis-Nachrichten übergeben, die dieser dann an die anderen Simulatoren verschickt und dabei noch gegebenenfalls weitere Nachrichten (z. B. Garantien) verschickt.

- Der *Sim-Filter* wird vom Simulator vor der Ausführung jedes Ereignisses aufgerufen. Er blockiert den Simulator so lange, bis dieser das früheste Ereignis seiner Ereignisliste abarbeiten darf (z. B. weil ausreichende Garantien vorliegen oder der Sim-Filter den Zustand des Simulators kopiert).

Bislang sind Filter für die Deadlock-Avoidance und die Deadlock-Detection Strategie implementiert worden, Filter für den Time-Warp werden im Augenblick entwickelt. (Beschreibungen dieser Strategien findet man z. B. in [FUJ90]) Weiterhin wird im Augenblick an einem auf SRADS (vgl. [DRE90]) aufbauenden Verfahren namens "unscharfe Simulation" gearbeitet, bei dem Nachrichten, die normalerweise Rollbacks auslösen würden, so gut wie möglich nachträglich verarbeitet werden.

4 Implementierung

Sämtliche Teile von DISQUE sind in C programmiert.

Begonnen wurde mit der Entwicklung des sequentiellen Simulators auf einer SUN-Workstation unter SUNOS 4.03 (UNIX). Da als parallele Zielmaschine zum damaligen Zeitpunkt ausschließlich ein Transputersystem unter HELIOS 1.19 geplant war, wurde der sequentielle Simulator anschließend auf besagtes System portiert. Da der sequentielle Simulator nur einige wenige Standard System-Aufrufe von UNIX benutzte, deren Format mit den entsprechenden Aufrufen unter HELIOS weitgehend identisch war, war diese Portierung ziemlich problemlos.

Dann begannen die Arbeiten an der Parallelisierung des Codes. Eine der grundlegenden Design-Entscheidungen war, für jede Warteschlange einen eigenen Simulator zu erzeugen. Der Grund dafür war, daß Ereignisse, für deren Ausführung genügend starke Garantien vorliegen, nicht dadurch blockiert werden sollen, daß Ereignisse, die noch nicht ausgeführt werden dürfen, vor ihnen in der Ereignisliste stehen. Dies kann passieren, wenn Ereignisse, die zu unterschiedlichen Warteschlangen gehören, in derselben Ereignisliste verwaltet werden. Diese Design-Entscheidung hatte große Auswirkungen auf die Implementierung, da auf diese Weise die Topologie des Warteschlangennetzes die Prozeß- und Kommunikationsstruktur des verteilten Simulators beeinflußte, so daß fast das gesamte System zur Laufzeit dynamisch erzeugt werden mußte. Leider stellte sich im Verlauf der Implementierungsarbeiten heraus, daß das dynamische Erzeugen von HELIOS-Objekten nicht zuverlässig funktionierte. Da das Arbeiten unter HELIOS ohnehin schon alles andere als angenehm war (schlechte Dokumentation, häufige Systemzusammenbrüche, nicht funktionierender Debugger, etc.), erwies sich das Transputersystem immer mehr als Flaschenhals bei der Software-Entwicklung. Ein Ausweg aus dieser Misere fand sich schließlich in der Rückportierung des Systems auf eine SUN-Workstation unter Zuhilfenahme der SUN Lightweight-Library. Diese Bibliothek ermöglicht es, unter einem UNIX-Prozeß mehrere Prozesse, sogenannte lwp's (lwp = lightweight process), ablaufen zu lassen, die alle auf demselben Adress-Raum, nämlich dem des UNIX-Prozesses arbeiten, ähnlich den Threads unter HELIOS. Auf diese Weise konnten die HELIOS-Tasks als UNIX-Prozesse und die HELIOS-Threads als lwp's implementiert werden. HELIOS-Pipes wurden unter SUNOS durch Named Pipes ersetzt, was den Vorteil hatte, daß diese Pipes genau wie unter HELIOS durch einen Pfadnamen ansprechbar waren. Dadurch lief der Simulator zwar nur "pseudo-parallel" auf einer Workstation, dies reichte für Debugging-Zwecke jedoch vollständig aus. Auf diese Art waren jetzt eine Reihe von Dingen verfügbar, die die Software-Entwicklung enorm erleichterten: Die Memory-Management-Unit der Workstation ermöglichte es, etliche Speicherbereichsverletzungen zu entdecken, die auf dem Transputersystem unentdeckt geblieben waren. Mit dem GNU Debugger gdb war es möglich, einzelne Task's (die jetzt UNIX-Prozesse waren) sowohl während des Simulationslaufs als auch post-mortem bei aufgetretenen Fehlern zu beobachten. Da X-Windows auf der SUN-Workstation zur Verfügung stand, konnten die Testausgaben der Tasks in je ein eigenes Fenster umgelenkt werden, so daß alle Tasks gleichzeitig beobachtbar waren. Da das gesamte Betriebssystem im Source-Code zur Verfügung stand, war es auch möglich, Fehler in der System-Software zu debuggen und anschließend zu umgehen, was sich im Umgang mit der SUN Lightweight-Library als nützlich erwies. Insgesamt wurde dadurch die Arbeit an DISQUE erheblich streßfreier und effektiver, so daß im Augenblick die Software-Entwicklung fast ausschließlich in der eben geschilderten Umgebung stattfindet.

5 Zukünftige Arbeiten

Zukünftig wird sich bei der Arbeit an DISQUE wohl der Schwerpunkt von den Implementierungsarbeiten hin zu Leistungsanalysen der implementierten Strategien verschieben. Dazu wurde in den verteilten Simulator Ausgaben an ein Trace-File eingebaut, das dann mit einem noch in Entwicklung befindlichen, auf der POET Bibliothek (vgl. [MOH90]) aufbauenden Programm ausgewertet werden kann. Weiterhin wird im Augenblick an einem Programm gearbeitet, das als Warteschlangennetz modellierte Netzwerke von ATM-Koppelelementen generiert, um so größere Simulationsmodelle als Eingabe für DISQUE zur Verfügung zu haben. An den Filtern für Time Warp und Unscharfe Simulation wird, wie bereits erwähnt, noch gearbeitet. Schließlich ist für die nächste Zeit eine Portierung des verteilten Simulators nach MMK ([BBL90]) geplant, einem verteilten Betriebssystem, das sowohl auf SUN-Workstations als auch auf Intel-Hypercubes (ipsc/2, i860) läuft.

Literatur

[BEJ85] O. BERRY, D. JEFFERSON, Critical Path Analysis of Distributed Simulation, Proceedings of the Distributed Simulation Conference, 1985, pp. 57-60

[BRO88] R. BROWN, Calendar Queues: A Fast O(1) Priority Queue Implementation for the Simulation Event Set Problem, CACM 31:10, 1988, pp. 1220-1227

[DRE89] P. M. DICKENS, P. F. REYNOLDS, SPECTRUM: A Parallel Simulation Testbed, Proceedings of the Hypercube Conference, 1989

[DRE90] P. M. DICKENS, P. F. REYNOLDS, SRADS with Local Rollback, Proceedings of the SCS Multi-Simulation Conference, 1990, pp. 161-164

[FUJ90] R. M. FUJIMOTO, Parallel Discrete Event Simulation, CACM 33:10, 1990, pp. 30-53

[JOC89] D. W. JONES, C.-C. CHOU, D. RENK, S. C. BRUELL, Experience with Concurrent Simulation, Proceedings of the 1989 Winter Simulation Conference, 1989, pp. 756-764

[MAM89] F. MATTERN, H. MEHL, Diskrete Simulation – Prinzipien und Probleme der Effizienzsteigerung durch Parallelisierung, Informatik-Spektrum 12:4, 1989, pp. 198-210

[MOH90] B. MOHR, Performance Evaluation of Parallel Programs in Parallel and Distributed Systems, Proceedings of the VAPP/CONPAR 90, 1990

[BBL90] T. BEMMERL, A. BODE, T. LUDWIG, S. TRITSCHER, MMK - Multiprocessor Multitasking Kernel, SFB-Bericht 342/26/90 A, TU München, 1990

ESimAc - ein Beschleuniger für Mixed-Mode-Simulation

Gerhard Glockner, Björn Schiemann

Siemens AG, ZFE IS SYS 1
Otto-Hahn-Ring 6
D-8000 München 83

Angesichts der heute möglichen Komplexität großer elektronischer Schaltungssysteme ist deren Simulation mit einem hohen zeitlichen Aufwand verbunden, den herkömmliche General-Pupose-Rechner nicht mehr in einem aktzeptablen Zeitrahmen bewältigen können. Zur Behebung dieses Leistungsengpasses bieten sich zwei Ansatzpunkte an: zum einen wird zunehmend Spezial-Hardware mit einer für die Simulation optimierten Architektur zur Beschleunigung eingesetzt, und zum anderen werden Schaltungssysteme mit leistungsfähigeren Algorithmen auf verschiedenen Abstraktionsebenen (z.B.: High Level, Logik, Analog) modelliert und simuliert. Die höchste Leistungssteigerung ist mit einer Kopplung beider Maßnahmen erreichbar. Voraussetzung hierfür ist ein einheitliches Simulationsverfahren für alle Modellierungsebenen (*Mixed-Mode-Simulation*).

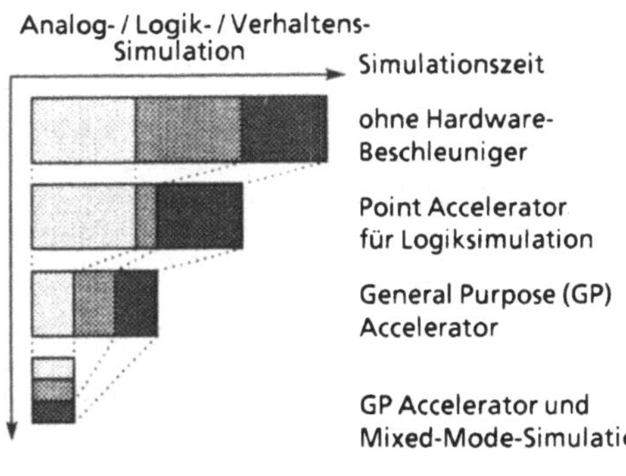

Bereits vielfach im Einsatz sind sogenannte *Point Accelerators*, also Beschleuniger, die nur für eine einzige Abstraktionsebene eine Leistungssteigerung bewirken. Bekanntestes Beispiel sind Acceleratoren für die Logik-Ebene, denn hier lassen sich mit hohem Leistungsgewinn die einfachen und regelmäßigen Algorithmen sehr gut direkt auf eine Hardware abbilden ("Verdrahten eines Algorithmus"). Im Gegensatz dazu stehen die *General Purpose Accelerators*. Unter diesem Begriff werden solche Beschleuniger zusammengefaßt, die für alle Abstraktionsebenen eine Leistungssteigerung erzielen. Im Vergleich zum Einsatz für nur eine einzige Ebene wird Ihre Leistung jedoch im allgemeinen geringer sein als die eines für diese Aufgabe optimierten Point Accelerators. Sobald eine Aufgabenstellung (wie z.B. bei einem Top-Down-Entwurf) jedoch mehrere Ebenen umfaßt, ist der mit einem General Purpose Accelerator insgesamt erzielbare Leistungsgewinn deutlich höher.

Im Rahmen des ESPRIT II-Projektes EWS ("EuroWorkStation", Projekt-Nr. 2569) wurde im Siemens-Forschungslabor eine Spezial-Architektur zur Beschleunigung der Mixed-Mode-Simulation entwickelt: der ESimAc ("Electronics Simulation Accelerator"). Das System besteht aus einer doppelt vernetzten Multi-Pipeline-Architektur und wurde auf Transputer-Basis prototypisch realisiert. Die Architektur des ESimAc und wesentliche Aspekte seiner parallelen Programmierung werden im folgenden vorgestellt.

1 Ereignisflußarchitektur des ESimAc

1.1 Ereignisgesteuerte Simulation und algorithmische Nebenläufigkeit

Bei großen elektronischen Schaltungen beobachtet man sowohl zeitlich als auch lokal begrenzte Aktivitätsgebiete: nicht alle Elemente einer Schaltung sind ständig aktiv. Für digitale Schaltungen geht man von einer Aktivitätsrate in der Größenordnung von 3..10% aus.

Aufgrund dieser Charakteristik haben sich insbesondere in der Logiksimulation *ereignis-gesteuerte Simulations-Algorithmen* als besonders effektiv erwiesen, die die (kostenintensive) Auswertung eines Schaltungselementes nur dann durchführen, wenn sich an dessen Eingängen mindestens ein Wert signifikant geändert hat. Aus diesem Grund wird die Simulation auf Basis eines *dynamisch auf die jeweilige zeitliche Aktivität der Schaltung abgestimmten Zeitrasters* durchgeführt. Dieser im Prinzip sequentielle Algorithmus konnte im Projekt ESimAc in mehrere voneinander unabhängige Teil-Algorithmen (Prozesse) *partitioniert* werden, die eine *zirkulär gekoppelte, funktionale Ereignisfluß-Pipeline* bilden.

Unbedingte Voraussetzung für eine maximale Ausnutzung dieser *algorithmischen Nebenläufigkeit* ist die *Entkopplung der Pipeline-Prozesse* durch *vollständige Trennung der Prozeßdaten*. Innerhalb der Pipeline zirkulieren ausschließlich sogenannte *Ereignis-Deskriptoren* (event descriptors), die im wesentlichen die für die momentane Simulationszeit gültige Portbelegung (die Ein- und Ausgänge) eines bestimmten Schaltungselementes beschreiben. Untersuchungen zeigen, daß auch für Simulationen höheren Abstraktions-Niveaus ereignisgesteuerte Algorithmen eingesetzt werden können. Insbesondere die analoge Simulation läßt sich in den oben skizzierten Algorithmus problemlos einbetten (*Waveform Relaxation*). Somit ist eine *vollständige, homogene Mixed-Mode-Simulation* mittels eines einzigen Algorithmus möglich.

Die wesentlichen Prozeßstufen der Ereignisfluß-Pipeline des ESimAc sind (die Prozeßnummern sind korrespondierend zu Abbildung 1.2):

° Ereignisverwaltung (Prozeß 6):

Dieser Prozeß verwaltet die *Ereignisliste (Eventlist)*, durch die das dynamische Zeitraster realisiert wird. In dieser Liste werden die Ereignis-Deskriptoren zeitlich sortiert gehalten. In jeder dieser *Zeitschichten* werden Deskriptoren, die dasselbe Schaltungselement (aber jeweils verschiedene Ports) beschreiben, zu einem Ereignis-Deskriptor zusammengefaßt.

° Ereignisauswertung (Prozeß 3):

Dieser Prozeß *wertet* das durch einen Ereignis-Deskriptor beschriebene Schaltungselement *aus* und greift hierzu auf *Modellfunktionen* zu. Diese Funktionen beschreiben zum einen das *schaltungstechnische Modell* (z.B.: OR, AND, NOT,...) und zum anderen das zu verwendende *Simulationsmodell* (analog, logisch,...). Um unabhängig vom aktuell auszuwertenden Ereignis-Deskriptor die vollständige, für diesen Zeitpunkt gültige Belegung aller Eingänge des Schaltungselementes für die Modellauswertung zur Verfügung zu haben, wird für *jedes Schaltungselement* generisch (d.h., insbesondere je nach gewähltem Simualtionsmodell verschieden) ein entsprechender Datensatz lokal organisiert und gehalten. Der an den nachfolgenden Prozeß weitergeleitete Deskriptor beschreibt nun die Belegung der Ausgänge des Elementes zu einer neuen Simulationszeit, die von der spezifischen Verzögerung des Elementes bestimmt wird.

° Ereignisvergleich (Prozeß 4):

Dieser Prozeß *vergleicht* nun die *Ausgänge* des durch einen Ereignis-Deskriptor beschriebenen Schaltungselementes mit den Werten des vorherigen Zeitschrittes (wieder unter Verwendung eines generischen, lokalen Datensatzes) und eliminiert alle Ausgänge, deren Werte sich *nicht signifikant geändert* haben. Nur Ereignis-Deskriptoren mit mindestens einem geänderten Ausgang werden an den nächsten Prozeß weitergeleitet.

° Ereignisgenerierung (Prozeß 5):

Dieser Prozeß verfügt über die *Netzliste* der Schaltung und generiert für alle Elemente, die mit den Ausgängen des im eingehenden Ereignis-Deskriptor beschriebenen Elements verbunden sind, neue Deskriptoren, die die jeweiligen *Eingangsbelegungen* dieser Nachbarn zu der bei der Ereignisauswertung bestimmten Simulationszeit beschreiben. Diese neuen Deskriptoren werden in der anschließenden Ereignisverwaltung (s.o.) in die Ereignisliste einsortiert.

Um eine möglichst große dynamische Entkopplung zwischen den einzelnen Prozessen zu gewährleisten, sind an ihren Übergängen zusätzliche *Pufferprozesse* eingefügt.

1.2 Einbeziehung der schaltungsbedingten Nebenläufigkeit

Die typischerweise lokale Aktivität in einer Schaltung (das Vorhandensein von Aktivitäts-
zentren) bietet eine Möglichkeit zur parallelen Simulation, indem verschiedene Partitionen
einer Schaltung geeignet auf mehreren Ereignisfluß-Pipelines (den sog. ESimAc-Knoten)
simuliert werden (*circuit concurrency*), die über eine adäquate Kopplung untereinander verbunden sind. Für diese Aufgabe muß der in Abschnitt 1.1 beschriebene Algorithmus wie
folgt erweitert werden:

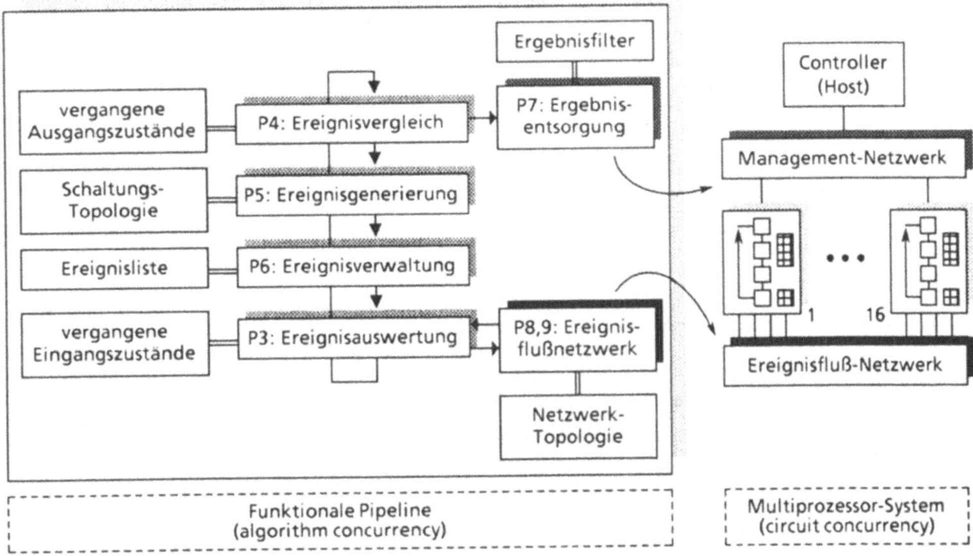

Abb. 1.2: Architektur des ESimAc-Systems

- Die vollständige Beschreibung eines Schaltungselementes durch Ereignis-Deskriptoren
  wird ergänzt durch die Nummer des Knotens (*NodeID*), auf dem die Schaltungspartition,
  zu der das Schaltungselement gehört, simuliert wird.

- Jede Ereignisfluß-Pipeline wird um zwei Prozesse erweitert (Prozesse 8 und 9), die anhand der *NodeID* das Übermitteln von Ereignis-Deskriptoren an einen anderen Knoten
  durchführen bzw. von anderen Knoten kommende Deskriptoren in die eigene Pipeline
  einspeisen. Diese Kommunikation wird über ein spezielles *Ereignisflußnetzwerk* (Event-
  flow Network, Abschnitt 2.2) abgewickelt.

- Um die *Konsistenz aller Ereignislisten* auf den Knoten zu gewährleisten, muß der Fort-
  schritt der Simulationszeit global *synchronisiert* werden. Diese Aufgabe übernimmt ein
  Synchronisationsprozeß auf einer allen Knoten übergeordneten Kontrolleinheit (Host
  oder Controller), die über ein weiteres Kommunikationsmedium, das *Management-
  Netzwerk* (Abschnitt 2.2), Zugriff auf die Knoten hat.

- Die Entsorgung der anfallenden Simulationsergebnisse erfolgt ebenfalls über das Ma-
  nagement-Netzwerk durch einen eigenen Prozeß (Prozeß 7). Dieser filtert die Ergebnisse
  unmittelbar nach dem Ereignisvergleich aus der Pipeline aus. Durch eine entsprechende
  Pufferkapazität im Prozeß 7 wird erreicht, daß die Simulations-Pipeline von der Ergebnisentsorgung weitestgehend entkoppelt ist.

In Abbildung 1.2 ist die mit den aufgeführten Ergänzungen versehene Pipeline gezeigt. Zudem wird skizziert, wie die einzelnen Pipelines miteinander gekoppelt sind. Auf dem Controller (oder dem Host) sind weitere, ergänzende Prozesse zur Steuerung des Systems vorhanden (vgl. Kap. 3), die mit Hilfe des Management-Netzwerks neben der Synchronisation

der Simulation unter anderem den Boot-Vorgang der Simulations-Software und der Schaltungs-Partitionen unterstützen, aber auch die von den einzelnen Knoten eingehenden Simulationsergebnisse abspeichern.

Abschätzungen über das Fan-Out-Verhalten typischer Schaltungen haben gezeigt, daß - je nach Größe und Komplexität einer Schaltung - System-Konfigurationen mit bis zu 16 Knoten eine signifikante Beschleunigung erwarten lassen. Bei höheren Knotenzahlen reduziert der steigende Verwaltungs- und Kommunikations-Overhead den möglichen Performance-Gewinn, weshalb ein Ansatz mit bis zu 16 leistungsstarken Knoten gewählt wurde. Um Aussagen über das Potential des ESimAc-Konzeptes treffen zu können und insbesondere dessen Leistungsfähigkeit in Abhängikeit von Parametern wie Schaltungsgröße, Anzahl der Knoten, Kommunikationsaufwand etc. im Detail untersuchen zu können, ist ESimAC als *konfigurierbares Multi-Pipeline-System* mit maximal 16 Ereignisfluß-Pipelines (Abschnitt 1.1) konzipiert.

2. Implementierung des ESimAc

2.1 Implementierung der algorithmischen Nebenläufigkeit

Um die in Abschnitt 1.1 beschriebene Ereignisfluß-Pipeline effektiv auf eine Hardware-Architektur abbilden zu können, müssen die algorithmisch bedingten Prozeßstufen (vgl. Abb. 1.2) durch weitere Hilfsprozesse (Prozesse 1 und 2) geeignet ergänzt werden: Prozeß 2 ist eine Kommunikationsschnittstelle zum Globalen Management-Netzwerk, während Prozeß 1 die Initialisierung der eigentlichen Pipeline-Prozesse unterstützt (Abschnitt 3.1).

Mittels einer funktionalen Partitionierung dieser erweiterten Ereignisfluß-Pipeline (vgl. Abb. 1.2) in mehrere Teil-Algorithmen ergeben sich unterschiedliche, sequentielle Prozesse (P_i, i $\in$ {1,..,9}), die einzeln auf eine gleiche Anzahl von dedizierten Prozessoren verteilt werden. Als Prozessoren werden Transputer (T_j, j $\in$ {1,..,9}) eingesetzt. Somit wird die Ereignisfluß-Pipeline als Transputer-Pipeline implementiert (Abb. 2.1), wobei jedem Transputer genau ein Teil-Algorithmus zugeordnet ist: der ursprünglich sequentielle Simulations-Algorithmus wurde unter Beibehaltung der Struktur parallelisiert. Eine solche Transputer-Pipeline wird auch als Simulator-*Knoten* bezeichnet.

Die Wahl des Transputer-Typs und seiner Speicher-Konfiguration orientiert sich für jede Pipeline-Stufe an den Anforderungen des jeweils zugeordneten Prozesses:

Transputer	Typ	assoziierter Speicher		
∘ T1:	T801-25	128 KB	SRAM	2 cycle
∘ T2, T6:	T805-25	1 MB	DRAM	3 cycle
∘ T3:	T805-25	8 MB	DRAM	4/3 cycle
∘ T4, T5:	T805-25	4 MB	DRAM	4/3 cycle
∘ T7:	T801-25	128 KB	SRAM	2 cycle
∘ T8, T9:	T805-30	128 KB	SRAM	3 cycle

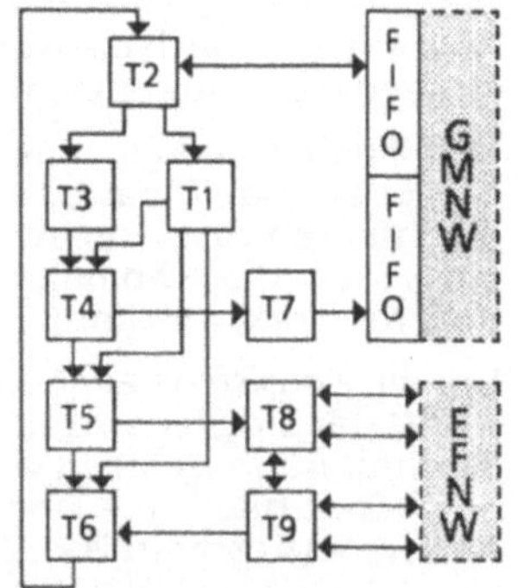

Abb. 2.1: Transputer-Pipeline

Die Transputer-Stufe T2 und der mit der Ergebnisentsorgung betraute T7 sind mittels FIFOs über ein spezielles Bus-System, das Globale Management-Netzwerk (GMNW, Abschnitt 2.2), an einen Controller (oder Host) angeschlossen, während die Stufen T8 und T9 mit ihren je zwei freien Links das Interface für eine Kopplung von mehreren Transputer-Pipelines mittels eines separaten Ereignisflußnetzwerks (EFNW, Abschnitt 2.2) bereitstellen.

Weiterhin hat jeder Transputer zur Unterstützung von Performance-Messungen über seine Speicher-Schnittstelle (Memory-Interface) Zugriff auf eine zentrale und damit gemeinsame, hochgenaue Zeitbasis (bis 100 ns) mit einer Auflösung von 32 Bit.

Ein vollständiger ESimAc-Knoten, bestehend aus 9 Transputern, ist unter Verwendung neuester Technologien (z.B.: FACT, FCT) zusammen mit der Zeitbasis und den erforderlichen Interfaces zu GMNW und EFNW auf einem eigenen Board (10 Lagen Multi-Layer, beidseitig mit ca. 400 aktiven und 600 passiven Bauelementen bestückt) realisiert.

2.2   Implementierung der schaltungsbedingten Nebenläufigkeit:

In Abschnitt 1.2 wird bereits vorgeschlagen, die in der Struktur einer Schaltung enthaltene Parallelität (*circuit concurrency*) durch Partitionierung und anschließende gleichzeitige Simulation der Schaltungsabschnitte auf mehreren Simulator-Knoten zur Beschleunigung des Simulationsvorgangs auszunutzen.

Jeder dieser Knoten beinhaltet für ESimAc eine mit Transputern realisierte Ereignisfluß-Pipeline (Abschn. 2.1), und die Einbeziehung von mehreren Knoten in die Simulationsumgebung führt zu einem *Multi-Pipeline-System*.

Zur Durchführung einer parallelen Simulation auf mehreren Knoten ist es notwendig, diese miteinander zu vernetzen, weil während der Simulation Ereignis-Deskriptoren auch zwischen den einzelnen Schaltungs-Partitionen ausgetauscht werden. Zu diesem Zweck ist ein spezielles, der Schaltungs-Topologie angepaßtes Netzwerk für die Prozessorkopplung notwendig, welches hinsichtlich des erforderlichen Routing-Aufwands und der mittleren Länge von Kommunikationswegen zwischen den Knoten optimiert ist.

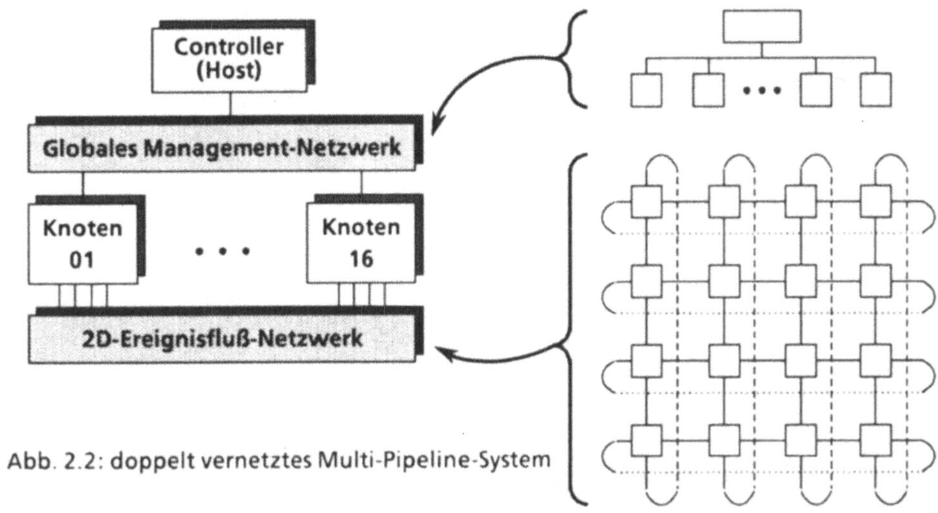

Abb. 2.2: doppelt vernetztes Multi-Pipeline-System

Die genannten Randbedingungen führen zu einem zweidimensionalen (2D) Ereignisfluß-netzwerk (EFNW) von maximal 16 Knoten. Es basiert auf Transputer-Links und ist als Torus über einer 4x4-Matrix definiert (Abb. 2.2), wobei in einer kleineren Version auch eine 3x3-Matrix realisiert wurde. Die jeweilige Matrix beinhaltet *end-around-meshes* zur Verkürzung von Kommunikationswegen. Jeder Knoten benötigt nur 4 Verbindungen zum Netzwerk, die korrespondierend zu den Himmelsrichtungen mit Nord, Süd, West und Ost bezeichnet sind.

Das Routing von Ereignis-Deskriptoren kann anhand von knotenlokalen Wegetabellen durchgeführt werden. Dabei umfaßt der Kommunikationsweg zwischen zwei Partnern maximal 4 direkte Knoten-zu-Knoten-Verbindungen.

Weiterhin ermöglicht die (fest verdrahtete) Struktur des Ereignisflußnetzwerks einen hohen Anteil an parallelem Datenfluß (*dataflow concurrency*), weil jeder Knoten gleichzeitig mit seinen vier Nachbarn kommunizieren kann und Wartezeiten aufgrund von Arbitrierungs-maßnahmen (wie z.B. bei busorientierten Systemen) entfallen.

Zudem ist das EFNW so konzipiert, daß das ESimAc-System konfigurierbar ist. Jede beliebige Teilmenge der maximalen Knotenzahl kann für eine Simulation ausgewählt werden, wobei zum einen Positionen von Knoten im Netzwerk unbestückt sein können und zum anderen bestückte Positionen per Software deaktiviert werden können. In beiden Fällen ist auto-matisch sichergestellt, daß die Maschen des Netzwerks (end-around-mesh) zwischen den verfügbaren Knoten geschlossen sind, wobei die Leistung der Transputer-Links durch die Verwendung einer verzögerungsfreien Bypass-Logik für ungenutzte Positionen nicht herab-gesetzt wird.

Neben dem Austausch von Ereignis-Deskriptoren ist bei der parallelen Simulation einer Schaltung auf mehreren Simulator-Knoten auch eine Koordination (z.B. des Fortschritts der Simulationszeit) und Steuerung der Knoten durchzuführen. Zudem müssen die zum Teil sehr umfangreichen Simulationsergebnisse auf einem Massenspeicher abgelegt werden. Zur Unterstützung dieser Aufgaben wurde zusätzlich zum EFNW ein separates Globales Ma-nagement-Netzwerk (GMNW, Abb. 2.2) integriert. Die Steuerungsaufgaben und auch die Ergebnisspeicherung werden von einer den Simulations-Knoten übergeordneten Instanz, also beispielsweise einem Controller oder Host-Rechner, übernommen, weshalb das GMNW als Standard-Bussystem mit 32 Bit ausgelegt ist. Die einzelnen Knoten werden über eine Adreßdekodierung angesprochen.

Vortei dieser Lösung ist, daß neben einer einfachen Struktur die Entfernung vom Host zu beliebigen Knoten des Systems stets gleich ist und kein Routing von Daten über zwischen-geordnete Instanzen unter Inkaufnahme von Laufzeitverlusten erforderlich wird. Weiterhin werden auf diesem Bus außer dem üblichen *Singlecast*-Betrieb, bei dem jedem Sender genau ein Empfänger zugeordnet ist, auch noch *Multicast*- und *Broadcast*-Zugriffe unter-stützt, die eine Teilmenge, beziehungsweise die vollständige Menge der möglichen Em-pfänger adressieren. Auf diese Weise läßt sich beispielsweise mit nur einem Zugriff die Syn-chronisation der Simulationszeit aller Knoten durchführen, aber auch die Simulator-Soft-ware kann zu Beginn der Simulation parallel geladen werden (paralleler Boot-Vorgang).

3   Software des ESimAc-Systems

Das ESimAc-System ist als Coprozessor konzipiert, der je nach Umfang seines Ausbaus so-wohl als Simulations-Server in einem LAN-Verbund betrieben werden kann als auch in eine Workstation integrierbar ist. Die ESimAc Software besteht im wesentlichen aus:

○   dem ESimAc Simulator Kernel (ESK), der die ereignisgesteuerte Simulation auf jedem Knoten implementiert.

○   dem ESimAc Compiler und Simulations Tool (ECST), das die gesamte Software für die Kompilierung und Partitionierung der Schaltung, die Initialisierung und Synchronisation der Simulation, sowie die Auswertung der Ergebnisse umfaßt.

3.1   Der ESimAc Simulator Kernel (ESK)

Der auf der Transputer-gestützten Pipeline ablaufende Simulatorkern ist als System paral-leler, in ihren Kommunikationseigenschaften konfigurierbarer C-Prozesse implementiert. Hierbei kam eine speziell für das Projekt entwickelte Prozess- und Kommunikations-Konfi-gurationssprache zum Einsatz, die, zusammen mit einer ebenfalls entwickelten *Channel Communication Library* ein Prozess-transparentes Message-Passing erlaubt.

Auf diese Weise war es möglich, Komponenten der Transputer-Software unter UNIX zu entwickeln und zu testen.

In Abbildung 3.1 ist die Architektur eines ESimAc-Knotens mit den über Transputer-Links realisierten Datenflußpfaden für unterschiedliche Betriebsphasen des auf den Knoten ablaufenden ESK dargestellt. Die im Kapitel 1 vorgestellten Pipeline-Prozesse sind gemäß der Zuordnung (Abschnitt 2.1) auf die Transputer T1 bis T9 verteilt.

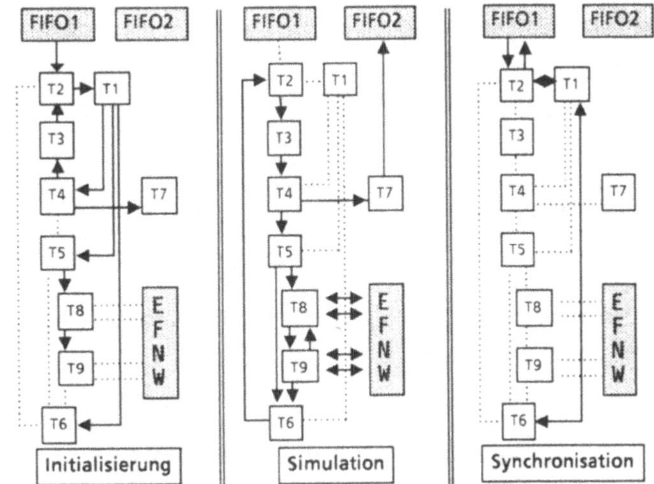

Abb. 3.1:   Datenfluß des ESK auf einem Knoten

3.2   Das ESimAc Compiler und Simulations Tool (ECST)

Auf dem Host-Rechner ist unter UNIX V ein Compiler- und Partitionierer-System implementiert, das eine problemoptimierte Konfigurierung der ESimAc-Hardware sowie eine darauf abgestimmte Aufbereitung der zu simulierenden Schaltungsbeschreibung erlaubt.

○ Der *ESimAc Circuit Compiler* (ECC) übersetzt die Schaltungsbeschreibung in ein Zwischenformat. Hierbei wird eine hierarchisch formulierte Schaltung *ausgeflacht* und jedes der Elemente einer *virtuellen Partition* zugeordnet.

○ Der *ESimAc Circuit Partitioner* (ECP) verteilt gemäß der Zahl der aktuell verfügbaren Knoten die virtuellen auf die physikalischen Partitionen.

○ Der *ESimAc Loader* (ELD) führt eine weitere Aufbereitung und die Initialisierung der Simulation (z.B. Starteinträge in der Ereignisliste) durch.

○ Der *ESimAc Topology Optimizer* (ETP) erstellt optimierte Routing-Tabellen für das Ereignisflußnetzwerk und initialisiert dieses.

○ Der *ESimAc Result Extractor* (ERD) ist der graphischen Ergebnisdarstellung als Filter zur Auswahl von Simulationsresultaten vorgeschaltet.

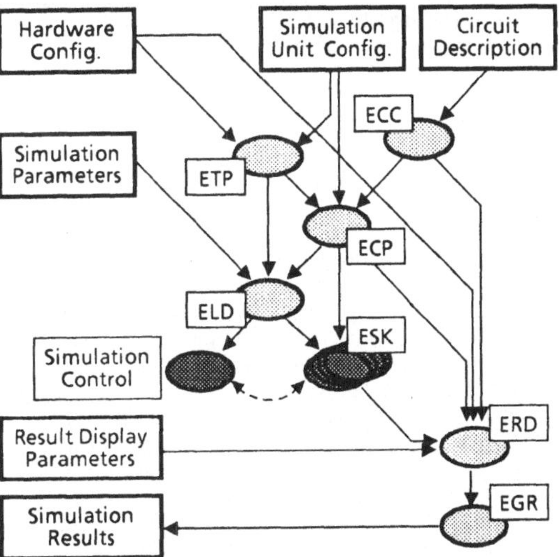

Abb. 3.2: ECST-Komponenten

○ Schließlich gibt der *ESimAc Graphics Displayer* (EGR) die ausgewählten Simulationsergebnisse (z.B. in Form von Timing-Diagrammen) auf dem Bildschirm aus.

Diesem Tool liegt eine zweistufige Partitionierungsstrategie zugrunde: In einem ersten Schritt kann innerhalb der Schaltungsbeschreibung eine im Prinzip beliebig fein granulare Partitionierung vorgenommen werden. Hierbei werden Elemente der Schaltung zu Teilmengen, den sogenannten *virtuellen Partitionen,* zusammengefaßt. Die Schaltung wird dabei *vollständig überdeckt,* d.h., jedes Element ist genau einer virtuellen Partition zugeordnet.

Im zweiten Schritt wird nun eine Abbildung der virtuellen Partitionen auf *physikalische Partitionen,* den aktuell vorhandenen ESimAc-Knoten, vorgenommen. Dieses Vorgehen bietet zum einen den Vorteil, bei Änderung der Knotenkonfiguration nur diesen Schritt wiederholen zu müssen, und zum anderen läßt sich über die physikalische Partitionierung auf der Grundlage von Auslastungsprotokollen der einzelnen Knoten iterativ ein optimales *Load Balancing* erreichen.

In Abbildung 3.2 ist gezeigt, wie diese zweistufige Strategie in die Struktur des ECST übernommen wird.

4 Beschleunigungspotential und Projektstatus

Bei einem Vollausbau mit 16 Knoten steht für das Ereignisflußnetzwerk eine maximale Leistung von 75 MB/s (16 * 4/2 * 2.35 MB/s) zur Verfügung, was bei einer Größe der Ereignis-Deskriptoren von 24 Byte etwa 100 KEvents/s entspricht. Die Abschätzungen über das Systemverhalten lassen bei bis zu 3700 MIPS für die Simulation einen Netto-Performance-Gewinn von etwa drei Größenordnungen (10^3) gegenüber einer äquivalenten Software-Lösung erwarten.

Das ESimAc-System ist als lauffähiger Prototyp mit einer Unix V-Ankopplung implementiert, der die beiden Konfigurationen des Ereignisflußnetzwerks (3x3, 4x4) unterstützt. Insgesamt stehen bisher 9 Knoten zur Verfügung.

Zur Verifikation der Leistungsfähigkeit des ESimAc-Konzeptes sind Performance-Messungen in Vorbereitung. In diesem Rahmen sollen auch repräsentative Schaltungen (z.B. Benchmarks) auf den verfügbaren System-Konfigurationen simuliert werden.

5 Literatur

- Agrawal, P., Concurrency and Communication in Hardware Simulators, IEEE Trans. Computer-Aided Design, vol. CAD-5, no. 4, 1986, 617-623.
- Jacoby, K.E., Ereignisgesteuerte Verfahren als Grundlage für die HW-Simulationsbeschleunigung, Siemens AG, interner Bericht ZT ZTI SYS 1-67/Jac, München, Juli, 1988.
- Ambler, A. P., Agrawal, P., Moore, W., (Hrsg.), Proc. Int. Workshop on CAD Accelerators, Univ. of Oxford, Sept. 1989, North-Holland, Amsterdam, New York, Oxford, Tokyo, 1991.
- Ambler, A.P.; Harrissis, A.; Glockner, G.; Jacoby, K.E.; Schiemann, B.; Thinschmidt, H.: Electronics Simulation Accelerator ESimAc V1.1 Prototype Documentation; Siemens AG ZFE IS SYS 11, München, Brunel University, Uxbridge, März, 1991.
- Glockner, G.; Jacoby, K.E.; Schiemann, B.; Thinschmidt, H.; Ambler, A.P.;Coleman, N.; Harissis, A.; Lau, S.C.: ESimAc, A Transputer-based Multipipeline System for the Acceleration of Event-driven Miexed-mode Simulation; Siemens AG ZFE IS SYS 11, München, 1991.
- Glockner, G.; Jacoby, K.E.; Mixed-Mode Simulationsbeschleuniger ESimAc; Simulationstechnik, 7.Symposium Hagen 1991.
- Chamberlain, R. D., Franklin, M. A.; A Unified Approach to Mixed-Mode Simulation; Dept. Comp. Sci., Washinton University, St. Louis, Missouri, 1986, technical report no. WUCS-86-20
- IFIP Workshop on CAD Engines; Tokyo, June 1987

Implementierung von Simulated Annealing auf Transputer–Systemen

R. Diekmann, R. Lüling, B. Monien, J. Simon

Universität–Gesamthochschule–Paderborn
Fachbereich 17, Mathematik-Informatik

Zusammenfassung

Wir stellen in diesem Artikel eine problemunabhängige, verteilte Implementierung von Simulated Annealing auf Transputern vor. Dazu werden die Probleme der kombinatorischen Optimierung klassifiziert und für die einzelnen Klassen gute parallele Implementierungen von Simulated Annealing angegeben. Die Art der Parallelisierung ist problemunabhängig, so daß sich unsere Algorithmen einfach auf nahezu alle Optimierungsprobleme adaptieren lassen, für die sequentielle Implementierungen von Simulated Annealing vorliegen. Zudem wird das Konvergenzverhalten nicht durch die Parallelisierung beeinflußt. Daher sind neue Ergebnisse über das Verhalten von Simulated Annealing ebenfalls auf unsere Verfahren übertragbar. Alle Algorithmen sind unter Multitool in Occam 2 implementiert. Es werden Meßwerte auf bis zu 121 Transputern präsentiert.

1 Einführung

Der von Kirkpatrick et al. [8] vorgestellte Simulated Annealing Algorithmus hat sich als gutes Verfahren zur approximativen Lösung schwerer Optimierungsprobleme bewährt [6, 7, 9]. Ein gravierender Nachteil dieses Verfahrens ist der hohe Rechenaufwand, der benötigt wird, um gute Lösungen zu erzielen. Dies macht den Einsatz leistungsfähiger Parallelrechner sinnvoll.

Prinzipiell kann zwischen zwei Arten der Parallelisierung unterschieden werden. Bei der ersten Methode werden die problembeschreibenden Daten in kleine, möglichst unabhängige Teilmengen aufgespalten. Diese Teilmengen werden den einzelnen Prozessoren zugeordnet [2, 3]. Jeder Prozessor führt den sequentiellen Simulated Annealing Algorithmus auf seiner Teilmenge der Daten durch.

Diese Art und Weise der Parallelisierung ist meistens sehr problemspezifisch und nicht allgemein anwendbar. Lassen sich keine unabhängigen Datenteilmengen finden, so ist sehr viel Kommunikation nötig und die Effizienz wird entsprechend gemindert. Da die Prozessoren unabhängig voneinander Züge durchführen, entstehen Fehler bei der Berechnung der Kostenfunktion. Es existiert zu keiner Zeit ein global gültiger Systemzustand. Das Konvergenzverhalten des Verfahrens wird dadurch in vielen Fällen negativ beeinflußt [3, 6].

Bei der zweiten Methode findet die Parallelisierung auf Basis des mathematischen Modells von Simulated Annealing statt. Es wird versucht, die Berechnung einer markoffschen Kette parallel durchzuführen. Jeder Prozessor erhält dabei die gesamte Probleminstanz und führt einige Schritte des Annealing Algorithmus auf den gesamten Daten durch [1]. Es existiert dabei immer ein definierter Systemzustand und es entstehen keine Fehler bei der Berechnung der Kostenfunktion. Da bei dieser Methode jeder Prozessor alle Daten erhält, ist die Parallelisierung unabhängig vom behandelten Optimierungsproblem. Ebenso ist das Konvergenzverhalten mit dem des sequentiellen Simulated Annealing vergleichbar. Unsere Algorithmen sind dieser Sparte zuzuordnen.

Wir untersuchen im folgenden den sequentiellen Simulated Annealing Algorithmus bzgl. der Laufzeit seiner einzelnen Schritte und finden eine Klassifikation kombinatorischer Optimierungsprobleme. Für Vertreter der Klassen geben wir sinnvolle Strategien zur Parallelisierung an. Wir beschreiben unsere Implementierung detailliert und präsentieren Meßwerte auf bis zu 121 Transputern. Unsere parallelen Algorithmen sind nicht nur auf beliebige Probleme der kombinatorischen Optimierung anwendbar, sondern weisen auch das gleiche gute Konvergenzverhalten auf, wie der sequentielle Algorithmus.

2 Sequentielles Simulated Annealing

2.1 Cooling-Schedules

```
procedure Simulated Annealing;
begin
    i := zufällige Konfiguration;  k := 0;  t_k := T_s;
    repeat
        repeat
            j := Nachbarkonfiguration( i );
            if f(j) ≤ f(i) then i := j
            else
            if exp(- (f(j)-f(i))/t_k) ≥ random(0,1) then i := j;
        until Equilibrium(i, t_k);
        k := k + 1;  t_k := α_k · t_{k-1};
    until Gefroren(t_k );
end;
```

Abbildung 1: Der sequentielle Simulated Annealing Algorithmus.

In Abbildung 1 ist der sequentielle Simulated Annealing Algorithmus dargestellt. Innerhalb der inneren Schleife werden neue Konfigurationen erzeugt und in Abhängigkeit ihres Wertes mit einer Wahrscheinlichkeit entsprechend der Boltzmannverteilung akzeptiert. Die Schleife läuft so lange, bis ein Gleichgewicht der Lösungen, das *Equilibrium*, erreicht ist. Die Abfolge der dabei erzeugten Konfigurationen bildet eine Markoffsche Kette. Die Funktionen *Equilibrium()* und *Gefroren()* sowie die Parameter T_s und α_k sind frei wählbar und stellen das Cooling-Schedule dar. Sie beeinflussen maßgeblich das Konvergenzverhalten des Algorithmus.

Eine langsame Abkühlung und lange Ketten ermöglichen gute Lösungsqualitäten, benötigen aber auch entsprechende große Rechenzeiten. Für gegebene Probleme kann man Cooling Schedules angeben, die schnell zu guten Lösungen führen. Dabei sind dann T_s und α_k konstant und das Equilibrium wird angenähert durch eine genügend große, aber feste Anzahl von Schritten der inneren Schleife. Die Wahl der Parameter setzt dabei allerdings ein Reihe von Testläufen voraus. Diese Art des Schedules wird als *festes Cooling-Schedule* bezeichnet.

Im allgemeinen Fall besteht nicht die Möglichkeit, viele Testläufe vor der endgültigen Berechnung eines unbekannten Problems durchführen. Daher wird für solche Fälle ein Cooling-Schedule benötigt, das sich selbst an ein gegebenes Problem anpaßt. Solche Schedules werden *selbstadaptierend* genannt. In unseren Implementierungen verwenden wir zum Teil feste Cooling-Schedules und zum Teil das selbstadaptierende Schedule vom Huang et al. [7]. Bei diesem Schedule stellen sich die Parameter in Abhängigkeit von Mittelwert und Standardabweichung der Markoffschen Ketten selbst ein. Das Equilibrium wird anhand der Werte der akzeptierten Konfigurationen erkannt.

2.2 Klassifikation

Für die Parallelisierung des Simulated Annealing Algorithmus unterteilen wir die innere Schleife in vier Schritte:

1. Generiere Nachbarkonfiguration $j \in E_i$. (Ausführungszeit: t_1)

2. Berechne die Kosten $f(j)$. (Zeit: t_2)

3. Entscheide über Akzeptierung. (Zeit: t_3)

4. Wenn akzeptiert, dann Update. (Zeit: t_4)

Schritt 3 kann immer in Zeit $O(1)$ berechnet werden ($t_3 = O(1)$). Der Aufwand der Schritte 1, 2 und 4 hängt von dem zu berechnenden Problem ab.

Wichtig ist das Verhältnis zwischen der Zeit, die zur Erzeugung von Nachbarkonfigurationen benötigt wird (t_1) und dem Aufwand für die Kostendifferenzberechnung (t_2). Es entstehen zwei Klassen:

$$K_1 := \{\text{Optimierungsprobleme} \mid t_1 \approx t_2\}$$

$$K_2 := \{\text{Optimierungsprobleme} \mid t_1 \ll t_2\}$$

In der Klasse K_1 liegen z.B. TSP mit 2-opt Nachbarschaft und Partitionierung von Graphen mit beschränktem Grad. In der Klasse K_2 befinden sich z.B. Placement und Partitionierung beliebiger Graphen.

3 Parallelisierung

3.1 Zufallszahlen

Die Erzeugung guter Zufallszahlenfolgen ist ein wichtiger Punkt bei der Implementierung probabilistischer Algorithmen. Bei der Benutzung verteilter Systeme zur Berechnung probabilistischer Algorithmen wird eine zusätzliche Bedingung an die Methode zur Erzeugung von Zufallszahlen gestellt. Sie sollte nicht nur in der Lage sein, für jeden Prozessor gute Folgen zu erzeugen, sondern die einzelnen Folgen müssen zusätzlich untereinander unabhängig sein. Ist dies nicht gewährleistet, so kann der Effekt auftreten, daß auf zwei Prozessoren exakt die gleichen Zufallszahlen erzeugt werden. In diesem Fall ist dann eine der beiden Berechnungen überflüssig und die Effizienz der Parallelisierung nimmt entsprechend ab.

Für die Erzeugung guter, untereinander unabhängiger Zufallszahlenfolgen ist es in der Regel nicht ausreichend, den vorhandenen Zufallszahlengenerator mit unterschiedlichen Zahlen (z.B. mit der Prozessornummer) zu initialisieren. Wir erzeugen daher eigene LK-Folgen und verwenden ein Verfahren, das 1989 von Percus und Kalos vorgestellt wurde [10]. Dieses Verfahren garantiert die Unabhängigkeit paralleler LK-Folgen.

3.2 Farming

Das Modell einer Prozessorfarm [2], bei dem ein Farmer-Prozessor Nachbarkonfigurationen erzeugt und zur Kostendifferenzberechnung an eine Anzahl von Worker-Prozessoren schickt, liefert gute Ergebnisse bei Problemen der Klasse K_2.

Die natürliche Topologie für die Implementierung einer Prozessorfarm ist eine Pipeline. Der Farmer füllt die Pipeline mit Jobs, die von den Workern bei Bedarf entnommen werden können. Ist die Pipeline gefüllt, generiert der Farmer nur noch so viele Jobs, wie von den Workern bearbeitet werden. Jeder Worker hat immer genügend Arbeit zur Verfügung, so daß keine Wartezeiten entstehen.

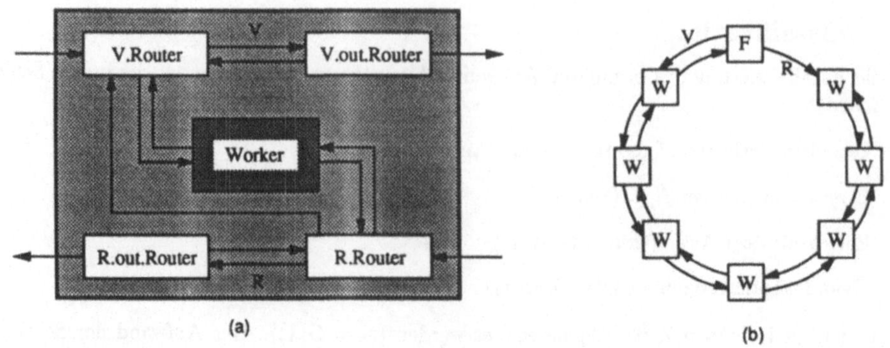

Abbildung 2: (a) Prozeßbelegung. (b) Topologie der Farming-Implementierung.

Wir haben einen Ring als Topologie für unsere Implementierung gewählt. Die Struktur ist in Abbildung 2 dargestellt. Die beiden Umlaufrichtungen im Ring erfüllen dabei unterschiedliche Aufgaben. Die Vorwärts-Richtung (V) implementiert die Pipeline. Sie ist am Ende offen, so daß keine Botschaften vom letzten Worker zum Farmer gelangen. Die Pipeline wird vom Farmer mit Jobs gefüllt. In der Rückwärts-Richtung (R) senden die Worker auftretende Akzeptierungen an den Farmer zurück. Update-Botschaften vom Farmer an alle Worker durchlaufen den Ring ebenfalls in dieser Richtung. Wird dieses Verfahren auf Probleme der ersten Klasse angewandt, stellt der Farmer einen Engpaß dar. Er ist z.B. beim TSP nicht in der Lage, genug Nachbarn zu erzeugen, um mehr als 4 Worker zu bedienen.

3.3 One-Chain

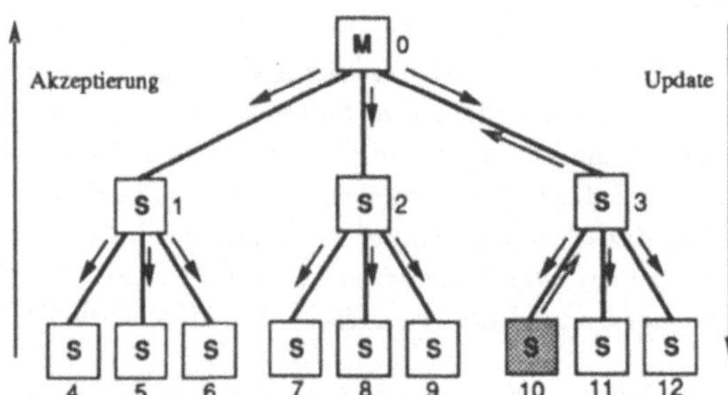

Abbildung 3: Der Ternärbaum als Prozessortopologie für den One-Chain Algorithmus.

Der bei der Verwendung des Farming-Algorithmus auftretende Engpaß wird umgangen, indem die Erzeugung von Nachbarkonfigurationen ebenfalls verteilt stattfindet.

Eine Anzahl von Slave-Prozessoren erzeugen wiederholt neue Konfigurationen, berechnen die Kostendifferenz und entscheiden über Akzeptierung. Entdeckt ein Slave eine Akzeptierung, informiert er einen Master-Prozessor. Der Master initiiert daraufhin ein System-Update.

Wird für den Update immer die erste beim Master eintreffende Akzeptierung gewählt, so stellt sich i.a. ein schlechtes Konvergenzverhalten ein. In einer dem Update vorgeschalteten Synchronisationsphase sammelt der Master daher alle Akzeptierungen ein und wählt eine davon als neue aktuelle Konfiguration aus. Die Auswahl geschieht zufällig und gleichverteilt über der Menge der auftretenden Akzeptierungen. Schnell berechenbare Konfigurationsübergänge werden somit nicht bevorzugt.

Die Prozessortopologie muß möglichst kurze Wege von allen Knoten zu dem Masterprozeß aufweisen. Da wir Transputer verwenden, darf außerdem jeder Knoten maximal den Grad 4 haben. Somit stellt der Ternärbaum die optimale Struktur dar (s. Abb. 3).

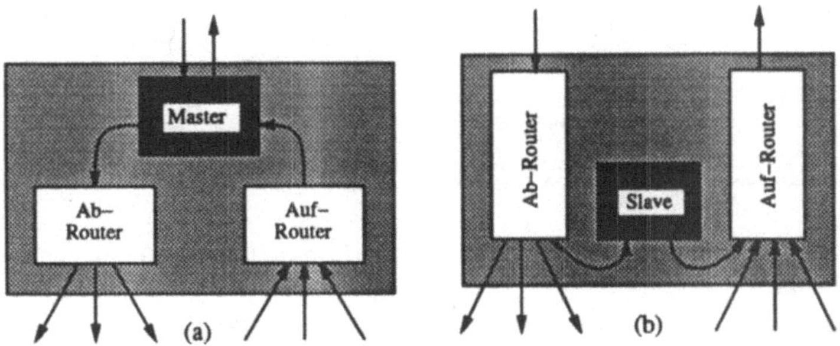

Abbildung 4: One-Chain Verfahren: (a) Die Wurzel-Prozesse. (b) Die Knoten-Prozesse.

In unserer Implementierung bildet der Master die Wurzel des Baumes, Knoten und Blätter sind von den Slaves besetzt. Auf den inneren Knoten liegen Routing-Prozesse, die Botschaften von den Slaves zum Master weiterleiten und Botschaften vom Master zu allen Slaves broadcasten. Die Prozeßstruktur von Knoten und Wurzel ist in Abbildung 4 dargestellt. Der Slave-Prozeß eines Knotens bildet für die Routing-Prozesse einen vierten Sohn. Der Master-Prozeß auf der Wurzel ersetzt den dort nicht vorhandenen Vater. Auf der Wurzel läuft kein Slave-Prozeß.

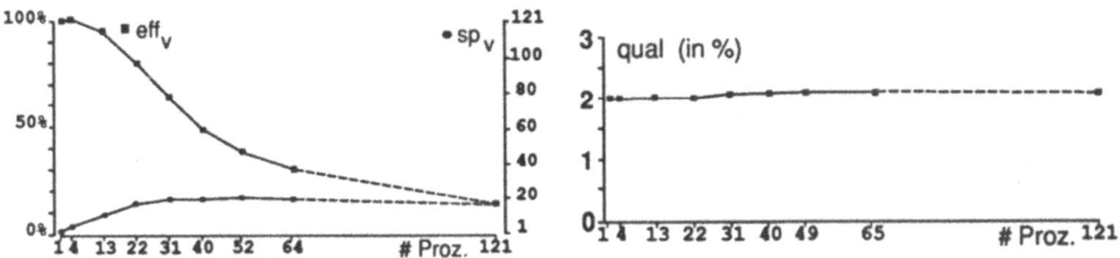

Abbildung 5: Speedup und Lösungsqualität des One-Chain Verfahrens mit selbstadaptierendem Cooling-Schedule angewandt auf das TSP.

Mit einem handoptimierten Cooling-Schedule (festes t_0, $t_k = \alpha \cdot t_{k-1}$ mit festem α und feste Kettenlänge L) erreicht das Verfahren nahezu linearen Speedup auf bis zu 121 Transputern.
Das selbstadaptierende Cooling-Schedule von Huang wurde ebenfalls implementiert. Die Standardabweichung der Lösungswerte wird mittels einer Smoothing-Technik [9] geglättet.
Speedupergebnisse sind in Abbildung 5 zu sehen. Bei diesem Verfahren ist es nicht sinnvoll, mehr als 40 Prozessoren einzusetzen. Die Lösungsqualität ist wird von der Parallelisierung nicht beeinflußt. Sie ist bei allen Prozessoranzahlen gleich gut.

3.4 Par–Chain

In den Bereichen hoher Temperaturen bei selbstadaptierenden Cooling-Schedules ist das Verhalten des One-Chain Algorithmus schlecht. Viele Synchronisationsphasen treten auf, da nahezu jede neue Konfiguration akzeptiert wird. Um diesen Nachteil zu umgehen, können bei hohen Temperaturen

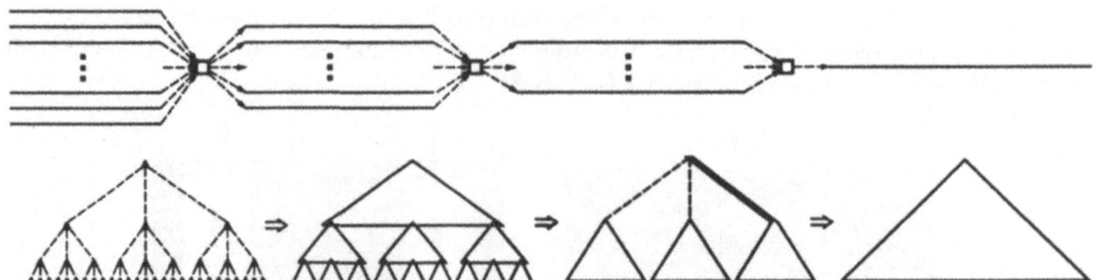

Abbildung 6:   Verminderung der Anzahl der Markov-Ketten, Clustervereinigung durch Bildung von Teilbäumen.

viele Markoffsche Ketten gleichzeitig berechnet werden. Speedup wird durch Verkürzen der Ketten erreicht. Bei niedrigen Temperaturen führen kurze Ketten zu schlechten Konvergenzergebnissen. In diesen Bereichen ist jedoch das Verhalten des One-Chain Verfahrens besser. Die Idee ist also, beide Ansätze zu kombinieren.

Zu Beginn des Par-Chain Algorithmus berechnet jeder Prozessor seine eigene, kurze Markoffsche Kette (Abb. 6). Die am Ende der Berechnung gefundenen Konfigurationen werden in einer globalen Synchronisationsphase zur Wurzel des Baumes gesandt. Der Wurzelprozessor wählt eine dieser Konfigurationen aus, die als Startlösung für die nächste Temperaturstufe dienen soll. Für die Auswahl werden die Konfigurationen gemäß der Boltzmannverteilung gewichtet.

Sinkt die Akzeptierungsrate unter eine bestimmte gesetzte Grenze, werden Prozessoren zu Clustern zusammengefaßt (Abb. 6). Jeder Cluster berechnet nun eine Markoffsche Kette gemäß des One-Chain Algorithmus. Die Anzahl der Ketten wird dabei vermindert und ihre Länge vergrößert (Abb. 6). Ein Cluster entspricht einem Teilbaum in der Topologie. Die Clusterbildung wird fortgesetzt, bis alle Prozessoren nur noch an einer Kette rechnen.

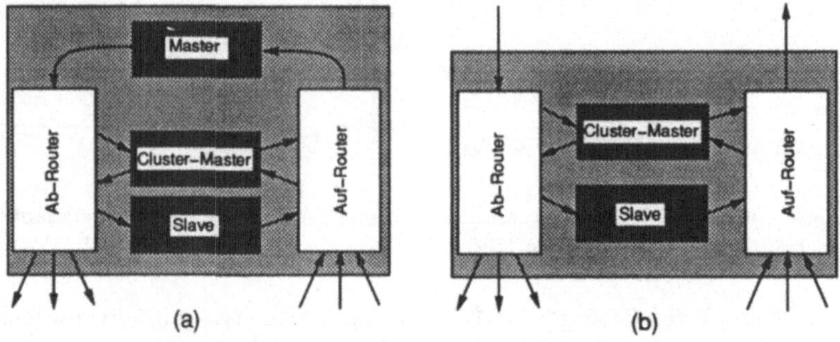

Abbildung 7: Par-Chain Verfahren: (a): Wurzel-Prozesse. (b): Knoten-Prozesse.

In Abbildung 7 ist die Prozeßstruktur des Par-Chain Verfahrens dargestellt. Zusätzlich zu den Prozessen des One-Chain Algorithmus befindet sich auf jedem Prozessor ein *Cluster-Master* der als One-Chain-Master eines Teilbaumes fungieren kann. Somit kann also jeder Knoten Wurzel eines Teilbaumes und Master eines Clusters sein. Bei der Vereinigung von Clustern werden einige Cluster-Master-Prozesse inaktiv. Sie können jedoch im Verlauf des Verfahrens wieder aktiviert werden.

Der *Master* läuft nur auf der Wurzel des Baumes. Er kontrolliert das Cooling-Schedule, leitet Synchronisationsphasen ein und wählt Konfigurationen aus. Die Equilibriumserkennung kann bei diesem Verfahren nicht, wie beim One-Chain, in Abhängigkeit von den Werten der akzeptierten Konfigura-

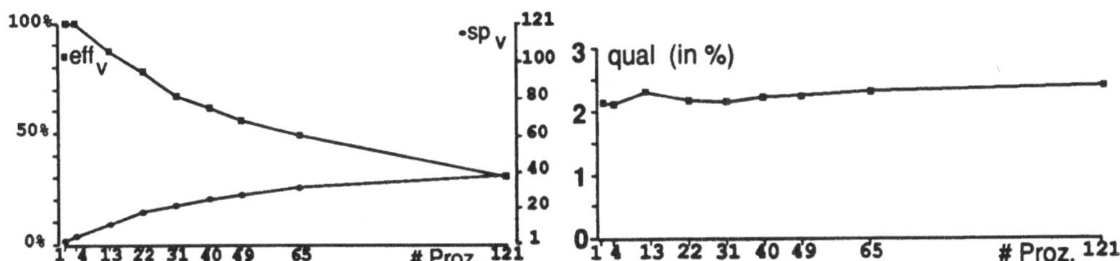

Abbildung 8: Speedup und Lösungsqualität des Par-Chain Verfahrens mit selbstadaptierendem Cooling-Schedule angewandt auf das TSP.

tionen erfolgen, da der Master diese Werte nicht alle kennt. Die Kettenlänge wird daher im voraus berechnet.

In Abbildung 8 sind die Speedup- und Konvergenzergebnisse des Par-Chain Algorithmus dargestellt. Es zeigt sich, daß das Konvergenzverhalten des Verfahrens unabhängig von der Anzahl der Prozessoren ist. Bei Verwendung von 121 Prozessoren werden ähnlich gute Lösungen erzielt, wie beim sequentiellen Algorithmus.

Mit 121 Prozessoren wird ein Speedup von ca. 40 erreicht. Der Speedup ist dabei nicht rückläufig, so daß auch mit mehr als 121 Prozessoren noch eine echte Geschwindigkeitssteigerung möglich ist.

4 Zusammenfassung

Wir haben problemunabhängige Parallelisierungen von SA auf großen verteilten Systemen vorgestellt. Die Verfahren haben die gleichen guten Konvergenzeigenschaften, die auch sequentielles SA besitzt. Sie sind einfach auf alle Optimierungsprobleme übertragbar, für die sequentielle SA-Implementierungen existieren.

Alle angegebenen Meßwerte sind Mittelwerte aus je 50 Läufen der Verfahren auf 7 unterschiedlichen TSP Instanzen. Ausführliche Darstellungen der Meßergebnisse und Anwendungen der Verfahren auf andere Probleme sind in [4, 5] zu finden.

Literatur

[1] E. Aarts, F. de Bont, E. Haberts, P. van Laarhoven: *Parallel Implementations of the Statistical Cooling Algorithm.*
North-Holland INTEGRATION, the VLSI journal 4(1986), pp. 209-238

[2] F. Baiardi, S. Orlando: *Startegies for a Massively Parallel Implementation of Simulated Annealing.*
Parallel architectures and languages, PARLE '89, pp. 273-287

[3] P. Banerjee, M. Jones, J Sargent: *Parallel Simulated Annealing Algorithms for Cell Placement on Hypercube Multiprocessors.*
IEEE Transactions on Parallel and Distributed Systems, Vol.1, No.1, Jan. 90

[4] R. Diekmann, J. Simon: *Verteilte Implementierung von Simulated Annealing*
Diplomarbeit U-GH-Paderborn, Juni 1991

[5] R. Diekmann, R. Lüling, J. Simon: *A General Purpose Distributed Implementation of Simulated Annealing*
Technical Report, University of Paderborn, 1991

[6] M.D. Durand: *Parallel Simulated Annealing: Accuracy vs. Speed in Placement.*
IEEE Design & Test of Computers, June 1989, pp. 8-34

[7] M.D. Huang, F. Romero, A. Sangiovanni-Vincentelli: *An Efficient General Cooling Schedule for Simulated Annealing.*
IEEE International Conference on Computer Aided Design 1986, pp. 381-384

[8] S. Kirkpatrick, C.D. Gelatt, M.P. Vecchi: *Optimization by Simulated Annealing.*
Science, Volume 220, May 1983, Number 4598, pp. 671-680

[9] R.H.J.M. Otten, L.P.P.P. van Ginneken: *The Annealing Algorithm.*
Kluwer Academic Publishers 1988

[10] O.E. Percus, M.H. Kalos: *Random Number Generators for MIMD Parallel Processors.*
Journal of Parallel and Distributed Computing 6, 1989, pp. 477-497

<u>STRÖMUNGSSIMULATION AUF TRANSPUTERNETZWERKEN
MIT PARALLELEM FEM-VERFAHREN</u>

Frank Lohmeyer, Oliver Vornberger
Fachbereich Mathematik/Informatik, Universität Osnabrück

Abstract

Vorgestellt wird die Parallelisierung eines FEM-Verfahrens im Bereich Strömungssimulationen. Ausgangspunkt ist dabei ein sequentielles Verfahren zur Berechnung reibungsbehafteter, instationärer Strömungen. Bei diesem Verfahren handelt es sich um ein explizites Taylor-Galerkin finite Elemente Verfahren zur Integration der Euler- und Navier-Stokes Gleichungen auf unstrukturierten Dreiecksnetzen. Solche Verfahren sind in natürlicher Weise parallel und bieten sich damit prinzipiell für den Einsatz auf massiv parallelen Systemen an. Die zugrundeliegende Idee bei der Parallelisierung ist die Aufteilung der finiten Elemente in disjunkte Teilgebiete. Diese werden dann auf den ihnen zugewiesenen Prozessoren gleichzeitig ausgewertet und durch Prozessorkommunikation über die Zwischenergebnisse benachbarter Prozessoren unterrichtet. Der zentrale Punkt für den effizienten Einsatz eines massiv parallelen Systems ist die optimale Aufteilung des Berechnungsnetzes im Sinne der auf die beteiligten Prozessoren entfallenden Arbeit, bei gleichzeitiger Minimierung der Kommunikation zwischen diesen Prozessoren. Die wichtigsten Parameter, die die Qualität einer Lösung bestimmen, sind das verwendete Betriebssystem, die Prozessortopologie und der Netzaufteilungsalgorithmus selbst. Es werden Ergebnisse für eine unter Multitool und Helios implementierte Heuristik auf einem linearen Transputer-Array präsentiert. Ebenfalls vorgestellt wird eine On-line Graphik, die zur Visualisierung und Beurteilung von Strömungen eingesetzt werden kann.

1. GRUNDLAGEN

Der Einsatz von Computern bei der numerischen Lösung von physikalischen Problemen hat auf vielen Gebieten zu wesentlichen Fortschritten geführt. Dies gilt insbesondere für Gebiete wie die Strömungsmechanik, in denen komplizierte mathematische Zusammenhänge nur in sehr einfachen Fällen analytische Lösungen zulassen. Es besteht daher ein großer Bedarf an immer höherer Rechenleistung zur Lösung immer komplexerer Probleme. Konventionelle Hochleistungsrechner erreichen dabei zunehmend die physikalischen Grenzen der klassischen Rechnerarchitektur. Es ist daher abzusehen, daß zukünftige Super-Computer Parallelrechner sein werden, deren Architekturen zunehmend auf massiver Parallelität beruhen. Diese Entwicklung wird zusätzlich durch die Tatsache unterstützt, daß viele der zu lösenden Probleme eine natürliche Parallelität aufweisen, so daß sie für den Einsatz auf solchen Rechnern prinzipiell geeignet erscheinen. Dies gilt inbesondere für viele Lösungsansätze auf dem hier behandelten Gebiet der Strömungsmechanik.

Bei diesem Teilgebiet der Physik geht es um die Berechnung von Gas- oder Flüssigkeitsströmungen, wie sie in vielen Bereichen der Technik vorkommen. Typische Anwendungsgebiete sind Flugzeug- und Automobilbau oder Strömungen in Rohrleitungen, Turbinen oder anderen Maschinen. Die Grundlage der Strömungsmechanik sind die Euler- bzw. Navier-Stokes-Gleichungen. Es handelt sich dabei um ein System von Differentialgleichungen, die für eine Simulation numerisch gelöst werden müssen. Ein weitverbreitetes Verfahren dazu ist die sogenannte finite Elemente Methode (FEM). Dabei wird das Berechnungsgebiet in kleine Teilgebiete - die finiten Elemente - aufgeteilt, auf denen dann die Lösung durch einfache Näherungsverfahren approximiert wird. Wählt man ein geeignetes Netz von finiten Elementen, so kommt diese Approximation der tatsächlichen Lösung sehr nahe. Für viele Anwendungen ist es günstig, sogenannte unstrukturierte Netze zu verwenden, d.h. Netze mit lokal unterschiedlicher Elementdichte. Außerdem wird für ein FEM-Verfahren eine geeignete Formulierung der Gleichungen benötigt. Wir haben ein Taylor-Galerkin 2-Schritt-Verfahren zur Integration der Euler- und Navier-Stokes-Gleichungen auf unstrukturierten Dreiecksnetzen verwendet. Die Grundzüge dieses Verfahrens sollen hier nur kurz dargestellt werden (genauere Beschreibungen finden sich in [1], [4]).

Im Hinblick auf die Simulation instationärer, reibungsbehafteter Unter- und Überschallströmungen bieten sich als Grundgleichungen die zeitabhängigen Navier-Stokes-Gleichungen an. Die hier verwendete Divergenzform ermöglicht die Lösung von Strömungsproblemen, die durch Diskontinuitäten, wie z.B. Verdichtungsstöße, gekennzeichnet sind. Im folgenden sind die zweidimensionalen Navier-Stokes-Gleichungen in kartesischen Koordinaten in der Erhaltungsform für Masse, Impuls und Energie dargestellt:

$$\frac{\partial U}{\partial t} + \frac{\partial F}{\partial x} + \frac{\partial G}{\partial y} = 0$$

Dabei enthält U die Erhaltungsgrößen für Masse, x-Impuls, y-Impuls und totale innere Energie während die Flußvektoren F und G sich aus konvektiven und diffusiven Anteilen zusammensetzen:

$$U = \begin{pmatrix} \rho \\ \rho u \\ \rho v \\ \rho e \end{pmatrix} \qquad F = \begin{pmatrix} \rho u \\ \rho u^2 + \sigma_x \\ \rho uv + \tau_{xy} \\ (\rho e + \sigma_x)\, u + \tau_{yx}\, v - k\, \frac{\partial T}{\partial x} \end{pmatrix} \qquad G = \begin{pmatrix} \rho v \\ \rho uv + \tau_{xy} \\ \rho v^2 + \sigma_y \\ (\rho e + \sigma_y)\, v + \tau_{xy}\, u - k\, \frac{\partial T}{\partial y} \end{pmatrix}$$

Die Tangential- und Normalspannungen ergeben sich dabei aus dem linearen Newtonschen Schubspannungsansatz, die anderen Größen sind von der Art des Fluids abhängig. Der Zusammenhang zwischen Temperatur T, Druck p und den Größen aus U wird durch die thermische und die kalorische Zustandsgleichung beschrieben:

$$\frac{p}{\rho} = R\,T$$

$$e = \frac{p}{(\kappa - 1)\,\rho} + \frac{1}{2}(u^2 + v^2)$$

Setzt man in den obigen Gleichungen die Reibungsterme zu Null, so ergeben sich die Euler-Gleichungen, die für die Beschreibung kompressibler, reibungsfreier Strömungen ausreichen.

Da man nur ein endliches Berechnungsgebiet betrachtet, sind an dessen Grenzen geeignete Randbedingungen zu wählen. Gebietsränder werden zum einen durch die strömungsführenden Berandungen gebildet und zum anderen durch die Ein- und Ausströmränder des Berechnungsgebietes. Darüber hinaus kann über periodische Ränder die Symmetrie eines Strömungsproblems ausgenutzt werden, indem exemplarisch ein Teilgebiet statt des gesamten Strömungsfeldes behandelt wird.

Zur Lösung dieses Differentialgleichungssystems wird ein Berechnungsverfahren benötigt, das zum einen für hohe Reynoldszahlen und völlig reibungsfreie Strömungsprobleme zu stabilen Lösungen führt, und zum anderen so wenig numerische Dissipation produziert, daß diese gegen die ebenfalls geringe physikalische Viskosität in den Navier-Stokes-Gleichungen vernachlässigbar bleibt. Ein solches Verfahren bildet das von Donea [2] aus dem klassischen Lax-Wendroff finite Differenzen Schema für finite Elemente entwickelte explizite Taylor-Galerkin Verfahren. Löhner [3] formulierte daraus ein Zweischrittverfahren, das sich besonders im Hinblick auf Strömungsberechnungen auf unstrukturierten Berechnungsnetzen bewährt hat.

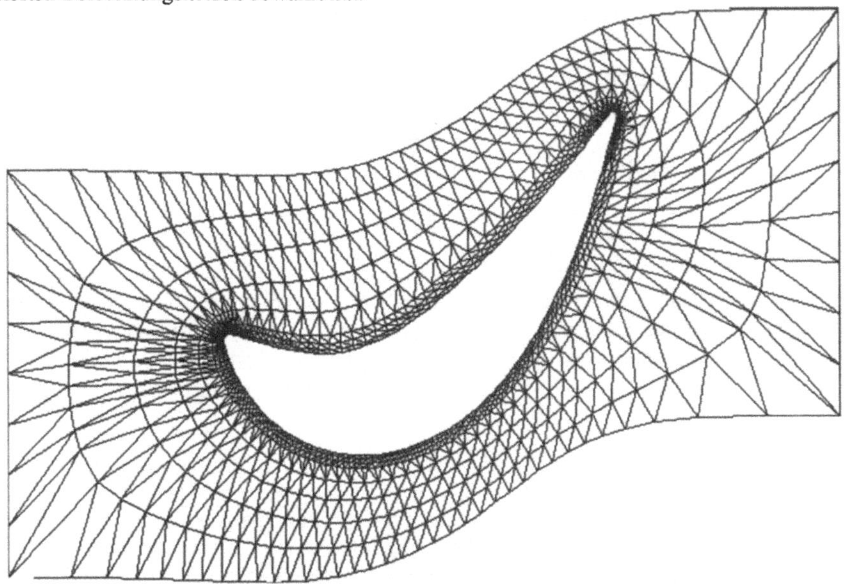

Abbildung 1: Unstrukturiertes Netz

Das Strömungsgebiet wird dazu mit einem Netz von finiten Elementen überzogen. Wir verwenden für die bisher behandelten 2-dimensionalen Probleme Dreieckselemente mit linearen Ansatzfunktionen. Abbildung 1 zeigt ein solches unstrukturiertes Netz für eine Turbinenströmung.

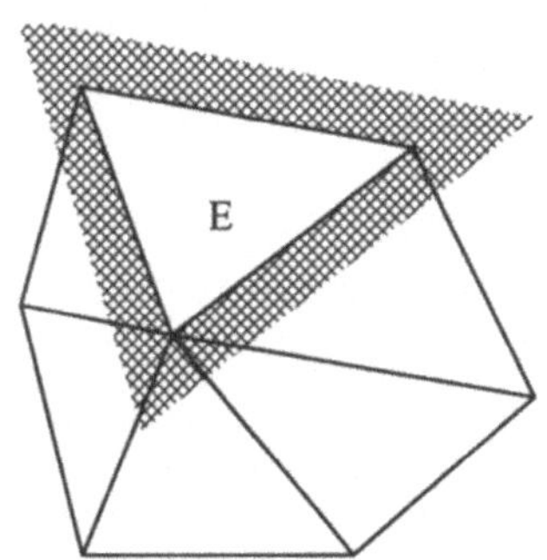

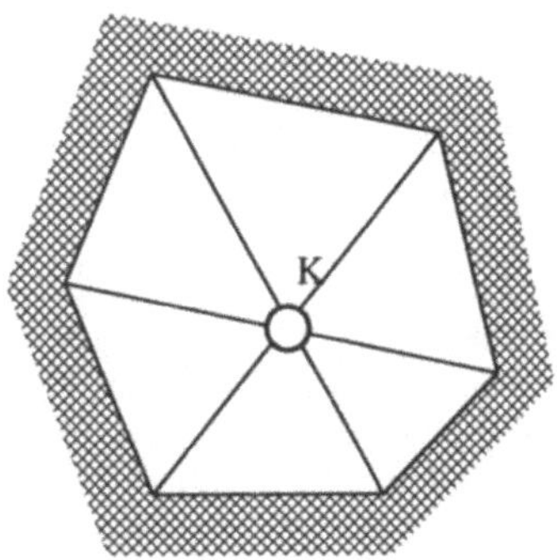

a) Bilanzraum für Element E   b) Bilanzraum für Knoten K
im Prädiktorschritt   im Korrektorschritt

Abbildung 2: Bilanzräume

Das eigentliche Verfahren soll hier nur veranschaulicht werden: In einem ersten (Prädiktor)-Schritt wird für jedes Element eine Art Mittelwert aus den drei Knotenwerten gebildet, in einem zweiten

(Korrektor)-Schritt werden die neuen Knotenwerte durch Lösen eines Gleichungssystems aus diesen Elementmittelwerten berechnet. Diese Lösung wird in unserem Verfahren mit Hilfe der sogenannten Lumped-Mass-Matrix nach wenigen Iterationsschritten erreicht, wobei diese Matrix immer nur lokal aufgestellt werden muß. Die Bilanzräume der beiden Schritte sind in Abbildung 2 dargestellt. Es ergibt sich dabei folgendes Programmschema:

```
for all E in Elemente do
    K = Knoten(E)
    Tmp = f(K)                      # Prädiktorschritt
    U(K) = U(K) + g(Tmp)            # Korrektorschritt
end do
```

Dabei bezeichnet U den Lösungsvektor und f und g die Berechnungen der beiden Schritte. Die Tatsache, daß der Lösungsvektor durch Summieren berechnet wird, bedeutet im sequentiellen Fall, daß die Reihenfolge, in der die Elemente abgearbeitet werden, beliebig ist. Bei der Parallelisierung ist dieser Punkt von entscheidender Bedeutung, wie das folgende Kapitel zeigen wird.

2. PARALLELISIERUNG

Ausgangspunkt für unsere Arbeit war eine sequentielle Fortran-Implementation des oben beschriebenen Verfahrens. Die zentrale Idee für die Parallelisierung ist jetzt, das Berechnungsnetz in Teilgebiete zu zerlegen, die auf verschiedenen Prozessoren parallel ausgewertet werden. Diese logische Programm-Struktur wird auf der in Abbildung 3 gegebenen Hardware-Konfiguration realisiert.

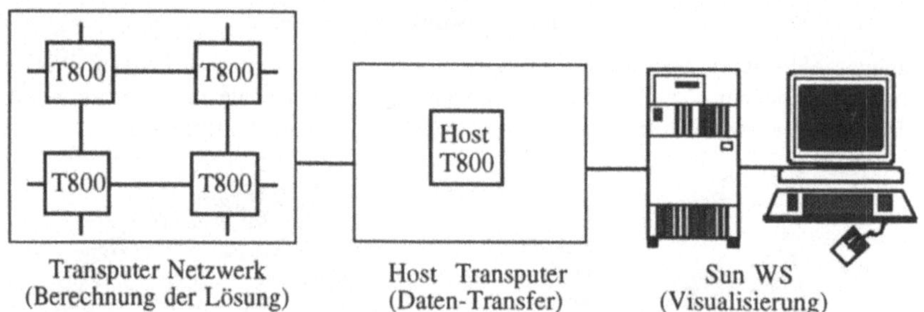

Transputer Netzwerk　　　　Host Transputer　　　　Sun WS
(Berechnung der Lösung)　　(Daten-Transfer)　　　(Visualisierung)

Abbildung 3 : Hardware / Software-Struktur

Die wichtigste Komponente ist dabei das Transputer-Netzwerk, da hier die Lösung des Strömungsproblems berechnet wird. Es besteht im Prinzip aus beliebig vielen Transputern, wobei in Osnabrück ein lokaler Transputer-Cluster mit maximal 64 Transputern zur Verfügung steht. Um mit größeren Prozessorzahlen arbeiten zu können, haben wir die Möglichkeit per Fernzugriff auf einem im Rechenzentrum der RWTH Aachen installierten Supercluster mit 256 Transputern zu rechnen. Die beiden anderen Komponenten haben nur Kontrollfunktionen und sind an der eigentlichen Berechnung nicht beteiligt. Die Sun-Workstation stellt die Verbindung zur Umgebung her, so daß Interaktion mit dem Benutzer möglich ist und Datensätze von Festplatte eingelesen werden können. Eine weitere Aufgabe dieses Rechners ist die Darstellung von graphischen Daten, die bei der Visualisierung der berechneten Ergebnisse anfallen. Die Verbindung zwischen Netzwerk und Sun wird durch den Host-Transputer hergestellt. Hier wird der Datensatz eingelesen, aufgeteilt und auf die Netz-Transputer verteilt. Während der Rechnung werden dann die Ergebnisse gesammelt, für die Visualisierung aufbereitet und zur Sun geschickt.

Die Parallelisierung erfolgt jetzt durch Verteilen der finiten Elemente auf die zur Verfügung stehenden Transputer. Diese Teilnetze werden dann im Prinzip mit dem sequentiellen Algorithmus bearbeitet, wobei auf jedem Transputer ein separater Algorithmus mit lokalen Datensätzen arbeitet. Dabei entstehen dann aber neue Typen von Gebietsrändern an den Schnittstellen der Teilnetze. Abbildung 4 zeigt einen Ausschnitt einer solche Schnittstelle. Die Knoten auf der Grenzlinie sind im verteilten Fall doppelt vorhanden, die Elemente werden dagegen disjunkt verteilt. Dies ist günstig einmal wegen der elementorientierten Verarbeitungsweise des Berechnungsverfahrens, sowie aufgrund der Tatsache, daß in elementabhängigen Schleifen etwa 90% der Rechenzeit verbraucht werden. Im Prädiktorschritt können beide Teilnetze unabhängig voneinander ausgewertet werden, da der Bilanzraum jeweils ein Element mit seinen drei Knoten umfaßt, die alle auf dem entsprechenden Transputer vorhanden sind. Im Korrektorschritt wird dagegen für jeden Knoten über alle beteiligten Elemente bilanziert, von denen jetzt nicht alle verfügbar sind. Da die Lösungsvektoren durch Summieren der Elementbilanzen gebildet werden, ist es aber möglich, diese Tatsache zunächst zu ignorieren und erst nach Beendigung des Zeitschritts die fehlenden Informationen auszutauschen und damit die Knotenwerte zu korrigieren. Müssen beim Lösen des Gleichungssystems mehrere Iterationsschritte ausgeführt werden, so ist danach jeweils ein weiterer Kommunikationsschritt durchzuführen.

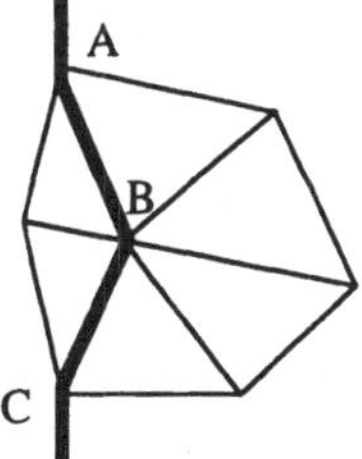

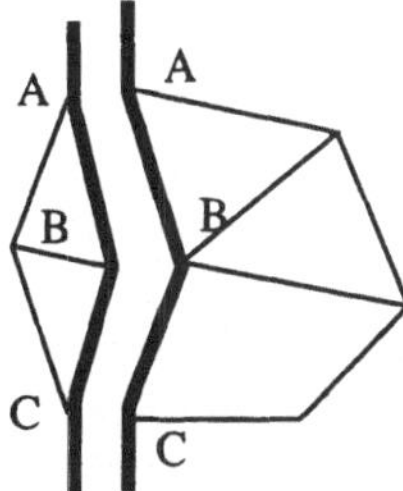

Abbildung 4: Grenzlinie durch Netzaufteilung

Der Code für diese Kommunikationsschritte ist an den entsprechenden Stellen in den sequentiellen Algorithmus einzusetzen. Dieser erweiterte Algorithmus läuft dann auf jedem Netzwerk-Transputer mit einem Teil des Berechnungsnetzes ab. Der Host-Transputer hat hauptsächlich die Aufgabe, die Verteilung der finiten Elemente vorzunehmen und danach die Kontrolle über den Datenstrom zum Graphikschirm zu übernehmen. Die Kommunikation zwischen den Netzprozessoren wird lokal von diesen selbst kontrolliert. Es ergibt sich damit für die parallele Version des Algorithmus folgendes Programmschema für jeden Netz-Transputer:

```
for all P in Prozessoren do in parallel

        for all E in Lokale_Elemente(P) do
            K = Knoten(E)
            Tmp = f(K)                      # Prädiktorschritt
            U(K) = U(K) + g(Tmp)            # Korrektorschritt
        end do

        for all k in Randknoten(P) do       # Kommunikationsschritt
            Tmp <-- Kommunikation(k)
            U(k) = U(k) + Tmp
        end do
    end par
```

Der zentrale Punkt für eine effiziente parallele Berechnung ist die möglichst optimale Verteilung der anfallenden Arbeit, bei möglichst wenig durch die Parallelisierung erzeugtem Overhead. Es gibt nun im wesentlichen drei Parameter, die diesen Punkt beeinflussen.

Als erstes ist hier das verwendete Betriebssystem zu nennen, wobei für uns nur zwei Alternativen in Frage kommen: Multitool oder Helios. Der wesentliche Vorteil von Helios ist die Möglichkeit, die vorhandenen Fortran-Programme verwenden zu können. Diese müssen nur um die entsprechenden Kommunikationen erweitert werden und können dann als Bausteine für die Netz-Transputer verwendet werden. Die Parallelisierung geschieht dann durch die Implementation des Kontrollprogramms und durch Festlegung der Kommunikationsstruktur in einem CDL-Script. Der Nachteil von Helios ist die durch das Betriebssystem verursachte langsame Kommunikation (s.u.). Bei der Verwendung von Multitool ist dagegen eine optimale Ausnutzung der Maschine gegeben, der Nachteil ist hier die Einschränkung auf Occam. Die entscheidenden Kriterien für gute Performance sind die Rechenleistung für Floating-Point-Arithmetik, sowie die Kommunikationsleistung beim Verschicken von Vektoren mittlerer Länge (50 - 500 real-Zahlen). Beide Alternativen sind hier etwa gleichwertig, bis auf einen Punkt: Die Startup-Zeit bei einer Kommunikation ist unter Helios um einen Faktor 200 größer als unter Multitool (2 ms vs 0.01 ms).

Die beiden anderen Parameter treten bei der Verteilung des Berechnungsnetzes auf und sind eng miteinander verbunden. Es handelt sich dabei um die zugrundeliegende Transputertopologie und um den Algorithmus, der das gegebene Berechnungsnetz auf diese Topologie abbildet. Als Topologien kommen beliebige Graphen mit Knotengrad vier in Frage, wobei für die gegebene Problemstellung nur Pipeline und zweidimensionales Gitter geeignet erscheinen. Die erste Alternative ist dabei einfacher zu handhaben, währen die zweite flexibler ist.

Ein Netzverteilungsalgorithmus für eine gegebene Topologie muß nun eine Verteilung berechnen, die zu einer möglichst minimalen Gesamtlaufzeit führt. Dies ist nur näherungsweise möglich, da das Berechnen einer optimalen Verteilung ein NP-vollständiges Problem ist. Für eine gute Heuristik gibt es nun verschiedene Kriterien, deren Erfüllung angestrebt werden sollte. Zum einen ist die möglichst gleichmäßige Aufteilung der anfallenden Arbeit wichtig, da durch die synchronisierte Arbeitsweise des Algorithmus in jedem Zeitschritt alle Prozessoren auf den langsamsten warten müssen, bevor sie weiterrechnen können. Ein weiterer Punkt ist die von verschiedenen Prozessoren doppelt ausgeführte Arbeit. Diese läßt sich nicht immer ganz vermeiden, sollte aber so selten wie möglich auftreten. Ein weiterer wichtiger Punkt ist die Minimierung der Interprozessorkommunikation, von dem der zu erzielende Speedup entscheidend abhängt. Zum Schluß soll noch die Skalierbarkeit der Algorithmen erwähnt werden, d.h. die Möglichkeit, beliebig große Prozessorzahlen zu verwenden, ohne daß sich die Effizienz dramatisch verschlechtert.

3. ERGEBNISSE

Da der Schwerpunkt unserer Arbeit die Parallelisierung des Verfahrens ist, haben wir unter beiden Betriebssystemen parallele Versionen entwickelt, mit denen wir für die oben genannten Topologien möglichst viele geeignete Heuristiken zur Netzverteilung untersuchen wollen.

Erste Ergebnisse liegen für die Pipeline-Topologie vor, wobei Messungen für maximal 32 Transputer unter Multitool und Helios durchgeführt wurden. Wir haben dazu eine einfache Heuristik entworfen, die nur Kommunikation zwischen benachbarten Transputern erlaubt, so daß die sonst notwendige Implementation eines Routing-Bausteins entfällt. Dazu wird das Netz in Scheiben zerlegt, wobei jede neue Scheibe zunächst alle noch nicht verteilten Elemente enthält, die adjazent zur vorigen Scheibe sind. Die weitere Verteilung erfolgt dann über eine an den Koordinaten orientierte Sortierung der Elemente, wodurch die Grenzen zwischen den Scheiben minimiert werden. Für diese Heuristik haben wir einige Beispielprobleme gerechnet, z.B. die Berechnung einer instationären reibungsbehafteten Zylinderumströmung (Karmann'sche Wirbelstraße), sowie verschiedene Turbinenströmungen. Abbildung 5 zeigt ein typisches Berechnungsnetz für die Wirbelstraße, sowie die Aufteilung, die unsere Heuristik für eine Pipeline mit 32 Transputern liefert.

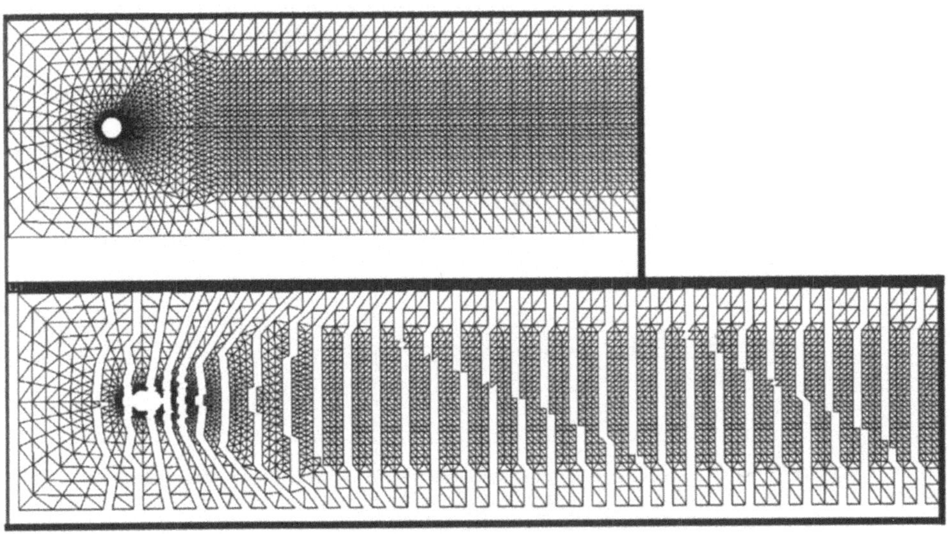

Abbildung 5: Netzaufteilung (32 Transputer)

In Tabelle 1 finden sich die entsprechenden Speedup- bzw. Effizienzwerte für verschiedene Prozessorzahlen. Man erkennt, daß bei wenigen Prozessoren beide Versionen etwa gleich gute Werte liefern. Werden dagegen viele Prozessoren benutzt, so ergeben sich bei der Helios-Version deutlich schlechtere Werte. Dies ist darauf zurückzuführen, daß bei steigender Prozessorzahl das Verhältnis von Rechenzeit zu Kommunikationszeit abnimmt, und damit die sehr große Startup-Zeit der Helios-Kommunikation sich bemerkbar macht.

#Proz.	Helios		Multitool	
(T800)	Speedup	Effizienz	Speedup	Effizienz
1	1.00	100.0%	1.00	100.0%
2	1.98	98.9%	1.99	99.4%
4	3.85	96.2%	3.93	98.1%
8	7.32	91.5%	7.69	96.2%
16	13.36	83.5%	14.92	93.3%
24	18.36	76.5%	21.80	90.8%
32	22.80	71.2%	28.29	88.4%

Tabelle 1: Helios vs Multitool

Die hohe Effizienz, die besonders in der Multitool-Version erreicht wird, ermöglicht es, eine On-line Graphik zu betreiben, so daß Strömungen schon zur Laufzeit visualisiert und beurteilt werden können. Wir haben eine solche Graphik unter X-Windows und unter SunView implementiert. Abbildung 6 zeigt ein Bild der SunView-Version. Am Anfang der Berechnung wird im mittleren Fenster das Berechnungsnetz und im unteren Fenster die berechnete Netzaufteilung gezeichnet. Während der Rechnung wird dann im oberen Fenster eine charakteristische Strömungsgröße gezeigt. Dieses Bild wird nach einer vorher gewählten Anzahl von Zeitschritten neu berechnet und gezeichnet.

4. ZUSAMMENFASSUNG

Wir haben hier ein Strömungsberechnungsverfahren vorgestellt, daß auf einem FEM-Verfahren mit unstrukturierten Netzen beruht. Dieses Verfahren wurde nach der Methode der Daten-Dekomposition parallelisiert, wobei als Netzaufteilungsalgorithmus eine einfache Heuristik für ein lineares Transputer-Array entwickelt wurde. Für Implementationen unter Multitool und Helios wurden einige Ergebnisse von Beispielrechnungen angegeben, die die prinzipielle Anwendbarkeit des gewählten Parallelisierungsansatzes belegen. Zusätzlich haben wir eine On-line Graphik implementiert, die aufgrund der Beschleunigung durch die Parallelisierung eine Visualisierung der Strömungen schon zur Laufzeit ermöglicht. Die bisher erzielten Ergebnisse zeigen, daß der Einsatz von Transputer-Netzwerken eine effektive Alternative bei der Lösung von Strömungsproblemen darstellt.

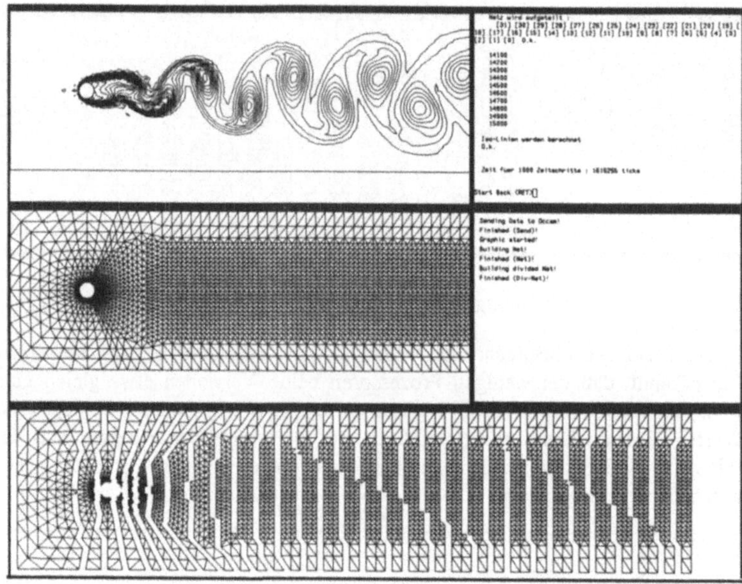

Abbildung 6: On-Line Graphik (Wirbelstraße)

LITERATUR

[1] W. Koschel, M. Lötzerich, A. Vornberger, *Solution on Unstructured Grids for the Euler- and Navier-Stokes Equations*, AGARD Symposium Validation of CFD, Lisbon, May 1988

[2] J. Donea, *A Taylor Galerkin Method for Convective Transport Problems*, International Journal of Numerical Methods in Engineering 20, 1984

[3] R. Löhner, K. Morgan, O.C. Zienciewicz, *An Adaptive Finite Element Procedure for Compressible High Speed Flows*, Comp. Meth. Appl. Mech. Eng., 1985

[4] F. Lohmeyer, O.Vornberger, K. Zeppenfeld, A. Vornberger, *Parallel Flow Calculations on Unstructured Grids using the Finite Element Method*, accepted for International Journal on Numerical Methods of Heat and Fluid Flow, 1991

Anwendungen von Transputern zur Simulation von Prozessen im
Boden- und Grundwasserbereich

P.-W. Gräber und Th. Müller
Technische Universität Dresden
Institut für Grundwasserwirtschaft
Mommsenstraße 13, O-8027 Dresden, BRD

1. Hydrologische Grundlagen

Die Prozesse im Boden- und Grundwasserbereich sind physikalischer und chemischer Natur, aber auch biologische Wachstumsvorgänge finden statt. Diese Prozesse gilt es bei
- **Grundwassergewinnungsanlagen in Wasserwerken,**
- **Baugruben und Tagebauentwässerungsanlagen** und
- **der Sanierung von Deponien, Altlasten sowie industriellen und landwirtschaftlichen Kontaminationsherden**

zu steuern und zu überwachen. Dabei ist die Simualtion und Visualisierung eine notwendige Hilfe für die Entscheidungsfindung.

Infolge des komplizierten Charakters der Prozeßmodelle können sie, auf Grund der
- Komplexität und starken Nichtlinearität den   **Großen Systemen**
- schlechten Kondition und
- stark unterschiedlichen hydraulischen Zeitkonstanten den   **Steifen Systemen**
- ungenauen Bestimmung der Parameter und der Prozeßgrößen den   **Fuzzy-Systemen**
- großen Schäden bei falscher Steuerung den   **Risk-Systemen**

zugeordnet werden.

Für die mathematische Beschreibung der dynamischen Strömungsvorgänge und die mit ihnen gekoppelten Energie- und Stofftransportprozesse sowie der Energie- und Stoffwandlungsprozesse in der Boden- und Grundwasserzone gelten folgende Gleichungen:

- die dynamische Grundgleichung des Mengenproblems $\vec{v} = k \, \mathrm{grad} \, h$

- die Bilanzgleichung des Mengenproblems $\mathrm{div} \, \vec{v} = S \dfrac{\delta h}{\delta t} - w$

- die Grenzbedingungen des Mengenproblems

- die dynamischen Grundgleichungen für den Gütestrom (Energie- und Stofftransport)

   • Transport durch Dispersion $\vec{g}_1 = \vec{\vec{D}} \, \mathrm{grad} \, P$

   • Transport durch Konvektion $\vec{g}_2 = \vec{v} \, P$

- die Bilanzgleichung für den Gütestrom

$$\operatorname{div} \vec{g} = (n_0 + \alpha)\frac{\delta P}{\delta t} - w$$

- die Grenzbedingungen für den Gütestrom

Dabei bedeuten:

$\vec{v}$	Filtergeschwindigkeit
k	Durchlässigkeitskoeffizient
h	Standrohrwasserspiegelhöhe
S	Speicherkoeffizient
$\vec{g}_1, \vec{g}_2, \vec{g}$	Spezifischer Gütestrom
$\vec{\vec{D}}$	Dispersionskoeffizient
P	Gütepotential
n	durchströmte Porosität
α	Sorptionskoeffizient
w	Quellsenkenintensität

Zu diesen Grundgleichungen kommen noch die chemischen Reaktionsgleichungen (Stoffwandlungsprozesse) und die Beschreibungen der biologischen Wachstumsprozesse hinzu.

Das mathematische Modell besteht damit aus einem System von gewöhnlichen bzw. partiellen Differential- und algebraischen Gleichungen, deren Koeffizienten meist eine Funktion des Ortes , der Zeit und des Potentials sind. Damit ist das System nichtlinear und orts- bzw. zeitvariant. Dieses System läßt sich jeweils für den Mengenstrom und für den Güteprozeß zusammenfassen, wobei man zwei nichtlineare partielle Differentialgleichungen zweiter Ordnung erhält:

- die Wärmeleitungsgleichung (PDE vom parabolischen Typ)

$$\operatorname{div}(k \operatorname{grad} h) = S\frac{\delta h}{\delta t} - w$$

- die Konvektions-Diffusionsgleichung (PDE vom hyperbolischen Typ)

$$\operatorname{div}(\vec{\vec{D}} \operatorname{grad} P - \vec{v}P) = (n_0 + \alpha)\frac{\delta P}{\delta t} - w$$

Die Verkopplung des Mengen- und des Gütestromes erfolgt über die Kennwerte der Wasserbeschaffenheit (Temperatur , Stoffkonzentration, kinematische Zähigkeit und Dichte) und der unterirdischen Strömungsvorgänge (Filtergeschwindigkeit, Speicherinhaltsänderung sowie innere Strömungsquellen und -senken).

2. Motivation zur Parallelisierung

Für die Prozesse im Boden- und Grundwasserbereich sind große Zeitkonstanten, aber auch hohe Kosten pro Meßstelle und daher eine geringe Meßstellendichte im Feld sowie weiträumige und häufig irreversible Auswirkungen jedes Eingriffs charakteristisch.

Ein Simulationssystem soll dem Hydrologen helfen, die möglichen Auswirkungen von aktiven Beeinflussungen des Ökosystems abzuschätzen und durch Extrapolation ausgehend vom vorhandenen Datenmaterial Aussagen über das betrachtete Gesamtgebiet ohne die Notwendigkeit des Ausbringens weiterer Meßstellen ermöglichen.

Die Parallelisierung der nötigen Berechnungen durch den Einsatz von Transputern soll zum einen zu einer Beschleunigung der Algorithmen und damit zu einer Verkürzung der Systemantwortzeit auf solche Werte, wie sie bei modernen CAE-Systemen üblich sind führen. Zum anderen hoffen wir, durch eine parallele Modellierung der in der Natur parallel ablaufenden Transportvorgänge zu einfacheren und stabileren Algorithmen zu gelangen, indem wir deren unterschiedliche Anteile auf über Kanäle gekoppelte sequentielle Prozesse (ähnlich dem CSP-Modell von Hoare) abbilden.

Wir verfolgen zwei Ansätze, die den aus der Praxis kommenden zwei unterschiedlichen Fragestellungen erstens nach der Grundwasserströmung und zweitens nach der Ausbreitung von Substanzen im Grundwasser in einem zu betrachtenden Gebiet entsprechen. Die erste Fragestellung erfordert die Lösung eines das Strömungsfeld des Grundwassers beschreibenden Gleichungssystems. Zur numerischen Behandlung eignen sich unter anderem die Finite-Elemente-Methode sowie die Finite-Differenzen-Methode. Dabei erfolgt die Parallelisierung durch eine Verteilung des Gebiets auf unterschiedliche Rechenknoten.

Die Fließ- und Transportvorgänge im Grundwasserbereich, die in der zweiten Fragestellung eine Rolle spielen, lassen sich in Näherung durch zwei gekoppelte nichtlineare partielle Differentialgleichungen (Diffusions- und Konvektionsgleichung) modellmäßig erfassen. Hier soll die Parallelisierung durch eine Verteilung der den unterschiedlichen Transportvorgängen entsprechenden Differentialgleichungen auf die Rechenknoten erreicht werden.

Als Einsatzgebiet unseres Systems sehen wir Wasserwerke, Projektierungsbüros für Tagebaue, kommunale Einrichtungen ebenso wie wasserwirtschaftlich orientierte Ingenieurbüros und den Hochschulbereich. Vor allem die beiden letztgenannten Bereiche zeichnen sich durch eine Beschränktheit der Ressourcen aus, der wir durch die Wahl von geeigneter Hardware als Basis für unser System Rechnung tragen.

3. Zugang und Zielvorstellung

Zur Beschleunigung des Problemlösungsvorgangs gibt es zwei prinzipiell mögliche Zugänge. Man kann die in den meisten Fällen bereits vorhandenen sequentiellen Algorithmen auf konventionellen, aber schnellen "von-Neumann"-Architekturen ablaufen lassen. Die technischen Gegebenheiten setzen der auf diese Weise erzielbaren Beschleunigung Grenzen, weil sich Taktraten und Speicherzugriffszeiten, beide bestimmend für die Systemleistung, nur mit beträchtlichem technischen Aufwand und auch dann nicht gravierend steigern lassen. Die dabei entstehenden Kosten für die Hardware wachsen exponentiell zur gewünschten Geschwindigkeitszunahme an. Bedeutende Zunahmen des Datendurchsatzes lassen sich heute nur von echt parallelverarbeitenden Systemen erwarten. Diese Systeme erfordern meist eine komplette Überarbeitung der zugrundeliegenden Algorithmen. Unter Umständen werden auch völlig neue Lösungsmethoden erforderlich.

In unseren Arbeiten zum Einsatz von Hochleistungsrechnern bei der Simulation der Grundwasserströmung wollen wir zum einen Transputernetze verwenden und zum anderen Vektorrechner bzw. Großrechner mit Vektorzusatz untersuchen.

Transputersysteme bieten den Vorteil einer skalierbaren, relativ preiswerten Leistungssteigerung. Sie sind zudem für den Aufbau eines CAE-Systems wegen der Möglichkeit, sie ständig am Arbeitsplatz verfügbar zu haben (PC-Einsteckkarte oder Beistellgerät), gut geeignet. Allerdings bringen sie auch alle Kommunikations- und Synchronisationsprobleme eines echt verteilten und parallelen Systems mit sich. Ein Redesign aller verwendeten Algorithmen scheint unvermeidlich. Das Vorhandensein verteilten Speichers bedingt einen der eigentlichen Rechnung vor- und nachgestellten großen Kommunikationsaufwand im Programm.

Der Vektorrechner ist im Gegensatz zu einem Transputersystem eine grundsätzlich sequentiell arbeitende, jedoch auf die Verarbeitung großer Datenvektoren zugeschnittene Maschine. Er zeichnet sich durch das Vorhandensein von Vektorregistern bzw. Stream-Puffern, Cache-Speichern und einer Pipelinearithmetik aus. Je nach Typ kann normal-sequentielle und vektorisierte Abarbeitung auch auf unterschiedlichen Prozessoren realisiert werden. Damit läßt sich dann auch eine echte Parallelarbeit dieser beiden Prozessoren erzielen. Ein wesentlicher Vorteil dieses Ansatzes besteht darin, daß das volkommene Redesign der verwendeten Algorithmen vermieden wird. Lediglich eine gewisse Optimierung der Programme in Bezug auf die Vektorisierung wird notwendig. Die Vektormaschine bleibt für den Programmierer im wesentlichen transparent. Bisher stehen derartige Rechner jedoch nur als zentralisierte Großrechner zur Verfügung.

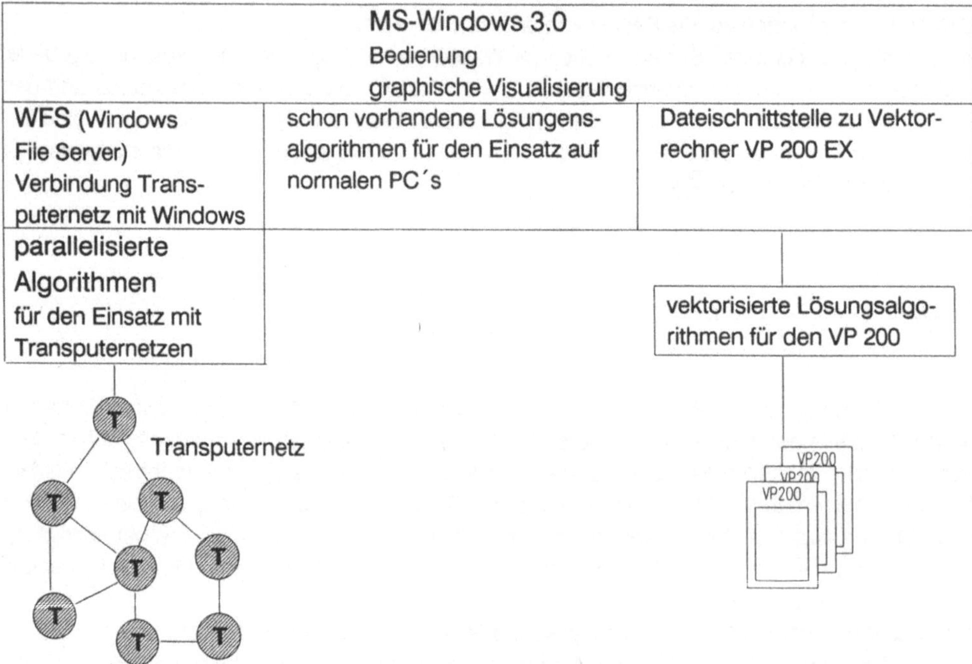

Bild 1: Grobstruktur des in Entwicklung befindlichen Softwaresystems

Die Verteilung des zu simulierenden Problems auf ein Transputernetz kann auf zwei verschiedene Weisen erfolgen. Für das Mengenproblem, das durch einfache Matrizengleichungen beschrieben wird, bietet sich eine Gebietsteilung an. Dabei teilt man das Gesamtgebiet in einzelne Teilgebiete, für die dann die Rechnung auf jeweils einem Rechenknoten ausgeführt wird. Ein Problem stellt der notwendige Austausch großer Datenmengen (Randwerte der jeweiligen Gebiete) dar, dessen Umfang durch das gewählte Diskretisierungsverfahren bestimmt wird. Zur Simulation des durch verkoppelte nichtlineare partielle Differentialgleichungen beschriebenen Güteproblems bedient man sich zweckmäßigerweise einer Abbildung auf das Netzwerk durch Prozeßteilung. Dabei ist der Aufwand für den Datenaustausch wesentlich geringer als bei der Gebietsteilung. Die Verkopplung der Gleichungen erfolgt durch die Kommunikation über die Kanäle.

Bild 1 zeigt den geplanten Grobaufbau unseres Systems. Der Nutzer soll unter MS-Windows, das Bedien- und Visualisierungsfunktionen innehat sowohl über einen speziellen Fileserver mit dem angeschlossenen Transputernetzwerk kommunizieren als auch die bereits vorhandenen Programme zur Nutzung auf normaler PC-Technik verwenden können. Zusätzlich planen wir, eine Dateischnittstelle zu schaffen, die die Nutzung von auf dem an der Technischen Universität Dresden stationierten Siemens - VP 200 EX laufenden Programmen gestattet.

Während wir im Rahmen der laufenden Forschungsarbeiten unsere Algorithmen in Bezug auf ihre Leistungsfähigkeit auf dem Supercluster-256 der RWTH Aachen erproben, soll das Zielsystem aus einem PC unter MS-DOS und einer MTM-PC-Karte mit 4 T800-Prozessoren und einem Linkswitch-Baustein C004 bestehen, um den anvisierten Einsatzbereichen Rechnung zu tragen.

4. Realisierungsstand

Bisher wurde ein Algorithmus zur Lösung des Mengenproblems auf einem beliebig quadratischen Transputernetz implementiert. Bild 2 vermittelt einen schematischen Eindruck des Verfahrens Gebietsteilung.

Die Codierung erfolgte zunächst in 3L-C. Auf den Einsatz des Betriebssystems HELIOS wurde bewußt verzichtet, da es sich bei dieser Simulation um eine Aufgabe handelt, die nur sehr wenige der von HELIOS angebotenen Dienste nutzen würde. Ausschlaggebend für die Wahl der Sprache war das Vorhandensein eines Debuggers sowie die (durch die Bibliotheken implizierte) leichter beherrschbare Parallelität auf dem Prozeßniveau. Im Moment wird an der Portierung nach dem Inmos-ANSI-C-Toolset gearbeitet. Die verwendete Softwaretechnologie ist für beide Umgebungen ähnlich. Neben den von sequentiellen Systemen her bekannten Arbeitsgängen Compilieren und Linken macht sich bei Transputernetzen noch das Erzeugen eines ladbaren Files notwendig, in dem der ablauffähige Code in einer auf das Netz verteilbaren Weise abgelegt ist. Dazu muß eine Konfigurierungsbeschreibung vorhanden sein, die alle Hard- und Softwarekomponenten und ihre Verbindungen enthält.

Zusätzlich ist noch für eine geeignete Verschaltung der unterliegenden Hardware Sorge zu tragen. Diese erfolgt in der Regel mit Linkswitch-Bausteinen, für die dann ebenfalls Konfigurierungsdateien (HELIOS-Ressourcemaps, OCCAM-Programme o.ä.) geschaffen werden müssen.

Die Hardwarebasis wird zur Zeit durch das an der RWTH Aachen befindlliche Supercluster SC-256 der Firma Parsytec gebildet.

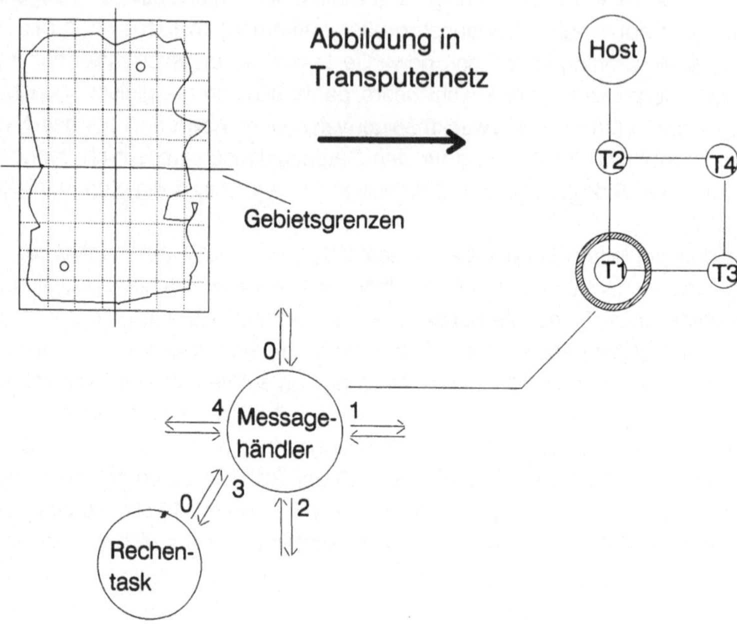

Bild 2: Verfahren der Gebietsteilung für ein Transputernetz (schematisch)

Aus der, Implementierung des Algorithmus zur Bearbeitung des Mengenproblems mit Gebietsteilung wurden einige Erfahrungen gewonnen, auf die im folgenden eingegangen werden soll.

Bei verteilten Anwendungen sollte eine Teilung des eigentlichen, auf jedem Knoten ablaufenden Prozesses in einen Nutzprozeß (übernimmt eigentliche Berechnungsaufgabe) und einen Message-Handler-Prozeß erfolgen. Dadurch entlastet man den Algorithmus von dem meisten für den Nachrichtenaustausch nötigen Balast, die Kodierung wird vereinfacht, Lesbarkeit und Wartbarkeit der Software verbessern sich. Nicht zuletzt kann ein solcher, mehr universeller Nachrichtenhandler auch als Softwaremodul für weitere Applikationen verwendet werden. Bei zu komplexem Nachrichtenaustausch sollte allerdings stattdessen auf ein Betriebssystem zurückgegriffen werden.

Die Korrektheit eines parallelen Programms drückt sich nicht nur in seiner statischen Korrektheit aus, sondern auch in seiner dynamischen, als Lebendigkeit bezeichneten. Jede Struktur von parallel ablaufenden, miteinander in Wechselwirkung stehenden, relativ unabhängigen Prozessen neigt zu Verlusten an Lebendigkeit, die auch als Verklemmung bezeichnet werden. Dies äußert sich dann zum Beispiel in der Bildung von Kommunikationsschleifen, bei denen sich mehrere Prozesse im Ring eine Nachricht senden wollen und aufgrund der ungepufferten Kommunikation kein Prozeß diese Nachricht empfangen kann. Einem Verlust an Lebendigkeit kann durch die Einführung von zentralen Steuerungen für die Kommunikation, durch die Einführung von

Puffern oder durch die Schaffung zusätzlicher paralleler Prozesse als Subprozesse zum Nachrichtenhandler vorgebeugt werden. In unserer Implementation entschieden wir uns für die letztgenannte Variante, weil sie die Performance nicht unnötig herabsetzt (wie zentrale Steuermaßnahmen) und das Konzept der Kanalkommunikation als einer ungepufferten Kommunikation nicht verletzt. Dabei kann der benutzte Nachrichtenhandler prinzipiell nur Nachrichten empfangen. Soll jedoch eine Nachricht gesendet werden, wird durch den Handler ein zusätzlicher paralleler Prozeß aufgesetzt, der parallel zu ihm und in seinem Speicherbereich auf demselben Prozessor abläuft, die Nachricht absetzt und dann terminiert.

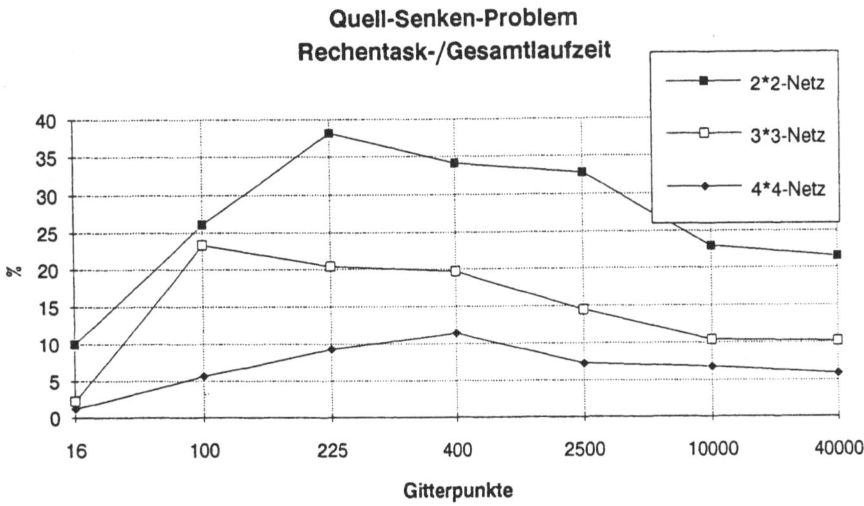

Bild 3: Verhältnis zwischen Rechentask- und Gesamtlaufzeit für ein einfaches Problem bei unterschiedlilchen Gitterpunkt- und Rechenknotenzahlen.

Bei großen und datenaustauschintensiven Problemen hängt die Rechenzeit im wesentlichen von der Effizienz der Kommunikation ab. Bild 3 macht diesen Sachverhalt noch einmal deutlich. Es wurde an unserer Implementation das Verhältnis zwischen Laufzeit der eigentlichen Rechentask und Laufzeit des Gesamtprogramms bei Benutzung unterschiedlich vieler Transputer gemessen und über der Anzahl der Gitterpunkte des verwendeten Diskretisierungsgitters aufgetragen. Der Messung liegt ein einfaches Problem mit zwei Pegelrohren zugrunde. Es ist deutlich zu erkennen, daß dieses Verhältnis 40% nicht überschreitet und mit zunehmender Gitterpunktezahl und steigender Rechenknotenanzahl immer schlechter wird. Dieses Verhalten ist im wachsenden Kommunikationsaufwand bei größeren bzw. feiner verteilten Problemen begründet.
Die bisherigen Arbeiten zu diesem Problemkreis zeigen, daß dieser Weg zur Beschleunigung der Simulation sinnvoll ist. Die weiteren Arbeiten müssen darauf gerichtet werden, bei der Gebietsteilungsmethode effektivere Gleichungslöser einzusetzen und die Kommunikation zwischen den Transputern zu beschleunigen. Auch die Arbeiten zur Prozeßteilungsmethode müssen vorangetrieben werden. Für die praktische Nutzung muß eine Kopplung an entsprechende Nutzeroberflächen erfolgen.